U1005868

高等学校"十一五"规划教材

电子技术实验

（第2版）

赵建华　郑长风　李　静
宋春焕　张荷芳　编

西北工业大学出版社

【内容简介】 本书是与模拟电子技术基础、数字电子技术基础两门课程紧密配合的实验课教材。主要内容包括模拟电路基础实验、数字电路基础实验、设计性与综合性实验、Multisim 在电子技术实验中的应用、实验电路的安装与调试、常用仪器设备的简介与使用及电子电路测量技术的基本知识等。此外，书末还附有部分常用数字集成电路功能表、部分常用数字集成电路引脚图及部分常用线性集成电路引脚图等。

本书可作为高等学校电子类及相关专业学生的实验课教材和实验参考书，也适合广大电子爱好者自学使用。

图书在版编目(CIP)数据

电子技术实验/赵建华，郑长风等编 .—2 版.—西安：西北工业大学出版社，2009.1 (2015.7 重印)

ISBN 978-7-5612-1878-5

Ⅰ.电… Ⅱ.① 赵… ② 郑… Ⅲ.电子技术—实验—高等学校—教材 Ⅳ.TN-33

中国版本图书馆 CIP 数据核字(2004)第 142720 号

出版发行：西北工业大学出版社
通信地址：西安市友谊西路 127 号 **邮编**：710072
电　　话：(029)88493844 88491757
网　　址：www.nwpup.com
印 刷 者：兴平市博闻印务有限公司
开　　本：787 mm×1 092 mm 1/16
印　　张：14.75
字　　数：348 千字
版　　次：2009 年 1 月第 2 版 2015 年 7 月第 3 次印刷
定　　价：30.00 元

教 材 编 委 会

出版说明

西安工业大学于1955年建校，是一所中央与地方共建，以陕西省管理为主的全日制普通高等学校。经过50多年的建设与发展，已经成为一所办学水平较高、办学规模较大、学科门类齐全的多科性普通高等学校。

在我国高等教育事业实现跨越式发展的同时，扩大规模和提高质量已成为高等教育发展的两大主题。而教材作为教学内容、教学方法和知识传播的有形载体和基本工具，能够适时地将学校办学水平、培养目标、质量标准等信息传递给学生。“十五”期间，学校立足自身定位，坚持教材建设研究，统一规划，加强管理，资助出版了多部特色教材，这些教材从体系到内容都充分体现了学校的办学定位和办学特色。

2006年，为了适应社会和学校教育事业的发展，学校对办学指导思想进行了重新确定，进一步明确了办学定位、培养目标及服务方向。“十一五”期间，学校将在更新教育理念、提高办学水平、实现快速发展的思想指导下，坚持科学的教育发展观，围绕培养定位、培养模式、专业建设、课程改革等方面做大量的研究、探索和实践，并通过加强科学研究带动学科建设。为使这些教学研究改革及学科建设、科研成果及时得以固化并更好推广，我们将在系统调研、认真审阅的基础上，对已形成专著的研究内容规划整理成为适合教学的教材，并将工程实践中已获得应用的先进技术和内容提炼后纳入新编教材中，突出专业特色及学科建设成果，把教材建设目标和人才培养目标统一起来，从总体上提高人才培养质量，促进教学工作上台阶，促进培养目标的实现。

我校“十一五”规划出版的各学科系列教材，将全面系统地融入教学改革和科学研究的优秀成果，为各学科和专业发展奠定坚实的基础。我们衷心希望这些教材能对广大读者在夯实基础、强化素质、提高能力方面起到积极作用。

西安工业大学

教学工作委员会教材工作分会

2006年7月

第 2 版前言

电子技术是一门实践性很强的专业基础课，实验占有重要地位。经过多年实践教学与不断完善，我们再次修订出版了这本新的电子技术实验教材。该教材减少了验证性实验，在基础性实验的基础上增加了综合性和设计性实验，尤其是引入了计算机虚拟实验。此次修订及时更新了计算机虚拟实验。紧密配合学生当前学习的 Multisim 系列软件。

基础性实验的主要任务是验证课堂理论知识，掌握各种电子仪器的正确使用方法和基本实验技能。

对于综合性和设计性实验，学生可选择书中的若干实验内容进行实验，也可经教师批准自拟实验项目，由学生独立拟定实验方案、分析实验原理、确定实验步骤、安装调试、排除故障、撰写实验报告，并在限定的时间内完成。这就要求学生必须认真预习、充分准备才能完成。该类实验对培养学生的综合分析与解决问题的能力有重要意义。本书对学生完成综合性和设计性实验具有很好的参考价值。学生通过这一系列实践环节由浅入深地学习与探索，不仅可以提高实验技能和综合应用能力，同时也能对电子技术理论进行全面系统的复习，加深对基础理论的理解，巩固对理论知识的掌握。

计算机仿真实验是近年发展起来的新型虚拟实验方法，与传统实验方法相比，计算机仿真实验具有速度快、容量大、硬件投资少且分析设计全面的特点。其具有相对的优越性和先进性。

本书由赵建华、郑长风、李静、宋春焕和张荷芳共同编写，其中赵建华负责全书的修订整理工作，并编写了第 1，6，7 章以及修订时第 2 章增加部分的内容；郑长风编写了第 2，5 章；李静编写了第 3 章；宋春焕、张荷芳编写了第 4 章。在本书初版的整理和定稿过程中，西北工业大学电子信息学院于海勋教授仔细审阅了书稿，指出书中欠妥之处，提出了详细的修改意见，在此谨致以诚挚的谢意。

由于作者水平有限，书中不妥之处企盼读者批评指正。

编　者

2008 年 11 月

目 录

第1章 模拟电路基础实验

1.1 常用仪器的使用及二极管、三极管的测试

一、实验目的

(1)初步掌握用示波器观察正弦波信号及测量其参数的方法(示波器工作原理参阅6.2节)。

(2)学习用万用表测试晶体管的方法。

(3)学习信号发生器、晶体管电压表的使用方法(其工作原理参阅6.4～6.6节)。

二、实验原理

本实验使用的信号源为XD2C信号发生器或SP1641D函数信号发生器/计数器，示波器为C5020或MOS—620双踪示波器，测量仪表为DY4510(或SX2172)晶体管交流电压表。正弦波信号源输出信号的波形、幅度及周期通常用示波器测量，非常直观、方便。信号源输出的信号电压有效值也可用交流电压表测出。

示波器是用来测量各种周期电压(或电流)波形的电子仪器，能观察到的最高信号频率主要取决于示波器 y 轴通道的频带宽度。本实验所使用双踪示波器观察信号频率范围为0～20 MHz。为了减小示波器的输入阻抗对被测信号的影响，被测信号通常经过10∶1衰减探头输入到示波器。

DY4510(或SX2172)交流电压表用于测量交流信号，适合于测量XD2C与SP1641D输出的正弦波信号电压。它具有灵敏度高，测量范围宽(小到毫伏级以下，大到300V都能测量)等特点，因此在电工、电子技术中，凡涉及交流信号电压都应用此表进行测量。

三、实验内容

1. XD2C信号发生器的使用方法

(1) 信号频率的调节。信号发生器面板左下方有一“频率范围”旋钮，它把1 Hz～1 MHz频率划分为若干个频率段(范围)。要想获得某一频段内的某一个具体信号频率，除了置上述旋钮到该频段内，还要调节“频率调节”×1，×0.1，×0.01旋钮，按十进制原则细调，可获得该具体信号的频率值。例如：要使信号发生器输出信号频率为5 650 Hz，首先置“频率范围”旋钮在1～10 kHz频段内，然后置“频率调节”旋钮“×1”在5位置，“×0.1”在6位置，“×0.01”在5位置，则信号发生器此时输出信号频率为5.65 kHz。

(2)信号输出幅度的调节。面板左上方有表头指示，其满刻度为5 V。面板右下方有两个旋钮，一个是“输出细调”旋钮，用于连续调节输出电压大小，并使表头指示某一数值电压；另一

个是“输出衰减”旋钮，调此旋钮，输出电压按 dB(分贝)衰减，即表头指示值除以分贝衰减值才是输出信号的实际电压。例如：当“输出衰减”旋钮置于 0 dB 时，表头指示值即为输出信号实际电压的有效值，当“输出衰减”旋钮置于 10 dB 时，输出信号实际电压值为表头指示值除以 3.16。“输出衰减”最大可达 90 dB。

2. SP1641D 信号发生器的使用方法

接通电源，信号通过 50 端口用屏蔽电缆引出，红线为信号输出端，黑线为信号地端。

(1)信号频率调节：例如进行 1.5 kHz 的调节。按“倍率选择”按钮到 1 kHz 频段，然后调节“频率微调”旋钮使信号频率为 1.5 kHz(见频率显示屏)。

(2)信号幅度调节：例如进行 14.1 V 电压的调节。按“波形选择”按钮为正弦波，“信号衰减”按钮 20 dB，40 dB 均不按下，微调“幅度”旋钮使电压显示为 14.1 V。

(3)本信号发生器幅度变化，用示波器测量。按表 1.1.1 要求设定衰减信号分别为 0 dB，20 dB，40 dB，60 dB，测量幅值电压。

(4)本信号发生器频率变化，用示波器测量。按表 1.1.2 要求测量，选择合适“倍频选择”按钮，然后调节“频率微调”旋钮到表中要求的频率值，用示波器显示其频率来对周期进行测量。

3. C5020 或 MOS—620 示波器的使用方法(参考 6.2 节和 6.3 节)

(1)接通电源，在加入被测信号之前，首先应调节“辉度”、“聚焦”旋钮，屏幕上应显示一条细而清晰的扫描基线，如果看不到则再调节“x 轴位移”和“y 轴位移”旋钮使基线出现并调于屏幕中央。

(2)将被测信号从示波器 y 轴输入，调节“扫描速率”、“灵敏度”旋钮，就能控制显示正弦波的个数和大小。如果波形不稳定，则调节“电平”旋钮便可获得理想稳定的波形。

4. 用示波器测信号电压有效值

(1)调整信号发生器输出信号的频率为 1 kHz，“输出衰减”旋钮置于 0 dB，调节“输出细调”旋钮，使表头指示为 4 V，将示波器“灵敏度”选择开关“V/div(cm)”旋钮(微调钮)置于“校准”位置，将被测信号从示波器 y 轴输入，再适当调整“V/div(cm)”(波段开关)使屏幕上显示完整正弦波，将波形高度所占的格数乘以“V/div(cm)”旋钮位置指示的值，其结果即为幅值(峰-峰值)电压，然后换算成有效值。

(2) 将信号发生器“输出衰减”旋钮分别置于 0 dB，10 dB，20 dB，30 dB……位置，并从示波器读出其幅值记入表 1.1.1 中。

表 1.1.1

信号发生器“输出衰减” / dB	0	10	20	30	40	60
灵敏度选择开关位置 / V/div						
显示峰-峰波形高度 / cm						
峰-峰幅值 V_{pp} / V						
电压有效值 / V						
测量电压值 / V						

5. 用示波器测量 XD2C 信号周期

将信号发生器输出信号固定为 4 V，并将示波器扫描开关“t/div(cm)”旋钮(微调钮，即面板图的 UARIBLE)置于“校准”位置(顺时针旋到底)，把信号从 y 轴输入，适当调整扫描开关“t/div(cm)”(波段开关)使屏幕上显示 2～3 个完整正弦波，这样根据示波器屏幕上所显示的一个周期的波形在水平方向上所占的格数乘以扫描开关“t/div(cm)”旋钮所处位置指示的值，即为该信号的周期。被测信号的频率分别取 0.8 kHz，1.5 kHz，25.0 kHz，按表 1.1.2 要求记录数值。

表　1.1.2

被测信号频率/kHz		0.8	1.5	25.0
信号发生器“频率范围”选择				
信号发生器“频率调节”开关位置(SP1641D 不用填值)	×1			
	×0.1			
	×0.01			
示波器“扫描速率”开关位置/(t/div)				
示波器上一周期所占水平格/cm				
被测信号周期/ms				

6. 改变信号发生器设置，重新实验

将信号发生器输出信号调到 5 V，f=2 kHz，重复表 1.1.1，1.1.2 实验。

7. 使用晶体管特性图示仪

用晶体管特性图示仪测量二极管、三极管的特性，并记录波形。

8. 用万用表测试二极管和三极管

(1)判断二极管极性。用万用表测量电阻时，它的等效电路如图 1.1.1 所示。其中 r 为等效电阻，E 为表内电源电压。当万用表处于 $R\times1$，$R\times10$，$R\times100$，$R\times1$ k 挡时，一般 E=1.5 V。若将黑表棒接到二极管的阳极，红表棒接到二极管的阴极，则二极管处于正向偏置，呈现低阻；反之，则二极管处于反向偏置，呈现高阻，表针偏转小。根据两次测得的阻值大小，就可以区别出二极管的极性(见图 1.1.2)。值得注意的是：切忌用 $R\times1$ 或 $R\times10$ k 挡来判断二极管。

(2)晶体三极管管脚的判别。

1) 管型和基极 b 的判别。可以把三极管的结构看成是两个背靠背的 PN 结，如图 1.1.3 所示。对 NPN 管来说，基极是两个结的公共阳极，如图 1.1.3(a)所示；对 PNP 管来说，基极是两个结的公共阴极，如图 1.1.3(b)所示，则可判断出该管是 NPN 型还是 PNP 型。

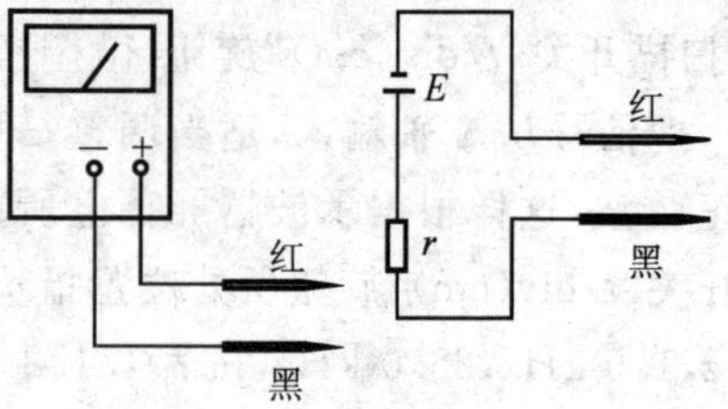

图 1.1.1　等效电路

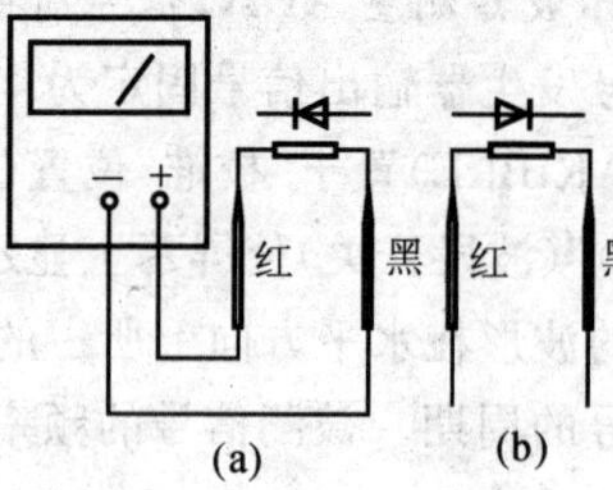

图 1.1.2　二极管极性判断电路

(a)电阻小；(b)电阻大

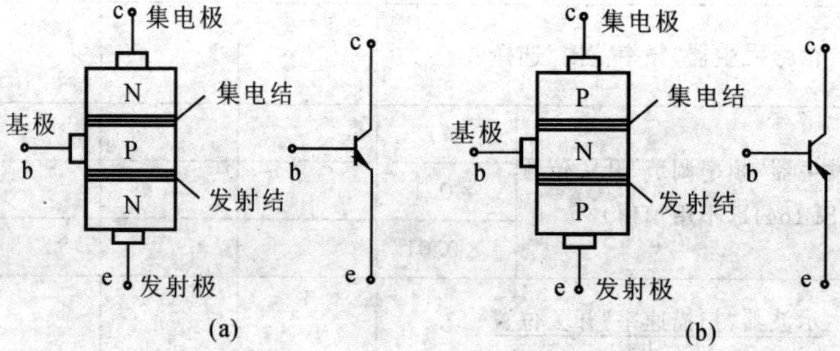

图 1.1.3　三极管结构图

(a)NPN 型；(b)PNP 型

2）发射极 e 和集电极 c 的判别。如图 1.1.4 所示，把已判定的三极管基极 b 接到 b 端，另外两个极 e 和 c 接到红、黑表棒上，即构成基本放大电路。

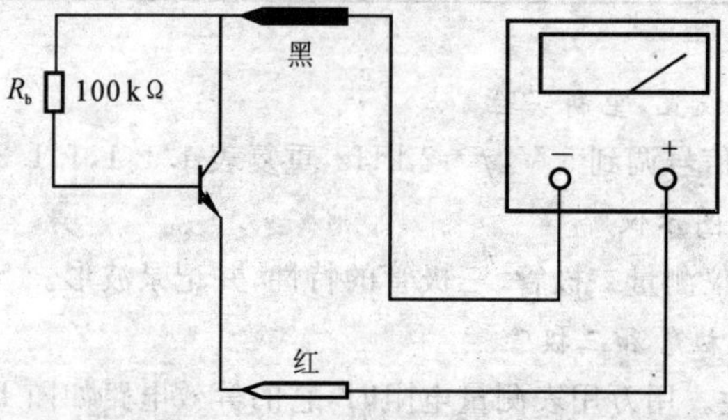

图 1.1.4　三极管判别电路

若集、射间所加为正常放大的极性电源电压，例如 NPN 型三极管 c 极接电源正，e 极为负，则集电极电流为

$$I_C = \beta I_B + I_{CEO}$$

反之，c 极接电源负，e 极为正，则集电极电流为

$$I_{Cr} = \beta_r I_B + I_{CEOr}$$

式中，β_r 为三极管反向电流放大系数或倒置运用时的电流放大系数。一般 $\beta > \beta_r$，显然 $I_C \gg I_{Cr}$。

在图 1.1.4 中，若万用表红表棒接 c 端，黑表棒接 e 端，测得的电阻大(即 I_C 小)。若红、黑表棒互换，测得的电阻小(即 I_C 大)，则黑表棒在此条件下所接 c 端为三极管集电极 c，红表棒所接 e 端为三极管的发射极 e。

对于 PNP 管，与上述情况正好相反。

在图 1.1.4 中 R_b = 100 kΩ，也可用人体电阻代替，即用两只手分别捏住 b，c 端。

(3)检查电流放大系数 β 和穿透电流 I_{CEO} 的大小。

1)如图 1.1.5 所示，b 极开路，测量 c，e 间的电阻值，若接入 100 kΩ 电阻前后两次测得的电阻值相差较大，则说明 β 愈大，此方法一般适用于检查小功率管的 β 值。

2) 图 1.1.5 中，流过管子的电流就是 I_{CEO}，电阻表中指针偏转越小，说明 I_{CEO} 越小，管子性能越好。

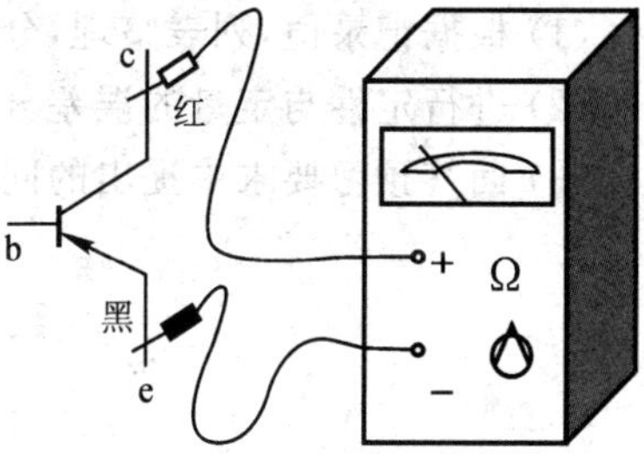

图 1.1.5　穿透电流测试电路

四、实验仪器

(1)双踪示波器 1 台。

(2)信号发生器 1 台。

(3)数字万用表 1 只。

(4)晶体管电压表 1 台。

(5)晶体管特性图示仪 1 台。

五、预习要求

复习有关示波器、正弦波信号发生器、晶体管电压表的工作原理。回答下列问题：

(1)要求示波器屏幕显示波形达到如下要求，应该调节哪些旋钮？

①波形清晰；②位置适中；③波形的个数为 2～3 个。

(2)若示波器显示如图 1.1.6 所示波形，是哪些旋钮调整不对？应如何调节？

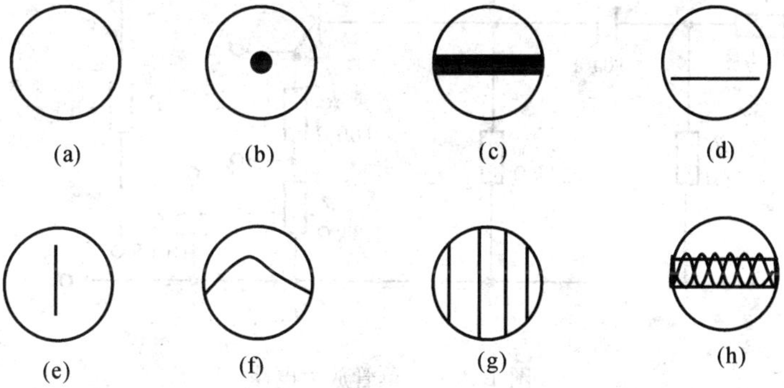

图 1.1.6　示波器显示波形

(3)要使 XD2C 信号发生器输出信号为 125 kHz，则与调节频率有关的四个旋钮应置于什么位置？

(4)当 SP1641D 信号发生器电压显示窗分别显示 20 V，2 V，200 mV 时，“衰减”按钮应分别置于多少 dB？电压有效值又各为多少？

六、实验报告要求

(1) 根据记录值,列表整理,分析实验数据。

(2) 进行定性与定量的误差分析。

(3) 回答预习要求中提出的问题。

1.2 单管放大电路

一、实验目的

(1) 熟悉电子元器件和模拟电路实验箱。

(2) 掌握放大器静态工作点的调试方法及其对放大器性能的影响。

(3) 学习测量放大器静态工作点 Q 及 A_u,R_i,R_o 的方法,了解共射放大电路的特性。

(4) 掌握放大器的动态性能。

二、实验原理

1. 实验电路

如图 1.2.1 所示,晶体管为 3DG6 型,β 为 30 ～ 100。

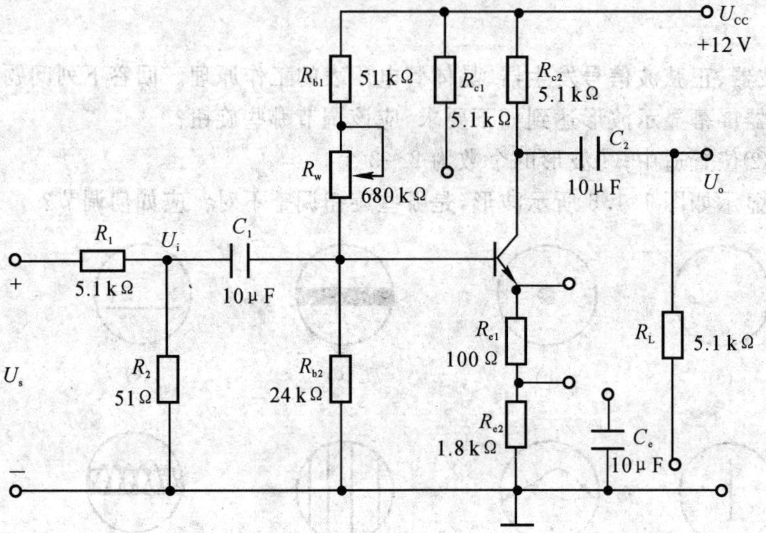

图 1.2.1　单管放大电路

2. 工作原理

(1) 静态工作点:

$$U_{CEQ} \approx U_{CC} - I_{CQ}(R_C + R_{e1} + R_{e2})$$

(2) 动态参数:电压放大倍数为

$$A_u = \frac{U_o}{U_i} = \frac{-\beta R_L'}{r_{be}}$$

其中

$$r_{be}=300+(1+\beta)26/I_{EQ},\quad R_L'=R_C\ /\!/\ R_L$$

(3) 输入电阻:理论上 $R_i=R_b\ /\!/\ r_{be}$

实验中,断开 R_2,则

$$R_i=\frac{U_i}{I_i}=\frac{U_i}{\dfrac{U_s-U_i}{R_1}}=\frac{U_i}{U_s-U_i}R_1$$

(4) 输出电阻:理论上 $R_o\approx R_C$;实验中,$R_o=\left(\dfrac{U_o}{U_{oL}}-1\right)R_L$。

注意:U_o 是 $R_L\to\infty$ 时的测量值,U_{oL} 是 $R_L=5.1\ k\Omega$ 时的测量值。

三、实验内容

1. 连接电路

(1) 用万用表判断实验箱上三极管的极性及好坏,β 值以及电解电容 C 的极性和好坏。

(2) 按图 1.2.1 连接电路(注意接线前先测量 +12 V 电源,断开电源后再接线),将 R_w 调到电阻最大位置。

(3) 接线后仔细检查,确认无误后再接通电源。

2. 静态调整

调整 R_w 使 $U_E=2.2$ V,测量、计算并填写表 1.2.1。

表 1.2.1　直流量测量

实　测				计　算		
U_B/V	U_E/V	U_C/V	R_w(断电测量)	$I_B/\mu A$	I_C/mA	β

3. 动态研究(测试条件:$R_C=5.1\ k\Omega$,$R_L\to\infty$)

(1) 将信号发生器输出调到 $f=1$ kHz,电压为 10 mV,接到放大器的输入端 U_i,不接负载电阻 R_L,观察 U_s 和 U_o 波形,并比较相位,记录之。

(2) 调 R_w 为合适值,信号源频率不变,逐渐加大幅度,观察 U_o 不失真时的最大值并填入表 1.2.2 中。

表 1.2.2　交流电压增益测量

实　测		实测计算	估　算
U_i/mV	U_o/V	A_u	A_u

(3) $U_i=10$ mV 不变,在改变给定参数的情况下测量,并将测量及计算结果填入表 1.2.3 中。

表 1.2.3 参数变化时电压增益情况

给定参数		实 测		实测计算	估 算
R_C	R_L	U_i/mV	U_o/V	A_u	A_u
2.5 kΩ	∞				
2.5 kΩ	5.1 kΩ				
5.1 kΩ	5.1 kΩ				
5.1 kΩ	∞				

(4) 调 $U_i = 10$ mV 左右，$R_L \to \infty$，增大或减小 R_w，观察静态工作点及 u_o 波形的变化情况，测量并填入表 1.2.4 中。

表 1.2.4 偏置电压变化时输出波形测量

R_w 值	U_B/V	U_E/V	U_C/V	u_o 输出波形情况
最 大				
合 适				
最 小				

注意：若观察失真不明显，可增大 u_i 幅值重测。

4. 测量放大器输入、输出电阻

(1) 测量输入电阻。在输入端串接一个 5.1 kΩ 电阻，如图 1.2.1 所示，但应断开 R_2，测量 U_s 与 U_i，即可计算 r_i。

(2) 测量输出电阻。在输出端接入可调电阻作为负载，选择合适的 R_L 值使放大器输出不失真（接示波器监视），测量有负载和空载时的 U_o，U_{oL}，即可计算 r_o。

将上述测量及计算结果填入表 1.2.5 中。

表 1.2.5 输入输出电阻的测量

测输入电阻				测输出电阻			
实测		测算	估算	实测		测算	估算
$\frac{U_s}{\text{mV}}$	$\frac{U_i}{\text{mV}}$	$\frac{r_i}{\text{k}\Omega}$	$\frac{r_i}{\text{k}\Omega}$	$\frac{U_o}{\text{V}}$	$\frac{U_{oL}}{\text{V}}$	$\frac{r_o}{\text{k}\Omega}$	$\frac{r_o}{\text{k}\Omega}$

四、实验仪器

(1) 双踪示波器 1 台。

(2) 信号发生器 1 台。

(3) 数字万用表 1 只。

(4) 晶体管交流电压表 1 台。

(5) 综合实验箱 1 台。

五、预习要求

(1) 熟悉三极管及单管放大器工作原理。

(2) 掌握放大器动态及静态测量方法。

(3) 思考题：直流偏置电阻 R_w 调至最大将产生什么失真，调至最小会产生什么失真？

六、实验报告要求

(1) 注明所完成的实验内容和思考题，分析表 1.2.3 和表 1.2.4 的实验结果，当有关参数改变时，从所得结果给出相应的基本结论。

(2) 选择实验中感受最深的一个实验内容，写出较详细的报告。要求能够使懂得电子电路原理但没有看过本实验指导书的人可以看懂该实验报告，并相信该实验中得出的基本结论。

(3) 做定量的误差分析，并定性分析误差原因。

1.3　多级放大电路

一、实验目的

(1) 掌握合理设置静态工作点的方法。

(2) 学会测试放大器频率特性的方法。

(3) 了解放大器的失真及消除方法。

二、实验原理

实验电路如图 1.3.1 所示，总的电压放大倍数为

$$A_u = \frac{U_{o2}}{U_i} = \frac{U_{o1}}{U_i}\frac{U_{o2}}{U_{o1}} = A_{u1}A_{u2}$$

实验电路输入端加入了一个 1∶100 的分压器，其作用是对信号源 U_s 进行衰减，以便调节 U_i 的大小。

注意：在测量 A_{u1} 时，应把第二级的输入作为第一级的负载。测量放大器输入电阻 R_i 时，应接入 R_1 断开 R_2。接入 R_L 是为了测量放大器输出电阻。具体测量方法见实验内容。

必须指出，当改变信号发生器的频率时，其输出电压的大小略有变化，测量放大器幅频特性时，应予以注意。

三、实验内容

1. 调整静态工作点

(1) 按图 1.3.1 接线，注意连接线应尽可能短。

(2) 静态工作点设置要求第二级在输出波形不失真的前提下放大的幅值尽可能地大，为了提高信噪比，第一级的静态工作点应尽可能地低。

2. 加交流输入信号

加在第一级基极输入端的是频率为 1 kHz，电压为 1 mV 的交流信号（在实验箱上经

100∶1 衰减电阻降至 1 mV,即信号源输出为 100 mV,加在输入端为 1 mV)。

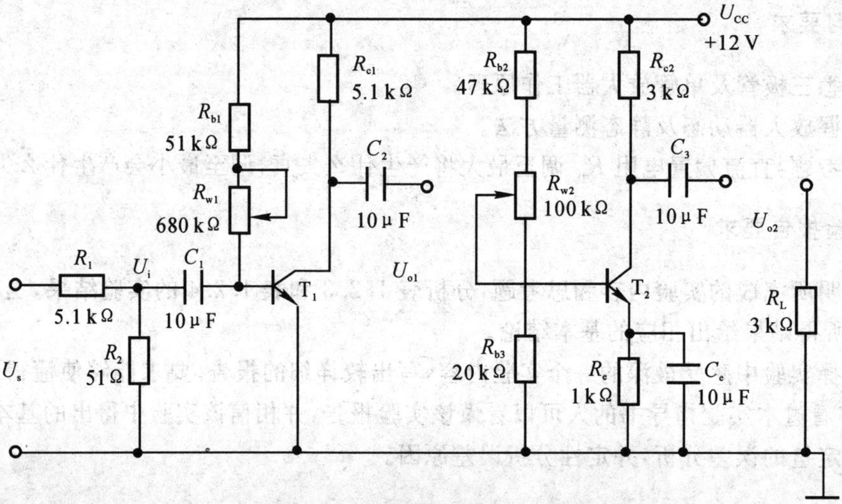

图 1.3.1　两级交流放大电路

注意:如发现干扰,例如寄生振荡等可采用以下措施消除:

(1) 重新接线,走线应尽可能短。

(2) 可在三极管 c,b 间加几 pF 到几百 pF 的电容。

(3) 信号源与放大器用屏蔽线连接。

3. 进行测量

按表 1.3.1 要求测量并计算,注意测静态工作点时,应断开输入信号。

表 1.3.1　工作点及交流放大增益测量

	静态工作点						输入 / 输出电压 /mV			电压放大倍数		
	第 1 级			第 2 级						第 1 级	第 2 级	整体
	U_{C1}/V	U_{B1}/V	U_{E1}/V	U_{C2}/V	U_{B2}/V	U_{E2}/V	U_i	U_{o1}	U_{o2}	A_{u1}	A_{u2}	A_u
空载 U_o												
负载 U_{oL}												

4. 接入负载 R_L 后重新测量

接入负载 $R_L = 3\ k\Omega$,按表 1.3.1 测量并计算,比较实验内容 3,4 的结果。

5. 测量 U_s,U_{o1} 和 U_{o2}

用双踪示波器测量第一级 U_s,U_{o1} 和第二级 U_{o2} 的输出波形,测出它们的幅度和相位差之间的关系,并画在坐标纸上。

6. 测量两级放大器的频率特性

(1) 断开放大器的负载,先将输入信号频率调到 1 kHz,幅度调到使输出幅度 1.4 V(有效值1 V)且不失真。可用示波器监测放大输出电压幅值1.4 V,或用交流电压表监测放大器输出

1 V 电压。

(2) 保持输入信号幅度不变,改变信号源频率(以 1 kHz 为中心频率向低或向高改变) 并测量输出 U_{o2} 的值,当电压 U_{o2} 下降为调整频率前的 0.7 倍时,所对应频率即为上、下限截止频率 f_H,f_L,按表 1.3.2 测量 U_{o2} 并记录。

表 1.3.2　信号频率变化时测量放大器输出电压值

条件 \ f/Hz	50	100	250	500	1 000	2 500	5 000	10 000	20 000
$R_L \to \infty$									
$R_L = 3\ k\Omega$									

(3) 接上负载,重复上述实验。

四、实验仪器

(1) 双踪示波器 1 台。
(2) 交流电压表 1 台。
(3) 正弦波信号发生器 1 台。
(4) 数字万用表 1 只。
(5) 综合实验箱 1 台。

五、预习要求

(1) 复习有关多级放大电路内容及频率响应特性测量方法。

(2) 分析图 1.3.1 两级放大电路工作原理,理论估算电路的静态工作点和电压放大倍数,设电源电压为 +12 V, $\beta = 60$, $U_{C1} = 9$ V,$U_{C2} = 6$ V。

(3) 思考题:本放大器有什么特点(工作点,增益,频率)?

六、实验报告要求

(1) 整理实验数据,分析实验结果。
(2) 画出实验电路的频率特性简图,标出 f_H 和 f_L。
(3) 写出改善频率范围的方法。
(4) 从表 1.3.1 和表 1.3.2 测试的实验结果得出结论并回答思考题。

1.4　负反馈放大电路

一、实验目的

(1) 研究负反馈对放大器性能的影响。
(2) 掌握负反馈放大器性能的测试方法。

二、实验原理

实验电路如图 1.4.1 所示。

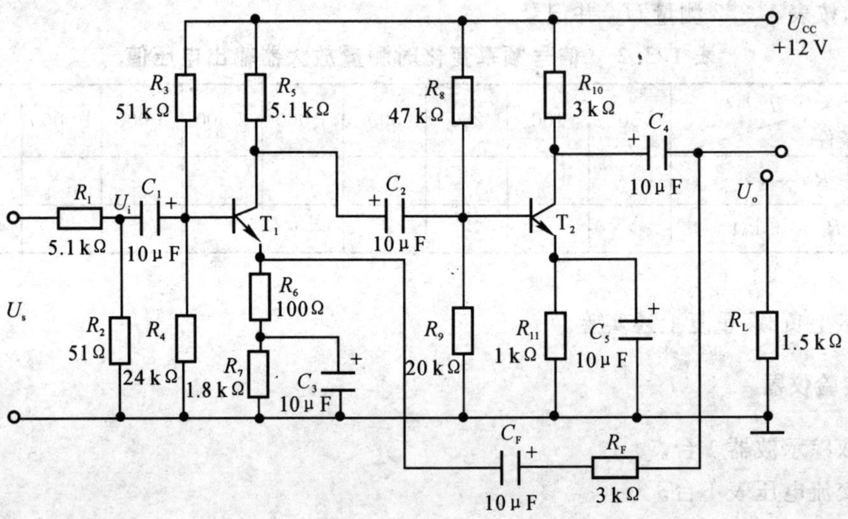

图 1.4.1　负反馈放大电路

负反馈放大器的放大倍数一般表示式为

$$A_f = \frac{A}{1+AF}$$

式中，A 为开环放大倍数，A_f 为闭环放大倍数，F 为反馈系数，$1+AF$ 为反馈深度。

若 A_m 代表中频开环放大倍数，则加负反馈后

$$f_{Hf} = f_H(1+A_mF)\ ,\quad f_{Lf} = f_L/(1+A_mF)$$

式中，f_{Hf}，f_{Lf} 为加负反馈后的上、下限频率。

负反馈放大器的输入、输出电阻为

$$R_{if} = R_i(1+A_mF) \quad \text{(串联负反馈)}$$

$$R_{if} = R_i/(1+A_mF) \quad \text{(并联负反馈)}$$

$$R_{of} = \frac{R_o}{1+A_mF} \quad \text{(电压负反馈)}$$

$$R_{of} = R_o(1+A_mF) \quad \text{(电流负反馈)}$$

本实验电路输入端加入了一个 1∶100 的分压器，其作用是对信号源 U_s 进行衰减，以方便调节 U_i 的大小。

必须指出，当改变信号发生器的频率时，其输出电压的大小略有变化，测量放大器幅频特性时，应予以注意。

三、实验内容

1. 反馈放大器开环和闭环放大倍数的测试

(1) 开环电路。

1) 按图 1.4.1 接线，R_F 先不接入。

2）输入端接入 U_i 为 $1 \sim 2$ mV，$f = 1$ kHz 的正弦波（注意：输入 1 mV 信号采用输入端衰减法（见 1.2 节））。调整接线和参数使输出不失真且无振荡（参考 1.3 节的方法）。

3）按表 1.4.1 要求进行测量，并填表。

4）根据实验数值计算开环放大倍数 A_u 和输出电阻 R_o。

（2）闭环电路。

1）接通 R_F 按开环电路的要求调整电路（输入电压改为 $U_i = 10$ mV）。

2）按表 1.4.1 要求测量，并填表，计算 A_{uf}。

3）根据实验结果，验证 $A_{uf} \approx 1/F$。

表 1.4.1　输入输出电阻及增益的测量

	R_L	U_i/mV	U_s/mV	U_o/mV	U_{ol}/mV	R_i/kΩ	R_o/kΩ	$A_u(A_{uf})$
开环	∞	1						
	1.5 kΩ	1						
闭环	∞	10						
	1.5 kΩ	10						

2. 负反馈对失真的改善作用

（1）将图 1.4.1 电路开环，逐步加大 U_i 的幅度，使输出信号出现失真（注意不要过分失真），记录失真波形幅度。

（2）将电路闭环，观察输出情况，并适当增加 U_i 幅度，使输出幅度接近开环时失真波形幅度。

（3）若 R_F 接入 T_1 的基极，会出现什么情况？实验验证之。

（4）画出上述各实验步骤的波形图。

3. 负反馈对放大器频率特性的影响

（1）将图 1.4.1 电路先开环，选择 U_i 适当幅度（频率为 1 kHz），使输出信号在示波器上有满幅正弦波显示。

（2）保持输入信号幅度不变，逐步增加频率，直到波形减小为原来的 70%，此时信号频率即为 f_H。

（3）条件同上，但逐渐减小频率，测得 f_L。

（4）将电路闭环，重复上述（1）～（3）步骤，并将实验结果填入表 1.4.2 中。

表 1.4.2　截止频率的测量

	f_H/Hz	f_L/Hz
开　环		
闭　环		

四、实验仪器

(1) 双踪示波器 1 台。
(2) 交流电压表 1 台。
(3) 信号发生器 1 台。
(4) 数字万用表 1 只。
(5) 综合实验箱 1 台。

五、预习要求

(1) 复习有关负反馈的理论知识。
(2) 认真阅读实验要求，估计待测物理量的变化趋势。
(3) 图 1.4.1 电路中晶体管的 β 值设为 80，计算该放大器开环和闭环电压放大倍数。
(4) 思考题：测量输入电阻时，R_2 是否断开？为什么？

六、实验报告要求

(1) 将实验值与理论值比较，分析误差原因。
(2) 根据表 1.4.1 的测试结果得出结论。
(3) 根据实验内容总结负反馈对放大器性能的影响并回答思考题。

1.5 差动放大电路

一、实验目的

(1) 熟悉差动放大器的工作原理。
(2) 掌握差动放大器的基本测试方法。
(3) 熟悉单端输入、双端输入的差模放大电路及共模放大电路的工作原理及测试方法。

二、实验原理

图 1.5.1 是一个差动放大器实验原理电路，R_w 为调零电位器，信号从 U_{i1}，U_{i2} 两端输入，从 T_1，T_2 两管集电极分别输出 U_{c1}，U_{c2}，U_o。电阻 R_{b1}，R_{b2} 为均压电阻。

1. 差动输入，双端输出

在图 1.5.1 中，若输入信号 U_i 加于 U_{i1}，U_{i2} 两端，则 $U_{i1}=\frac{1}{2}U_i$；$U_{i2}=-\frac{1}{2}U_i$，其差模放大倍数为

$$A_d=\frac{U_o}{U_i}=-\frac{\beta R_c}{r_{be}+(1+\beta)\frac{R_w}{2}} \qquad ①$$

A_d 为单管时的放大倍数。

2. 单端输入，双端输出

在图 1.5.1 中，若信号接在 U_{i1} 与 U_{i2} 两端，而 U_{i2} 接地，则电路为单端输入，双端输出。其差

模电压放大倍数与式 ① 相同。

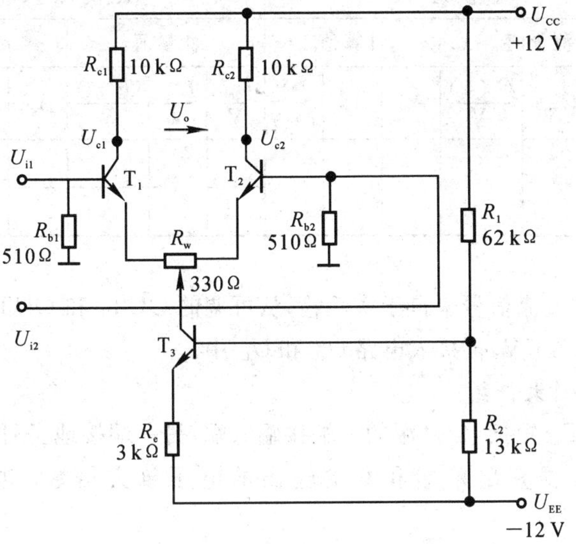

图 1.5.1　差动放大电路

3. 共模抑制比

在图 1.5.1 中，U_{i1} 与 U_{i2} 两点相连接，作为输入信号一端 U_i，共模信号加到 U_i 与地之间。

若为双端输出，则在理想情况下，$A_c = 0$。

若为单端输出，则共模放大倍数 $A_c \approx -\dfrac{R_c}{2R_e}$(注：差动长尾接 R_e 时)。

由共模抑制比 $K_{CMR} = |A_d/A_c|$ 可知，欲使 K_{CMR} 大，就要求 A_d 大，A_c 小；欲使 A_c 小，就要求 R_e 大。图 1.5.1 共模放大由于 T_3 的恒流源作用，等效的 R_e 极大，显然，K_{CMR} 很大。

三、实验内容

1. 测量静态工作点

(1) 调零。将输入端短接，接通 ±12 V 直流电源，调节电位器 R_w 使双端输出电压 $U_o = 0$。

(2) 测量静态工作点。测量 T_1，T_2，T_3 各极对地电压，填入表 1.5.1 中。

表 1.5.1　静态工作点电压测量

对地电压	U_{c1}	U_{c2}	U_{c3}	U_{b1}	U_{b2}	U_{b3}	U_{e1}	U_{e2}	U_{e3}
测量值/V									

2. 测量差模电压放大倍数

在输入端加入直流电压信号 $U_{id} = \pm 0.1$ V，按表 1.5.2 的要求测量并记录，由测量数据算出单端和双端输出的电压放大倍数。

表 1.5.2　差模与共模增益测量

测量及计算值 / 输入信号	差模输入						共模输入						共模抑制比
	测量值			计算值			测量值			计算值			计算值
	$\frac{U_{c1}}{V}$	$\frac{U_{c2}}{V}$	$\frac{U_o(双)}{V}$	A_{d1}	A_{d2}	A_d（双）	$\frac{U_{c1}}{V}$	$\frac{U_{c2}}{V}$	$\frac{U_o(双)}{V}$	A_{c1}	A_{c2}	A_c（双）	K_{CMR}
$U_{i1}=+0.1$ V													
$U_{i2}=-0.1$ V													

注意：输入端加的直流信号来自于实验箱，从可调的 OUT_1 和 OUT_2 输出直流电压，使其分别为 $+0.1$ V 和 -0.1 V，再接入电路 U_{i1} 和 U_{i2} 中。

3. 测量共模电压放大倍数

将输入端 U_{i1} 与 U_{i2} 短接，信号源的一端接输入端，另一端接地。不同信号输入按表 1.5.2 要求进行。由测量数据算出单端和双端输出的电压放大倍数，进一步算出共模抑制比 $K_{CMR}=|A_d/A_c|$。

4. 单端输入的差动电路实验

在图 1.5.1 电路的基础上组成单端输入的差动电路进行下列实验。

(1) 在图 1.5.1 中将 U_{i2} 接地，组成单端输入，从 U_{i1} 端分别输入直流信号 $U_i=\pm 0.1$ V，测量单端及双端输出电压值，记入表 1.5.3 中。计算单端输入时的单端及双端输出的电压放大倍数，并与双端输入时的单端及双端输出的电压放大倍数进行比较。

表 1.5.3　单端差模增益测量

测量及计算值 / 输入信号	测量			测量的 A_u			理论计算 A_u	
	U_{c1}/V	U_{c2}/V	U_o/V	A_{u1}（单）	A_{u2}（单）	A_u（双）	A_u（单）	A_u（双）
直流 $+0.1$ V								
直流 -0.1 V								
正弦信号(30 mV, 1 kHz)								

(2) 从 U_{i1} 端加入正弦交流信号 $U_i=30$ mV，$f=1$ kHz 分别测量、记录单端及双端输出电压，填入表 1.5.3 中。计算单端及双端的差模放大倍数。

注意：输入交流信号时，用示波器监视 u_{c1}，u_{c2} 波形，若有失真现象，可减小输入电压，直至使 u_{c1}，u_{c2} 都不失真为止。

用示波器观察 u_{c1}，u_{c2} 的波形，并测量其相位差，画在坐标纸上。

四、实验仪器

(1) 双踪示波器 1 台。

(2) 数字万用表 1 只。

(3) 信号发生器 1 台。

(4) 交流电压表 1 台。

(5) 综合实验箱 1 台。

五、预习要求

(1) 计算图 1.5.1 所示电路的静态工作点及电压放大倍数(设 $r_{be}=3\ \text{k}\Omega,\beta=70$)。
(2) 在图 1.5.1 所示电路基础上画出单端输入和共模输入的电路图。

六、实验报告要求

(1) 根据实测数据计算图 1.5.1 所示电路的静态工作点,并与预习结果相比较。
(2) 整理实验数据,计算各种接法的 A_d,并与理论计算值相比较。
(3) 计算实验中 A_c 和 K_{CMR}。
(4) 总结差放电路的性能和特点。

1.6 比例、求和运算电路

一、实验目的

(1) 掌握用集成运算放大器(简称集成运放)组成比例、求和运算电路的特点及性能。
(2) 学会上述电路的测试和分析方法。

二、实验原理

1. 电压跟随器

在图 1.6.1 中,设组件为理想元件,则

$$A_{uf}=\frac{U_o}{U_i}\approx 1$$

其输入电阻

$$R_{if}\to\infty$$

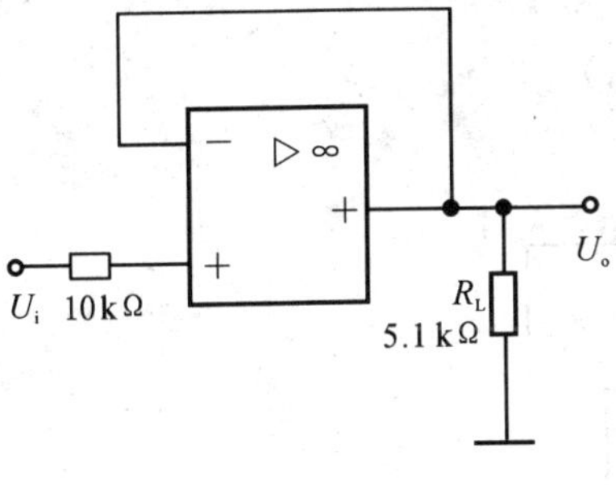

图 1.6.1 电压跟随器

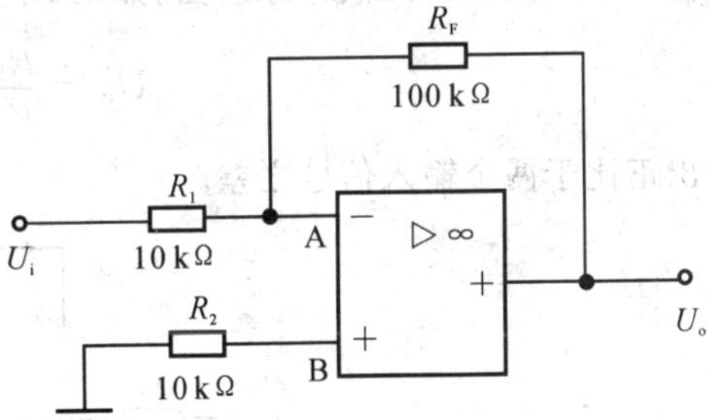

图 1.6.2 反相比例放大器

2. 反相比例放大器

在图 1.6.2 中,设组件为理想元件,则

$$A_{uf}=\frac{U_o}{U_i}=-\frac{R_F}{R_1}$$

其输入电阻

$$R_{if} \approx R_1$$

$$R_2 = R_1 /\!/ R_F \approx R_1$$

3. 同相比例放大器

在图 1.6.3 中，设组件为理想元件，则

$$A_{uf} = 1 + \frac{R_F}{R_1}, \qquad R_{if} \approx \infty$$

在放大器的两个输入端 A，B 上有共模电压，其值为 U_i。

4. 反相加法(求和)器

图 1.6.4 所示为反相加法器，由于 A 为虚地点，因此

$$U_o = -\left(\frac{R_F}{R_1}U_{i1} + \frac{R_F}{R_2}U_{i2}\right)$$

图中

$$R_3 = R_1 /\!/ R_2 /\!/ R_F$$

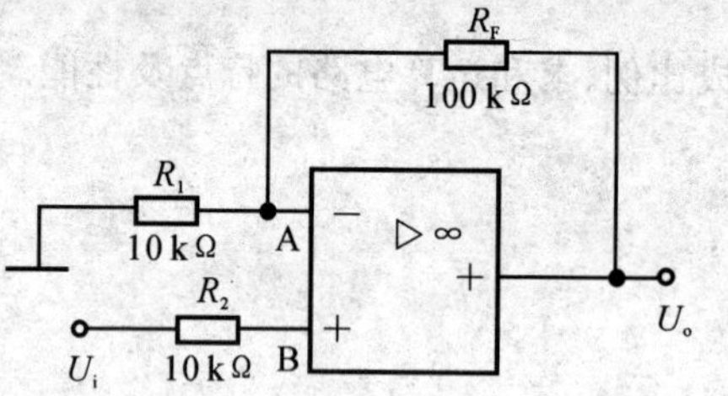

图 1.6.3　同相比例放大器

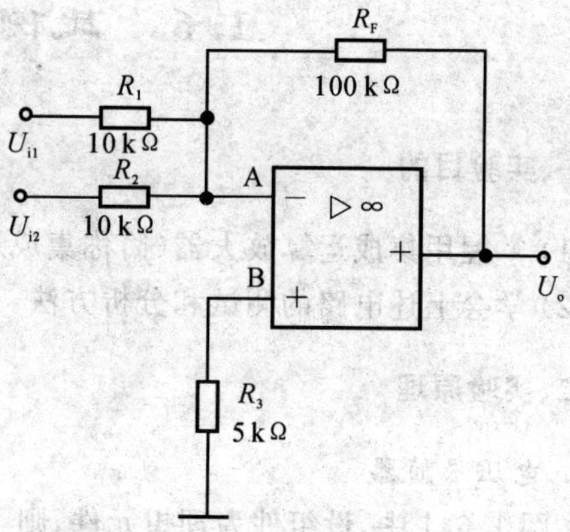

图 1.6.4　反相加法器

5. 减法器(差动放大器)

图 1.6.5 所示为减法器原理图。如果 $R_1 = R_2$，$R_F = R_3$，则

$$U_o = \frac{R_F}{R_1}(U_{i2} - U_{i1})$$

即输出正比于两个输入信号之差。

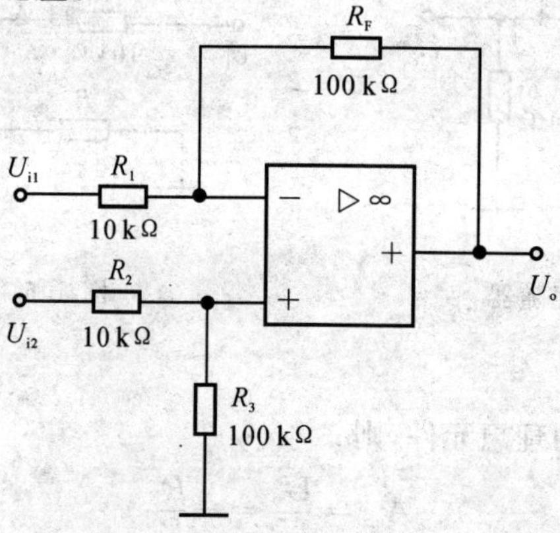

图 1.6.5　双端输入减法器

三、实验内容

1. 电压跟随器

实验电路如图 1.6.1 所示。按表 1.6.1 内容进行实验并测量、记录。

表　1.6.1

直流输入电压 U_i/V	−1	−0.5	0	+0.5	1
U_o/V　($R_L \to \infty$)					
U_o/V　($R_L = 5.1\ k\Omega$)					

2. 反相比例放大器

实验电路如图 1.6.2 所示。

(1) 按表 1.6.2 内容进行实验并测量、记录。

表　1.6.2

直流输入电压 U_i/mV		30	50	70	90	100
输出电压 U_o/mV	理论估算					
	实测值					
	误差 /(%)					

(2) 按表 1.6.3 内容进行实验并测量、记录。

表　1.6.3

	测试条件	理论估计值	实测值
ΔU_o/mV	直流输入信号 U_i 由 0 变为800 mV(注:从实验箱±5 V 可调直流电源输出)		
ΔU_{AB}/mV			
ΔU_{R2}/mV			
ΔU_{R1}/mV			

(3) 测量图 1.6.2 电路的上限截止频率。

3. 同相比例放大器

电路如图 1.6.3 所示。

(1) 按表 1.6.4 和表 1.6.5 内容进行实验并测量、记录。

(2) 测量电路的上限截止频率。

表　1.6.4

直流输入电压 U_i/mV		30	50	70	80	90
输出电压 U_o/mV	理论估算					
	实测值					
	误差 /(%)					

表　1.6.5

	测试条件	理论估计值	实测值
ΔU_o/mV	直流输入信号 U_i 由 0 变为 800 mV		
ΔU_{AB}/mV			
ΔU_{R2}/mV			
ΔU_{R1}/mV			

4. 反相求和放大电路

实验电路如图 1.6.4 所示。按表 1.6.6 内容进行实验测量，并与预习结果相比较。

表　1.6.6

U_{i1}/V		0.3	−0.3
U_{i2}/V		0.2	0.2
U_o/V	理论估算		
	实测值		
误差 /(%)			

5. 双端输入减法放大电路

实验电路如图 1.6.5 所示。按表 1.6.7 内容进行实验并测量、记录。

表　1.6.7

U_{i1}/V		1	2	0.2
U_{i2}/V		0.5	1.8	−0.2
U_o/V	理论估算			
	实测值			
误差 /(%)				

四、实验仪器

(1) 数字万用表 1 只。

(2) 双踪示波器 1 台。
(3) 信号发生器 1 台。
(4) 交流电压表 1 台。
(5) 综合实验箱 1 台。

五、预习要求

(1) 计算表 1.6.1 中的 U_o 和 A_{uf}。
(2) 估算表 1.6.3 中的理论值。
(3) 估算表 1.6.4、表 1.6.5 中的理论值。
(4) 计算表 1.6.6 中的 U_o。
(5) 计算表 1.6.7 中的 U_o。
(6) 思考题:射极跟随器具有什么特性?推导减法器公式。

六、实验报告要求

(1) 总结本实验中 5 种运算电路的特点及性能。
(2) 分析理论计算与实验结果误差的原因。
(3) 分析实验结果,得出结论。回答思考题。

1.7 积分与微分运算电路

一、实验目的

(1) 学会用运算放大器(简称运放)组成积分、微分电路。
(2) 掌握积分、微分电路的特点及性能。

二、实验原理

1. 积分电路

积分电路如图 1.7.1 所示,输出电压与输入电压成积分关系。在理想情况下,即设 u_C 初始值为 0,则其函数关系式为

$$u_o(t)=-\frac{1}{C}\int_0^t i_C(t)\mathrm{d}t$$

其中

$$i_C(t)=i_i(t)=\frac{u_i(t)}{R_1}$$

则

$$u_o(t)=-\frac{1}{R_1C}\int_0^t u_i(t)\mathrm{d}t$$

2. 微分电路

微分电路如图 1.7.2 所示。微分是积分的逆运算,输出电压与输入电压成微分关系,即

$$u_o(t)=-Ri_F=-Ri_i=-RC\frac{\mathrm{d}u_i(t)}{\mathrm{d}t}$$

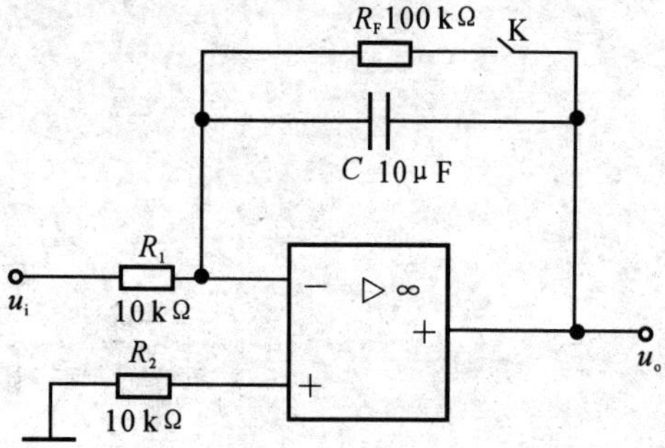

图 1.7.1 积分电路

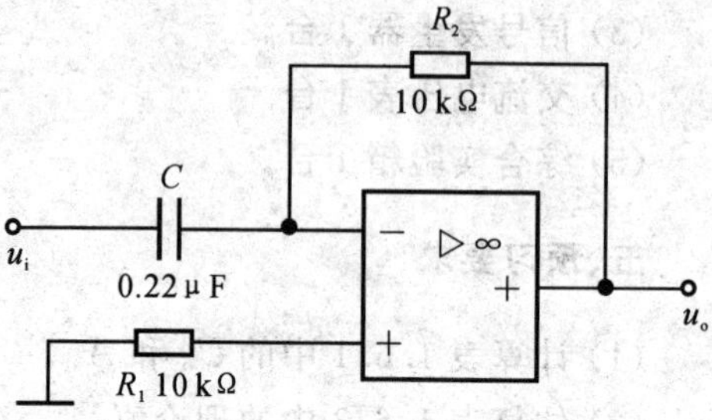

图 1.7.2 微分电路

三、实验内容

1. 积分电路

实验电路如图 1.7.1 所示。

(1) u_i =－1 V(直流)，断开开关 K(开关 K 可用一段电线代替，拔出电线一端作为断开)，用示波器观察 u_o 变化。

(2) 测量饱和输出电压及有效积分时间。

(3) 将图 1.7.1 中积分电容改为 0.1 μF，断开 K，u_i 分别输入频率为 100 Hz，幅值为 4 V 的方波和正弦波信号，观察 u_i 和 u_o 的大小及相位关系，并记录波形。

(4) 改变图 1.7.1 电路的频率，观察 u_i 和 u_o 的相位、幅值关系。

2. 微分电路

实验电路如图 1.7.2 所示。

(1) 输入正弦波信号，频率为 160 Hz，有效值为 1 V，用示波器观察 u_i 和 u_o 波形，并测量输出电压。

(2) 改变正弦波频率(20 ～ 400 Hz)，观察 u_i 和 u_o 的相位、幅值变化情况并记录。

(3) 输入方波(频率 200 Hz，幅度 ±5 V)，用示波器观察 u_o 波形，按上述步骤重复实验。

3. 积分-微分电路

实验电路如图 1.7.3 所示。

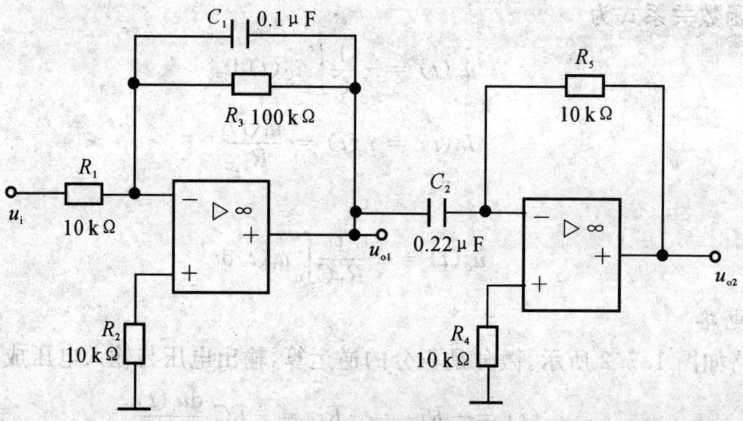

图 1.7.3 积分-微分电路

(1) u_i 为频率 200 Hz，幅度 ±5 V 的方波信号，用示波器观察 u_{o1} 和 u_{o2} 的波形并记录。

(2) 将频率改为 500 Hz，重复上述实验。

四、实验仪器

(1) 数字万用表 1 只。

(2) 信号发生器 1 台。

(3) 双踪示波器 1 台。

(4) 综合实验箱 1 台。

五、预习要求

(1) 分析图 1.7.1 电路，若输入正弦波，u_o 和 u_i 相位差是多少？当输入信号频率为 10 Hz，有效值为 2 V 时，u_o 为多少？

(2) 分析图 1.7.2 电路，若输入方波，u_o 和 u_i 相位差是多少？当输入信号频率为 160 Hz，幅值为 1 V 时，u_o 为多少？

(3) 拟定实验步骤，做好记录表格。

六、实验报告要求

(1) 整理实验中的数据及波形，总结积分、微分电路的特点。

(2) 分析实验结果与理论计算的误差原因。

1.8　电压比较器

一、实验目的

(1) 掌握比较器的电路构成及特点。

(2) 学会测试比较器的方法。

二、实验原理

1. 过零比较器

图 1.8.1 为一同相过零比较器的电路原理图，当输入电压 u_i 变化经过零点时，输出电压从一个电平跳变到另一个电平。

2. 滞回比较器

图 1.8.2 为运放组成的反相滞回比较器，图中输出端两稳压管为双向限幅器，决定输出幅度，R_3 起限流作用，R_1 为均衡输入电阻，R_2，R_F 决定电路的滞回特性，滞回比较器具有良好的抗干扰作用。

滞回比较器的下门限：

$$U_{T-}=-\frac{R_2}{R_2+R_F}U_Z$$

滞回比较器的上门限：

$$U_{T+}=+\frac{R_2}{R_2+R_F}U_Z$$

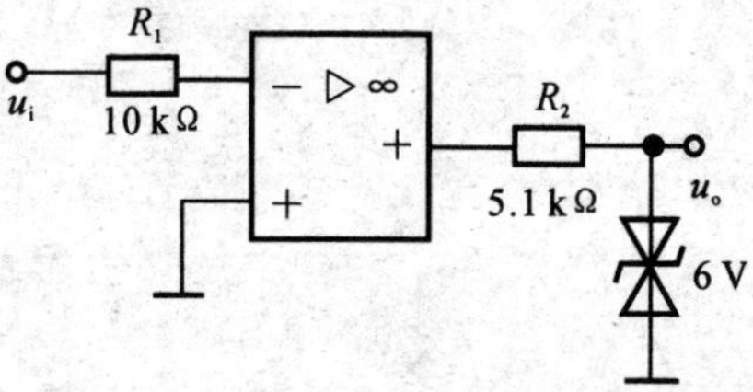

图 1.8.1　过零比较器

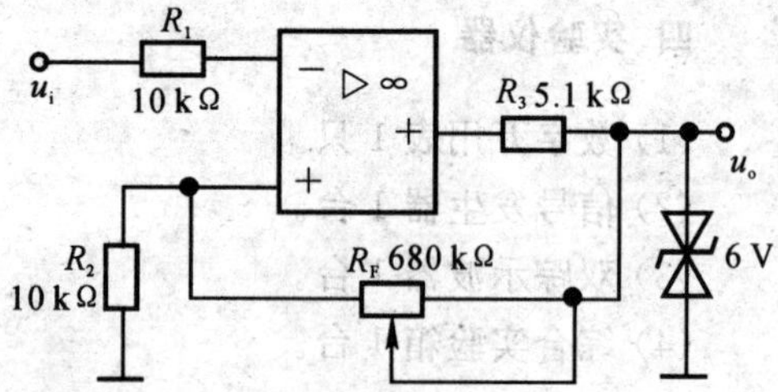

图 1.8.2　反相滞回比较器

三、实验内容

1. 过零比较器

实验电路如图 1.8.1 所示。

(1) 按图 1.8.1 接线，u_i 端悬空时测输出电压 u_o。

(2) 输入频率为 500 Hz，有效值为 1 V 的正弦波，观察 u_i 和 u_o 波形，并记录。

(3) 改变 u_i 幅值，观察 u_o 的变化。

2. 反相滞回比较器

实验电路如图 1.8.2 所示。

(1) 按图 1.8.2 接线，并将 R_F 调为 100 kΩ，u_i 接直流电压源。测出 u_o 由 $+U_{om}$ 变为 $-U_{om}$ 时 u_i 的临界值。

(2) 同上一步骤，测出 u_o 由 $-U_{om}$ 变为 $+U_{om}$ 时 u_i 的临界值。

(3) u_i 接频率为 500 Hz，有效值为 1 V 的正弦信号，观察并记录 u_i 和 u_o 波形。

(4) 将电路中 R_F 调为 200 kΩ，重复上述实验。

3. 同相滞回比较器

实验电路如图 1.8.3 所示。

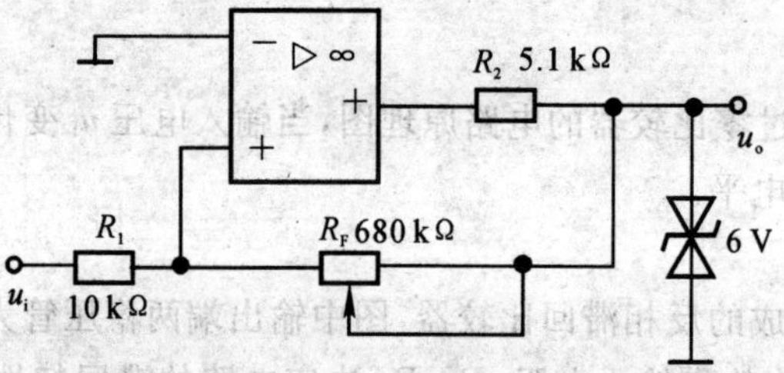

图 1.8.3　同相滞回比较器

参照实验内容 2(反相滞回比较器) 自拟实验步骤及方法，将结果与实验内容 2 相比较。

四、实验仪器

(1) 双踪示波器 1 台。
(2) 信号发生器 1 台。
(3) 数字万用表 1 只。
(4) 综合实验箱 1 台。

五、预习要求

(1) 分析图 1.8.1 电路，回答以下问题：
1) 比较器是否需要调零？原因何在？
2) 比较器的两个输入端电阻是否要求对称？为什么？
3) 运算放大器的两个输入端电位差如何估计？
(2) 分析图 1.8.2 电路。
1) 计算使 u_o 由 $+U_{om}$ 变为 $-U_{om}$ 的 u_i 临界值。
2) 计算使 u_o 由 $-U_{om}$ 变为 $+U_{om}$ 的 u_i 临界值。
3) 若 u_i 输入有效值为 1 V 的正弦波，试画出 u_i 和 u_o 的波形图。
(3) 分析图 1.8.3 电路，重复上述(2) 中的各步骤。
(4) 按实验内容准备记录表格及记录波形的坐标纸。

六、实验报告要求

(1) 整理实验数据及波形，并与预习计算值相比较。
(2) 总结这三种比较器的特点。

1.9　集成运放 RC 正弦波振荡器

一、实验目的

(1) 掌握桥式 RC 正弦波振荡器的电路构成及工作原理。
(2) 熟悉 RC 正弦波振荡器的调整、测试方法。
(3) 观察参数 R,C 变化对振荡器频率的影响，学习振荡频率的测定方法。

二、实验原理

RC 正弦波振荡电路是 RC 串并联式正弦波振荡电路，又称为文氏桥正弦波振荡器。此电路由放大电路和反馈网络(包括选频网络) 两部分组成，它的主要特点是采用 RC 串并联网络作为选频和反馈，放大电路采用集成运放。根据振荡条件即可写出对放大电路的要求。由于在 $f=f_0$ 时，RC 反馈网络的 $\varphi=0°$，$|F|=1/3$，所以放大电路的输出与输入之间的相位关系应是同相，放大倍数不能小于 3，即用放大倍数为 3(起振时应大于 3) 的同相比例器作为放大电路，如图 1.9.1 所示。

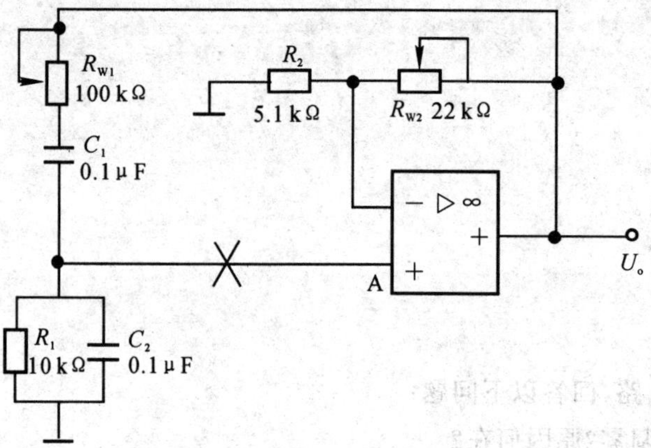

图 1.9.1 文氏桥正弦波振荡电路

三、实验内容

1. 接线

按图 1.9.1 接线，注意电阻 $R_{w1}=R_1$，需预先调好再接入。

2. 用示波器观察输出波形

思考下列问题：

(1) 若元件完好，接线正确，电源电压正常，而 $U_o=0$，原因何在？应如何解决？

(2) 若有输出但出现明显失真，应如何解决？

3. 测量输出频率

用频率计测量上述电路输出频率，若无频率计可按图 1.9.2 接线，用李沙育图形法测定，测出 U_o 的频率 f_o，并与计算值比较。

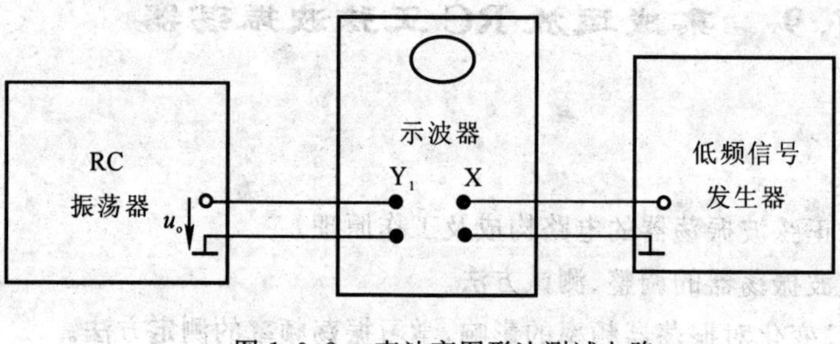

图 1.9.2 李沙育图形法测试电路

4. 改变振荡频率

在实验箱上设法使文氏桥电阻 $R=(10+20)$ kΩ，先将 R_{w1} 调到 30 kΩ，然后在 R_1 与地之间串接 1 个 20 kΩ 电阻即可。

注意：改变参数前，必须先关断实验箱电源开关，检查无误后再接通电源。测 f_o 之前，应适当调节 R_{w2} 使 U_o 无明显失真后，再测频率。

5. 测定运算放大器放大电路的闭环电压放大倍数 A_{uf}

实验电路如图 1.9.3 所示。

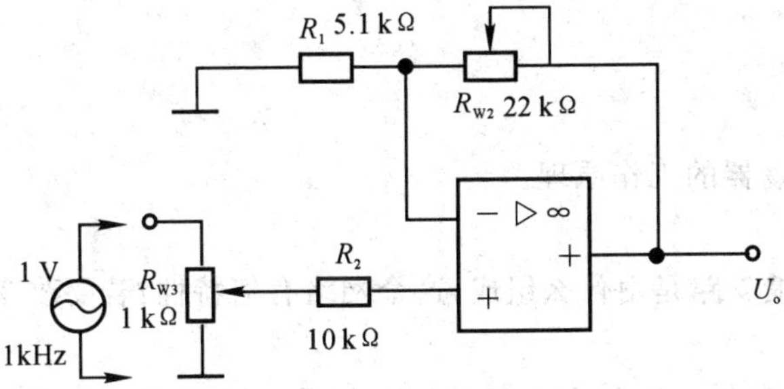

图 1.9.3 闭环电压放大倍数 A_{uf} 测试电路

先测出图 1.9.1 电路的输出电压 U_o 后，关断实验箱电源，保持 R_{w2} 及信号发生器频率不变，断开图 1.9.1 中点“A”接线，把低频信号发生器的输出电压接到电位器 R_{w3} 上，再从 R_{w3} 的滑动接点取 U_i 接至运放同相输入端，如图 1.9.3 所示。调节 U_i 使 U_o 等于原值，测出此时的 U_i 值，则

$$A_{uf} = \frac{U_o}{U_i}$$

6. 测定 RC 文氏桥放大电路增益的改变对振荡波形的影响

(1) 实验电路如图 1.9.1 所示，注意：R_{w1} 换成固定电阻 10 kΩ。调 R_{w2} 让电路起振，用示波器观察输出端 U_o 最大不失真波形，用示波器测 U_o 最大幅值 U_{pp} 和振荡波形的周期 T。然后断开图 1.9.1 运放的同相端，按图 1.9.3 所示测量，即通过 R_{w3} 两端加入 $f = 1$ kHz 正弦信号，调 R_{w3} 的可调端使输入到运放同相端的电压 $U_i = (0.5-1)$ V，然后测量输出 U_o（注意用交流电压表测量）。计算 $A_{uf} = U_o/U_i$。

输出端加稳幅器后测量并计算 $A_{uf} = U_o/U_i$。

(2) 恢复图 1.9.1 电路（注意去掉外加信号源）让文氏电路振荡，并调节 R_{w2} 让振荡波形刚好消失，然后断开图 1.9.1 运放的同相端，按图 1.9.3 所示测量，测量方法同上，计算 $A_{uf} = U_o/U_i$。

(3) 恢复图 1.9.1 电路（注意去掉外加信号源）让文氏电路振荡，并调节 R_{w2} 让振荡波形稍有失真，然后断开图 1.9.1 运放的同相端，按图 1.9.3 所示测量，测量方法同上，计算 $A_{uf} = U_o/U_i$。

(4) 比较上述 3 种情况测量的 A 增益，说明文氏桥放大电路增益的改变是如何影响振荡波形的。

(5) 加稳幅器前后振荡波形有何变化？

(6) 分析理论与测量的振荡波形周期的误差及原因。

7. 测定幅频特性曲线

自拟实验步骤，测定 RC 串并联网络的幅频特性曲线。

四、实验仪器

(1) 双踪示波器 1 台。

(2) 信号发生器 1 台。

(3) 频率计 1 台。

(4) 综合实验箱 1 台。

五、预习要求

(1) 复习 RC 桥式振荡器的工作原理。

(2) 回答下列问题：

1) 图 1.9.1 中，正反馈支路是由什么组成，这个网络有何特性？若要改变振荡器频率，只要改变哪两个的数值即可？

2) 图 1.9.1 中，R_{w2} 和 R_2 组成什么反馈，其中哪个是用来调节放大器的放大倍数？（使 $A_u \geqslant 3$）

六、实验报告要求

(1) 说明电路中哪些参数与振荡频率有关？将振荡频率的实测值与理论估计值相比较，并分析产生误差的原因。

(2) 总结改变负反馈深度对振荡器起振的幅值条件及输出波形的影响。

(3) 完成预习要求中的内容。

(4) 作出 RC 串并联网络的幅频特性曲线。

1.10 LC 振荡器及选频放大器

一、实验目的

(1) 研究 LC 正弦波振荡器的特性。

(2) 研究 LC 选频放大器的幅频特性。

二、实验原理

LC 正弦波振荡电路可产生频率高达 1 000 MHz 以上的正弦波信号。其正弦波振荡电路一般用分立元件组成。常见的 LC 正弦波振荡电路有变压器反馈式、电感三点式和电容三点式，它们的共同特点是用 LC 谐振回路作为选频网络，而且一般采用 LC 并联回路。实验电路如图 1.10.1 所示。

三、实验内容

1. 选频放大器的研究

(1) 按图 1.10.1 接线，先选电容 C 为 0.01 μF。

(2) 调节 R_{w1}，使晶体管 T 的集电极电压为 6 V（此时 $R_{w2} = 0$）。

(3) 调节信号源幅度和频率，使 $f = 16$ kHz，$U_{pp} = 10$ mV，示波器监视输出波形，调 R_{w2} 使失真最小，输出幅度最大，测量此时幅度，计算 A_u。

(4) 微调信号源频率（幅度不变）使 U_o 最大，并记录此时的频率 f 及输出信号幅值。

(5) 改变信号源频率，使 f（单位：Hz）分别为 $(f_0 - 2\,000)$，$(f_0 - 1\,000)$，$(f_0 - 500)$，$(f_0 + 500)$，$(f_0 + 1\,000)$，$(f_0 + 2\,000)$，分别测出相对应频率的输出幅度。

(6) 将电容 C 改接为 0.047 μF,重复上述实验步骤。

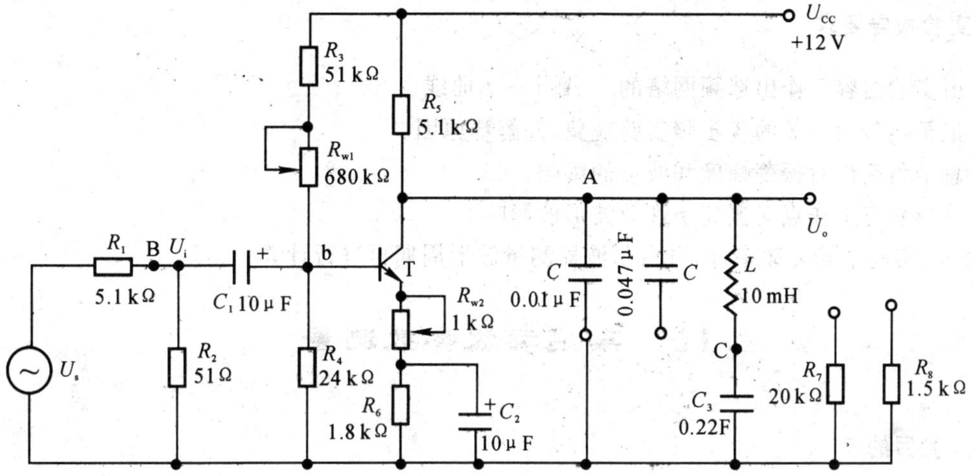

图 1.10.1 选频放大器

2. LC 振荡器的研究

图 1.10.1 中去掉信号源,先将 $C=0.01$ μF 接入,断开 R_2。令 $R_{w2}=0$,调 R_{w1} 使 T 的集电极电位为 6 V。

(1) 观察波形,测量振荡频率。

接通 B,C 两点,用示波器观察 A 点波形,调 R_{w2} 使波形不失真,测量此时振荡频率,并与前面实验的选频放大器谐振频率相比较。

将 C 改为 0.047 μF,重复上述实验步骤。

(2) 振荡幅度条件。

在上述形成稳定振荡的基础上,测量 U_B, U_C, U_A。求出 A_{uf},验证 A_{uf} 是否等于 1。

调节 R_{w2},加大负反馈,观察振荡器是否会停振。

在恢复振荡的情况下,在 A 点分别接入 20 kΩ, 1.5 kΩ 负载电阻,观察输出波形的变化。

3. 影响输出波形的因素。

(1) 在输出波形不失真的情况下,调节 R_{w2},使 $R_{w2}\to 0$,即减小负反馈,观察振荡波形的变化。

(2) 在波形不失真的情况下,调节 R_{w2},观察振荡波形的变化。

四、实验仪器

(1) 信号发生器 1 台。

(2) 双踪示波器 1 台。

(3) 频率计 1 台。

(4) 综合实验箱 1 台。

五、预习要求

(1) 复习 LC 电路三点式振荡器振荡条件及频率计算方法,计算图 1.10.1 中当电容 C 分别为 0.047 μF 和 0.01 μF 时的振荡频率。

(2) 复习 LC 选频放大器的幅频特性。

六、实验报告要求

(1) 由实验内容 1 作出选频网络的 $|A_u|-f$ 曲线。
(2) 记录实验内容 2 的各步骤实验现象,并解释原因。
(3) 总结负反馈对振荡幅度和波形的影响。
(4) 分析静态工作点对振荡条件及波形的影响。
注意:本实验中若无频率计,可由示波器测量波形周期再进行计算。

1.11　集成运放参数测量

一、实验目的

(1) 熟悉集成运放主要参数的定义和表示方法。
(2) 掌握集成运放主要参数的测试方法。

二、实验原理

1. 失调电压(U_{IO}(mV))的测量

失调电压是放大器输出为零时,在输入端所引入的补偿电压。电路如图 1.11.1 所示,K_1,K_2 短接,电路工作在闭环状态,此时的 U_o 设为 U_{o1},则

$$U_{IO}=\frac{R_1}{R_1+R_2}U_{o1} \qquad ①$$

注意:测量失调电压及失调电流时,应将调零电位器短接。

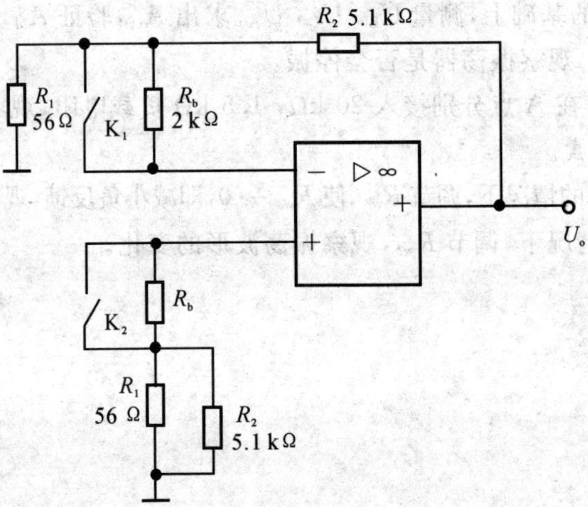

图 1.11.1　失调 I_{IO}, U_{IO} 的测量电路

2. 失调电流(I_{IO}(nA))的测量

在图 1.11.1 电路中,将 K_1, K_2 断开,即接入 R_b 以反映 $I_{IO}(=|I_{B1}-I_{B2}|)$ 的大小。此时

的 U_o 设为 U_{o2}，则

$$I_{IO} = \frac{U_{o2} - U_{o1}}{\left(1 + \frac{R_1}{R_2}\right) R_b} \quad ②$$

3. 开环增益 A_{od} 的测量

实验采用交流开环，直流闭环。测量电路如图 1.11.2 所示。

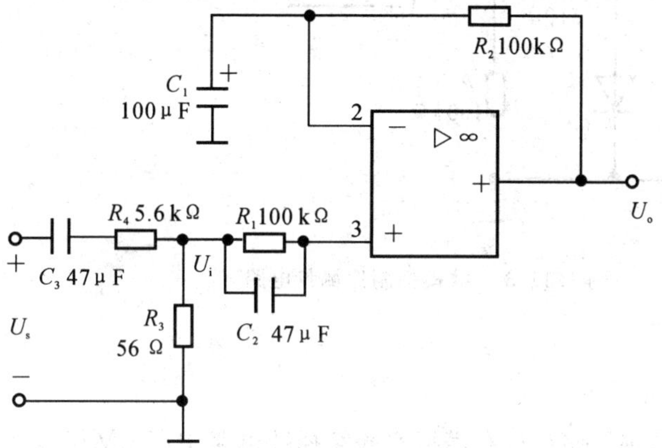

图 1.11.2　开环电压的测试电路

交流信号 U_s 经 C_3 和 R_3，R_4 组成的分压器分压后再经电容 C_2 送到运放的同相端。反馈电阻 R_2 使放大器处于深度直流闭环状态，迫使直流的 $U_o = 0$。电容 C_1 将 R_2 反馈回来的交流信号旁路到地，实现交流开环的要求。当 C_1，C_2 容量足够大时，其上压降可忽略，则

$$U_i = \frac{R_3}{(R_3 + R_4)} U_s \approx 0.01 U_s$$

$$A_{od} = \frac{U_o}{U_i} \approx \frac{100 U_o}{U_s} \quad ③$$

注意：测量前电路应调零，并消振。

4. 共模抑制比 K_{CMR} 的测量

K_{CMR} 的测量电路如图 1.11.3 所示。

闭环时差模放大倍数为

$$A_d = -\frac{R_2}{R_1}$$

当接入共模信号 U_{ic} 时，测得 U_{oc} 大小，其共模放大倍数为

$$A_c = \frac{U_{oc}}{U_{ic}}$$

则

$$K_{CMR} = 20\lg\left|\frac{A_d}{A_c}\right| \quad (\text{dB}) \quad ④$$

测量时应注意以下问题：

(1) U_{ic} 的幅值必须小于运放的最大共模输入电压范围 U_{icm}，否则共模抑制比显著下降。

(2) 为了保证测量精度，必须保持 R_1 与 R_3，R_2 与 R_4 的匹配程度。

(3) 测量前电路应先调零、消振。

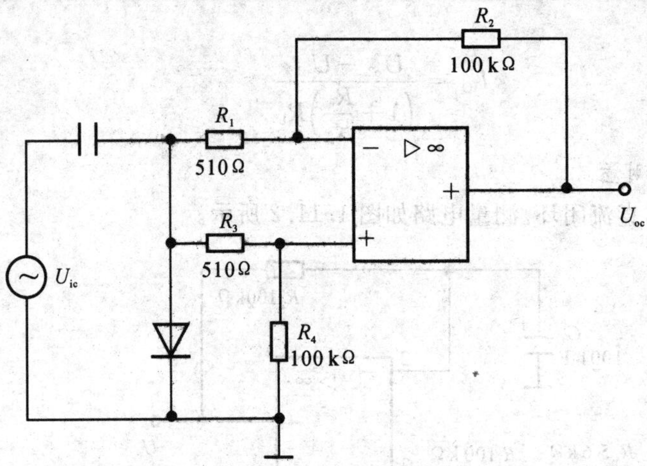

图 1.11.3　共模抑制比测量电路

三、实验内容

本实验使用运放为 F004 或 LM741。在模拟实验箱插装电路中用 LM741。

1. 测量失调电压 U_{IO}(mV)

(1) 测量电路如图 1.11.1 所示，在实验板上闭合 K_1，K_2，注意要将调零电位器短路。

(2) 通电，用示波器观察输出 U_{o1} 有无振荡，否则应消振。

(3) 测出 U_{o1} 的值，根据公式 ① 求出 U_{IO} 并与手册给出的值进行比较。

2. 测量失调电流 I_{IO}(nA)

(1) 测量电路如图 1.11.1 所示，在实验板上断开 K_1，K_2。

(2) 测出 U_{o2} 的值，根据公式 ② 算出 I_{IO} 并与手册给出的值进行比较。

3. 测量开环电压增益 A_{od}

(1) 测量电路如图 1.11.2 所示。接好线路，再接通电源，消振调零。

(2) 用一个频率可调的正弦信号源从电路输入端输入 U_s，选择若干个频率值，以 $f=1$ kHz 为中心频率时，保证 U_o 波形无失真的条件下，测出 U_o 及 U_s。测试按表 1.11.1 进行，并由公式 ③ 求出 A_{od}。

表 1.11.1　开环电压增益测量

f/Hz	100	500	10^3	5×10^3	10×10^3
U_o/V					
U_s/V					
$U_i=U_sR_3/(R_3+R_4)=0.01U_s$					
$A_{od}=U_o/U_i$					

4. 测量共模抑制比 K_{CMR}(dB)

(1) 测量电路如图 1.11.3 所示。接好线路，再接通电源，消振调零。

(2) 输入 $f=1\ \text{kHz}$,$U_{ic}=60\ \text{mV}$ 的共模信号电压,测出 U_o,并由公式④算出 K_{CMR} 的值。

四、实验仪器

(1) 双踪示波器1台。
(2) 晶体管电压表1台。
(3) 直流稳压电源1台。
(4) 数字万用表1只。
(5) 运放参数测试板1块。
(6) 正弦波信号发生器1台。

五、预习要求

(1) 复习集成运放组件的技术指标和定义。
(2) 了解 U_{IO} 和 I_{IO} 产生的原因及 U_{IO},I_{IO},A_{od},K_{CMR} 的测量原理。

六、实验报告要求

(1) 画出所测参数的电路原理图,列表比较主要参数的测试值和技术指标值,并进行讨论。

(2) 实验内容分析。

1) 实验内容1中,U_{IO} 的测量为什么不能调零?

2) 实验内容2中,I_{IO} 的测量能否调零?为什么?若两个 R_b 取很大或很小行吗?两个 R_b 有误差结果会怎样?为什么?

3) 实验内容3的 A_{od} 测量中,在你所选择的频率下测得开环电压增益 A_{od} 有什么变化规律?从 A_{od} 中能反映频带宽度大小吗?如果闭环情况下选择同样频率,测量结果将如何?

4) 实验内容4中测量的 K_{CMR},对 U_{ic} 输入信号有什么要求?为什么?本电路中二极管起什么作用?

(3) 测量开环电压增益 A_{od} 时,为什么信号发生器不能直接接到运放的同相端,而通过 R_3,R_4 分压衰减电路。

(4) 实验中将会遇到什么问题?应如何解决?

1.12 整流、滤波与稳压电路

一、实验目的

(1) 掌握单相桥式整流、滤波电路的工作原理和输入、输出电压之间的数量关系。
(2) 了解电容滤波器的作用,观察滤波器对整流波形的影响。
(3) 比较整流滤波电路与稳压电路的特点。
(4) 掌握集成稳压电路技术指标的测试方法。

二、实验原理

直流稳压电源的形成如图1.12.1所示。

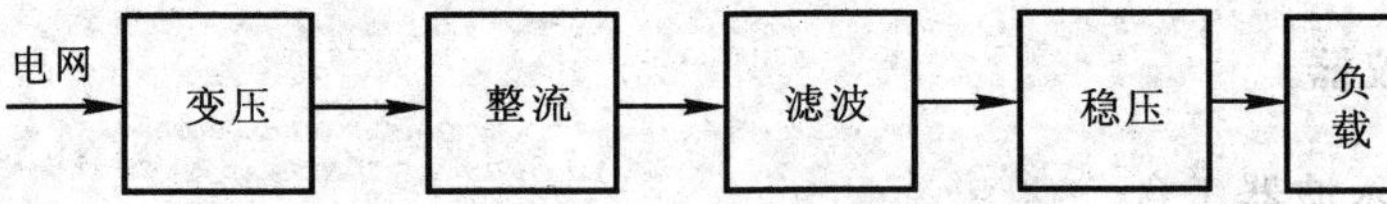

图 1.12.1　直流稳压电源方框图

许多直流电源是由整流加滤波电路组成的，其优点是线路简单、经济，缺点是带载能力较差，输出直流电压不够稳定，纹波也较大。主要原因是电压调整率大，内阻也偏大，只适用于要求不高的电路中。

若在整流、滤波之后接入稳压器，则可提高直流电源输出的稳压性。常用于电源要求较高的稳压电路中。有些稳压电源的输出功率较小，输出电流在几百毫安以下，而一些大功率的稳压电路输出电流达 1 A 以上。从稳压电路组成来说，可以由分立元件组成，也可以采用集成的稳压器，就目前电源电路而言，大多使用集成稳压电路组成，其优点是使用简单、方便和可靠，而且很经济，线路不复杂，体积小。下面实验中重点研究集成稳压电路。

三、实验内容

1. 整流电路的测量

(1) 实验电路如图 1.12.2 所示，以下测量值为负载 R_L 最大、最小两种条件。

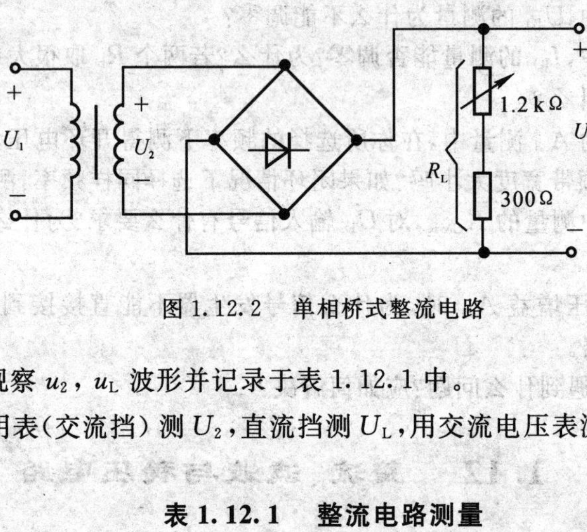

图 1.12.2　单相桥式整流电路

(2) 用示波器观察 u_2，u_L 波形并记录于表 1.12.1 中。

(3) 用数字万用表(交流挡) 测 U_2，直流挡测 U_L，用交流电压表测 u_L。所有测量值记入表 1.12.1 中。

表 1.12.1　整流电路测量

整流电路	U_2/V	U_L/V	u_L/mV	$r = u_L / U_L$	u_2，u_L 波形画在坐标纸上
实测值					
理论值					

2. 带有电容滤波的单相桥式整流电路的测量

(1) 实验电路如图 1.12.3 所示，接入电容 C_L 为 1 000μF。

(2) 用示波器观察 u_2，u_L 波形(负载取最大、最小两种情况) 并记录于表 1.12.2 中。

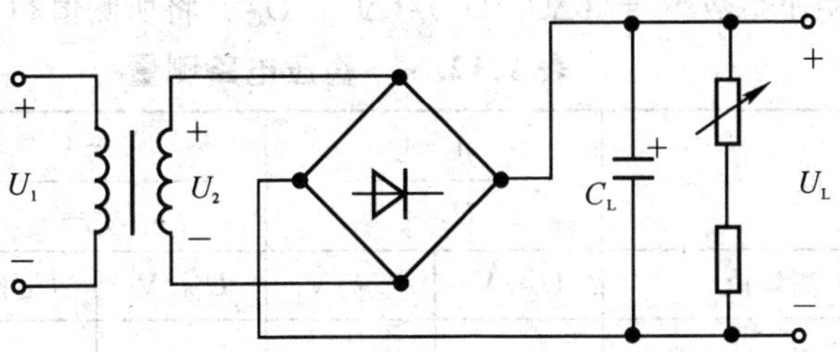

图 1.12.3　带有电容滤波的单相桥式整流电路

(3) 用数字万用表交流电压挡测 U_2 值，直流电压挡测 U_L 值，用晶体管交流电压表测纹波 u_L 值。测量 U_L 的变化量 ΔU_L，即 U_L 最大、最小两种情况；测量 I_L 的变化量，即

$$\Delta I_L = I_{L1} - I_{L2}$$

其中

$$I_{L1} = \frac{U_L}{R_{Lmin}}, \quad I_{L2} = \frac{U_L}{R_{Lmax}}$$

将所测值记入表 1.12.2 中。

注意：用数字万用表测 R_{Lmin}，R_{Lmax} 必须断开电路电源及外电路，否则将会烧坏表头，且测量值偏小(思考原因)。

表 1.12.2　滤波电路测量

整流滤波电路	U_2/V	U_L/V	u_L(纹)/mV	$r = u_L / U_L$	$r_o = \Delta U_L/\Delta I_L$	波形(u_2，u_L)
$R_L = 3\ \text{k}\Omega$						
$R_L = 330\ \Omega$						

3. 集成稳压电路的测量

实验电路如图 1.12.4 所示，W317 是输出电压可调的直流稳压器，本实验电路要求把稳压器输出调为 5 V，然后分别改变电网电压(U_2) 和负载，观察稳压器的变化情况，按以下要求做实验。

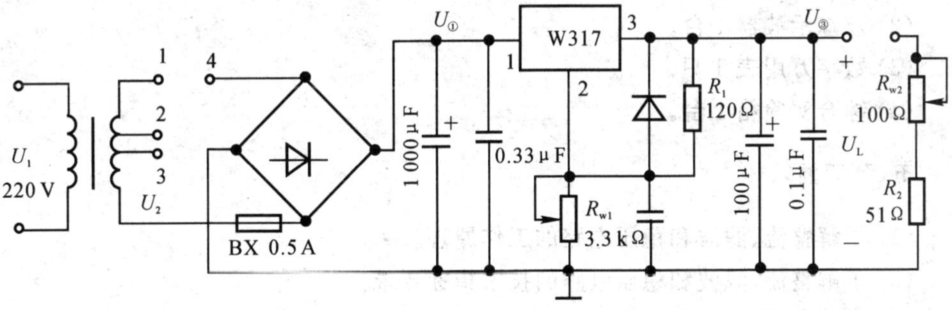

图 1.12.4　集成稳压电路

(1) 改变 U_2 分别为 1—4，2—4，3—4，用数字万用表交流电压挡测量相应 U_2，直流电压挡测

量 $U_{②}$，$U_{③}$。计算稳压系数 $S_r=(\Delta U_L/U_L)/(\Delta U_{②}/U_{②})$，将所测值和计算值记入表 1.12.3 中。

表 1.12.3 稳压电路测量

测量值	1—4		2—4		3—4	
	$U_2=$		$U_2=$		$U_2=$	
不同负载下测量值	$U_{②}$/V	$U_{③}$/V	$U_{②}$/V	$U_{③}$/V	$U_{②}$/V	$U_{③}$/V
$R_L=3\ k\Omega$						
$R_L=1.5\ k\Omega$						
$R_L=330\ \Omega$						
$\Delta U_{②}$/V(以 $R_L=1.5\ k\Omega$，U_2 为 2—4 相接为基准)						
$\Delta U_{③}$/V(以 $R_L=1.5\ k\Omega$，U_2 为 2—4 相接为基准)						
$S_r=$						

(2) 测量集成稳压电源的输出电压，调稳压器 $U_o=6$ V，然后负载电阻取最大和最小两种情况，用数字万用表直流电压挡测量其值。纹波电压用交流电压表测量，并推算输出电阻，用示波器观察测量点 u_L 的波形。将测量数据及波形记录于表 1.12.4 中。

表 1.12.4 稳压器电压 6 V 时的测量

参　数	U_2/V	U_L/V	u_L/mV	$r_o=\Delta U_L/\Delta I_L$	波　形
R_{Lmax}					
R_{Lmin}					

四、实验仪器

(1) 晶体管电压表 1 台。

(2) 双踪示波器 1 台。

(3) 数字万用表 1 只。

(4) 综合实验箱 1 台。

五、预习要求

(1) 了解整流、滤波和稳压电路的工作原理。

(2) 了解整流、滤波和稳压电路的技术指标要求。

(3) 阅读实验内容，熟悉实验电路。

六、实验报告要求

(1) 由实验数据，讨论整流、滤波后输出、输入电压在数量上存在的关系，并与理论值比较。

(2) 对整流、滤波、稳压后的各点波形进行比较，并简要说明各环节的作用。

(3) 比较整流、滤波和稳压电路的某些性能指标，讨论其异同。

(4) 回答下列问题：

1) 整流电路中，一个二极管极性接反会产生什么后果？如果一个二极管短路会产生什么样的后果？如果一个二极管断开又会产生什么结果？

2) 三个实验电路脉动或纹波情况如何？如果加重负载（让负载电阻阻值减小），纹波情况将如何？

七、注意事项

本实验使用自耦调压器，输出电压高达 250 V，使用时特别要注意安全，通电时一定要与同伴打招呼，防止触电事故发生，不要用手触摸金属部分。

第 2 章　数字电路基础实验

2.1　门电路逻辑功能及其应用

一、实验目的

(1) 熟悉 TTL 门电路的外形、逻辑功能，掌握测试方法。

(2) 熟悉集电极开路门的逻辑功能及使用特点，掌握 R_L 的计算方法。

(3) 熟悉电子技术学习机的数字电路部分及双踪示波器的使用方法。

二、实验原理

(1) 如图 2.1.1 所示，TTL 与非门当所有输入端全部为高电平时，输出为低电平；当输入端任何一个接低电平时，输出为高电平，从而实现与非功能。

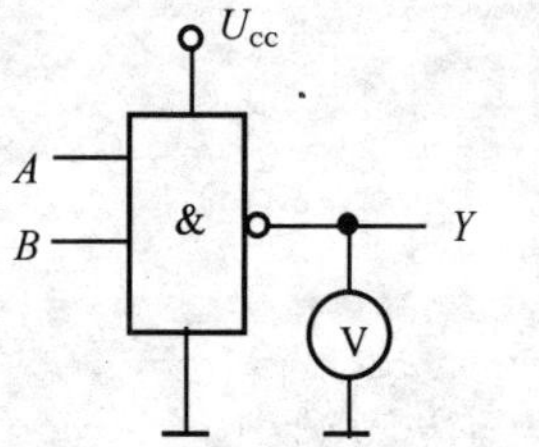

图 2.1.1　TTL 与非门

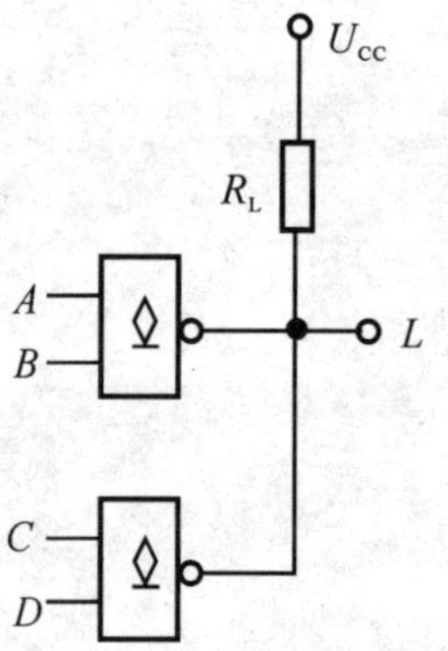

图 2.1.2　集电极开路门

(2) 集电极开路门(简称 OC 门)，它工作时必须外接负载电阻 R_L，若把两个 OC 门输出端连接在一起，通过公共电阻 R_L 接到电源(见图 2.1.2)，就可实现"线与"的功能，即

$$L = \overline{AB} \cdot \overline{CD} = \overline{AB + CD}$$

负载电阻 R_L 的计算如下：

假定有 N 个 OC 门并联去驱动有 m 个输入端的 n 个与非门，如图 2.1.3 所示。当所有的 OC 门都截止，即其输入端均为"0"时，输出电压 U_o 为高电平。为保证输出高电平不低于规定值，R_L 不能太大，其计算公式为

$$R_{Lmax} = (U_{CC} - U_{OHmin})/(NI_{OH} + mI_{IH})$$

式中，U_{OHmin} 为规定的产品高电平下限值($U_{OHmin} \geqslant 2.4$ V)；I_{OH} 为 OC 门输出管截止时的漏电

流，TTL 电路的 I_{OH} 约为 50 μA；I_{IH} 是负载门的高电平输入电流，TTL 电路的 I_{IH} 约为 40 μA。

当任何一个 OC 门处于导通状态，即输入为高电平，输出为低电平，在“最不利”情况下，所有电流全部流入唯一的一个导通门，为使输出低电平低于规定值，从而得出 R_L 的最小允许值，其计算公式为

$$R_{Lmin}=(U_{CC}-U_{OHmin})/(I_{OL}-nI_{IL})$$

式中，U_{OHmin} 为规定的产品低电平上限值，约为 0.4 V；I_{IL} 为负载门的输入短路电流，约为 1.4 mA；I_{OL} 是 OC 门所允许的最大负载电流（通常取 $I_{OL}\geqslant 15$ mA）。

OC 门的应用主要是组成“线与”，完成某些特定的逻辑功能，实现逻辑电平转移。

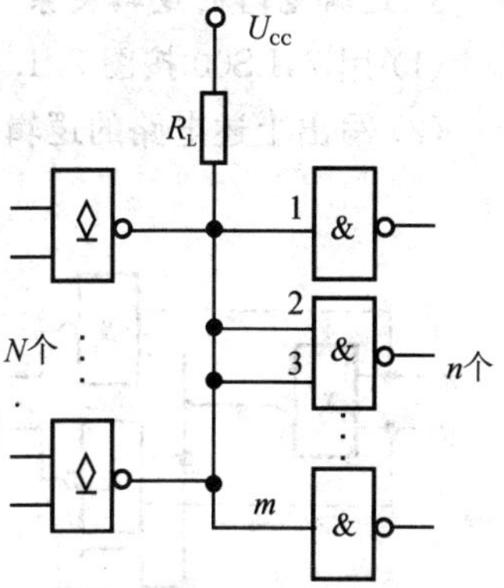

图 2.1.3　OC 门并联驱动与非门电路

三、实验内容

1. 测试门电路逻辑功能

(1) 将四 2 输入与非门 74LS00 一片插入面包板，按图 2.1.1 接线，输入端接 S_1，S_2（电平开关输出插口），输出端接直流电压表或电平显示发光二极管。

(2) 将电平开关按表 2.1.1 置位，分别测输出电压及逻辑状态，验证输出与输入变量是否符合“与非”关系。

表 2.1.1　门电路逻辑功能测量

输入		输出	
A	*B*	*Y*	电压 /V
0	0		
0	1		
1	0		
1	1		

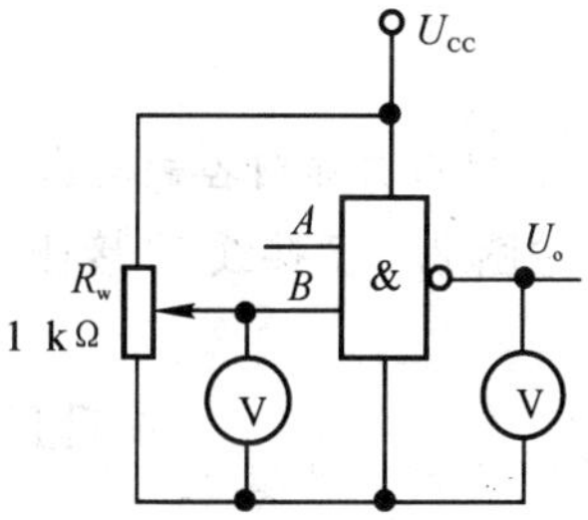

图 2.1.4　门电路传输特性测量电路

2. 测试门电路传输特性

按图 2.1.4 接线，调 R_w，用电压表测量当 U_i 分别为 0.3 V，0.6 V，1.0 V，1.3 V，1.4 V，1.5 V，2.0 V，3.0 V 时对应的 U_o 值。填入表 2.1.2 中，并画出传输特性曲线。

表 2.1.2　门电路传输特性测量

U_i/V	0.3	0.6	1.0	1.3	1.4	1.5	2.0	3.0
U_o/V								

3. 逻辑电路的逻辑关系

(1) 用 74LS00 按图 2.1.5 接线，将输入、输出的逻辑关系填入表 2.1.3 中。

(2) 写出上述电路的逻辑表达式。

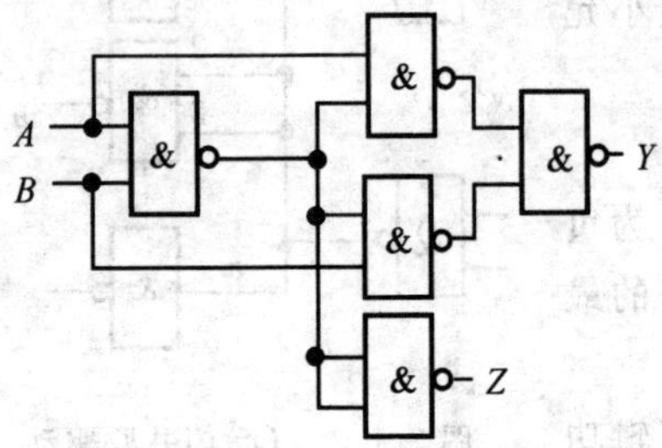

图 2.1.5　组合电路功能测量电路

表 2.1.3　组合电路功能测量

输入		输出	
A	B	Y	Z
0	0		
0	1		
1	0		
1	1		

4. 逻辑门传输延迟时间的测量

用六反相器 74LS04 按图 2.1.6 接线，输入 200 kHz 连续脉冲，用双踪示波器测量输入、输出之间的延迟时间，计算每个门的平均传输时间 T_{pd} 的值。

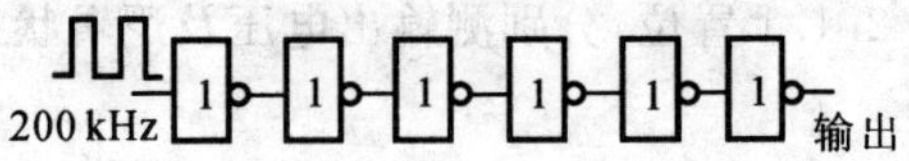

图 2.1.6　逻辑门传输延迟时间测量电路

5. 利用与非门控制输出.

按图 2.1.7 接线，S 接任一电平开关，用示波器观察 S 对输出脉冲的控制作用。

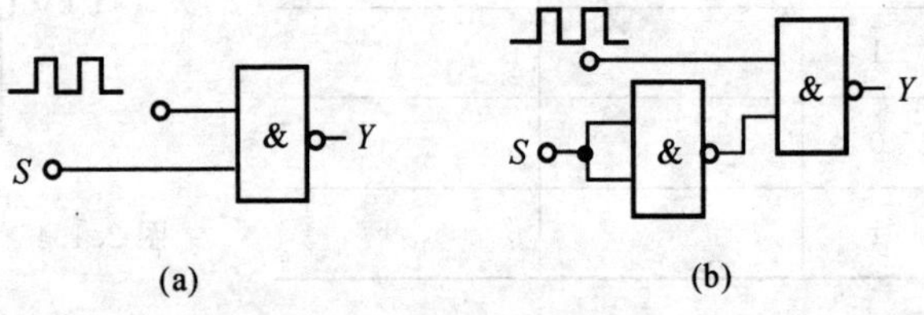

图 2.1.7　与非门控制输出电路

6. OC 门 R_{Lmax} 与 R_{Lmin} 的测定

(1)R_{Lmax} 的测定。按图 2.1.8 连线，四个 OC 门为 74LS03，驱动四个负载门（一片 74LS00），其中两个与非门各有一个输入端接入电路，另两个与非门各有两个输入端接入电路。将四个 OC 门的输入端全部接地，改变电位器的阻值，使 $U_{OHmin} = 2.4$ V。再用数字万用表测出 R_{Lmax} 的值（注意：须在断开电源和连线的情况下测量）。

(2)R_{Lmin} 的测定。在图 2.1.8 中，当只有一个 OC 门的输入端全部接高电平时，电路处于“最不利”情况。改变电位器的阻值，直至 $U_{OL} = 0.4$ V，然后用数字万用表测出 R_L 的值，此值即为 R_{Lmin}。

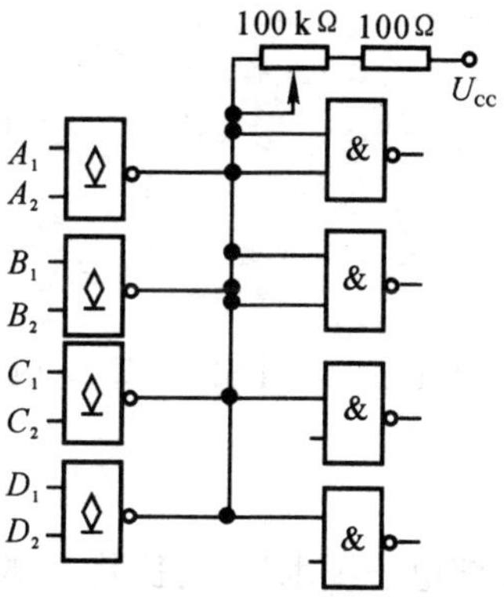

图 2.1.8　OC 门测量电路

7. OC 门的“线与”功能测试

按图 2.1.2 接线，A,B,C,D 分别接至逻辑开关 K_1,K_2,K_3,K_4 的插孔中，按照逻辑图，有 $L=\overline{AB}\cdot\overline{CD}$。

把 A,B,C,D 的 16 种组合列出真值表，再用实验测定 L，并填入表 2.1.4 中。

表 2.1.4　OC 门的“线与”功能测量

A	B	C	D	L（理论值）	L（实际值）
0	0	0	0		
0	0	0	1		
0	0	1	0		
0	0	1	1		
0	1	0	0		
0	1	0	1		
0	1	1	0		
0	1	1	1		
1	0	0	0		
1	0	0	1		
1	0	1	0		
1	0	1	1		
1	1	0	0		
1	1	0	1		
1	1	1	0		
1	1	1	1		

四、实验仪器

(1) 电子技术学习机 1 台。
(2) 多用信号发生器 1 台。
(3) 双踪示波器 1 台。
(4) 数字万用表 1 只。
(5) 元器件:74LS00,74LS03,74LS04 各 1 片;电阻 1 kΩ 1 只;电位器 10 kΩ 1 只。

五、预习要求

(1) 阅读 6.1 节及 6.2 节,了解电子技术学习机(数字部分) 和双踪示波器的使用方法。
(2) 复习 TTL 与非门和 OC 门的工作原理。
(3) 按照“线与” 功能把理论值填入表 2.1.4 中。

六、实验报告要求

(1) 记录全部实验波形和数值结果,并进行分析。
(2)R_{Lmax} 与 R_{Lmin} 的理论计算值与实测值有无差异?为什么?
(3) 回答思考题。

七、思考题

(1)OC 门在有无负载情况下,其高、低输出电平与 TTL 与非门有无差异?为什么?
(2)OC 门是如何用于电平转换电路的?

2.2　组合电路研究

一、实验目的

(1) 掌握分析组合逻辑电路功能的方法,并用实验验证。
(2) 学习排除逻辑电路简单故障的方法。

二、实验原理

分析组合逻辑电路的目的是为了确定已知电路的逻辑功能,其步骤大致如下:
(1) 由逻辑图写出各输出端的逻辑表达式。
(2) 化简和变换各逻辑表达式。
(3) 列出真值表。
(4) 根据真值表和逻辑表达式对逻辑电路进行分析,最后确定其功能。
例如,试分析如图 2.2.1 所示逻辑电路的功能。
(1) 写出输出的逻辑表达式。

$$L_1=\overline{\overline{\overline{AB}\cdot A}\cdot\overline{\overline{AB}\cdot B}},\quad L_2=\overline{\overline{AB}}$$

(2) 化简和变换。

$$L_1 = \overline{AB} \cdot A + \overline{AB} \cdot B = (\bar{A} + \bar{B})A + (\bar{A} + \bar{B})B = A \otimes B$$
$$L_2 = AB$$

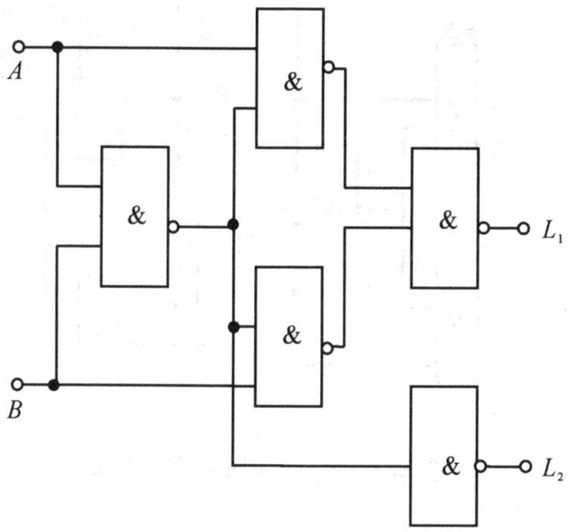

图 2.2.1　半加器逻辑电路

(3) 列出真值表，如表 2.2.1 所示。

表 2.2.1　组合电路功能测量

A	B	L_1	L_2
0	0		
0	1		
1	0		
1	1		

(4) 由表 2.2.1 可知，L_1 相当于半加器的和数，L_2 相当于半加器的进位数。故图 2.2.1 所示是半加器。组合逻辑电路的功能也可通过实验来确定，通常有静态分析法和动态分析法。静态分析法是用逻辑开关依次输入逻辑变量的各种组合值，用电平指示灯来显示其逻辑函数值(灯亮表示“1”，灯灭表示“0”)。将记录结果与理论分析的真值进行比较。

在确认理论分析的真值表是正确的情况下，如发现实验观察记录与真值表不符时，则说明实验电路连线有错误，可逐级仔细检查，直到观察记录与真值表相符为止。

三、实验内容

(1) 首先检查每个与非门的好坏。将 74LS00 接好电源与地线，打开电源，此时所有与非门的输入端浮悬，输出端应为低电平。也可把与非门的输入端并接起来，接到逻辑开关上，输出接到电平指示灯上，检查其好坏。

(2) 按图 2.2.2 在实验箱上接好电路测量电路功能，预习时写出 L_1，L_2 逻辑表达式，进行化简，分析电路的逻辑功能，填好表 2.2.2 的理论值，并与测量值比较。

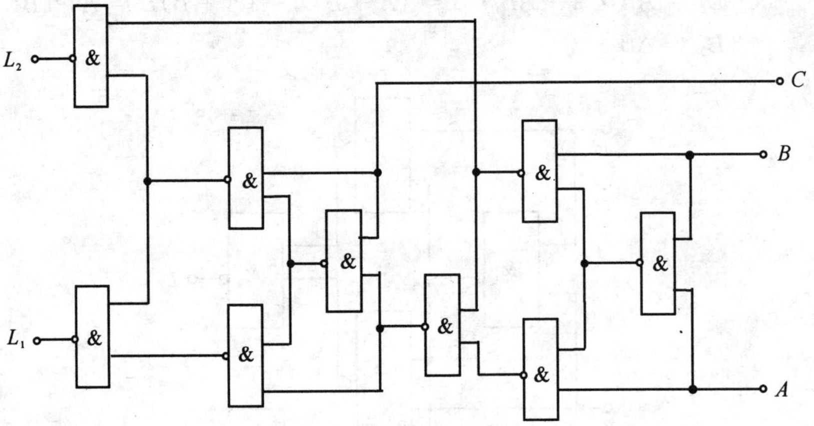

图 2.2.2　全加减器实验电路

(3) A,B,C 接逻辑开关，L_1,L_2 接至电平指示灯。对电路作静态测试，观察并记录，其结果填入表 2.2.2 中。检查实测值与理论值是否相符，如不符，找出原因，并排除之。

(4) 进行动态测试。将 74LS90 计数器按图 2.2.3 接线，CLK_0 接至实验箱上的 CP 脉冲输出，选择 10 kHz 脉冲，再将计数器的输出 Q_A,Q_B,Q_C 接至图 2.2.2 的 A,B,C 端，用双踪示波器同时观察并记录 A,B,C 与 L_1,L_2 端波形。按时序对应画出其波形图。

(5) 用 1 片 74LS00 和 1 片 74LS86 实现全加器。画出实验电路并实验、记录实验结果与表 2.2.2 测量值比较。

表 2.2.2　三变量组合电路测量

A	B	C	L_1	L_2
0	0	0		
0	0	1		
0	1	0		
0	1	1		
1	0	0		
1	0	1		
1	1	0		
1	1	1		

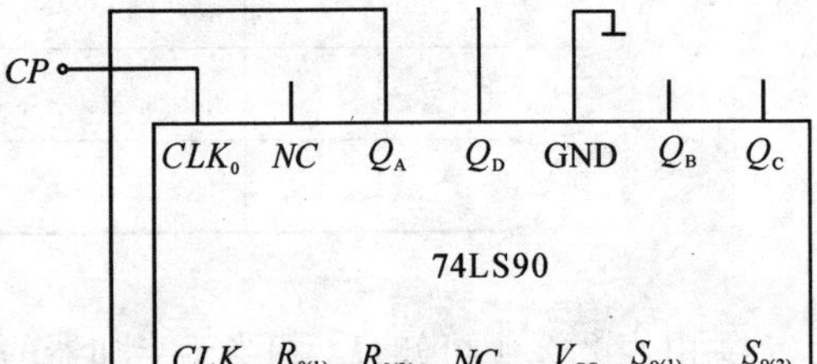

图 2.2.3　动态测试

四、实验仪器

(1) 电子技术学习机 1 台。

(2) 双踪示波器 1 台。

(3) 元器件：74LS00，74LS86，74LS90 各 1 片。

五、预习要求

(1) 写出图 2.2.2 的逻辑表达式并化简或变换，填好真值表(理论)。

(2) 作好该逻辑电路在面包板上的连线图，标明管脚图号。

(3) 与非门不用的输入端应如何处理?

六、实验报告要求

(1) 写出图 2.2.2 的组合电路逻辑表达式,列出真值表,说明电路功能。
(2) 画出动态测试所观察的波形图,说明是否与静态测试的真值表相符。

2.3　编码、译码与显示电路研究

一、实验目的

(1) 了解编码器、译码器与显示器的工作原理。
(2) 熟悉 CMOS 中规模器件的使用方法。

二、实验原理

编码器、译码器是数字系统中常用的逻辑部件,而且是一种组合逻辑电路,可以用小规模器件设计,也可以用中规模器件设计。

1. 编码器

把状态或指令等转换为与其对应的二进制代码即为编码。例如,可以用 4 位二进制所组成的编码表示十进制数 0 ～ 9,把十进制数的 0 编成二进制数 0000,把十进制数的 5 编成二进制数 0101 等。完成编码工作的电路统称为编码器。

CD4532 是 CMOS 8/3 线优先编码器,其输入为 $D_0 \sim D_7$,输出为 3 位代码 $Q_2Q_1Q_0$,其管脚排列及功能表见附录。

2. 译码器

译码是编码的逆过程。译码器的作用是将输入代码的原意"翻译"出来。译码器的种类很多,如最小项译码器(3/8 线、4/16 线译码器等)、二 — 十进制译码器(即 4/10 线译码器)、七段字形译码器等。这里介绍七段字形译码器,其作用是将输入的 4 位 BCD 码翻译成与其对应的七段字形输出信号,用于显示字形。

常用的七段字形译码器有 TTL 的 T338(OC 输出),74LS48,74LS248(内部带有上拉电阻);CMOS 的 CD4511,MC14543,MC14547 等。

3. 显示器

(1) 发光二极管(LED)。LED 是一个小型的固体显示器件,它是利用注入式场致发光现象,把电能转换成可见光(光能) 的一种特殊半导体器件,其构造与普通 PN 结二极管相同。LED 的最大优点是工作电压低(导通电压为 1.6 ～ 2 V)、寿命长、体积小、重量轻、响应速度快,能与 TTL,CMOS 器件直接配合,简化了驱动电路,因此在电子仪器、计算机和数控系统等方面获得了广泛应用。

不同材料制成的 LED,其发光颜色不同,特性也有差异,目前常用的有磷化镓(深绿)、磷砷化镓(红) 等。

(2)LED 显示器。用 LED 构成数字显示器件时,需将若干个 LED 按照数字显示的要求集成一个图案,就构成 LED 显示器(俗称"数码管")。

三、实验内容

(1) 按图 2.3.1 接线，按表 2.3.1 顺序给 8/3 线优先编码器 CD4532 的信号输入端送入相应电平，将结果填入表 2.3.1 中，与附录中 CD4532 的功能表相对照，检查是否符合优先顺序以及编码结果是否正确。

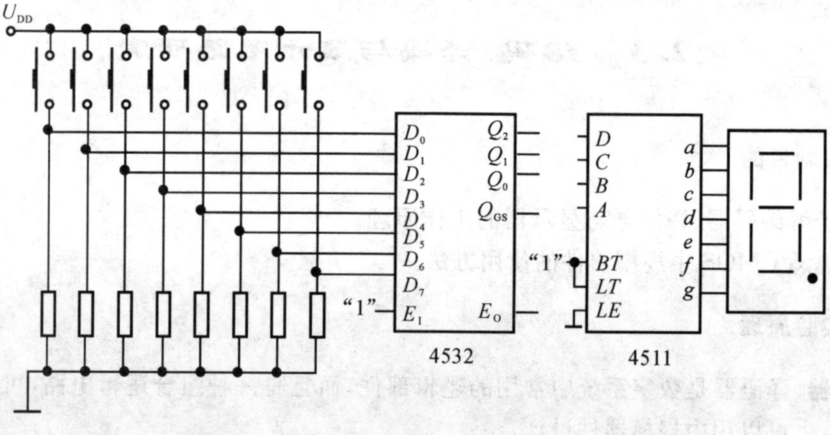

图 2.3.1　8/3 线优先编码器功能测试接线图

(2) 根据附录所示 CD4511 的管脚图和功能表，自行设计连线，将译码器 CD4511 的数据输入端接编码器的输出端，将 CD4511 的输出端接七段显示数码管。检查编码对象与数字显示是否一致，若不一致，分析其原因，检查故障并排除之。

(3) 将十进制计数器/脉冲分配器 CD4017 接成八进制，用单次脉冲或 1 Hz 脉冲信号检查 CD4017 的逻辑功能是否正常。

(4) 将 CD4017 的 8 个输出端 $Q_0 \sim Q_7$ 对应接到 CD4532 的 8 个输入端，用 1 Hz 信号检查显示器显示的数字是否正确。

(5) 用 1 kHz 脉冲信号动态观察并记录编码器输出的波形，将结果填入表 2.3.1 中。

表 2.3.1　8/3 线优先编码器功能表

E_I	D_7	D_6	D_5	D_4	D_3	D_2	D_1	D_0	Q_{GS}	Q_2	Q_1	Q_0	E_O
0	×	×	×	×	×	×	×	×					
1	1	×	×	×	×	×	×	×					
1	0	1	×	×	×	×	×	×					
1	0	0	1	×	×	×	×	×					
1	0	0	0	1	×	×	×	×					
1	0	0	0	0	1	×	×	×					
1	0	0	0	0	0	1	×	×					
1	0	0	0	0	0	0	1	×					
1	0	0	0	0	0	0	0	1					
1	0	0	0	0	0	0	0	0					

四、实验仪器

(1) 电子技术学习机 1 台。
(2) 双踪示波器 1 台。
(3) 元器件：CD4532，CD4511，CD4017 及数码管各 1 只；电阻 47 kΩ 8 只，200 Ω 1 只。

五、预习要求

(1) 仔细阅读附录中 CD4532，CD4511，CD4017 的功能表，深刻理解其功能含义。
(2) 画出实验原理图(接线图)。

六、实验报告要求

(1) 简述编码器、译码器、显示器的原理。
(2) 将实验结果列表，画出实验中要求的接线图、波形，并进行分析。
(3) 简述实验故障现象，分析其原因，说明排除故障的方法。

七、思考题

(1)CMOS 电路不用的输入端应该怎样处理?
(2)CD4017 如何实现七进制计数?试画图。

2.4　译码器和数据选择器

一、实验目的

(1) 了解译码器、数据选择器的工作原理及其功能。
(2) 掌握译码器、数据选择器的典型应用。
(3) 初步掌握使用 MSI 设计完成具有一定功能的逻辑电路，学习使用功能表。

二、实验原理

1. 译码器

译码器是一个多输入、多输出的组合逻辑电路，其功能是将输入的一组二进制代码翻译成与其对应的特定含义(如十进制数、地址线、指令等)。这样，在同一时刻，只有一个输出端上有信号。为了减小体积，提高集成度，MSI 译码器通常将其输出设计成低电平有效的形式。

MSI 译码器都有一个使能端(片选端)，利用它可以扩展译码器的功能。

译码器一般分为两类：一类是不完全译码器，如七段字形译码器；另一类是最小项译码器，如双 2/4 线译码器(74LS139)、3/8 线译码器(74LS138)、4/16 线译码器(74LS154) 等。这里只介绍最小项译码器。

n 个变量的译码器其输出与输入的关系可表示为

$$Y_i = \overline{m}_i$$

式中，m_i 是由 n 个变量构成的最小项。

译码器的每一个输出端都对应于输入变量的一个最小项，整个译码器给出了全部最小项，相当于一个最小项发生器，而任一逻辑函数都可以用若干最小项之和的形式表示。因此，译码器辅以适当的逻辑门，即可实现任何逻辑函数，而不必进行逻辑函数化简。

例 1 用三变量译码器(74LS138) 设计一位全加器。

解 (1) 写出全加器逻辑表达式。

全加和 $S=\overline{A}\,\overline{B}C_0+\overline{A}B\overline{C}_0+A\overline{B}\,\overline{C}_0+ABC_0$

进位 $C=\overline{A}BC_0+A\overline{B}C_0+AB\overline{C}_0+ABC_0$

(2) 将 S,C 改写。

$$S=m_1+m_2+m_4+m_7=\overline{\overline{m_1}\,\overline{m_2}\,\overline{m_4}\,\overline{m_7}}=\overline{Y_1Y_2Y_4Y_7}$$

$$C=m_3+m_5+m_6+m_7=\overline{\overline{m_3}\,\overline{m_5}\,\overline{m_6}\,\overline{m_7}}=\overline{Y_3Y_5Y_6Y_7}$$

(3) 画出逻辑图如图 2.4.1 所示。

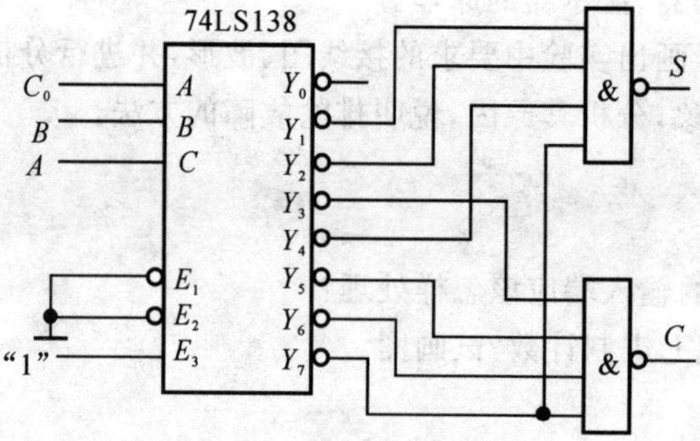

图 2.4.1 用 74LS138 设计全加器

若选用双 2/4 线译码器 74LS139，因该译码器只有两个地址输入端，只能对应两个输入变量，利用使能端可将其扩展为 3/8 线译码器。

对于任意一个三变量的函数表达式，总可以写成它的分解式，即

$$F(A_2,A_1,A_0)=\overline{A}_2F_1(A_1,A_0)+A_2F_2(A_1,A_0)$$

式中，$F_1(A_1,A_0)$ 和 $F_2(A_1,A_0)$ 用 2/4 线译码器实现，则上式可用两块同样的译码器来连接，如图 2.4.2 所示。

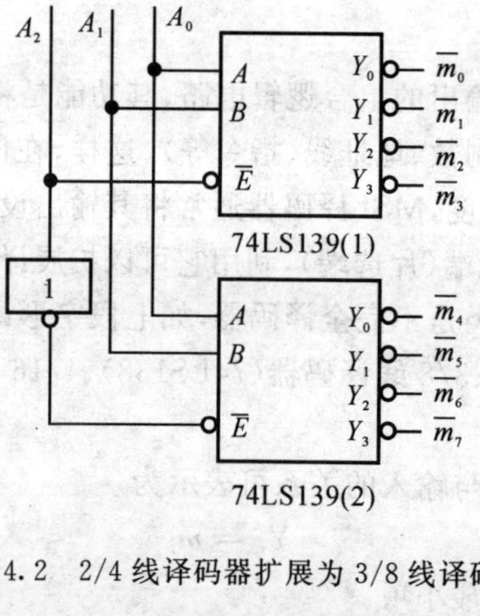

图 2.4.2 2/4 线译码器扩展为 3/8 线译码器

在图 2.4.2 中，当 $A_2=0$ 时，译码器 74LS139(1) 工作，输出 $\overline{m}_3\sim\overline{m}_0$；当 $A_2=1$ 时，译码器 74LS139(2) 工作，输出 $\overline{m}_7\sim\overline{m}_4$。

用图 2.4.2 实现全加器的逻辑图，如图 2.4.3 所示。

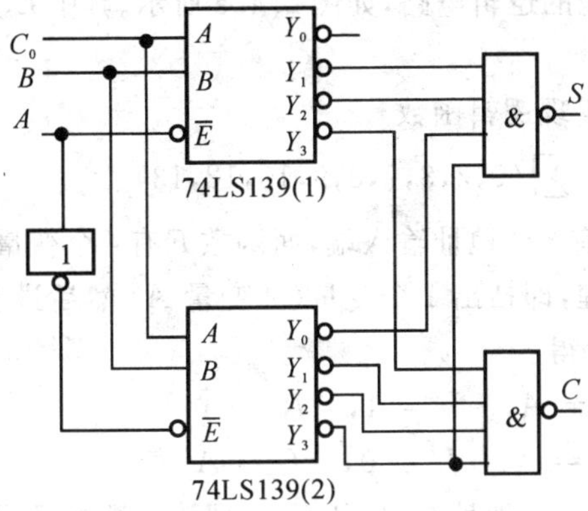

图 2.4.3　用双 2/4 线译码器实现全加器

2. 数据选择器

数据选择器又称多路开关(MUX)，是一个多输入单输出的组合逻辑电路(有的具有互补输出端)。其基本工作原理类似于单刀多掷开关，它在地址码(或称选择器输入端)的控制下，将某一路的输入作为输出，以实现多通道数据传输。

数据选择器的种类有 74LS157(双二选一)、74LS154(双四选一)、74LS151(八选一)、74LS150(十六选一)等。

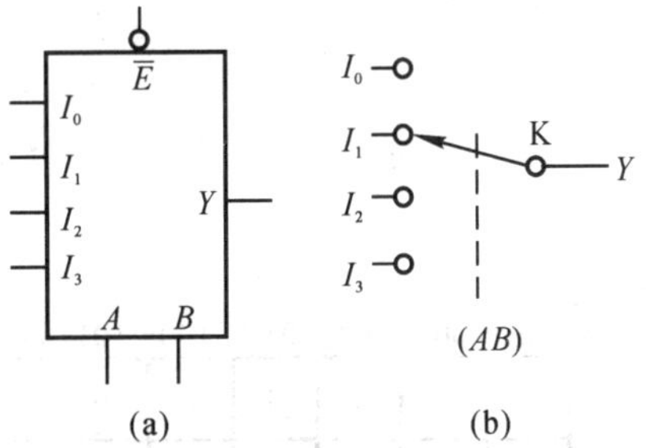

图 2.4.4　四选一数据选择器

(a) 符号；(b) 等效开关

图 2.4.4 为四选一数据选择器的原理图符号及等效开关。数据选择器的管脚图及功能表见附录。

使能信号 $\overline{E}$ 为低电平有效。当 $\overline{E}=0$ 时，输出、输入的关系为

$$Y=\sum m_i I_i$$

式中，$m_i(i=0\sim3)$ 为 A,B 两变量构成的最小项。

对于有 n 位输入地址的数据选择器，其输出、输入的关系可表示为

$$Y=\sum m_i I_i \qquad (i=0\sim2^n-1)$$

多路选择器的应用和其他中规模集成电路一样，远远超出其名称所表示的功能，已发展成为一种多功能器件。

例 2　试用多路选择器实现逻辑函数

$$F(A,B,C)=A\overline{C}+\overline{A}C+\overline{B}+AB\overline{C}$$

解　先将函数 F 展开成最小项表达式，得

$$F(A,B,C)=m_0+m_1+m_3+m_4+m_5+m_6$$

显然有

$I_0=1,\quad I_1=1,\quad I_2=0,\quad I_3=1$

$I_4=1,\quad I_5=1,\quad I_6=1,\quad I_7=0$

将变量 A,B,C 接入地址输入端 A,B,C，由此可以画出用八选一数据选择器 74LS151 实现的逻辑电路，如图 2.4.5 所示。其中 $\overline{E}$ 为使能端。

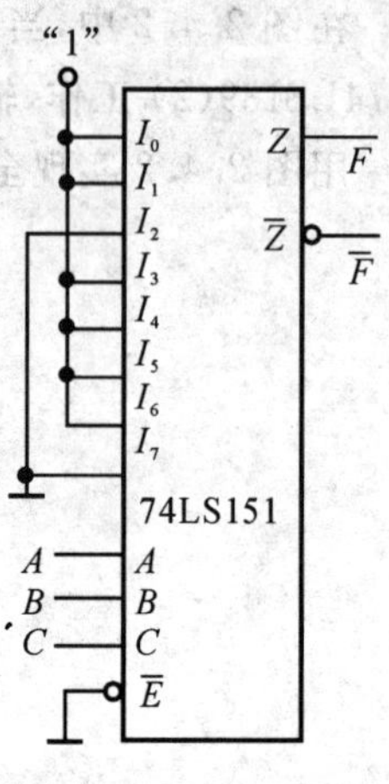

图 2.4.5　三变量函数器

例 3　试用 74LS151 实现逻辑函数

$$F(A,B,C,D)=\sum(0,2,3,7,8,9,10,12,13)$$

解　由于 74LS151 只有 3 个地址输入端，而函数 F 有 4 个变量，因此应将函数 F 作适当处理，即括出 1 个变量（如变量 A）然后进行合并，如图 2.4.6 所示。由此得

$I_0=1,\quad I_1=A,\quad I_2=1,\quad I_3=\overline{A}$

$I_4=A,\quad I_5=A,\quad I_6=0,\quad I_7=\overline{A}$

将 B,C,D 分别接入 74LS151 的地址端 A,B,C，实现该函数的逻辑图如图 2.4.7 所示。

数据选择器除用来实现逻辑函数外，还可以和计数器一起实现序列码发生器。

A \ BCD	000	001	010	011	100	101	110	111
0	1	0	1	1	0	0	0	1
1	1	1	1	0	1	1	0	0
	I_0	I_1	I_2	I_3	I_4	I_5	I_6	I_7

图 2.4.6　卡诺图

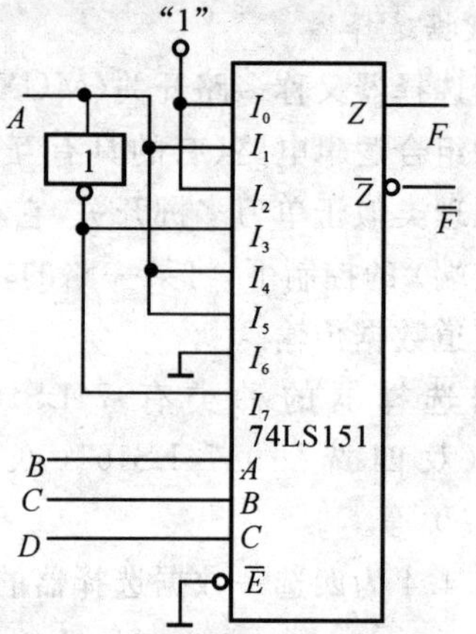

图 2.4.7　四变量函数器

三、实验内容

(1) 检查每个与非门的好坏。

(2) 验证 74LS138，74LS139 和 74LS151 的逻辑功能是否与附录相符。

(3) 用 74LS138 与 74LS20 设计实现一位全减器，记录实验结果。

(4) 用 74LS139，74LS00，74LS20 设计三变量多数表决电路，记录实验结果。

(5) 用 74LS151 设计三变量多数表决电路，记录实验结果。

四、实验仪器

(1) 电子技术学习机 1 台。

(2) 元器件：74LS20，74LS138，74LS139，74LS151，74LS00 各 1 片。

五、预习要求

(1) 查阅附录，熟悉 74LS138，74LS139 和 74LS151 的管脚及功能。
(2) 按实验内容要求画好实验电路接线图，以此作为实验依据。

六、实验报告要求

(1) 画出各实验步骤的实验电路逻辑图，整理实验结果，并对实验结果进行分析。
(2) 总结译码器及数据选择器的功能及使用方法。
(3) 总结用中规模器件设计实现逻辑函数的步骤和方法。
(4) 回答思考题。

七、思考题

如何将 3/8 线译码器扩展成 4/16 线译码器?画出逻辑图。

2.5　触发器功能测量

一、实验目的

(1) 熟悉并掌握 RS 触发器、D 触发器、JK 触发器的工作原理和功能测试方法。
(2) 学会正确使用触发器集成芯片。
(3) 了解不同逻辑功能触发器相互转换的方法。

二、实验内容

1. 基本 RS 触发器的功能测试

用两个 TTL 与非门连接构成基本 RS 触发器电路，按表 2.5.1 的顺序在 $\overline{S}_D$、$\overline{R}_D$ 端加入信号观察并记录 Q, $\overline{Q}$ 端的状态，将结果记入表 2.5.1 中，说明在各种输入状态下分别实现何种功能。

表 2.5.1　基本 RS 触发器功能测试表

$\overline{S}_D$	$\overline{R}_D$	Q	$\overline{Q}$
0	0		
0	1		
1	0		
1	1		

(1) $\overline{S}_D$ 端接低电平，$\overline{R}_D$ 端接高电平。
(2) $\overline{S}_D$ 端接高电平，$\overline{R}_D$ 端接低电平。

(3) 连接 $\bar{S}_D$,$\bar{R}_D$ 端脉冲。

记录并观察(1)、(2)、(3) 三种情况下,Q,$\bar{Q}$ 端的状态,从中总结基本 RS 触发器的 Q, $\bar{Q}$ 的状态改变与输入 $\bar{S}_D$,$\bar{R}_D$ 的关系。

2. 维持-阻塞型 D 触发器功能测试

双 D 型正边沿维持-阻塞型触发器 74LS74 的逻辑符号如图 2.5.1 所示。

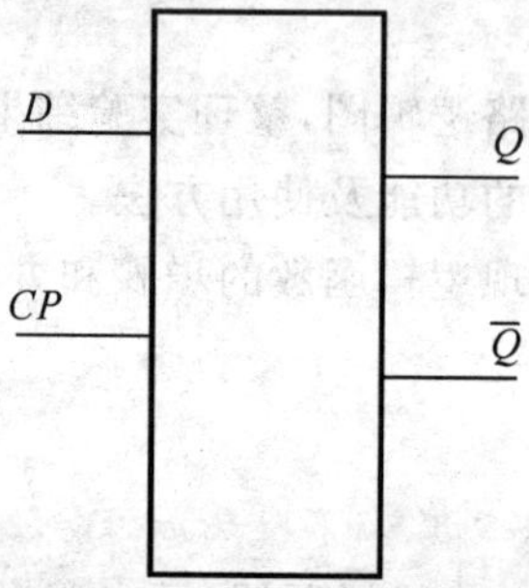

图 2.5.1　74LS74 中的逻辑符号

实验步骤如下:

(1) 分别在 $\bar{S}_D$,$\bar{R}_D$ 端加低电平,观察并记录 Q,$\bar{Q}$ 的状态,结果记入表 2.5.2。

表 2.5.2　D 触发器功能测试表

S_D	R_D	CP	D	Q_n	Q_{n+1}
0	1	×	×	0	
				1	
1	0	×	×	0	
				1	
1	1	↑	0	0	
				1	
1	1	↑	1	0	
				1	

(2) 令 $\bar{S}_D$,$\bar{R}_D$ 端为高电平,D 端分别接高、低电平,用单脉冲作为 CP,观察并记录 CP 为 0、↑1、↓1 时 Q 端状态的变化。

(3) 令 $\bar{S}_D = \bar{R}_D = 1$、$CP = 0$(或 $CP = 1$),改变 D 端信号,观察 Q 端的状态是否变化。

(4) 令 $\bar{S}_D = \bar{R}_D = 1$,将 D 端和 $\bar{Q}$ 端相连,CP 加连续脉冲,用双踪示波器观察并记录 Q 端相对于 CP 的波形。

3. 负边沿 JK 触发器的功能测试

双 JK 触发器 74LS112 芯片的逻辑符号如图 2.5.2 所示。

自拟实验步骤,测试其功能,并将结果填入表 2.5.3 中,若令 $J = K = 1$ 时,CP 端加连续脉冲,用双踪示波器观察 Q 端及 CP 的波形。

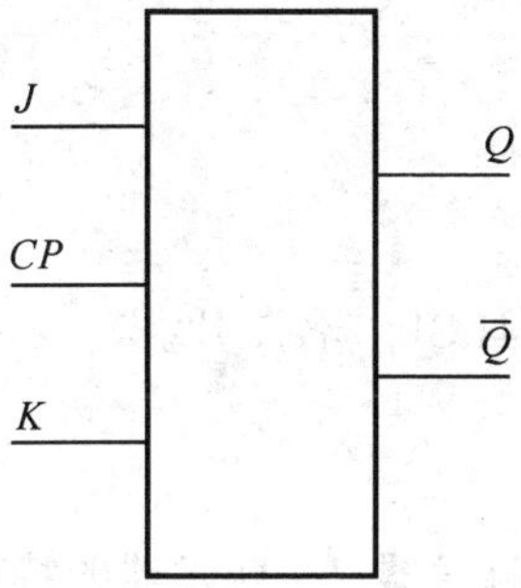

图 2.5.2　74LS112 的逻辑符号

表 2.5.3　JK 触发器功能测试表

J	K	CP	Q_n	Q_{n+1}
0	0	↓	0	
0	0		1	
0	1	↓	0	
0	1		1	
1	0	↓	0	
1	0		1	
1	1	↓	0	
1	1		1	

4. 触发器功能的转换

(1) 将 D 触发器和 JK 触发器转换成 T 触发器，列出表达式，画出实验电路图。

(2) 接入连续脉冲，观察各触发器 CP 及 Q 端波形，比较两者的关系。

(3) 自拟实验表格记录测试结果。

5. 触发器的动态测试

按图 2.5.3 所示的实验图接线，在 CP 连续脉冲下，用示波器观察 CP 和 Q 端对应的波形及电路状态方程，并说明触发器的二分频作用。

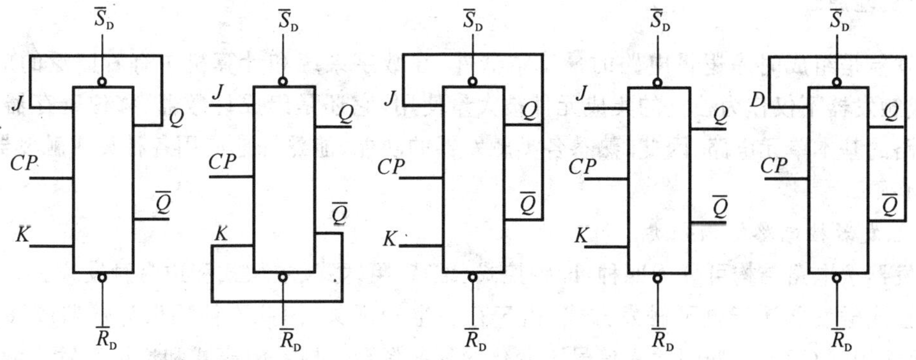

图 2.5.3　触发器波形测试

三、实验仪器

(1) 电子技术学习机 1 台。

(2) 双踪示波器 1 台。

(3) 元器件:74LS00,74LS74,74LS112 各 1 片。

四、预习要求

(1) 熟悉并掌握 RS 触发器、D 触发器、JK 触发器的特性方程。

(2) 画出图 2.5.3 所示触发器的波形(CP 和 Q 端的波形)及触发器功能转换实验图,并写出实验步骤。

五、实验报告要求

(1) 整理实验数据并制表。

(2) 写出实验内容 3、4 的实验步骤及表达式。

(3) 画出实验内容 4 的电路图及相应的表格。

(4) 总结各触发器特点。

(5) 完成思考题。

六、思考题

画出图 2.5.3 的触发器测试波形图。

2.6 触发器及其应用

一、实验目的

(1) 熟悉常用的 TTL,CMOS 触发器的基本结构及其逻辑功能。

(2) 掌握触发器的正确使用方法。

(3) 学习触发器的实际应用。

二、实验原理

触发器是组成时序逻辑电路的最基本器件,在数字系统和计算机中有着广泛的应用。目前,集成触发器不仅作为独立的集成元件被大量使用,它还是组成计数器、移位寄存器及其他时序电路的基本单元电路。因此,熟悉各类触发器的功能,能熟练地应用各种集成触发器,就显得十分必要。

1. 触发器按电路结构分类

触发器按电路结构可分为四种,即钟控式、维持-阻塞式、主从式和边沿触发式。

钟控式触发器属于电平触发方式,由于存在空翻现象,因此不能用做计数器或移位寄存器,它只能用于 $CP=1$ 期间输入信号不变化的那些场合。维持-阻塞式和边沿触发式触发器能避免空翻,实现一次操作,是目前广泛应用的触发器类型。主从式触发器属于下降边沿触发的触发器，在使用主从式触发器时需要注意的是，在 $CP=1$ 期间，如果输入信号发生了变化（如干扰引起的），主触发器也会发生类似的空翻现象，从而使触发器发生误动作，因此规定输入信号只允许在 $CP=0$ 期间变化，而不许在 $CP=1$ 期间变化，这给使用带来一些限制。

2. 触发器按其触发方式分类

触发器按其触发方式可分为两种，即电平触发方式和边沿触发方式。

锁定触发器就是属于电平触发方式的一种触发器，如四锁存器 74LS75，T452。当 $CP=1$ 时，$Q^{n+1}=D$，而当 $CP=0$ 时，触发器状态被锁定（保持）。

任何触发器在使用时还应注意其脉冲工作特性，由于电路实际上存在传输延迟时间，因此输入信号与时钟信号在作用时间上应当很好地配合，否则就不能可靠工作。

一般要求输入信号应在 CP 有效边沿作用前一段时间内建立，即有"建立时间 t_s"，而且输入信号还应在 CP 有效边沿作用后一段时间内保持不变，即有"保持时间 t_h"。不同触发器的 t_s 和 t_h 各不相同，在产品手册中均可查出。t_s 和 t_h 的总和称之为触发器的"非稳定时间 t_0"。为了稳定可靠地工作，任何触发器都不允许输入信号在非稳定时间 t_0 内发生变化。图 2.6.1 表示上升沿触发器的非稳定时间区示意图。

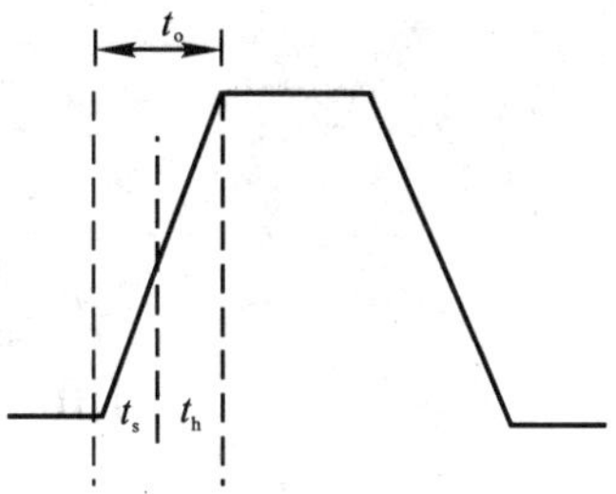

图 2.6.1　触发器的非稳定时间区

3. 各类触发器的功能（特征方程）

(1) 钟控 SR 触发器

$$Q^{n+1}=S+\bar{R}Q^n$$
$$S\cdot R=0\quad（约束条件）$$

(2)JK 触发器

$$Q^{n+1}=J\bar{Q}^n+\bar{K}Q^n$$

(3)D 触发器

$$Q^{n+1}=D$$

(4)T 触发器

$$Q^{n+1}=T\oplus Q^n$$

(5)T′ 触发器

$$Q^{n+1}=\bar{Q}^n$$

三、实验内容

1. 单脉冲产生电路

对时序逻辑电路进行静态测试时，往往需要一单脉冲信号源。图 2.6.2 所示为单脉冲产生电路，它是由两个与非门构成的触发器，每扳动一次开关 K，Q 端便产生单次正脉冲，而 $\bar{Q}$ 端产生单次负脉冲。单脉冲电路也可用集成触发器的直接置位端（$\bar{S}_D$）和直接复位端（$\bar{R}_D$）构成。

2. 三相脉冲信号源

电路如图 2.6.3 所示。电路输出三相脉冲源 Φ_1，Φ_2 和 Φ_3，其中 Φ_1 与 Φ_2 正好覆盖 90°，而 Φ_3 与 Φ_2 反相。若将 F_2 的 CLK 端改接至 F_1 的 Q 端，则 Φ_2 将超前 Φ_1 90°。如果改变组合网络，还可获得其他不同相位差的多相脉冲源。

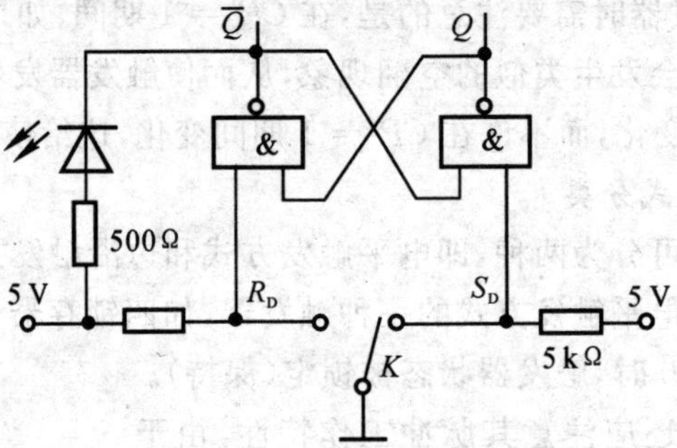

图 2.6.2　单脉冲产生电路

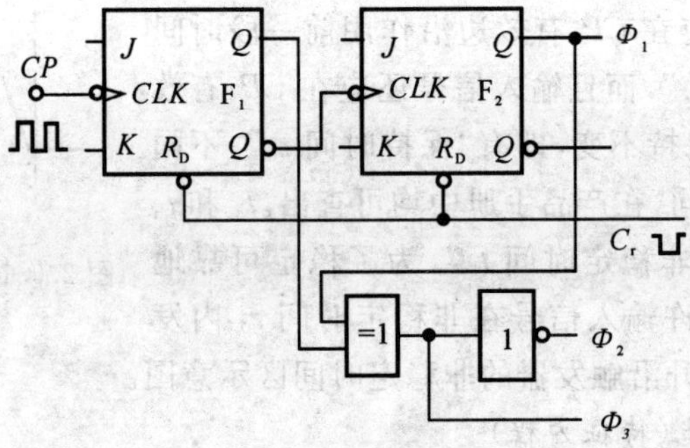

图 2.6.3　三相脉冲信号源

分析实验电路的工作原理，写出 Φ_1，Φ_2，Φ_3 的逻辑表达式。用 1 Hz 脉冲信号做时钟 CP，用示波器观察并记录 Φ_1，Φ_2，Φ_3 对应于 CP 的波形图。

3. 串行数值比较器

用两片边沿 JK 触发器 74LS112 和一片或非门 74LS02 组成图 2.6.4 所示的串行数值比较器电路。数据输入为串行数据 A_i 和 B_i，输出为比较结果。若 $A_i = B_i$，$Q_3 = 1$，数据可逐位串行比较下去，直到 $A_i \neq B_i$ 时为止。此时，若 $A_i > B_i$，则 $Q_1 = 1$；若 $A_i < B_i$，则 $Q_2 = 1$，通过清零后再继续比较。

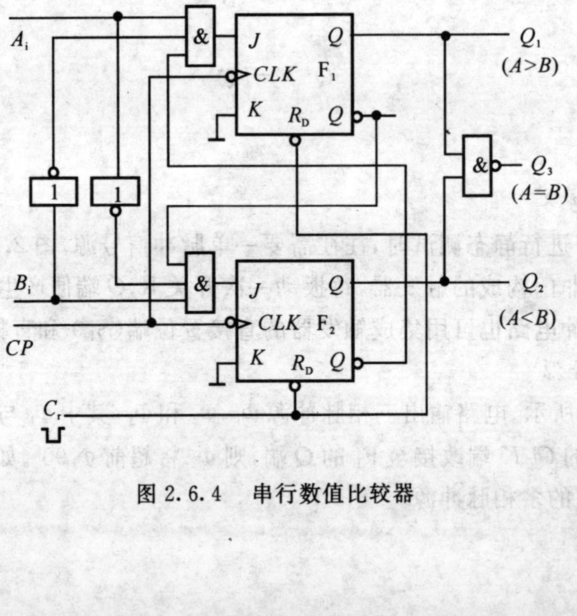

图 2.6.4　串行数值比较器

时钟 CP 用单次脉冲，比较结果 Q_1，Q_2，Q_3 用 LED 显示，将实验结果用真值表（见表 2.6.1）表示，并说明电路工作原理。

表 2.6.1　真值表

A_i	B_i	$Q_1(A>B)$	$Q_2(A<B)$	$Q_3(A=B)$
0	0			
0	1			
1	0			
1	1			

4. 时间判别电路

用 74LS75 四位锁存器及一些附加门可以构成四路时间判别电路，如图 2.6.5 所示。该电路可用做四路抢答器。

图 2.6.5 中，按钮开关 $AN_0 \sim AN_4$ 可以用实验箱的 0－1 开关代替，$L_0 \sim L_3$ 可以用实验箱的 LED 代替。工作前，先按 AN_4，这时 $L_0 \sim L_3$ 不亮。抢答开始时，根据 $AN_0 \sim AN_3$ 按下的时间先后次序，先按下的按钮与其所对应的 LED 亮，其余的 LED 保持不亮，同时通过 74LS75 的控制端 E 将 74LS75 锁存，使后按下的按钮不起作用。

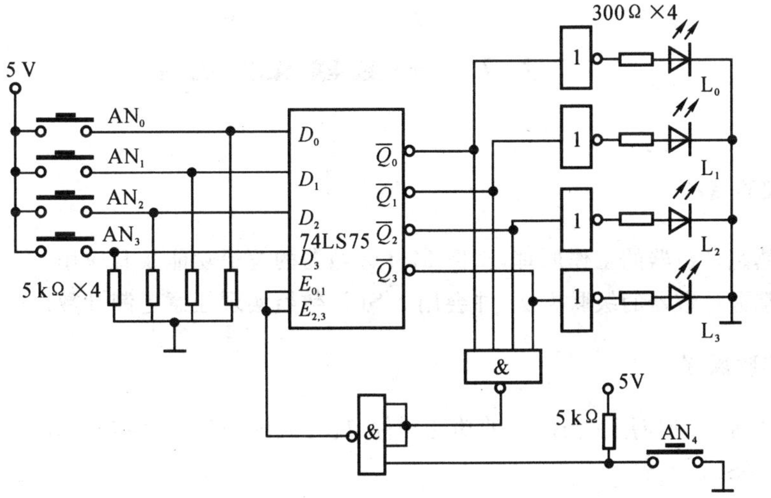

图 2.6.5　时间判别电路

四、实验仪器

(1) 电子技术学习机 1 台。

(2) 双踪示波器 1 台。

(3) 元器件：74LS00（四 2 输入与非门），74LS20（双 4 输入与非门），74LS02（四 2 输入或非门），74LS112（双 JK 触发器），74LS75（四 D 锁存器）各 1 片。

五、预习要求

(1) 熟悉本实验中所用器件的功能和引脚排列，画出实验接线图。

(2) 画出实验有关输入、输出的波形，并在实验中验证。

六、实验报告要求

(1) 分析三相脉冲源的工作原理，写出 Φ_1，Φ_2，Φ_3 的逻辑表达式，用示波器观测并画出 CP，Φ_1，Φ_2 和 Φ_3 的波形图。

(2) 分析串行数值比较器的工作原理，写出各触发器的特征方程 Q_1^{n+1}，Q_2^{n+1}，Q_3^{n+1}。按真值表(见表 2.6.1) 填入实验结果。

(3) 分析时间判别电路的工作原理，说明实验结果。

(4) 回答思考题。

七、思考题

(1) 在串行数值比较器中，当第一次比较结束后，为什么要先进行清零再继续进行比较？可以不进行清零就继续进行比较吗，为什么？

(2) 能否用其他器件设计出 1 ～ 2 种时间判别电路？

2.7 计数器及其应用

一、实验目的

(1) 熟悉计数器的工作原理，掌握 MSI 计数器的逻辑功能及其应用。

(2) 掌握计数器的级联方法，并会用 MSI 计数器实现任意进制计数。

二、实验原理

计数器是一种使用相当广泛的功能器件，现在无论是 TTL 还是 CMOS 集成电路，都有品种齐全的 MSI 计数器。

计数器是一种时序电路，工作方式可分为同步和异步两种。

计数器按计数进制分为二进制、十进制和任意进制计数器；按计数方式可分为加法、减法和可逆计数器。

下面介绍几种常用的 MSI 计数器及其应用，各种计数器的引脚和功能表见附录。

1. 异步二 — 五 — 十进制计数器

74LS90，74LS290 这两种型号的计数器为异步二 — 五 — 十进制计数器，功能完全相同，都具有计数、清“0”及置“9”等功能，只是管脚的排列不同而已。该类计数器由 4 只下降沿触发的 JK 触发器构成，双时钟结构。

十进制计数有两种接法。图 2.7.1(a) 所示为由 Q_D，Q_C，Q_B，Q_A 输出的 8421BCD 码连线图；图 2.7.1(b) 所示为由 Q_A，Q_D，Q_C，Q_B 输出的 5421BCD 码连线图，这种接法可获得对称方波

输出。

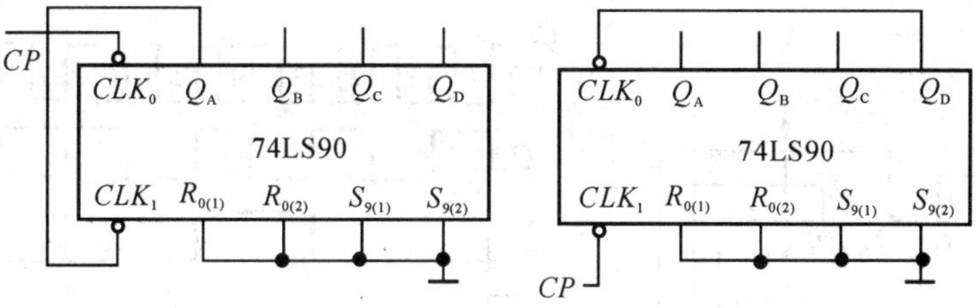

(a)　　　　(b)

图 2.7.1　十进制计数的连线图

(a)8421BCD 码连线图；(b)5421BCD 码连线图

该类计数器的基本用途是可获得模 $N=2,5,10$ 的 3 种计数功能。若引入适当反馈就可构成模 10 以内的任意进制计数器。现以七进制($N=7$) 为例说明如何构成任意进制计数器。

例 1　用 74LS90 构成模 $N=7$ 的计数器。

解　(1) 反馈清零法。计数到 N,异步清“0”。

$$S_N=S_7=Q_DQ_CQ_BQ_A=0111(8421\text{码})$$

$$S_N=S_7=Q_AQ_DQ_CQ_B=1010(5421\text{码})$$

图 2.7.2 所示是以 5421BCD 码形式设计的七进制计数器及其波形图,若用 8421BCD 码形式,则须加逻辑门,故不可取。

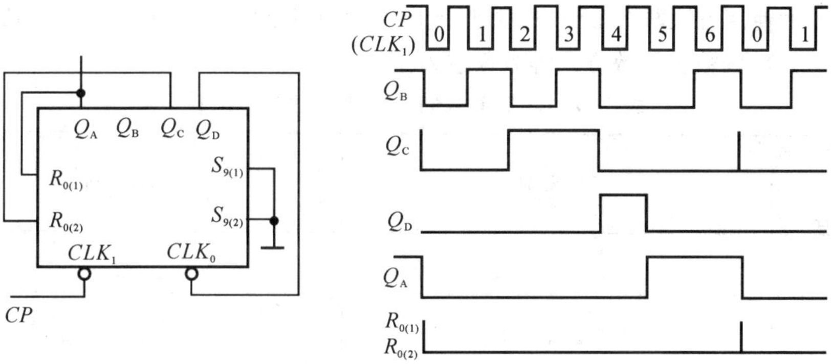

(a)　　　　(b)

图 2.7.2　反馈清零法

(2) 反馈置数法。计数到 $N-1$,异步置“9”。

$$S_{N-1}=S_6=Q_DQ_CQ_BQ_A=0110\ (8421\text{码})$$

$$S_{N-1}=S_6=Q_AQ_DQ_CQ_B=1001\ (5421\text{码})$$

图 2.7.3 所示是以 8421BCD 码形式设计的七进制计数器及其波形图。1 片 74LS90 可实现模 $N\leqslant 10$ 的任意进制计数,其余类推。

2. 同步 MSI 四位二进制计数器

(1)74LS161,74LS163 可预置计数器。74LS161 与 74LS163 都是由 4 只 JK 触发器及若干门电路构成的,正边沿触发。它们的区别仅在于前者为异步(直接) 清“0”,后者为同步清“0”,

而管脚图完全相同。

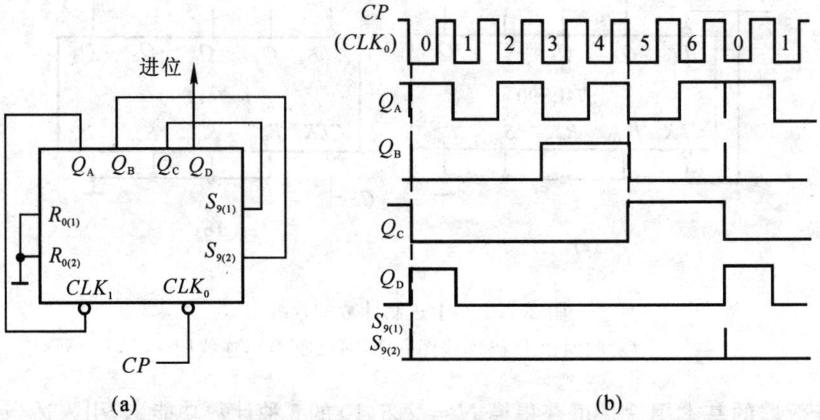

图 2.7.3　反馈置数法

该类计数器具有计数、预置、保持和清“0”功能，可直接用做二、四、八、十六进制计数，引入适当反馈就可构成模 $N < 16$ 的任意进制计数器。

(2)74LS193 可预置、可逆计数器。74LS193 由 4 只 JK 触发器及若干门电路构成，正边沿触发。它具有加法计数（$CLKU$ 接计数脉冲，$CLKD$ 接高电平）、减法计数（$CLKD$ 接计数脉冲，$CLKU$ 接高电平）、直接（异步）预置（L_D）和清除（R）等功能。

74LS193 的使用方法与 74LS161 相似，但应注意两者之间的区别，表 2.7.1 列出了两者在清“0”、进位、借位、置数及计数方式等方面的差别。

表 2.7.1　74LS161 与 74LS193 的比较

计数器 / 比较内容	74LS161	74LS193
清除 R	0	1
进位 O_C	$Q_3Q_2Q_1Q_0 \cdot ET$ 正脉冲，其宽度 = CLK 周期	$\overline{Q_3Q_2Q_1Q_0 \cdot \overline{CLKU}}$ 负脉冲，其宽度 = $CLKU$ 负半周期
借位 O_B	/	$\overline{\overline{Q_3}\,\overline{Q_2}\,\overline{Q_1}\,\overline{Q_0} \cdot \overline{CLKD}}$ 负脉冲，其宽度 = $CLKD$ 负半周期
置数 L_D	0，在 CLK ↑ 时完成	0，直接（异步），与 CLK 无关
计数方式	加法（单时钟）	加法 / 减法（双时钟）

3. 同步 MSI 十进制计数器

(1)74LS160，74LS162 可预置计数器。74LS160 与 74LS162 都是由 4 只 JK 触发器及若干门电路构成的，正边沿触发。它们的区别仅在于前者为异步清“0”，后者为同步清“0”，而管脚图完全相同。

该类计数器具有计数、预置、保持和清“0”功能(与 74LS161,74LS163 类似)。

(2)74LS192 可预置、可逆计数器。74LS192 由 4 只 JK 触发器及若干门电路构成,正边沿触发。它具有加法计数(*CLKU* 接计数脉冲,*CLKD* 接高电平)、减法计数(*CLKD* 接计数脉冲,*CLKU* 接高电平)、直接(异步) 预置(L_D) 和清除(R) 等功能。

74LS192 的使用方法与 74LS160 相似,都是十进制计数器,但应注意两者在使用上的差别,表 2.7.2 列出了两者在清“0”、进位、借位、置数及计数方式等方面的差别。

表 2.7.2　74LS160 与 74LS192 的比较

计数器 / 比较内容	74LS160	74LS192
清除 R	0	1
进位 O_C	$Q_3Q_2Q_1Q_0 \cdot ET$ 正脉冲,其宽度 = *CLK* 周期	$\overline{Q_3Q_0 \cdot \overline{CLKU}}$ 负脉冲,其宽度 = *CLKU* 负半周期
借位 O_B	/	$\overline{\overline{Q_3}\,\overline{Q_2}\,\overline{Q_1}\,\overline{Q_0} \cdot \overline{CLKD}}$ 负脉冲,其宽度 = *CLKD* 负半周期
置数 L_D	0,在 *CLK* ↑ 时完成	0,直接(异步),与 *CLK* 无关
计数方式	加法(单时钟)	加法 / 减法(双时钟)

例 2　用 74LS161 构成模 $N = 5$ 的计数器。

解　(1) 反馈清零法:计数到 N,异步清“0”。

其逻辑图及波形图如图 2.7.4(a) 所示。该方法产生的波形有毛刺,清“0” 不可靠。

(2) 反馈置数法:检测末态,预置初态。

四位二进制计数器有 16 种状态,任取其中 5 个连续状态作为计数序列。具体做法有两种:

1) 置计数器初态为 $S_0 = 0000$,计数器末态为 $S_{N-1} = 0100$,$L_D = \overline{Q}_2$。其逻辑图及波形图如图 2.7.4(b) 所示。

2) 利用串行进位输出 O_C($O_C = Q_3Q_2Q_1Q_0 \cdot ET$),同步预置补数($2^K - N$),$N = 5$,1 片 74LS161 的 $K = 4$,故预置数为 $2^4 - 5 = 11 = (1011)_2$,$L_D = \overline{Q}_C$。其逻辑图及波形图如图 2.7.4(c) 所示。

4. 计数器的级联

上面介绍的计数器的计数能力是有限的,1 只十进制计数器只能表示 0 ~ 9 共 10 个数,而 1 只十六进制计数器最多也只能表示 0 ~ 15 共 16 个数。在实际应用中,需要计的数往往很大,两位数是不够的,往往要用到四五位甚至七八位。解决这个问题的办法是把几只相同的计数器级联起来。

图 2.7.5 给出了 74LS90,74LS161 和 74LS193 级联的方法。

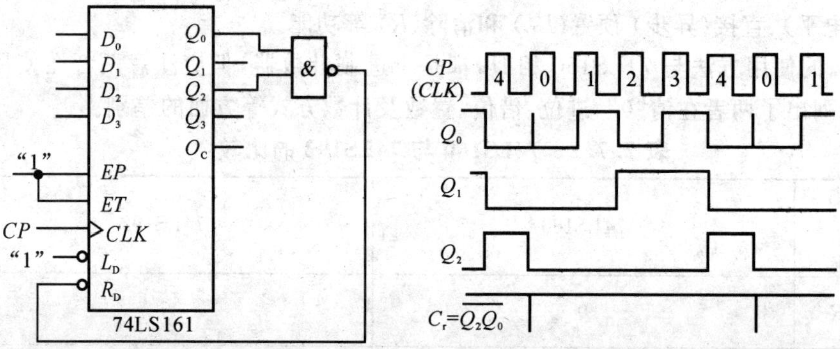

(a)

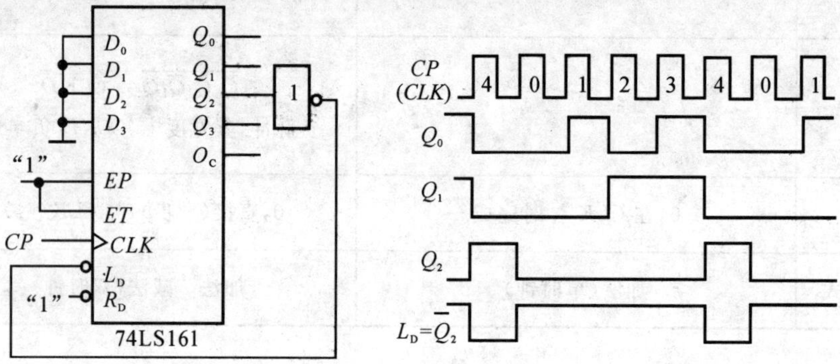

(b)

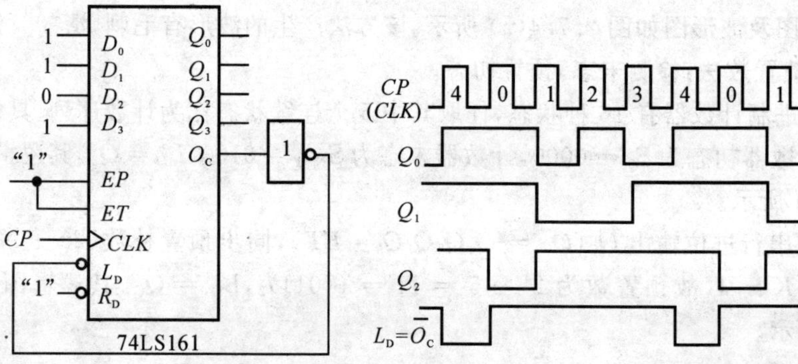

(c)

图 2.7.4　模 5 计数器

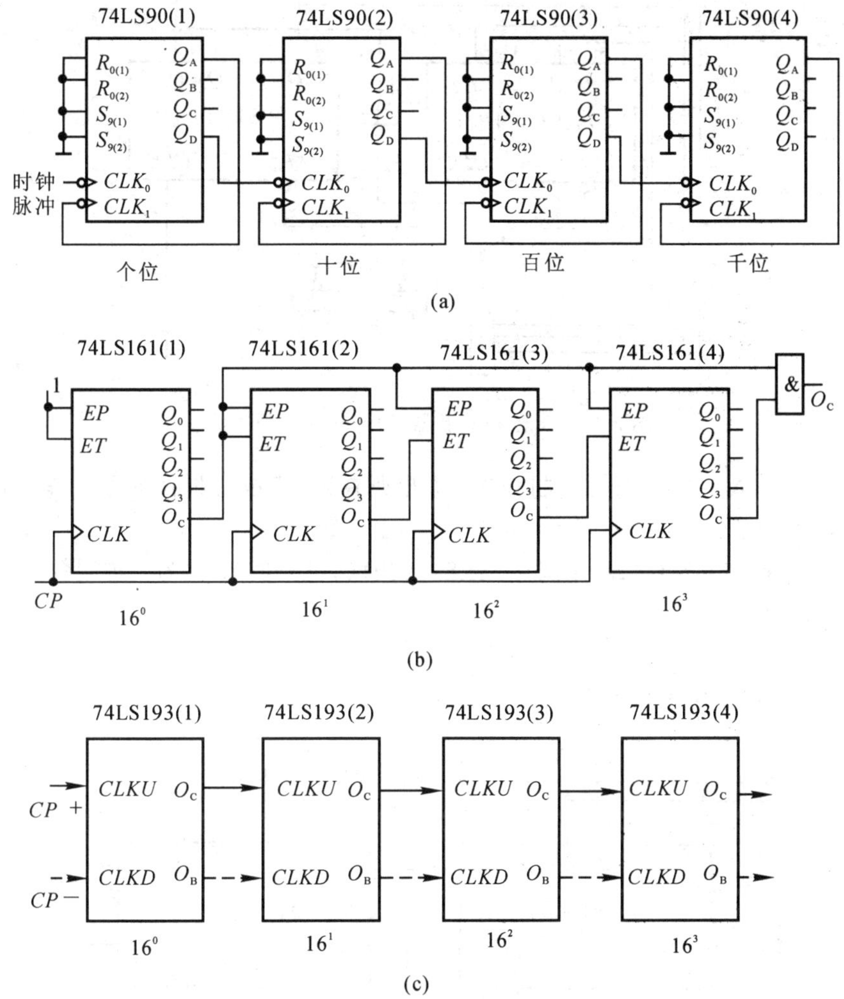

图 2.7.5　计数器的级联

(a)74LS90 的级联；(b)74LS161 的级联；(c)74LS193 的级联

例 3　试用十进制计数器 74LS160 构成模 $N=99$ 的计数器。

解　因 $10^1<99<10^2$，故需要两片 74LS160 级联。当计数值在 $0\sim98$ 时正常计数，计数值从 98 增到 99 时，产生一个清"0" 脉冲加到 R_D 清"0" 端，从而使计数器复"0"。由此可画出所设计的模 $N=99$ 的逻辑图，如图 2.7.6 所示。

图中 RS 触发器的作用是提高复位的可靠性，避免由于器件参数的离散性造成的复位不可靠错误。电路的工作原理由读者自行分析。

改变与非门 1 输入端反馈接线，就可获得任意进制计数器。

用反馈清"0" 法设计的计数器存在一个毛刺，它正是靠这一毛刺来修正模值的。为避免计数毛刺，可采用反馈置数法。

例 4　用反馈置数法设计模 $N=99$ 的计数器(器件选用 74LS161)。

解　用反馈置数法设计模 N 计数器，有两种计数序列可供选择。

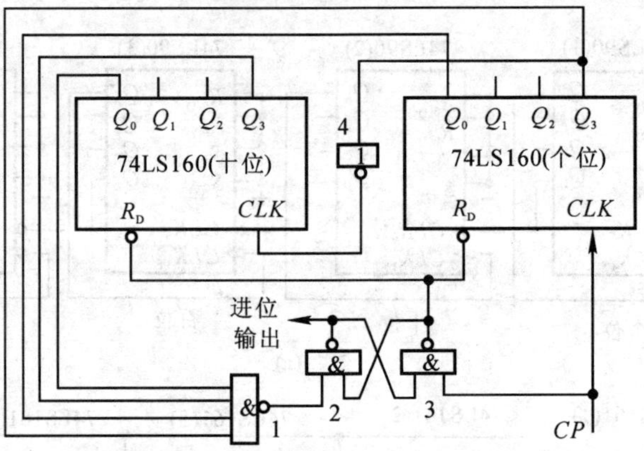

图 2.7.6　模 99 计数器(1)—— 反馈清零法

(1) 一种是将$(N-1)$进行二进制分解后取出所有为"1"位与非后加到 L_D 端，且令预置数 $D_3D_2D_1D_0=0000$。

因 $16^1<(99-1)<16^2$，故用两片 74LS161 级联，将模值 98 化为二进制数$(01100010)_2$，故计数序列函数为

$$F=\overline{Y_6Y_5Y_1}$$

所设计的模 99 计数器如图 2.7.7 所示。

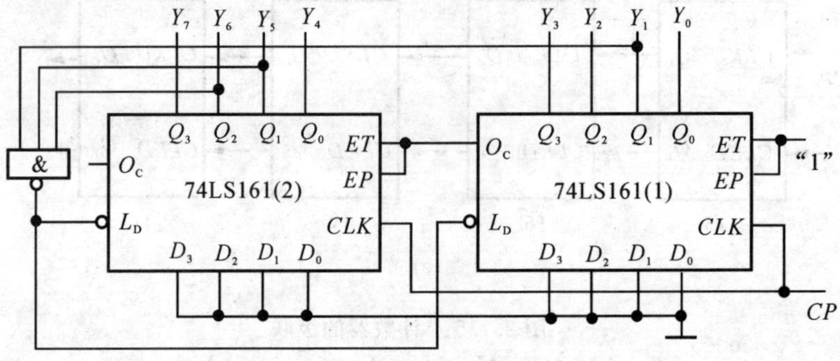

图 2.7.7　模 99 计数器(2)—— 反馈置数法

(2) 另一种选取计数序列的方法是使用最后 N 个计数值，用 O_C 作为反馈控制，并且同步预置 N 的补数(16^K-N)，$K=2$，$N=99$。因 $16^2-99=157=(10011101)_2$，所以在并行数据输入端置代码 $I_7I_6I_5I_4I_3I_2I_1I_0=10011101$。由此设计得到模 99 计数器，如图 2.7.8 所示。该计数器的计数序列是 10011101 到 11111111，恰为模 99 计数，改变 $I_7\sim I_0$ 的数据，则可改变计数器的模，故而可实现可编程计数器。

三、实验内容

(1) 设计一个模 $N=7$ 的加法计数器，计数序列及器件自选。画出计数器逻辑图，用示波器观测计数器各点波形。

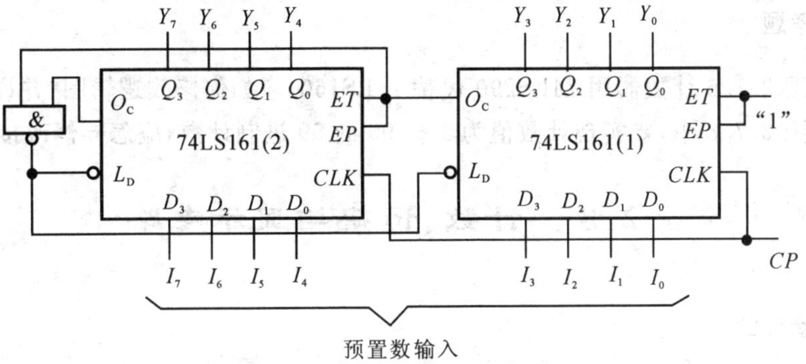

图 2.7.8　模 99 计数器(3)—— 可编程计数器

(2) 设计一个模 $N=24$ 的加法计数器,计数序列及器件自选。画出计数器逻辑图,用静态测试法检验计数器的功能。

(3) 用 74LS193 实现十进制可逆计数,用静态测试法检验计数器的功能。用示波器观测并记录 CP,Q_0,Q_3 及 O_C(O_B) 的同步波形。

(4) 用 74LS161 及 74LS150(十六选一多路选择器)实现模 2 ~ 16 可变计数器,其实验电路如图 2.7.9 所示。试分析电路工作原理,用静态测试法检查电路逻辑功能。

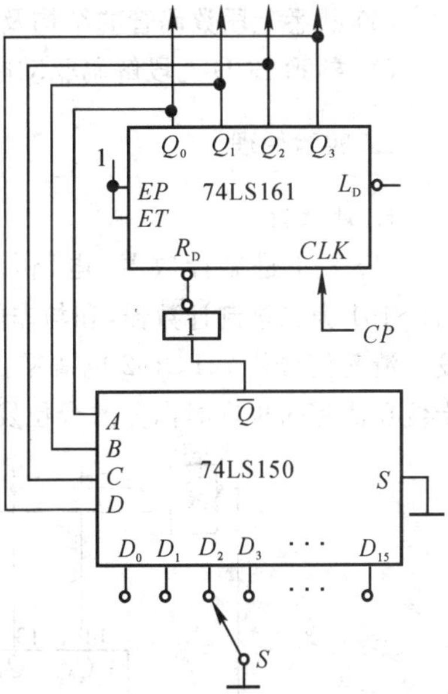

图 2.7.9　模 2 ~ 16 可变计数器

四、实验仪器

(1) 电子技术学习机 1 台。

(2) 双踪示波器 1 台。

(3) 元器件:74LS90(异步二 — 五 — 十进制计数器),74LS161(同步二进制可预置计数器),74LS193(同步二进制可预置、可逆计数器),74LS160(同步十进制可预置计数器),74LS192(同步十进制可预置、可逆计数器),74LS150(十六选一多路选择器),74LS20(双 4 输入与非门) 各 1 片。

五、预习要求

(1) 熟悉本实验中所用器件的功能和引脚排列,掌握其使用特点。

(2) 画出实验接线图及相关波形图,并在实验中验证。

六、实验报告要求

(1) 画出各实验步骤的实验电路逻辑图,整理实验结果,并说明实验方法。

(2) 分析图 2.7.6 模 99 计数器(1) 的工作原理。

(3) 了解各种计数器在使用上的异同点,总结实现 N 进制计数器的方法。

(4) 回答思考题(1)。

七、思考题

(1) 若图 2.7.6 计数器用 74LS290 代替 74LS160,应如何修改逻辑图?并说明之。

(2) 在图 2.7.8 中,要实现计数值为 1 ～ 99 的 99 进制计数,应怎样修改接线图?

2.8 计数、译码与显示电路

一、实验目的

(1) 掌握常用时序电路的分析及测试方法。

(2) 培养独立进行实验的技能。

(3) 熟悉七段数码管的结构及使用方法。

(4) 熟悉 BCD 七段解码驱动电路的原理及使用方法。

二、实验原理

1. 计数器

(1) 六十进制计数器。电路如图 2.8.1 所示。74LS192 为十进制计数器,C_0 为进位端;74LS161 为二进制计数器,和与非门组成六进制计数器。当 74LS161 计数至 6(110) 时,与非门发出清零信号使 74LS192 也清零,完成六十进制计数。秒和分的计数器结构完全相同,当秒的十位在清零时也同时向分的个位发一个脉冲,使分加 1。

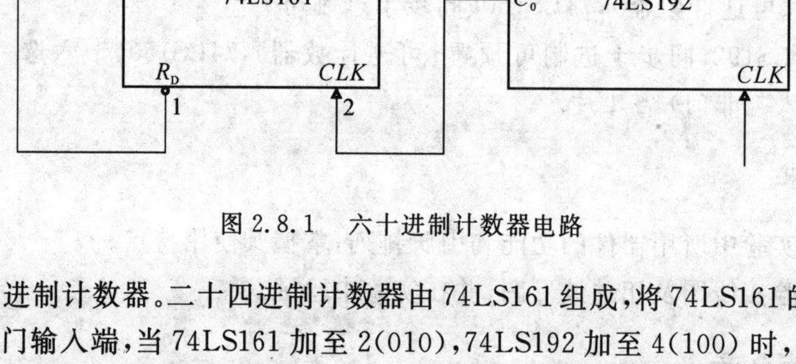

图 2.8.1　六十进制计数器电路

(2) 二十四进制计数器。二十四进制计数器由 74LS161 组成,将 74LS161 的 Q_B 与 74LS192 的 Q_C 作为与非门输入端,当 74LS161 加至 2(010),74LS192 加至 4(100) 时,与非门发出清零信号使 74LS161 和 74LS192 同时清零,实现二十四进制计数。其电路如图 2.8.2 所示。

2. 译码与显示电路

译码是对给定的代码进行翻译,本设计即将时、分、秒计数器输出的四位二进制数代码翻译为相应的十进制数,并通过显示器显示,通常显示器与译码器是配套使用的。本实验选用的七段译码驱动器(74LS47) 和数码管(LED) 采用共阳极接法也可以。译码显示电路如图 2.8.3 所示。

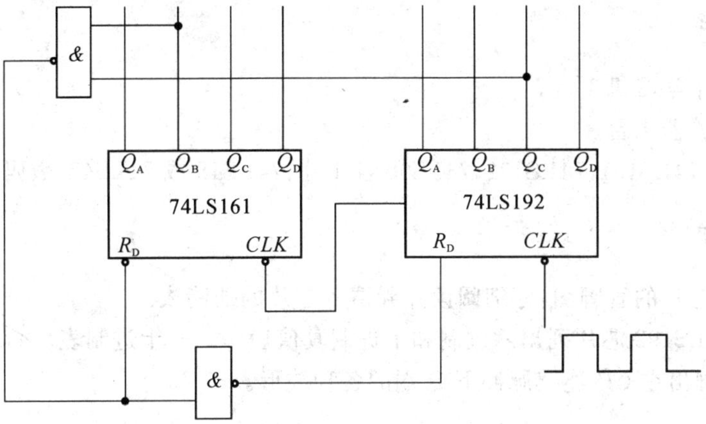

图 2.8.2　二十四进制计数电路

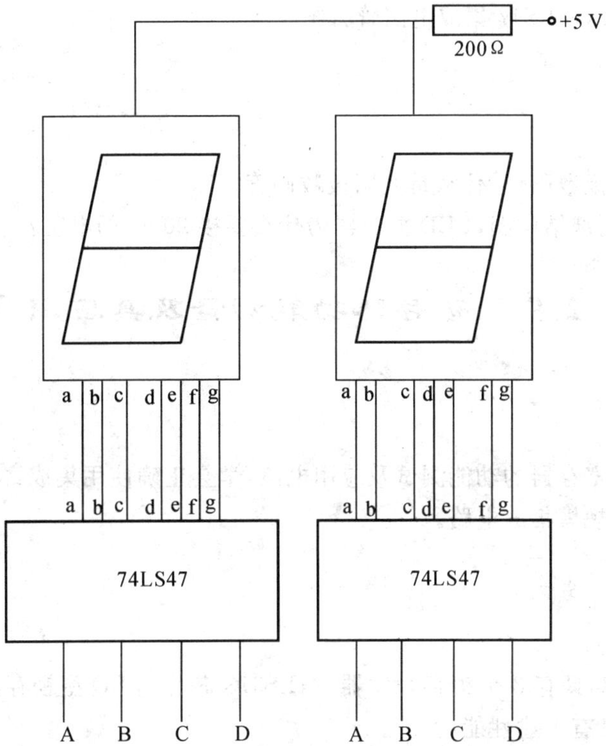

图 2.8.3　译码显示电路

三、实验内容

(1) 由 74LS161 组成六进制计数器并连接译码、显示电路进行实验测试，写出实验步骤。

(2) 测定 74LS192 十进制计数功能并与译码、显示电路连接测试结果。

(3) 按图 2.8.1 接线并连接译码、显示电路测试结果。

(4) 按图 2.8.2 接线并连接译码、显示电路测试结果。

四、实验仪器

(1) 电子技术学习机 1 台。

(2) 双踪示波器 1 台。

(3) 元器件:74LS161,74LS192,74LS00 各 1 片;74LS48 或 74LS47、数码管各 2 片。

五、预习要求

(1) 熟悉各芯片的管脚图,仔细阅读并弄清各芯片的功能表。

(2) 选用 74LS192 芯片列出六进制和十进制真值表(二 — 十进制表示),组成六进制和十进制计数器,并画出在 CP 连续脉冲下 Q 端的各种波形。

六、实验报告要求

(1) 整理测试结果,列表,画出原理图及波形。

(2) 画出 74LS48,74LS47 集成电路管脚图。

(3) 回答思考题。

七、思考题

(1) 什么是共阴极数码管?什么是共阳极数码管?

(2) 画出 LED 内部结构图,LED 显示器为什么要接 200Ω 的电阻?

2.9　寄存器功能测量及其应用

一、实验目的

(1) 熟悉和了解寄存器的功能测试及应用电路,学会正确使用集成寄存器的电路。

(2) 正确使用中规模集成电路。

二、实验原理

1. 8D 型锁存器

8D 型锁存器内部具有 8 个锁存触发器。74LS373 芯片为 8D 型锁存器,其逻辑符号如图 2.9.1 所示。该芯片具有下述性能:

(1) 三态输出。

(2) 脉冲输入端采用具有施密特特性的门电路,以减少噪声干扰。

(3) 能并行输入、输出八位二进制数。

2. 四位双向移位寄存器

四位双向移位寄存器 74LS194 芯片的逻辑符号如图 2.9.2 所示。该芯片具有下述性能:

(1) 具有四位串入、并入与并出结构。

(2) 在脉冲上升沿触发,可完成同步并入、串入左移位、右移位和保持等 4 种功能。

(3) 具有直接清零端 R_D。

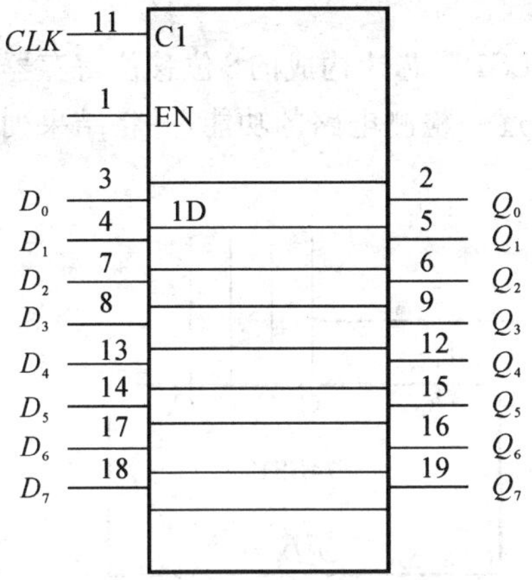

图 2.9.1　74LS373 芯片的逻辑符号图

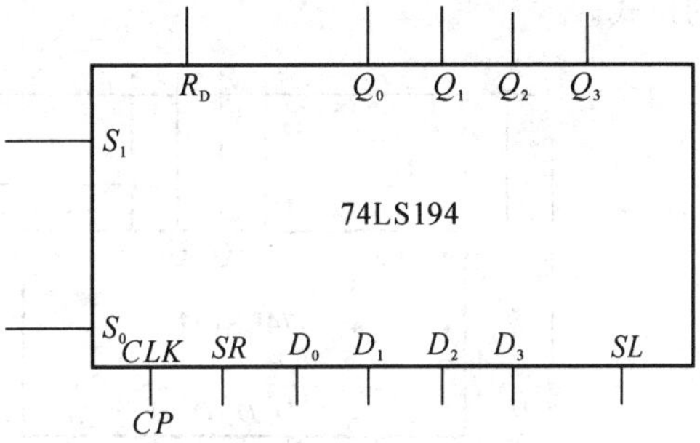

图 2.9.2　74LS194 芯片的逻辑符号

图 2.9.2 中 $D_0 \sim D_3$ 为并行输入端，$Q_0 \sim Q_3$ 为并行输出端，SR，SL 为右移、左移串行输入端；R_D 为清零端，S_1S_0 为方式控制，控制作用如下：

$S_1S_0 = 00$　　保持

$S_1S_0 = 01$　　右移操作

$S_1S_0 = 10$　　左移操作

$S_1S_0 = 11$　　并行送数

三、实验内容

1. 8D 型锁存器的功能测试

按图 2.9.1 所示 8D 锁存器 74LS373 芯片的逻辑符号熟悉各引脚的功能，完成芯片的接线，测试其功能，并将结果列成功能表的形式。

2. 移位寄存器的功能测试

按图 2.9.2 所示四位双向移位寄存器 74LS194 芯片的逻辑符号熟悉各引脚的功能，完成芯片的接线，测试 74LS194 芯片的功能，并将结果填入表 2.9.1 中。

表 2.9.1　74LS194 功能测试表

R_D	S_1	S_0	CP	SR	SL	D_0	D_1	D_2	D_3	Q_0	Q_1	Q_2	Q_3
0	×	×	×	×	×	×	×	×	×				
1	×	×	0	×	×	×	×	×	×				
1	1	1		×	×								
1	0	1		1	×	×	×	×	×				
1	0	1		0	×	×	×	×	×				
1	1	0		×	1	×	×	×	×				
1	1	0		×	0	×	×	×	×				
1	0	0	×	×	×	×	×	×	×				

3. 移位寄存器的应用

74LS194 芯片构成的 8 位移位寄存器。用两片 74LS194 芯片构成的 8 位移位寄存器电路如图 2.9.3 所示。当 S_1S_0 的取值分别为 00,01,10,11 时逐一检测电路的功能,并将结果列成功能表的形式。

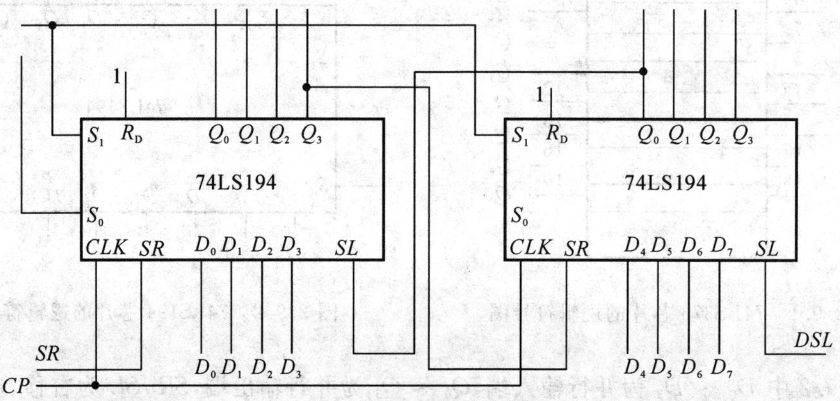

图 2.9.3　8 位移位寄存器电路

四、实验仪器

(1) 电子技术学习机 1 台。

(2) 双踪示波器 1 台。

(3) 元器件: 74LS194(四位双向移位寄存器)4 片,74LS373(8D 锁存器) 2 片,74LS74(双 D 触发器)1 片,74LS00(四输入双与非门)1 片。

五、预习要求

(1) 复习寄存器的工作原理。

(2) 复习 74LS194,74LS373 芯片的功能作用。

六、实验报告要求

(1) 画出实验电路和输出状态转换图。

(2) 列表记录测量结果。

2.10　移位寄存器及其应用

一、实验目的

(1) 熟悉移位寄存器的结构及工作原理。

(2) 了解移位寄存器的应用。

二、实验原理

移位寄存器由多级触发器(可以是 RS,D 或 JK 触发器)组成,代码的移位是在统一的位移脉冲 *CP* 控制下进行的。每来一个移位脉冲,原存于寄存器的代码就按规定的方向(左方或右方)同步移一位。移位寄存器的类型,按移位的方式可分为左移、右移和双向移位等几种;按其输入、输出方式可分为并行输入-并行输出、并行输入-串行输出、串行输入-并行输出和串行输入-串行输出等几种。

这里介绍的中规模四位双向移位寄存器 74LS194,除了有双向移位(左移、右移)功能外,还有并行置数、保持和清“0”功能,是一种功能较强、使用较广泛的中规模集成移位寄存器。74LS194 的管脚图及功能表见附录。

1. 移位型计数器

移位型计数器是以移位寄存器为主体的同步计数器,其状态转移规律具有移位寄存器的特征,即除第一级触发器外,其余各触发器应根据 $Q_i^{n+1}=Q_{i-1}$ 的逻辑规律来转移,而第一级触发器的次态方程可写成 $Q_0^{n+1}=f(Q_1,Q_2,\cdots,Q_{n-1})$。因此移位型计数器的一般逻辑结构如图 2.10.1 所示。

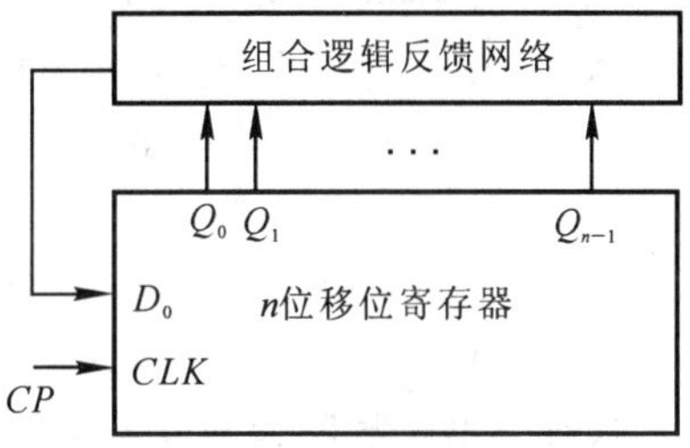

图 2.10.1　移位计数器的逻辑结构

对于三位移位寄存器,可构成模 $N=2\sim7$ 的移位型计数器,对于四位移位寄存器,则可构成模 $N=2\sim15$ 的移位型计数器。但计数器的计数序列不能随意指定,而必须遵循上述的移位规律来确定。

移位型计数器有两种基本类型,一是环型计数器,二是扭环计数器。

(1) 环型计数器。环型计数器是满足 $Q_0^{n+1}=f(Q_0,Q_1,\cdots,Q_{n-1})=Q_{n-1}$ 的移位型计数器,环型计数器的逻辑图及完全状态图如图 2.10.2 所示。

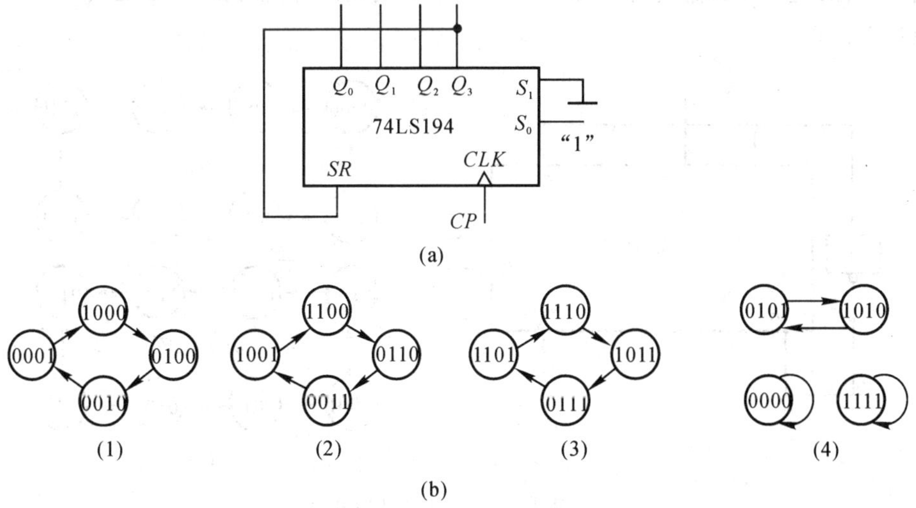

图 2.10.2　环型计数器

(a) 逻辑图;　(b) 完全状态图

若预置 74LS194 的初态为 1000，则取循环(1)为有效循环，其余循环为无效循环。显然，环型计数器是非自启动的。为了使环型计数器具有自启动特性，图 2.10.3 给出了一种修正方案，这种修正方案是利用 74LS194 的预置功能并进行全 0 序列检测，有效地消除了无效循环。

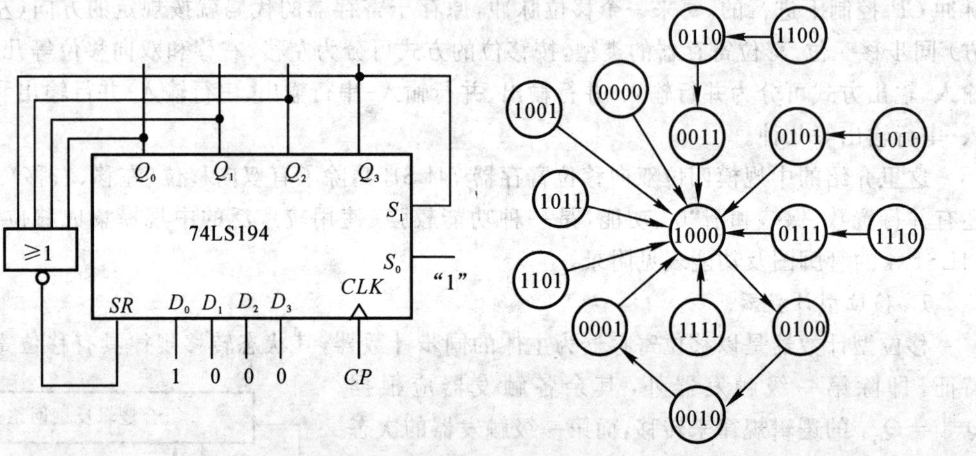

(a) (b)

图 2.10.3　自启动的环型计数器

(a) 逻辑图；(b) 完全状态图

这种环型计数器 $N = n = 4$，其状态利用率极低，但这种计数器每个状态只有一位为 1，且依次右移，故无须译码即可直接用做顺序脉冲分配器。

(2) 扭环计数器。扭环计数器是满足 $Q_0^{n+1} = f(Q_0, Q_1, \cdots, Q_{n-1}) = \bar{Q}_{n-1}$ 的另一类移位型计数器，又称为约翰逊计数器。其特点是四位扭环计数器具有 $N = 2n = 8$ 个有效计数状态，且相邻两状态间只有一位代码不同，因此扭环计数器的输出所驱动的组合网络不会产生功能竞争。

扭环计数器的逻辑图及完全状态图如图 2.10.4 所示。

由图可知，扭环计数器模 $N = 2n = 8$ 且为非自启动的。为使扭环计数器具有自启动功能，须修改反馈函数。

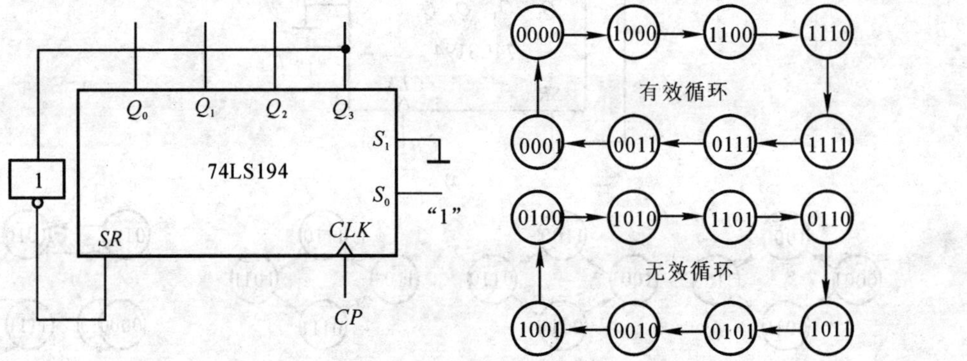

(a) (b)

图 2.10.4　扭环计数器

(a) 逻辑图；(b) 完全状态图

图 2.10.5 给出了一种修改方案，其反馈函数为

$$Q^{n+1}=f(Q_0,Q_1,Q_2,Q_3)=\bar{Q}_3+Q_0\bar{Q}_2$$

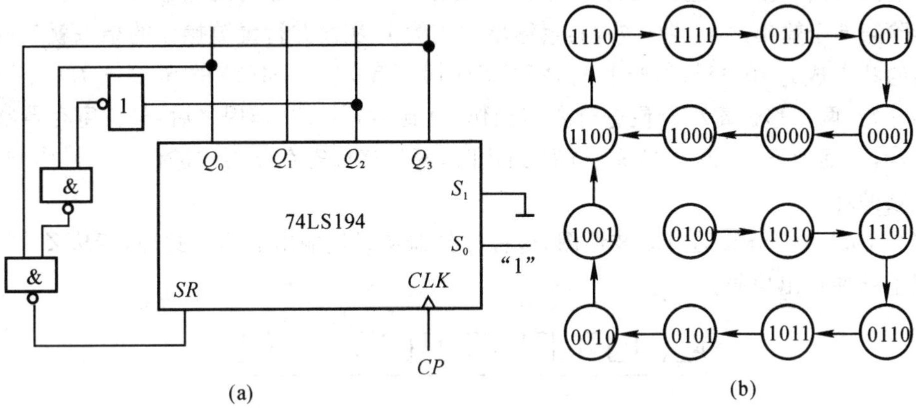

图 2.10.5　自启动的扭环计数器

(a) 逻辑图；(b) 完全状态图

2. 可编程分频器

在数字系统设计中，经常需要频率不同的时钟信号。它们通常都是系统时钟 CP 的若干分频，并且分频比往往是可变的，这种分频器称为可编程分频器。采用 SSI 实现可编程分频器，其设计工作量是很大的。但若选用合适的 MSI 器件，实现这种分频器则是十分方便的。

采用 74LS194 实现可编程分频器的逻辑结构如图 2.10.6 所示。

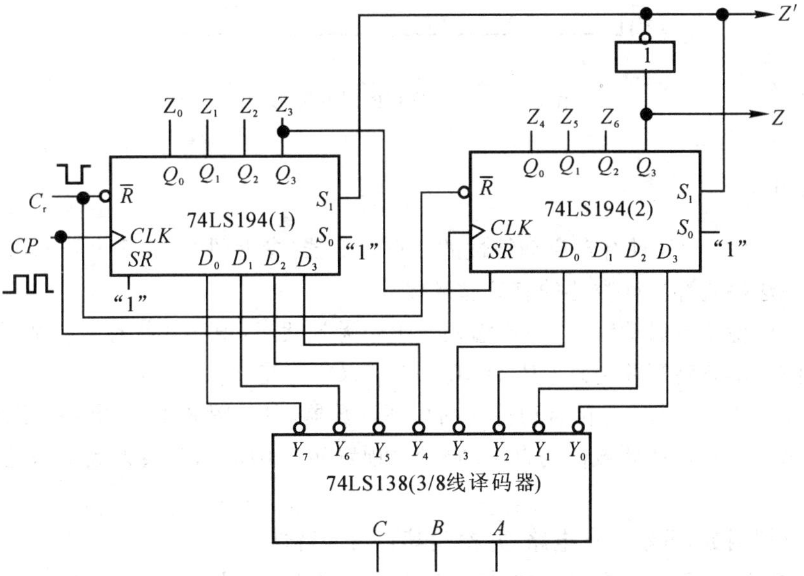

图 2.10.6　可编程分频器

两片 74LS194 级联构成 8 位右移寄存器，分频后的脉冲信号从 74LS194(2) 的 Q_3 输出。分频比由 3/8 线译码器确定，改变译码器的地址可以改变分频比，当 3/8 线译码器的地址码为 N

时,可以得到 $N+1$ 分频的输出脉冲。这里 $1 \leqslant N \leqslant 7$。工作过程如下:

先将寄存器清零,由于74LS194(2)的 $Q_3=0$,故 $S_1=S_2=1$。这样当第一个移位脉冲 CP 的上升沿到来后,寄存器进行并行置数操作。设此3/8线译码器的地址输入端 $CBA=110$,则译码器除第6个输出端 Y_6 为0外,其余输出端均为1。从而并行置数操作的结果就是两片移位寄存器的状态成为10111111,与此同时74LS194(1)和74LS194(2)的 S_1 又变为0,因此从第2个脉冲开始,两片移位寄存器便进行右移操作,直到第7个 CP 作用之后,移位寄存器状态成为11111110,从而使 $S_1=1$。当第8个 CP 到达时,两片移位寄存器再次进行置数操作,开始了下一个分频循环。

图2.10.7是7分频的时间波形图。这种分频器从 Z 端输出的为负脉冲,若从 Z' 端输出,则可得到正脉冲输出信号。

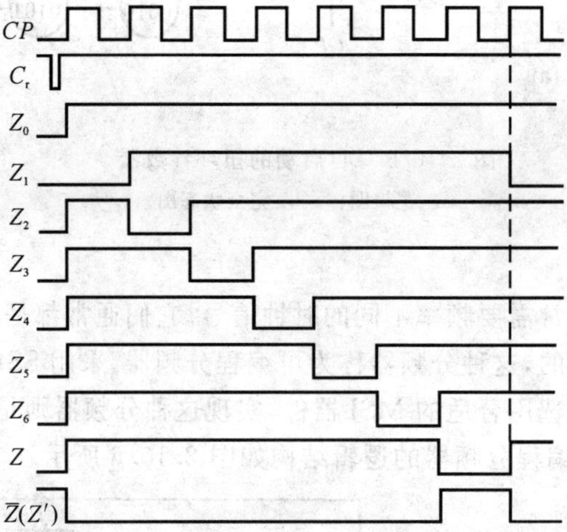

图2.10.7　7分频的时间波形图

三、实验内容

(1) 用74LS194设计具有自启动特性的环型计数器(参考图2.10.3电路),采用左循环。

1) 用静态法检验环型计数器的有效循环序列。

2) 用静态法检验自启动特性(任意输入若干个无效状态,观察其状态转移情况)。

3) 用示波器动态观察并记录 CP,Q_0,Q_1,Q_2 及 Q_3 的波形。

(2) 用74LS194设计具有自启动特性的扭环计数器(参考图2.10.5电路),采用左循环。

1) 用静态法检验扭环计数器的自启动特性(预置初态0100),观察无效状态进入有效循环序列的情况。

2) 改变反馈函数,重新设计电路,并检验其自启动特性。

(3) 设计模 $N=7$ 的移位型计数器(具有自启动特性),并用实验验证之。

(4) 验证可编程分频器电路的正确性(任意确定分频比)。

四、实验仪器

(1) 电子技术学习机1台。

(2) 双踪示波器 1 台。

(3) 元器件：74LS00(四 2 输入与非门)1 片，74LS25(双 4 输入或非门)1 片，74LS194(通用四位双向移位寄存器)2 片。

五、预习要求

(1) 阅读附录中有关器件的功能表，熟悉器件功能。

(2) 画出实验接线图及有关波形。

六、实验报告要求

(1) 画出实验内容(1)，(2)，(4) 的实验线路图，给出实验结果，说明实验方法。

(2) 写出实验内容(3) 的设计过程，画出实验线路图，给出实验结果。

(3) 分析实验中的故障现象及排除方法。

2.11　555 定时器及其应用

一、实验目的

(1) 熟悉 555 定时器的工作原理。

(2) 掌握 555 定时器的典型应用。

二、实验原理

1. 555 定时器的基本结构

555 定时器由于其用途广泛，因而发展迅速。目前除 NE555 型号外，还有 FX555，FD555(以上为 TTL 型)；CC7555，ICM555，5G7555，5G7556，CH7556(以上为 CMOS 型，其中 5G7556，CH7556 为双定时器)。

555 定时器是一种模拟、数字相结合的多功能 MSI 电路，电路引脚图如图 2.11.1 所示，其功能表见附录。

使用时应注意的是控制电压(5 脚) 为外接，它可改变比较器 A 的基准电压以实现外加电压控制。此端不用时，通常接入大于 0.01 μF 的电容。

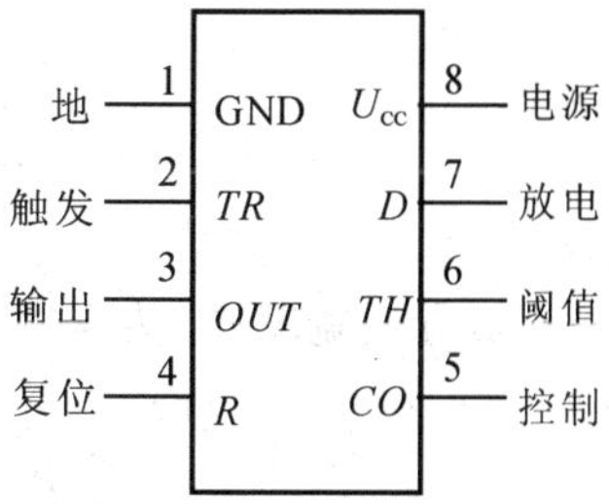

图 2.11.1　555 定时器引脚图

555 定时器的典型参数如下：

电源电压 U_{CC}：5 ~ 18 V(典型值为 10 V)

输出最大电流：200 mA

阈值电压：$\frac{2}{3}U_{CC}$

触发电压：$\frac{1}{3}U_{CC}$

触发电流：0.5 μA

复位电流：0.1 mA

阈值电流：0.1 mA

控制电压电平：9 ～ 11 V(U_{CC} = 15 V)，2.6 ～ 4.0 V(U_{CC} = 5 V)

输出低电平：0.1 ～ 2.5 V(U_{CC} = 15 V，其值与灌电流有关)

输出高电平：12.5 ～ 13.3 V(U_{CC} = 15 V，其值与拉电流有关)

输出上升时间 t_r：100 ns

输出下降时间 t_f：100 ns

2. 典型应用

555 定时器应用范围很广，只须改变其引脚连线，外接少量阻容元件即可组成多谐振荡器、施密特触发器、压控振荡器、单稳触发器，以及电子音乐、电子门铃、报警装置等。

(1) 多谐振荡器。由 555 定时器构成的多谐振荡器的基本电路如图 2.11.2(a) 所示。根据 555 定时器的工作原理及其功能表，不难画出多谐振荡器的波形，如图 2.11.2(b) 所示。

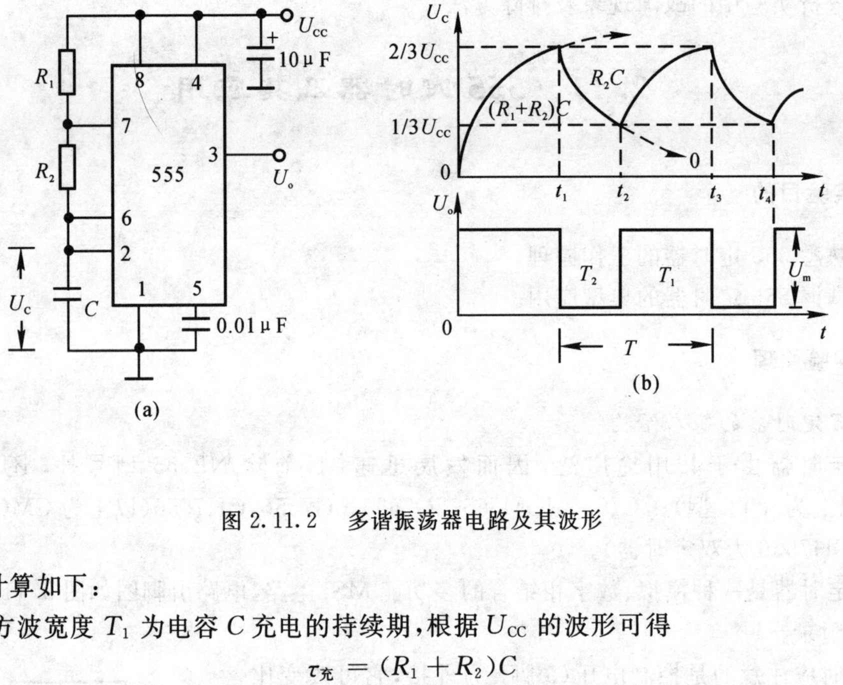

图 2.11.2　多谐振荡器电路及其波形

波形计算如下：

1) 正方波宽度 T_1 为电容 C 充电的持续期，根据 U_{CC} 的波形可得

$$\tau_{充} = (R_1 + R_2)C$$

$$T_1 = \tau_{充} \ln \frac{U_{CC} - \frac{1}{3}U_{CC}}{U_{CC} - \frac{2}{3}U_{CC}} = \tau_{充} \ln 2 \approx 0.7(R_1 + R_2)C$$

2) 负方波宽度 T_2 为电容 C 放电的持续期，用相似的方法可得

$$T_2 = \tau_{放} \ln \frac{\frac{2}{3}U_{CC}}{\frac{1}{3}U_{CC}} = \tau_{放} \ln 2 \approx 0.7R_2C$$

其中，$$\tau_{放} = R_2C$$

周期　$$T = T_1 + T_2 = 0.7(R_1 + 2R_2)C$$

频率　$$f = 1/T = 1.4/(R_1 + 2R_2)C$$

振幅　$$U_m \approx U_{CC}$$

占空比 D 为正方波宽度(T_1)与周期(T)之比，即

$$D=\frac{T_1}{T}=\frac{R_1+R_2}{R_1+2R_2}<50\%$$

若 $R_2\gg R_1$，可近似获得占空比为 50% 的对称方波。

上述电路的占空比不能大于 50%，若将图 2.11.2(a) 中充、放电回路分开，如图 2.11.3 所示，就可以构成一个占空比达 90% 的矩形波发生器。

$$T_1=0.7R_1C$$

$$T_2=0.7R_2C$$

$$T=0.7(R_1+R_2)C$$

$$f=1.4/(R_1+R_2)C$$

$$D=T_1/T=R_1+R_2/(R_1+2R_2)$$

调节电位器 R_w，可改变占空比，且不影响振荡频率 f。

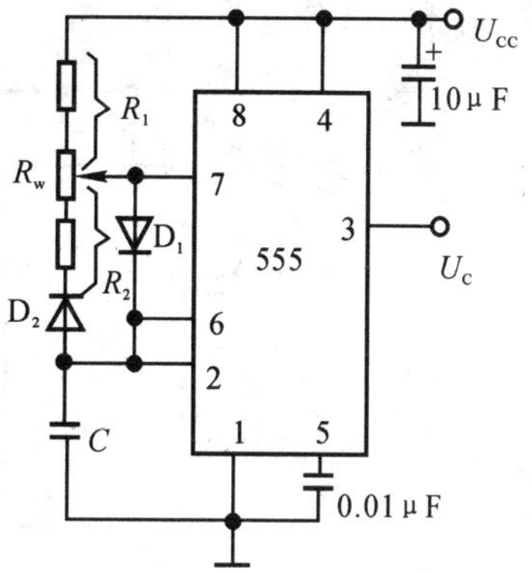

图 2.11.3　矩形波发生器

(2) 压控振荡器。压控振荡器(VCO)是将 555 定时器的控制端(5 脚)引入控制电压，以改变比较器 A，B 的基准电压，从而控制充、放电时间，起到控制振荡频率的目的。电路如图 2.11.4(a)所示，图 2.11.4(b)为其工作波形图。

波形参数如下：

$$T_1=(R_1+R_2)C\ln\frac{U_{CC}-\frac{1}{2}U_5}{U_{CC}-U_5}$$

$$T_2=0.7R_2C$$

$$T=T_1+T_2$$

改变 U_5(调节电位器 R_w)，T_1 随之变化，而 T_2 不变，故振荡周期亦随之改变。但这种改变是非线性的。

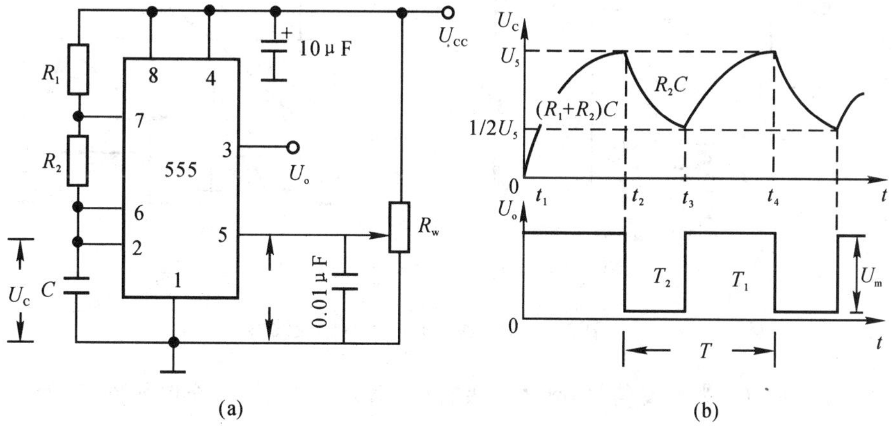

图 2.11.4　压控振荡器电路及其波形

(3) 单稳触发器。单稳触发器的主要用途是对脉冲波形进行整形、延时、定时或作分频器等。由 555 定时器构成的单稳触发器及主要测试点的波形图如图 2.11.5 所示。图中，R_p，C_p 为微分电路，如果触发信号 U_i 的负脉冲宽度 T_1 较宽，而单稳触发器输出 U_o 的脉冲宽度 $T_w < T_1$ 时，则要加微分电路。

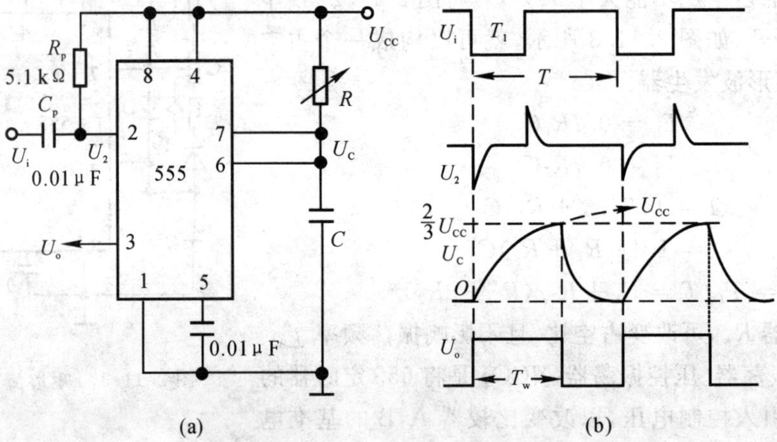

图 2.11.5　单稳触发器及波形

单稳触发器输出的脉冲宽度 T_w 由下式计算：

$$T_w = RC\ln 3 = 1.1RC$$

(4) 锯齿波产生电路。锯齿波是电压随时间线性增加的波形，常用做示波器的时基扫描电路。锯齿波产生电路如图 2.11.6(a) 所示，图 2.11.6(b) 为其工作波形。

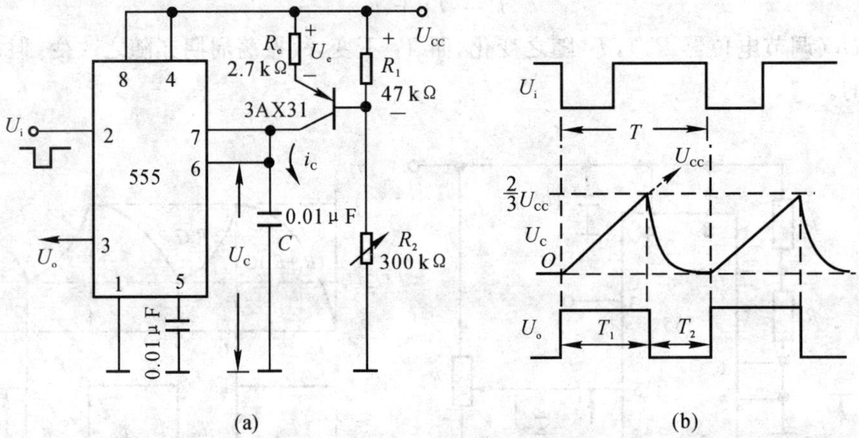

图 2.11.6　锯齿波产生电路及波形

图 2.11.6 中，U_i 为触发信号，晶体三极管(3AX31)用做恒流充电元件，起始充电电流为

$$i_C(0) = (U_{R_1} - U_{BE})/R_e = \frac{U_{CC} - U_{CC}\left(\frac{R_2}{R_1 + R_2}\right) - U_{BE}}{R_e} = \text{常数}$$

$$U_C(t)=\frac{1}{C}\int_0^t i_C(0)\mathrm{d}t=\frac{i_C(0)}{C}t$$

$$U_C(T_1)=\frac{i_C(0)}{C}T_1=\frac{2}{3}U_{CC}$$

$$T_1=\frac{2}{3}U_{CC}\times\frac{C}{i_C(0)}$$

$$T_2=T-T_1$$

改变 $i_C(0)$，即可改变锯齿波的斜率 $\Delta U_C/\Delta t$，即改变 T_1，从而改变扫描速度。

(5) 施密特电路。施密特电路的主要作用是将缓慢变化的电压波(如三角波、正弦波等)整形为矩形波。施密特电路如图 2.11.7(a) 所示。

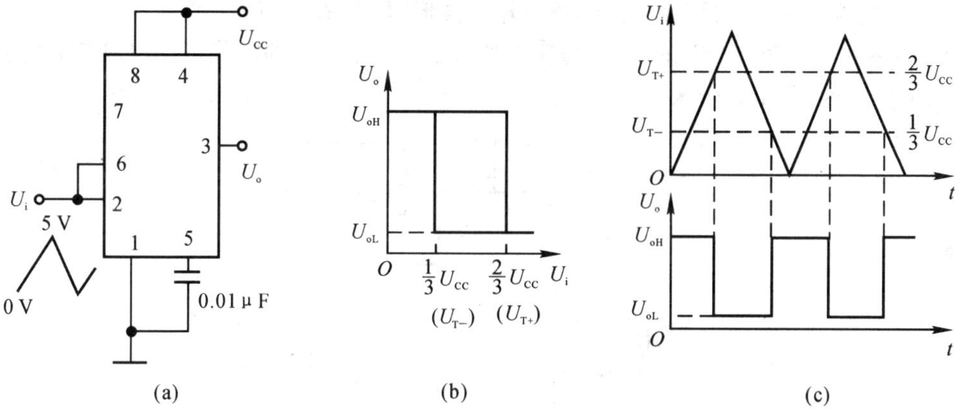

图 2.11.7　施密特电路及波形

(a) 施密特电路；(b) 电压传输特性；(c) 输入、输出波形

施密特电路的主要特性是 U_o-U_i 电压传输特性有回差，现分析如下：

设输入 U_i 为 0 ～ 5 V 的三角波，首先分析 U_i 从 0 V 开始上升的过程：

1) 当 $U_i<\frac{1}{3}U_{CC}$ 时，$U_o=U_{oH}$。

2) 当 $\frac{1}{3}U_{CC}<U_i<\frac{2}{3}U_{CC}$ 时，电路处于保持状态，$U_o=U_{oH}$。

3) 当 $U_i\geqslant\frac{2}{3}U_{CC}$ 时，$U_o=U_{oL}$。

把输出从高电平跃变为低电平的输入电压 U_i 称为“接通电平”，用 U_{T+} 表示。显然

$$U_{T+}=\frac{2}{3}U_{CC}$$

其次分析 U_i 越过三角波顶点开始下降的过程：

1) 当 $\frac{1}{3}U_{CC}<U_i<\frac{2}{3}U_{CC}$ 时，输出保持原态，$U_o=U_{oL}$。

2) 当 $U_i\leqslant\frac{1}{3}U_{CC}$ 时，$U_o=U_{oH}$。

把输出从低电平跃变为高电平时输入电压 U_i 的值，称为"关断电平"，用 U_{T-} 表示。显然

$$U_{T-} = \frac{1}{3}U_{CC}$$

根据以上分析，可画出 $U_o - U_i$ 电压传输特性(回差特性)，如图 2.11.7(b) 所示。把 $\Delta U_T = (U_{T+} - U_{T-})$ 称为回差电压，此处

$$\Delta U_T = \frac{2}{3}U_{CC} - \frac{1}{3}U_{CC} = \frac{1}{3}U_{CC}$$

若参考电压由控制端电压(5 脚)U_{co} 给出，这时 $U_{T+} = U_{co}$，$U_{T-} = \frac{1}{2}U_{co}$，则

$$\Delta U_T = U_{co} - \frac{1}{2}U_{co} = \frac{1}{2}U_{co}$$

只要改变 U_{co} 的值，即可调节回差电压的大小。

有了回差特性，即可根据输入波形画出输出波形，如图 2.11.7(c) 所示。

(6) 防盗报警装置。利用 555 压控振荡器原理的 555 复位端的功能可以组成简易的防盗报警装置，电路如图 2.11.8 所示。

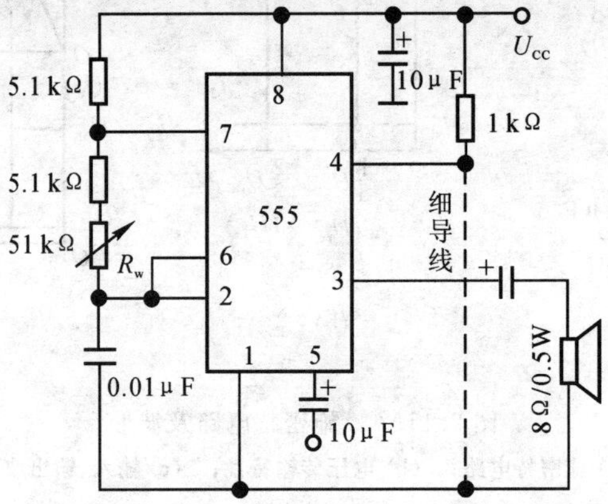

图 2.11.8　防盗报警装置

从复位端 4 引出一根细导线到地，故 555 停振。另外将频率为 f_0 的脉冲信号($f_0 = 1$ Hz)经 10 μF 电容接到控制端 5 脚，以构成压控振荡器。这样，一旦细导线被撞断，555 立即振荡，并发出报警声，报警声的效果可调节电位器 R_w 阻值和脉冲信号频率 f_0 进行控制。

三、实验内容

1. 多谐振荡器

(1) 按图 2.11.9 连接好实验线路，检查接线是否正确。

(2) 接通电源($U_{CC} = +5$ V)，调节 R_w，用示波器观察 U_o 波形及占空比的变化，看是否与理论一致。

(3) 测量振荡频率及占空比变化范围，将测量结果填入表 2.11.1 中。

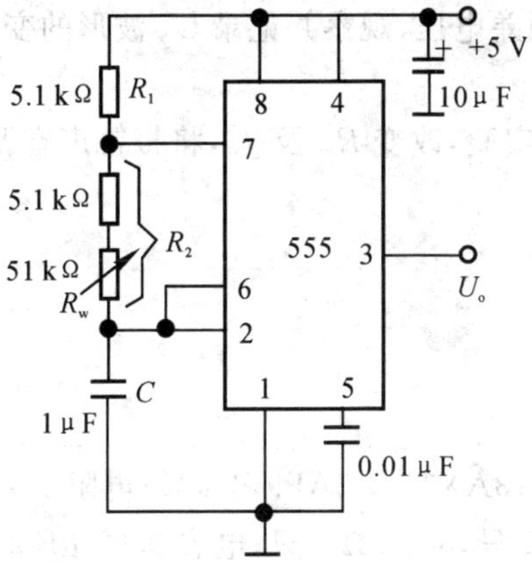

图 2.11.9　多谐振荡器实验线路图

表 2.11.1　多谐振荡器频率及占空比测量

R_w	周期		占空比		$\tau_{充}$		$\tau_{放}$		U_o 幅值
	实测值	理论值	实测值	理论值	实测值	理论值	实测值	理论值	
0									
51 kΩ									

(4) 按图 2.11.2 连好实验线路，电阻 $R_1 = 1\ \text{k}\Omega, R_2 = 5.11\ \text{k}\Omega, C = 0.01\ \mu\text{F}$，测量值记入表 2.11.1。

2. 单稳触发器

(1) 参考图 2.11.5，要求单稳输出脉冲宽度 T_w 可调范围为 10 ～ 100 μs，单稳输入触发信号 U_i 用实验内容 1 中的振荡信号。

(2) 用示波器观察并记录 U_i，U_C 及 U_o 的同步波形，测量脉冲宽度的调节范围，并与理论值进行比较，结果填入表 2.11.2 中。

表 2.11.2　单稳触发器脉冲宽度测量

R/kΩ	C/μF	脉冲宽度 T_w/μs	
		实测值	理论值
			10
			100

3. 锯齿波产生电路

按图 2.11.6 所示电路进行实验，改变 R_2，观察锯齿波的变化，从而测出锯齿波宽度 T_1 的变化范围。

4. 施密特电路

按图 2.11.7(a) 所示进行实验，输入三角波电压由函数发生器提供，用示波器观察并记录 U_i，U_o 波形（注明参数）。

接入控制电压 U_{co} 以改变回差电压，观察并记录 U_o 波形的变化。

5. 防盗报警装置电路

按图 2.11.8 所示电路进行实验，改变 R_w 及 f_0，将报警声音调到最佳状态。

四、实验仪器

(1) 电子技术学习机 1 台。

(2) 双踪示波器 1 台。

(3) 函数发生器 1 台。

(4) 元器件：555 定时器 2 片；3AX31 及 2AP9 各 1 只；电阻 2.7 kΩ 1 只，5.1 kΩ 2 只，47 kΩ 1 只；电位器 10 kΩ 1 只，51 kΩ 1 只，300 kΩ 1 只；电容 0.01 μF 2 只，1 μF 2 只，10 μF 2 只；扬声器 1 只。

五、实验报告要求

(1) 画出各实验步骤的实验电路图，并对电路中主要元器件的功能作简要定性的说明。

(2) 整理各实验的结果，画出波形图，并标出波形的参数；列出必要的数据表格；将实验结果与理论值进行比较分析，得出相应的结论。

六、思考题

(1) 说明 555 定时器的第 5 脚(CO)的作用，若该引脚接地，会出现什么现象？

(2) 为了保证单稳触发器正常工作，脉冲宽度(T_w)与触发脉冲 U_i 的周期 T 应满足什么关系？

(3) 怎样实现线性良好的三角电压波？请画出电路图。

2.12 D/A 和 A/D 转换

一、实验目的

了解 D/A，A/D 芯片的基本结构和特性，测试 D/A，A/D 的转换性能。

二、实验原理

(1)D/A 转换采用 DAC0832，其管脚排列如图 2.12.1 所示。其中：

$\overline{CS}$：片选端，低电平有效。

ILE：输入锁存使能端，ILE 和 $\overline{CS}$ 使 $\overline{WR_1}$ 有效。

$\overline{WR_1}$：低电平有效，用来把输入信号(DI)锁存起来。

$\overline{WR_2}$：低电平有效，与 $\overline{XFER}$ 一起控制使锁存器中的数据传送到 DAC 寄存器中。

$\overline{XFER}$：传输控制信号，低电平有效，它使 $\overline{WR_2}$ 有效。

$DI_0 \sim DI_7$：数字输入，DI_0 是最低位，DI_7 是最高位。

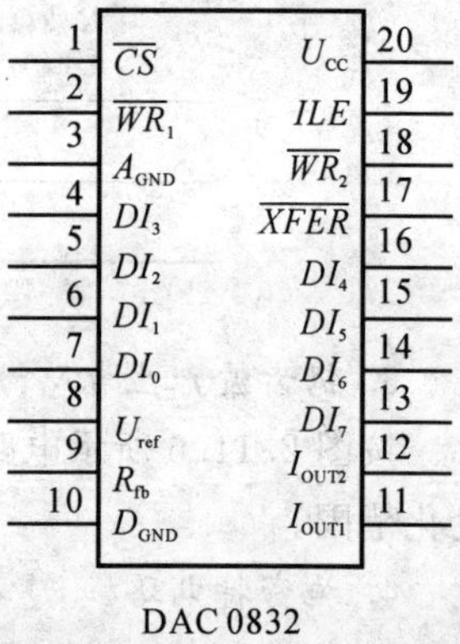

DAC 0832

图 2.12.1 DAC0832 管脚图

I_{OUT1}:DAC 电流输出 1。

I_{OUT2}:DAC 电流输出 2。

R_{fb}:反馈电阻,片内提供。

U_{ref}:参考电压输入,可在 $-10 \sim 10$ V 内选择。

A_{GND}:模拟地。

D_{GND}:数字地。

(2)A/D 转换采用 ADC0809,其管脚排列如图 2.12.2 所示。其中:

$IN_0 \sim IN_7$:8 个模拟量输入端。

ADD_A,ADD_B,ADD_C:对 8 个模拟量进行八选一,然后再 A/D 变换。

$2^{-1} \sim 2^{-8}$:8 个数字量的输出端。

ON:输出三态缓冲器的使能端,高电平有效。

ALE:输入地址锁存使能端。

U_{CC},GND:电源供给端。

$R_{EF(+)}$,$R_{EF(-)}$:参考电压端。

$START$:转换启动信号输入端。

EOC:转换结束信号输出(常作中断用)。

CP:时钟信号输入端。

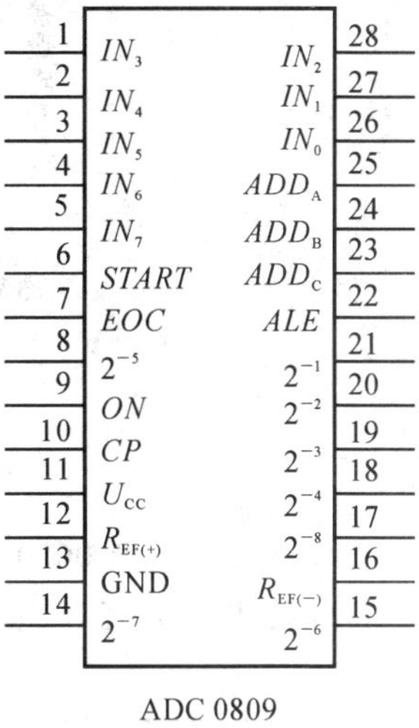

图 2.12.2　ADC0809 管脚图

ADC0809 转换时间为 100 μs 左右,时钟最高频率为 1 280 kHz,典型值为 640 kHz,地址译码与输入选通关系如表 2.12.1 所示。

表 2.12.1　地址译码与输入选通关系表

备选模拟通道	地址		
	ADD_C	ADD_B	ADD_A
IN_0	0	0	0
IN_1	0	0	1
IN_2	0	1	0
IN_3	0	1	1
IN_4	1	0	0
IN_5	1	0	1
IN_6	1	1	0
IN_7	1	1	1

三、实验内容

1. D/A 转换

按图 2.12.3 接线，这是一种不采用缓冲锁存器的直通变换接法。

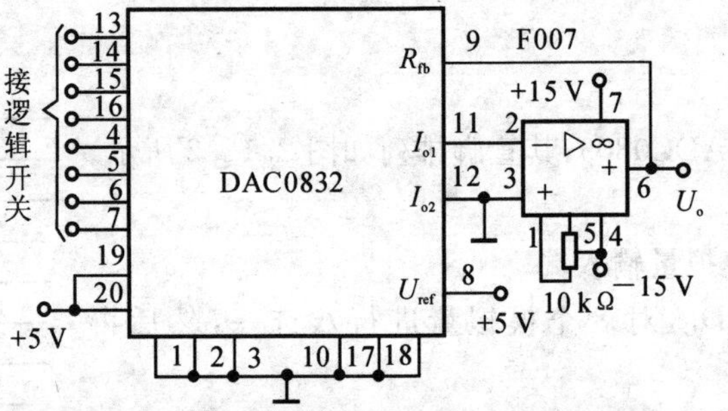

图 2.12.3 D/A 转换电路

(1) 在输入端置 00000000，并调节运算放大器的调零电位器，使输出电压 U_o 为 0。

(2) 按表 2.12.2，将实验值与理论值分别填入其中。

表 2.12.2 D/A 转换测量

输入数字量								输出模拟电压	
D_7	D_6	D_5	D_4	D_3	D_2	D_1	D_0	实测值	理论值
0	0	0	0	0	0	0	0		
0	0	0	0	0	0	0	1		
0	0	0	0	0	0	1	1		
0	0	0	0	0	1	1	1		
0	0	0	0	1	1	1	1		
0	0	0	1	1	1	1	1		
0	0	1	1	1	1	1	1		
0	1	1	1	1	1	1	1		
1	1	1	1	1	1	1	1		

2. A/D 转换

按图 2.12.4 接线，在这里采用“0”道输入（不选择输入），直通输入和输出，每按一次单脉冲按钮产生一次变换。首先调节输入电压，让输出全为“1”，记下模拟电压值。然后调节输入模拟电压分别为 0.1 V，0.2 V，0.5 V，1 V，2 V，3 V，4 V，记下 ADC 输出的数码，填入表 2.12.3 中。

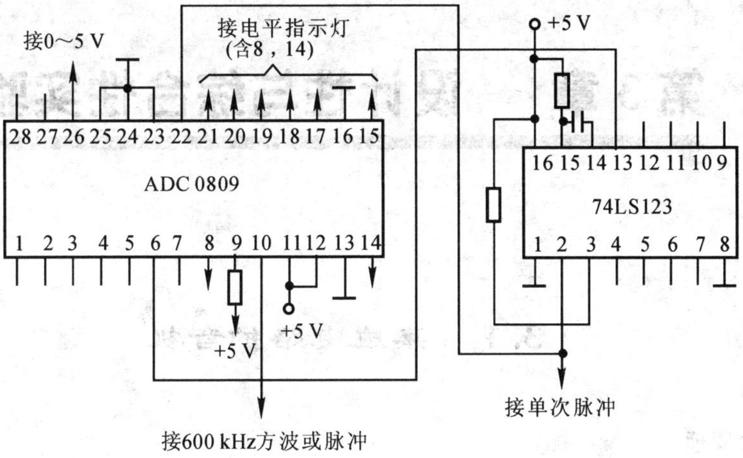

图 2.12.4　A/D 转换电路

表 2.12.3　A/D 转换测量

输入模拟电压 /V	输出							
	D_7	D_6	D_5	D_4	D_3	D_2	D_1	D_0
	1	1	1	1	1	1	1	1
4								
3								
2								
1								
0.5								
0.2								
0.1								

四、实验仪器

(1) 电子技术学习机 1 台。
(2) 元器件:DAC0832,ADC0809 各 1 片。

五、预习要求

(1) 预习有关 DAC0832 和 ADC0809 芯片的资料。
(2) 掌握实验电路的原理。

六、实验报告要求

(1) 以表格形式记录实验数据。
(2) 对实验结果进行讨论。

第 3 章　设计性与综合性实验

3.1　集成电路扩音机

一、实验原理

集成电路扩音机是全部采用集成电路完成音频信号的低放和功放。其工作原理框图如图 3.1.1 所示。前置级为低频电压放大，它由集成运放组成；音调级为高、低音调的调节，即对低音或高音进行提升或衰减；功放级对低频信号进行功率放大，它采用了集成功放块。

图 3.1.1　扩音机电路框图

二、参考线路及说明

电路如图 3.1.2 所示。

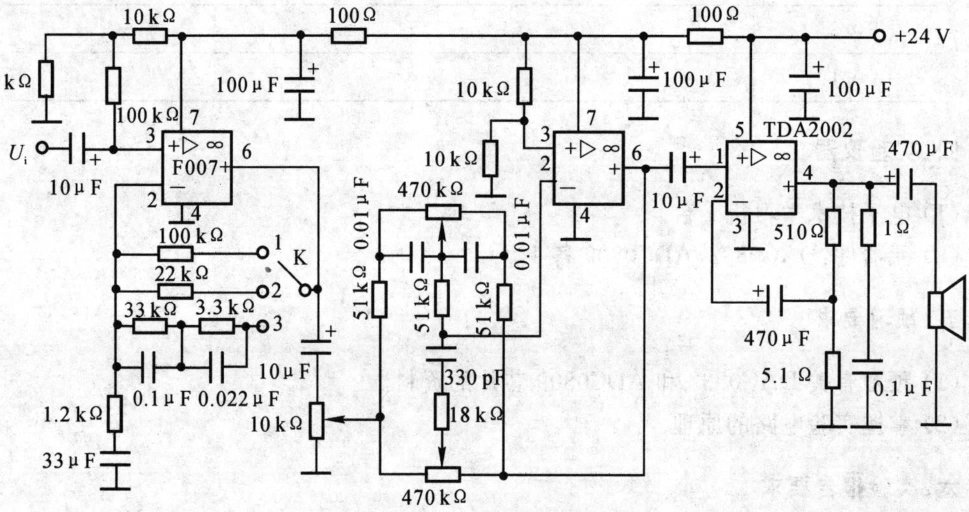

图 3.1.2　扩音机参考线路图

前置放大器的放大元件采用 LM741，用单电源供电，采用同相放大电路，该电路输入阻抗高，对不同的信号影响小。开关 K 接 1 处为话筒输入，接 2 处为收音输入(线路输入)，接 3 处为拾音输入，并加入频率补偿。

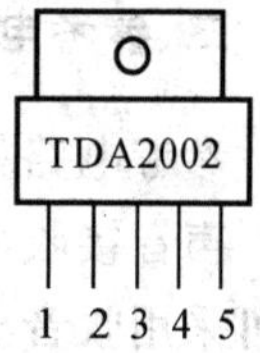

图　3.1.3

音调控制电路为常用的反馈型电路，由控制网络和 LM741 做成的放大电路组成。当并联电位器 470 kΩ 滑向左边时，低频得到最大提升，滑向右边时，低频得到最大衰减。当串联电位器 470 kΩ 滑向左边时，高频得到提升，滑向右边时，高频得到衰减。功放级由集成功放块 TDA2002 及外围电路组成。TDA2002 的管脚如图 3.1.3 所示。

三、实验内容

(1) 测量该扩音机电压增益及最大输出功率。

(2) 测量该扩音机的频率范围。

(3) 测绘音调控制曲线。

四、实验仪器

(1) 双踪示波器 1 台。

(2) 元器件：运算放大器 LM741 2 只；集成功放(TDA2002 或 LM386)1 只；电位器 470 kΩ 2 只，10 kΩ 1 只；电阻 10 kΩ 4 只，100 Ω($\frac{1}{2}$W ～ 1 W)2 只，100 kΩ 2 只，51 kΩ 3 只，22 kΩ 2 只，18 kΩ 1 只，510 Ω 1 只，5.1 Ω 1 只，1 Ω 1 只；电容(耐压 50 V)470 μF 1 只，100 μF 3 只，33 μF 1 只，10 μF 4 只，0.1 μF 2 只，0.01 μF 2 只，0.022 μF 1 只，330 pF 1 只；喇叭(8 Ω) 1 只。

3.2　声控台灯

一、实验原理

声控台灯的基本组成有四部分，即声音接收、音频放大器、双稳电路和控制电路，如图 3.2.1 所示。

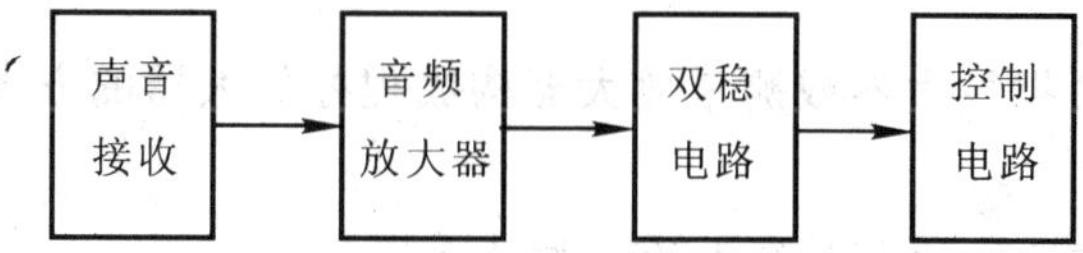

图 3.2.1　声控台灯原理框图

声音接收电路是通过扬声器将声音信号转换成电信号。该信号经音频放大器放大，放大后的音频电压作为触发信号，触发双稳电路翻转。根据双稳电路输出电压的高低，使控制继电器的晶体管饱和或截止，从而控制台灯点亮或熄灭。

只要人走进房间，拍一下手或跺一下脚，声控台灯就会自动点亮或熄灭。

二、参考电路及说明

参考电路如图 3.2.2 所示。

声音接收可用扬声器或话筒，如果用的是低阻扬声器，则需要通过变压器接入电路，变压器可采用收音机的输出变压器。音频放大器为两级直接耦合的晶体管共射极放大器，为了提高灵敏度，音频放大器可采用运算放大器。双稳电路由分立元件实现，也可用门电路实现，还可以用 T′ 触发器实现。控制电路为晶体管做成的开关电路。当双稳输出为高电平，晶体管饱和，继电器吸合，台灯亮；反之，晶体管截止，继电器释放，台灯熄灭。

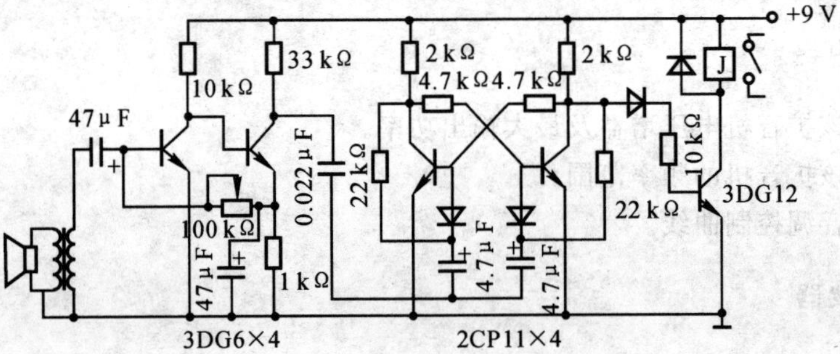

图 3.2.2

三、实验内容

安装、调试声控台灯，并拍掌试验其控制作用。

3.3 程控放大器设计

一、工作原理

程控放大器（也称可编程放大器）就是放大倍数可由按键控制，或由编程控制的放大器。程控放大器是智能仪器中必不可少的前置放大器。它的优点是放大倍数控制方便、灵活，易于调整。

利用运算放大器、数据放大器或测量放大器构成程控放大器的方案很多，其电路形式主要有如下几种。

1. 多路开关与反相运算放大器组成的程控放大器

电路如图 3.3.1 所示。在理想情况下有

$$U_o/U_i = -R_F/R_j \quad (j = 1,2,3,\cdots,8)$$

因此，改变 R_j 的大小，即可自动改变放大器的增益。

多路模拟开关的作用是依据 3 位二进制地址（$A_2A_1A_0$）以及选通端 EN 的状态来选择八路（$R_1,\cdots,R_8$）中的一路，使输入信号 U_i 经输入电阻 R_j 和运算放大器接通。显然，这种电路的优点是结构简单，但由于多路开关的接通电阻或称动态电阻 R_{on} 有一定大小，因此，增益实际取决于 R_F 与（R_j+R_{on}）之比。为了减少 R_{on} 所造成的增益误差，要求 $R_j \gg R_{on}$，而 R_j 愈大，对

高速度、低漂移和低噪声等愈不利。并且由于 R_j 的大小经常变动，无法做到 $R' = R_F//R_j$，因此，加大了运算放大器输入失调电流和输入基极电流的影响。

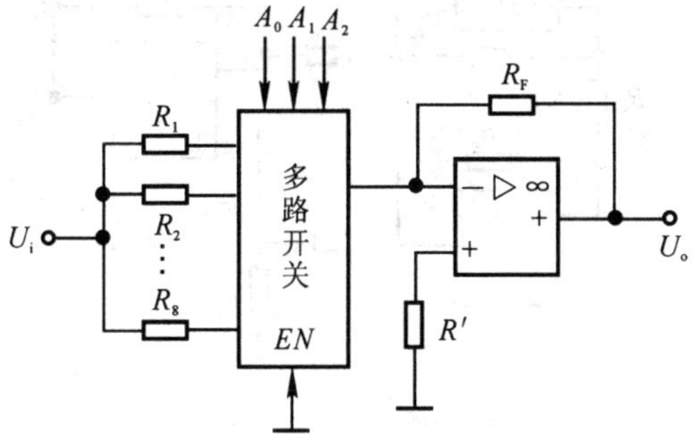

图　3.3.1

有时为了提高反相输入的放大倍数，但又不希望 R_F 过高，或者输入电阻和反馈电阻的数值已确定，但又希望能在原有基础上改变放大倍数。图 3.3.2 示出了这种可变比例放大器的原理电路。

当流过 R_L 和 $R_j(j = 1,2,3,\cdots,8)$ 的电流远大于流过 R_F 的电流时，则

$$U_o/U_i = -(R_F/R_L) \times [(R_L + R_j)/R_j]$$

显然，改变 R_L 和 R_F 的值，就可改变放大器的放大倍数。但要注意，这种电路是用改变负反馈的深度来实现增益变化的。

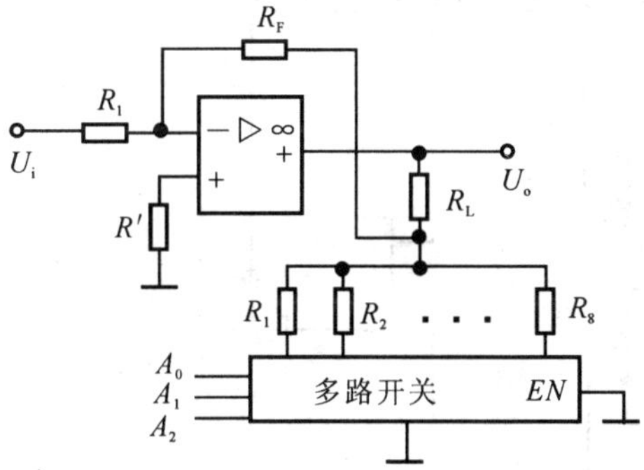

图　3.3.2

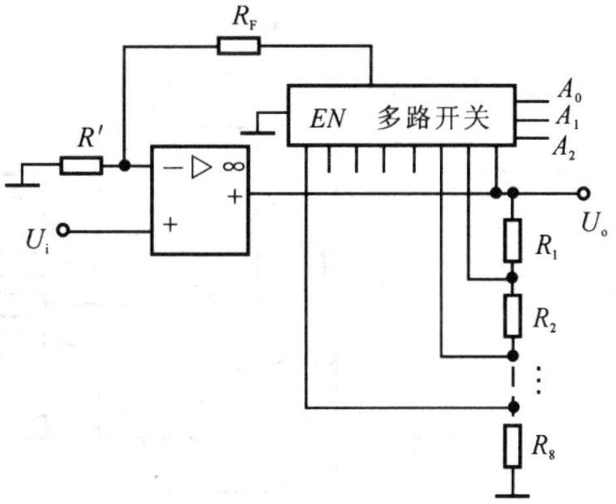

图　3.3.3

2. 多路开关与同相运算放大器组成的程控放大器

图 3.3.3 示出了这种程控放大器的原理图。放大器的增益由 R'，R_F 和 R_1，R_2，…，R_8 以及多路开关的 R_{on} 决定。由于是同相输入，因此放大器输入阻抗很高，但此时由于集成运放的两个输入端不再处于“虚地”的电位，而是有较强的共模输入电压，因此，当输入信号的变化具有较高的频率或较大速率时，由于运放的共模抑制比等指标迅速下降，误差增大。

3. 多路开关与数据放大器组成的程控放大器

输入阻抗比较高，共模抑制作用比较好的通用数据放大器（又称测量放大器）的电路如图 3.3.4 所示。

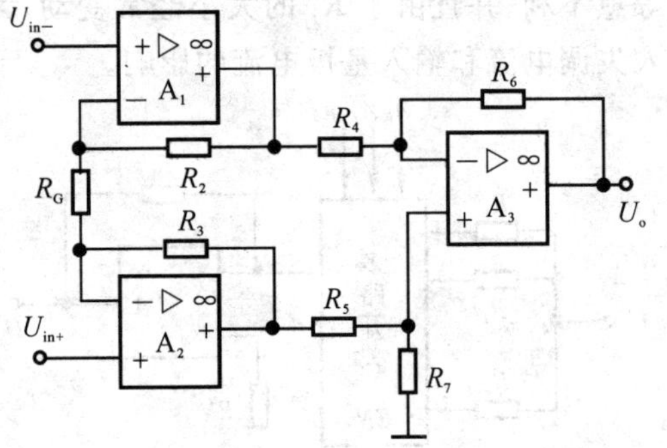

图 3.3.4

当 3 个放大器为理想运放，$R_2 = R_3$，$R_4 = R_5$，$R_6 = R_7$ 时，放大器的差模放大倍数为

$$U_o/U_i = R_6/R_4(1+2R_2/R_G)$$

式中

$$U_i = U_{in+} - U_{in-}$$

一般通过改变电阻 R_G 或 R_2($R_2 = R_3$) 来调整放大器放大倍数。若用调整 R_2 来改变放大倍数时，多路模拟开关最好采用双通道多路芯片，以保证 R_2 和 R_3 能够尽量做到同时切换，且 R_{on} 接近相等。用多路模拟开关 AD7502 和上述测量放大器组成的程控放大器原理电路如图 3.3.5 所示。

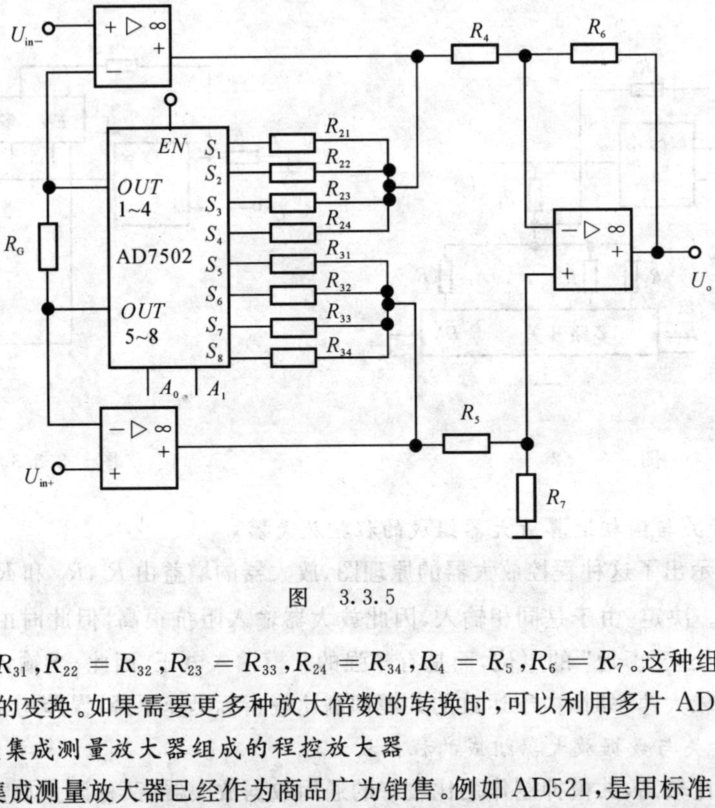

图 3.3.5

图中 $R_{21} = R_{31}$，$R_{22} = R_{32}$，$R_{23} = R_{33}$，$R_{24} = R_{34}$，$R_4 = R_5$，$R_6 = R_7$。这种组成形式可以实现 4 种放大系数的变换。如果需要更多种放大倍数的转换时，可以利用多片 AD7502 并联。

4. 多路开关集成测量放大器组成的程控放大器

目前，单片集成测量放大器已经作为商品广为销售。例如 AD521，是用标准 14 脚双列直插封装的单片测量放大器，其基本连接方法如图 3.3.6 所示。

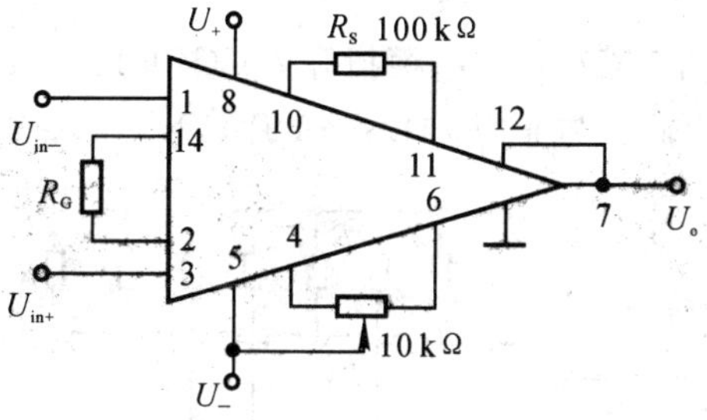

图 3.3.6

测量放大器的放大倍数按 R_S/R_G 来计算。选用 $R_S = 100\ k\Omega \pm 15\%$ 时，可以得到比较稳定的放大倍数。

通过多路开关切换不同的 R_G 值，可以使放大倍数在 0.1～1 000 的范围内调整。这种形式的优点是便于实现增益和误差补偿。

二、设计指标要求

(1) 输入信号 $U_i > 0.1\ mV$，信号的最高频率为 1 kHz。

(2) 通过集成运算放大器、多路开关实现其增益按 $2^i n (i = 0,1,2,3,4,5,6,7)$ 递增，其中 $n = 6$ dB。

(3) 放大倍数的控制用 8 位琴键开关，或 8 个单刀开关，或来自微机的 8 位数据。

参考电路框图如图 3.3.7 所示。

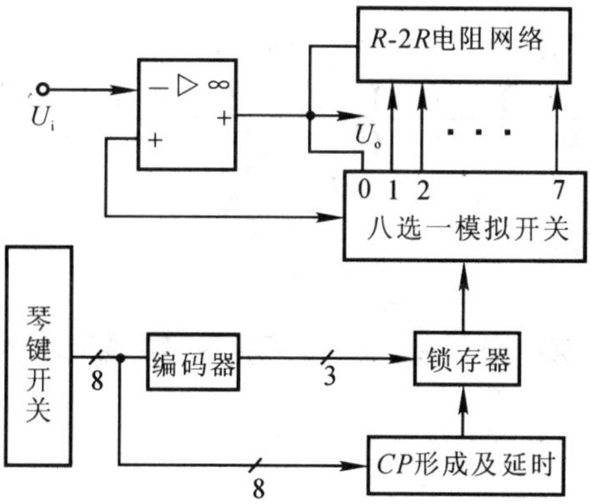

图 3.3.7 参考电路框图

电路图如图 3.3.8 所示。如果未学过数字电路，可在 CC4051 的 A，B，C 端用开关模拟“0”，“1”输入。

三、实验仪器

(1) 双踪示波器 1 台。

(2) XD2C 或其他音频信号发生器 1 台。

(3) 双路稳压电源 1 台，单路稳压电源 1 台。

(4) 数字万用表 1 只。

(5) 元器件:运算放大器 LM741 1 片;模拟开关 CC4051 1 片;锁存器 74LS75 1 片;四 2 输入与非门 74LS00 8 片;双 4 输入与非门 74LS22 1 片;四 2 输入或非门 74LS02 2 片。

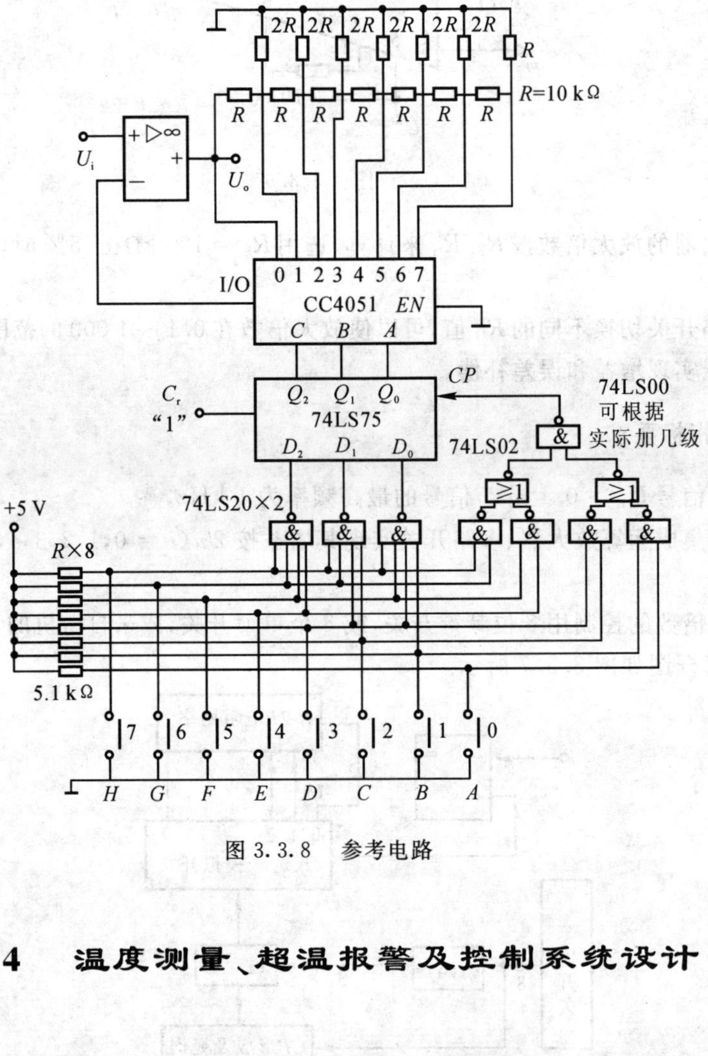

图 3.3.8 参考电路

3.4 温度测量、超温报警及控制系统设计

一、工作原理

现代化的工农业生产及高科技研究开发都离不开温度的测量与控制。在人们的日常生活中,温度的测量、控制同样占有相当重要的地位。到目前为止,温度测量都是采用间接测量的方法,即利用一些材料或元件的性能随温度变化的特性,通过测量该性能参数,从而得到被测温度的大小。用来体现材料的温度特性的有热电动势、电阻、半导体 PN 结特性、热膨胀、导磁率、介电系数、光学特性、弹性等,相应开发的各类测温传感器有热电势式温度传感器、热电阻式温度传感器、PN 结型温度传感器、光纤温度传感器等。

温度测量、超温报警控制系统的电路形式很多,基本原理比较简单,下面以图 3.4.1 所示参考电路(一) 为例进行分析。在这个测量及超温报警系统电路中,选择半导体 PTC 型热敏电阻为温度敏感元件。半导体 PTC 型热敏电阻的阻值随温度呈指数规律变化,也就是说,其输出特性的非线性十分严重，在一定的温度范围内使用，必须进行线性化处理。最常用的方法是将热敏电阻与温度系数可忽略（认为是零）的固定电阻串、并联组成线性化网络，如参考电路（一）中虚线部分，适当选取阻值可以在指标要求的区域内得到近似线性变化的输出。系统电路中左侧的两个门组成可控的约 2 Hz 的振荡器，而右侧的两个门组成约 400 Hz 的可控振荡器。

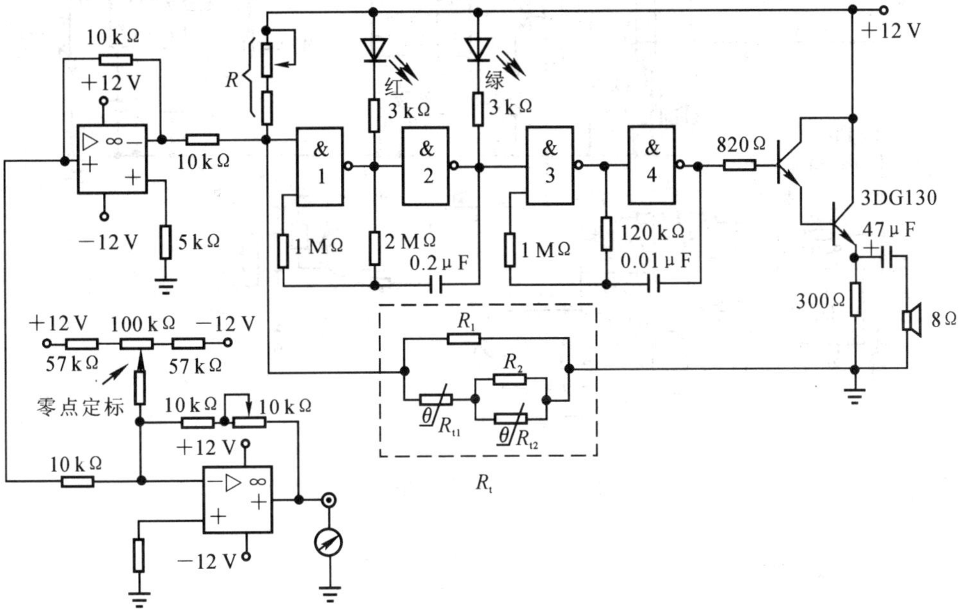

图 3.4.1　参考电路（一）

当温度处于正常范围时，热敏电阻和固定电阻组成的线性化网络的等效电阻与电阻 R 的分压值低于与非门 1 的阈值电压，则与非门 1 的一个输入为“0”，与非门 1 被封锁，不能与与非门 2 形成振荡器，与非门 2 的输出也使得与非门 3 不能与与非门 4 形成振荡器。由于与非门 2 的输出为“0”，所以绿色发光二极管导通发光，标志着系统在正常测温，扬声器不发声。一旦超温，R_t 上的压降达到与非门 1 的阈值电压，与非门 1 打开，振荡器工作，使红、绿两个发光二极管交替闪烁发光。而第二个振荡器受 2 Hz 信号控制，发生间歇振荡，扬声器发出断续的音响。

参考电路（一）中第二个振荡器的调试方法：用一个与超温时对应的阻值相等的电阻 R 代替 R_t，改变 R 使扬声器刚好要发出断续声音为止，然后锁紧 R。

参考电路（二）是一个温度测量、超温报警及控制系统。其组成框图如图 3.4.2 所示。其参考实验电路如图 3.4.3 所示。

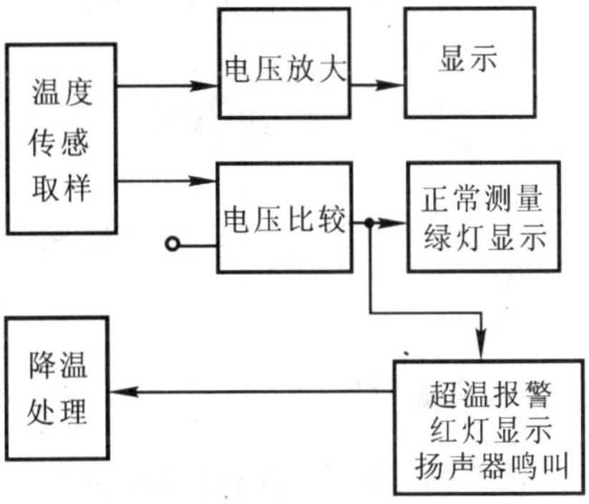

图 3.4.2　参考电路（二）组成框图

图中 LM393 为电压比较器，LM324 为运算放大器。74LS04 为六倒相器，555 为定时器，使用和连接可参阅数字实验部分。正常测量时，电压比较器输出低电平，绿色发光二极管点亮，555 振荡器不工作，扬声器不发声。当被测温度超过温度指标时，电压比较器输出高电平，红色发光二极管被点亮，555 振荡器工作，扬声器断续鸣叫，吹风扇自动开启，使温度场强制降温。

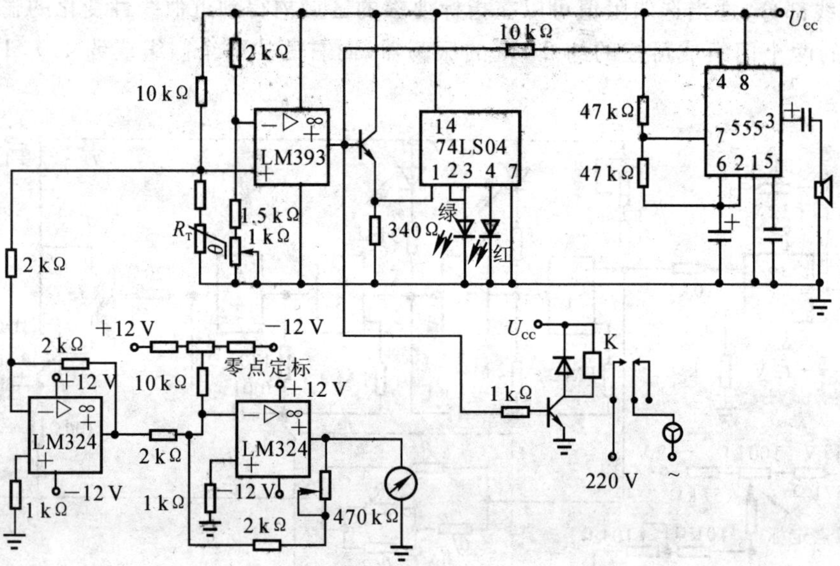

图 3.4.3　参考电路(二)

二、技术指标要求

(1) 设计温度测量及超温报警系统或设计温度测量、超温报警及控制系统。

(2) 对温度测量范围为 30 ～ 80℃，超过 80℃ 报警(或具有降温控制装置)。

(3) 具有声、光报警功能。

三、实验仪器

(1) 参考电路(一) 所用器材：PTC 正温度系数热敏电阻，CMOS 与非门 CD4011，三极管 3DG130，红、绿发光二极管，扬声器，运算放大器，电位器、电阻、电容若干。

(2) 参考电路(二) 所用器材：热敏电阻，运算放大器，电压比较器，三极管 3DG 及 3DK，六倒相器 74LS04，555 定时器，继电器 JAC—4H1B，红、绿发光二极管，小风扇，二极管，电位器、电容、电阻若干。

(3) 双、单路稳压电源各 1 台，数字万用表 1 只，面包板 1 块。

3.5　时钟控制器设计

一、实验目的

熟悉同步时序电路设计时钟控制器的方法。

二、设计任务

设计一个能放过一串可预定的完整无缺的脉冲的时钟控制器，放过的脉冲数目可调。

三、实验原理

实验原理框图如图 3.5.1 所示。

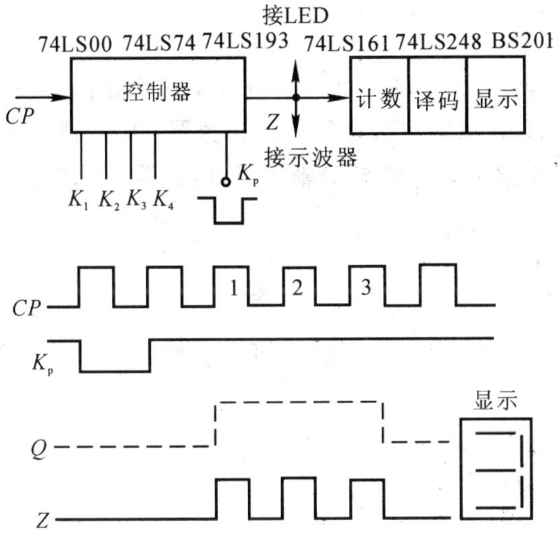

图　3.5.1

图中时钟 CP 为 1 kHz/1 Hz 脉冲源，$K_1 \sim K_4$ 为 0-1 开关。K_p 为单次脉冲，低电平有效。K_p 兼有清"0"、预置及启动功能。时钟控制器输出 Z 平时处于低电平状态。为检测此电路的功能，即放过的脉冲数是否为预定值，一方面可将 Z 接 LED，观察 LED 闪烁的次数；另一方面可将 Z 接至十六进制计数、译码及显示的计数时钟端，以观察显示器的读数是否正确。若选用加法计数，可将预置数的反码打入预置端；若选用减法计数，则将预置数的原码打入预置端。

从图 3.5.1 可以看出，时钟控制器通过的脉冲数，是由设计一个启停电路来控制，即产生一个门控信号，如图中虚线所示的 Q 波形。当启动 K_p 时，其负脉冲将系统复位，并对计数器进行预置；负脉冲结束后的下一个时钟 CP 的上升沿到来时，启停电路开启，Q 由 $0 \to 1$，与此同时，计数器开始计数；当计数值与预置值相等时，启停电路关闭，Q 由 $1 \to 0$，与此同时，计数器停止计数，根据 Q 与 CP 的时间关系，通过简单的控制逻辑，即可实现预期的时钟控制的目的。

四、实验内容

(1) 画出时钟控制器的原理电路图及主要波形图。

(2) 组装电路及调试。

1) 断开点 Z 与计数器 CP 端的连线。将 $K_4 \sim K_1$ 预置成某个数，然后按下 K_p（负极性脉冲），观察 Z 端输出的脉冲个数（用 LED 显示）是否正确，重新预置某个数，再观察之。

2) 将点 Z 与计数器 CP 端相连，观察 Z 输出的脉冲个数与显示器读数是否相符，如不符，请查明原因，直至相符为止。

3) 上述实验都是在时钟 CP 为 1 Hz 脉冲信号情况下进行的静态观测实验，它只能验证放过的脉冲数，但不能验证放过的脉冲是否完整无缺。为此应将点 Z 信号送到示波器作动态观测，同时将 CP 改为 1 kHz 脉冲，此时在示波器上看到的只是一条水平线(为什么?请验证之)，然后设计一个能动态观测点 Z 波形的实验电路，并验证之。

五、实验仪器

(1) 电子技术学习机 1 台。

(2) 双踪示波器 1 台；

(3) 元器件：74LS00 四 2 输入与非门 2 片；74LS74 双 D 正沿触发器 1 片；74LS161 同步二进制可预置计数器 1 片；74LS193 同步二进制可逆计数器 1 片；74LS248 七段字形译码驱动器 1 片；BS202 共阴极 LED 显示器 1 片；555 定时器 1 只；电位器 56 kΩ 1 只；电阻 560 Ω 1 只；电容 1 μF 1 只，0.01 μF 1 只。

六、实验报告要求

(1) 说明所设计的时钟控制器的工作原理，画出完整的实验原理线路图及各主要观测点的波形。

(2) 分析、排除实验中的故障。

(3) 记录、分析实验结果。

3.6 序列码发生器及序列码检测器设计

一、实验目的

通过实验掌握序列码发生器及序列码检测器的设计方法，掌握中规模器件在设计中的应用。

二、设计任务

设计一个 1110101011 序列码发生器及 101 序列码检测器(序列码可重叠)。

序列码发生器输出　　X：1110101011(最左端先移入)

序列码检测器输出　　Z：0000101010

当检测到 101 序列码时，驱动扬声器发出频率为 1 kHz 的脉冲信号。

设计系统时钟 CP_1，CP_2 分别为 1 kHz 及 1 Hz 的对称方波。

三、实验原理

1. 序列码发生器

序列码发生器一般有两种类型，一种是反馈移位型序列码发生器；另一种是计数型序列码发生器。前者由移位寄存器加适当的反馈网络构成，后者是由同步计数器加适当的输出组合网络构成。

(1) 反馈移位型序列码发生器。如图 3.6.1 所示，反馈网络的输入是移位寄存器的输出，反馈网络的输出 F 加到移位寄存器的右移端 D_1 作为反馈逻辑。反馈逻辑为 $D_1 =$

$F(Q_1, Q_2, \cdots, Q_n)$。

当给定序列长度 M 而未指定序列码时，反馈移位型序列码发生器实质上就是一个模 M 移位型计数器，而输出 Z 取自计数器的最后一级触发器的 Q_n（本实验不讨论）。

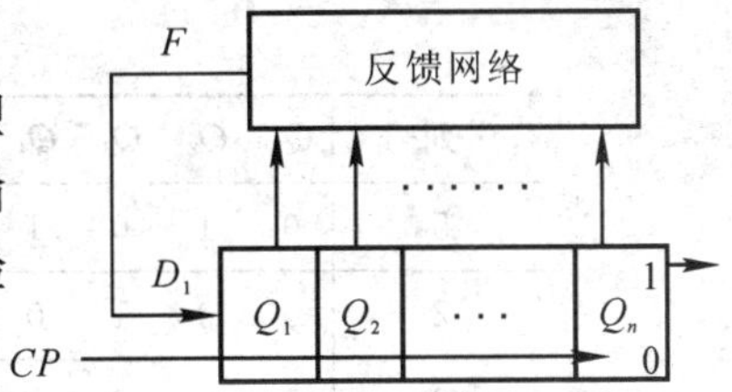

图　3.6.1

当给定序列码时，反馈移位型序列码发生器的设计方法与移位型计数器的设计方法有两点不同：① 移位寄存器的级数 n 除应满足 $2^n \geqslant M$ 的条件外，还必须满足码字互不相同的条件，否则状态转移会造成模棱两可的不确定状态，也就是说，对给定的代码序列从最末位（最左端）开始，每次取 n 位共取 M 次，得到的 M 个码字必须互不相同；② 反馈激励函数 $F(Q_1, Q_2, \cdots, Q_n)$ 必须符合给定的代码序列要求，它取决于代码规定，而不能从通用状态图上任选。

例 1　设计一个产生 1010010100… 序列的反馈型序列码发生器。

解　(1) 确定序列长度 M。分析该序列，其序列长度 $M=5$，由此确定移位寄存器级数 $n \geqslant 3$。移位寄存器输出 $Z=10100\cdots$。

先取 $n=3$，从末位开始每次取 3 位共取 5 次，得到 5 个码字：101，010，001，100，010，其中码字 010 重复，不符合规定，这说明 $n=3$ 不能产生所需长度 $M=5$ 的序列码，解决的办法是增加触发器的位数。

取 $n=4$ 进行检验，得到 5 个码字，0101，0010，1001，0100，1010，这 5 个码字互不相同，故产生该序列至少需 4 级寄存器，可用 1 片 74LS194 来实现。

列出状态转移表，如表 3.6.1 所示，由状态转移表，画出反馈激励函数卡诺图，如图 3.6.2 所示。

表　3.6.1

序列号	Q_1	Q_2	Q_3	Q_4	反馈逻辑(F)
5	0	1	0	1	0
2	0	0	1	0	1
9	1	0	0	1	0
4	0	1	0	0	1
10	1	0	1	0	0

Q_1Q_2 \ Q_3Q_4	00	01	11	10
00	×	×	×	1
01	1	0	×	×
11	×	×	×	×
10	×	0	×	0

图 3.6.2　反馈激励函数卡诺图

由卡诺图化简得

$$F(Q_1, Q_2, Q_3, Q_4) = \overline{Q_1}\,\overline{Q_4}$$

(2) 检查自启动特性。由反馈函数作出完全状态转移表（见表 3.6.2），并画出完全状态转移图，如图 3.6.3 所示。显然该序列码发生器是自动启动的。

表 3.6.2

序列号	Q_1	Q_2	Q_3	Q_4	F	Q_1^{n+1}	Q_2^{n+1}	Q_3^{n+1}	Q_4^{n+1}
5	0	1	0	1	0	0	0	1	0
2	0	0	1	0	1	1	0	0	1
9	1	0	0	1	0	0	1	0	0
4	0	1	0	0	1	1	0	1	0
10	1	0	1	0	0	0	1	0	1
0	0	0	0	0	1	1	0	0	0
8	1	0	0	0	0	0	1	0	0
1	0	0	0	1	0	0	0	0	0
3	0	0	1	1	0	0	0	0	1
6	0	1	1	0	1	1	0	1	1
11	1	0	1	1	0	0	1	0	1
7	0	1	1	1	0	0	0	1	1
12	1	1	0	0	0	0	1	1	0
13	1	1	0	1	0	0	1	1	0
14	1	1	1	0	0	0	1	1	1
15	1	1	1	1	0	0	1	1	1

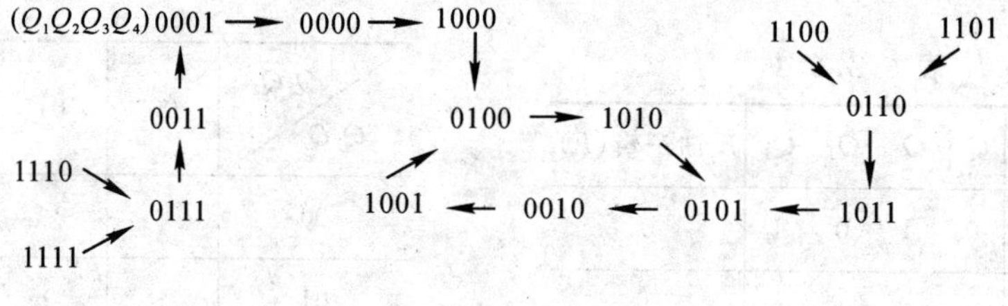

图 3.6.3

(3) 画出 10100 序列码发生器逻辑图，如图 3.6.4 所示。

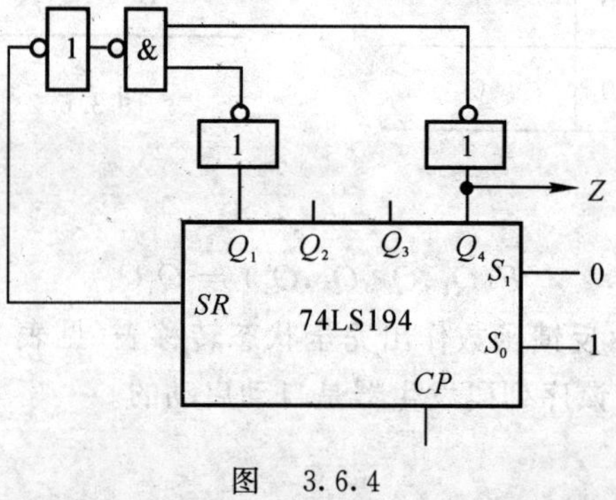

图 3.6.4

(2) 计数型序列码发生器。计数型序列码发生器是在计数器的基础上加上适当的输出组合网络构成的。因此，要实现一个码长为 M 的计数型序列码发生器，须按计数器的状态转移关系和代码序列的要求，设计出组合逻辑网络。

例 2　若给定序列码为 10111101，设计计数型序列码发生器。

解　由于给定序列码长度 $M=8$，故先用 1 片 74LS161 设计一个模为 8 的计数器。这个计数器使用 000 ～ 111 共 8 个码值，令其状态转移过程中每一状态的输出符合给定序列的要求，可列出其真值表，如表 3.6.3 所示。

表　3.6.3

Q_C	Q_B	Q_A	F
0	0	0	1
0	0	1	0
0	1	0	1
0	1	1	1
1	0	0	1
1	0	1	1
1	1	0	0
1	1	1	1

用 1 片 8 选 1 数据选择器(74LS151) 作为计数器输出的组合逻辑网络。实现的电路如图 3.6.5 所示。

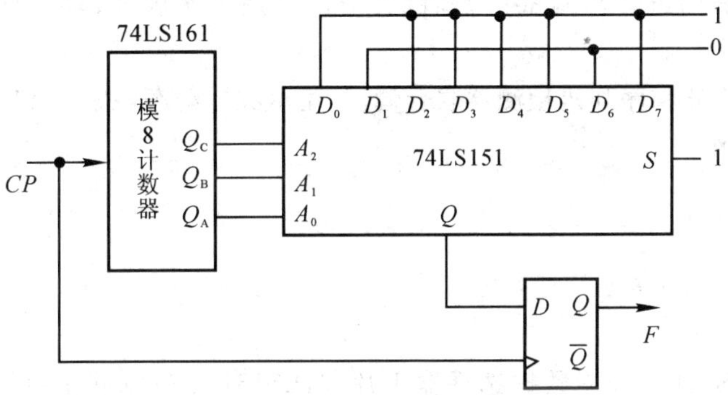

图　3.6.5

在图 3.6.5 中，增加一个 D 触发器对输出进行整形以避免组合网络输出产生冒险。

若给定的序列码长度 $M>8$，除应设计模 M 计数器外，对于 8 选 1 的数据选择器，因只有 3 位地址选择端(A_2，A_1，A_0)，因此要对计数器的输出(大于 3 位) 进行降维处理，以适应地址选择端的需要。

2. 序列码检测器

序列码检测器是识别串行码组的检测装置，也可看做串行码组的译码器，关于序列码检测器的分析与设计，完全可以按照一般同步时序网络的分析与设计方法进行。

在以 MSI 为核心的序列码检测器设计中，有一种更为简捷的方法可以采用。我们知道，序列码是以位串形式到达的，而检测器是以“连续收到 m 个码元恰好构成所需的码组”为准则的。因此可以采用移位寄存器将串行到达的码元变成并行方式同时进行检测。

例 3　设计 1011 序列码检测器（最左端码元先进入，代码可重叠）。

解　因序列码长度为 4 位，可采用一个字长为 4 位的移位寄存器 74LS194，将输入的串行码 X 加到 74LS194 的右移串行输入端 SR 上，并令移位寄存器进行右移操作。图 3.6.6 就是采用这种方法设计的“代码可重叠的 1011 序列码检测器”。

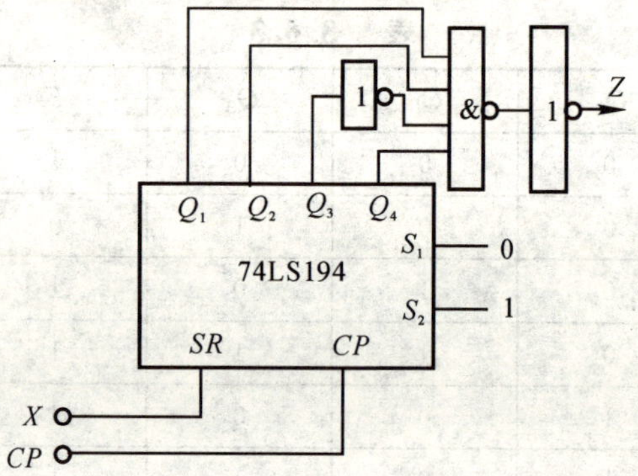

图　3.6.6

四、实验内容

(1) 序列码发生器的组装与调试，用示波器观察并记录序列码发生器的波形。

(2) 序列码检测器的组装与调试，为调试方便，CP 用单次脉冲，输入序列码用 0－1 开关送入。

(3) 将序列码发生器和序列码检测器联合调试，用示波器动态观察 X 和 Z 波形是否正确，音响设备是否正常工作。

五、实验仪器

(1) 电子技术学习机 1 台。

(2) 双踪示波器 1 台。

(3) 元器件：74LS151 8 选 1 数据选择器 1 片；74LS161 二进制同步可预置计数器 1 片；74LS194 四位双向位移寄存器 1 片；74LS74 双 D 触发器 1 片；74LS00 四 2 输入与非门 1 片；74LS10 三 3 输入与非门 1 片；NE555 定时器 1 只；2AP9 2 只；电阻 5.1 kΩ 2 只；电容 0.1 μF，100 μF，0.01 μF 各 1 只。

六、实验报告要求

(1) 写出设计的步骤，画出实验线路图。

(2) 记录实验结果，画出 CP，X，Z 三者波形。

(3) 说明实验中存在的问题及解决的方法。

3.7　红外发射与接收报警器设计

一、实验目的

(1) 了解红外发射与接收电路的工作原理,电路组成。

(2) 掌握红外发射与接收电路的设计方法和调试方法。

(3) 培养综合应用电路的能力。

二、实验原理

1. 红外发射与接收报警器的工作原理

本实验的任务是设计一个红外发射与接收报警器。要求当有人遮挡红外光时应发出报警信号,无人遮挡红外光时报警器不工作,即不发声。根据要求,红外发射与接收报警器应由两部分组成,即红外发射电路和红外接收电路。图 3.7.1 为红外信号发射电路框图。它是由自激多谐振荡器、功率放大器、红外发光二极管组成。自激多谐振荡器产生几十 kHz 的不对称脉冲,此脉冲为红外光的调制脉冲,调制脉冲经功率放大后控制红外发光二极管发射红外光脉冲。红外信号接收电路框图如图 3.7.2 所示。此电路由红外光电管放大、整流、报警电路组成。把红外脉冲转换成电信号,即解调出调制脉冲,然后把此信号放大、整流变成直流信号,控制报警器不工作。当红外光脉冲被人遮挡时,则报警器工作发出报警声。

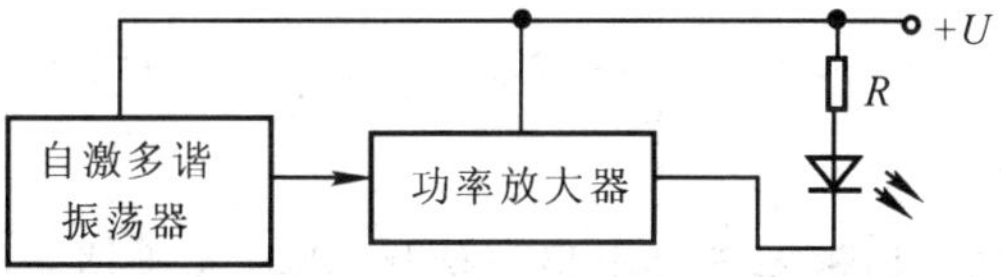

图　3.7.1

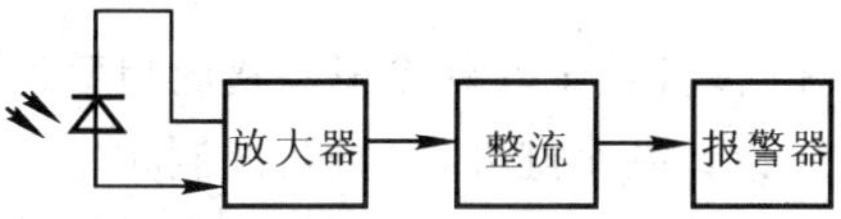

图　3.7.2

2. 参考电路

红外发射电路如图 3.7.3 所示。

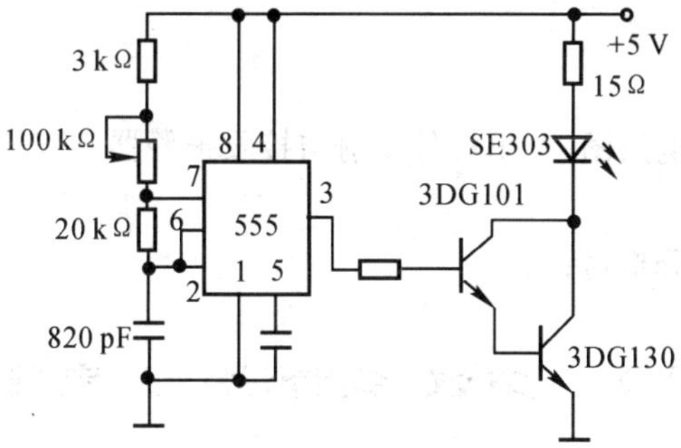

图　3.7.3

红外接收电路如图 3.7.4 所示。

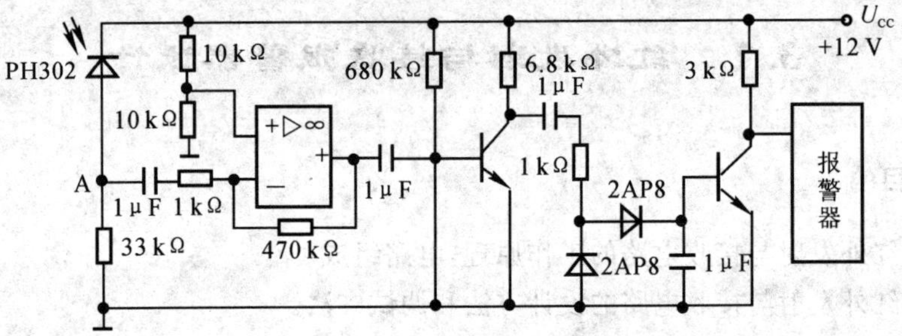

图 3.7.4

三、实验内容

(1) 在实验板上装好红外发射电路，检查无误后加电。调整振荡器频率在 30kHz 左右，并记下脉冲波形、幅度、频率。

(2) 在另一块实验板上装好红外接收电路，检查无误后加电，加信号源，测量放大器的增益。

(3) 调整报警器的工作频率在 800 Hz 左右。

(4) 观察有无红外信号时整流器输出的变化和报警器工作是否正常。

(5) 把发射电路逐渐离开接收电路，使报警器都能正常工作为止，测出两者间的距离。

四、预习要求

(1) 设计一个红外发射与接收报警器。要求：

1) 设计一个红外发射器，调制频率为 30 kHz。

2) 设计一个红外接收器，当无人遮挡红外光时，报警器不发出报警信号。当有人遮挡光源时，报警器发声，报警信号频率为 800 Hz。

3) 控制距离 2 m 以上。

(2) 主要器材：红外管 SE303，PH302，LM741，555 定时器，3DG101，3DG130，喇叭。

(3) 列出所需元器件清单及仪器。

五、实验报告要求

(1) 设计计算过程及电路图。写出红外发射与接收报警器工作原理。

(2) 记录实验数据。

(3) 对实验结果进行分析讨论。

3.8 方波、锯齿波产生电路

一、实验目的

(1) 熟悉运算放大器的原理和应用。选择合适的电路产生各种常用的函数波形。

(2) 学会设计组装函数发生器，掌握调试方法。

二、技术指标

(1) 能产生方波、三角波等函数波形。

(2) 频率范围：10 Hz ～ 1 kHz 内连续可调。

(3) 输出幅度大于 3 V。

(4) 方波(占空比 1∶1) 上升沿及下降沿均小于 1 μs。

(5) 三角波非线性失真系数小于 0.001。

三、实验分析

运算放大器具有上万倍的开环增益，由运算放大器和反馈网络可以构成正弦波振荡器或方波振荡器。文氏桥振荡器就是利用零相移选频网络加上两级放大器构成的正弦波振荡器。其振荡频率由选频网络的电阻和电容决定。正弦波通过一级电压比较器可转换成方波。方波经积分电路可变成三角波，这样由三级运放加上反馈网络就可构成一个函数发生器，如果输出幅度不够，再加一级放大器即可。以上是函数发生器构成较为简单可行的电路方案。

构成函数发生器的另一类方案是先利用两级运放构成方波-三角波振荡器，图 3.8.1 是一个实用的方波、三角波发生器电路。

A_1 为由迟滞比较器构成的方波振荡器，其反向输入端为基准电压 U_R(可调)；A_2 为积分电路，其输出(U_{o2}) 为三角波，改变 R_{w2} 可调节振荡频率，改变 R_{w3} 可调节方波占空比和锯齿波的斜率，改变 R_{w1} 可调节三角波的水平位置。

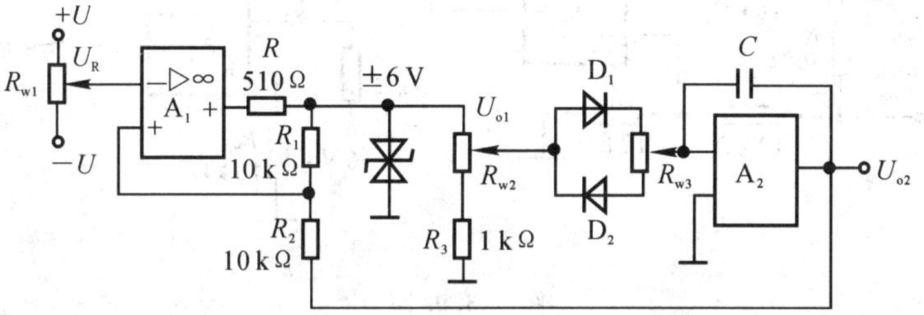

图　3.8.1

方波的上升边、下降边可用频带较宽的双踪示波器测量。测量三角波非线性系数应用非线性测量仪。如果没有该仪器，可用示波器粗测。

四、实验仪器

(1) 电子技术学习机 1 台。

(2) 双踪示波器 1 台。

(3) 元器件：运算放大器 LM741 2 只；稳压管(6 V)2 只；二极管 2 只；电位器 10 kΩ 3 只；电阻 10 kΩ 2 只，1 kΩ 1 只，510 Ω 1 只；电容 0.1 μF 1 只。

(4) 数字万用表 1 只。

3.9　电流/电压转换电路

一、实验目的

掌握电流/电压转换的方法。

二、设计任务

在工业控制中常需要将 4 ～ 20 mA 的电流信号转换成 ± 10 V 的电压信号，以便送到计算机进行处理。这种转换电路以 4 mA 为满量程的 0% 对应 −10 V；12 mA 为满量程的 50% 对应 0 V；20 mA 为满量程的 100% 对应 + 10 V。

三、实验分析

(1) 本实验首先需要设计一个能产生 4 ～ 20 mA 的电流源，这可以利用实验箱中可调电源 317L 电路单元串接适当电阻实现，也可用运放设计电流源电路。

(2) 分析图 3.9.1 所示电路的工作原理，根据实验箱面板图中元器件参数选择图中元件。

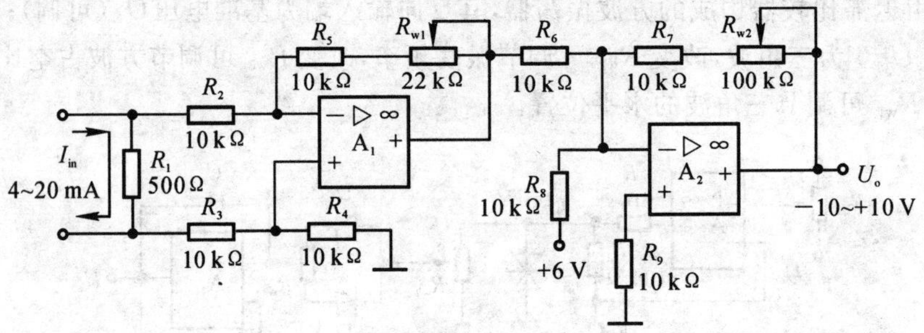

图　3.9.1

四、实验内容

(1) 设计能产生 4 ～ 20 mA 电流的电流源。

(2) 将该电流源加到图 3.9.1 电路上。

1) 调电流源 $I_{in} = 12$ mA，调 R_{w1} 使 $U_o = 0$ V，锁定 R_{w1}。

2) 调电流源 $I_{in} = 4$ mA，调 R_{w2} 使 $U_o = -10$ V，锁定 R_{w2}。

3) 调电流源 $I_{in} = 20$ mA，检查 U_o 是否为 + 10 V，若否，则须重点检查当 I_{in} 分别为 4 mA，12 mA，20 mA 时，U_{o1} 是否为 − 2 V，− 6 V，− 10 V(即 − 6 V ± 4 V)，检查其 ± 4 V 的对称性，若对称性不好，则主要原因是 $R_2 \sim R_5$ 的一致性较差，须精心挑选。

五、实验仪器

(1) 电子技术学习机 1 台。

(2) 数字万用表 2 只(或毫安级电流表、电压表各 1 只)。

(3) 元器件：运算放大器(LM741)3 只；电位器 100 kΩ 1 只，22 kΩ 1 只；电阻 10 kΩ 8 只，510 Ω 1 只。

六、思考题

(1) 本实验正确的调试方法和步骤是什么？

(2) 本实验电路可否修改为电压 / 电流转换电路？试分析并画出电路图。

(3) 按本实验的思路设计一个电压 / 电流转换电路，将 ±10 V 电压转换成 4 ～ 20 mA 电流信号。

3.10　电压 / 频率转换电路

一、实验电路

实验电路如图 3.10.1 所示，该电路实际上就是锯齿波发生器，只不过这里是通过改变输入电压 U_i 的大小来改变波形频率，从而将电压参量转换成频率参量。

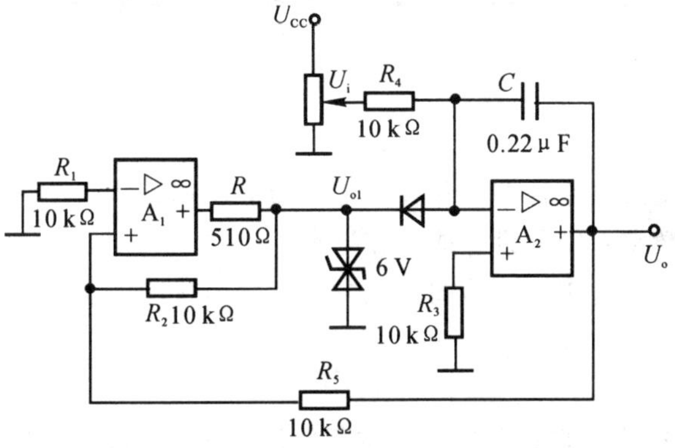

图　3.10.1

二、实验内容

按图 3.10.1 接线，用示波器监视 U_o 波形。

按表 3.10.1 内容测量电压 / 频率转换关系，可先用示波器测量周期，然后再换算成频率。

表　3.10.1

U_i/V	0	1	2	3	4	5
T/ms						
f/Hz						
理论 f/Hz	0	60	120	180	240	300

三、实验仪器

(1) 电子技术学习机 1 台。

(2) 双踪示波器 1 台。

(3) 数字万用表 1 只。

(4) 元器件:运算放大器 LM741 2 只;稳压二极管(6 V)2 只;二极管 1 只;电位器 10 kΩ 1 只;电阻 10 kΩ 5 只,510 Ω 1 只;电容 0.22 μF 1 只。

四、实验报告要求

(1) 指出图 3.10.1 中电容 C 的充放电回路。

(2) 定性分析用可调电压 U_i 改变 U_o 频率的工作原理。

(3) R_4,R_5 的阻值如何确定,若要求输出信号幅值为 12 V,输入电压 U_i 为 3 V,输出 $f=3$ kHz,计算 R_4,R_5 的值。

(4) 画出频率-电压关系曲线。

3.11 生产线自动装箱设备监控器

一、实验目的

(1) 熟悉中规模集成电路计数器和数值比较器的使用方法。

(2) 培养对简单数字系统的设计能力和兴趣。

(3) 了解简单数字系统工程实验的调试方法和故障排除方法。

二、实验原理

本监控器是对生产线上自动装箱操作进行监测,实现自动装箱控制。对罐装饮料装箱,每箱 24 个。计数器对装箱饮料罐数进行计数,未满 24 个,饮料运送设备继续工作。当装满 24 个时,停止饮料运送设备运行,直到下一个空箱到来时,再启动运送饮料设备工作,进行饮料运送、装箱。

三、实验内容

本实验提供两个参考电路,见图 3.11.1 和图 3.11.2,可选其中一个测试。

1. 参考电路(一)

(1) 按图 3.11.1 电路连接线路,构成自动装箱设备监控器。数值比较器将计数器的数值随时与预置的数进行比较,当预置的数和计数值相等时,产生信号 G 使计数器保持状态不变,并且停止运送饮料的设备工作。拨码盘可以改变预置数值的大小。拨码器输出用逻辑开关代替(A,B,C,D,E,F 接逻辑开关),光电转换接实验箱单脉冲输出,非门输出 G(即停止饮料运送信号) 接发光二极管,运送饮料启动信号 K 接逻辑开关。

(2) 先将逻辑开关 K 置"0",计数器清零,将 $FEDCBA$ 置为 100100(8421BCD 码) 后,再将 K 置"1",光电转换输入端输入单脉冲,观察输入几个脉冲后,发光二极管的亮、灭情况。

(3) 再次将计数器复位后改变 $FEDCBA$ 的数值，观察输入单脉冲数和置数相等时，二极管的亮、灭情况。

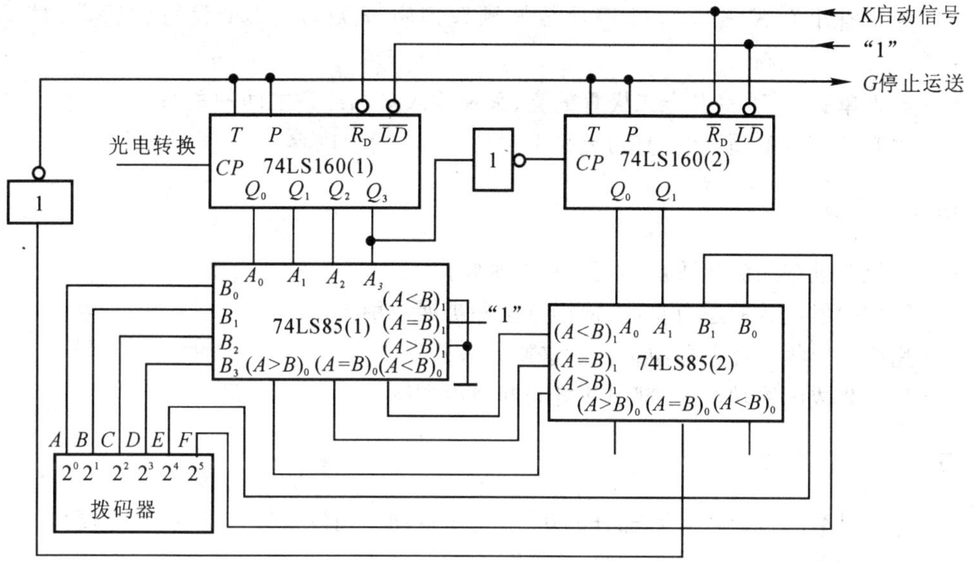

图　3.11.1

注意：如果在实验中状态不稳定，分析其原因，将集成电路不使用的多余输入端按引脚逻辑功能分别接高、低电平，再观察实验结果。

在实验过程中，也可将两个十进制计数器 74LS160 的输出端 Q 接数码显示管，用来监视计数器的情况。

2. *参考电路(二)*

(1) 按图 3.11.2 电路连接线路，拨码器输出用逻辑开关代替(A,B,C,D,E 接逻辑开关)，光电转换接实验箱的单脉冲输出，运送饮料启动信号 K 接逻辑开关，两个计数器 74LS191 输出分别接发光二极管。

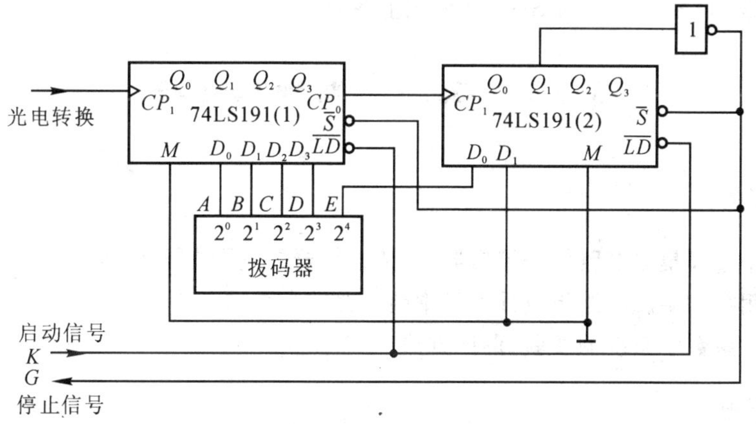

图　3.11.2

(2) 将 $EDCBA$ 预置数。$EDCBA$ 预置欲计数数值对 32 的“补码”，例如计数值为 24 时，则预置(32－24)＝8(即 01000)。

(3) 将逻辑开关 K 置“0”，使用计数器预置逻辑开关 $EDCBA$ 设置预置数，然后再将 K 置“1”。

(4) 输入单脉冲，观察发光二极管的亮、灭和输入单脉冲数之间的关系。

(5) 改变 $EDCBA$ 预置的初值，重做上述(3)，(4) 两项内容。

四、预习要求

(1) 四位二进制加法计数器的逻辑功能和特点。

(2) 四位数值比较的逻辑功能、使用方法和扩展使用方法。

(3) 用中规模集成计数器组成任意进制计数器的方法。

(4) 所用集成电路功能，外部引线排列和使用方法。

五、实验报告要求

(1) 分析计数和数值比较两部分的功能，说明自动装箱设备监控器的工作原理。

(2) 总结简单数字系统工程实验的方法。

(3) 总结简单数字系统的设计方法。

(4) 画出集成电路的实验接线图。

(5) 分析图 3.11.2 电路的工作原理，说明为什么必须预置“补码”。

(6) 比较两个电路的特点，总结数字系统的设计原则。

(7) 写出系统调试及功能测试报告。包括电路的功能，优缺点，改进意见，测试中遇到的问题，解决的方法，调试及测试的收获和体会等。

六、思考题

(1) 实验中遇到什么问题？分析其产生原因及解决办法。

(2) 如果在监控器上加一显示电路，显示计数过程，电路如何改进？请画出电路图，若有条件，请用实验验证。

(3) 计数器 74LS160 和 74LS191 在使用上各有什么特点？

3.12 硬件优先排队电路

一、实验目的

(1) 熟悉中规模集成电路优先编码器、数值比较器的使用方法。

(2) 熟悉用数字集成电路组成计算机中断电路的方法。

(3) 了解简单数字系统的实验、调试方法。

二、实验原理

硬件优先排队电路是实现在计算机中当有多个中断源申请中断时，优先权高的先申请中断。若 CPU 正在处理中断时，能中断此服务程序，转去处理比它级别高的中断服务。

如图 3.12.1 所示。设有 8 个中断源，当有任意一个或多个中断请求时，经过优先编码器，对优先权高的进行编码(111 ～ 000) 输出。

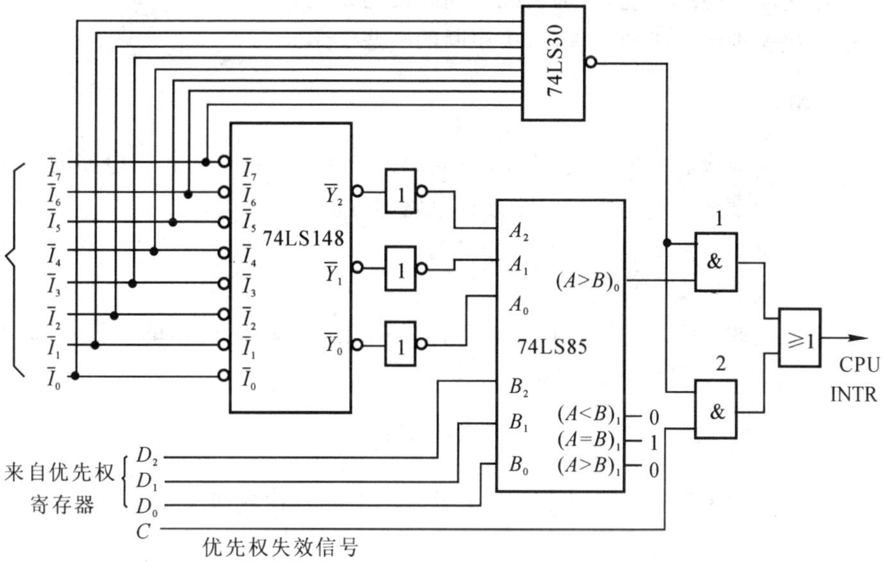

图　3.12.1

正在进行中断处理的外设的优先权编码已寄存在优先权寄存器中，将这个信号和优先编码器的输出送到比较器中进行比较，当 $A \leqslant B$ 时比较器输出低电平，与门 1 封锁，不能向 CPU 发 中断请求。当 $A > B$ 时，比较器输出高电平，打开与门 1，将中断请求信号送至 CPU。CPU 中断正在进行的中断服务，转去响应更高级的中断。

当 CPU 没有进行中断处理时，寄存器输出优先权失效信号(高电平)，使与门 2 打开。8 个中断源中，优先权高的中断源的中断请求能够发给 CPU。

三、实验内容

(1) 按图 3.12.1 电路连接线路，8 个中断源 $\bar{I}_7 \sim \bar{I}_0$ 接逻辑开关，优先寄存器输出 $D_2 \sim D_0$ 和优先权失效信号 C 接逻辑开关。输出 INTR 接发光二极管。

(2) 验证硬件优先排队电路逻辑功能。

1) 将 C 置“1”，$\bar{I}_7 \sim \bar{I}_0$ 中任一个置“0”，观察发光二极管的亮、灭，做好记录。

2) 将 C 置“1”，$\bar{I}_7 \sim \bar{I}_0$ 中两三个置“0”，观察发光二极管的亮、灭，做好记录。

3) 将 C 置“0”，$\bar{I}_7$ 置“0”，$D_2 \sim D_0$ 置 100，观察发光二极管的亮、灭，做好记录。

4) 将 C 置“0”，$\bar{I}_1$ 置“0”，$D_2 \sim D_0$ 置 100，观察发光二极管的亮、灭，做好记录。

5) 分别改变 C，$\bar{I}_7 \sim \bar{I}_0$，$D_2 \sim D_0$ 的状态，重做上面实验，观察发光二极管的亮、灭，并做好记录。

注意：四位数值比较器 74LS85 不使用的多余输入端(包括扩展输入端) 按引脚功能分别接高、低电平；否则，状态不稳定。

四、预习要求

(1) 数值比较器、优先编码器和寄存器的功能、特点和使用方法。

(2) 所用集成电路的功能,外部引线排列和使用方法。

(3) 硬件优先排队电路的原理,有关中断的一些概念。

五、实验报告要求

(1) 整理上面的实验数据记录,并进行综合分析,说明硬件优先排队电路的工作原理。

(2) 总结用数字集成电路组成一个硬件电路的方法。

(3) 总结简单数字系统实验、调试的方法。

(4) 画出集成电路实验接线图。

(5) 写出系统调试及功能测试报告,包括电路功能、优缺点、电路的改进意见、调试中出现的问题、解决方法、调试及测试的收获和体会等。

六、思考题

(1)8-3 线优先编码器输出和数值比较器输入之间为什么加反相器?

(2) 若没有 8 输入与非门,用哪些集成电路可实现其功能?

(3) 在实验中遇到什么问题?分析其产生的原因及解决方法。

(4) 如果想使该电路在实验测试时更直观,即显示出哪个中断源向 CPU 发出中断请求,电路应如何改进?画出原理电路图,如果有条件,请验证其功能。

3.13　篮球比赛计分显示系统

一、实验目的

(1) 熟悉中规模集成触发器、可逆计数器和显示译码器的使用方法。

(2) 培养创造性地运用所学知识进行简单数字系统设计的能力和兴趣。

(3) 了解简单数字系统的实验和调试方法,以及一般故障的排除方法。

二、实验原理

根据篮球比赛的实际情况,有得 1 分、2 分和 3 分的情况,还有减分的情况,电路要具有加、减分及显示的功能,如图 3.13.1 所示。

用 2 片四位二进制加法计数器 74LS161 分别组成二进制、三进制计数器,控制加 2 分、3 分的计数脉冲。3 片十进制可逆计数器 74LS192 组成的加、减分计数器用于总分累加,最多可计 999。显示译码器用于显示得分。

开始计分时,按一下复位钮 S,使计数器 74LS192 和 74LS161 全部清零。以 2 分球为例:当进一个 2 分球时,按一下 2 分按钮,使$\overline{LD}=0$,计数器 74LS161(2) 预置 1110,$Q_3Q_2Q_1Q_0$ 通过或门输出 1,使与门 2 打开,让加分计数脉冲通过,同时使 74LS161(2) 的 T 端为 1,并且经过非门 2 输出 0,使$\overline{LD}=1$,这时 74LS161(2) 开始计数,计 2 个脉冲后,$Q_3Q_2Q_1Q_0$ 状态为 0000,使或门输出 0，封锁与门 2，阻止第 3 个以后的加分脉冲通过，同时使 74LS161 的 T 端为 0，使计数器保持状态不变，并通过非门 2 输出 1，使与非门 2 打开，完成了计 2 分过程，等待下一次 2 分按钮按下。计 3 分同理，计 1 分更为简单。

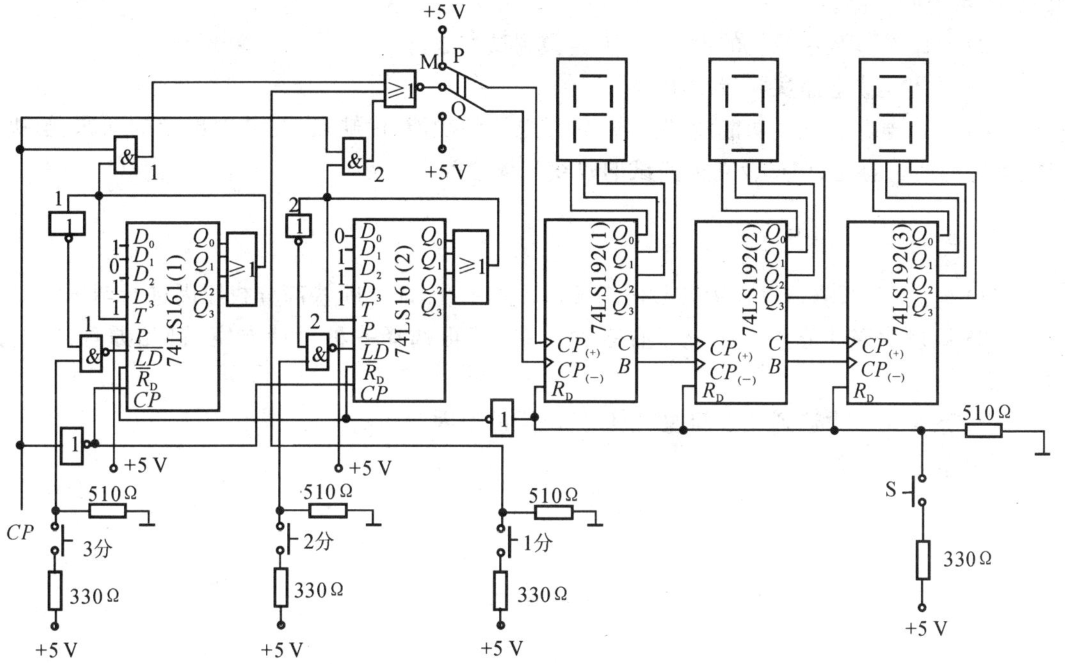

图　3.13.1

三、实验内容

(1) 按图 3.13.1 电路连接线路。CP 接连续脉冲输出(0.1 Hz)，计数器 74LS192 的输出接数码显示器，计 2 分、3 分、1 分端接地。

(2) 按动按钮 S，使计数器清零，测试篮球比赛计分显示系统功能。

1)P 接高电平，Q 接 M，将计 2 分端从地端撤掉后，等待一个 CP 重复周期后再接地(给其一个高电平)，观察数码显示器的变化，再重复上述做法两次，观察数码显示器的变化。

2)P 接高电平，Q 接 M，将计 3 分端从地端撤掉后，等待一个 CP 重复周期后再接地(给其一个高电平)，观察数码显示器的变化，再重复上述做法两次，观察数码显示器是否加 3 分。

3)P 接 M，Q 接高电平，重做上述(1)，(2) 项内容，观察数码显示器的变化。

四、预习要求

(1) 十六进制计数器 74LS161 的功能、使用方法及组成任意进制计数器的方法。

(2) 可逆计数器的功能、使用方法及组成任意进制计数器的方法。

(3) 译码器、显示器的功能特点及使用方法。

(4) 所用集成电路的功能、外部引线排列和使用方法。

五、实验报告要求

(1) 整理上面实验数据，并且进行综合分析，说明电路各部分的工作原理，及篮球比赛计分显示系统的功能。

(2) 总结简单数字系统的设计方法，实验调试方法。

(3) 画出集成电路实验接线图。

(4) 写出电路调试及功能测试报告，包括电路的功能、优缺点、测试中出现的问题、解决办法、电路的改进意见、调试及功能测试的收获和体会等。

六、思考题

(1) 电路调试、测试过程中若数码管显示没有变化，应从哪些部分找原因进行调试？

(2) 篮球比赛计分显示系统可有多种方案，请再选择一种设计方案，画出原理图，并进行测试。

(3) 系统调试中遇到什么问题？分析其产生的原因及解决方法。

第4章 Multisim 在电子技术实验中的应用

4.1 Multisim 的使用方法

4.1.1 Multisim 简介

Multisim 是 IIT(Interactive Image Technologies) 公司推出的以 Windows 为基础的电路设计与仿真工具,适用于板级的模拟/数字电路的设计工作。它包含了电路原理图的图形输入、电路硬件描述语言输入方式,具有丰富的仿真分析功能,并能对模拟/数字电路、高频电路、电力电子电路、自动控制、RF(射频)电路仿真。随着技术的发展, EWB(Electronics Workbench)软件升级到 5. x 版本以后,IIT 公司对 EWB 进行了较大规模的变动,将专门用于电路级仿真与设计的模块更名为 Multisim V6, Workbench 和 Layout 模块经重新设计更名为 Ultiboard。2001 年,IIT 公司将该软件升级为 Multisim 2001,允许用户自定义元器件的属性,可以把一个子电路当做一个元件使用。2003 年,IIT 公司对 Multisim 2001 进行了较大的改进,升级为 Multisim 7,增加了 3D 元件以及安捷伦的万用表、示波器、函数信号发生器等仿实物的虚拟仪表,使得虚拟电子工作平台更加接近实际的实验平台。2005 年,IIT 公司又将 Multisim 7 升级为 Multisim 8。IIT 公司为了加强 Ultiboard 的布线能力还开发了 Ultiroute 布线引擎。Multisim,Ultiboard,Ultiroute 及 Commsim 是现今 EWB 的基本组成部分。为了适应不同的应用场合,Multisim 推出了许多版本,用户可以根据自己的需要加以选择。整套 Multisim 工具包括学生版(Student Multisim)、教育版(Demo Multisim)、个人版(Personal Multisim)、专业版(Professional Multisim)、增强专业版(Power Professional Multisim)等。本章以Multisim 2001增强专业版为蓝本,介绍 Multisim 在电子技术实验中的应用。在叙述中配合说明的插图均为使用该软件时绘制的或截屏图。

一、Multisim 各版本功能比较

比较 Multisim 各版本的功能,列表如表 4.1.1 所示。

表 4.1.1 Multisim 各版本功能比较

功 能		学生版	教育版	个人版	专业版	增强专业版
零件库		2 500	6 000	6 000	12 000	16 000
交互式仿真		√	√	√	√	√
符号编辑器		√	√	√	√	√
SPICE 模拟/数字仿真		√	√	√	√	√
零件编辑器		√	√	√	√	√
输出到 PCB 软件		√	√	√	√	√
使用多个相同仪表		√	√	无	√	√
虚拟仪表		10	11	8	9	11
分析功能		11	19	8	15	21
PSPICE/XSPICE/BSPICE 资料输入		√	√	无	√	√
零件资料库		无	基本	无	基本	高级
零件表		无	√	无	√	高级
零件模型制作(模拟和数字)		无	√	无	选配	√
HDL 设计/调试		无	选配	无	选配	√
射频设计套件		√	√	无	选配	√
团队设计管理		无	无	无	√	√
模型扩充包(Ⅰ&Ⅱ)		无	选配	无	选配	√
后处理器		√	√	无	无	√
编码模型		无	√	无	无	√
零件限制		100	无	无	无	无
虚拟仪表	数字万用表	√	√	√	√	√
	函数信号发生器	√	√	√	√	√
	示波器	√	√	√	√	√
	波特图仪	√	√	√	√	√
	字信号发生器	√	√	√	√	√
	逻辑分析仪	√	√	√	√	√
	逻辑转换器	√	√	√	√	√
	功率表	√	√	√	√	√
	失真度分析仪	无	√	无	√	√
	网络分析仪	√	√	无	无	√
	频谱分析仪	√	√	无	无	√

续 表

	功 能	学生版	教育版	个人版	专业版	增强专业版
分析功能	直流工作点分析	√	√	√	√	√
	交流分析	√	√	√	√	√
	瞬态分析	√	√	√	√	√
	傅里叶分析	√	√	√	√	√
	噪声分析	无	√	√	√	√
	失真分析	无	√	√	√	√
	直流扫描分析	√	√	√	√	√
	灵敏度分析	无	√	√	√	√
	参数扫描分析	√	√	无	√	√
	温度扫描分析	无	√	无	√	√
	零-极点分析	无	√	无	√	√
	传递函数分析	无	√	无	√	√
	最坏情况分析	无	√	无	√	√
	蒙特卡罗分析	√	√	无	√	√
	布线宽度分析	无	无	无	√	√
	批处理分析	√	√	无	无	√
	巢状扫描分析	无	无	无	无	√
	用户自定义分析	无	√	无	无	√
	噪声系数分析	√	√	无	选配	√
	射频电路分析	√	√	无	选配	√
	网络分析	√	√	无	选配	√

二、Multisim 2001 特色概览

Multisim 2001 软件以图形界面为主，采用菜单、工具栏和热键相结合的方式，具有一般 Windows 应用软件的界面风格，用户可以根据自己的习惯和熟悉程度自如使用。

启动 Multisim 2001 后，将出现如图 4.1.1 所示的界面。

从图 4.1.1 中可以看出，Multisim 2001 的基本界面主要由菜单栏(Menus)、工具栏(包括系统工具栏(System)、设计工具栏(Multisim Design Bars))、仿真控制开关(ON/OFF)、元器件库(Component Bars)、虚拟仪器栏(Instruments Toolbar)、电路图设计工作区(Circuit Window)等项组成。通过对各部分的操作可以实现电路图的输入、编辑，并根据需要对电路进行相应的观测和分析。用户可以通过菜单或工具栏改变主窗口的视图内容。

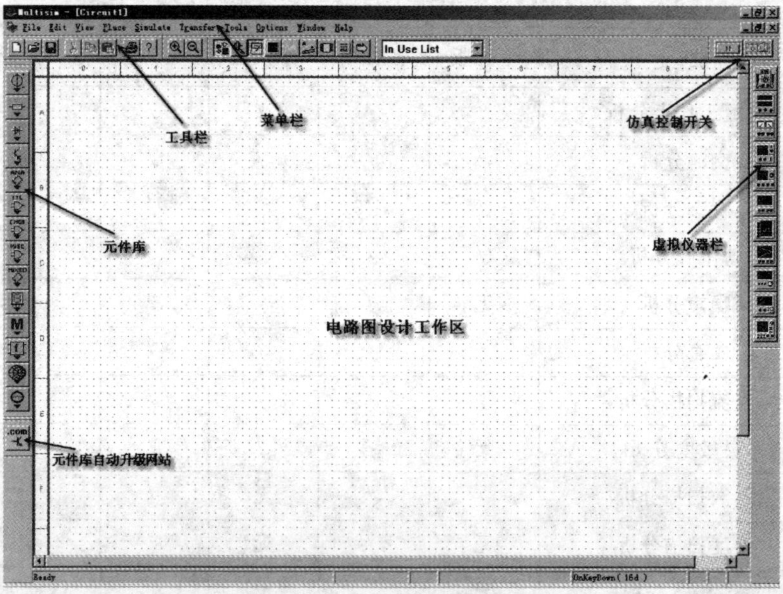

图 4.1.1　Multisim 2001 的窗口主界面

1. 系统高度集成，界面直观，操作方便

Multisim 2001 将原理图的创建，电路的测试分析和结果的图表显示等全部集成到同一个电路窗口中。整个操作界面就是一个实验工作台，有存放仿真元器件的元器件箱，有存放虚拟测试仪表的仪器库，有进行仿真分析的各种仿真分析方法及操作命令。虚拟测试仪表的外形与实物非常接近，操作方法也基本相同。

2. 丰富的仿真元器件库

Multisim 2001 的仿真库提供近 16 000 个仿真元器件，分别有实际元器件和虚拟元器件，其中实际元器件的基本参数完全和实际产品一致，虚拟元器件的参数可以方便地更改。

Multisim 2001 提供各种能发亮的指示元器件和发声元器件，可用键盘控制电路中的开关、电位器调节、电感器调节和电容器调节，使仿真过程更为形象。

Multisim 2001 提供各种常用的仪器仪表，增加仿真结果的直观度，并允许多个仪表同时调用和重复调用。

Multisim 2001 提供了机电元器件，可以进行自动控制电路的仿真，这是许多软件所不具备的。

3. 具有数字、模拟及数字/模拟混合电路的仿真能力

在电路窗口中既可以分别对数字或模拟电路进行仿真，也可以将数字和模拟连在一起进行仿真分析。

4. 电路分析手段完备

Multisim 2001 提供了电路的直流工作点分析、瞬态分析、傅里叶分析、噪声分析和失真分析等 19 种常用的电路仿真分析方法，这些分析方法基本能满足一般电子电路的分析设计要求。

5. 提供多种输入输出接口

Multisim 2001 可以输入由 PSPICE 等其他电路仿真软件所创建的 SPICE 网表文件，并

自动形成相应的电路原理图。也可以把 Multisim 2001 环境下创建的电路原理图文件输出给 Protel 等常见的 PCB 软件进行印制电路板设计。为了拓宽 EWB 软件的 PCB 功能，IIT 公司也推出了自己的 PCB 软件 Ultiboard。Ultiboard 与 Multisim 2001 可以实现无缝对接，使电路图文件更直接方便地转换成 PCB。

6. 提供射频电路仿真功能

Multisim 2001 具有射频电路仿真功能，这是目前众多通用电路仿真软件所不具备的。

7. 使用灵活方便

在 Multisim 2001 中，与现实元器件对应的元器件模型丰富，增强了仿真电路的实用性。元器件编辑器给用户提供了自行创建修改所需元器件模型的工具。元器件之间的连接方式灵活，允许连线任意走向，允许把电路当成一个元器件使用，从而增大了电路的仿真规模。另外根据电路图形的大小，程序能自动调整电路窗口尺寸，不再需要人为设置。

三、Multisim 2001 分析工具

Multisim 2001 的仿真分析方法种类很多，对于不同的设计要求，可以选择相应的分析方法。Multisim 2001 提供了多达 19 种分析方法，包含：直流工作点分析、交流分析、瞬态分析、傅里叶分析、噪声分析、失真分析、直流扫描分析、灵敏度分析、参数扫描分析、温度扫描分析、零-极点分析、传递函数分析、最差情况分析、蒙特卡罗分析、布线宽度分析、批处理分析、用户自定义分析、噪声系数分析、射频电路分析。进行电子线路的仿真分析方法是菜单选择 Simulate/Analyses，打开分析方法选项，如图 4.1.2 所示。

DC Operating Point... 直流工作点分析
AC Analysis... 交流分析
Transient Analysis... 瞬态分析
Fourier Analysis... 傅里叶分析
Noise Analysis... 噪声分析
Distortion Analysis... 失真分析
DC Sweep 直流扫描分析
Sensitivity... 灵敏度分析
Parameter Sweep... 参数扫描分析
Temperature Sweep... 温度扫描分析
Pole Zero... 零-极点分析
Transfer Function... 传递函数分析
Worst Case... 最差情况分析
Monte Carlo... 蒙特卡罗分析
Trace Width Analysis... 布线宽度分析
Batched Analyses... 批处理分析
User Defined Analysis... 用户自定义分析
Noise Figure Analysis... 噪声系数分析
Stop Analysis

RF Analyses 射频电路分析

图 4.1.2　Multisim 2001 的分析方法

1. 直流工作点分析

直流工作点分析(DC Operating Point Analysis)是在电路电感短路、电容开路的情况下,计算电路的直流工作点。直流分析的结果通常用于电路的进一步分析,如在进行暂态分析和交流小信号分析之前,程序会自动进行直流工作点分析,以确定暂态的初始条件和交流小信号情况下非线性元器件的线性化模型参数。在电路工作时,不论是大信号还是小信号,都必须给半导体元器件以正确的偏置,以便使其工作在所需要的区域(放大、截止、饱和),才能进一步分析电路在交流信号作用下能否正常工作。

2. 交流分析

交流分析(AC Analysis)是分析电路的小信号频率响应,分析时需要指定交流分析的起始、截止频率点及交流分析的扫描方式。在进行交流分析时程序会自动先对电路进行直流工作点分析,以便建立电路中非线性元器件的交流小信号模型,并把直流电源置零,交流信号源、电容以及电感等用其交流模型,如果电路中含有数字元器件,将认为是一个接地的大电阻。交流分析是以正弦波为输入信号,不管我们在电路的输入端输入何种信号,进行分析时都将自动以正弦波替换,而其信号频率也将以设定的范围替换之。交流频率分析的结果,以幅频特性和相频特性两个图形显示。幅频特性的纵轴用某点的电压值来表示。这是因为不管输入的信号源的数值是多少,程序一律将其视为一个幅度为 1,且相位为零的单位源,这样从输出节点取得的电压幅度就代表了增益值,相位就是输出与输入之间的相位差。分析时需要指定起始频率、终止频率及分辨率。

3. 瞬态分析

瞬态分析(Transient Analysis)是一种非线性时域(Time Domain)分析,可以在激励信号(或没有任何激励信号)的情况下计算电路的时域响应,即分析节点处的电压、电流与时间的关系。分析时需要指定瞬态分析的起始、截止时间及电路的初始状态。电路的初始状态可由用户自行指定,也可用程序自动进行直流分析,用直流解作为电路初始状态。瞬态分析的结果通常是分析节点的电压波形。在进行瞬态分析时,直流电压保持常数,交流信号源随着时间而改变,是一个时间函数。电容和电感都是储能元器件,是暂态函数。

4. 傅里叶分析

傅里叶分析(Fourier Analysis)是分析周期性非正弦信号的一种数学方法,它将周期性的非正弦信号转换成一系列的正弦波及余弦波,即

$$f(t) = A_0 + A_1\cos\omega t + A_2\cos 2\omega t + \cdots + B_1\sin\omega t + B_2\sin 2\omega t + \cdots$$

式中,A_0 为原始信号的直流(平均)分量;$A_1\cos\omega t + B_1\sin\omega t$ 为基波分量(与原始波有相同的频率和周期),$A_n\cos n\omega t + B_n\sin n\omega t$ 为 n 次谐波,A_n,B_n 为第 n 次谐波的系数,ω 为基波角频率。这些分量对电路的性能有着重要的影响。傅里叶分析将电压波形从时域变化到频域,求出它的频域变化规律。分析时需要指定基波频率、仿真谐波次数及分析终止时间。

5. 噪声分析

噪声分析(Noise Analysis)是分析电阻和半导体元器件噪声对电路的影响。在分析时,假定电路中的噪声源互不相关,其噪声值可独立计算。总噪声为每个噪声源对于特定的输出产生的噪声均方根的和。分析时需要指定噪声输入参考源(即感兴趣的噪声元器件)、输出节点、参考节点、起始频率及终止频率、分辨率。

6. 失真分析

失真分析(Distortion Analysis)是分析电路的非线性失真及相位偏移,通常非线性失真会导致谐波失真;而相位偏移会导致互调失真。如果电路中只有一个交流电源,该分析将确定电路中每一点的二、三次谐波造成的失真。如果电路中有频率分别为 F_1 和 F_2 的两个不同频率的交流电源(设 $F_1 > F_2$),则该分析将寻找电路变量在 $F_1 + F_2$,$F_1 - F_2$ 及 $2F_1 - F_2$ 这 3 个不同频率上的谐波失真。分析时需要指定起始频率、终止频率、分辨率及输出节点。失真分析对于研究瞬态分析中不易观察到的小失真比较有效。

7. 直流扫描分析

直流扫描分析(DC Sweep Analysis)是计算电路中某一节点上的直流工作点随电路中一个或两个直流电源的数值变化的情况。利用直流扫描分析,可快速地根据直流电源的变动范围确定电路直流工作点。它的作用相当于每变动一次直流电源的数值,则对电路做几次不同的仿真。利用直流扫描分析可以分析出电路的传输特性曲线、晶体管的输入输出特性曲线等。分析时需要指定待分析的信号源、起始电压、终止电压及分辨率,如果需要同时分析两个直流源,还需要指定第 2 个信号源参数。

8. 灵敏度分析

灵敏度分析(Sensitivity Analysis)是计算电路的输出变量对电路中元器件参数的敏感程度的分析方法。灵敏度分析又可分为直流灵敏度分析和交流灵敏度分析。直流灵敏度分析的结果以数值的形式显示,而交流灵敏度分析的结果则要绘出相应的曲线。灵敏度分析是利用参数扰动法,计算元器件参数变化对输出电压或电流的影响。灵敏度分析可以使用户了解并预测在生产加工的过程中,元器件参数值有多大变化才会影响电路的性能。灵敏度分析只适合于模拟电路的小信号电路模型。直流灵敏度分析时需要指定感兴趣的元器件和参数;交流灵敏度分析时需要指定感兴趣的元器件和参数、起始频率、终止频率及分辨率。

9. 参数扫描分析

参数扫描分析(Parameter Sweep Analysis)是通过对电路中某些元器件的参数,在一定取值范围内变化时对电路直流工作点、瞬态特性以及交流频率特性的影响进行分析,以便对电路的某些性能指标进行优化的方法。在设计电路时,常常希望改变元器件的某一参数值,来比较电路的输出效应,或者想改变某一参数在一定范围内的取值,来观察输出变化的情况。分析时需要指定待观测的元器件和参数、扫描的范围、类型和分辨率。

10. 温度扫描分析

温度扫描分析(Temperature Sweep Analysis)是研究温度变化对电路性能影响的分析方法。通常电路的仿真都是假设在 27℃下进行的,而由于许多电子元器件与温度有关,当温度变化时,电路的特性也会产生一些改变。该分析相当于在不同的工作温度下多次仿真电路性能。不过温度扫描分析不是对所有元器件都有效,仅限于考虑一些半导体元器件和虚拟电阻。分析时需要指定在温度变化范围内直流响应、交流响应或瞬态响应及扫描范围、类型和分辨率。

电阻:$R(T) = R_0 R[1 + TC_1(T - T_0) + TC_2(T - T_0)^2]$,$R$ 为电阻因子,默认为 1,T_C 为温度系数。

电容:$C(T) = C_0 C(1 + u_{C_1} u + u_{C_2} u^2)[1 + T_{C_1}(T - T_0) + T_{C_2}(T - T_0)^2]$,$C$ 为电容因子,默认为 1,u_C 为电压系数,T_C 为温度系数。

电感：$L(T)=L_0L(1+I_{L_1}I+I_{L_2}I^2)[1+T_{C_1}(T-T_0)+T_{C_2}(T-T_0)^2]$，$L$ 为电感因子，默认为 1，I_L 为电流系数，T_C 为温度系数。

11. 零-极点分析

零-极点分析(Pole Zero Analysis)是求解交流小信号电路传递函数中极点和零点，决定电路的稳定性的分析方法。在进行零-极点分析时，首先计算电路的直流工作点，进而确定非线性元器件在交流小信号条件下的线性化模型，然后在此基础上求出其交流小信号转移函数的极点与零点。分析时需要指定输入、输出和分析类型(增益或阻抗传递函数、输入或输出阻抗)。

12. 传递函数分析

传递函数分析(Transfer Function Analysis)是一种计算分析方法，分析、计算在交流小信号条件下，由用户指定的、作为输出变量的任意两节点之间的电压或流过某一个元器件上的电流与作为输入变量的独立电源之间的比值，同时也将计算出相应的输入阻抗和输出阻抗。传递函数分析中，输出可以是任何节点，但输入必须是独立源。分析时需要指定输入源和输出节点。

13. 最差情况分析

最差情况分析(Worst Case Analysis)是一种统计分析方法，用于分析当所有元器件在它们误差值最大变化时的直流响应、交流响应或瞬态响应。所谓最差情况是指电路中的元器件参数在其容差域边界上取某种组合时所引起的电路性能的最大偏差，而最差情况分析是在给定电路元器件参数容差的情况下，估算出电路性能相对于标称值时的最大偏差。分析时需要指定容差参数类别(模型参数、元器件参数)、容差分布类别(高斯分布、均匀分布)。

14. 蒙特卡罗分析

蒙特卡罗分析(Monte Carlo Analysis)是一种统计模拟方法，它是在给定电路元器件参数容差的统计分布规律的情况下，用一组伪随机数求得元器件参数的随机抽样序列，对这些随机抽样的电路进行直流分析、交流分析和瞬态分析，并通过多次分析结果估算出电路性能的统计分布规律，如电路性能的中心值、电路合格率及成本等。蒙特卡罗分析第一次记录的结果是所有元器件都为理想值时的仿真结果，因此蒙特卡罗分析的次数必须大于或等于 2。蒙特卡罗分析主要是考虑元器件误差对电路的影响程度。分析时需要指定电路分析类别(直流分析、交流分析和瞬态分析)、分析次数及输出节点。

15. 布线宽度分析

布线宽度分析(Trace Width Analysis)主要用于对 PCB 板的分析。

16. 批处理分析

批处理分析(Batched Analysis)主要用于同时对电子线路进行多种分析。

17. 用户自定义分析

用户自定义分析(User Defined Analysis)是为对 SPICE 命令非常熟悉的用户提供的分析方法。

18. 噪声系数分析

噪声系数分析(Noise Figure Analysis)是用另一种分析方法描述电子线路的噪声。噪声分析的结果是以电平数量进行表示的，即 N。而噪声系数(F)则是以输入端噪声(N_i)和电子线路的增益(K_v)的乘积与输出端噪声(N_o)的比值，它与噪声分析的结果一样，越小越好。噪声系数的计算：

$$F=\frac{N_o}{N_i K_v}$$

19. 射频电路分析

射频电路分析(RF Analysis)是主要用于射频电路的分析方法。

四、Multisim 2001 虚拟测试仪器

Multisim 2001 的 Instruments(仪器库)中共提供 11 个虚拟仪器仪表和电压表、电流表，包括 Multimeter(数字万用表)，Function Generator (函数信号发生器)，Wattmeter(功率表)，Oscilloscope(示波器)，Bode Plotter(波特图仪)，Word Generator(字信号发生器)，Logic Analyzer(逻辑分析仪)，Logic Converter(逻辑转换器)，Distortion Analyzer(失真度分析仪)，Spectrum Analyzer(频谱分析仪)和 Network Analyzer (网络分析仪)等。

从菜单中选择虚拟仪表的方式，如图 4.1.3 所示。

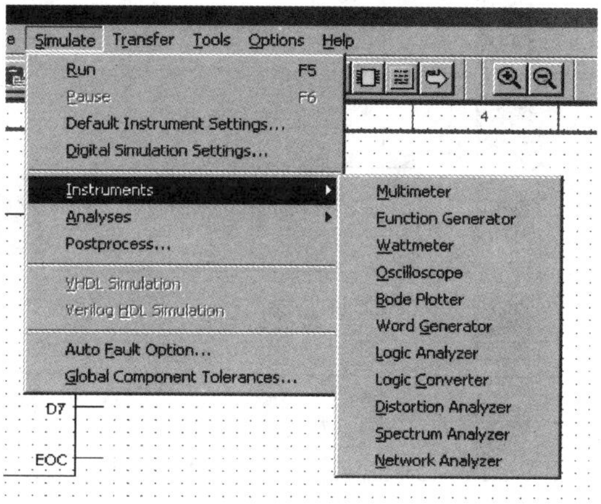

图 4.1.3　从菜单选择虚拟仪表

从仪表工具栏中选择虚拟仪表的方式，如图 4.1.4 所示。

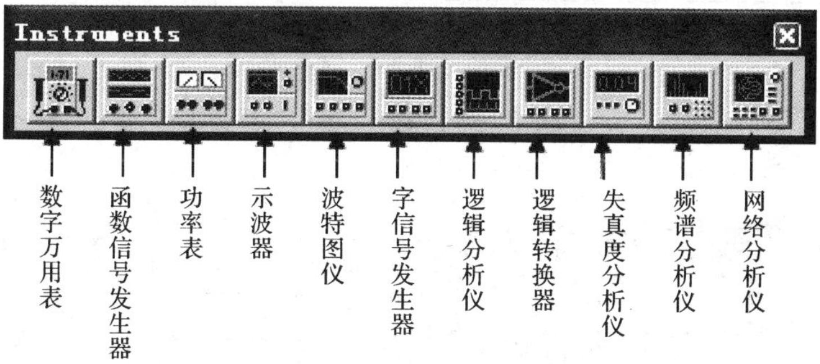

图 4.1.4　从仪表工具栏选择虚拟仪表

各种虚拟仪表的名称及其在仪表工具栏上的对应按钮和电路中的仪器符号，如表 4.1.2 所示。

表 4.1.2　虚拟仪表的名称及相应的按钮和仪器符号

菜单上的 表示方法	在仪表工具栏 上的对应按钮	仪器名称	电路中的仪器符号
Multimeter		数字万用表	
Function Generator		函数信号发生器	
Wattermeter		功率表	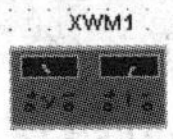
Oscilloscope		示波器	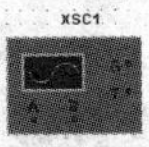
Bode Plotter		波特图仪	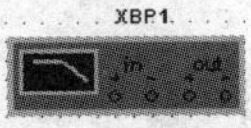
Word Generator		字信号发生器	
Logic Analyzer		逻辑分析仪	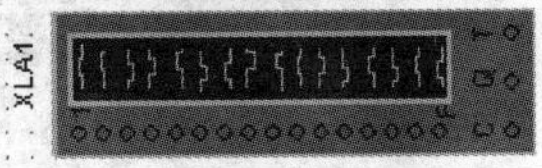
Logic Converter		逻辑转换器	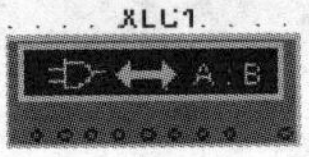
Distortion Analyzer		失真度分析仪	
Spectrum Analyzer		频谱分析仪	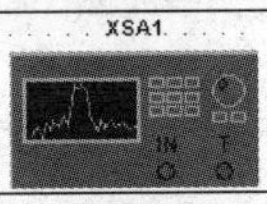
Network Analyzer		网络分析仪	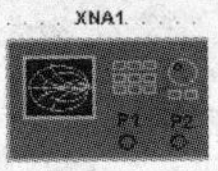

1. 数字万用表

数字万用表可以测量交直流的电压、电流、电阻以及电平(dB)。其参数设置窗口如图4.1.5所示。

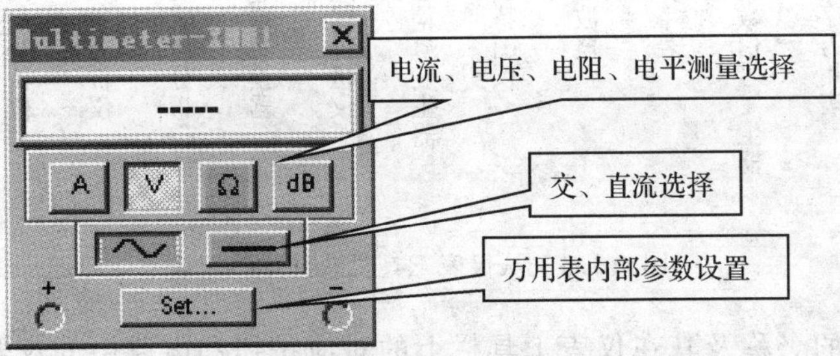

图 4.1.5　数字万用表参数设置窗口

在使用数字万用表测量电压和电流时与使用电压表、电流表一样，在测量电阻时需要注意以下几点：

(1)被测对象只能是一个不含源的元器件或元器件网络。

(2)元器件或元器件网络要接地。

(3)数字万用表要设置成直流工作方式。

(4)保证没有与元器件或元器件网络相并联的其他电路。

2. 函数信号发生器

函数信号发生器提供了正弦波、三角波、方波的输出信号。输出信号的频率、占空比、幅值、偏置电压均可以通过函数信号发生器的控制面板调节。其参数设置窗口如图 4.1.6 所示。

在使用函数信号发生器时需要注意以下几点：

(1)信号发生器的中间连线端是公共接地端子，“+”是正相信号输出，“-”是反相信号输出。

(2)占空比只有三角波信号和方波信号输出时才能设置，当三角波信号输出时，占空比指的是三角波的上升时间与三角波周期之比。

(3)方波信号输出时还可以通过“Set Rise/Fall Time”来设置方波信号的上升时间和下降时间。

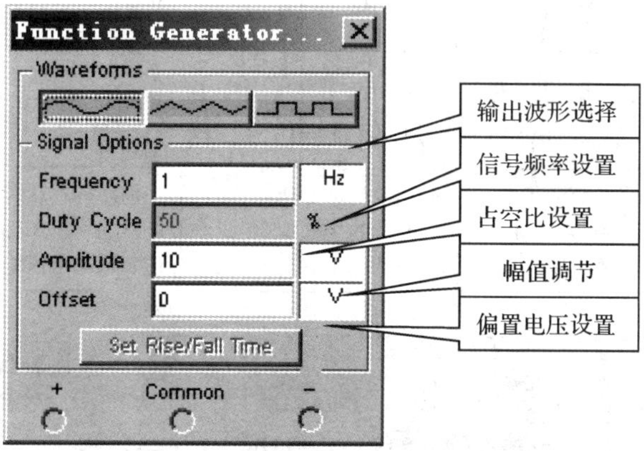

图 4.1.6　函数信号发生器参数设置窗口

3. 功率表

功率表用来测量被测端子的功率，单位是瓦特(W)，其参数设置窗口如图 4.1.7 所示。

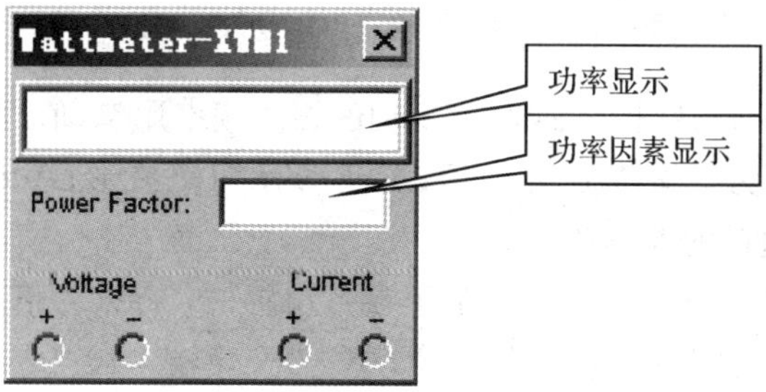

图 4.1.7　功率表设置窗口

功率表的左边两个电压连接端子要与被测端子并联,右边两个电流连接端子要与被测端子串联。

4. 示波器

示波器的图标和参数设置窗口如图 4.1.8 所示。

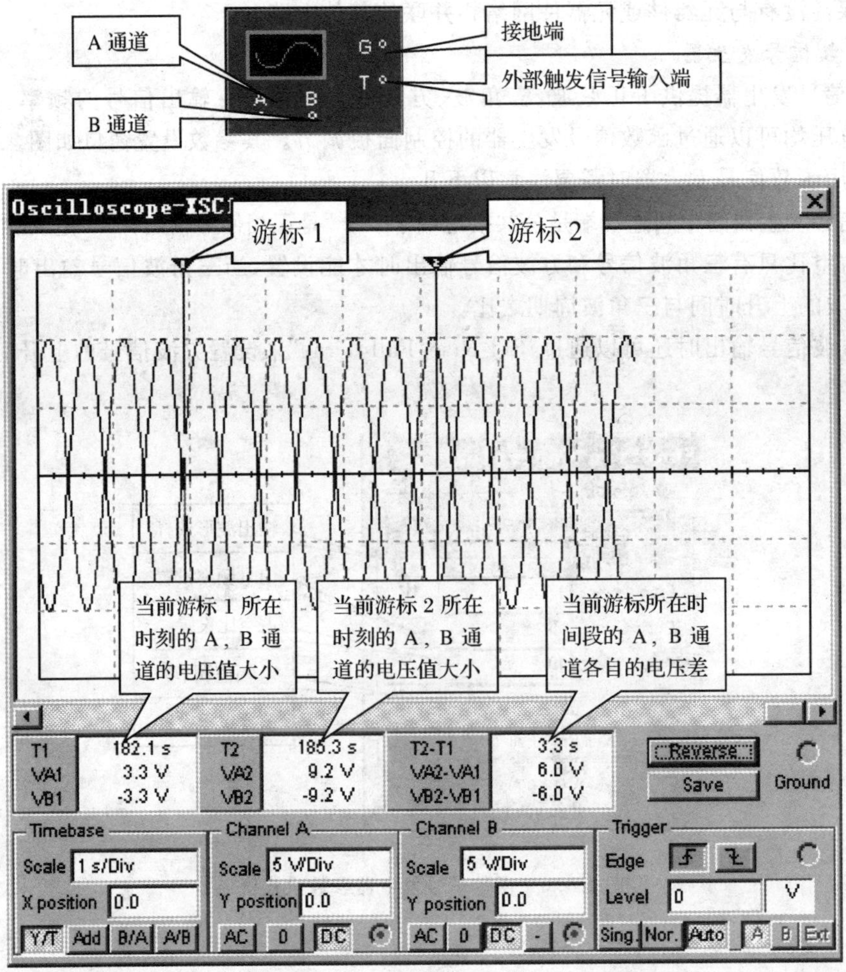

图 4.1.8 示波器的图标和参数设置窗口

(1)Time base 为时基控制栏,Scale 为 X 轴的扫描频率比率,值越大显示屏显示的波形时间范围越宽;X Position 为 X 轴的起始电压;Y/T 显示时域波形;Add 为 A,B 通道的波形叠加;B/A,A/B 为 A,B 通道的波形相除。

(2)Channel A 和 Channel B 为 A,B 通道参数设置栏,Scale 为信号幅度比,也就是每格的电压值大小;Y position 为 Y 轴的电平偏移量;AC 为交流输入;0 为短路;DC 为直流输入。

(3)Trigger 为触发方式控制,Edge 为采用上(下)跳沿触发选择;Level 为电平触发选择;Sing 为单脉冲触发;Nor 为一般脉冲触发;Auto 为内信号触发; A,B 为 A,B 通道触发选择;Ext 为外信号触发选择。

(4)当选择外部信号触发时,触发信号须接到示波器的 T 输入端。

(5)示波器中参数 T2-T1 可用来测量信号的周期、脉冲信号的宽度、上升时间和下降时间等参数。

5. 波特图仪

波特图仪类似于实验室的扫频仪,可以用来测量和显示电路的幅度频率特性和相位频率特性。波特图仪有 IN 和 OUT 两对端口,分别接电路的输入端和输出端。每对端口从左到右分别为+V 端和-V 端,其中 IN 端口的+V 端和-V 端分别接电路输入端的正端和负端,OUT 端口的+V 端和-V 端分别接电路输出端的正端和负端。其参数设置窗口如图 4.1.9 所示。

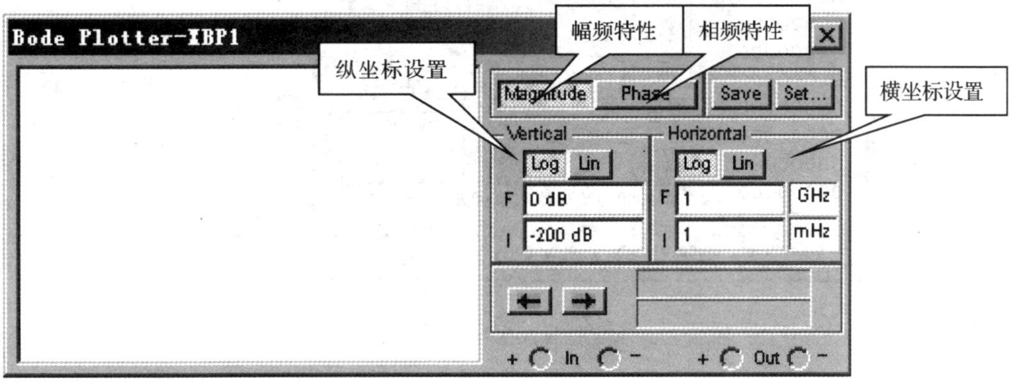

图 4.1.9 波特图仪的参数设置

在使用波特图仪时需要注意以下几点:

(1)必须在电路的输入端接入 AC(交流)信号源,但对其信号频率的设定并无特殊要求,频率测量的范围由波特图仪的参数设置决定。

(2)测量幅频特性时,若单击"Log"(对数)按钮后,Y 轴刻度的单位是分贝(dB),标尺刻度为 $20\ \lg A(f)$ dB,其中 $A(f)=V_o(f)/V_i(f)$;单击"Lin"(线性)按钮后,Y 轴是线性刻度。一般情况下采用线性刻度。在设置频率的初值和终值时,需要指出的是:若被测电路是无源网络(谐振电路除外),因为 $A(f)$ 的最大值为 1,所以 Y 轴坐标的最终值设置为 0 dB,初始值设为负值。对于含有放大环节的网络(电路),$A(f)$ 的值可以大于 1,最终值设置为正值(+dB)为宜。

(3) Magnitude 为测量幅频特性。Phase 为测量相频特性。Set 为波形精度设置。Vertical为 Y 轴显示方式选择,Log 为对数显示方式;Lin 为线性显示方式;F 对应于显示的坐标终值设置;I 对应于显示的坐标初值设置。Horizontal 为 X 轴显示方式设置。← → 为游标移动方向,旁边的数值为当前游标对应的幅值和频率。

6. 字信号发生器

字信号发生器相当于一个可编程的逻辑信号产生器,字信号发生器在一定的时序控制下,并行输出 32 位的逻辑信号,这在仿真大型的数字电路和计算机接口时非常适用,其参数设置窗口如图 4.1.10 所示。

在设置窗口中左边的字符串为每一步的时序状态(32 位),其大小值可以为 00000000H~

FFFFFFFFH，每一步的值可以在 Edit 栏里输入 Hex 码（十六进制），ASCII 码，Binary 码（二进制）。编写的当前地址可以由 Address 栏里 Edit 确定。

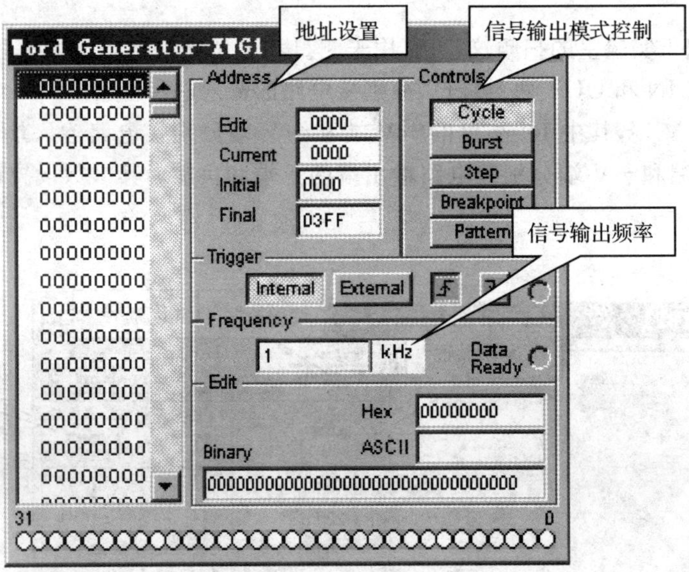

图 4.1.10　字信号发生器的参数设置窗口

Address 栏为地址控制栏，Edit 为当前编码的地址；Current 为当前输出的地址；Initial 和 Final 分别为开始的地址和结束的地址，可以为 0000H～1FFFH，总共 8K 地址。

Control 为控制栏，Cycle 为字信号从起始地址到终止地址循环输出；Burst 为字信号从起始地址开始，到终止地址结束；Step 为字信号每按一次鼠标左键输出一个地址的信号；Break Point 为断点设置，字信号从起始地址输出到断点处，仿真程序暂停，当再按一次暂停键时继续运行仿真程序；Pattern 中的 Clear Buffer 为清除字信号编辑值，所有的字信号全部清零；Open 打开字信号存盘文件；Save 为字信号存盘；Up Counter 为字信号从起始地址到终止地址递增编码；Down Counter 为字信号从起始地址到终止地址递减编码；Shift Right 为字信号从起始地址到终止地址右移编码；Shift Left 为字信号从起始地址到终止地址左移编码。

Trigger 为触发方式选择，同示波器。R 端子为数据备用输入端；T 为外部触发信号输入端。

Frequence 为字信号输出频率设定，当选择外部信号触发方式时，该频率值无意义。

7. 逻辑分析仪

逻辑分析仪可以同时分析 16 路输入信号的逻辑状态，其面板参数设置窗口如图 4.1.11 所示。

Clock 栏中 Set 为时钟方式设置，单击“Set...”按钮，打开“Clock setup”窗口，如图 4.1.12 所示。Clock Source 为内部和外部时钟选择；Clock Rate 为内部时钟频率；Sampling Setting 为时钟取样方式，Pre-trigger Samples 为上升沿触发取样数，Post-trigger Samples 为下降沿触发取样数，Threshold Volt.(V)为触发 1 的电平阈值。

C 端为外部时钟信号输入端；Q 端为时钟输入控制端；T 端为触发输入控制端。

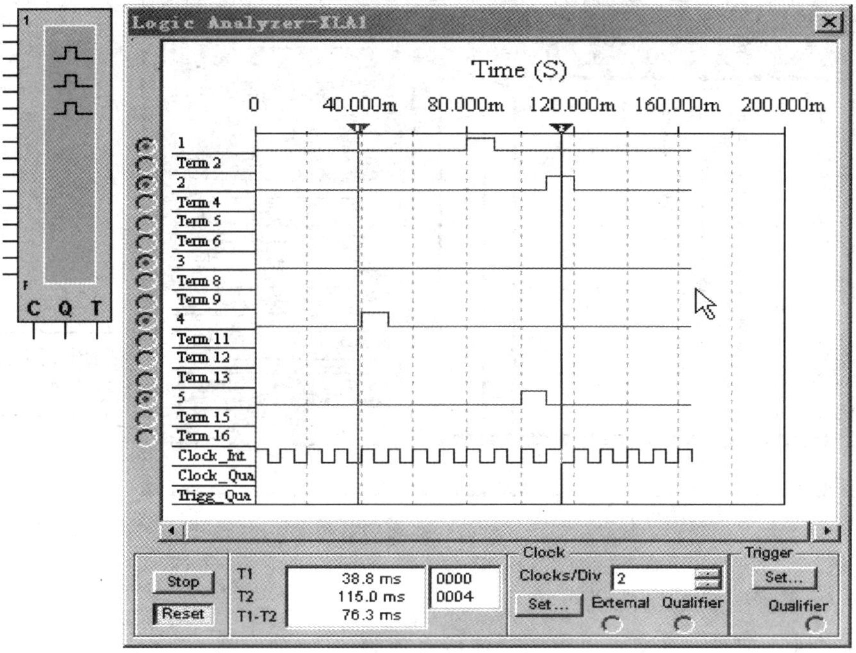

图 4.1.11　逻辑分析仪的参数设置窗口

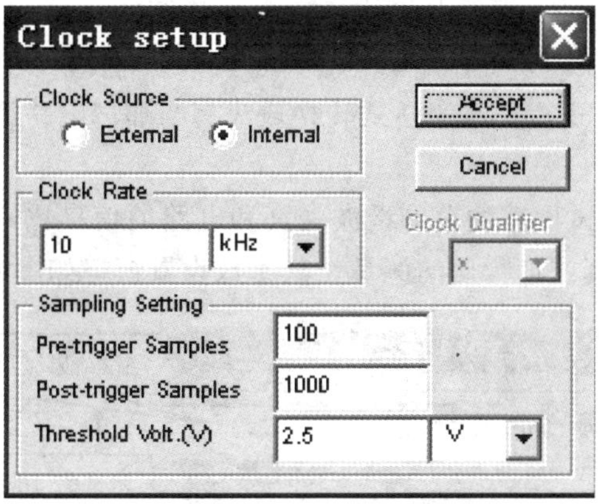

图 4.1.12　“Clock setup”窗口

8. 逻辑转换器

逻辑转换器可以将逻辑电路图转换成真值表和逻辑关系表达式，还可以将自己设计的真值表转换成逻辑电路图和逻辑关系表达式，也可以将自己编写的逻辑关系表达式转换成逻辑电路图和真值表。逻辑转换器是一种虚拟的仪器，有 8 个输入信号，1 个输出信号。其参数设置窗口如图 4.1.13 所示。

在设计真值表时，可用鼠标左键点击选择 8 个输入端子 A，B，C，D，E，F，G，H，若再点击一次将撤消一个输入端子。

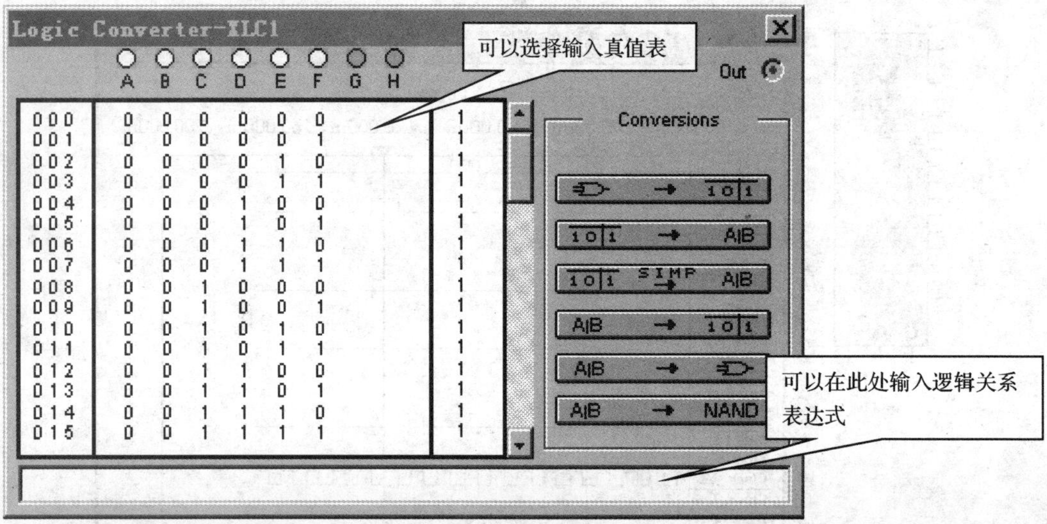

图 4.1.13 逻辑转换器的参数设置窗口

窗口中的几个按钮的功能说明如下：

:将逻辑电路图转换成真值表。

:将真值表转换成逻辑关系表达式。

:将真值表转换成最简化的逻辑关系表达式。

:将逻辑关系表达式转换成真值表。

:将逻辑关系表达式转换成基本门电路组成的逻辑电路图。

:将逻辑关系表达式转换成只有与非门电路组成的逻辑电路图。

9. 失真度分析仪

失真度分析仪用来测试电路的总的谐波失真和电路的信噪比，在用户所指定的基准频率下，进行电路总的谐波失真或信噪比的测量。其参数设置窗口如图 4.1.14 所示。

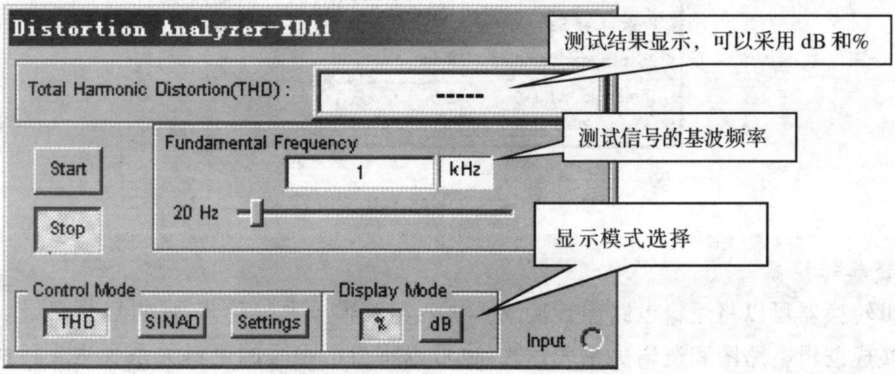

图 4.1.14 失真度分析仪的参数设置窗口

在 Control Mode 模式控制栏中，THD 为测量电路的总的谐波失真；SINAD 为测量电路的信噪比；Settings 为测量谐波失真的参数设置，具体是谐波失真的意义分析、起始频率和终止频率、取样谐波次数。

10. 频谱分析仪

频谱分析仪用于分析被测端子的信号含有各种频率成分的幅值大小和分布情况，因此频谱分析仪对于如何提升有用信号和滤除干扰信号特别有帮助，频谱测量对广播通信以及通信领域具有重要的意义。其参数设置窗口如图 4.1.15 所示。

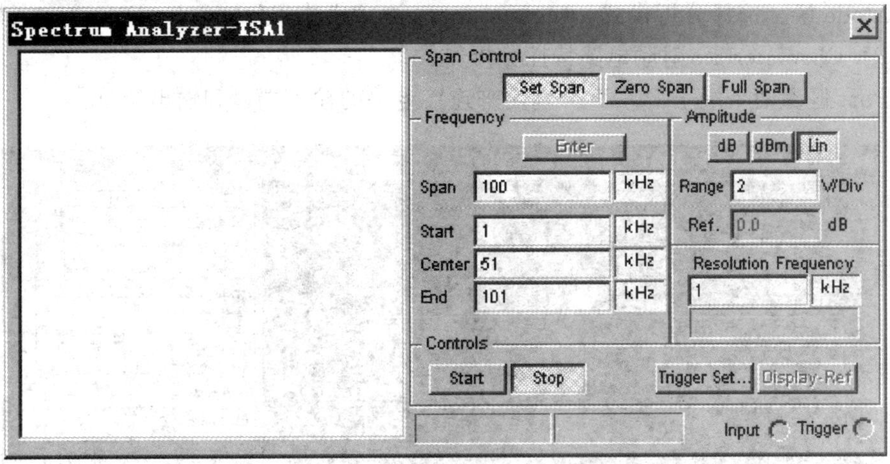

图 4.1.15　频谱分析仪的参数设置窗口

窗口中各栏说明如下：

Span Control 栏中的 Set Span 为测量频率范围设置；Zero Span 为中心频率设置；Full Span 为全频段设置(0～4GHz)。

Amplitude 栏中的 dB 为以电压分贝显示；dBm 为以功率分贝显示；Lin 为以线性分布显示。

Resolution Frequency 为显示的频带宽度，数值越小显示的谱线越细，仿真时间越长，当该栏中的上、下两个数值一致时仿真完成。

Trigger Set... 为触发方式选择，可以选择内部信号触发、外部信号触发、连续触发和单一脉冲触发。

11. 网络分析仪

网络分析仪是仿照现实仪器 HP8751A 和 HP8753E 的基本功能和操作的一种虚拟仪器。现实中的网络分析仪是一种测试双端口高频电路的 S 参数的仪器，Multisim 2001 的网络分析仪除了可用于测试 S 参数外，也可用于测试 H，Y，Z 参数和稳定因子，还可以辅助设计电路的输入输出匹配网络。网络分析仪主要用于超高频(0～10GHz)范围的放大器的性能分析。其参数设置窗口如图 4.1.16 所示。

窗口中右边各项说明如下：

(1)Marker 区。选择左边显示区域所显示资料的模式，有 Re/Im(实部/虚部)模式(直角坐标模式)，Mag/Ph(幅度/相位)模式(极坐标模式)，dBMag/Ph Deg(分贝数/相位)模式(分贝的极坐标模式)。

(2)Trace 区。确定所要显示的参数。

(3)Format 区。选择所要分析的参数种类,Z 参数、S 参数、H 参数、Y 参数和稳定因素。按钮 Smith 是以史密斯格式显示;按钮 Mag/Ph 是以增益/相位的频率特性显示,即波特图;按钮 Polar 是以极化图格式显示;按钮 Re/Im 是以实数/虚数格式显示;按钮 Scale 是选择纵轴刻度;按钮 Auto Scale 是由程序自动调整刻度。

(4)Data 区。对显示的数据进行处理。

(5)Mode 区。选择分析模式。Measurement 测量模式;Match Net Designer 高频电路设计工具;RF Characterizer 射频电路特性分析器。

(6)Port 区。两个端子 P1,P2 分别用来连接电路的输入端口和输出端口。

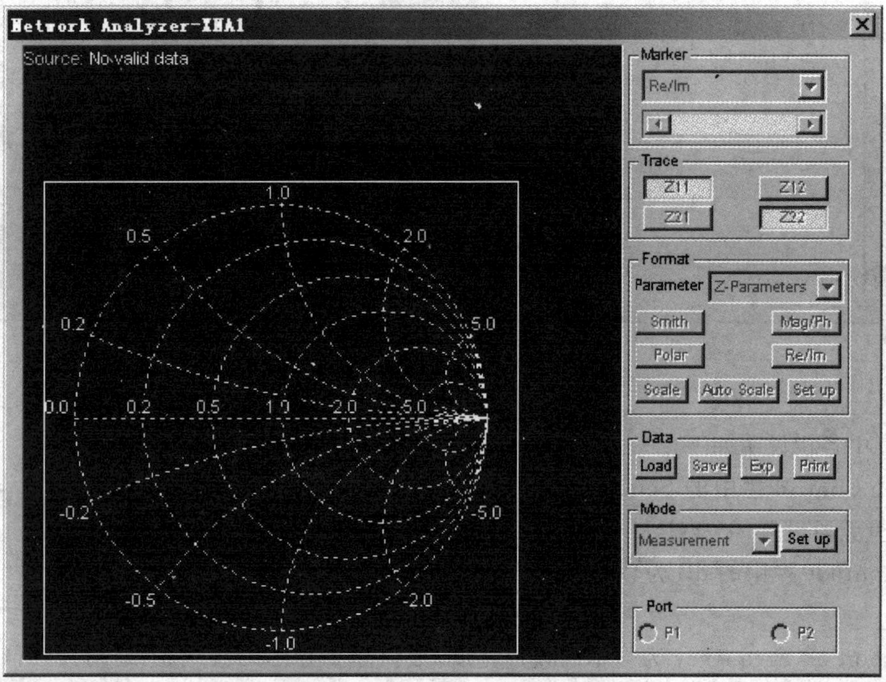

图 4.1.16 网络分析仪的参数设置窗口

五、Multisim 2001 元器件及模型

Multisim 2001 的 Multisim Datebase 中含有 14 个元器件分类库(即 Component ToolBar),如图 4.1.17 所示。由这 14 个元器件分类库组成元器件工具库(简称元器件库),通常以按钮形式在工作窗口左边,但也可以任意移动。每个元器件分类库中又含有 3~30 个元器件箱(又称之为 Family),各种仿真元器件分门别类地放在这些元器件箱中供用户随意调用。电源库中共有 30 个电源元器件,有功率电源,各式各样的信号源、受控源以及 1 个模拟接地端和 1 个数字电路接地端;Multisim 把电源类的元器件全部作为虚拟元器件,因而不能使用 Multisim 中的元器件编辑工具对其模型及符号等进行修改或重新创建,只能通过自身的属性对话框对其相关参数进行设置;基本元器件库中包含现实元器件箱 22 个,虚拟元器件箱 10 个。虚拟元器件箱中的元器件不需要选择,而是直接调用,然后再通过其属性对话框设置其参数值。二极管库中包含现实元器件箱 10 个,虚拟元器件箱 2 个。Multisim 元器件库中虽然存有成

千上万个仿真元器件，但用户的需要是各种各样的，因此不可能满足每个用户的要求。如果用户在进行一个仿真时少一个或几个仿真元器件，可以直接利用 Multisim 所提供的元器件编辑工具，对现有的元器件模型进行编辑修改，或创建一个新元器件。

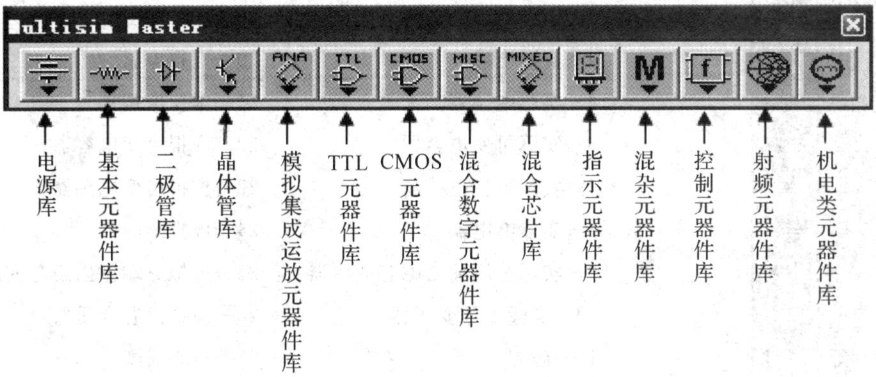

图 4.1.17　Multisim 2001 元器件库

1. 电源库

电源库共有 30 个电源元器件，电源元器件均为虚拟元器件。电源库的图标按钮如图 4.1.18所示。

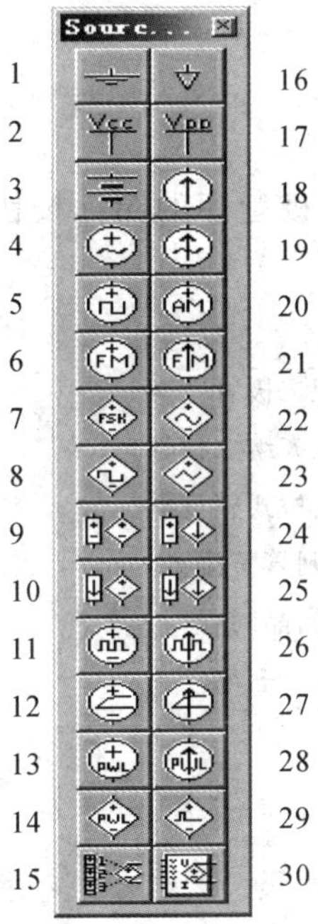

1—模拟地	16—数字地
2—V_{CC}电源	17—V_{DD}电源
3—直流电压源	18—直流电流源
4—交流电压源	19—交流电流源
5—时钟电压源	20—AM 调幅信号源
6—FM 调频信号电压源	21—FM 调幅信号电流源
7—FSK 信号源	22—电压控制正弦信号源
8—电压控制方波信号源	23—电压控制三角波信号源
9—电压控制电压源	24—电压控制电流源
10—电流控制电压源	25—电流控制电流源
11—脉冲电压信号源	26—脉冲电流源
12—指数电压信号源	27—指数电流信号源
13—分段线性电压源	28—分段线性电流源
14—电压控制分段线性电压源	29—受控脉冲源
15—多项式信号源	30—非线性相关信号源

图 4.1.18　电源库图标按钮

2. 基本元器件库

基本元器件库中包含现实元器件 22 个，虚拟元器件箱 10 个。在使用时尽可能地选用现实元器件。但在选取不到某些参数，或要进行温度扫描分析或参数扫描分析时，就只能选取虚拟元器件。基本元器件库图标按钮如图 4.1.19 所示。

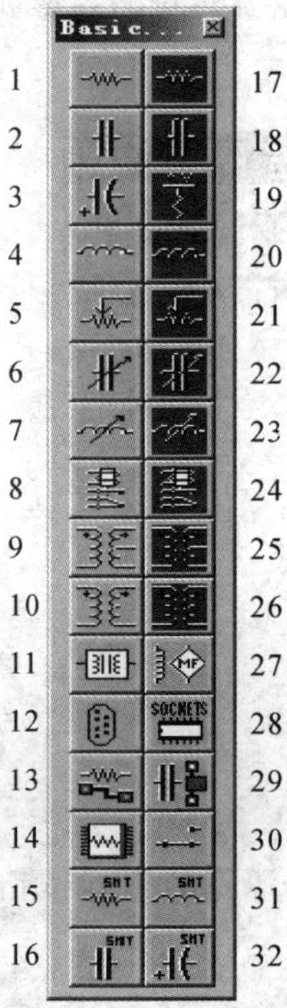

1—实际电阻　17—虚拟电阻
2—实际电容　18—虚拟电容
3—电解电容　19—上拉电阻
4—实际电感　20—虚拟电感
5—实际电位器　21—虚拟电位器
6—实际可变电容器　22—虚拟可变电容器
7—实际可变电感器　23—虚拟可变电感器
8—实际继电器　24—虚拟继电器
9—实际三端输出磁芯变压器　25—虚拟三端输出磁芯变压器
10—实际磁芯变压器　26—虚拟磁芯变压器
11—磁芯　27—空心线圈
12—接插件　28—接插件
13—半导体电阻　29—半导体电容
14—排电阻　30—单刀双掷开关
15—特殊标称值的电阻　31—特殊标称值的电感
16—特殊标称值的电容　32—特殊标称值的电解电容

图 4.1.19　基本元器件库图标按钮

3. 二极管库

二极管库包含 12 个元器件箱，其中有 2 个虚拟元器件箱。二极管库的图标按钮如图 4.1.20所示。

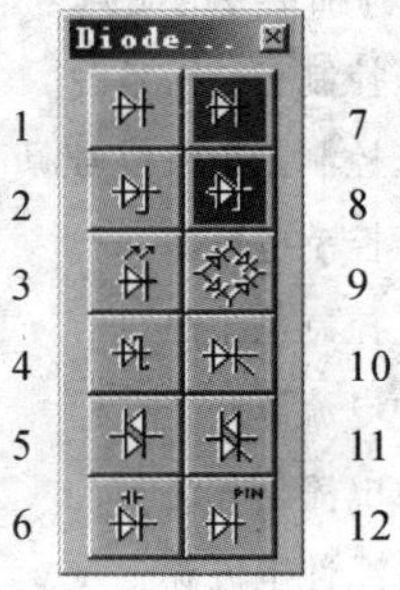

1—普通二极管　7—虚拟二极管
2—齐纳二极管　8—虚拟齐纳二极管
3—发光二极管　9—全波桥式整流器
4—肖特基二极管　10—晶闸管整流器
5—双向二极管　11—双向晶闸管
6—变容二极管　12—Pin 二极管

图 4.1.20　二极管库图标按钮

4. 晶体管库

晶体管库共有 34 个元器件箱，其中有 18 个现实元器件箱和 16 个虚拟元器件箱。晶体管库的图标按钮如图 4.1.21 所示。

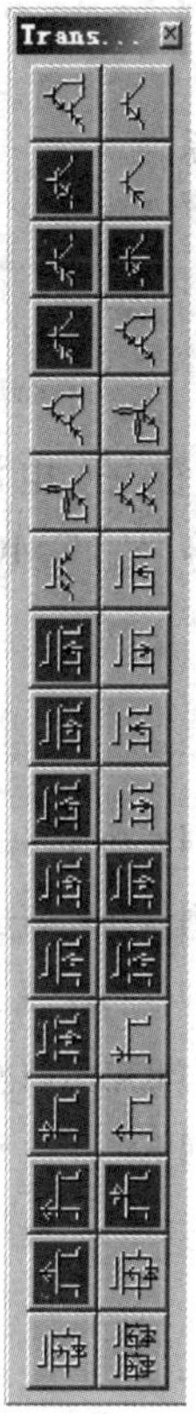

1—达灵顿阵列管
2—虚拟 NPN 晶体管
3—虚拟 PNP 晶体管
4—虚拟四端 PNP 晶体管
5—达灵顿 PNP 晶体管
6—内电阻偏置 PNP 晶体管
7—MOS 门控制的双极性功率开关
8—虚拟三端 N 沟道耗尽型 MOS 管
9—虚拟三端 P 沟道耗尽型 MOS 管
10—虚拟三端 N 沟道增强型 MOS 管
11—虚拟三端 P 沟道增强型 MOS 管
12—虚拟四端 N 沟道耗尽型 MOS 管
13—虚拟四端 P 沟道增强型 MOS 管
14—虚拟 N 沟道 JFET
15—虚拟 P 沟道 JFET
16—虚拟 P 沟道砷化镓 FET
17—P 沟道功率 MOSFET
18—NPN 晶体管
19—PNP 晶体管
20—虚拟四端 NPN 晶体管
21—达灵顿 NPN 晶体管
22—内电阻偏置 NPN 晶体管
23—BJT 晶体管阵列
24—三端 N 沟道耗尽型 MOS 管
25—三端 P 沟道耗尽型 MOS 管
26—三端 N 沟道增强型 MOS 管
27—三端 P 沟道增强型 MOS 管
28—虚拟四端 P 沟道耗尽型 MOS 管
29—虚拟四端 N 沟道增强型 MOS 管
30—N 沟道 JFET
31—P 沟道 JFET
32—虚拟 N 沟道砷化镓 FET
33—N 沟道功率 MOSFET
34—功率 MOSFET

图 4.1.21　晶体管库图标按钮

5. 模拟集成运放元器件库

模拟集成运放元器件库共有 9 个元器件箱，其中 4 个为虚拟元器件箱。模拟集成运放元器件库图标按钮如图 4.1.22 所示。

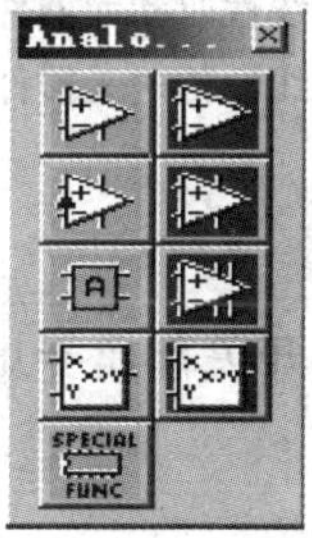

1—运算放大器
2—诺顿运算放大器
3—宽带运算放大器
4—比较器
5—特殊功能运算放大器
6—三端虚拟运算放大器
7—虚拟五端运算放大器
8—虚拟七端运算放大器
9—虚拟比较器

图 4.1.22　模拟集成运放元器件库图标按钮

6. TTL 元器件库

TTL 元器件库含有 74 系列的 TTL 数字集成元器件，在对含有 TTL 数字元器件的电路进行仿真时，电路窗口中要有数字电源符号和相应的数字接地端。TTL 元器件库的图标按钮如图4.1.23所示。

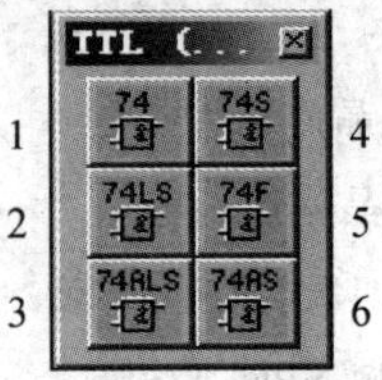

1—标准型系列　　4—肖特基系列
2—低功耗肖特基系列　　5—高速系列
3—先进低功耗肖特基系列　　6—先进肖特基系列

图 4.1.23　TTL 元器件库图标按钮

7. CMOS 元器件库

在对含有 CMOS 数字元器件的电路进行仿真时，必须在电路窗口内放置 V_{DD} 电源符号，其数值大小根据 CMOS 元器件的要求来确定，同时还要放置一个数字接地符号。CMOS 元器件库的图标按钮如图 4.1.24 所示。

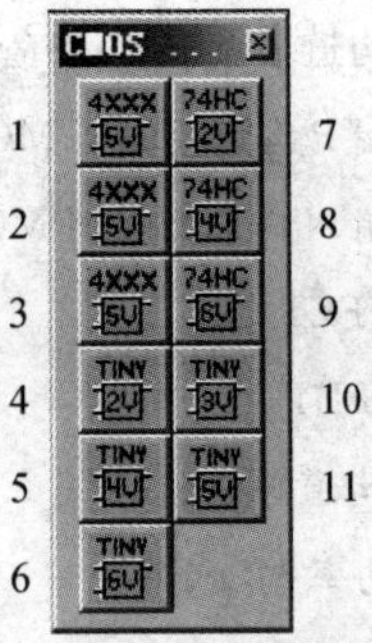

1—5V_4XXX 系列 CMOS　　7—2V_74HC 系列低功耗高速 CMOS
2—10V_4XXX 系列 CMOS　　8—4V_74HC 系列低功耗高速 CMOS
3—15V_4XXX 系列 CMOS　　9—6V_74HC 系列低功耗高速 CMOS
4—2V_Tiny 系列低电压微型 CMOS　　10—3V_Tiny 系列低电压微型 CMOS
5—4V_Tiny 系列低电压微型 CMOS　　11—5V_Tiny 系列低电压微型 CMOS
6—6V_Tiny 系列低电压微型 CMOS

图 4.1.24　CMOS 元器件库图标按钮

8. 混合数字元器件库

混合数字元器件库的图标按钮如图 4.1.25 所示。

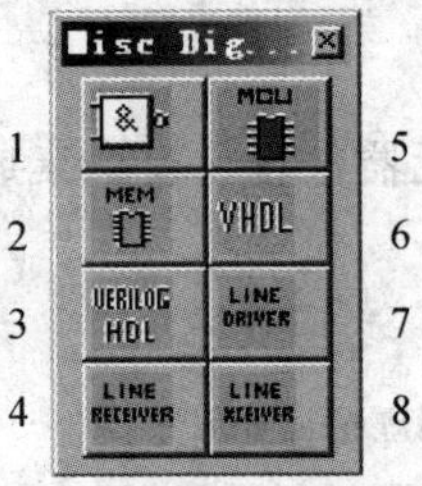

1—基本数字逻辑元器件　　5—微处理器
2—多种存储器　　6—VHDL 元器件
3—Verilog 元器件　　7—线性驱动元器件
4—线性接收元器件　　8—线性传送元器件

图 4.1.25　混合数字元器件库图标按钮

9. 混合芯片库

混合芯片库中存放着 6 个元器件箱，其中 ADC_DAC 和虚拟模拟开关都属于虚拟元器件。混合芯片库的图标按钮如图 4.1.26 所示。

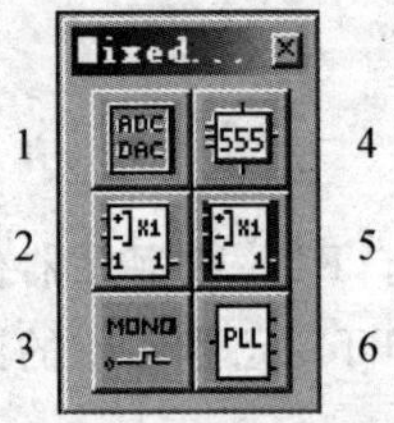

1—模/数、数/模转换器　　4—定时器
2—模拟开关　　5—虚拟模拟开关
3—单稳态　　6—锁相环

图 4.1.26　混合芯片库图标按钮

10. 指示元器件库

指示元器件库的图标按钮如图 4.1.27 所示。

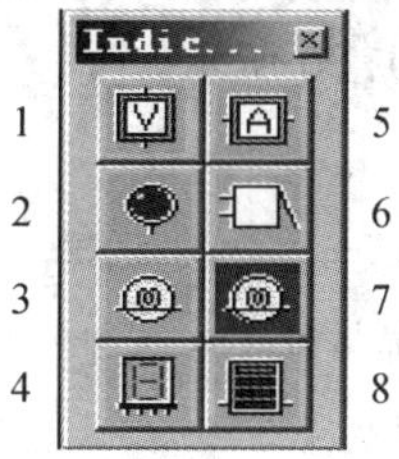

1—电压表

2—探测器

3—灯泡

4—十六进制显示器

5—电流表

6—蜂鸣器

7—虚拟灯泡

8—条形光柱

图 4.1.27 指示元器件库图标按钮

11. 混杂元器件库

混杂元器件库的图标按钮如图 4.1.28 所示。

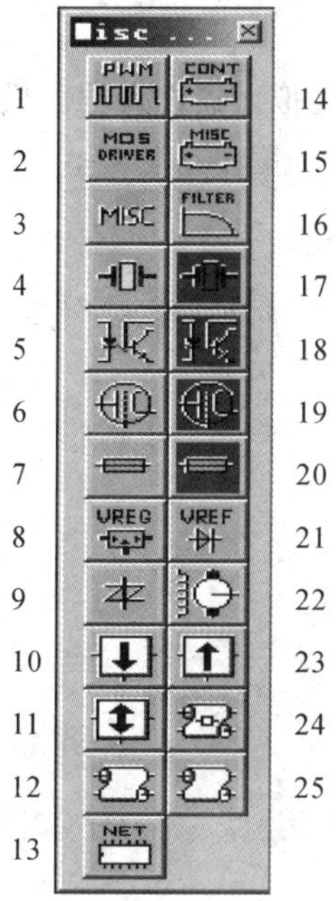

1—PWM(脉冲调制信号)控制器

2—MOSFET 驱动器

3—混合元器件库

4—压电晶体

5—光耦元器件

6—真空管

7—熔断丝

8—稳压管

9—过电压抑制器

10—开关电压降压转换

11—开关电压升降压转换

12—无损耗传输线类型Ⅰ

13—网络

14—电源控制器

15—混合元器件库驱动器

16—滤波器

17—虚拟压电晶体

18—虚拟光耦元器件

19—虚拟真空管

20—虚拟熔断丝

21—电压基准器

22—直流电动机

23—开关电压升压转换

24—有损耗传输线

25—无损耗传输线类型Ⅱ

图 4.1.28 混杂元器件库图标按钮

12. 控制元器件库

控制元器件库中有 12 个常用的控制模块元器件箱，属于虚拟元器件，不能修改其模型，只能设置相关参数。控制元器件库的图标按钮如图 4.1.29 所示。

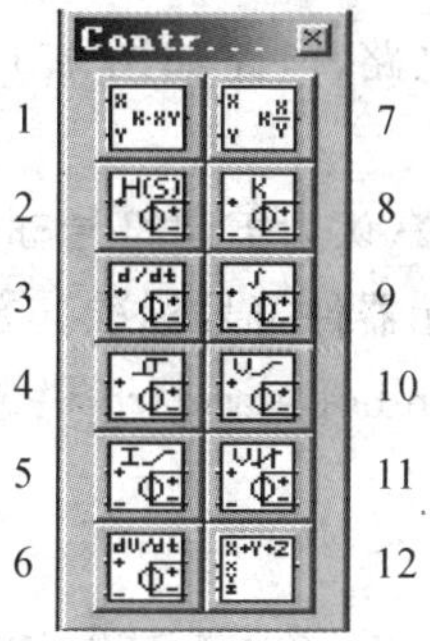

1—乘法器

2—传递函数模块

3—电压微分器

4—电压磁滞模块

5—电流限幅器模块

6—电压回转率模块

7—除法器

8—电压增益模块

9—电压积分器

10—电压限幅器

11—电压控制限幅器

12—三通道电压总加器

图 4.1.29 控制元器件库图标按钮

13. 射频元器件库

射频库提供了 7 种能工作在超高频区域的元器件，它们的工作频率介于集中参数和分布参数之间，频率大致在 GHz 范围。射频元器件库的图标按钮如图 4.1.30 所示。

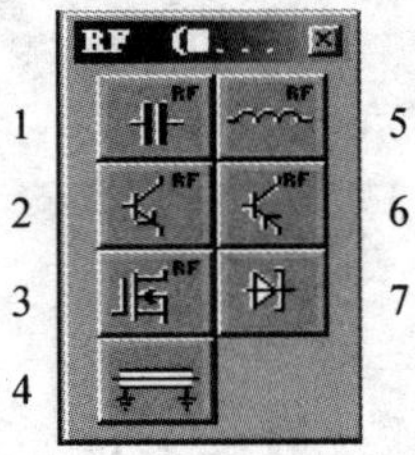

1—射频电容器　　5—射频电感器
2—射频 NPN 晶体管　　6—射频 PNP 晶体管
3—射频 MOSFET　　7—隧道二极管
4—传输线

图 4.1.30　射频元器件库图标按钮

14. 机电类元器件库

机电类元器件库中包含电工类的元器件，除线性变压器外，都以虚拟元器件处理。机电类元器件库图标按钮如图 4.1.31 所示。

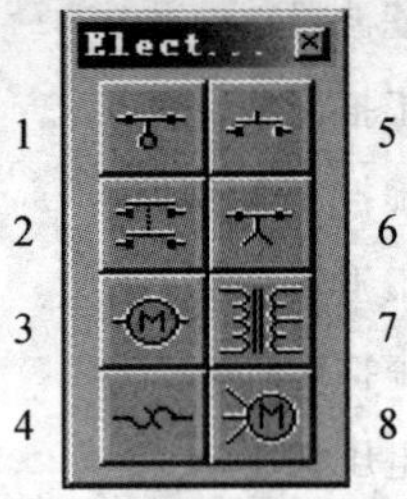

1—感测开关　　5—开关
2—接触器　　6—计时接点
3—线包型继电器　　7—线性变压器
4—保护装置　　8—输出设备

图 4.1.31　机电类元器件库图标按钮

4.1.2　建立实验电路

一、建立实验电路的步骤

建立并仿真一个电路，第一步是选择要使用的元器件，放置在电路窗口中希望的位置上，选择希望的方向，连接元器件，以及进行其他的设计准备。

下面以建立一个简单的二极管闪烁电路为例，讲述怎样建立实验电路，电路如图 4.1.32 所示。

注意：Multisim 2001 元器件模型有美国符号标准及欧洲符号标准，默认为美国符号标准。在放置元器件时，要先将模型符号改成欧洲符号标准，以符合国内使用元器件符号标准。方法是使用菜单“Options/Preferences”，选择 Component Bin 选项卡，在 Symbol standard 栏选择“Din”。

1. 放置元器件

利用元器件工具栏放置元器件，这是放置元器件的一般方法。另外也可以用 Edit/Place Component 放置元器件，当不知道要放置的元器件包含在哪个元器件箱中时这种方法很有用。

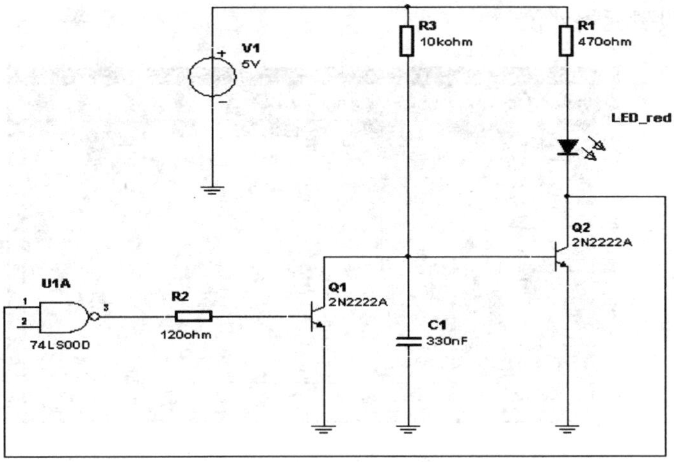

图 4.1.32　二极管闪烁电路

第一步:放置第一个元器件(电源)。

(1)放置电源。

1) 将鼠标指向电源工具按钮(或单击该按钮)。电源工具按钮如图 4.1.33 所示。

2) 单击直流电压源按钮。

3) 将鼠标移到要放置元器件的左上角位置,利用页边界可以精确地确定位置,单击鼠标,电源出现在电路窗口中,如图 4.1.34 所示。

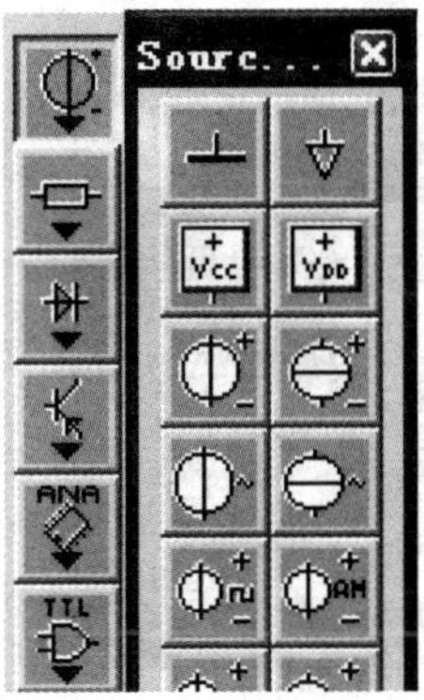

图 4.1.33　电源工具按钮

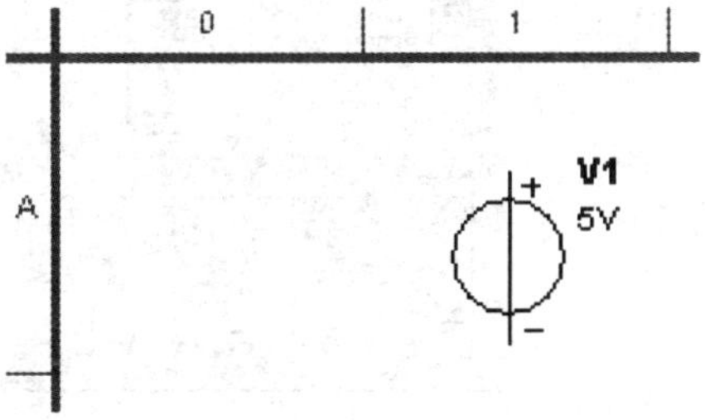

图 4.1.34　放置电源在电路窗口中

(2)改变电源值。电源的缺省值是 12V,可以容易地将电压改为需要的 5 V。

1) 双击电源出现电源特性对话框,电源值标签(Value tab)如图 4.1.35 所示。

2) 将 12 改为 5,单击 OK。

值的改变只对虚拟(Virtual)元器件有效。虚拟元器件包括所有的电源和虚拟电阻/电容/电感,以及大量的用来提供理论对象的真实元器件,如理想的运算放大器等。

Multisim 2001 用两种方法处理虚拟元器件,与处理真实元器件稍有不同。第一,虚拟元器件与真实元器件的缺省颜色不同,这样会提醒这些元器件不是真实的,不会输出到 PCB 布线软件。下一步放置电阻时将会看到这种差别。第二,放置虚拟元器件时不是从浏览器中选择的,可以任意设置元器件值。

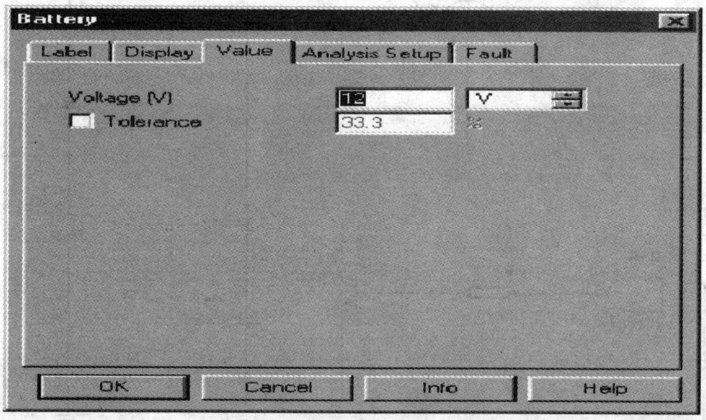

图 4.1.35　电源值标签

第二步:放置下一个元器件(电阻)。

(1)放置电阻。

1) 放置鼠标于基本元器件工具箱上,在出现的工具栏中单击电阻按钮,出现电阻浏览器,如图 4.1.36 所示。

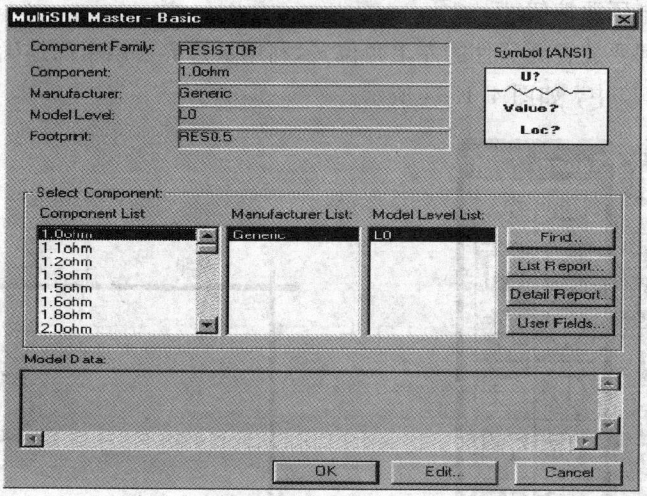

图 4.1.36　电阻浏览器

出现这个浏览器的原因是由于电阻族中包含很多真实元器件,也就是可以买到的元器件。它显示了主数据库中所有可能得到的电阻。

2) 滚动 Component List 找到 470 ohm(Ω)的电阻。

3) 选择 470 ohm(Ω)电阻,然后单击 OK。鼠标出现在电路窗口中。

4) 将鼠标移动到 A5 位置,单击鼠标放置元器件。

注意:电阻的颜色与电源不同,是为提醒它是实际的元器件(可以输出到 PCB 布线软件)。

(2)旋转电阻。为了连线方便,需要旋转电阻。

1) 右击电阻,出现弹出式菜单。

2) 选择菜单中的 90CounterCW 命令,结果如图 4.1.37 所示。

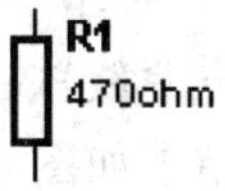

图 4.1.37　旋转电阻的结果显示

3) 如果需要,可以移动元器件的标号,特别是在对电阻进行了数次旋转后,又不喜欢标号的显示方式时。例如,要移动元器件的参考 ID,只需单击并拖动它即可,或者利用键盘上的箭头键,每单击一次箭头键标号移动一个格点。

(3)增加其他电阻。本电路还需要两个电阻,分别是 120 ohm(Ω)和 10 kohm(Ω)。

1) 按照(1)、(2)步在 D 行、2 列的位置添加一个 120 ohm(Ω)的电阻,请注意此电阻的参考 ID 是“R2”,表示它是第二个放置的电阻。

2) 按照(1)、(2)步放置第三个 10 kohm(Ω)的电阻(可以用“In Use”列表),将此电阻放置在 4B 位置。

其显示结果如图 4.1.38 所示。

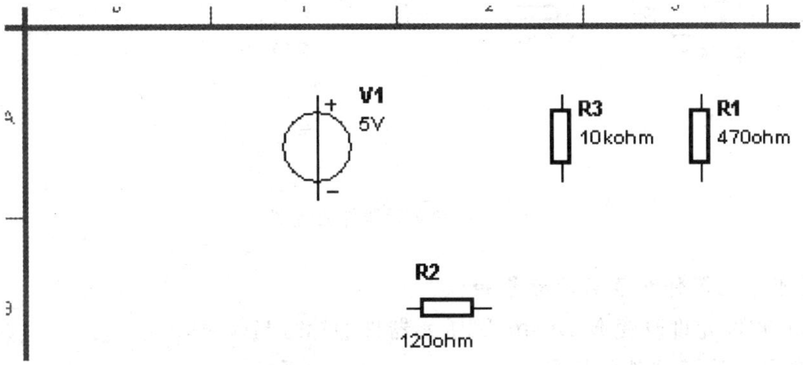

图 4.1.38　放置完电源、电阻后的显示结果

稍微看一下设计工具栏右边的“In Use”列表。它列出了迄今为止放置的所有元器件,单击列表中的元器件可以很容易地重用此元器件。

如果需要,可以容易地将已放置的元器件移动到希望的位置。单击选中元器件(确定选定的是元器件而不是标号),用鼠标拖动或用箭头键每次移动一步。

(4)存储文件。选择 File/Save As 菜单命令,给出存储位置与文件名,进行存储。

第三步:放置其他元器件。

按照以上步骤将下列元器件放置在图中所指位置。

(1)一个红色的 LED(取自于 Dioeds 族)放置在“R1”的正下方。

(2)一个 74LS00D(取自于 TTL 族)放置在“D1”位置。由于此元器件有 4 个门,所以程序将提示确定使用哪个门。4 个门相同,可任选一个。

(3)一个 2N2222A 双极型 NPN 三极管(取自于晶体管族),放置在“R2”的右方。

(4)另一个 2N2222A 双极型 NPN 三极管放置在 LED 正下方(拷贝并粘贴前边的三极管到新位置即可)。

(5)一个 330nF 的电容(取自于基本元器件族),放置在第一个三极管的右方,并沿顺时针方向旋转(如果需要,旋转后可以移动标号)。

(6)接地(取自于电源族),放置在"V1,Q1,Q2 和 C1"的下方。电路中可以用多个地。

(7)一个 5 V 的电源"VCC"(取自于电源族),放置在电路窗口的左上角;一个数字地(取自于电源族)放置在"VCC"下方。

结果如图 4.1.39 所示。

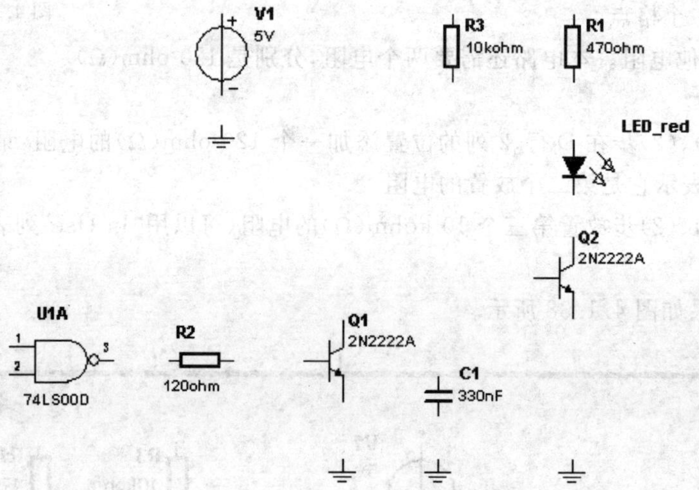

图 4.1.39 元器件放置图

2. 改变单个元器件和节点的标号和颜色

Multisim 软件允许改变 Multisim 赋予元器件的标号与颜色。

(1) 改变任一个元器件的标号。

1) 双击元器件,出现元器件特性对话框。

2) 单击标号 Label 标签,输入或调整标号(由字母与数字组成,不得含有特殊字符和空格)。

3) 单击 Cancel 取消改变;单击 OK 存储改变。

(2) 改变任一个元器件的颜色,右击元器件出现弹出式菜单,选择 Color 命令,从出现的对话框中选择合适的颜色。

3. 元器件连线

Multisim 提供自动与手工两种元器件的连线方法。自动连线为 Multisim 特有,选择管脚间最好的路径自动完成连线,它可以避免连线通过元器件和连线重叠;手工连线要求用户控制连线路径;也可以将自动连线与手工连线结合使用,比如,开始用手工连线,然后让 Multisim 自动地完成连线。

方法一:自动连线。

(1) 开始自动连线。开始为"V1"和地连线。单击"V1"下边的管脚。单击接地上边的管脚。两个元器件就自动完成了连线。结果如图 4.1.40 所示。

注意:连线缺省为红色。要改变颜色缺省值,右击电路窗口,选择弹出式菜单的 Color 命令。要改变单个连线的颜色,右击此连线,选择弹出式菜单中的 Color 命令。

用自动连线完成下列连接:

“V1”到“R1”。

“R1”到“LED”。

“LED”到“Q2”的集电极。

“Q2”和“Q1”的发射极。

“C1”到地。

“Q1”的基极到“R2”。

“R3”到“U3”的第三脚(输出)。

“R3”到“C1”。

“U1”的第一脚到第二脚。

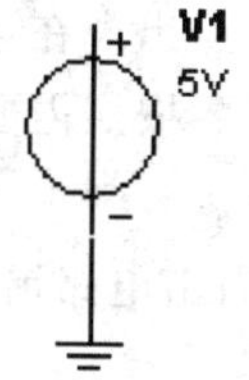

图 4.1.40 “V1”和地的自动连线结果

“R3”到“V1”和“R1”的连线(节点 1)。先单击“R3”管脚,然后单击连线,程序自动在连接点上增加节点。

“Q2”的基极和“Q1”的集电极。

结果如图 4.1.41 所示。

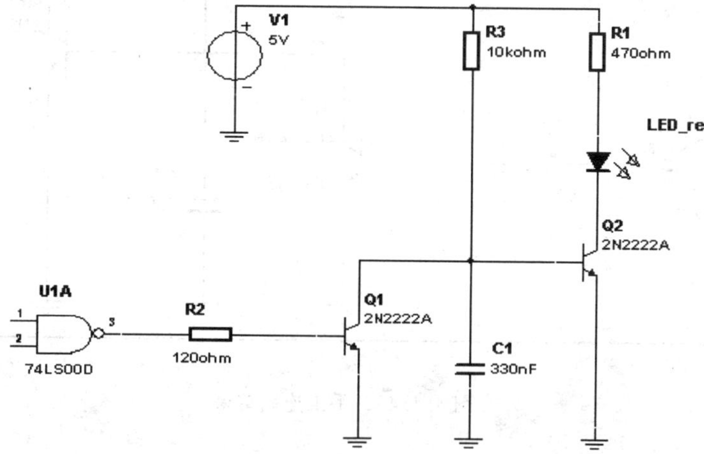

图 4.1.41 自动连线结果

(2) 按 Esc 键结束自动连线。

(3) 要删除连线,右击连线,从弹出式菜单中选择 Delete 或按 Delete 键。

方法二:手工连线。

现在要将“U1”的输入连接到“LED”与“Q2”之间的连线,使用手工连线可以精确地控制路径。Multisim 自动防止将两根连线连接到同一管脚,这样可以避免连线错误。现在从“U1”的 1 脚与 2 脚间的连线开始进行,而不是从 1 脚或 2 脚开始,从连线中间开始连线需要在连线上增加节点。

(1)增加节点。

1)选择 Edit/Place Junction 菜单命令。

2)单击“U1”输入间的连线放置节点。

3)出现节点特性对话框,保持节点特性为缺省状态,单击 OK。

4)节点出现在连线上,如图 4.1.42 所示。

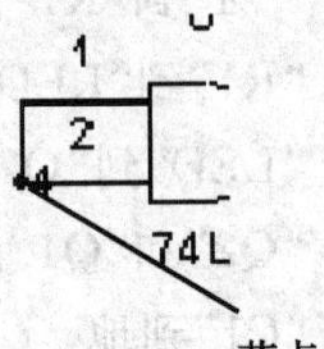

图 4.1.42　增加节点

下面要按照需要的路径进行连线,可以显示格点来帮助确定连线的位置。

(2)右击电路窗口,从弹出式菜单中选择 Grid Visible 命令以显示格点。

(3)进行手工连线。

1) 单击刚才放置在“U1”输入端的节点。

2) 向元器件的下方拖动连线,连线的位置是“固定的”。

3) 拖动连线至元器件下方几个格点的位置,再次单击。

4) 向上拖动连线到“LED1”和“Q2”间连线的对面,再次单击。

5) 拖动连线至“LED1”与“Q2”间的连线上,再次单击。

结果如图 4.1.43 所示。

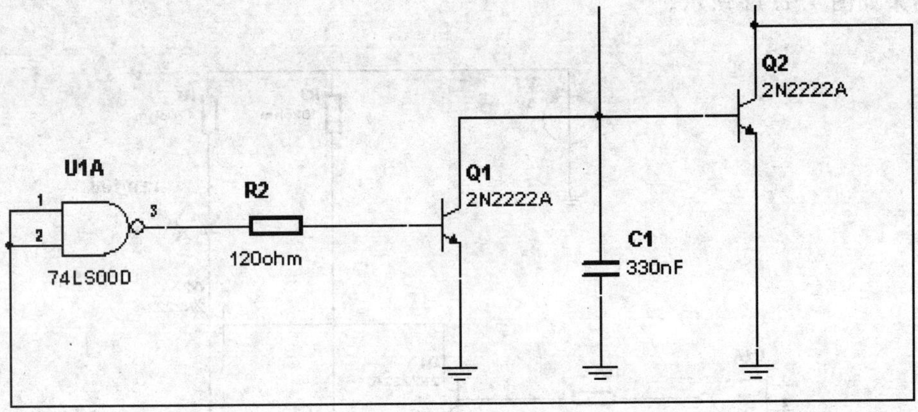

图 4.1.43　手工连线结果

(4)按住 Ctrl 键,然后单击拖动点可以删除它。

4. *为电路增加文本*

Multisim 软件允许增加标题栏和文本来注释电路。

(1)增加标题栏。选择 Edit/Set Title Block,输入标题文本,单击 OK,标题栏出现在电路窗口的右下角。

(2)增加文本。

1) 选择 Edit/Place Text。

2) 单击电路窗口,出现文本框。

3) 输入文本,如“My tutorial circuit”。

4) 单击要放置文本的位置。

(3)删除文本。右击文本框,从弹出式菜单中选择 Delete 命令,或者按 Delete 键。

(4)改变文本颜色。右击文本框,从弹出式菜单中选择 Color 命令,选择合适的颜色。

(5)编辑文本。单击文本框编辑文本,单击文本框以外任一处结束编辑。

(6)移动文本框。单击并拖动文本框到新位置即可。

上面讲述了如何在电路窗口中放置元器件,以及如何给元器件连线,也讲述了一些有关窗口式样的选择。对电路进行分析评估需要增加虚拟仪表，虚拟仪表的放置方法与元器件一样。

二、创建子电路

当电路出现以下几方面情况时，通过创建子电路可以提高设计效率和信息阅读清晰度：一是当电路规模较大，在屏幕显示分辨不清时，可以通过创建子电路把某部分电路用一个子电路符号来表示，提高电路的阅读清晰度；二是当电路的某部分会在一个或多个电路中多次使用时，把该部分电路通过子电路的形式调用，使用起来会非常方便。创建子电路的过程非常简单，基本步骤如下：

(1)建立要创建子电路的电路图。比如要创建一个六十进制计数的子电路，该电路输入端口有“CLK”，“CLR”，输出端口有“OUT1”～“OUT8”，创建的电路如图4.1.44所示。

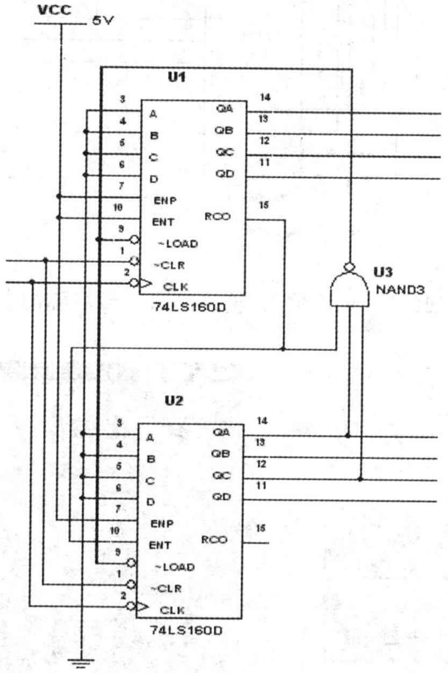

图4.1.44 创建电路图

(2)放入输入/输出端口符号。电路的输入、输出端口必须连接输入/输出端符号，点击菜单Place/Place Input/Output，放入输入/输出端口，注意默认端口都是输入端，输出端必须要反向，方法是右键单击端口符号，选择“Flip Horizontal”。

(3)输入/输出端口命名。双击端口符号，在弹出的对话框中输入端口名称即可。最终的电路图如图4.1.45所示。

(4)按住鼠标左键或选择快捷方式Ctrl＋A按钮，全部选中电路图，单击菜单Place/Replce by Subcircuit，打开如图4.1.46所示的对话框，输入子电路的名称。

(5)取出子电路。选择菜单Place/Place as Subcircuit，打开如图4.1.46所示的对话框，在对话框中输入子电路的名称即可取出子电路。

(6)编辑子电路。如果要查看子电路内部电路图或重新编辑子电路，双击子电路符号，在弹出的对话框中选择Edit Subcircuit即可，如图4.1.47所示。

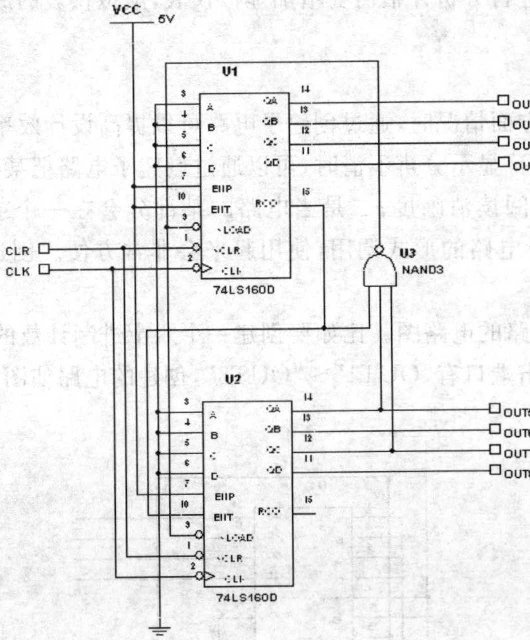

图 4.1.45　创建输入/输出端口符号名称的电路图

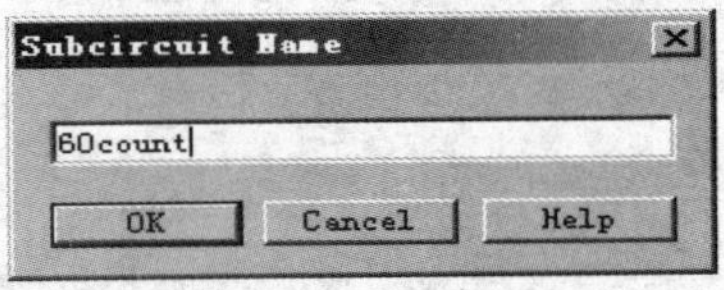

图 4.1.46　子电路名称的对话框

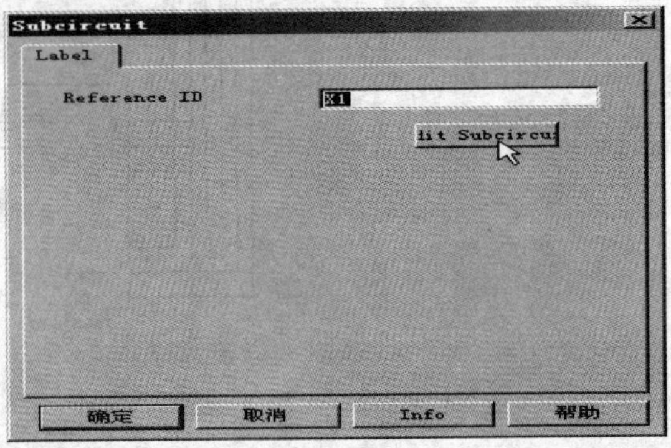

图 4.1.47　编辑子电路对话框

三、Multisim 2001 的菜单

与所有的 Windows 应用程序类似，菜单栏中提供了 Multisim 软件几乎所有的功能命令。Multisim 2001 菜单栏包含 10 个主菜单，如图 4.1.48 所示，从左至右分别为 File(文件菜单)、Edit(编辑菜单)、View(视图菜单)、Place(放置菜单)、Simulate(仿真菜单)、Transfer(文件输出菜单)、Tools(工具菜单)、Options(选项菜单)、Window(窗口菜单)、Help(帮助菜单)。在每个主菜单下都有一个下拉菜单，用户可以从中找到电路文件的存取、网表文件的输入输出、电路图的编辑、电路的仿真与分析以及在线帮助等各项功能。

不难看出菜单中有一些与大多数 Windows 平台上的应用软件一致的功能选项，如 File，Edit 等。此外，还有一些 EDA 软件专用的选项，如 Place，Simulation，Transfer，Tool 等。

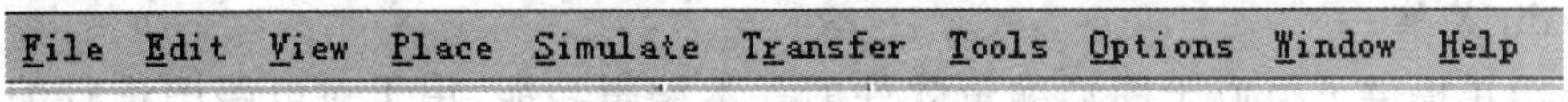

图 4.1.48　Multisim 2001 的主菜单

1. File 菜单

File 菜单中包含了对文件和项目的基本操作以及打印等命令，如图 4.1.49 所示。File 菜单中命令的功能说明如表 4.1.3 所示。

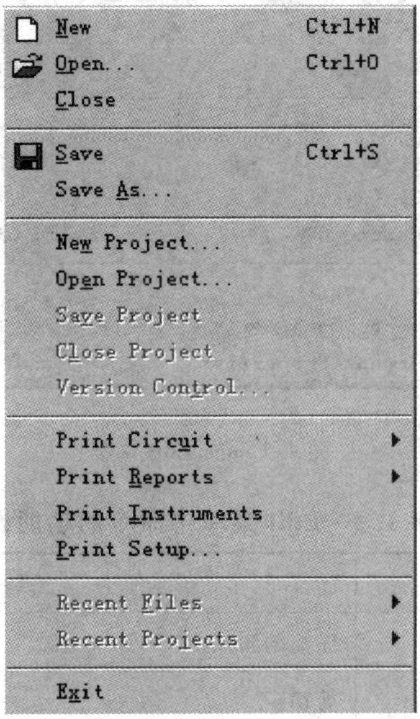

图 4.1.49　File 菜单

表 4.1.3　File 菜单中命令的功能说明

命　令	功　能	命　令	功　能
New	建立新文件	Version Control	版本管理
Open	打开文件①	Print Circuit	打印电路
Close	关闭当前文件	Print Reports	打印报表
Save	保存	Print Instruments	打印当前仪表的波形
Save As	另存为	Print Setup	打印机设置
New Project	建立新项目	Recent Files	最近编辑过的文件
Open Project	打开项目	Recent Projects	最近编辑过的项目
Save Project	保存当前项目	Exit	退出 Multisim 2001
Close Project	关闭项目		

①可以打开已存在的 Multisim 文件（＊.msm）、EWB 文件（＊.ewb）、Spice 文件（＊.cir）、Ulticap 文件（＊.utsch）、Orcad 文件（＊.dsn）。由此可以看出，Multisim 2001 与众多的电子电路仿真软件具有兼容性。

2. Edit 菜单

Edit 菜单提供了类似于图形编辑软件的基本编辑功能，用于对电路图进行编辑，如图4.1.50所示。Edit 菜单中命令的功能说明如表 4.1.4 所示。

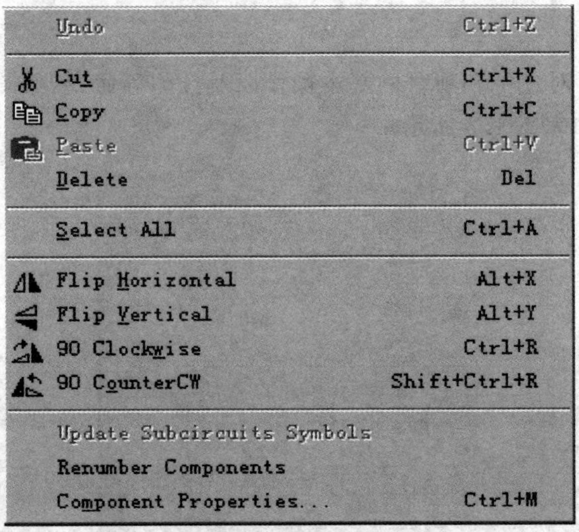

图 4.1.50 Edit 菜单

表 4.1.4 Edit 菜单中命令的功能说明

命 令	功 能
Undo	撤消编辑
Cut	剪切
Copy	复制
Paste	粘贴
Delete	删除
Select All	全选
Flip Horizontal	将所选的元器件左右翻转
Flip Vertical	将所选的元器件上下翻转
90 Clockwise	将所选的元器件顺时针 90°旋转
90 CounterCW	将所选的元器件逆时针 90°旋转
Component Properties	打开所选元器件属性

3. View 菜单

通过 View 菜单可以决定使用软件时的视图，对一些工具栏和窗口进行控制，如图 4.1.51 所示。View 菜单中命令的功能说明如表 4.1.5 所示。

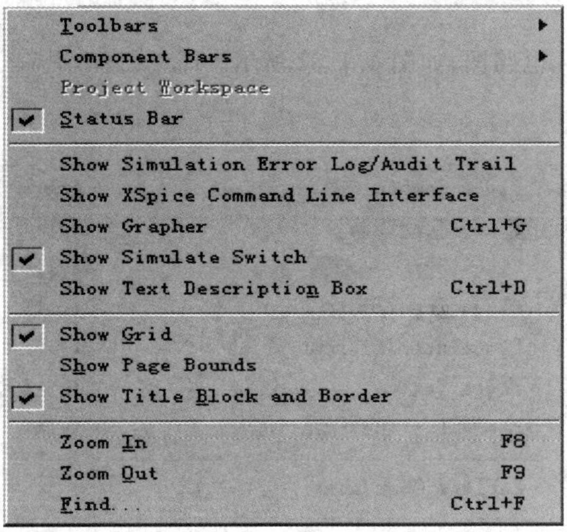

图 4.1.51　View 菜单

表 4.1.5　View 菜单中命令的功能说明

命　令	功　能
Toolbars	显示工具栏
Component Bars	显示元器件栏
Project Workspace	显示项目工作台
Status Bar	显示状态栏
Show Simulation Error Log/Audit Trail	显示仿真错误记录信息窗口
Show XSpice Command Line Interface	显示 XSpice 命令窗口
Show Grapher	显示波形窗口
Show Simulate Switch	显示仿真开关
Show Text Description Box	显示文字编辑窗口
Show Grid	显示栅格
Show Page Bounds	显示页边界
Show Title Block and Border	显示标题栏和图框
Zoom In	放大显示
Zoom Out	缩小显示
Find	查找

4. Place 菜单

通过 Place 菜单输入电路图，如图 4.1.52 所示。Place 菜单中命令的功能说明如表 4.1.6 所示。

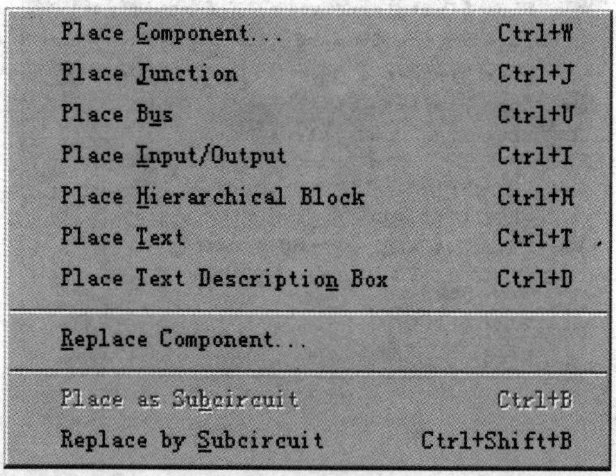

图 4.1.52　Place 菜单

表 4.1.6　Place 菜单中命令的功能说明

命　令	功　能
Place Component	放置元器件
Place Junction	放置连接点
Place Bus	放置总线
Place Input/Output	放置输入/输出接口
Place Hierarchical Block	放置层次模块
Place Text	放置文字
Place Text Description Box	打开电路图描述窗口，编辑电路图描述文字
Replace Component	重新选择元器件替代当前选中的元器件
Place as Subcircuit	放置子电路
Replace by Subcircuit	重新选择子电路替代当前选中的子电路

5. Simulate 菜单

通过 Simulate 菜单执行仿真分析命令，如图 4.1.53 所示。Simulate 菜单中命令的功能说明如表 4.1.7 所示。

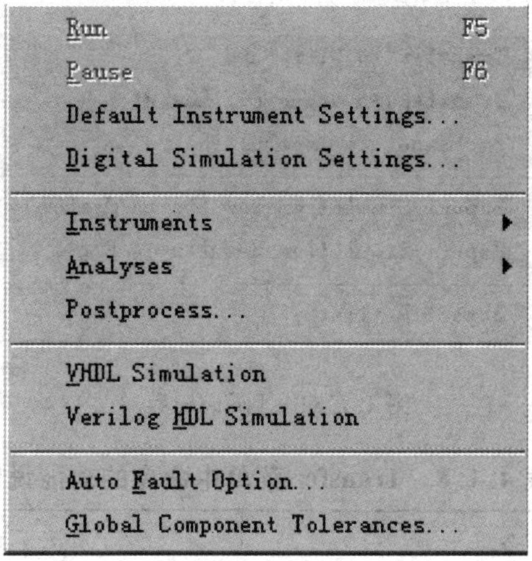

图 4.1.53　Simulate 菜单

表 4.1.7　Simulate 菜单中命令的功能说明

命　令	功　能
Run	执行仿真
Pause	暂停仿真
Default Instrument Settings	设置仪表的预置值
Digital Simulation Settings	设定数字仿真参数
Instruments	选用仪表(也可通过工具栏选择)
Analyses	选用各项分析功能
Postprocess	启用后处理
VHDL Simulation	进行 VHDL 仿真
Verilog HDL Simulation	进行 Verilog HDL 仿真
Auto Fault Option	自动设置故障选项
Global Component Tolerances	设置所有元器件的误差

6. Transfer 菜单

Transfer 菜单提供的命令可以完成 Multisim 对其他 EDA 软件需要的文件格式的输出，如图 4.1.54 所示。Transfer 菜单中命令的功能说明如表 4.1.8 所示。

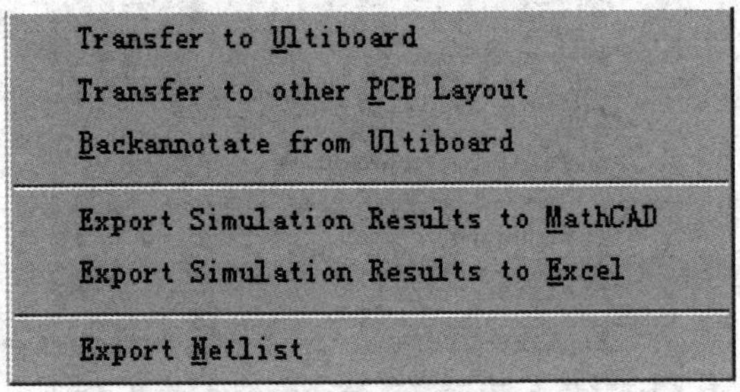

图 4.1.54　Transfer 菜单

表 4.1.8　Transfer 菜单中命令的功能说明

命　令	功　能
Transfer to Ultiboard	将所设计的电路图转换为 Ultiboard (Multisim中的电路板设计软件)的文件格式
Transfer to other PCB Layout	将所设计的电路图转换为其他电路板设计软件所支持的文件格式
Backannotate from Ultiboard	将在 Ultiboard 中所做的修改标记到正在编辑的电路中
Export Simulation Results to MathCAD	将仿真结果输出到 MathCAD
Export Simulation Results to Excel	将仿真结果输出到 Excel
Export Netlist	输出电路网表文件

7. Tools 菜单

Tools 菜单中是主要针对元器件的编辑与管理的命令，如图 4.1.55 所示。Tools 菜单中命令的功能说明如表 4.1.9 所示。

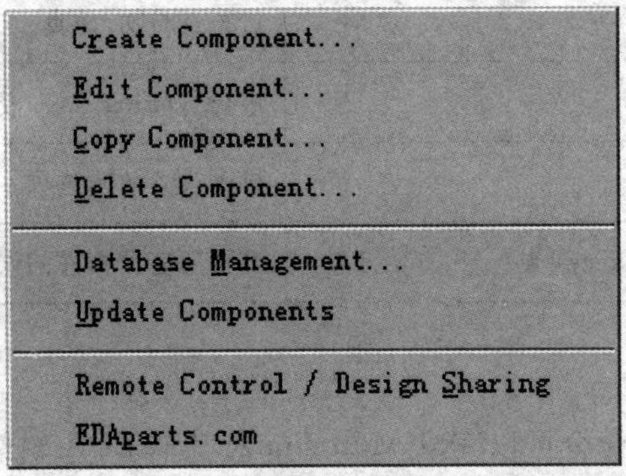

图 4.1.55　Tools 菜单

表 4.1.9　Tools 菜单中命令的功能说明

命　令	功　能
Create Component	新建元器件
Edit Component	编辑元器件
Copy Component	复制元器件
Delete Component	删除元器件
Database Management	启动元器件数据库管理器，进行数据库的编辑管理
Update Components	更新元器件

8. Options 菜单

通过 Options 菜单可以对软件的运行环境进行定制和设置，如图 4.1.56 所示。Options 菜单中命令的功能说明如表 4.1.10 所示。

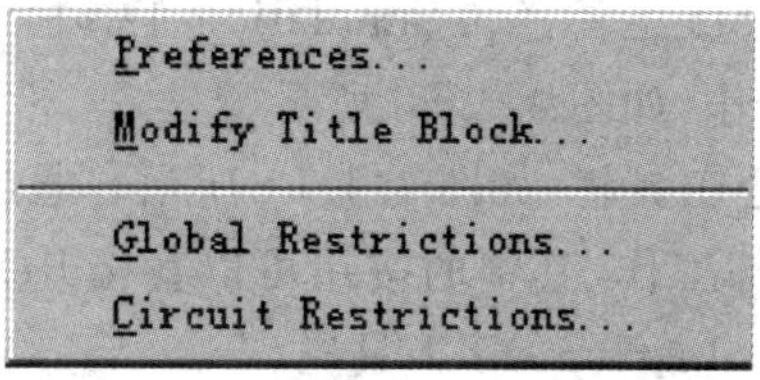

图 4.1.56　Options 菜单

表 4.1.10　Options 菜单中命令的功能说明

命　令	功　能
Preferences	设置操作环境
Modify Title Block	编辑标题栏
Global Restrictions	设定软件整体环境参数
Circuit Restrictions	设定编辑电路的环境参数

9. Window 菜单

通过 Window 菜单可以对多个文件编辑窗口进行调整，如图 4.1.57 所示。Window 菜单中命令的功能说明如表 4.1.11 所示。

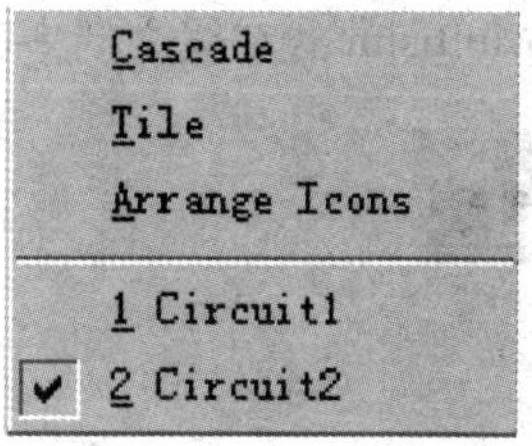

图 4.1.57　Window 菜单

表 4.1.11　Window 菜单中命令的功能说明

命　令	功　能
Cascade	编辑窗口层叠
Tile	编辑窗口平铺
Arrange Icons	排列图元符号

10. Help 菜单

Help 菜单提供了对 Multisim 的在线帮助和辅助说明，如图 4.1.58 所示，其中命令的功能说明如表 4.1.12 所示。

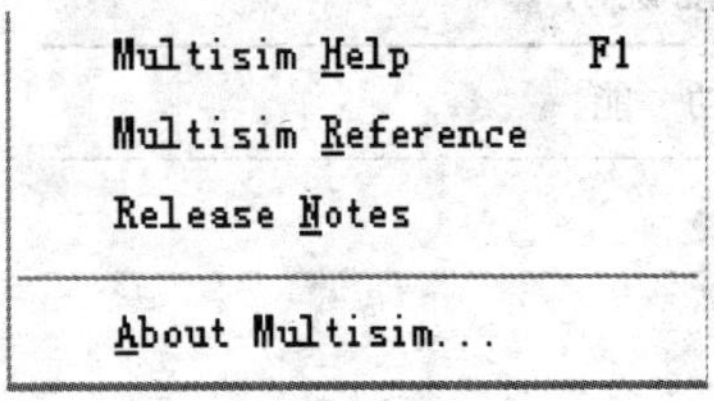

图 4.1.58　Help 菜单

表 4.1.12　Help 菜单中命令的功能说明

命　令	功　能
Multisim Help	Multisim 的在线帮助
Multisim Reference	Multisim 的参考文献
Release Notes	Multisim 的发行声明
About Multisim	Multisim 的版本说明

四、Multisim 2001 的工具栏

Multisim 2001 提供了多种工具栏，并以层次化的模式加以管理，如图 4.1.59 所示。用户可以通过 View 菜单中的选项方便地将顶层的工具栏打开或关闭，再通过顶层工具栏中的按钮来管理和控制下层的工具栏。通过工具栏，用户可以方便直接地使用软件的各项功能。

图 4.1.59　顶层工具栏

顶层的工具栏有 Standard 工具栏、Design 工具栏、Zoom 工具栏和 Simulation 工具栏。

(1)Standard 工具栏包含了常见的文件操作和编辑操作，如图 4.1.60 所示。

(2)Design 工具栏作为设计工具栏是 Multisim 的核心工具栏，如图 4.1.61 所示。通过对该工具栏按钮的操作可以完成对电路从设计到分析的全部工作，其中的按钮可以直接开关下层的工具栏，如 Component 中的 Multisim Master 工具栏，Instrument 工具栏。

图 4.1.60　Standard 工具栏

图 4.1.61　Design 工具栏

1)Multisim Master 工具栏。作为元器件(Component)工具栏中的一项，可以在 Design 工具栏中通过按钮来开关 Multisim Master 工具栏。该工具栏有 14 个按钮，每个按钮都对应一类元器件，其分类方式和 Multisim 元器件数据库中的分类相对应，通过按钮上图标就可大致清楚该类元器件的类型，如图 4.1.62 所示。具体的内容可以从 Multisim 的在线文档中获取。

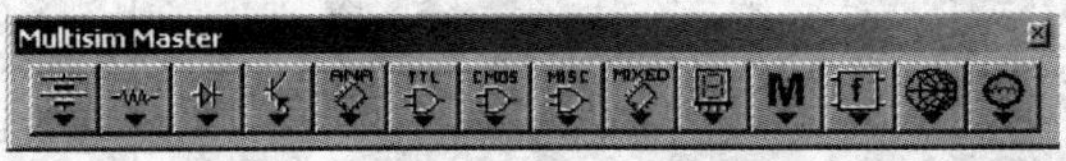

图 4.1.62　Multisim Master 工具栏

这个工具栏作为元器件的顶层工具栏，每一个按钮又可以开关更下层的工具栏，下层工具栏是对该类元器件更细致的分类工具栏。以第一个按钮为例，通过这个按钮可以开关电源和信号源类的 Sources 工具栏，如图 4.1.63 所示。

2)Instruments 工具栏。其中集中了 Multisim 2001 为用户提供的所有虚拟仪器仪表，如图4.1.64所示。用户可以通过按钮选择自己需要的仪器对电路进行观测。

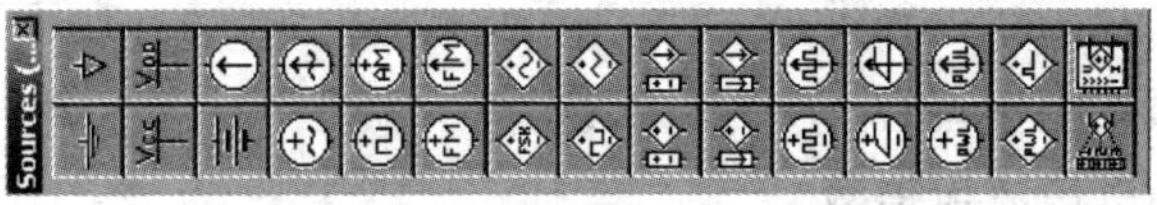

图 4.1.63　Sources 工具栏

图 4.1.64　Instruments 工具栏

(3) Zoom 工具栏可以帮助用户方便地调整所编辑电路的视图大小。Zoom 工具栏如图 4.1.65 所示。

(4) Simulation 工具栏可以控制电路仿真的开始、结束和暂停，Simulation 工具栏如图 4.1.66所示。

图 4.1.65　Zoom 工具栏

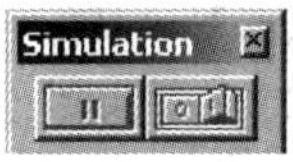

图 4.1.66　Simulation 工具栏

4.2　虚拟实验举例

4.2.1　单管放大电路实验

一、实验目的

实验电路及参数如图 4.2.1 所示。图中“R6”是测量输入电阻的取样电阻。实验中若不测输入电阻，可双击“R6”，在元器件属性对话框的故障设置栏中将“R6”短路。

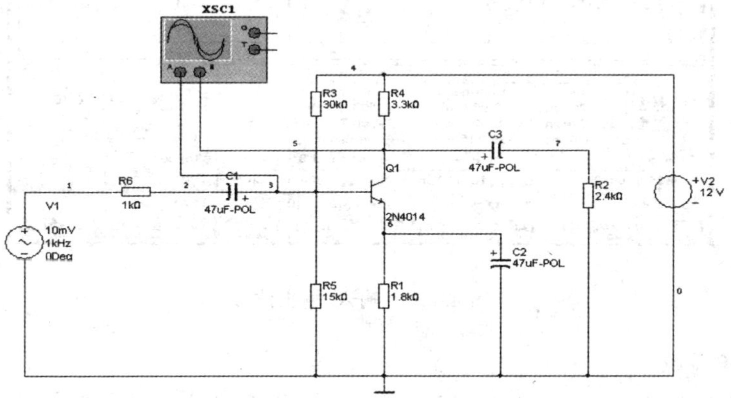

图 4.2.1　单管放大电路

具体要求如下：

(1)测量放大器静态工作点 U_{BEQ},U_{CEQ} 和 I_{CQ}。

(2)测量放大器的电压放大倍数。

(3)测量放大器的输入、输出电阻。

(4)测量放大器的频率特性曲线并确定上、下限截止频率。

二、实验步骤

1. 测量放大器的静态工作点 U_{BEQ},U_{CEQ} 和 I_{CQ}

(1) 在 Multisim 2001 平台上建立如图 4.2.1 所示的分压式偏置电路,激活电路进行静态分析。

(2) 选择分析/直流工作点(Analysis/DC Operation Point),从图 4.2.2 直流工作分析结果列表中读取节点电压值 U_5,U_6,U_3 可得

	DC Operating Point	
1	$5	6.19964
2	$6	3.20386
3	$3	3.77760

图 4.2.2　直流分析结果

$U_3=3.777\ 60$ V，　$U_5=6.199\ 64$ V，　$U_6=3.203\ 86$ V

$U_{CEQ}=U_5-U_6=2.995\ 78$ V，　$U_{BEQ}=U_4-U_6=0.573\ 74$ V

2. 测量放大倍数

(1)激活电路,单击仿真开关,记录输入、输出波形和电压峰值,如图 4.2.3 所示,计算放大器的电压增益。

$$A_u=U_o/U_i=-600.784/8.963=-67.029\ 3$$

(2)计算理论放大倍数,与(1)结果比较。

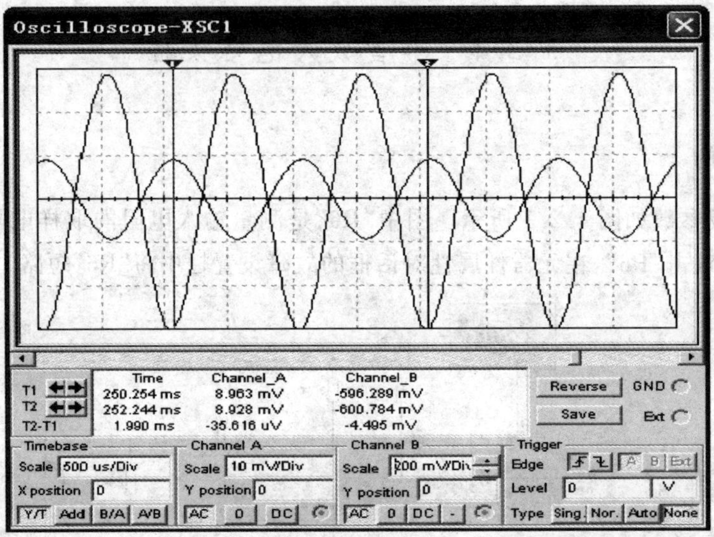

图 4.2.3　输入、输出波形

3. 测量频率特性

选择分析/交流频率(Analysis/AC Frequency),分析结果如图 4.2.4 所示,从图可知,本单管放大器的下限截止频率为 272 Hz,上限截止频率为 168 kHz。

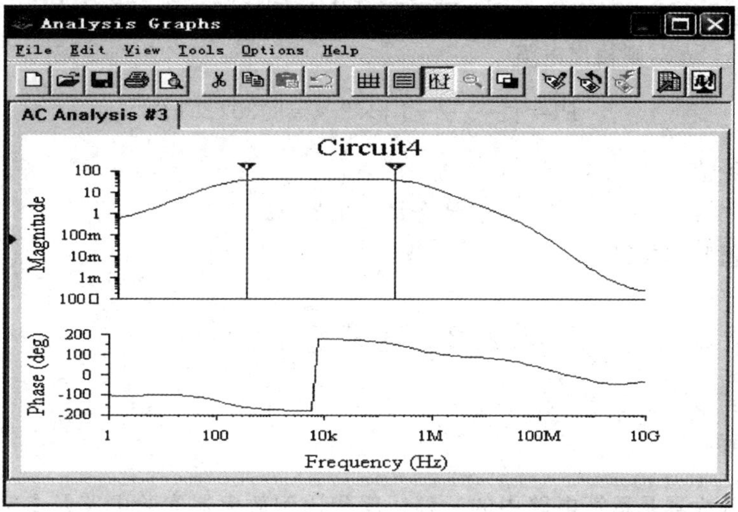

图 4.2.4 频率特性

4. 测量输入、输出电阻

(1)输入电阻的测定。在基极与地之间加一电压表，如图 4.2.5 所示，测得电压 $U_i=6.0966\ mV$，则 1 kΩ 电阻两端的电压降

$$U_r=10-6.0966=3.9034\ mV$$

电流

$$I_r=3.9034\ mV/1\ k\Omega=3.9034\ \mu A$$

由此得出输入电阻的值

$$R_{in}=U_i/I_r=6.0966/0.0039034=1.562\ k\Omega$$

输入电阻的理论值

$$R_{in}=R_1//R_2//r_{be}=30//15//1.81=1.533\ k\Omega$$

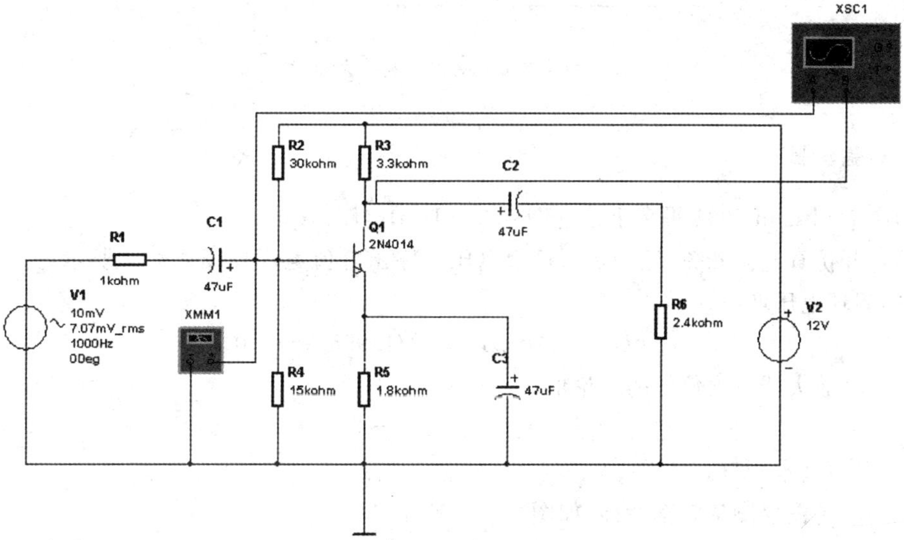

图 4.2.5 输入电阻的测定

(2)输出电阻的测定。测量负载电阻开路时的电压 $U_{oc}=1.2005\ \text{V}$,接上负载电阻时的电压为 $U_{oL}=505.4\ \text{mV}$,则输出电阻

$$R_o=\left(\frac{1.2}{0.505}-1\right)\times 2.4=3.3029\ \text{k}\Omega$$

输出电阻的理论值

$$R_o\approx R_c=3.3\ \text{k}\Omega$$

理论值与实测值基本相符。

4.2.2 运算电路实验

一、实验目的

反相比例放大器是运算电路中的一种。反相比例放大器实验电路及参数如图 4.2.6 所示。具体要求如下:

(1)测量闭环增益。

(2)测量频率特性。

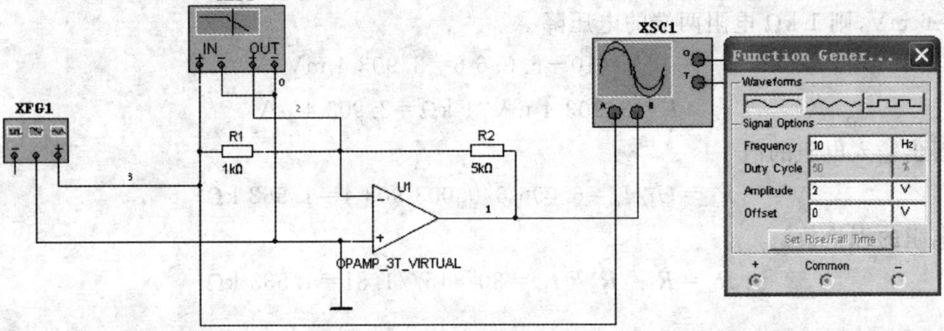

图 4.2.6 反相比例放大器

二、实验步骤

(1)在 Multisim 2001 平台上建立图 4.2.6 所示电路。

(2)打开仿真电源开关,记录输入峰值电压和输出峰值电压如图 4.2.7 所示,并以此计算放大器的闭环电压增益

$$A_u=U_{op}/U_{ip}=-10.002/1.996=-5.011$$

(3)计算放大器放大倍数的理论值。

$$A_u=-5/1=-5$$

可见与实验值基本相符。

(4)用波特图仪测量频率特性,如图 4.2.8 所示。

其他几种运算电路可以仿照此实验进行。

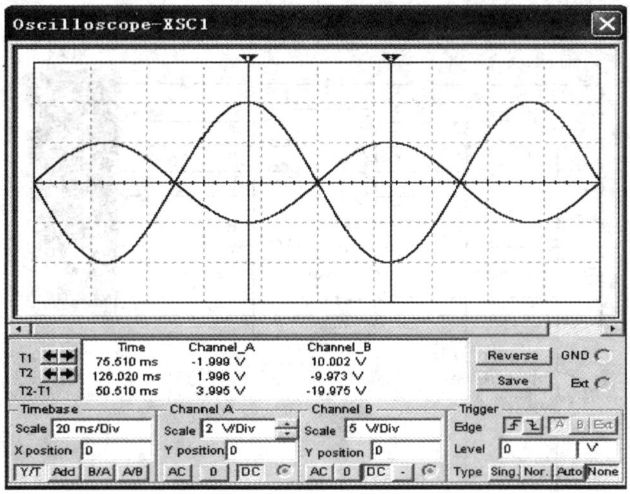

图 4.2.7 输入/输出电压波形

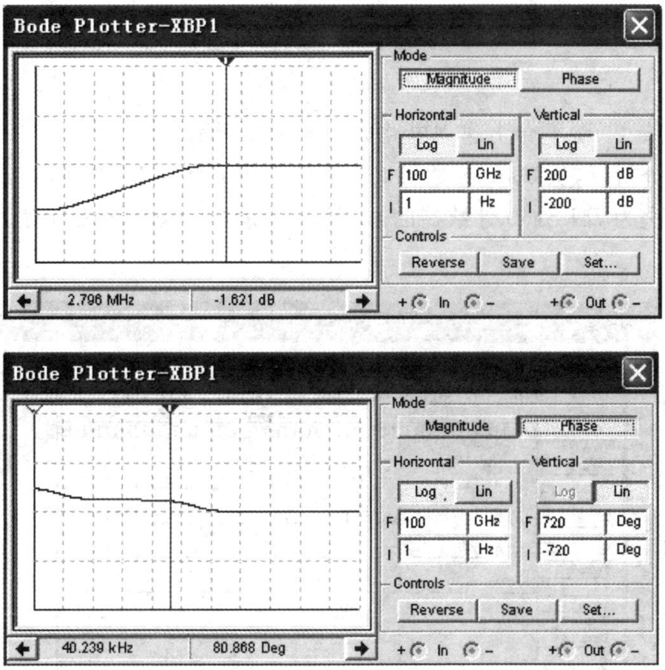

图 4.2.8 频率特性

4.2.3 集成计数器实验

一、实验目的

实验电路如图 4.2.9 所示，用逻辑分析仪测量集成计数器 74LS160 的脉冲工作波形，分析计数器的模。

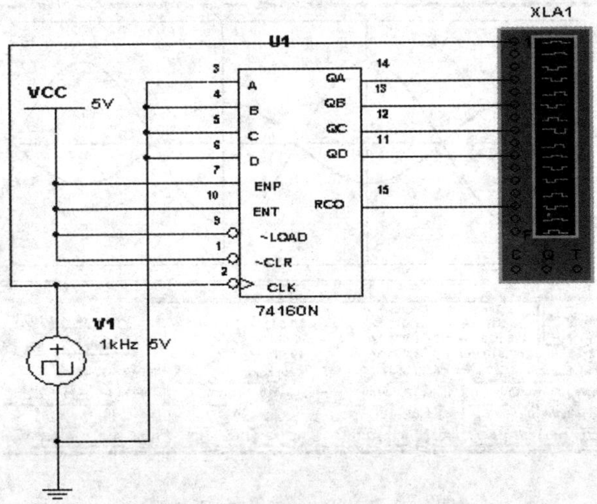

图 4.2.9　集成计数器实验电路

二、实验步骤

(1)在 Multisim 2001 平台上建立电路如图 4.2.9 所示。

(2)设置逻辑分析仪,从 0000 开始触发。所得结果如图 4.2.10 所示。最上面一行是时钟信号,从上向下依次为 74LS160 计数器的 CLK,Q_A,Q_B,Q_C,Q_D,从图可看出 Q_A 是二分频,Q_D 是十分频。

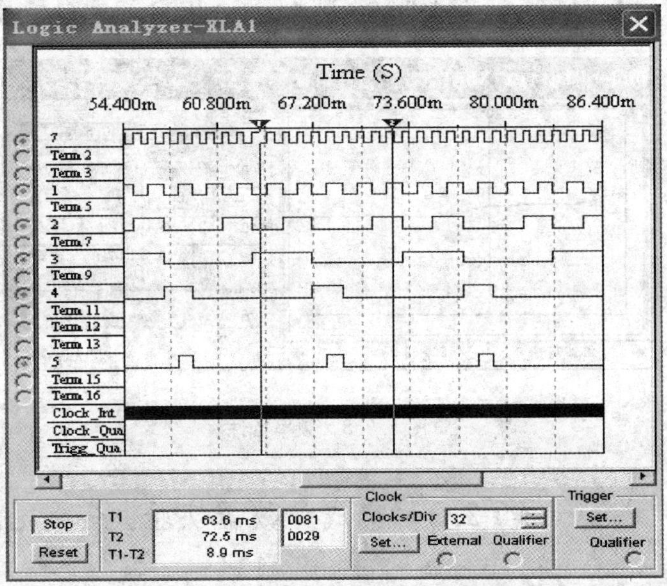

图 4.2.10　十进制计数器时序波形图

(3)在 Multisim 2001 平台上建立电路如图 4.2.11 所示。其中 NAND3 是三输入的与门电路，当 $Q_AQ_BQ_C=111$ 时，计数器复位。

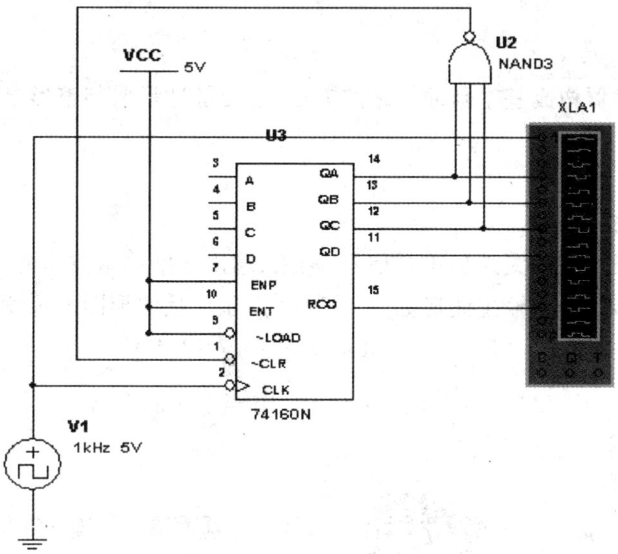

图 4.2.11　七进制计数器电路图

(4)设置逻辑分析仪，从 0000 开始触发，所得结果如图 4.2.12 所示。最上面一行是时钟信号，从上向下依次为 74LS160 计数器的 CLK，Q_A，Q_B，Q_C。显然，它是一个七进制计数器。其状态为 000，001，010，011，100，101，110。

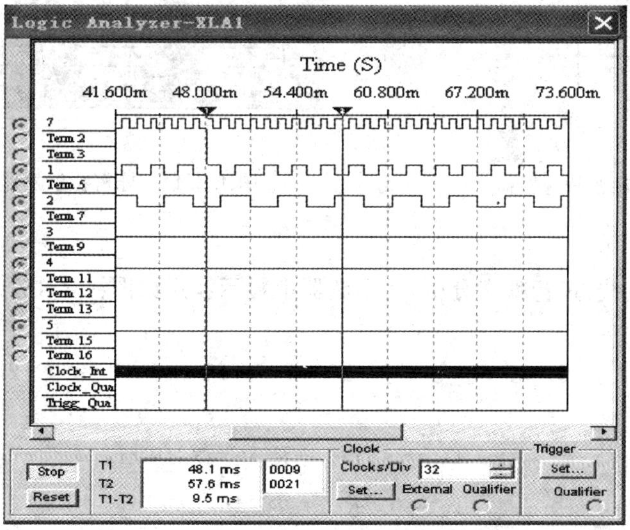

图 4.2.12　七进制计数器时序波形图

4.2.4　555定时器及其应用

一、实验目的

掌握用555定时器构成基本脉冲电路的方法，学习脉冲形成与整形电路的调试方法。

二、实验内容

1. 施密特触发器

按图4.2.13接线，在输入端加正弦信号，输入、输出分别接示波器的A，B通道，进行瞬态分析，在示波器上显示输入、输出波形如图4.2.14所示。从波形图上可读出

$$U_{A_1}=0.8917\ \text{V},\quad U_{A_2}=2.4\ \text{V}$$

理论值

$$U_{T_1}=\frac{1}{3}\times3=1\ \text{V},\quad U_{T_2}=\frac{2}{3}\times3=2\ \text{V}$$

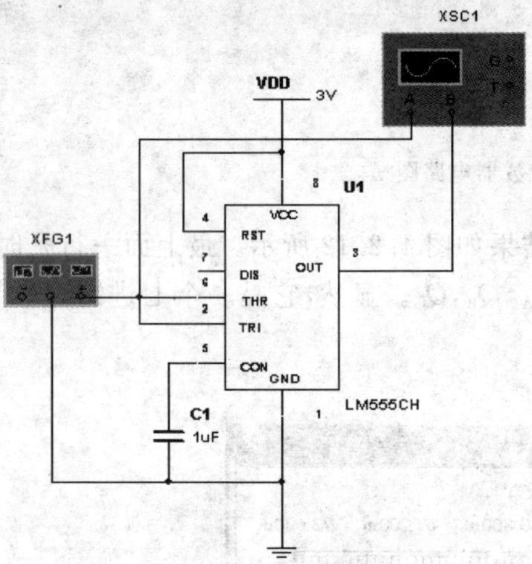

图4.2.13　施密特触发器

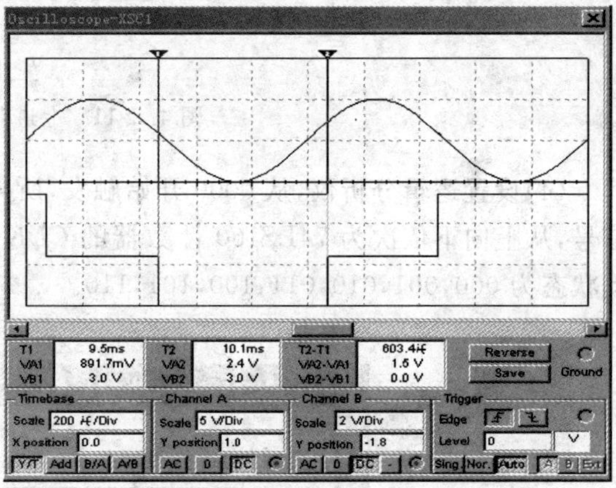

图4.2.14　施密特触发器输入、输出波形图

2. 多谐振荡器

按图4.2.15接线，进行瞬态分析，在示波器上显示波形如图4.2.16所示。从波形图上可读出

$$T_{P_1}=20\times1.6=32\ \text{ms},\quad T_{P_2}=20\times0.8=16\ \text{ms},\quad T=20\times2.4=48\ \text{ms}$$

理论值

$$T_{P_1}=0.7(R_1+R_2)C=32.9\ \text{ms}$$

$$T_{P_2}=0.7R_2C=16.45\ \text{ms}$$

$$T=0.7(R_1+2R_2)C=49.35\ \text{ms}$$

改变R，C的值，可改变脉冲宽度及周期。

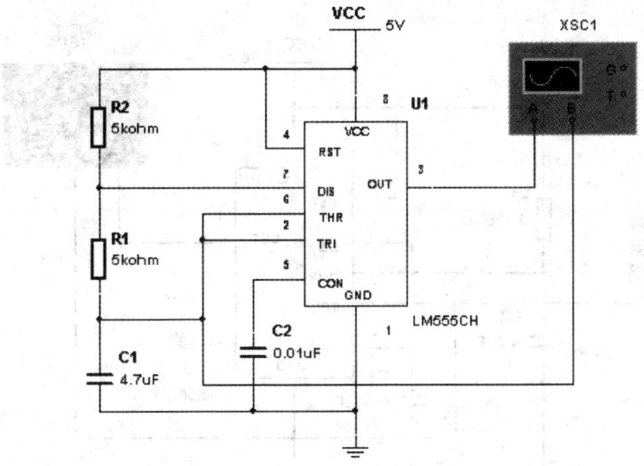

图 4.2.15　多谐振荡器

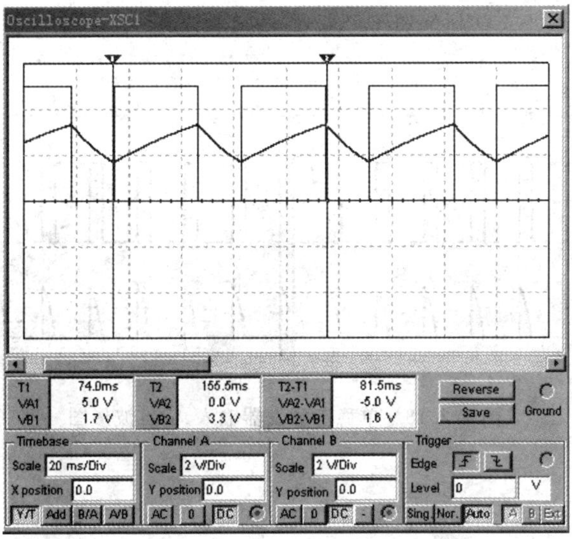

图 4.2.16　多谐振荡器输入、输出波形图

3. 单稳态触发器

按图 4.2.17 接线，输入端 TRI 接脉冲信号，输出端、V_{CC}端分别接示波器的 A，B 通道，进行瞬态分析，在示波器上显示波形如图 4.2.18 所示，从波形图上可读出

$$T_p = 100 \times 0.27 = 27\ \text{ms}$$

即 $$7.825\,7\ \text{s} - 7.798\,7\ \text{s} = 27.098\,4\ \text{ms}$$

理论值 $$T_p = 1.1RC = 1.1 \times 5.1 \times 4.7 = 26.367\ \text{ms}$$

实际上，前三章的实验内容都可以用 Multisim 2001 进行软件仿真实验，有兴趣的同学可以根据前三章的实验要求，用 Multisim 2001 完成实验内容。限于篇幅，这里不再一一列举。

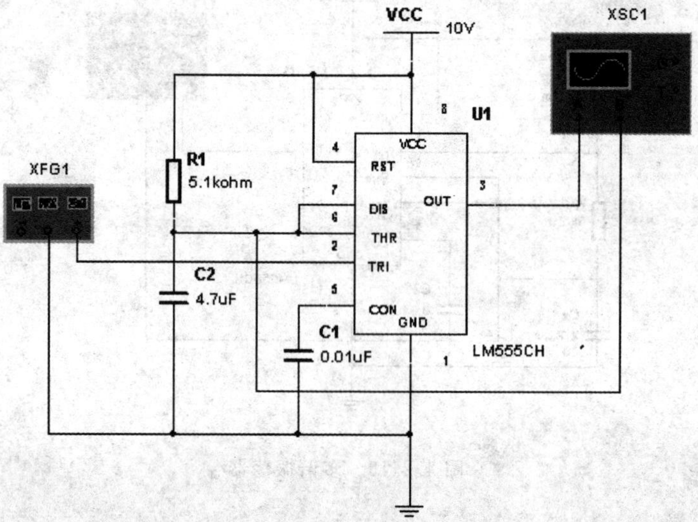

图 4.2.17　单稳态触发器

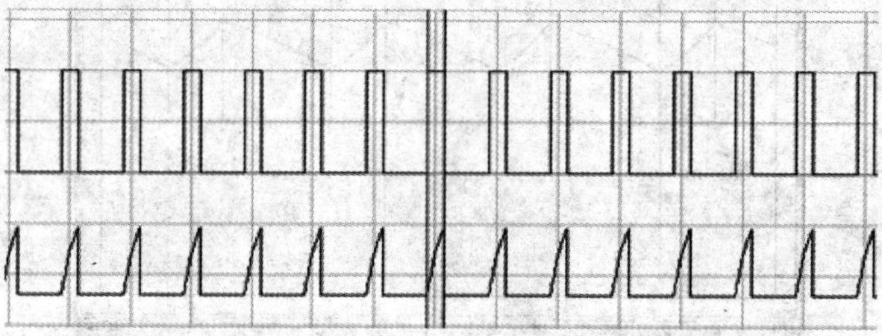

图 4.2.18　单稳态触发器输入、输出波形图

第5章　实验电路的安装与调试

在电子电路实验中，通常要将所选元器件按电路工作原理装成一个整体实验电路，或先分装成多个子系统电路，再通过一定的调试手段来发现问题，分析和排除故障，并验证电路的工作原理，必要时修改原先的设计，以完善电路的功能，满足预定的设计要求。有时还须装成一个实用的电子设备。可见，安装与调试是从电路设计到实用电子设备的必经阶段，是实验中重要的实践环节。

本章将重点讨论电子实验电路安装与调试的一般方法，以增强检测电子电路故障的实用技巧，同时还对实用电子装置的布线原则作以介绍。这些内容，初看起来并无多深的理论，但却是电子工程技术人员在工作中经常遇到的实际问题，对初学者来说，是甚为重要的。

5.1　实验电路的安装

一、实验电路的布线

实验电路通常采用双列直插式器件，在通常接插式底板（面板）上用接插的方法进行实验。在面板上安装实验电路，实际是布线问题。实践证明，实验故障绝大部分是由布线错误产生的。元器件合理的布局，导线整齐而清晰的排列，接点良好而可靠的接触，完全有可能使设计正确的电路一次调试成功。

1. 合理布局

在面包板上合理布局元器件是十分重要的，尤其在电路较多时。一般要考虑以下几点：

(1)按信号流向，自输入级到输出级，从左至右或从上至下布置电路。一般将显示器件及驱动电路置于上方，将操作元件如开关等置于下方。

(2)接线尽可能短，彼此连线多的器件尽量相邻安置。

(3)尽量避免输出级对输入级的反馈。

(4)振荡器布置于电路一角，避免与其他信号尤其是弱信号的相互干扰。

2. 插置元器件

在面包板上插入双列直插式集成电路时，要认清方向，切勿倒插。要使集成电路的每个引脚对准插孔，用力要轻而均匀，要防止个别引脚弯曲而造成故障隐患。常用集成电路的引脚排列顺序见附录。大多数数字集成电路的左上脚接电源，右下脚接地。实际使用时，应查看手册规定。

拔下集成电路时，应用专用U型夹或用小螺刀对齐片子的两头，不要用手去拔，以避免损坏引脚。

插入标有极性或方向的元件时，应注意不要插反，如电解电容、晶体二极管、晶体三极管、发光二极管等。

3. 布线技巧

(1)导线准备。布线用的导线一般为 Φ0.5 mm 或 Φ0.6 mm 的单股硬线,过细的导线将造成接触不良,而过粗的导线将损坏多孔接插板。最好用色线区别不同用途,一般电源用红线,地线用黑线。导线截取长度要适当,剥离绝缘皮的引线头长度以 5 mm 左右为宜,不应有刀痕或弯曲。

(2)布线顺序。布线时应先设置电源线和地线,再处理固定不变的输入端(如空头、异步置0、置1端,预置端等),最后按信号流向依次连接控制线和输出线。

(3)布线要求。布线要求整齐、清晰、可靠,以便于查找故障和更换器件。布线时,导线要贴近底板的表面,在片子周围走线,尽量不要覆盖不用的插孔,切忌将导线跨越片子上空或交错连接。最好用小镊子将导线插入底板,深度要适宜,保证接触可靠。

(4)布线检查。布线检查最好在布线过程中分阶段进行,如布好电源线和地线后即行检查,以便及时发现和排除故障。查线时应用万用表直接测量引脚之间通与不通,而不要简单地用目测的方法,以便准确而迅速地发现漏接、错接,尤其是接触不良的故障。

必须说明,除了在多孔插板上安装实验电路外,还可以在通用印制板上焊接实验电路(市场上有多种规格的通用印制板出售)。多孔插板和通用印制板相比较,各自的优缺点显而易见。前者可多次使用,无须焊接,但易产生接触不良的故障。后者需要焊接,触点可靠,但一次使用,成本高。

二、实验电路的工程布线

为了完成实际的电子设备,必须将实验电路制成印制板电路,对于高速数字系统,甚至难以在逻辑箱上进行模拟实验,而必须首先设计印制电路板。有时往往会遇到这样的情况,逻辑电路的设计是正确的,模拟实验也没问题,但在实际工程应用中却会出现错误,其主要原因是抗干扰性能差,电路设计人员在选择集成电路时,必须充分考虑元器件的抗干扰能力,并在布线时应遵循以下原则,以尽可能减少由布线不慎而产生的干扰源。

1. 合理布置地线

地线就是电路的公共参考点,地线的合理布置是十分重要的,它直接影响到电路的工作性能,尤其在既有模拟信号又有数字信号、既有强信号又有弱信号的电路中,地线的布置是一个相当复杂的技术问题,很多情况下,要进行实验才能确定正确合理的接地点。这个问题在小型实验中倒是不甚突出的。

布置地线的一般依循原则如下:

(1)一点接地。在模拟信号和数字信号兼有的电路中,应将模拟地和数字地分别连在一起,然后再将这两个公共点在电路的某一点就近相连。图 5.1.1(a)是正确的接法,图 5.1.1(b)是不正确的接法。

在强信号和弱信号兼有的电路中,输入信号的地线应与输入级的地线直接相连,而不要接在输出级的地端。

(2)外缘布线。地线要布置在印制板的最外缘,且尽可能加粗,可起一定的屏蔽作用。如系统工作频率较高,最好用金属裸线来包围电路板,可有效防止干扰信号。

直流电源线布置在地线的内侧,比地线要细,而宽于电路引线。

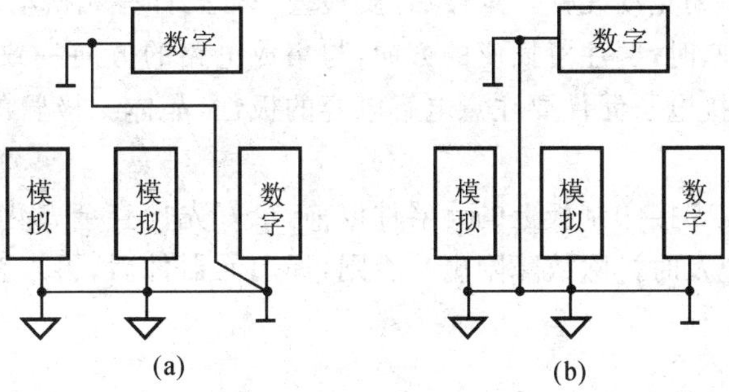

图 5.1.1 电子线路不同接地

(a)正确接地； (b)不正确接地

(3)弱信号(如采样/保持器的输入信号)的地线面积可大些，或采用地线包围输入信号的方法。

2. 去耦

在电源进入底板的入口处，每根电源线都要接旁路电容去耦，电容容量为10～100 μF，最好再并用一只0.01 μF的电容旁路电源中的高次谐波。每一排集成电路都要加旁路电容，最好每满6～12片增加一只电容。电容与集成电路电源引脚的距离尽可能近。

对高速电路，最好在每片电源引脚都加高频去耦，如图5.1.2所示。

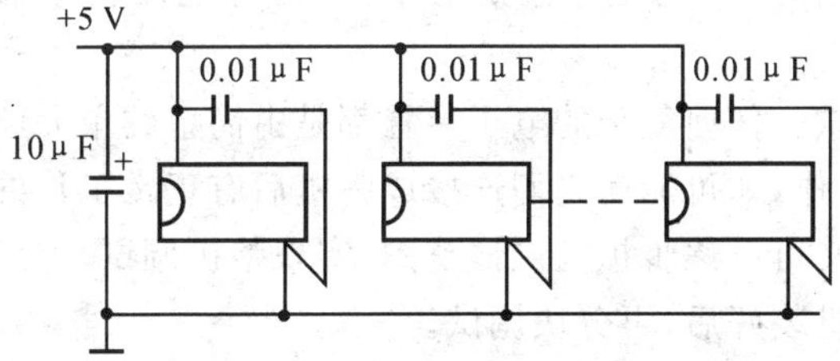

图 5.1.2 高频电子线路去耦方法

3. 引线尽量短，并尽可能避免输出对输入的反馈

在高速系统中，缩短引线就是缩短信号的传输时间。20 cm长的导线将使脉冲信号产生1 ns的边沿失真。

时钟信号线不要与其他信号线并行紧靠走线。长的信号线不要同时送至几个门的输入端，必要时可增加驱动门。

三、焊接工艺

焊接电子元件一般选用20 W内热式烙铁，焊MOS电路时，烙铁外壳要良好接地，使用烙铁时，要防止"烧死"。对新烙铁，要将烙铁头锉成细长斜面或楔形，通电加热后，先上一层松香，再挂锡；长时间烧用的烙铁，最好采取调温措施，不焊时将电源电压降低。焊接电子元件，不要用酸性助焊剂，如焊油等，最好选用带焊剂的焊锡，也可采用松香液(松香加酒精)作中性助焊剂，以免腐蚀电子元件。

焊接质量最重要的是不能有虚焊，必须在焊接前将引线头刮去氧化层，掌握适当的焊接温度和时间,在焊接时不要晃动元件。焊接后,要检查一下元件有无松动。

焊接集成电路插座时,要注意插座的方向,与集成电路的方向一致,检查所有的引脚都已正确插入后再焊。焊接电子元件要注意电解电容的极性,晶体二极管的方向和晶体三极管的管脚不要接错。

值得注意的是,在焊接印制板上的元器件以前,最好先检查金属化孔是否相通,印制板引线有无断裂或碰线,应及时排除故障隐患。否则,焊上元器件后,再来查找这些故障将是十分困难的。

5.2 电路调试技术

电路调试要求掌握常用仪器设备的使用方法和一般的实验测试技能,调试中,要求理论和实际相结合,既要掌握书本知识,又要有科学的实验方法,才能顺利地进行调试工作。本节只就一般调试步骤和方法做些介绍。

一、实验电路一般调试方法

实验电路安装完毕后,一般按以下步骤进行调试:

(1)检查电路。对照电路图检查电路元器件是否连接正确,如器件管脚、二极管方向、电容极性、电源线、地线是否接对;连接或焊接是否牢固;电源电压的数值和方向是否符合设计要求等。

(2)按功能块分别调试。任何复杂的电子装置都是由简单的单元电路组成的,把每一部分单元电路调试得能正常工作,才可能使它们连接成整机后有正常工作的基础。所以,先分块调试电路既容易排除故障,又可以逐步扩大调试范围,实现整机调试。分块调试可以装好一部分就调试一部分,也可以整机装好后,再分块调试。

(3)先静态调试,后动态调试。调试电路不宜同时既加电源又加信号进行电路实验。由于电路安装完毕之后,未知因素太多,如接线是否正确无误、元器件是否完好无损、参数是否合适、分布参数影响如何等,都须从最简单的工作状态开始观察、测试。所以,一般是先加电源不加信号进行调试,即静态调试;工作状态正确后再加信号进行动态调试。

(4)整机联调。每一部分单元电路或功能块工作正常后,再联机进行整机调试。调试重点应放在关键单元电路或采用新电路、新技术的部位。调试顺序可以按信息传递的方向或路径,一级一级地测试,逐步完成全电路的调试工作。

(5)指标测试。电路能正常工作后,立即进行技术指标的测试工作。根据设计要求,逐个检测指标完成情况。若未能达到指标要求,需分析原因,找出改进电路的措施,有时需要用实验凑试的办法来达到指标要求。

二、数字电路调试中的特殊问题

数字电路中的信号多数是逻辑关系,集成电路的功能一般比较定型,通常在调试步骤和方法上有其特殊规律,例如:

(1)需调整好定时电路,以便为数字系统提供标准的时钟脉冲和各种定时信号,它包括脉冲振荡器、脉冲变换电路,如单稳态触发器、施密特触发器等。

(2)调整控制电路部分,控制电路产生数字系统所需的各种控制信号,使电路能正常、有序地工作,它包括顺序脉冲分配器、分频器等。

(3)调整信号处理电路,如寄存器、计数器、选择电路、编码和译码电路等。这些部分都能正常工作之后,再相互连接检查电路的逻辑功能。

(4)调整模拟电路,它用来放大模拟信号,或进行模数信号间的转换,如运算放大器、比较器、A/D 和 D/A 转换器等。

(5)调整接口电路、驱动电路、输出电路以及各种执行元件或机构,保证实现正常的功能。

(6)系统联调。数字电路集成器件管脚密集,连线较多,各单元之间时序关系严格,出现故障后不易查找原因。因此,调试中应注意以下问题:

1)注意元件类型,如果有 TTL 电路,又有 CMOS 电路,还有分立元件,注意检查电源电压是否合适,电平转换及带负载能力是否符合要求。

2)注意时序电路的初始状态,检查能否自启动。各集成电路辅助管脚、多余管脚是否处理得当等。

3)注意检查容易出现故障的环节,掌握排除故障的方法。出现故障时,可从简单部分逐级查找,逐步缩小故障点的范围;也可以从某些预知点的特性进行静态或动态测试,判断故障部位。

4)注意各部分的时序关系。对各单元电路的输入、输出波形的时间关系要十分熟悉。应对照时序图,检查各点波形,弄清哪些是上升沿触发,哪些是下降沿触发,以及它们和时钟信号的关系。

三、模拟电路调试须注意的问题

1. 静态调试

模拟电路加上电源电压后,器件的工作状态是电路能否正常工作的基础。所以调试时一般不接输入信号,首先进行静态调试。有振荡电路时,也暂不要接通。测试电路中各主要部位的静态电压,检查器件是否完好、是否处于正常的工作状态。若不符合要求,一定要找出原因并排除故障。

2. 动态调试

静态调试完成后,再接上输入信号或让振荡电路工作,各级电路的输出端应有相应的信号输出。线性放大电路不应有波形失真;波形产生和变换电路的输出波形应符合设计要求。调试时,一般是由前级开始逐级向后检测,这样比较容易找出故障点,并及时调整改进。如果有很强的寄生振荡,应及时关闭电源 ,采取消振措施。

5.3　故障检测的一般方法

一、故障

任一电子电路,总要实现一定的功能,如果电路设计是正确的,而在调试中出了问题,不能实现预定的功能,则必然存在故障。一般地说,电路或系统的输出响应失常就叫存在故障。任一装置只有在通过了规定的重复性试验,经受了实际工作条件(如干扰、环境温度变化等)的检验之后，才能说电路是无故障的。

二、故障来源

电路或系统的故障来源，一般有以下几种：

(1)布线错误。如错接、漏接、碰接、断线、印制板引线断裂、接点虚焊等。这类故障几乎占实验电路故障的绝大部分。

(2)元器件使用不当或功能不正常。如将集成电路倒插、错插或个别引脚弯曲，电解电容极性接反，晶体管管脚颠倒等；有时集成电路已部分损坏，功能不正常等。

(3)电源电压极性和数值不合要求或根本没接通，公共地未连在一起(尤其在使用多种电源时)。

(4)接插件质量有问题。如多孔接插板插孔松动，印制板插座或其他接插件接触不可靠，印制板金属孔不通等。

(5)电路设计有问题或布线不妥。

1)集成电路电气参数使用不当。如数字电路中设计者往往侧重考虑电路的逻辑功能是否正确，而容易忽略元器件的电气参数，如负载能力、工作速度及脉冲边沿是否符合要求，从而造成电路的失常。

2)组合电路的竞争与冒险现象产生毛刺，使触发器产生误动作。

3)地线布置不当，去耦欠佳。电源中的高频噪声耦合到电路中，数字信号与模拟信号叠加。

4)长线传输引起反射，闭路传输产生反馈。

5)外界的电磁干扰。

以上1)～4)类故障是不难发现的，只要在调试前做认真仔细检查，就可以大部分排除。但第5)类由电路设计或布线不妥造成的故障有的是很难预料的，排除这类故障在很大程度上有赖于设计人员和调试电路人员的实际工作经验。

此外，测试设备的不正常，如示波器探头、万用表表笔及显示器件工作不可靠，也会造成电路故障的假象。

三、故障检测

电路的调试过程，实际上是分析和排除故障，使电路实现预定功能，并满足所规定技术要求的过程。前面已讨论了所谓故障就是电路输出响应“不正常”，为了找出哪里“不正常”，就应了解那里“正常”的输出应该是怎样的。为此必须熟悉所用器件的特性，不仅要熟悉器件的逻辑特性，还要熟悉其电气特性、技术指标和极限运用参数，因为有许多故障是由器件的电性能不符合要求引起的。当然，还必须掌握整个系统和各单元电路的工作原理和结构，组合电路的真值表，时序电路的工作波形图(时序图)等。把“正常”和“不正常”作一对比，才能正确而迅速地判断故障来源，并加以排除。可见，分析和排除故障要求将书本上所学的基本理论知识正确而灵活地运用于实践，以有效的方式和手段，创造性地解决实际工作中的问题。

下面简单介绍分析和排除数字电路故障的基本方法和技巧，并对常见故障作一分析与讨论。

1. 数字电路故障检测的基本方法和技巧

静态检查和动态检查是数字电路故障检测的基本方法。所谓静态检查是指在输入信号的高、低电平固定不变的情况下，检查输出电平。所谓动态检查是指在输入信号为一串脉冲的情况下，检测输出信号与输入信号的波形。

数字电路故障检测的基本技巧是采用隔离技术。所谓隔离技术，是指把数字系统(不论其大小)划分成一系列较小的不太复杂的子系统，再将子系统划分为单元电路，最后将单元电路隔离到器件级。这样，就可以将系统故障的范围逐步缩小，使问题得到迅速地暴露，从而确定故障的来源而加以排除。

2. 常见故障分析

现以TTL类器件为例讨论常见故障的分析方法，所讨论的内容对其他类集成电路也是有用的。

(1)输出逻辑电平的检测。通常情况下，输出端工作失常往往是查找故障的起点，为了分析输出端的工作不正常，就必须了解正常的输出逻辑电平是怎样的。为此，有必要先对TTL类器件输出端的常见结构作一简要分析。

1)TTL类器件输出端的常见结构。常见的TTL类器件输出结构有两种：一种是图腾柱输出结构，一种是集电极开路输出结构。

在图腾柱输出结构中，逻辑1的正常电平 $U_{oH}=2.4\sim4$ V，逻辑0的正常电平 $U_{oL}\leqslant0.4$ V。对集电极开路输出(OC)结构，空载状态下，输出逻辑1时，T截止，输出经 R_L 提升至 U_{CC}；输出逻辑0时，T饱和，输出低电平 $U_{oL}\leqslant0.4$ V。加载时，拉电流负载使输出高电平降低，灌电流负载使输出低电平抬高，如果负载电流过大，输出高、低电平就要偏离正常值。可见，OC结构的电路，正常电平为 $U_{oH}=U_{oc}=5$ V，$U_{oL}\leqslant0.4$ V。

2)输出逻辑电平若干常见故障分析参见表5.3.1。

表　5.3.1

	正常值	故障现象	原因分析
有源结构	不变	同OC结构	同OC结构
	不变	同OC结构	同OC结构
OC结构	不变	1)$0.4\text{ V}<U_{oH}<2.4\text{ V}$ 2)U_{oH} 是一串脉冲，其高电平为3.5 V，低电平为2.0 V	1)拉电流过载，或输出端与逻辑0相碰线 2)输出通常与系统中某处信号脉冲短接
	不变	1)U_{oL} 始终为0 V 2)$U_{oL}>+0.4$ V	1)未加电源或输出端与地短接 2)灌电流过大，或输出端与逻辑1相碰线

(2)输入逻辑电平的检测。为了分析输入逻辑电平的“不正常”现象，就要了解“正常”的逻

辑电平应该是什么。为此，有必要对 TTL 器件输入端不同接法时的正常逻辑电平作一简要分析。

1) TTL 与非门输入端的几种接法。图 5.3.1 是 TTL 与非门的原理图(大多数 TTL 类器件有与其类同的输入结构)。图 5.3.2 所示为输入端的几种不同的接法。

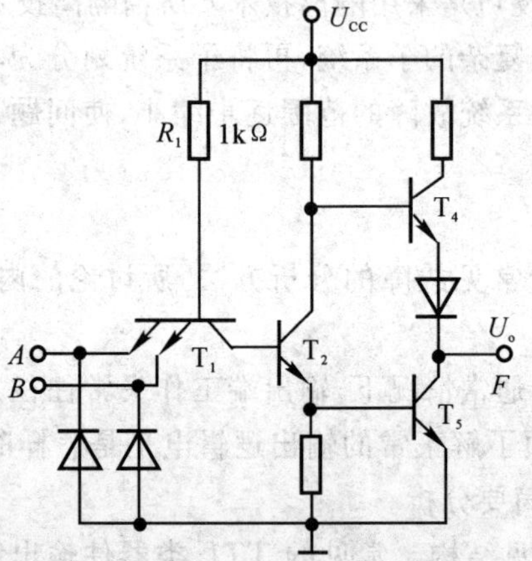

图 5.3.1 TTL 与非门的原理图

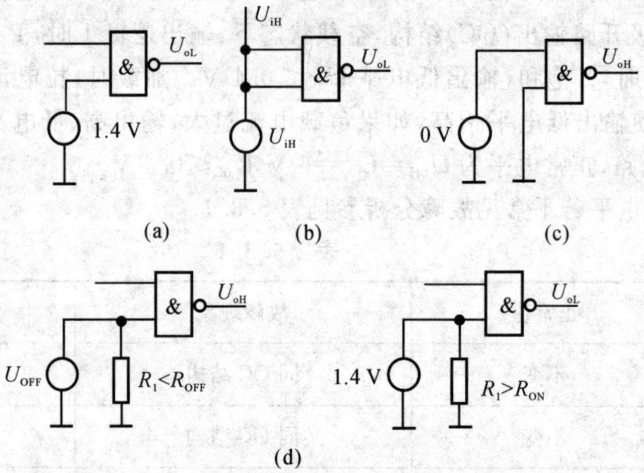

图 5.3.2 TTL 与非输入端的不同接法

i)图 5.3.2(a)中，两输入端同时悬空，相当于接高电平，输出应为低电平。任一悬空输入端的电压约为 1.4 V，其典型值应在 1.1～1.5 V 范围内。

当两输入端同时悬空时，因 T_1的发射结没有电流通路，T_1的集电结相当于正偏的二极管，U_{CC}通过 T_1的集电结向 T_2，T_5提供基流，T_2，T_5都饱和导通，T_1基极电压 $U_{b1}\approx 2.1$ V，即

$$U_{b1}=U_{bc1}+U_{be2}+U_{be5}\approx 2.1\ \text{V}$$

与非门输出低电平，万用表测试输入端电平为 1.4 V，即

$$U_{e1}=U_{b1}-U_{be1}\approx 1.4\ \text{V}$$

ii)图 5.3.2(b)中，两输入端都接高电平时，T_1管处于倒置工作状态，即原来的发射极当作了集电极，原来的集电极当作了发射极，在输入端测得电压为高电平。输出端为低电平。

iii)图 5.3.2(c)中,两输入端有一个接地时,T_1管发射结正偏导通,$U_{b1}=0+U_{be1}\approx0.7$ V,另一悬空输入端测得的电压也为 0 V,即

$$U_{b1}-U_{be1}=0$$

iv)图 5.3.2(d)中,输入端接电阻 R_1时,R_1阻值大小直接影响与非门的工作状态。

$R_1>R_{ON}$(开门电阻)时,相当于输入端悬空,$U_1>U_{ON}$(开门电压),与非门始终输出低电平。

$R_1<R_{OFF}$(关门电阻)时,$U_1<U_{OFF}$(关门电平),与非门始终输出高电平。

R_1在 $R_{OFF}\sim R_{ON}$范围内时,与非门工作在线性区(或转折区)。

2)输入端常见故障。

i)输入端既不是逻辑 1 也不是逻辑 0,而是 1.1~1.5 V。则说明,此输入端与前级断开,其原因可能是:印制板线路开裂或导线折断;输入引脚与插孔没有焊接或接触不良;输入引脚弯曲。

ii)输入端始终为低电平,其原因可能是:该输入端与地线短接;同一门的另外输入端接地;器件有故障。

iii)输入端始终为高电平,其原因可能是:该输入端与 U_{CC}相碰线;该输入端与某一固定逻辑高电平碰线;器件有毛病。

iv)输入端的工作波形不正常,其原因是该输入端与其他信号线相碰。

(3)时序电路的故障检测。为了检测时序电路的故障,必须掌握时序电路中所选用器件的外特性,熟悉时序电路的波形图。下面举例说明之。

1)掌握触发器或时序逻辑部件的功能表。触发器是计数器、移位寄存器和其他时序电路的主要组成部分。熟悉了触发器的逻辑功能就容易理解较为复杂的时序逻辑部件,有关手册上可以查到所用器件的功能表,应给予正确理解。

审视功能表时应注意几点:

i)控制输入(D,J,K 等)信号应先于时钟建立,数据后于时钟输出,有些功能表中以脚标 n 表示时钟到来前的时刻,$n+1$ 表示时钟到来后的时刻,如 Q_n,Q_{n+1}等。

ii)预置端和清除端。预置将使 $Q=1$,清除将使 $Q=0$。预置和清除不能同时启动。有些计数器还有同步预置、清除和异步预置、清除之分。同步预置和清除意味着预置和清除信号加入后,要在下一个时钟到来时输出才会响应,而异步预置和清除意味着,不论时钟处于何种状态,Q 输出均会响应,故异步预置和清除又叫直接预置和直接清除。图 5.3.3 是同步和异步两种预置、清除的时序图。图中同步方式为时钟下降沿有效。

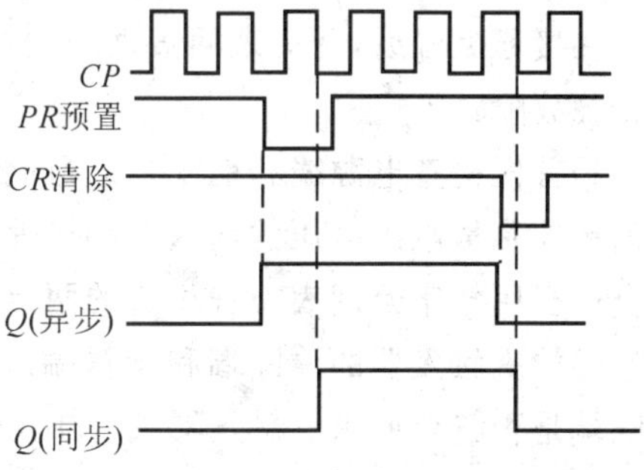

图 5.3.3 同步、异步两种预置、清除时序图

iii)时钟触发沿。要分清是上升沿触发还是下降沿触发,凡是在逻辑符号的时钟输入端标有小圈的,或在功能表中用“↓”表示的为下降沿触发。反之,在逻辑符号的时钟输入端没有小圈的,或在功能表中用“↑”表示的为上升沿触发。

2)了解所用器件的电气参数。触发器的静态参数与门电路类似,其有意义的新参数是转换特性(定时参数),如触发器的最高时钟频率 f_{max}。检查触发器功能时,不仅要用示波器观察

输出波形的有无，而且要看其响应的触发沿是否正确。

对于引脚和功能完全相同的器件，如果电气参数不符合要求，一般不能进行替代。

3)熟悉所用器件和时序电路的工作波形图(时序图)。只有掌握了电路中各主要测试点的工作波形，才能迅速而有效地定位故障。例如 74LS161 是四位同步二进制计数器，它具有计数、预置、保持和清“0”的功能，当用它构成计数器时，应根据其功能表画出计数器的波形图，将实际测试点的波形与“应该是怎样”的波形进行对比，用逻辑思维的方法分析和判断故障部位，并加以排除。

下面举一个简单的故障检测实例，作为本节所讨论内容的综合运用。

图 5.3.4(a)是单脉冲发生器的电路图。74LS00 是二输入与非门，74LS112 是下降沿触发的双 JK 触发器。单刀双掷开关平时置“上”位置，当开关“上—下—上”来回拨动一次时，在 Q_2端能得到一个与系统时钟 CP_2周期等宽的单脉冲。门 A、门 B 组成的基本 RS 触发器用来消除机械开关产生的电压抖动。

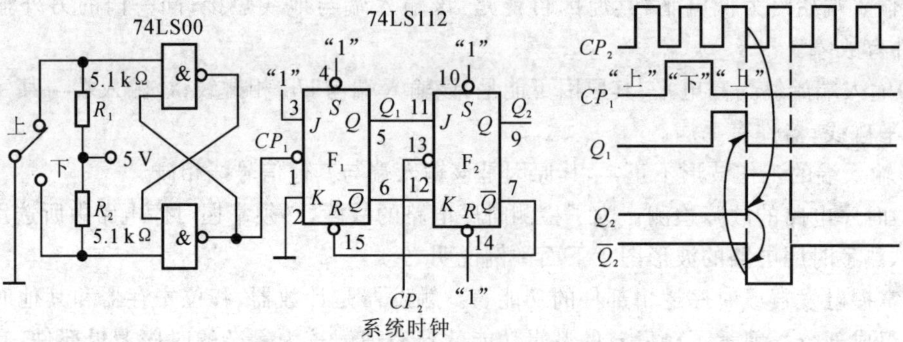

(a)　　(b)

图 5.3.4　单脉冲发生器的电路图与时序图

(a)电路图；(b)时序图

熟悉了所用器件的特性，掌握了电路的工作原理，就可以有效地检测该电路的故障。假设电路在接通电源后，开关来回拨动一次，用数字万用表监测 Q_2始终为低电平，一般应按下列步骤查找故障：

1)首先检查电源线和地线。进行此项检查时应在所怀疑的器件的片脚上直接测试，而不是简单地测量电源电压的输入线和接地线，故障可能是电源线或地线断开，或片子的引脚接触不良。当用数字万用表检查相通的两点时，数字万用表的数值为 0.00 V。

2)检查触发器的清除端和预置端。若电源电压确已加上，则检查 JK 触发器的预置端和清除端是否符合要求。触发器的 4,10,14 脚应该接高电平，若测得电压为 1.4V 左右，则说明该引脚处于悬空状态。

3)检查 CP_2。用示波器观察有无系统时钟 CP_2加到触发器的 13 脚，如无 CP_2，则隔离 CP_2与触发器，再查 CP_2，若有 CP_2，则触发器的时钟输入端 CP_2有问题，否则检测系统时钟发生器及其通路。在检测 CP_2时，应注意其高、低电平是否为正常的逻辑电平。

4)检查 F_2 中 J,K 端。若测得电压为 1.4 V，则说明该端与前级信号断开。

5)检查 CP_1。当开关置“上”时，门 B 6 脚应为低电平；置“下”时，门 B 6 脚应为高电平。

若不正常，则隔离门 B 6 脚与后接触发器的 1 脚。隔离后若 6 脚恢复正常，则触发器时钟输入端 CP_1 有问题，否则是开关或门电路不正常。

6）检查开关和电阻 R_1，R_2 连接是否正常，电阻内部是否开路。开关置“上”时，门 A 1 脚应为低电平，门 B 5 脚应为高电平，开关置“下”时，门 A 1 脚为高电平，门 B 5 脚为低电平。

7）检查与非门各引脚有无碰线，逻辑功能是否正常。按上述步骤进行，即能迅速排除故障。

5.4　数字集成电路使用须知

一、TTL 系列集成电路使用须知

（1）电源电压范围　5V±5%

工作环境温度　74 系列　0～70℃

54 系列　−55～125℃

（2）输出端的接法。图腾柱输出结构的输出端不得直接接电源或地线，且两输出端不得相碰。

集电极开路门（OC 门）使用时，要外接负载电阻到 U_{CC} 输出端，可以线与。

三态门（TS 门）输出端可以线与，但在任何时刻只允许一个门处于工作状态，当几个门同时改变工作状态时，要求从工作状态转为高阻状态的速度应快于从高阻状态转为工作状态的速度，否则会导致逻辑电平的混乱甚至损坏器件。

（3）不用输入端（空头）的处理。TTL 类集成电路输入端悬空时，虽相当于接逻辑高电平，但容易引入干扰信号。因此，对于多余的输入端应按逻辑功能的要求进行处理。例如不用的与门和与非门输入端，可将其直接或通过电阻接电源，也可与有用信号并接，对或门和或非门的空头，应将其接地。对其他选用的逻辑部件都应按使用要求类似处理。

二、CMOS 系列集成电路使用须知

（1）焊接 CMOS 器件时，应使用 20 W 内热式烙铁，并将烙铁外壳接地，或切断烙铁电源再焊，焊接时间应尽可能短。

（2）插拔 CMOS 器件必须断电。

（3）电源电压极性不得接反。

（4）输入端接有大电容或引线过长时，最好在输入端串接一电阻 R，一般取值 $R = U_{DD}/1mA$，以限流保护或防止寄生振荡。

（5）不允许在不加电源电压的情况下，接入输入电压。通电时，应先接通电源，再接输入信号，断电时，应先撤离输入信号，再断开电源。

（6）输入电压不得超出电源电压范围 0.5 V 以上，即 $U_{SS} - 0.5 < U_i < U_{DD} + 0.5$。

（7）多余输入端不得悬空，可将其与有用信号并接，也可根据逻辑功能要求，接高电平或接地。

（8）CMOS 器件的输出端不得与 U_{DD} 或 U_{SS} 短接，若输出端接有负载电容，则应根据手册要求选取电容容量，以免过大的电流损坏输出级。

(9)增大 CMOS 电路负载能力有以下几种方法:

1)将同一芯片上几个反相器的输出端并联。

2)增加驱动电路。

3)负载是晶体管时,可采用复合管作输入级。

第6章　常用仪器设备的简介与使用

6.1　TPE—AD电子技术学习机

TPE—AD电子技术学习机可完成“模拟电子技术基础”和“数字电子技术基础”课程要求的基本实验。具有模拟/数字综合实验及实用电路的开发实验、元器件测试等多种功能。随机附有详细实验指导书及基本实验所需集成电路芯片。

该学习机采用独特的两用板工艺，正面贴膜，印有原理图及符号；反面为印制导线，焊有相应元器件。使用直观、可靠，维修方便、简捷。

一、技术性能

1. 电源

(1)输入：AC 220 V　50 Hz。

(2)输出：DC±(5 ～12) V，电流0.2 A，连续可调。(供模拟电路实验用)

　　　　DC+5 V，电流1 A。　　　　　　　　(供数字电路实验用)

以上各路直流电源均有过流保护、自动恢复功能。

2. 信号源

(1)正弦波信号：

频率：分4个点频，即 $f\times1$，$f\times10$，$f\times100$，$f\times1000$。(注：$f\times1$ 代表100 Hz)

幅度(U_{pp})：0～4 V，连续可调。

(2)直流信号：双路±5 V，±0.5 V，两挡连续可调。

(3)脉冲信号：

单脉冲：无抖动正负单脉冲输出，TTL电平。

连续脉冲：固定脉冲4路，分别为80 kHz，40 kHz，20 kHz，10 kHz。

可调脉冲：频率范围1 Hz～5 kHz(分两挡)，TTL电平。

3. 开关和逻辑电平显示

(1)逻辑电平开关：8个。

(2)LED电平显示：8位。

4. LED数码管

2位(不带BCD译码)。

5. 电位器组

4只独立电位器：1 kΩ，22 kΩ，100 kΩ，680 kΩ。

6. 模拟电路实验区

由单管、双管、差动放大器、负反馈放大器、集成运放及整流、滤波、稳压等电路组成。

7. 插件板

面包板 2 块(见图 6.1.1)。

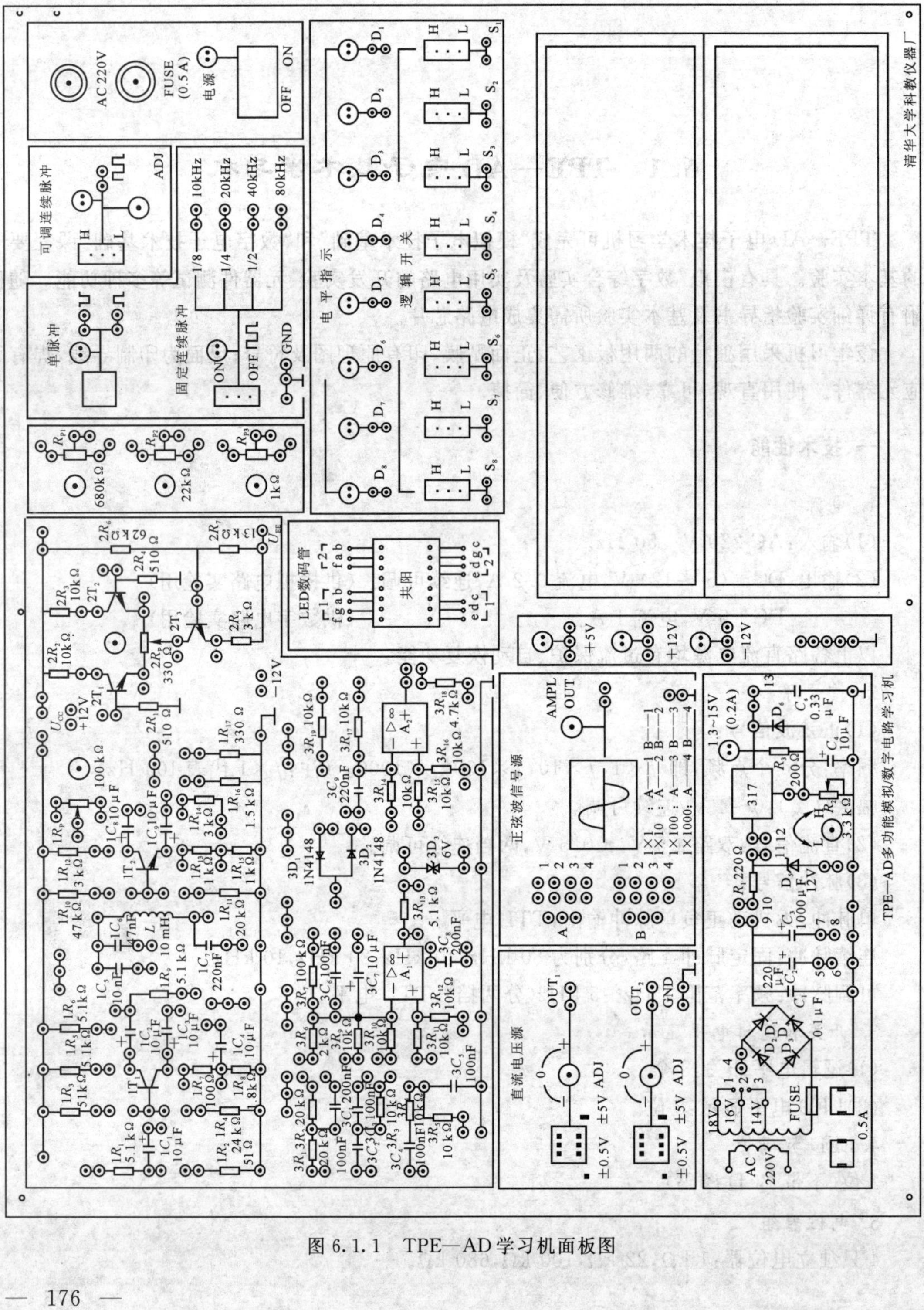

图 6.1.1　TPE—AD 学习机面板图

二、电路组成

该学习机主要由电源、信号源、电位器组、线路区等几部分组成。学习机面板见图 6.1.1，模拟线路区和数字线路区电路见图 6.1.2 和图 6.1.3。

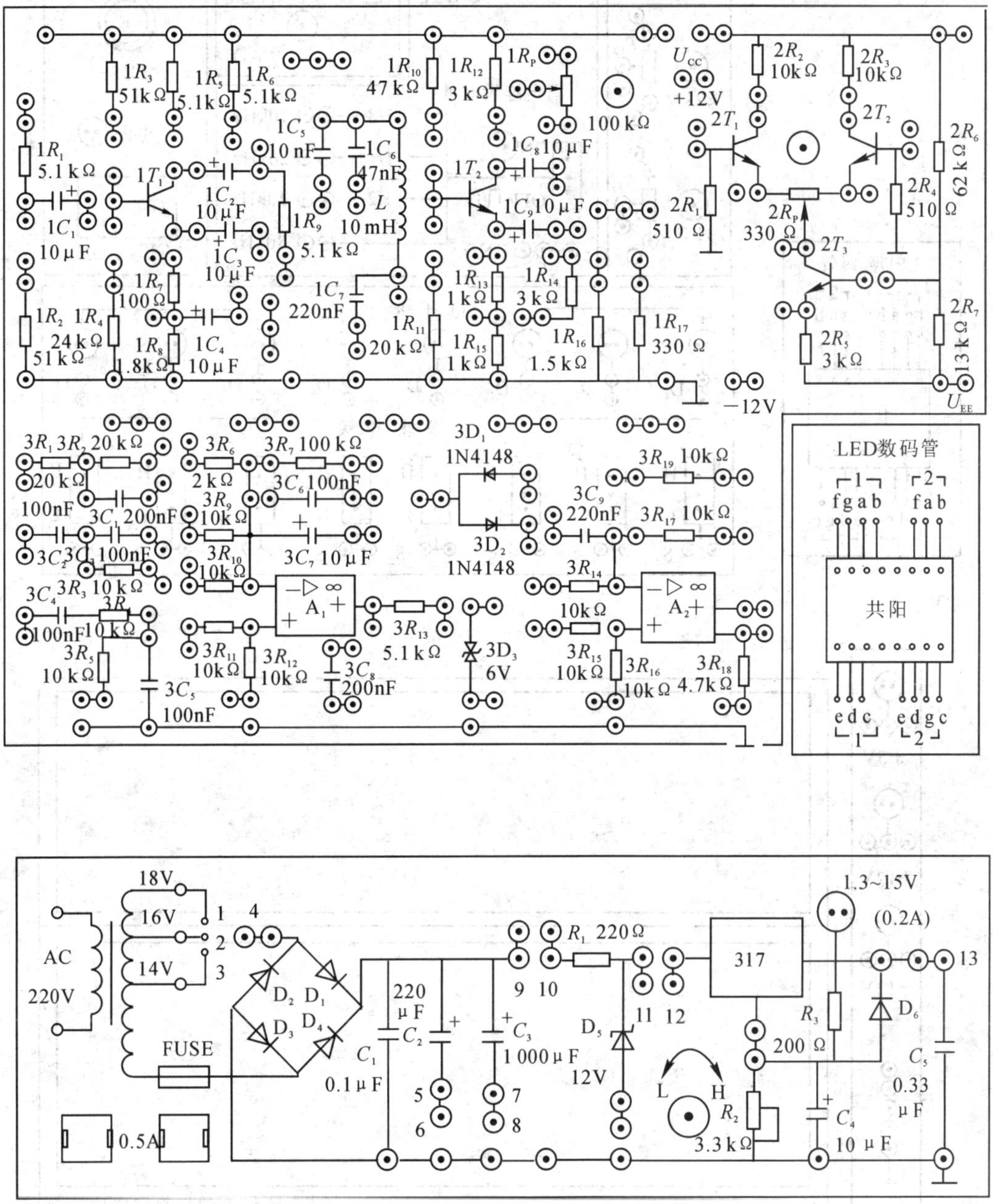

图 6.1.2　模拟实验线路区示意图

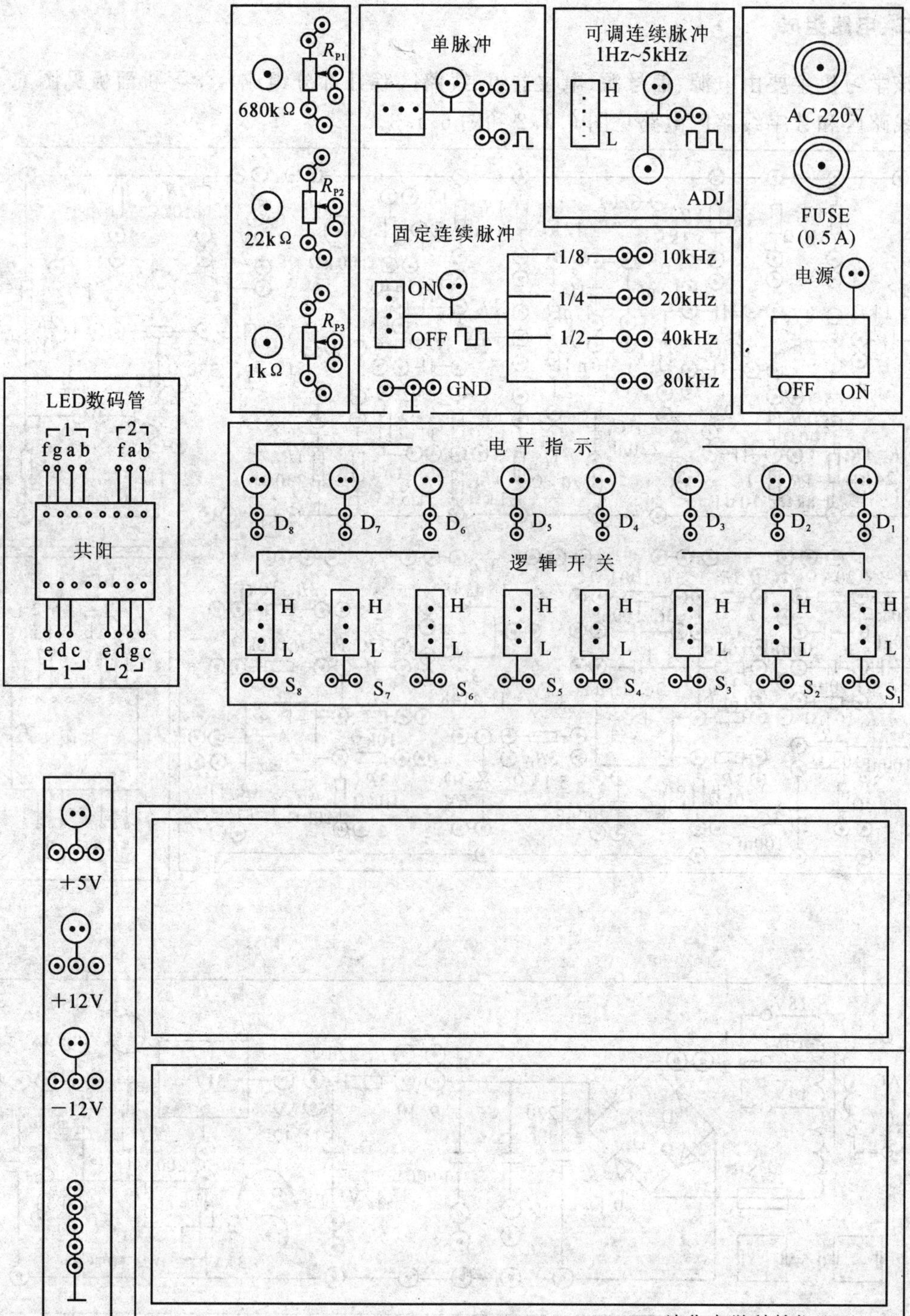

图 6.1.3　数字实验线路区示意图

三、使用方法

(1)将标有220 V的电源线插入交流电源插座,接通学习机开关,三路直流电源指示灯点亮,表示该机电源工作正常。

(2)连接线:学习机面板上及面包板上的插孔应使用直径0.5 mm的单股塑料线,注意不要插入直径大于0.6 mm的导线和元器件引线。

(3)有些实验在线路区进行时,可能部分接点不够用,可借用线路区中的备用孔或面包板上的插孔作为转插孔来使用。

(4)线两端剥线长度为4～6 mm,严禁使硬线受伤,插入时应保持垂直、对准、力度适当,以免将线折断,如导线插入弯曲应及时理直。

(5)布线:做数字电路实验时,一般应先确定IC及分立元件的位置,注意IC方向应一致。走线应尽可能不要覆盖IC,尽可能使布线整齐,便于检查。一般情况下连线贴近面包板,且短一些为佳。在接通电源前应仔细检查连接线是否正确,特别是电源线不可接错或短路。

(6)实验操作注意:

1)模拟电路实验电路区(左上部)分立器件实验电路U_{CC}一般接+12 V,U_{EE}一般接-12 V,为适应有些实验,须改变电源电压的要求,U_{CC},U_{EE}改为接线设置。

2)运算放大器实验电路应接±12 V电源。

3)左下角电源实验区为双重用途,不做电源实验时只要接通2-4,7-8,9-12(见实验箱面板)即可作为1.2～15 V(0.2 A)可调电源使用。

四、维护及故障排除

1. 维护

(1)防止撞击跌落。

(2)用完后拔下电源插头并关闭机箱,防止灰尘、杂物进入机箱。

(3)做完实验后要将线路及面包板上的插件及连线全部整理好。

(4)高温季节使用时连续通电不要超过4 h。

(5)一般在搭接线路时不要通电,以防误操作损坏元器件。

2. 故障排除

(1)电源无输出。学习机电源初级接有0.5 A熔断管(在实验箱的右上角),当输出短路或过载时有可能烧断,更换熔断管时,必须保证同规格。

(2)信号源、电平开关、电平显示部分异常(不符合电平状态或无输出等)。检查实验板接线或更换相应器件。

(3)修理学习机时严禁带电操作。

6.2 C5020(HH4310)双踪示波器

C5020型示波器是一种双通道示波器。

一、主要技术指标

(1)带宽:20 MHz。

(2)垂直偏转因数：5mV/cm～5V/cm，按1-2-5顺序分10挡，扩展×5：1mV/cm～1 V/cm。

误差：≤±5%，扩展×5：≤±10%。

(3)扫描时间因数：0.2μs/cm～0.5s/cm，按 1-2-5 顺序分 20 挡，扩展×10。

误差：≤±5%，扩展×10：≤±15%。

(4)输入阻抗：1 MΩ。

(5)最大输入电压：400 V(DC+AC_{pp})。

二、示波器面板

C5020 示波器前面板如图 6.2.1 所示。

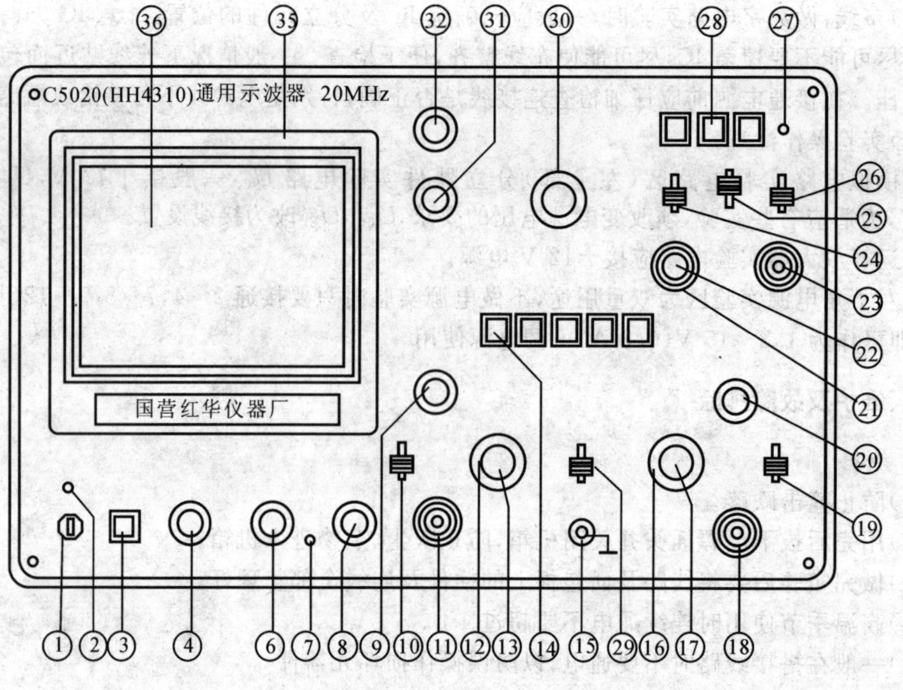

图 6.2.1 C5020(HH4310)前面板图

前面板图上各项标注说明如下：

①校准信号(CAL(U_{pp}))：该输出端供给频率为 1 kHz，校准电压为 0.5 V 正方波，输出阻抗约为 500 Ω。

②电源指示灯。

③电源开关(POWER)：示波器的主电源开关。当此开关按下时，开关上方的指示灯亮，表示电源已接通。

④辉度(INTEN)：控制光点和扫描线的亮度。

⑥聚焦(FOCUS)：调节扫描线清晰度。

⑦光迹旋转(TRACE ROIATION)：用于调整光迹扫描线，使之平行于刻度线。

⑧标尺亮度(ILLUM)：调节刻度照明的亮度。

⑨, ⑳位移(POSITION):调节扫描线或光点垂直位移。

⑩, ⑲AC-⊥-DC:输入信号与垂直放大器连接方式选择开关。"AC":交流耦合;"⊥":输入信号与放大器断开,同时放大器输入端接地;"DC":直流耦合。

⑪Y_1 垂直输入端:在 X-Y 工作时作为 y 轴输入端。

⑫,⑯V/div(cm):灵敏度选择开关,从 5 mV/cm~5 V/cm 共分 10 挡,用于选择垂直偏转因数。

⑬,⑰VARIABLE:灵敏度微调。"拉×5"可调节至面板指示值的 2.5 倍以上;当置"校准"位置时,灵敏度为面板指示值,该旋钮被拉出(×5 扩展状态)时,灵敏度为面板指示值的 1/5。

⑭Y 方式(VERT MODE):选择垂直系统的工作方式。CH1:Y_1 单独工作;ALT:Y_1 和 Y_2 交替工作;CHOP:以频率为 250 kHz 的速率轮流显示 Y_1 和 Y_2,适用于低扫描速率;ADD:测量代数和 Y_1+Y_2;CH2:Y_2 单独工作。

⑮示波器外壳接地端。

⑱Y_2 的垂直输入端。(Y_2(X)):在 X-Y 工作时为 x 轴输入端。

㉑释抑(HOLD OFF):此双联控制旋钮为释抑时间调节。

㉒触发电平调节(LEVEL):当信号波形复杂,用"电平"旋钮不能稳定触发时,可用"释抑"旋钮使波形稳定。"电平"旋钮用于调节在信号的任意选定电平进行触发。当旋钮转向"→+"时,显示波形的触发电平上升,当此旋钮转向"→-"时,触发电平下降。当此旋钮置"锁定"位置时,不论信号幅度大小(从很小的幅度到大幅度),触发电平自动保持在最佳状态,不需要调节触发电平。

㉓外触发(EXT TRIG):这个输入端作为外触发信号和外水平信号的公用输入端,用此端输入时,"触发源"开关 ㉖应置 EXT 位置。

㉔极性(SLOPE):选择触发极性。

㉕耦合:选择触发信号和触发电路之间耦合方式,也可选择 TV 同步触发电路的连接方式;"AC":通过交流耦合,可抑制高于 50 kHz 的信号;"TV":触发信号通过电视同步分离电路连接到触发电路。

㉖触发源(SOURCE):选择触发信号。INT:选择"INT"内部信号作为触发信号,当置 X-Y 工作方式时,起连通信号的作用;"LINE":交流电源信号作为触发信号;"EXT":外触发输入端 ㉓的输入信号作为触发信号。

㉗"准备好"指示灯:用于单次扫描。

㉘扫描方式选择(SWEEP MODE)。"AUTO":自动,当无触发信号加入,或触发信号频率低于 50 Hz 时,扫描为自激方式;"NORM":常态,当无触发信号加入时,扫描处于准备状态,没有扫描线,主要用于观察低于 50 Hz 的信号;"SINGLE":单次扫描启动,此按钮按下时㉗指示灯亮,单次扫描结束,灯熄灭。

㉚扫描速率开关(t/div(cm)):选择扫描时间因数。

㉛扫描速率开关微调(VARIABLE)。

㉜位移(POSTION)"←→":调节扫描线或光点的水平位置。

三、基本操作

将电源线插入交流电源插座之前，按表 6.2.1 设置仪器的开关及控制旋钮(或按键)。

表 6.2.1

项目	代号	位置设置
电源	③	断开位置
辉度	④	相当于时钟“3 点”位置
聚焦	⑥	中间位置
标尺亮度	⑧	逆时针旋到底
Y 方式	⑭	Y_1
↓↑ 位移	⑨ ⑳	中间位置，推进去
V/div(cm)	⑫ ⑯	10 mV/cm
微调	⑬ ⑰	校准(顺时针旋到底)推进去
AC-⊥-DC	⑩ ⑲	AC
内触发	㉙	Y_1
触发源	㉖	内
耦合	㉕	AC
极性	㉔	+
电平	㉒	锁定(逆时针旋到底)
释抑	㉑	常态(逆时针旋到底)
扫描方式	㉘	自动
t/div(cm)	㉚	0.5 ms/cm
微调	㉛	校准(顺时针旋到底)推进去
←→位移	㉜	中间位置

6.3 MOS—620 系列双踪示波器

MOS—620XX 系列双踪示波器采用 6 英寸并带有刻度的矩形 CRT，操作简单，稳定可靠，最大灵敏度为 1 mV/div；最大扫描速度为 0.2 μs/div，并可扩展 10 倍，使扫描速度达到 20ns/div。前面板如图 6.3.1 所示。

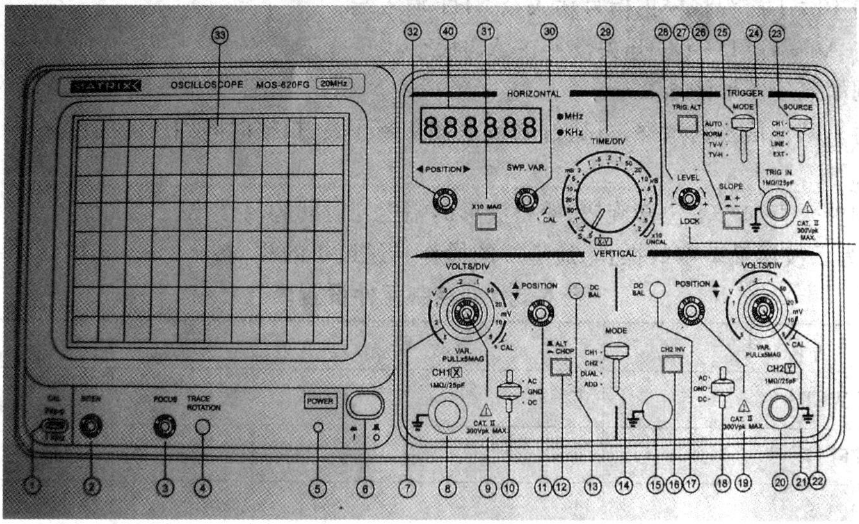

图 6.3.1　MOS—620 系列双踪示波器前面板示意图

一、基本特性

(1)高亮度及高加速极电压的 CRT。这种示波管速度快,亮度高,加速极电压为 2 kV,即使在高速扫描的情况下也能显示清晰的轨迹。

(2)触发电平功能锁定功能。将触发电平置于一固定值上,当输入信号幅度、频率变化时无须再调整触发电平即可获得稳定波形。

(3)交替触发功能。可以观察两个频率不同的信号波形。

(4)电视信号同步功能。该示波器具有同步信号分离电路,可保持与电视场信号和行信号的同步。

(5)CH1 输出。在后面板上的 50Ω 输出信号可以直接驱动频率计或其他仪器。

(6)Z 轴输入。亮度调制功能可以给示波器加入频率或时间标识,正弦信号轨迹消隐,TTL 匹配。

(7)设定 X－Y 操作。当设定在 X－Y 位置时,该仪器可作为 X－Y 示波器,CH1 为水平轴,CH2 为垂直轴。

二、基本操作

1. 单通道的操作

接通电源前务必先检查电压是否与当地电网一致,然后将有关控制元件按表 6.3.1 设置。

将开关和控制部分按表 6.3.1 设置好后,接上电源线,按以下步骤继续操作:

(1)电源接通,电源指示灯亮,约 20 s 后,屏幕出现光迹。如果 60 s 后还没有出现光迹,请重新检查开关和控制旋钮的设置。

(2)分别调节亮度,聚焦,使光迹亮度适中,清晰。

(3)调节通道 1 的位移旋钮与轨迹旋转电位器,使光迹与水平刻度平行(用螺丝刀调节轨迹旋转电位器 4)。

(4)用 10：1 探头将校正信号输入至 CH1 输入端。

(5)将 AC－GND－DC 开关设置在 AC 状态。

(6)调聚焦使图形清晰。

(7)对于其他信号的观察，可通过调整垂直衰减开关、扫描时间到所需的位置，从而得到清晰的图形。

(8)调整垂直和水平位移旋钮，使得波形的幅度与时间容易读出。

以上为示波器最基本的操作，通道 2 的操作与通道 1 的相同。

表 6.3.1　控制元件设置表

项　目	代　号	位置设置
电源(POWER)	⑥	关
亮度(INTEN)	②	居中
聚焦(FOCUS)	③	居中
垂直方式(VERT MODE)	④	通道 1
交替/断续(ALT/CHOP)	⑫	释放(ALT)
通道 2 反向(CH2 INV)	⑯	释放
垂直位置(▲▼POITION)	⑪　⑲	居中
垂直衰减(VOLTS/DIV)	⑦　㉒	0.5/DIV
调节(VARIABLE)	⑨　㉑	CAL(校正位置)
AC－GND－DC	⑩　⑱	GND
触发源(Source)	㉓	通道 1
极性(SLOPE)	㉖	＋
触发交替选择(TRIG. ALT)	㉗	释放
触发方式 TRIGGER MODE	㉕	自动
扫描时间(TIME/DIV)	㉙	0.5 mSec/DIV
微调(SWP. VRE)	㉚	校正位置
水平位置(◀▶POSITION)	㉜	居中
扫描扩展(X10 MAG)	㉛	释放

2. 双通道的操作

改变垂直方式到 DUAL 状态，于是通道 2 的光迹也会出现在屏幕上(与 CH1 相同)。这时通道 1 显示一个方波(来自校正信号输出的波形)，而通道 2 则仅显示一条直线，因为没有信号接到该通道。现在将校正信号接到 CH2 的输入端与 CH1 一致，将 AC－GND－DC 开关设置到 AC 状态，调整垂直位置，⑪和⑲是两通道的波形，释放 ALT/CHOP 开关(置于 ALT 方式)，CH1 与 CH2 上的信号以 250 kHz 的速度独立显示在屏幕上，此设定用于观察扫描时间较长的两路信号。在进行双通道操作时(DUAL 或加减方式)，必须通过触发信号源的开关来选择通道 1 或通道 2 的信号作为触发信号。如果 CH1 与 CH2 的信号同步，两个波形都会稳定显示出来。反之，则仅有触发信号源的信号可以稳定地显示出来。如果 TRIG/ALT 开关按下，则两个波形都会同时稳定地显示出来。

3. 加减操作

通过设置“垂直方式开关”到“加”的状态，可以显示 CH1 与 CH2 信号的代数和，如果 CH2 INV 开关未按下则为代数减。为了得到加减的精确值，两个通道的衰减设置必须一致。垂直位置可以通过“▲▼位置键”来调整。鉴于垂直放大器的线性变化，最好将旋钮设置到中间位置。

4. 触发源的选择

正确地选择触发源对于有效使用示波器是至关重要的，用户必须十分熟悉触发源的选择功能及工作次序。

(1)MODE 开关。

1) AUTO：自动。当为自动模式时，扫描发生器自由产生一个没有触发信号的扫描信号；若有触发信号，则它会自动转换到触发扫描。通常第一次观察一个波形时，将其设置于“AUTO”，直到出现一个稳定的波形后，再调整其他设置。而当其他控制部分设定好以后，将开关设回到“NORM”触发方式，因为该方式更加灵敏。当测量直流信号或更小信号时必须采用“AUTO”方式。

2)NORM：常态。通常扫描器保持在静止状态，屏幕上无光迹现象。当触发信号经过由“触发电平开关”设置的阀门电平时，扫描一次。之后扫描器又回到静止状态，直到下一次被触发。在双踪显示“ALT”与“NORM”扫描时，除非通道 1 与通道 2 都有足够的触发电平，否则不会显示。

(2)触发信号源的功能。为了在屏幕上显示一个稳定的波形，需要给触发电路提供一个与显示信号在时间上有关联的的信号，触发源开关就是用来选择该触发信号的。

1)CH1/CH2：大部分情况下采用的内触发模式。送到垂直输入端的信号在预放以前分一支到触发电路中。由于触发信号就是测试信号本身，因此显示屏上会出现一个稳定的波形。在 DUAL 或 ADD 方式下，触发信号由触发源开关来选择。

2)LINE：用交流电源的频率作为触发信号。这种方法对于测量与电源频率有关的信号十分有效。如音响设备的交流噪音，可控硅电路等。

3)EXT：用外来信号驱动扫描触发电路。该外来信号因与要测的信号有一定的时间关系，波形可以更加独立地显示出来。

(3)触发电平和极性开关。当触发信号通过一个预置的阀门电平时，会产生一个触发信号。调整触发电平旋钮可以改变该电平。向“＋”方向时，阀门电平向正方向移动；向“－”方向时，阀门电平向负方向移动；当在中间位置时，阀门电平设定在信号的平均值上。触发电平可以调节扫描起点在波形的任意位置上。对于正弦信号，起始相位是可变的。

注意：如果触发电平的调节过正或过负，也不会产生扫描信号，因为这时触发电平已经超过了同步信号的幅值。

极性触发开关设置在“＋”时，上升沿触发；设置在“－”时，下降沿触发。

触发电平锁定:顺时针调节触发电平旋钮(28)到底,听到咔嚓一声后,触发电平被锁定在一固定值,此时改变信号幅度,频率不需要调整。

(4)触发交替开关。当垂直方式选定在双踪显示时,该开关用于交替触发和交替显示(适用于 CH1、CH2 或相加方式)。在交替方式下,每一个扫描周期,触发信号交替一次,这种方式有利于波形幅度、周期的测试,甚至可以观察两个在频率上并无联系的波形,但不适合二相位和时间对比的测量。对于此测量,两个通道必须采用同步信号触发。在双踪显示时,如果"CHOP"和"TRIG. ALT"同时按下,则不能同步显示,因为"CHOP"信号将成为触发信号。请使用"ALT"方式或直接选择 CH1 或 CH2 作为触发信号源。

5. 扫描速度控制

调节扫描速度旋钮,可以选择你想要观察的波形个数。如果屏幕上显示的波形过多,则将扫描速度调快一些,如果屏幕只有一个周期的波形,则可以减慢扫描速度。当扫描速度太快时,屏幕上只能观察到周期信号的一部分。如对于一个方波信号可能在屏幕上显示的只是一条直线。

6. 扫描扩展

当需要观察一个波形的一部分时,通常需要很高的扫描速度,但是如果想要观察的部分远离扫描的起点,则要观察的波形无法显示在屏幕上,这时就需要使用扫描扩展开关。当扫描扩展开关按下后,显示的范围会扩展 10 倍。这时的扫描速度是:("扫描速度开关"上的值)×1/10。如 μs/div 可以扩展到 100 ns/div。

7. X－Y 操作

将扫描速度开关设定在 X－Y 位置时,示波器工作方式为 X－Y。X 轴为 CH1 输入;Y 轴为 CH2 输入。

注意:当高频信号在 X－Y 方式时,应注意 X 与 Y 轴的频率、相位上的不同。

X－Y 方式允许示波器进行常规示波器所不能做的很多测试。CRT 可以显示一个电子图形或两个瞬时的电平。它可以是两个电平趋势的比较,就像向量示波器显示视频彩条图形。如果使用一个传感器将有关参数(频率、温度、速度等)转换成电压的话,X－Y 方式就可以显示几乎任何一个动态参数的图形。一个通用的例子就是频率响应的测试,这里 Y 轴对应于信号幅度,X 轴对应于频率。

6.4 XD2C 与 XD2 型低频信号发生器

XD2C 型低频信号发生器是 XD2 型的改进型,其功能比 XD2 多,除了有正弦波信号输出,还增加了方波输出、测频、频率显示功能。正弦波最大输出电压 6 V。它是一种 RC 正弦振荡器,能产生 1 Hz～1 MHz 的正弦波电压。

一、主要技术特性

(1)频率范围(分 6 个频段)。1 Hz～1 MHz。

"1"——1 Hz～10 Hz

"2"——10 Hz～100 Hz

"3"——100 Hz～1 kHz

"4"——1 kHz～10 kHz

"5"——10 kHz～100 kHz

"6"——100 kHz～1 MHz

(2)频率的基本误差。±(1%～1.5%)。

(3)频率漂移(预热 30 min 后)。在 1 h 内,小于 0.1%～0.4%。

(4)频率特性。<±1.0 dB。

(5)非线性失真(20 Hz～20 kHz)。<1%。

(6)输出幅度。>5 V。

(7)输出衰减(粗衰减器)。0～90 dB。

(8)功率消耗。<20V·A。该信号发生器的缺点是其输出阻抗(相当于信号源的内阻)随衰减值的不同而改变。

二、工作原理

XD2 型低频信号发生器的原理如图 6.4.1 所示。

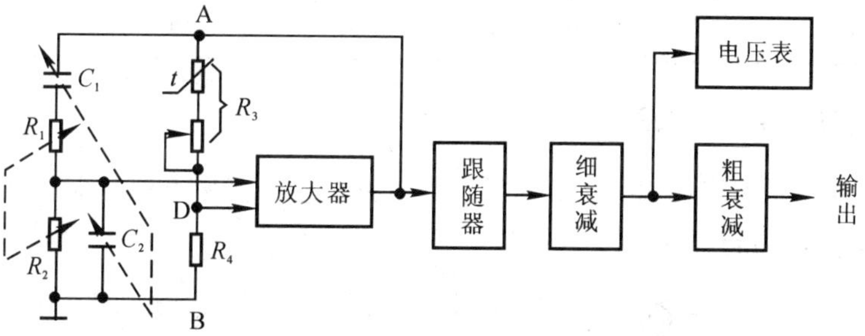

图 6.4.1　XD2 原理框图

图中 R_1,C_1 和 R_2,C_2 组成文氏电桥振荡器的正反馈支路,R_3 和 R_4 组成文氏电桥振荡器的负反馈支路,其中 R_3 由一个热敏电阻和一个电位器串联而成。

注意:图中电阻和电容编号不是仪器中的元件编号。

振荡频率:当 $R_1=R_2=R$,$C_1=C_2=C$ 时,$f_o=\frac{1}{2}\pi RC$。

三、使用方法

(1)接通电源。指示灯亮,预热 30 min。

(2)频率调节。将"频率范围"开关置于所需频率段,"频率调节"三个细钮(×1,×0.1,×0.01)调到所需频率(三位有效数字)。

(3)输出幅度调节。输出电压 1 mV～6 V,可由仪器面板"电压表头"直接指示出来,调节"输出细调"旋钮,可得到所需的电压值。

如果输出 200 mV 以下的小信号时,可再用"输出衰减"进行适当衰减,这时实际输出电压为表头电压指示值除以所选衰减器 dB 值的"电压衰减倍数"。具体可用表 6.4.1 进行对照。也可以用晶体管交流电压表直接测量。

表 6.4.1　利用输出衰减计算输出电压的对照表

输出衰减/dB	电压衰减倍数	电压表满偏时实际输出电压值
0	不衰减	5 V
10	3.16	1.58 V
20	10.0	0.50 V
30	31.6	0.16 V
40	100	0.05 V
50	316	0.016 V
60	1 000	5 mV
70	3 160	1.58 mV
80	10 000	0.50 mV
90	31 600	0.16 mV

四、XD2C 信号发生器面板图

XD2C 信号发生器面板如图 6.4.2 所示。其正弦波输出使用方法与 XD2 相同，输出方波时注意“⑫波形选择”按键。

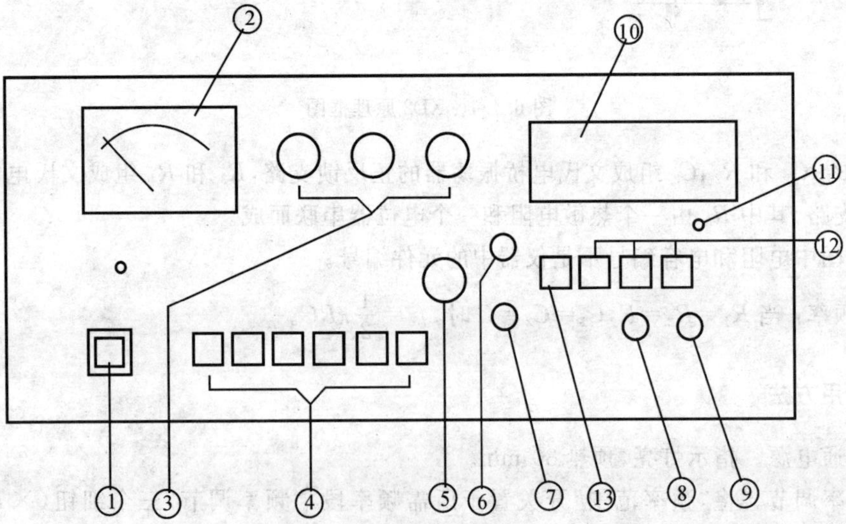

图 6.4.2　XD2C 信号发生器面板图

①—电源开关；②—表头；③—频率调节；④—频率范围；⑤—输出衰减；⑥—脉宽调节旋钮；⑦—幅度调节旋钮；⑧—频率计外测输入；⑨—输出端子；⑩—频率计显示；⑪— 过载指示；⑫— 波形选择；⑬— 频率内外测量选择

6.5　SP1641D 型函数信号发生器/计数器

SP1641 系列函数信号发生器/计数器是一种精密的测试仪器，具有连续信号、扫频信号、函数信号、脉冲信号，可输出单脉冲信号、点频正弦信号等多种输出信号和外部测频功能。如图 6.5.1 所示为 SP1641D 型函数信号发生器/计数器的面板。

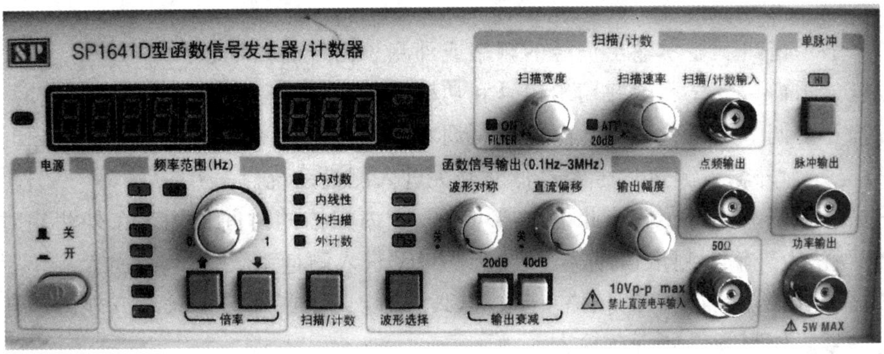

图 6.5.1　SP1641D 型函数信号发生器/计数器面板

一、技术指标

1. 信号发生器

(1)输出频率。0.1～3 MHz 本节介绍 SP1641D，按十进制分类共分 8 挡，每挡均以频率微调电位器调节。

(2)输出阻抗。函数输出，点频输出：50 Ω；TTL/CMOS，单脉冲输出：600 Ω；函数输出：正弦波、三角波、方波(对或非对称)；TTL/CMOS 输出：脉冲波(CMOS 输出 f≤100 kHz)

(3)函数输出信号直流电平(offfest) 调节范围。关或(－10～＋10 V)±10%(1 MΩ 负载)。“关”位置时输出信号所携带的直流电平＜0±0.1 V；负载电阻为 50 Ω 时，调节范围为(－5～＋5 V)±10%。

(4)函数输出信号衰减。0 dB/20 dB/40 dB/60 dB(0 dB 衰减即为不衰减)。

(5)函数输出非对称性(SYM)调节范围。关或在 20%～80%调节。“关”位置时输出波形为对称波形，误差≤2%。

(6)幅度显示。显示位数：3 位(小数点自动定位)；显示单位：V_{pp} 或 mV_{pp}；分辨率：$0.1V_{pp}$(衰减 0 dB)，$10mV_{pp}$(衰减 20 dB)，$1mV_{pp}$(衰减 40 dB)，$0.1mV_{pp}$(衰减 60 dB)。

(7)频率显示。显示范围：0.1 Hz～20 000 kHz；显示有效位数：5 位，(1k 倍率挡以下 4 位)。

2. 频率计数器

(1)频率测量范围。0.1 Hz～50 MHz。

(2)输入电压范围(衰减度为 0dB)。150 mV～2 V(0.1 Hz～1 Hz)；30 mV～2 V(1 Hz～50 MHz)。

(3)输入阻抗。500 kΩ/30 pF。

(4)波形适应性。正弦波、方波。

(5)滤波器截止频率。大约 100 kHz(带内衰减,满足最小输入电压要求)。

(7)测量时间。0.3 s(f_i>3 Hz);单个被测信号周期(f_i≤3 Hz)。

(8)显示方式。显示范围:0.100 Hz~50 000 kHz;显示有效位数:5 位。

二、前面板说明

①频率显示窗口。显示输出信号的频率或外测频信号的频率。

②幅度显示窗口。显示函数输出信号和功率输出信号的幅度。

③扫描宽度调节旋钮。调节此电位器可调节扫频输出的频率范围。在外测频时,逆时针到底(绿灯亮),为外输入测量信号经过低通开关进入测量系统。

④扫描速率调节旋钮。调节此电位器可以改变内扫描的时间长短。在外测频时,逆时针到底(绿灯亮),为外输入测量信号经过衰减"20 dB"进入测量系统。

⑤扫描/记数输入插座。当扫描/记数键(13)功能选择在外扫描状态或外测频功能时,外扫描控制信号或外测频信号由此输入。

⑥点频输出端。输出频率为 100Hz 的正弦信号,输出幅度 $2V_{pp}$(−1~+1 V),输出阻抗 50 Ω。

⑦函数信号输出端。输出多种波形受控的函数信号,输出幅度 $20V_{pp}$(1 MΩ 负载),$10V_{pp}$(50 Ω 负载)。

⑧函数信号/功率信号输出幅度调节旋钮。电压输出:调节范围 20 dB;功率输出:调节范围 0~5 W 输出功率。

⑨函数输出信号直流电平偏移调节旋钮。调节范围:−5~+5 V(50 Ω 负载),−10~+10 V(1 MΩ 负载);当电位器处在"关"位置时,则为 0 电平。

⑩输出波形对称性调节旋钮。调节此旋钮可改变输出信号的对称性。当电位器处在"关"位置时,输出对称信号。

⑪函数信号 / 功率信号输出幅度衰减开关。"20 dB""40 dB" 键均不按下,输出信号不经衰减,直接输出到插座口;"20 dB""40 dB" 键分别按下,则可选择 20 dB 或 40 dB 衰减;两键同时按下,则可进行 60 dB 衰减。

⑫函数输出波形选择按钮。可选择正弦波、三角波、脉冲波输出。

⑬"扫描 / 记数" 按钮。可选择多种扫描方式和外测频方式。

⑭频率微调旋钮。调节此旋钮可微调输出信号频率,调节基数范围为从 >0.1 Hz 到 <3 Hz。

⑮倍率选择按钮。每按一次此按钮可递减输出频率的 1 个频段。

⑯倍率选择按钮。每按一次此按钮可递增输出频率的 1 个频段。

⑰整机电源开关。此按键按下时,机内电源接通,整机工作。此键释放为关掉整机电源。

⑱单脉冲按钮。按此钮可输出 TTL 高电平(指示灯亮),再按此钮输出 TTL 低电平(指示灯灭)。

⑲单脉冲信号输出端。通过单脉冲按钮输出 TTL 跳变电平。

⑳ 5 W 功率输出端(仅 SP1641D 具有)。可输出 5 W 功率的正弦信号。输出幅度调节参照②、⑧、⑪的说明;输出频率同主函数调节。

㉑电源插座。交流市电 220 V 输入插座,内置保险丝容量为 0.5 A。

㉒ TTL/CMOS 电平调节。调节旋钮“关”为 TTL 电平;打开则为 CMOS 电平。输出幅度 5～15 V。

㉓ TTL/CMOS 输出插座。

三、测量、测验的准备工作

请先检查市电电压,确认市电电压在 220 V±10%范围内,方可将电源线插头插入本仪器后面板电源线插座内,仪器随时开启工作。

50 Ω 主函数信号输出:

(1)以终端连接 50 Ω 匹配器的测量电缆,由前面板插座⑦输出函数信号。

(2)由频率选择按钮 ⑮或 ⑯选定输出函数信号的频段,由频率微调旋钮调整输出信号频率,直到所需的工作频率值。

(3)由波形选择按钮 ⑫选定输出函数的波形分别获得正弦波、三角波、脉冲波。

(4)由信号幅度选择器 ⑪和⑧选定和调节输出信号的幅度。

(5)由信号电平设定器⑨选定输出信号所携带的直流电平。

(6)输出波形对称调节器⑩可改变输出脉冲信号空度比。与此类似,输出波形为三角或正弦时,可使三角波变为锯齿波,正弦波调变为正、负半周分别为不同角频率的正弦波形,且可移相 180°。

6.6　NY4510 型交流电压表

NY4510 型交流电压表用于测量频率为 5 Hz～1 MHz,电压为 300 μV～100 V 的正弦波有效值电压。它是一高性能指针式交流电压表,该电压表采用了新型高性能电子线路及高可靠性电子元器件,保证了宽量程,并且有良好的线性特性和频率特性。电压表输出端的设置提供了一个宽带高稳定放大器。

本仪器具有测量准确度高、频率影响误差小、输入阻抗高的优点,且换量程不用调零,使用方便;有交流电压输出,能作为宽频带、低噪声、高增益放大器或其他电子仪器的前置放大器。

一、技术参数

(1)交流电压测量范围。300 μV～100 V。

(2)仪器共分 12 挡量程。0 mV,1 mV,3 mV,10 mV,30 mV,100 mV,300 mV,1 V,3 V,10 V,30 V,100 V。

(3)dB 量程分 12 挡量程。－70 dB,－60 dB,－50 dB,－40 dB,－30 dB,－20 dB,－10dB,0 dB,＋10 dB,＋20 dB,＋30 dB,＋40 dB。本仪器采用两种电压刻度(0 dB=1 V,0 dB＝0.775 V)。

(4)电压固有误差。满刻度的±2%,1 kHz。

(5)基准条件下的频率影响误差(以 1 kHz 为基准)。(5 Hz～1 MHz)±10%;(10 Hz～500 kHz)±5%;(20 Hz～100 kHz)±3%。

(6)输入电阻。1 MΩ。

(7)输入电容。低于 50 pF。

(8)最大输入电压。$AC_{pp}+DC=600$ V。

(9)噪声。输入短路时小于 2%(满刻度)。

(10)输出电压。在每一个量程上,当指针指示满刻度“1.0”位置时,输出电压应为 1V。

(11)频率特性。10 Hz～500 kHz ±3 dB(以 1kHz 为基准)。

(12)输出电阻。600 Ω±20%。

(13)失真系数。在满刻度上小于 1%(1 kHz)。

(14)工作温度范围。0～40℃。

(15)工作湿度范围。小于 90%。

(16)电源。220 V±10%;50～60 Hz; 2.5W。

二、面板功能说明

面板如图 6.6.1 所示。

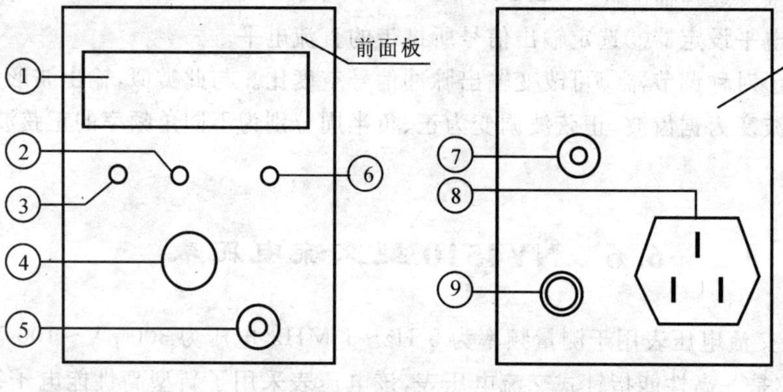

图 6.6.1 交流电压表面板图

①—表头 ②—表头机械零调节螺丝 ③—电源开关

④—量程选择开关 ⑤—信号输入端 ⑥—电源指示灯

⑦—放大器输出端 ⑧—电源插座 ⑨—接地柱

三、使用方法

(1)机械零指示调整。当电源关断时,如果表头指针不是在零上,用绝缘起子调节机械螺丝,使指针置于零。

(2)输入电压。该仪器原最大输入电压为 $AC_{pp}+DC=600$ V,若大于 600 V 的峰值电压加到输入端,可能破坏部分电路。

(3)输入波形。这个仪器给出的指示按正弦波的有效值校准,因此输入电压波形的失真会引起读数不准确。

(4)感应噪声。当被测量的电压很小时,或者测量电压源阻抗很高时,外部噪声感应使指

四、操作方法

(1)通电以前，应先检查电表指针是否在零上，如果不在零上，用调节螺丝调整到零。

(2)插入电源。

(3)预先把量程开关置于 100 V 量程上。

(4)电源开关打到"开"上，指示灯亮。电源加上后大约 5 s 仪器将稳定。

(5)交流电压的测量。当输入端加上测量电压时，表头指示读数如果小于满刻度的 30%，可逆时针方向转动量程旋钮逐渐地减小电压量程，当指针大于满刻度的 30%又小于满刻度时读出示值。在刻度上有两个最大的电压校准"1"和"3"，表 6.6.1 说明了"量程"旋钮的位置与电压刻度之间的关系。

表　6.6.1

量　程	刻　度	倍乘器	电压刻度
100 V	0～1	100	2 V
30 V	0～3	10	1 V
10 V	0～1	10	0.2 V
3 V	0～3	1	0.1 V
1 V	0～1	1	0.02 V
300 mV	0～3	100	10 mV
100 mV	0～1	100	2 mV
30 mV	0～3	10	1 mV
10 mV	0～1	10	0.2 mV
3 mV	0～3	1	0.1 mV
1 mV	0～1	1	0.02 mV
0.3 mV	0～3	10	0.01 mV

第7章 电子电路测量技术的基本知识

7.1 干 扰 源

对测量仪器有影响的干扰，主要有以下几种：

1. 热电动势(直流)

测量电路中的接点、线绕电位器的动点、电子元件的引线和印刷电路板布线等各种金属的结合点间，由于温度差产生热电动势。

2. 交流电源设备及电源线

大多数测量仪器是用交流电源供电工作的，因此，交流电源装置及电源线最易受到各种干扰的影响，其中大多数是工频(50Hz)或高频(调制波)干扰。

3. 电气型干扰(日光灯、焊接机等)

电气型干扰的频带及其它所具有的脉冲性质，使产生的干扰强，测量仪器很容易受到感应，所以不易克服。

4. 无线电波、无线电收发两用机(高频波)

此类电磁波感应的干扰，经非线性元件检波后表现为低频，而影响测量仪器。

7.2 误差分析与测量结果的处理

一、测量误差的来源

1. 仪器、仪表的误差

此误差为所用测量仪器、仪表不准确所引起的基本误差。

2. 环境误差

此误差为所用测量仪器、仪表未按规定的条件使用，因环境温度、电源、频率、波形、外界电磁场等因素的影响产生的附加误差。

3. 方法误差

此误差为测量方法不完善或理论不严密所产生的，即凡是在测量结果的表达式中没有得到反映的因素，而实际上这些因素又起作用所引起的误差。

4. 疏失误差

此误差属于实验者本身原因所引起的误差。例如，估计读数始终偏大或偏小等。

二、误差表示方法

误差表示方法可分为绝对误差和相对误差两种。

1. 绝对误差

绝对误差等于测量值与其真值之差，即

$$\Delta X = X - A_0$$

式中，ΔX 为绝对误差；X 为测量值（指示值）；A_0为被测参量的客观存在值（真值），它一般无法得到，只能尽量逼近，通常用高一级的标准仪器测量的示值 A 来代替 A_0，则

$$\Delta X = X - A$$

测量前，测量仪器应由高一级的标准仪器进行校正，校正量常用修正值 C 表示。利用修正值便可得到该仪器所测得的实际值，即

$$A = X + C$$

修正值常以表格、曲线或公式的形式给出。

2. 相对误差

用绝对误差表示时，由于在测量不同大小的被测量值，不能简单地用它来判断准确程度。例如，测 100 V 电压时，$\Delta X_1 = +1$ V；在测 10 V 电压时，$\Delta X_2 = +0.5$ V，虽然 $\Delta X_1 > \Delta X_2$，可实际上 $\Delta X_1 = +1$ V，只占被测量的 1%，而 $\Delta X_2 = +0.5$ V，却占被测量的 5%，显然，在测 10 V时，其误差对测量结果的相对影响更大。为此，在工程上通常采用相对误差来比较测量结果的准确程度。

相对误差是绝对误差与真值之比值，用百分数表示，即

$$\delta = \frac{\Delta X}{A} \times 100\%$$

相对误差是一个只有大小和符号，而无量纲的量。

引用误差 γ_m 是测量仪表量程内最大绝对误差 ΔX_m 与仪表量程 Y_m 的百分比，即

$$\gamma_m = \frac{\Delta X_m}{Y_m} \times 100\%$$

引用误差是以测量仪表的量程而不是测量值来表示相对误差的。这一指标通常用来表示仪表本身的精度而不是测量精度，仪表的精度等级就是用引用误差来确定的，如 0.5 级的电表，表明 $\gamma_m \leqslant 0.5\%$。

在仪表量程内，测量结果的最大绝对误差 ΔX_m 与量程 Y_m 的关系为

$$\Delta X_m = \gamma_m \times Y_m$$

而相对误差 $\delta = \Delta X / A$，所以最大相对误差为

$$\delta_m = \Delta X_m / A = (\gamma_m \times Y_m) / A$$

由于量程 Y_m 总是比 A 大，因此相对误差 δ 总是大于仪表引用误差 γ_m。当示值 A 很小而量程 Y_m 很大时，$\delta \gg \gamma_m$。可见，当仪表精度等级 γ_m 选定后，测量示值 A 越接近仪表量程 Y_m，测量越准确。所以用仪表进行测量时，一般总是使示值尽可能在满量程刻度二分之一以上。

三、测量结果的处理

测量结果通常用数字或图形表示，下面分别讨论。

1. 测量结果的数字处理

(1)有效数字。由于存在误差,因此测量的数据总是近似值,它通常由可靠数字和欠准数字两部分组成。例如,由电表测得电压 35.7 V,这是个近似数,35 是可靠数字,而末尾 7 为欠准数字,即 35.7 为三位有效数字。

对于有效数字的正确表示,应注意如下几点:

1)有效数字是指从左边第一个非零的数字开始,直到右边最后一个数字为止的所有数字。例如,测得的频率为 0.023 6 MHz,它是由 2,3,6 三个有效数字组成的频率值,而左边两个零不是有效数字,它可以写成 2.36×10^{-2} MHz,也可以写成 23.6 kHz,而不能写成 23 600 Hz。

2)若已知误差,则有效值的位数应与误差相一致。例如,设仪表误差为±0.01 V,测得电压为 14.352 V,其结果就写为 14.35 V。

3)当给出误差有单位时,测量数据的写法应与其一致。

(2)数据舍入规则。为使正、负舍入误差的机会大致相等,传统的方法是采用四舍五入的办法。

(3)有效数字的运算规则。当测量结果需要进行中间运算时,有效数字的取舍,原则上取决于参与运算的各数中精度最差的那一项。一般应遵循以下规则:

1)当几个近似值进行加、减运算时,在各数中(采用同一个计量单位),以小数点后的位数最少的那一个数(如无小数点,则以有效值最小者)为准,其余各数均舍入至比该数多一位,而计算的结果所保留的小数点位数,应与各数中小数点后位数最少者的位数相同。

2)进行乘法运算时,以有效数值位数最少的那一个数为准,其余各数及积(或商)均舍入至比该因子多一位,而与小数点位置无关。

3)将数平方或开方后,结果可比原数多保留一位。

4)若计算式中出现如 e,π 等常数时,可根据具体情况来决定它们应取的位数。

2. 曲线的处理

在分析两个或多个物理量之间的关系时,用曲线比用数字、公式表示常常更形象、更直观。因此,测量结果常要用曲线来表示。

在实际测量过程中,由于各种误差的影响,测量数据将出现离散现象,如将测量点直接连接起来,将不是一条光滑的曲线,而是呈波动的折线状,如图 7.2.1 所示。但利用有关的误差理论,可以把各种随机因素引起的曲线波动抹平,使其成为一条光滑、均匀的曲线,这个过程称为曲线的修正。

在要求不太高的测量中,常采用一种简便、可行的工程方法——分组平均法——来修匀曲线。这种方法是将各数据点分成若干组,每组含 2~4 个数据点,然后分别取各组的几何中心,再将这些中心连接起来。图 7.2.2 就是每组取 2~4 个数据点进行平均后的修匀曲线。这条曲线由于进行了数据平均,在一定程度上减少了偶然误差的影响,使之较为符合实际情况。

对电子电路实验误差分析与数据处理应注意几点:

1)实验前应尽量做到心中有数,以便及时分析测量结果的可行性。

2)在时间允许时,每个参数应多测几次,以便搞清实验过程中引入系统误差的因素,尽可能提高测量的准确度。

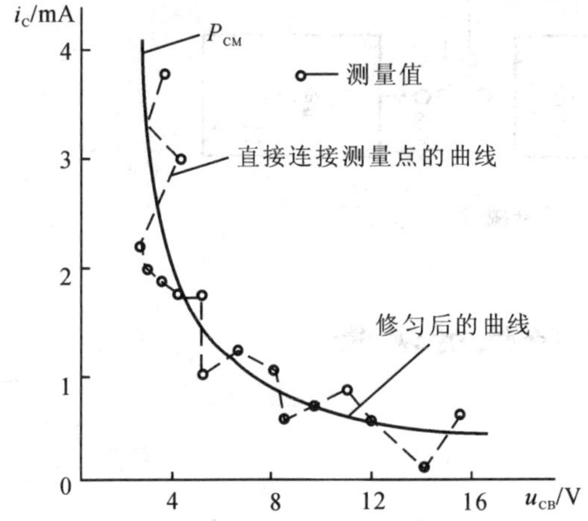

图 7.2.1　直接连接测量点时曲线的波动情况

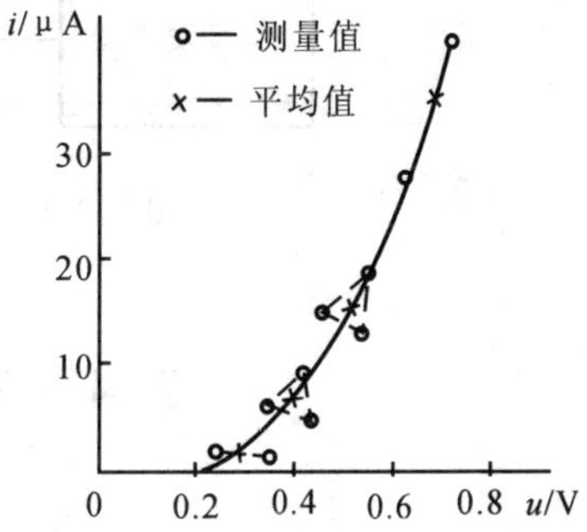

图 7.2.2　分组平均法修匀的曲线

3)应注意测量仪器、元件的误差范围对测量的影响，通常所读得的示值与测量值之间应该有

测量值=示值+误差

的关系，因此测量前对测量仪器的误差及检定、校准和维护情况应有所了解，在记录测量值时要注明有关误差，或决定测量的有效位数。

4)正确估计方法误差的影响。电子电路中采用的理论公式常常是近似公式，这将带来方法误差，其次计算公式中元件的参数一般都用标称值(而不是真值)，这将带来随机性的系统误差，因此应考虑理论计算值的误差范围。

5)应注意剔除疏失误差。

7.3　系统增益或衰减的测量

系统的响应量与激励量的强度比称为系统的增益或衰减。其中功率增益或衰减是指输出功率 P_o 与输入功率 P_i 之比。

图 7.3.1 为线性系统增益(或衰减)测量原理图。其中信号发生器向被测系统提供幅度和频率可调的正弦信号；检测器为电压表、电流表、功率计或示波器。将开关 S 分别置"1"和"2"挡，便可测出系统的输入和输出信号强度，从而计算系统的增益(或衰减)。测量过程中，应用示波器监视输出波形不失真，测得的 A_p, A_u, A_i 分别为

$$A_p = 10\lg\frac{P_o}{P_i},\quad A_u = 20\lg\frac{U_o}{U_i},\quad A_i = 20\lg\frac{I_o}{I_i}$$

测量增益(或衰减)的注意事项：

(1)信号发生器的输出频率应调到被测系统通频带的中间频率，输出电压应调到被测系统所允许的输入电压范围内，不可使被测系统过载，以免使输出信号失真或损坏被测系统。

(2)要依据被测系统的工作频率、输入及输出电压的变化范围、输出阻抗等选择适当的检测器。

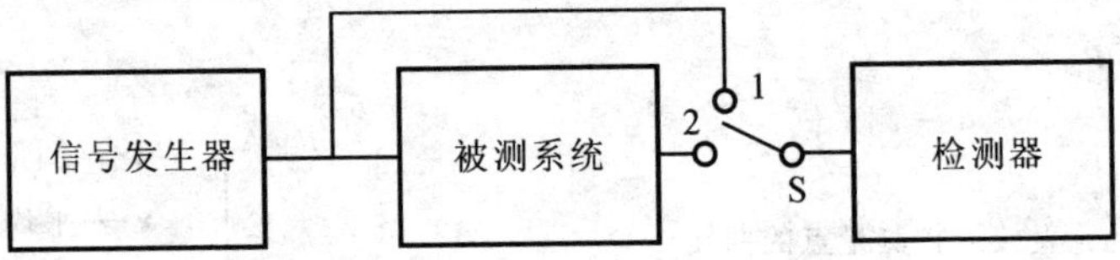

图 7.3.1 线性系统增益(或衰减)测量原理图

7.4 系统频率特性的测量

一、幅频特性测量

幅频特性又称频响,是指系统转移电压比的频率响应,即系统对不同信号频率的幅度响应。一般可用逐点法测量,也可用扫频仪测量。

逐点法测量频响就是固定系统的输入信号幅度,用检测器(电压表或示波器)逐点测量系统对应不同输入频率时的输出电压,然后做出系统电压幅度响应随信号频率变化的关系曲线。

扫频仪测量是由扫频信号发生器在可调的上、下限频率之间提供一个频率随时间呈线性变化(或对数变化)而幅度恒定的正弦波,并作为频率扫描信号加到被测系统的输入端,然后检波电路检出被测系统对应不同频率时输出信号幅度的包迹,再经放大后回到 y 轴,而将频率扫描信号加到 x 轴。通过示波器和 XY 记录仪便可显示被测系统的幅频特性曲线。

二、相频特性测量

系统的相频特性是指系统输出电压与输入电压间的相位差随信号频率的变化关系。

相位差的测量方法较多,用示波器测量相位可用外同步法、李沙育图形法、圆扫描法等。用示波器测相位差速度慢,而且不精确。当进行大量的或准确的相位测量时,应选用专门测量仪器。

7.5 系统输入、输出电阻的测量

一、输入电阻的测量

系统的输入电阻为电路输入端正弦输入电压与输入电流之比。它反映了被测系统对信号源所呈现的负载效应。

输入阻抗的测量可用专门的阻抗测量仪器,也可用半电压法和分压法。

图 7.5.1 为输入电阻的半电压法测量原理图,保持信号发生器的输出电压不变,调节电阻 R_w,使被测系统的输出电压降为未接 R_w(R_w 短路)时的一半,则此刻的 R_w 值即为被测系统的输入电阻值。

用分压法测系统的输入电阻,请参看放大器实验中的有关内容。

图 7.5.1　线性系统输入的半电压法测量原理图

二、输出电阻的测量

系统的输出电阻 R_o 是利用等效电源定理将被测系统等效为一个电压源时的内阻，其值为被测系统的输出开路电压与短路电流之比，它是衡量被测系统带负载能力的重要指标。R_o 越小，负载两端压降越接近被测系统的开路电压，被测系统带负载的能力越强。

系统输出电阻的测量同样可用专门的阻抗测量仪器，也可用半电压法和分压法。

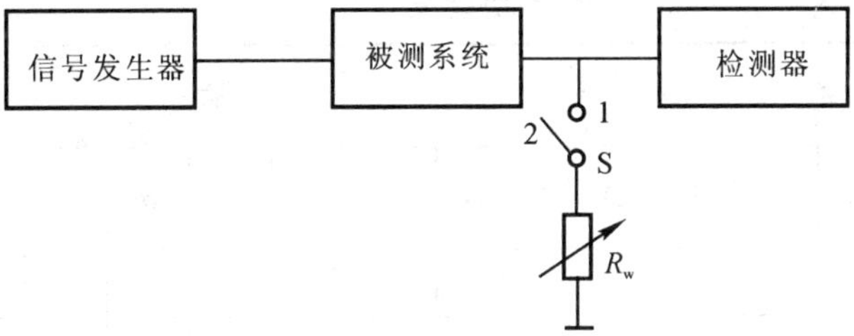

图　7.5.2

用半电压法测 R_o 如图 7.5.2 所示，先将 S 置“1”挡，测出被测系统的输出电压，再将 S 置“2”挡，调 R_w 使被测系统输出电压减半，则此时的 R_w 值即为 R_o 值。

用分压法测 R_o 在放大器实验中已有介绍，不再重复。

附　　录

附录 1　部分常用数字集成电路功能表

一、74LS48 BCD 七段译码器/驱动器

功能表

十进制数或功能	输入							输出							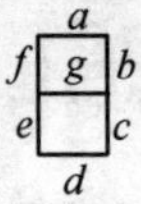
	LT	*RBI*	*D*	*C*	*B*	*A*	*BI*/*RBO*	*a*	*b*	*c*	*d*	*e*	*f*	*g*	
0	1	1	0	0	0	0	1	1	1	1	1	1	1	0	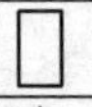
1	1	×	0	0	0	1	1	0	1	1	0	0	0	0	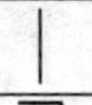
2	1	×	0	0	1	0	1	1	1	0	1	1	0	1	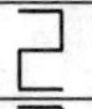
3	1	×	0	0	1	1	1	1	1	1	1	0	0	1	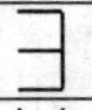
4	1	×	0	1	0	0	1	0	1	1	0	0	1	1	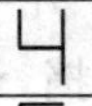
5	1	×	0	1	0	1	1	1	0	1	1	0	1	1	
6	1	×	0	1	1	0	1	1	0	1	1	1	1	1	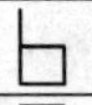
7	1	×	0	1	1	1	1	1	1	1	0	0	0	0	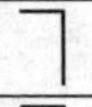
8	1	×	1	0	0	0	1	1	1	1	1	1	1	1	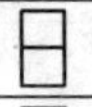
9	1	×	1	0	0	1	1	1	1	1	1	0	1	1	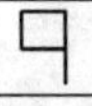
10	1	×	1	0	1	0	1	0	0	0	1	1	0	1	
11	1	×	1	0	1	1	1	0	0	1	1	0	0	1	
12	1	×	1	1	0	0	1	0	1	0	0	0	1	1	
13	1	×	1	1	0	1	1	1	0	0	1	0	1	1	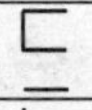
14	1	×	1	1	1	0	1	0	0	0	1	1	1	1	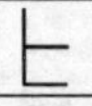
15	1	×	1	1	1	1	1	0	0	0	0	0	0	0	暗
BI	×	×	×	×	×	×	0	0	0	0	0	0	0	0	暗
RBI	1	0	0	0	0	0	0	0	0	0	0	0	0	0	暗
LT	0	×	×	×	×	×	1	1	1	1	1	1	1	1	全亮

说明：

(1)灯测试输入 LT。

当 $LT=0$，$BI/RBO=1$ 时，不管 RBI，D，C，B，A 输入是什么状态，$a\sim g$ 全为 1，所有段全亮，显示 8。因此，可作检验数码管和电路用。

(2)灭灯输入 BI。

当 $BI=0$，不论 LT，RBI，D，C，B，A 状态如何，$a\sim g$ 全为 0，显示管熄灭，因此，灭灯输入端 BI 可用作对显示与否的控制，例如闪字，与一同步信号联动显示等。

(3)动态灭零输入 RBI。

当 $RBI=0$ 时，只有在 $LT=1$，且 $DCBA=0000$ 时，$a\sim g$ 均为 0，各段熄灭，用于不须显示零的场合。例如：一个七位显示器"1985"，如不消前面的零，就会显示出"0001985"，为利用 RBI 端，则将前三位的 RBI 端接地，就可达到显示要求。

(4)动态灭零输出 RBO。

RBO 是输出，与 BI 并在一起，它在灭灯输入 $BI=0$ 或动态灭零输入 $RBI=0$，且 $LT=1$，$DCBA=0000$ 时，方输出 0。用它与 RBI 配合，可方便消去混合小数的前零和无用的尾零。

二、74LS74 双 D 触发器(↑)

功能表

输入				输出	
$\bar{R}_D$	$\bar{S}_D$	CLK	D	Q	$\bar{Q}$
0	1	×	×	0	1
1	0	×	×	1	0
0	0	×	×	1	1
1	1	↑	0	0	1
1	1	↑	1	1	0
1	1	0	×	不变	

三、74LS75 四位双稳态锁存器

功能表

输入		输出	
D	E	Q	$\bar{Q}$
0	1	0	1
1	1	1	0
×	0	不变	

四、74LS76 双 JK 触发器(负沿触发)

功能表

输　入					输　出	
$\overline{S}_D$	$\overline{R}_D$	CLK	J	K	Q	$\overline{Q}$
0	1	×	×	×	1	0
1	0	×	×	×	0	1
0	0	×	×	×	1	1
1	1	↓	0	0	保持	
1	1	↓	0	1	0	1
1	1	↓	1	0	1	0
1	1	↓	1	1	反转	

五、74LS90 异步二—五—十进制计数器(负沿触发)

真值表　I

输　入	输出(8421)			
	Q_D	Q_C	Q_B	Q_A
0	0	0	0	0
1	0	0	0	1
2	0	0	1	0
3	0	0	1	1
4	0	1	0	0
5	0	1	0	1
6	0	1	1	0
7	0	1	1	1
8	1	0	0	0
9	1	0	0	1

注:将 Q_A 与 CLK_1 连接,从 CLK_0 送 CP。

真值表　Ⅱ

输　入	输出(5421)			
	Q_A	Q_D	Q_C	Q_B
0	0	0	0	0
1	0	0	0	1
2	0	0	1	0
3	0	0	1	1
4	0	1	0	0
5	1	0	0	0
6	1	0	0	1
7	1	0	1	0
8	1	0	1	1
9	1	1	0	0

注:将 Q_D 与 CLK_0 连接,从 CLK_1 送 CP。

复 0 置 9 及计数功能表

输　入				输　出			
$R_{0(1)}$	$R_{0(2)}$	$S_{9(1)}$	$S_{9(2)}$	Q_D	Q_C	Q_B	Q_A
1	1	0	×	0	0	0	0
1	1	×	0	0	0	0	0
×	×	1	1	1	0	0	1
×	0	×	0	计　数			
0	×	0	×	计　数			
0	×	×	0	计　数			
×	0	0	×	计　数			

六、74LS112 双 JK 触发器

功能表

输入					输出	
$\overline{S}_D$	$\overline{R}_D$	*CLK*	*J*	*K*	***Q***	$\overline{Q}$
0	1	×	×	×	1	0
1	0	×	×	×	0	1
0	0	×	×	×	1	1
1	1	↓	0	0	保持	
1	1	↓	0	1	0	1
1	1	↓	1	0	1	0
1	1	↓	1	1	反转	

七、74LS122 可再触发单稳、多谐振荡器

功能表

输入					输出	
CP	A_1	A_2	B_1	B_2	***Q***	$\overline{Q}$
0	×	×	×	×	0	1
×	1	1	×	×	0	1
×	×	×	0	×	0	1
×	×	×	×	0	0	1
1	0	×	↑	1	⊓	⊔
1	0	×	1	↑	⊓	⊔
1	×	0	↑	1	⊓	⊔
1	×	0	1	↑	⊓	⊔
1	1	↓	1	1	⊓	⊔
1	↓	↓	1	1	⊓	⊔
1	↓	1	1	1	⊓	⊔
↑	0	×	1	1	⊓	⊔
↑	×	0	1	1	⊓	⊔

74LS122 为可重复触发的单稳触发器，它具有两个负跳变触发输入和两个正跳变触发输入端，以及互补输出端。

若在输出脉冲结束之前，输入重复触发脉冲，则输出脉冲宽度加宽。但重复触发脉冲与前一触发脉冲的时间间隔应大于 $0.22C_T$(ns)。也可从清除输入端 C_T 输入清除脉冲使输出脉冲中止，而不依赖计时元件。

外接定时电容和电阻与输出脉冲宽度的取值可按 $t_w=0.32R_TC_T(1+0.7/R_T)$ 估算。式中 t_w 单位为 ns，R_T 单位为 kΩ，C_T 单位为 pF。

八、74LS139 双 2/4 线译码器/分配器

功能表

输入			输出			
允许 $\bar{E}$	选择					
	B	A	Y_0	Y_1	Y_2	Y_3
1	×	×	1	1	1	1
0	0	0	0	1	1	1
0	0	1	1	0	1	1
0	1	0	1	1	0	1
0	1	1	1	1	1	0

九、74LS138 3/8 线译码器/分配器

功能表

输入					输出							
允许		选择										
E_3	E_1+E_2	C	B	A	Y_0	Y_1	Y_2	Y_3	Y_4	Y_5	Y_6	Y_7
×	1	×	×	×	1	1	1	1	1	1	1	1
0	×	×	×	×	1	1	1	1	1	1	1	1
1	0	0	0	0	0	1	1	1	1	1	1	1
1	0	0	0	1	1	0	1	1	1	1	1	1
1	0	0	1	0	1	1	0	1	1	1	1	1
1	0	0	1	1	1	1	1	0	1	1	1	1
1	0	1	0	0	1	1	1	1	0	1	1	1
1	0	1	0	1	1	1	1	1	1	0	1	1
1	0	1	1	0	1	1	1	1	1	1	0	1
1	0	1	1	1	1	1	1	1	1	1	1	0

注：$G=E_1+E_2$

十、74LS150 16选1数据选择器/多路开关

功能表

输入					输出
D	C	B	A	S	Y
×	×	×	×	1	1
0	0	0	0	0	D_0
0	0	0	1	0	D_1
0	0	1	0	0	D_2
0	0	1	1	0	D_3
0	1	0	0	0	D_4
0	1	0	1	0	D_5
0	1	1	0	0	D_6
0	1	1	1	0	D_7
1	0	0	0	0	D_8
1	0	0	1	0	D_9
1	0	1	0	0	D_{10}
1	0	1	1	0	D_{11}
1	1	0	0	0	D_{12}
1	1	0	1	0	D_{13}
1	1	1	0	0	D_{14}
1	1	1	1	0	D_{15}

十一、74LS151 8 选 1 数据选择器/多路开关

功能表

输　入				输　出	
A	B	C	$\bar{E}$	Z	$\bar{Z}$
×	×	×	1	0	1
0	0	0	0	I_0	$\bar{I}_0$
0	0	1	0	I_1	$\bar{I}_1$
0	1	0	0	I_2	$\bar{I}_2$
0	1	1	0	I_3	$\bar{I}_3$
1	0	0	0	I_4	$\bar{I}_4$
1	0	1	0	I_5	$\bar{I}_5$
1	1	0	0	I_6	$\bar{I}_6$
1	1	1	0	I_7	$\bar{I}_7$

十二、74LS153 双 4 选 1 数据选择器/多路开关

功能表

选择输入		数据输入				选通脉冲输入	输　出
B	A	I_0	I_1	I_2	I_3	E	Y
×	×	×	×	×	×	1	0
0	0	0	×	×	×	0	0
0	0	1	×	×	×	0	1
0	1	×	0	×	×	0	0
0	1	×	1	×	×	0	1
1	0	×	×	0	×	0	0
1	0	×	×	1	×	0	1
1	1	×	×	×	0	0	0
1	1	×	×	×	1	0	1

十三、74LS154 4/16 线译码器/多路分配器

功能表

输入						输出															
G_1	G_2	D	C	B	A	Y_0	Y_1	Y_2	Y_3	Y_4	Y_5	Y_6	Y_7	Y_8	Y_9	Y_{10}	Y_{11}	Y_{12}	Y_{13}	Y_{14}	Y_{15}
0	0	0	0	0	0	0	1	1	1	1	1	1	1	1	1	1	1	1	1	1	1
0	0	0	0	0	1	1	0	1	1	1	1	1	1	1	1	1	1	1	1	1	1
0	0	0	0	1	0	1	1	0	1	1	1	1	1	1	1	1	1	1	1	1	1
0	0	0	0	1	1	1	1	1	0	1	1	1	1	1	1	1	1	1	1	1	1
0	0	0	1	0	0	1	1	1	1	0	1	1	1	1	1	1	1	1	1	1	1
0	0	0	1	0	1	1	1	1	1	1	0	1	1	1	1	1	1	1	1	1	1
0	0	0	1	1	0	1	1	1	1	1	1	0	1	1	1	1	1	1	1	1	1
0	0	0	1	1	1	1	1	1	1	1	1	1	0	1	1	1	1	1	1	1	1
0	0	1	0	0	0	1	1	1	1	1	1	1	1	0	1	1	1	1	1	1	1
0	0	1	0	0	1	1	1	1	1	1	1	1	1	1	0	1	1	1	1	1	1
0	0	1	0	1	0	1	1	1	1	1	1	1	1	1	1	0	1	1	1	1	1
0	0	1	0	1	1	1	1	1	1	1	1	1	1	1	1	1	0	1	1	1	1
0	0	1	1	0	0	1	1	1	1	1	1	1	1	1	1	1	1	0	1	1	1
0	0	1	1	0	1	1	1	1	1	1	1	1	1	1	1	1	1	1	0	1	1
0	0	1	1	1	0	1	1	1	1	1	1	1	1	1	1	1	1	1	1	0	1
0	0	1	1	1	1	1	1	1	1	1	1	1	1	1	1	1	1	1	1	1	0
×	1	×	×	×	×	1	1	1	1	1	1	1	1	1	1	1	1	1	1	1	1
1	×	×	×	×	×	1	1	1	1	1	1	1	1	1	1	1	1	1	1	1	1

十四、74LS160 四位十进制同步计数器(异步清零)

功能表

输入									输出				说明
R_D	EP	ET	L_D	CLK	D_3	D_2	D_1	D_0	Q_3	Q_2	Q_1	Q_0	高位在左
0	×	×	×	×	×	×	×	×	0	0	0	0	强迫清除
1	×	×	0	↑	D	C	B	A	D	C	B	A	置数在 CLK↑完成
1	0	×	1	×	×	×	×	×	保持				不影响 O_C 输出
1	×	0	1	×	×	×	×	×	保持				$ET=0, O_C=0$
1	1	1	1	↑	×	×	×	×	计数				十进制进位方式

注：只有当 $CLK=1$ 时，EP，ET 才允许改变状态。

十五、74LS161 四位二进制同步计数器(异步清零)

功能表

输入									输出				说明
R_D	EP	ET	L_D	CLK	D_3	D_2	D_1	D_0	Q_3	Q_2	Q_1	Q_0	高位在左
0	×	×	×	×	×	×	×	×	0	0	0	0	强迫清除
1	×	×	0	↑	D	C	B	A	D	C	B	A	置数在 CLK↑完成
1	0	×	1	×	×	×	×	×	保持				不影响 O_C 输出
1	×	0	1	×	×	×	×	×	保持				$ET=0, O_C=0$
1	1	1	1	↑	×	×	×	×	计数				二进制进位方式

注：只有当 $CLK=1$ 时，EP，ET 才允许改变状态。

十六、74LS162 四位十进制同步计数器(同步清零)

功能表

输入									输出			
CLK	R_D	L_D	EP	ET	D_0	D_1	D_2	D_3	Q_0	Q_1	Q_2	Q_3
↑	0	×	×	×	×	×	×	×	0	0	0	0
↑	1	0	×	×	A	B	C	D	A	B	C	D
×	1	1	0	×	×	×	×	×	保持			
×	1	1	×	0	×	×	×	×	保持			
↑	1	1	1	1	×	×	×	×	计数			

注：只有当 $CLK=1$ 时，EP，ET 才允许改变状态。

十七、74LS163 四位二进制同步计数器(同步清零)

功能表

输入									输出			
CLK	R_D	L_D	*EP*	*ET*	D_0	D_1	D_2	D_3	Q_0	Q_1	Q_2	Q_3
↑	0	×	×	×	×	×	×	×	0	0	0	0
↑	1	0	×	×	*A*	*B*	*C*	*D*	*A*	*B*	*C*	*D*
×	1	1	0	×	×	×	×	×	保持			
×	1	1	×	0	×	×	×	×	保持			
↑	1	1	1	1	×	×	×	×	计数			

注:只有当 $CLK=1$ 时,*EP*,*ET* 才允许改变状态。

十八、74LS164 八位并行输出串行移位寄存器(异步清零)

功能表

输入				输出				说明
R_D	*CLK*	*A*	*B*	Q_0	Q_1	…	Q_7	
0	×	×	×	0	0	…	0	异步清零
1	0	×	×	Q_{0n}	Q_{1n}		Q_{7n}	不变
1	↑	1	1	1	Q_{0n}	…	Q_{6n}	右移
1	↑	0	×	0	Q_{0n}	…	Q_{6n}	右移
1	↑	×	0	0	Q_{0n}	…	Q_{6n}	右移

十九、74LS192 双时钟可预置 BCD 同步加/减计数器

功能表

输入								输出			
R_D	L_D	*CLKU*	*CLKD*	D_3	D_2	D_1	D_0	Q_3	Q_2	Q_1	Q_0
1	×	×	×	×	×	×	×	0	0	0	0
0	0	×	×	*D*	*C*	*B*	*A*	*D*	*C*	*B*	*A*
0	1	↑	1	×	×	×	×	加法计数			
0	1	1	↑	×	×	×	×	减法计数			

二十、74LS193 双时钟可预置二进制同步加/减计数器

功能表

输入								输出			
R_D	L_D	$CLKU$	$CLKD$	D_3	D_2	D_1	D_0	Q_3	Q_2	Q_1	Q_0
1	×	×	×	×	×	×	×	0	0	0	0
0	0	×	×	D	C	B	A	D	C	B	A
0	1	↑	1	×	×	×	×	加法计数			
0	1	1	↑	×	×	×	×	减法计数			

二十一、74LS194 四位双向通用移位寄存器

功能表

输入										输出			
R_D	控制方式		CLK	连续移动		数据(并行)				Q_0	Q_1	Q_2	Q_3
	S_1	S_0		左移 SL	右移 SR	D_0	D_1	D_2	D_3				
0	×	×	×	×	×	×	×	×	×	0	0	0	0
1	×	×	0	×	×	×	×	×	×	Q_{0n}	Q_{1n}	Q_{2n}	Q_{3n}
1	1	1	↑	×	×	a	b	c	d	a	b	c	d
1	0	1	↑	×	1	×	×	×	×	1	Q_{0n}	Q_{1n}	Q_{2n}
1	0	1	↑	×	0	×	×	×	×	0	Q_{0n}	Q_{1n}	Q_{2n}
1	1	0	↑	1	×	×	×	×	×	Q_{1n}	Q_{2n}	Q_{3n}	1
1	1	0	↑	0	×	×	×	×	×	Q_{1n}	Q_{2n}	Q_{3n}	0
1	0	0	×	1	×	×	×	×	×	Q_{0n}	Q_{1n}	Q_{2n}	Q_{3n}

二十二、CD4013 双 D 触发器

功能表

CLK	D	R_D	S_D	Q	$\bar{Q}$
↑	0	0	0	0	1
↑	1	0	0	1	0
↓	×	0	0	保 持	
×	×	1	0	0	1
×	×	0	1	1	0
×	×	1	1	1	1

二十三、CD4027 双 JK 触发器

功能表

J	K	S_D	R_D	CLK	Q^{n+1}
0	0	0	0	↑	Q^n
0	1	0	0	↑	0
1	0	0	0	↑	1
1	1	0	0	↑	$\bar{Q}^n$
×	×	0	1	↑	0
×	×	1	0	↑	1
×	×	0	0	↓	Q^n

二十四、CD4051 单八通道模拟转换器

功能表

输入状态				接通通道
INH	C	B	A	
0	0	0	0	0
0	0	0	1	1
0	0	1	0	2
0	0	1	1	3
0	1	0	0	4
0	1	0	1	5
0	1	1	0	6
0	1	1	1	7
1	×	×	×	无

二十五、CD4017 二—十进制计数器/脉冲分配器

功能表

CLK	EN	R_D	Q_n	功 能
×	×	1	$Q_0=1$	复 位
0	×	0	$Q_n=1$	保 持
×	1	0	$Q_n=1$	保 持
↑	0	0	$Q_{n+1}=1$	计 数
1	↓	0	$Q_{n+1}=1$	计 数
↓	×	0	$Q_n=1$	保 持
×	↑	0	$Q_n=1$	保 持

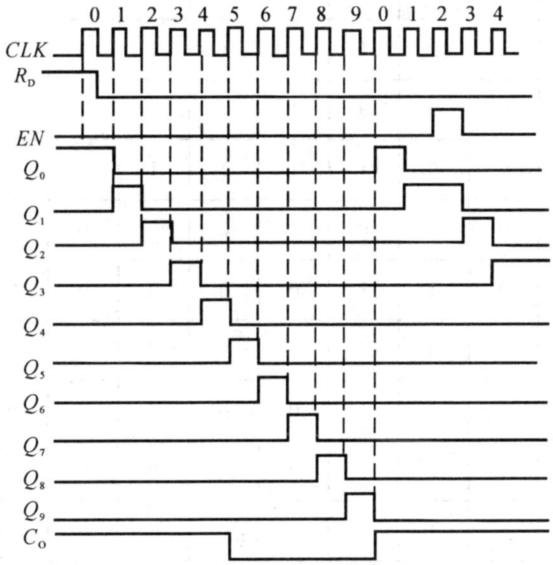

二—十进制计数器/脉冲分配器 CD4017 时序图

R_D—复位； CLK—时钟； EN—时钟禁止； C_o—进位输出

二十六、CD4511 BCD 七段锁存译码器

功能表

输入							输出							显示
LE	$\overline{BI}$	$\overline{LT}$	*D*	*C*	*B*	*A*	*a*	*b*	*c*	*d*	*e*	*f*	*g*	
×	×	0	×	×	×	×	1	1	1	1	1	1	1	8
×	0	1	×	×	×	×	0	0	0	0	0	0	0	灭灯
0	1	1	0	0	0	0	1	1	1	1	1	1	0	0
0	1	1	0	0	0	1	0	1	1	0	0	0	0	1
0	1	1	0	0	1	0	1	1	0	1	1	0	1	2
0	1	1	0	0	1	1	1	1	1	1	0	0	1	3
0	1	1	0	1	0	0	0	1	1	0	0	1	1	4
0	1	1	0	1	0	1	1	0	1	1	0	1	1	5
0	1	1	0	1	1	0	0	0	1	1	1	1	1	6
0	1	1	0	1	1	1	1	1	1	0	0	0	0	7
0	1	1	1	0	0	0	1	1	1	1	1	1	1	8
0	1	1	1	0	0	1	1	1	1	0	0	1	1	9
0	1	1	1	0	1	0	0	0	0	0	0	0	0	灭灯
0	1	1	1	0	1	1	0	0	0	0	0	0	0	灭灯
0	1	1	1	1	0	0	0	0	0	0	0	0	0	灭灯
0	1	1	1	1	0	1	0	0	0	0	0	0	0	灭灯
0	1	1	1	1	1	0	0	0	0	0	0	0	0	灭灯
0	1	1	1	1	1	1	0	0	0	0	0	0	0	灭灯
1	1	1	×	×	×	×	*	*	*	*	*	*	*	*

注：×—任意状态；*—保持锁定状态。

二十七、CD4066 四双向模拟开关(管脚排列见附录 2)

当控制端 $U_c=1$,开关接通;$U_c=0$,开关断开。

二十八、CD4512 八路数据选择器

功能表

C	B	A	INH (禁止)	DIS (使能)	Z
0	0	0	0	0	X_0
0	0	1	0	0	X_1
0	1	0	0	0	X_2
0	1	1	0	0	X_3
1	0	0	0	0	X_4
1	0	1	0	0	X_5
1	1	0	0	0	X_6
1	1	1	0	0	X_7
×	×	×	1	0	0
×	×	×	×	1	高阻

二十九、CD4518 双 BCD 同步加法计数器

功能表

CLK	EN	R_D	功 能
↑	1	0	加计数
0	↓	0	加计数
↓	×	0	不 变
×	↑	0	不 变
↑	0	0	不 变
1	↑	0	不 变
×	×	1	$Q_1 \sim Q_4=0$

计数状态:$Q_4Q_3Q_2Q_1=0000 \sim 1001$

三十、CD4520 双四位二进制同步加法计数器

功能表

CLK	EN	R_D	功 能
↑	1	0	加计数
0	↓	0	加计数
↓	×	0	不 变
×	↑	0	不 变
↑	0	0	不 变
1	↑	0	不 变
×	×	1	$Q_1 \sim Q_4 = 0$

计数状态：$Q_4Q_3Q_2Q_1 = 0000 \sim 1111$

三十一、CD4532 八输入优先编码器

功能表

输 入									输 出				
EI	D_7	D_6	D_5	D_4	D_3	D_2	D_1	D_0	Q_{GS}	Q_2	Q_1	Q_0	EO
1	0	0	0	0	0	0	0	1	1	0	0	0	0
1	0	0	0	0	0	0	1	×	1	0	0	1	0
1	0	0	0	0	0	1	×	×	1	0	1	0	0
1	0	0	0	0	1	×	×	×	1	0	1	1	0
1	0	0	0	1	×	×	×	×	1	1	0	0	0
1	0	0	1	×	×	×	×	×	1	1	0	1	0
1	0	1	×	×	×	×	×	×	1	1	1	0	0
1	1	×	×	×	×	×	×	×	1	1	1	1	0
1	0	0	0	0	0	0	0	0	0	0	0	0	1
0	×	×	×	×	×	×	×	×	0	0	0	0	0

附录2 部分常用数字集成电路引脚图

一、TTL 系列引脚图

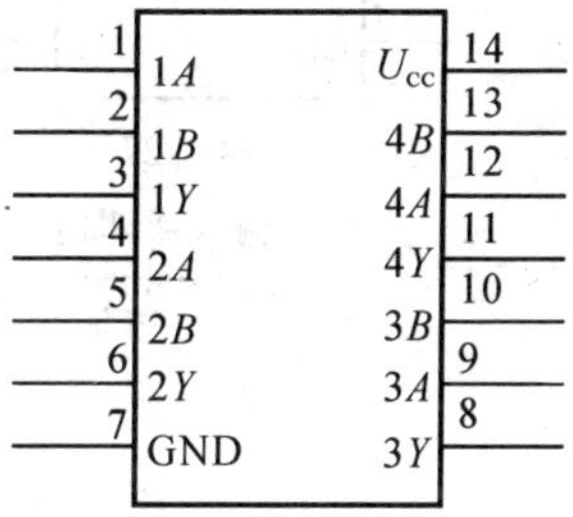

74LS00

四2输入与非门

$Y=\overline{AB}$

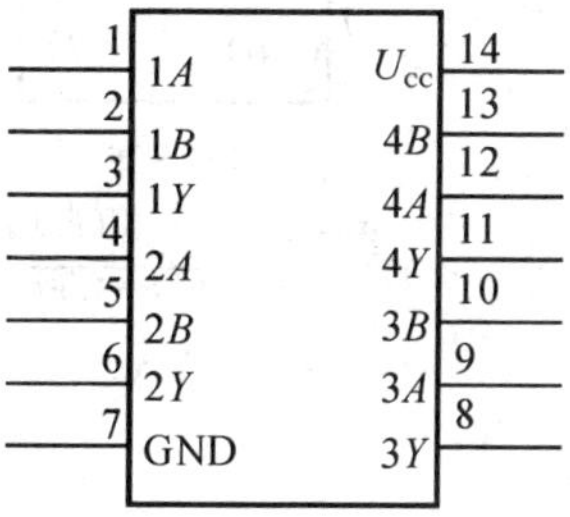

74LS02

四2输入或非门

$Y=\overline{A+B}$

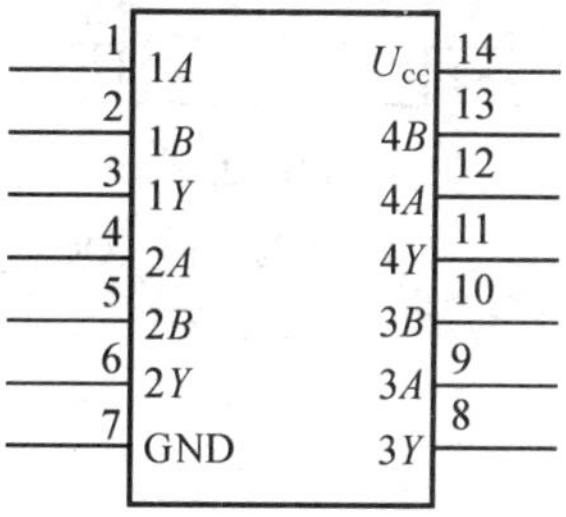

74LS03

四2输入与非门(OC)

$Y=\overline{AB}$

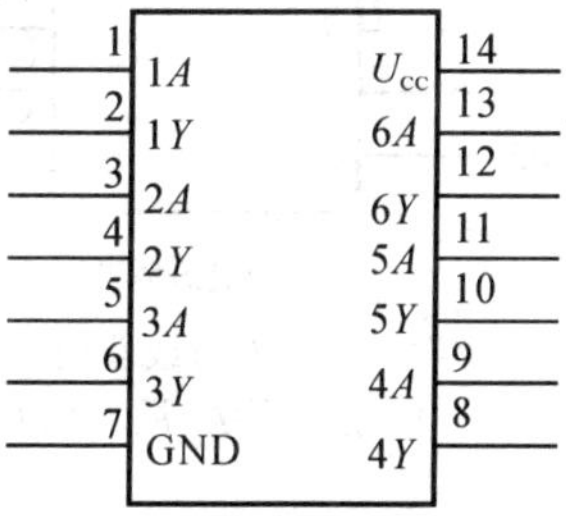

74LS04

六反相器

$Y=\overline{A}$

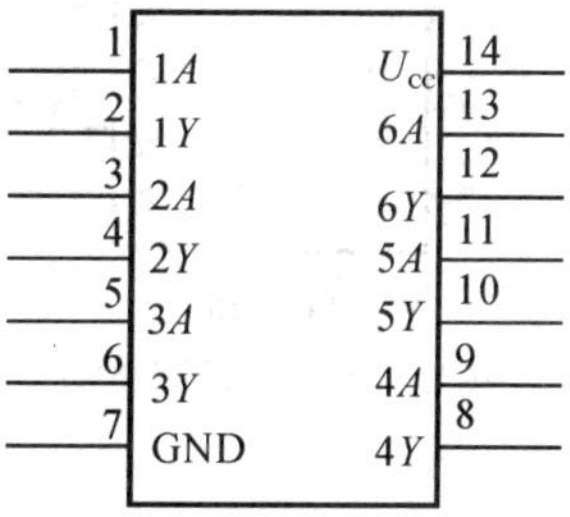

74LS06

六反相器(OC)

$Y=\overline{A}$

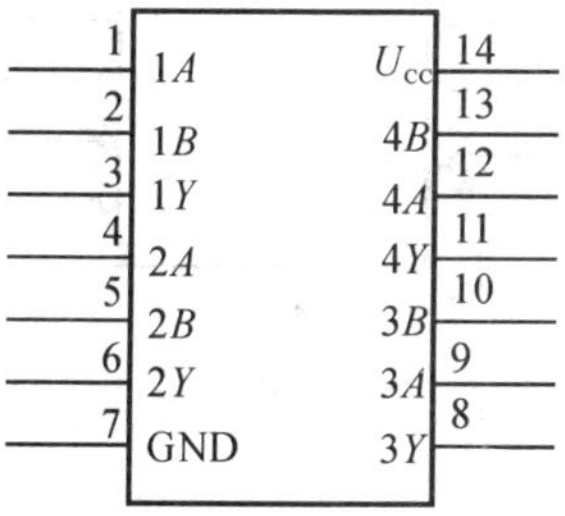

74LS08

四2 输入与门

$Y=AB$

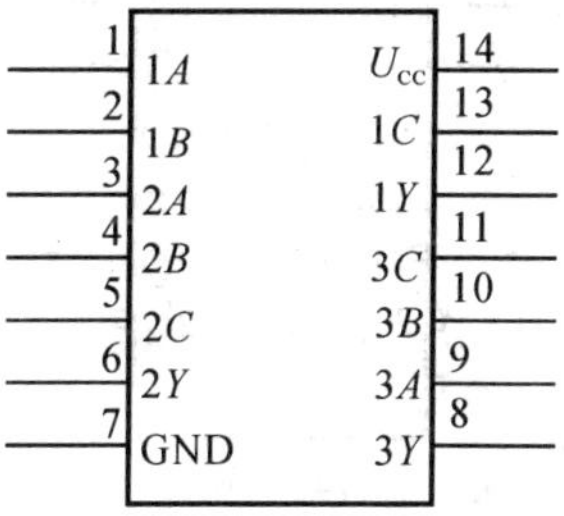

74LS10

三3 输入与非门

$Y=\overline{ABC}$

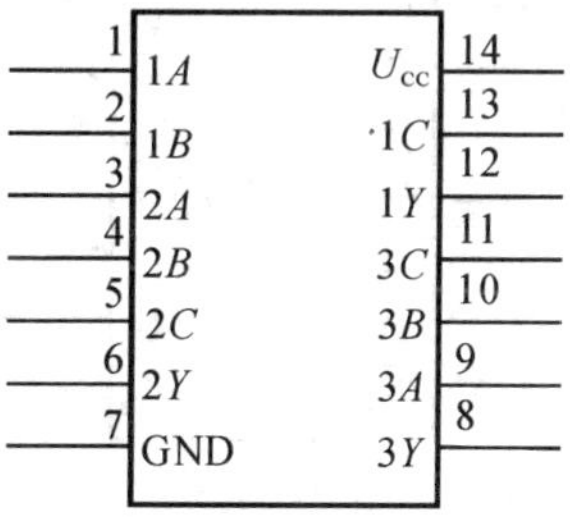

74LS11

三3输入与门

$Y=ABC$

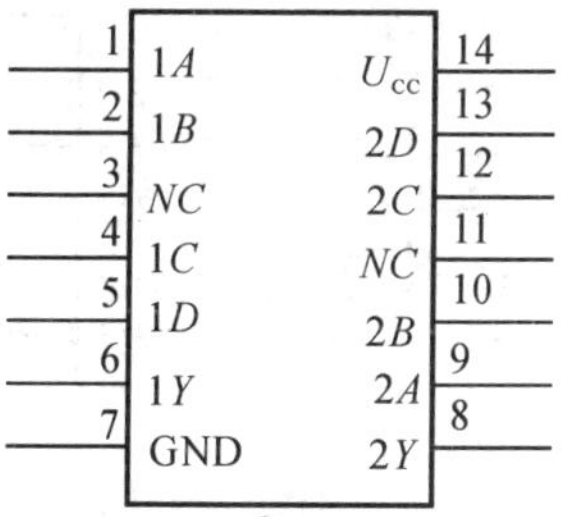

74LS20

双4输入与非门

$Y=\overline{ABCD}$

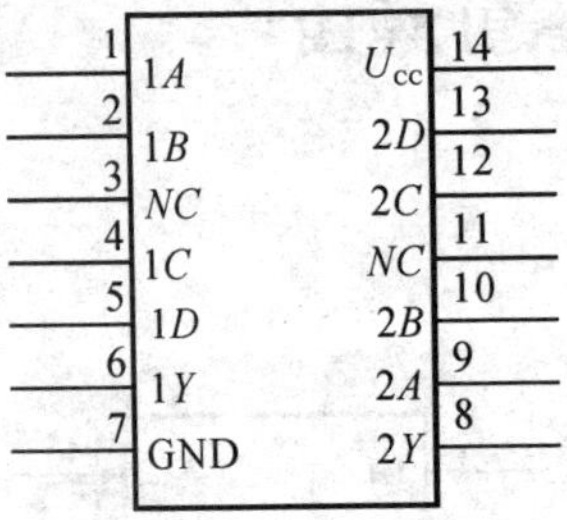

74LS22

双4输入与非门（OC）

$Y=\overline{ABCD}$

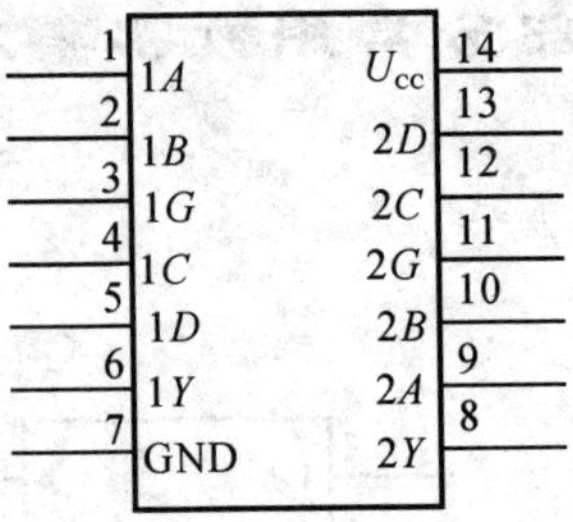

74LS25

双4输入或非门(带选通)

$Y=\overline{G(A+B+C+D)}$

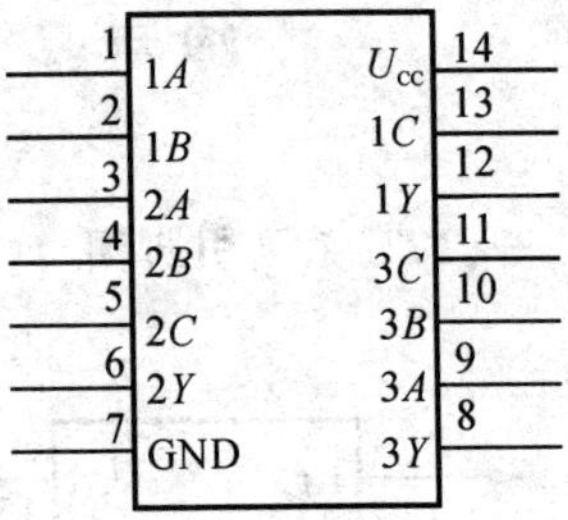

74LS27

三3输入或非门

$Y=\overline{A+B+C}$

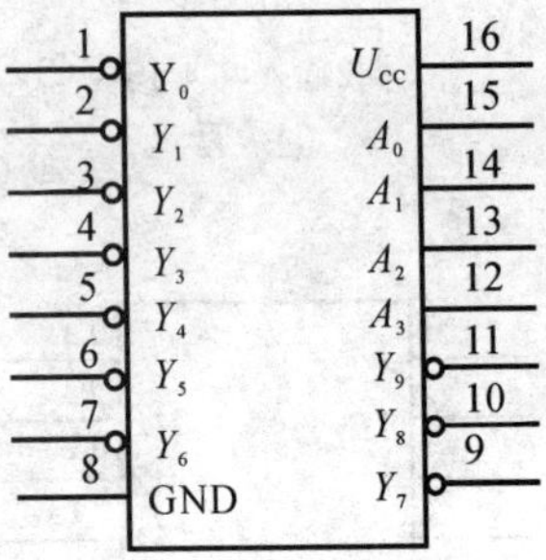

74LS42

4/10线译码器

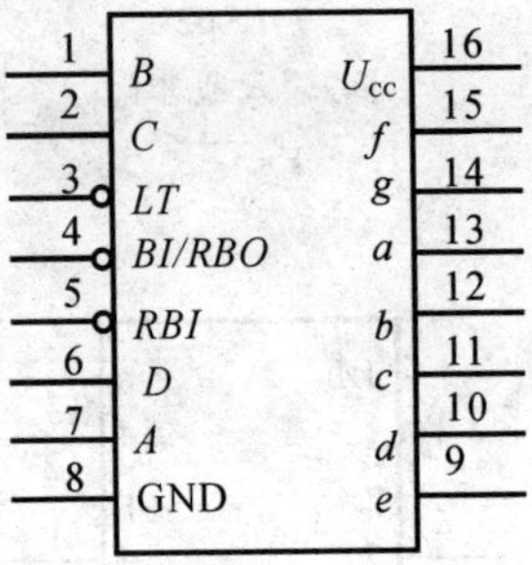

74LS48

BCD七段字型译码驱动器

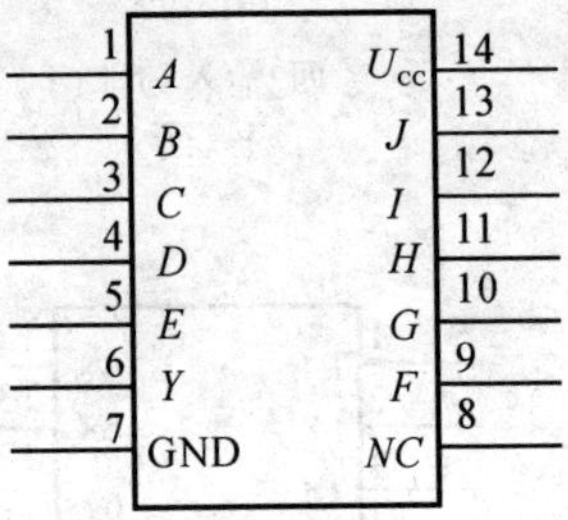

74LS54

3/2/2/3与或非门

$Y=\overline{AB+CDE+FG+HIJ}$

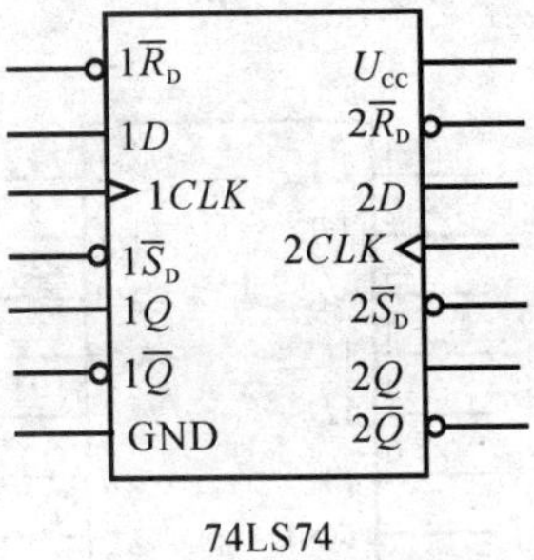

74LS74

双D触发器(↑)

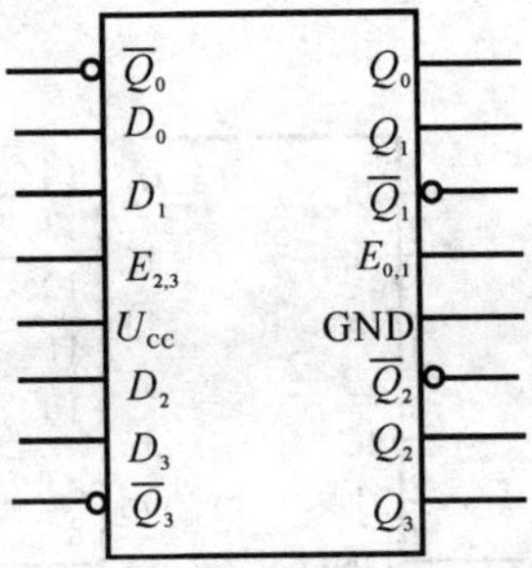

74LS75

四位双稳态锁存器

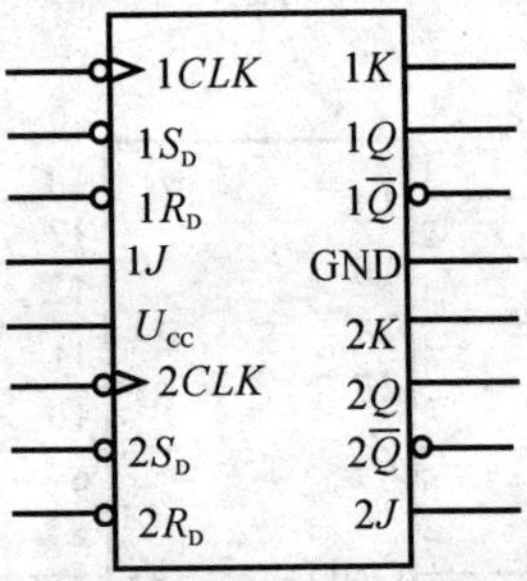

74LS76

双JK触发器(↓)

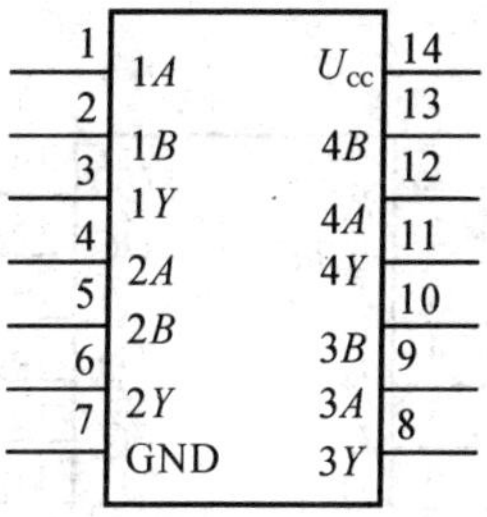

74LS86

四2输入异或门

$Y=A\oplus B$

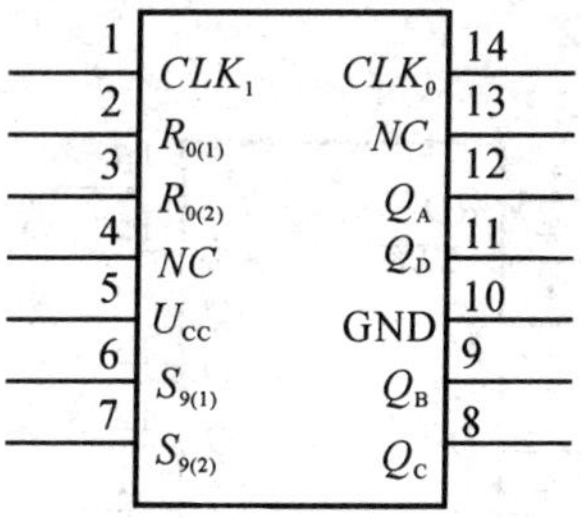

74LS90

二—五—十进制异步计数器(↓)

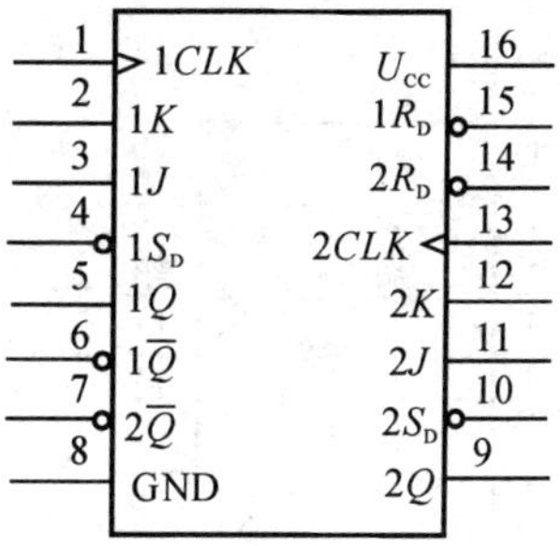

74LS112

双JK触发器(↓)

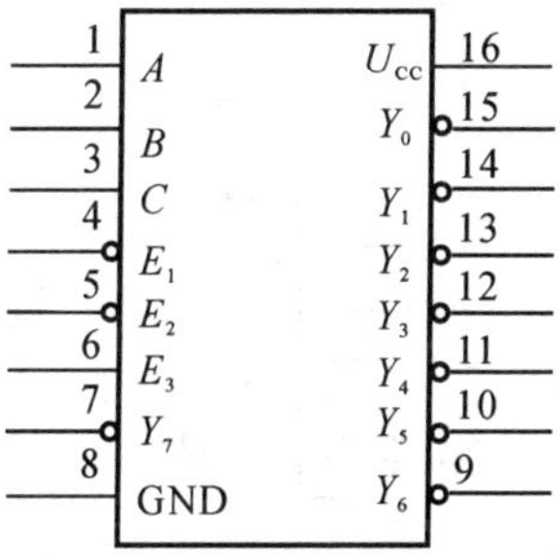

74LS138

3/8线译码器/分配器

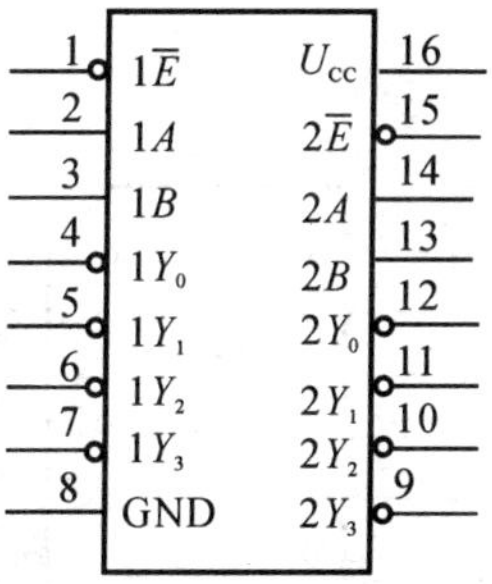

74LS139

双2/4线译码器/分配器

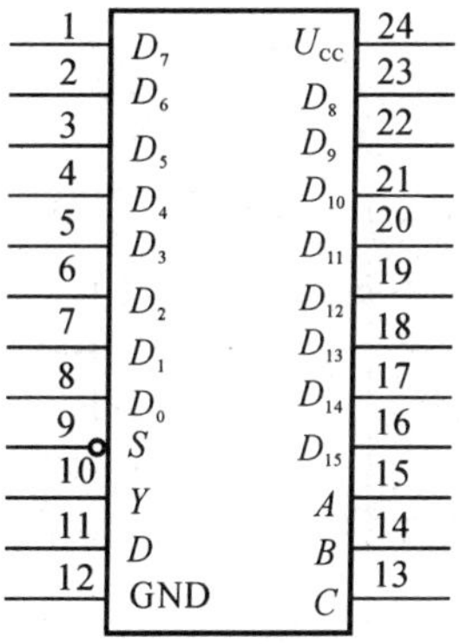

74LS150

16选1数据选择器/多路开关

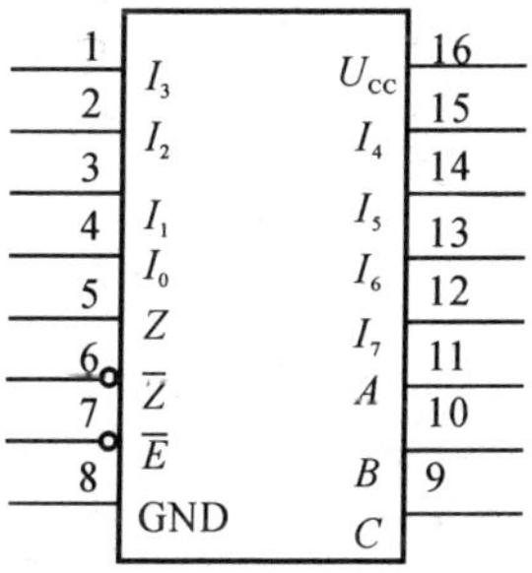

74LS151

8选1数据选择器/多路开关

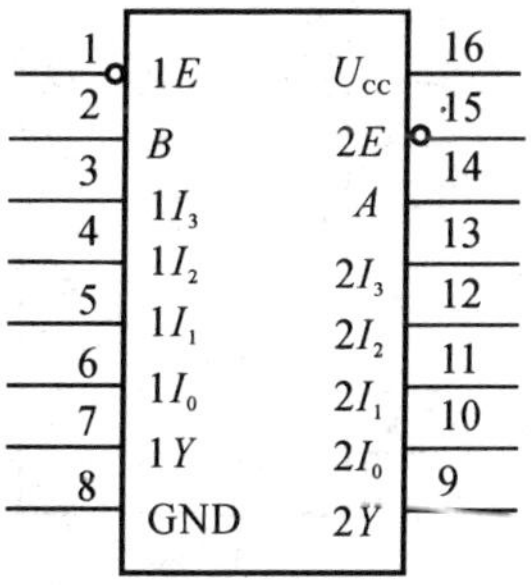

74LS153

双4选1数据选择器/多路开关

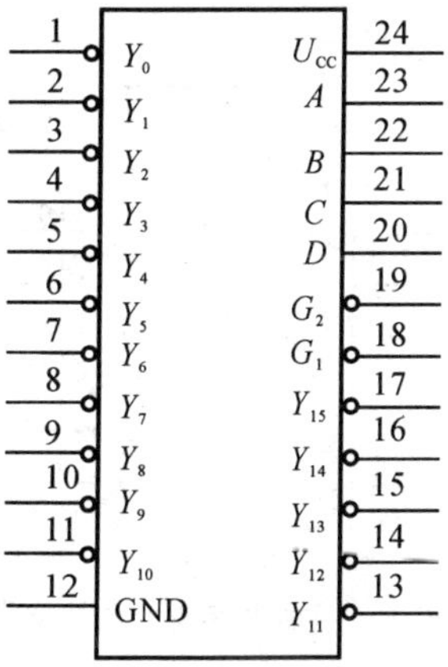

74LS154

4/16线译码器/多路分配器

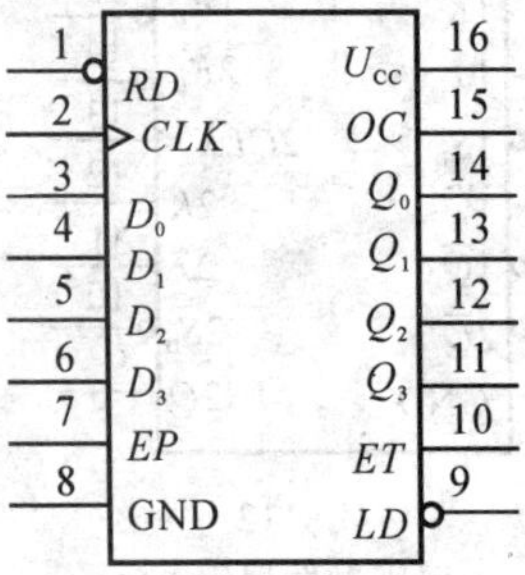

74LS160

十进制同步计数器(异步清零)

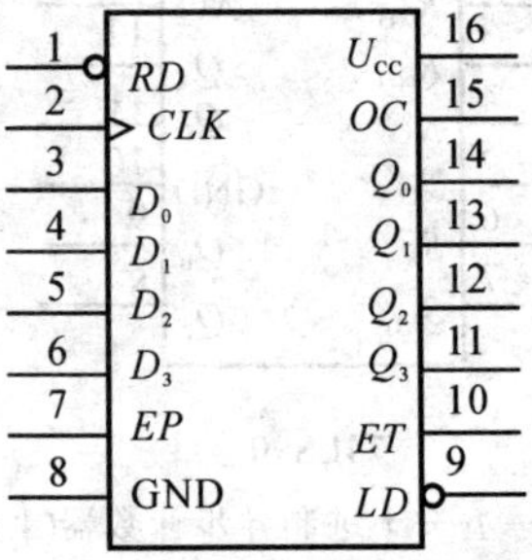

74LS161

四位二进制同步计数器(异步清零)

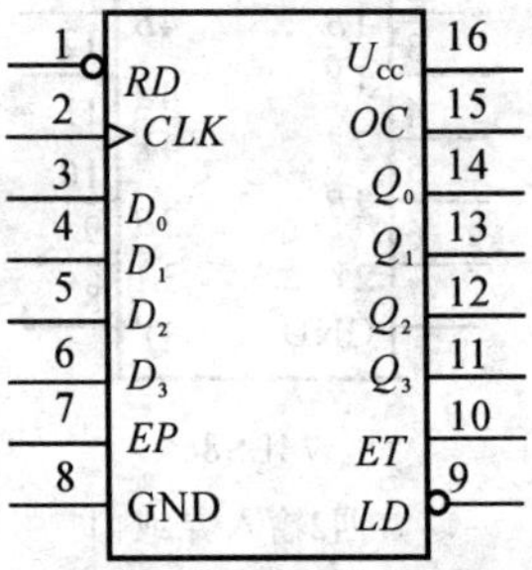

74LS162

十进制同步计数器(同步清零)

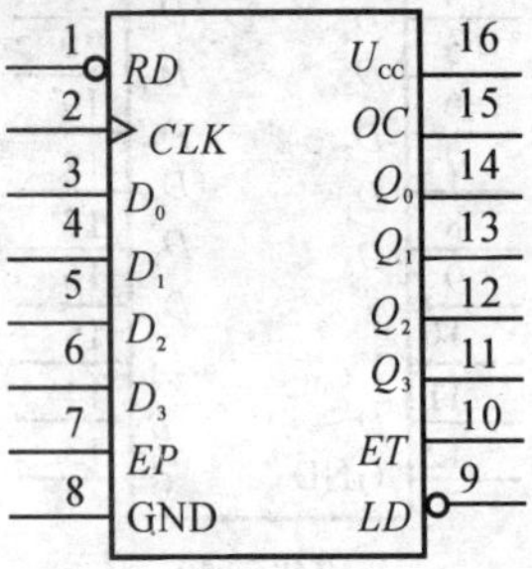

74LS163

四位二进制同步计数器(同步清零)

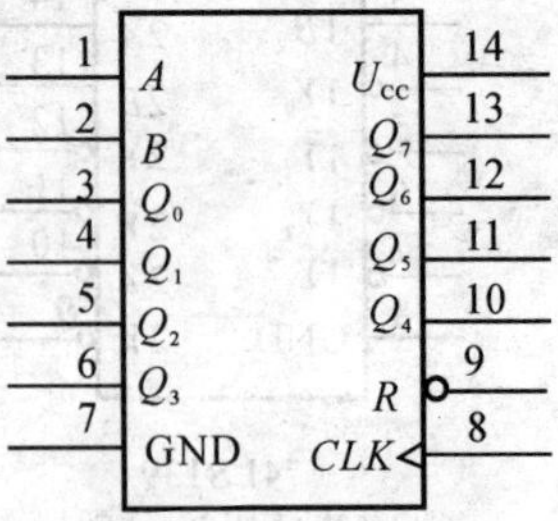

74LS164

八位并行输出串行移位寄存器(异步清零)

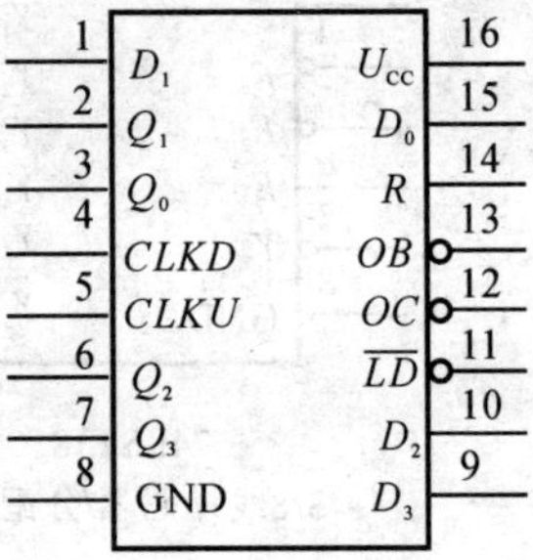

74LS192

双时钟可预置BCD同步加减计数器(↑)

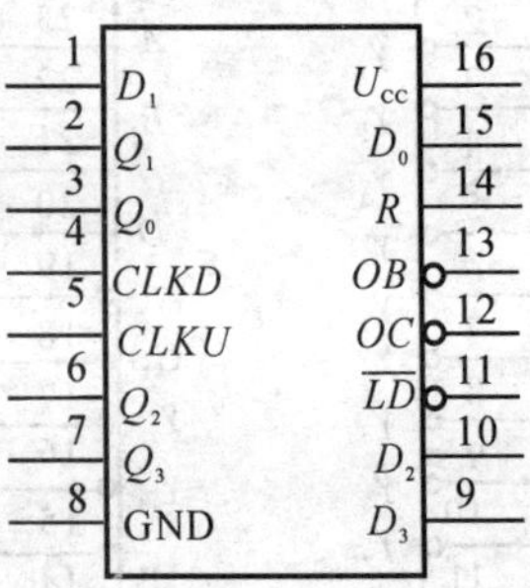

74LS193

双时钟可预置二进制同步加减计数器(↑)

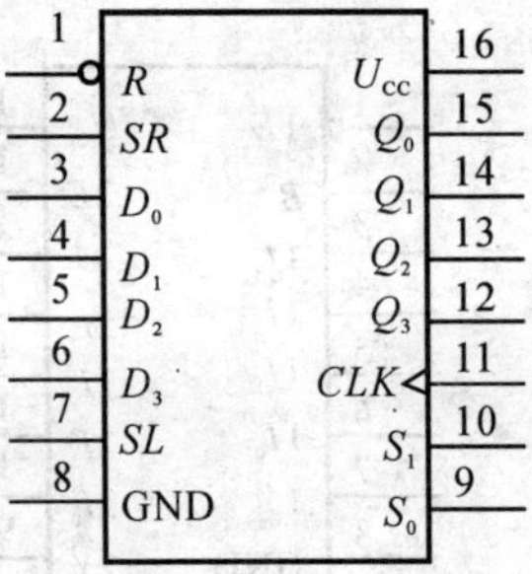

74LS194

四位双向通用移位寄存器

二、CMOS 系列引脚图

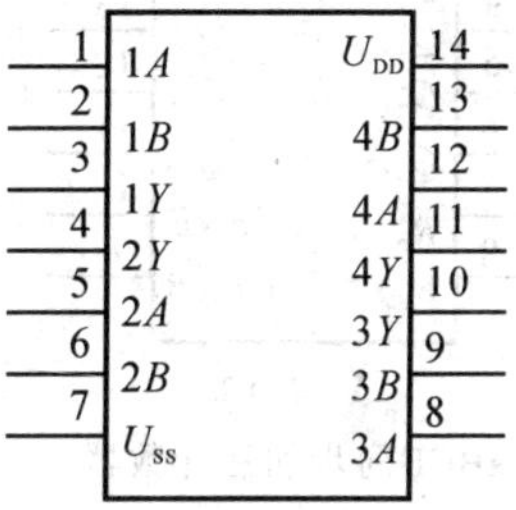

4001

四2输入或非门

$Y=\overline{A+B}$

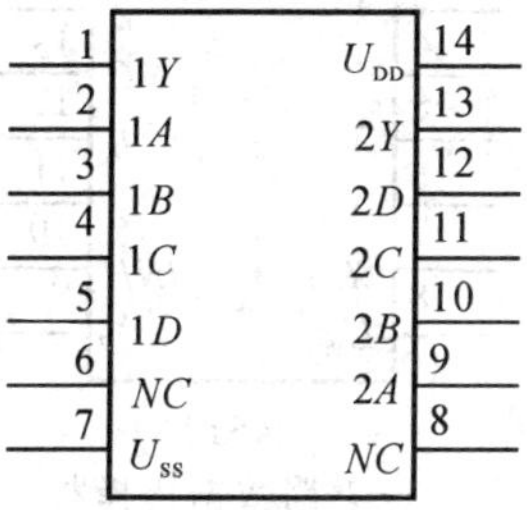

4002

双4输入或非门

$Y=\overline{A+B+C+D}$

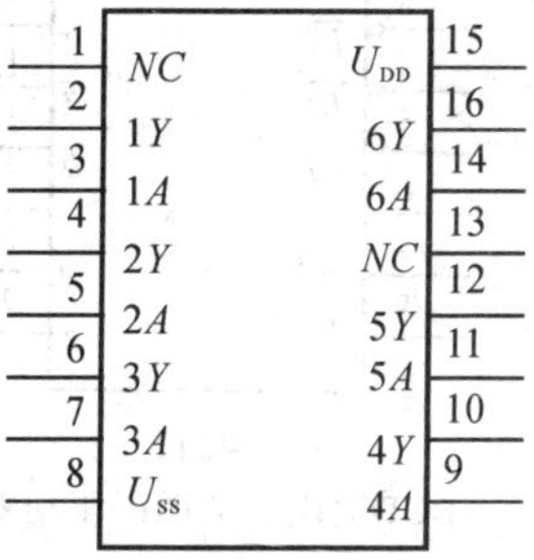

4009

六反向缓冲/变换器

$Y=\overline{A}$

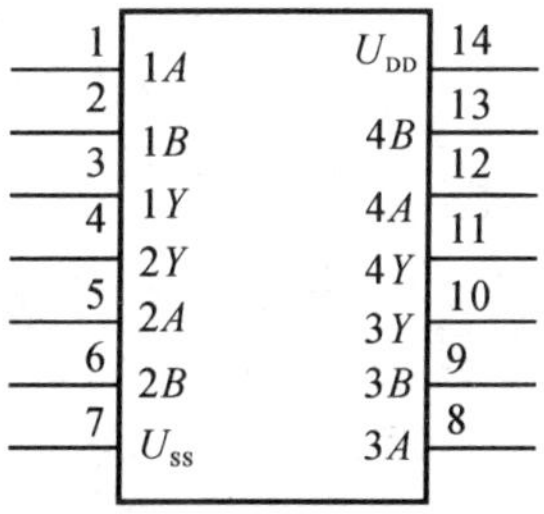

4011

四2输入与非门

$Y=\overline{AB}$

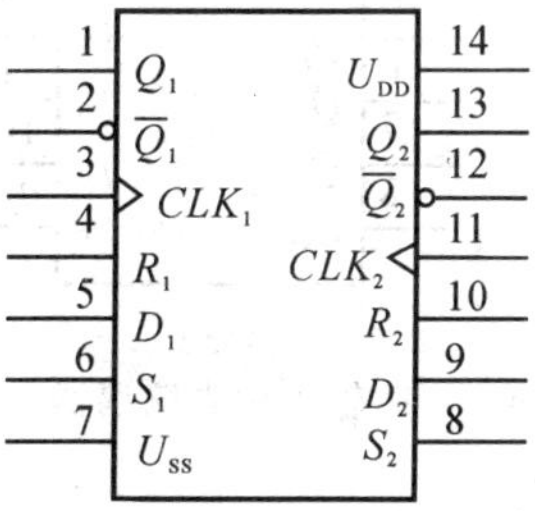

4013

双D触发器(↑)

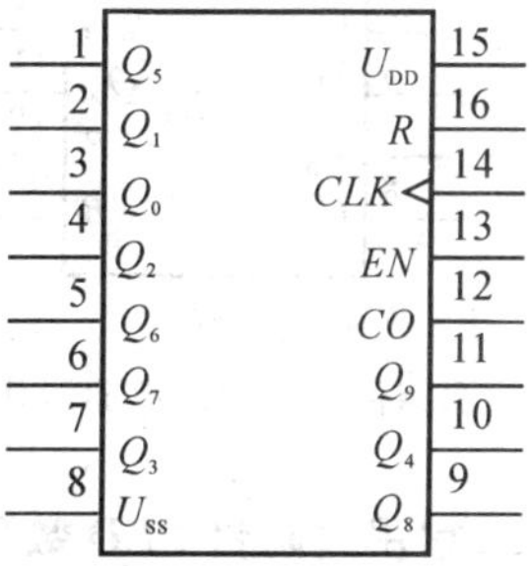

4017

二—十进制计数器/脉冲分配器(↑)

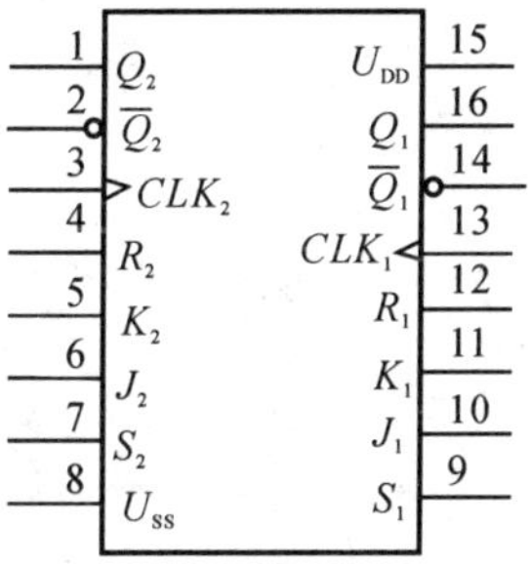

4027

双JK触发器(↑)

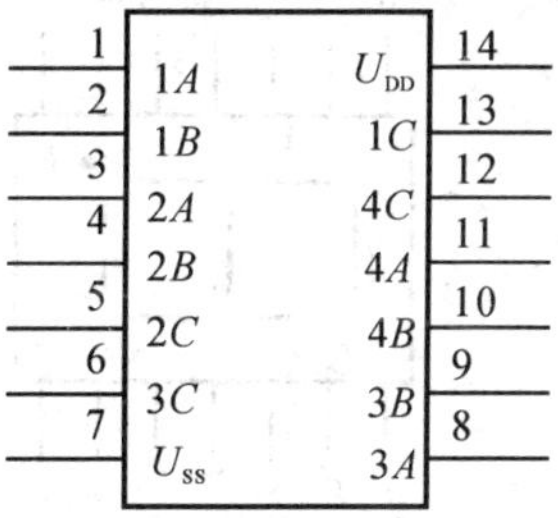

4066

四双向模拟开关(C=1时AB接通)

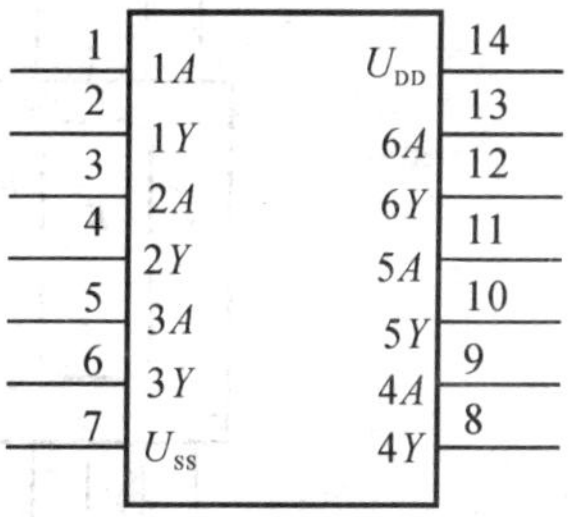

4069

六反相器

$Y=\overline{A}$

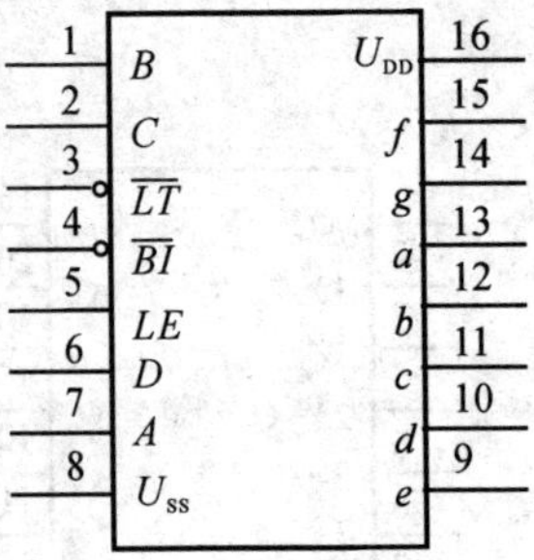

4511

BCD七段字型译码驱动器

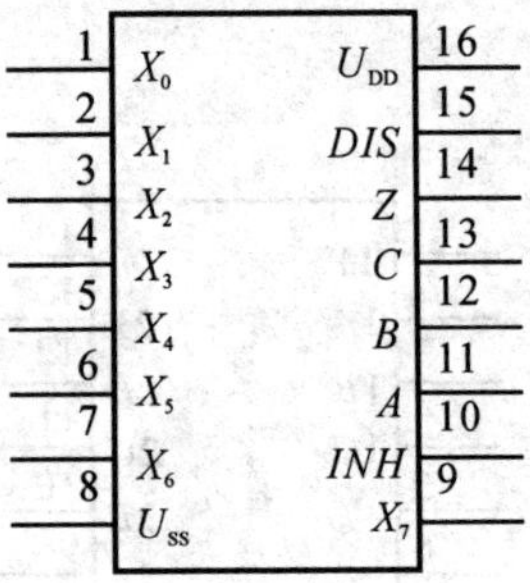

4512

八路数据选择器

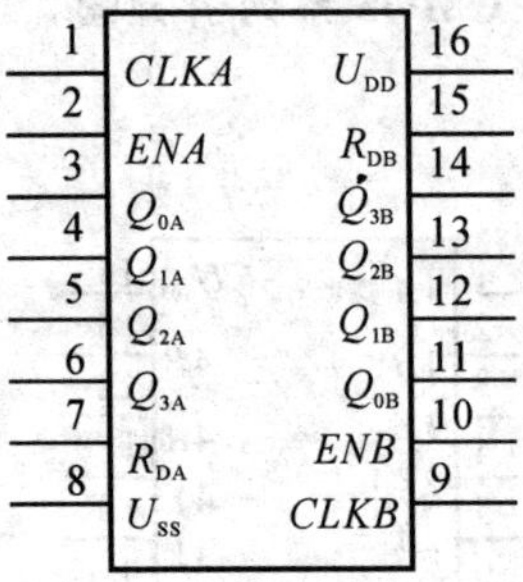

4518

双BCD同步加法计数器

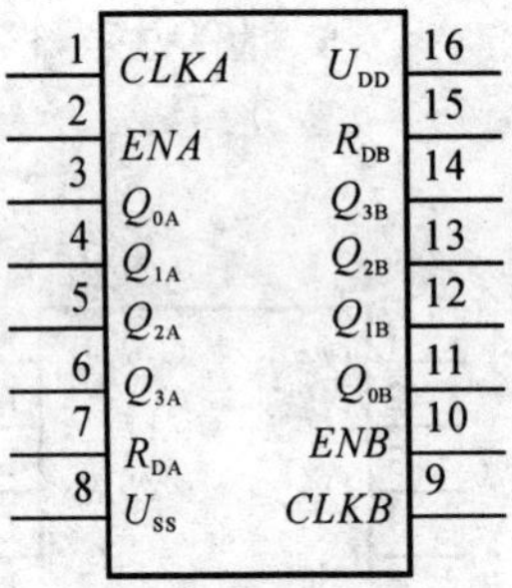

4520

双四位二进制同步加法计数器

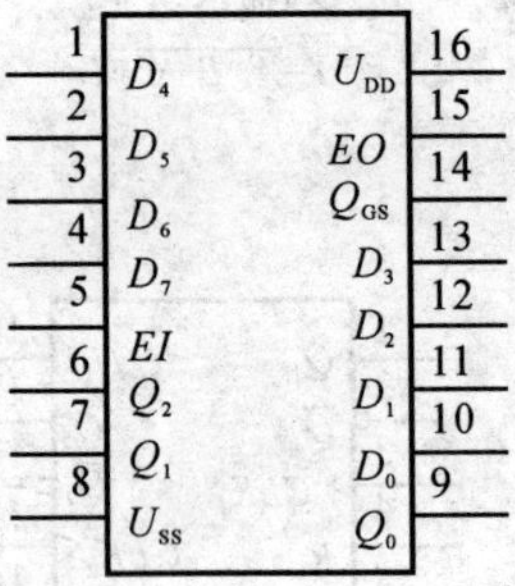

4532

八输入优先编码器

三、常用共阴极 LED 数码管管脚排列图

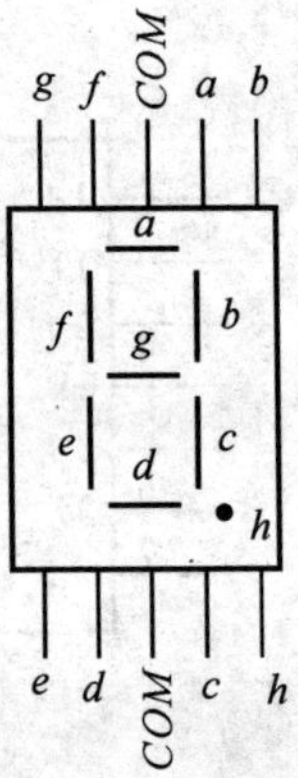

LTS 547R

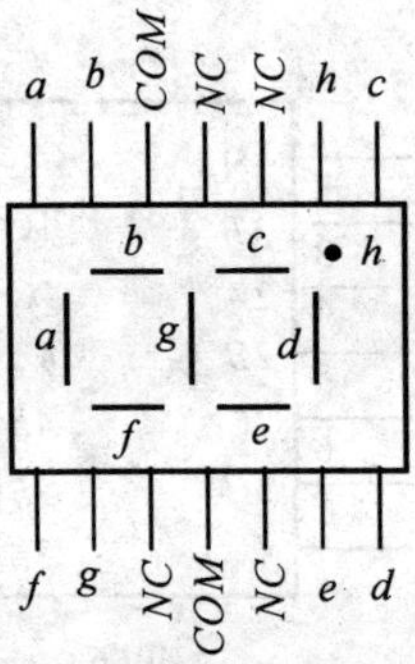

TOS 3101AR

附录 3　部分常用线性集成电路引脚图

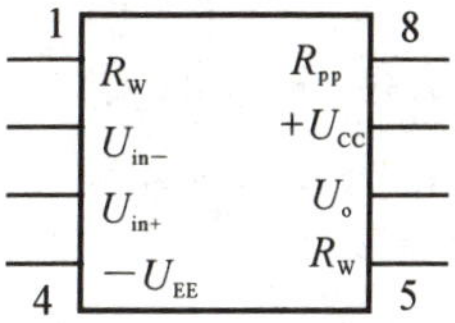

F007
通用运算放大器

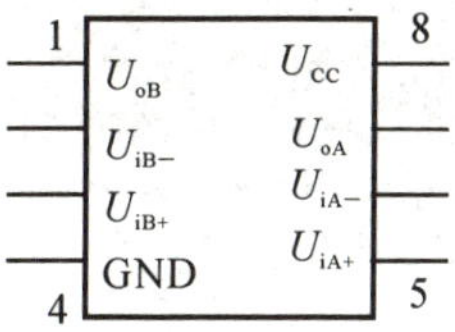

LM393
双电压比较器

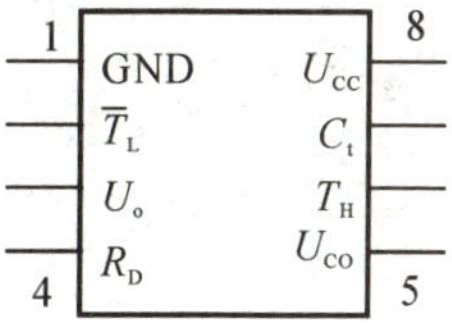

555时基电路

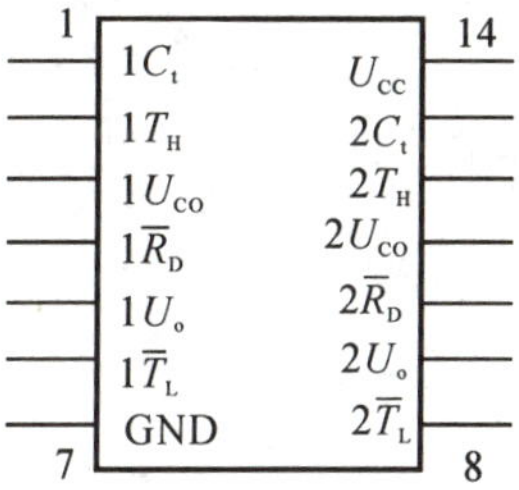

556双时基电路

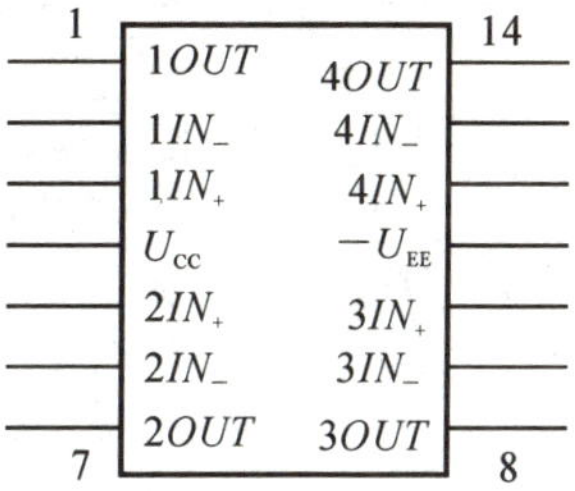

LM324四运算放大器

前　言

电磁场与电磁波是电子信息类各专业的专业基础课，也是从事电气与电子技术领域工作的科技工作者的必备知识。随着专业方向的不断发展、教学课时的压缩减少和教学对象的不断变化，如何在比较少的学时内，使学生掌握电磁场与电磁波的基本知识和体系框架，更好地解决实际问题成为电磁场与电磁波课程教学的头等大事。这就对电磁场与电磁波课程的教学内容、教学方法及课程所使用的教材提出了新的要求。

本书可作为本科电子信息类各专业的教材，也可作为其他有关专业的参考书。本书的编写指导思想如下：

(1)低起点，从最基础的矢量分析讲起，以弥补读者数学知识的欠缺；

(2)对概念的叙述力求准确、清晰，内容编排力求条理，使读者通过阅读本书建立起较完整的体系框架；

(3)简化数学推导，增加例题，将读者的学习重点放在对物理概念的理解上；

(4)注重工程应用，每章末增加相关的阅读材料，培养读者的学习兴趣；

(5)紧密和计算机技术相结合，对复杂的运算进行编程，使该课程与时代同步。

全书共分八章。第一章简单介绍了全书所需的矢量分析的基本知识。第二章至第五章讨论静态场，论述了静电场、恒定电场、恒定磁场、静态电磁场边值问题的求解。第六章、第七章介绍电磁波遵从的基本规律、电磁波在无界均匀媒质中的传播特点及电磁波在平面分界面的垂直入射。第八章简单介绍了导行电磁波的基本概念及电磁辐射的基本原理。

本书是西安工业大学的十二·五规划教材，由西安工业大学电子信息工程学院老师编写完成。第一章至第四章由张峰编写，第五章由杨永侠编写，第六章至第八章由陈蕾编写，杨永侠统稿，石现峰为本书设计并编写了例题与习题，田广平绘制了部分图稿。在本书的编写过程中，也得到了其他同志的大力支持及帮助，在此一并表示感谢。

由于水平有限，加之时间仓促，书中缺点、错误实在难免，恳请读者批评指正。

编　者

2011年5月

目　录

第一章　矢量分析

电磁场与电磁波理论中所涉及的电流密度、电场强度、磁感应强度等主要物理量大都是在空间分布的矢量，即与空间坐标有关的矢量场。对这些物理量的分析需要以矢量分析及场论等数学方法为基础。本章主要对此进行介绍与分析，为后面各章节的学习做必要的准备。

1.1　标量、矢量及场的概念

一、标量

数学上的标量就是只有大小，没有方向，只用数值即可表示的量，对应实数域内任一代数量。一个标量可以是时间和空间坐标的函数，如 $\phi(r,t)$。任意一个代数量要成为一个具有物理意义的标量，则必须要有相应的量纲，此时称之为物理量，如温度、电位、能量、长度、时间等都是标量形式的物理量。

二、矢量

1. 矢量的定义及表示

矢量不仅有大小，而且有方向。同标量一样，矢量一旦被赋予量纲，则成为具有物理意义的矢量，如速度、加速度、电场强度、电流密度、磁感应强度等都是矢量形式的物理量。

几何上，矢量用有方向的线段表示，线段的长度代表矢量的大小，也叫矢量的模，线段的方向表示矢量的方向，如图 1.1.1 所示。

图 1.1.1　矢量的几何表示

为与标量区别，在表示矢量时将符号加黑，例如矢量“$\boldsymbol{A}$”。若用单位矢量 $\boldsymbol{a}$ 表示矢量 $\boldsymbol{A}$ 的方向，则有：$\boldsymbol{A}=\boldsymbol{a}A$。矢量也可以是时间和空间坐标的函数，例如：$\boldsymbol{F}(\boldsymbol{r},t)$。

2. 矢量的代数运算

(1) 矢量的加减法。两矢量之和(或差)等于对应方向坐标分量的和(或差)，在几何上可用平行四边形法则进行运算。

(2) 标量乘矢量。标量乘矢量，结果为矢量，满足：$\lambda\boldsymbol{A}=\lambda A\boldsymbol{a}$。

(3) 矢量的标积。矢量的标积也称为标乘或点乘。矢量 $\boldsymbol{A}$ 与 $\boldsymbol{B}$ 的标积记为：$\boldsymbol{A}\cdot\boldsymbol{B}$，等于两矢量的模之积再乘以两矢量夹角的余弦，即 $\boldsymbol{A}\cdot\boldsymbol{B}=|\boldsymbol{A}||\boldsymbol{B}|\cos\theta$。其中 θ 为两矢量之间的夹角。标积满足交换律，即 $\boldsymbol{A}\cdot\boldsymbol{B}=\boldsymbol{B}\cdot\boldsymbol{A}$。若矢量 $\boldsymbol{A}$ 与矢量 $\boldsymbol{B}$ 相互垂直，根据标乘运算规则，则有 $\boldsymbol{A}\cdot\boldsymbol{B}=0$。

(4) 矢量的矢积。矢量的矢积也称为叉积或叉乘。矢量 $\boldsymbol{A}$ 与 $\boldsymbol{B}$ 的矢积记为：$\boldsymbol{A}\times\boldsymbol{B}$，结果仍为一个矢量，该矢量大小等于两矢量的模之积再乘以夹角的正弦，该矢量的方向为两矢量所在面的法向，即 $\boldsymbol{A}\times\boldsymbol{B}=\boldsymbol{C}=\boldsymbol{c}AB\sin\theta$ 。其中 $\boldsymbol{c}$ 的确定符合右手定则，即右手四指由 $\boldsymbol{A}$ 旋转到 $\boldsymbol{B}$，拇指的方向即为 $\boldsymbol{c}$ 的方向。若用 $\boldsymbol{i},\boldsymbol{j},\boldsymbol{k}$ 分别表示空间的三个方向，矢积的运算也可写成行列式形式，即

$$\boldsymbol{A}\times\boldsymbol{B}=\begin{vmatrix}\boldsymbol{i} & \boldsymbol{j} & \boldsymbol{k}\\ A_i & A_j & A_k\\ B_i & B_j & B_k\end{vmatrix} \tag{1-1}$$

由式(1-1)可看出，$\boldsymbol{A}\times\boldsymbol{B}=-\boldsymbol{B}\times\boldsymbol{A}$，即矢积不满足交换律。若矢量 $\boldsymbol{A}$ 与矢量 $\boldsymbol{B}$ 方向相同（两矢量平行），根据矢积运算规则，则有 $\boldsymbol{A}\times\boldsymbol{B}=\boldsymbol{0}$。

(5) 矢量的代数混合运算。矢量的混合运算次序与标量的混合运算次序相同，以下列出常用的矢量混合运算恒等式：

$$(\boldsymbol{A}+\boldsymbol{B})\cdot\boldsymbol{C}=\boldsymbol{A}\cdot\boldsymbol{C}+\boldsymbol{B}\cdot\boldsymbol{C} \tag{1-2}$$

$$(\boldsymbol{A}+\boldsymbol{B})\times\boldsymbol{C}=\boldsymbol{A}\times\boldsymbol{C}+\boldsymbol{B}\times\boldsymbol{C} \tag{1-3}$$

$$\boldsymbol{A}\cdot(\boldsymbol{B}\times\boldsymbol{C})=\boldsymbol{B}\cdot(\boldsymbol{C}\times\boldsymbol{A})=\boldsymbol{C}\cdot(\boldsymbol{A}\times\boldsymbol{B}) \tag{1-4}$$

$$\boldsymbol{A}\times(\boldsymbol{B}\times\boldsymbol{C})=(\boldsymbol{A}\cdot\boldsymbol{C})\boldsymbol{B}-(\boldsymbol{A}\cdot\boldsymbol{B})\boldsymbol{C} \tag{1-5}$$

三、标量场和矢量场

1. 场的概念

场是指某种物理量在空间的分布，因此所有具有分布特性的物理量，都可视为具有相应物理意义的场，即场是空间坐标的函数；这种物理量还可能随时间变化，即场同时也是时间的函数。场的概念的引入是为了便于研究某种物理量在某一空间区域的分布情况和变化规律。

2. 标量场与矢量场

如果所研究的物理量为标量，则对应于一个标量场。在标量场中，每一时刻，每一位置都对应一个标量值，可表示为 $\phi(r,t)$。例如物体的温度分布就是标量场。

如果所研究的物理量是矢量，则对应于一个矢量场。在矢量场中，每一时刻，每一位置都对应一个矢量值，可表示为 $\boldsymbol{F}(\boldsymbol{r},t)$。例如地球对周围物体的引力分布就是矢量场。

3. 静态场和动态场

物理量在空间的分布随时间变化的场称为动态场，或时变场，此时场与时间变量有关；物理量在空间的分布不随时间变化的场称为静态场，此时场与时间变量无关，仅为空间坐标的函数。

4. 场的图形表示

场的图形表示也称为场图，用以直观地表示场变量在空间逐点演变的情况。对标量场而言，场图一般用等值面图表示；而对矢量场而言，场图一般用矢量线来表示。

空间内标量值相等的点集合形成的曲面称为等值面，如等气象中的等压线，地理中的等高线。等值面的方程可表示为

$$\phi(x,y,z)=\text{const} \tag{1-6}$$

矢量线则是一些有向曲线，用以形象地表示矢量场在空间的分布，如图 1.1.2 所示。矢量线的切线方向代表该处矢量场的方向，矢量线的疏密则代表了该处矢量场的强弱程度。

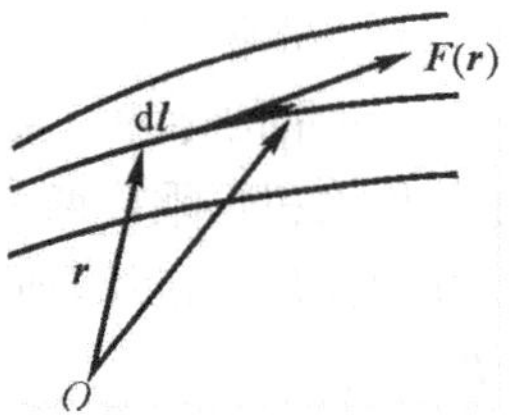

图 1.1.2　矢量场的矢量线

矢量线上任意点的切线方向必定与该点的矢量方向相同，即有

$$\frac{\mathrm{d}\boldsymbol{r}}{\mathrm{d}l}\times\boldsymbol{F}(\boldsymbol{r})=\boldsymbol{0} \tag{1-7}$$

等式两边同乘以 $\mathrm{d}l$，则可得到

$$\mathrm{d}\boldsymbol{r}\times\boldsymbol{F}(\boldsymbol{r})=\boldsymbol{0} \tag{1-8}$$

式(1-8) 即为矢量线的方程。根据矢量运算规律，矢量线方程在直角坐标系中可表示为

$$\frac{\mathrm{d}x}{F_x(\boldsymbol{r})}=\frac{\mathrm{d}y}{F_y(\boldsymbol{r})}=\frac{\mathrm{d}z}{F_z(\boldsymbol{r})} \tag{1-9}$$

例 1.1.1 求标量场 $\varphi(x,y,z)=\ln(x^2+y^2+z^2)$ 通过点 $M(1,2,3)$ 的等值面方程。

解 标量场在 $M(1,2,3)$ 处对应的标量值为

$$\varphi\,|_M=\ln(x^2+y^2+z^2)=\ln 14$$

根据式(1-6)，通过点 $M(1,2,3)$ 的等值面方程为

$$\varphi(x,y,z)=\ln(x^2+y^2+z^2)=\ln 14$$

亦即

$$x^2+y^2+z^2=14$$

例 1.1.2 求矢量场 $\boldsymbol{A}(x,y,z)=xy^2\boldsymbol{e}_x+x^2y\boldsymbol{e}_y+y^2z\boldsymbol{e}_z$ 的矢量线方程。

解 根据式(1-9)，该矢量场的矢量线应满足的微分方程为

$$\frac{\mathrm{d}x}{xy^2}=\frac{\mathrm{d}y}{x^2y}=\frac{\mathrm{d}z}{y^2z}$$

分解方程，得

$$\begin{cases}\dfrac{\mathrm{d}x}{xy^2}=\dfrac{\mathrm{d}y}{x^2y}\\[2ex]\dfrac{\mathrm{d}x}{xy^2}=\dfrac{\mathrm{d}z}{y^2z}\end{cases}$$

解微分方程，得矢量线方程为

$$\begin{cases}z=c_1x\\x^2-y^2=c_2\end{cases}$$

式中，c_1 和 c_2 是积分常数。

1.2 常用坐标系及矢量场的不变特性

由于矢量场是矢量的空间分布，因此对其进行定量的分析就需要建立参考坐标系，以表示空间的位置及矢量的方向。

一、直角坐标系

直角坐标系是最常用的正交坐标系，由三个相互垂直的坐标轴，即 x 轴、y 轴和 z 轴构成，如图 1.2.1 所示。

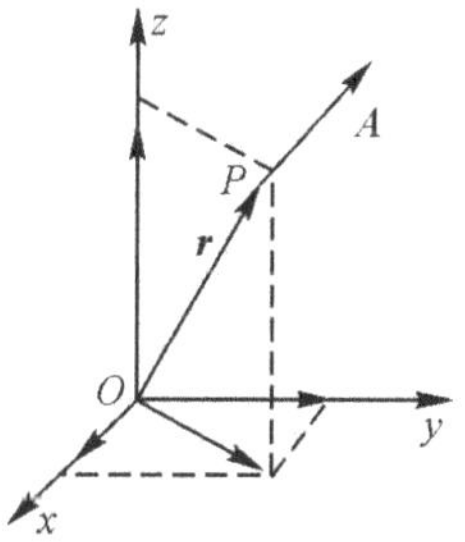

图 1.2.1 直角坐标系

直角坐标系中，三个单位矢量分别为 $\boldsymbol{e}_x,\boldsymbol{e}_y,\boldsymbol{e}_z$，即三个坐标轴的正方向，三者正交，满足右手定则，且均为常矢量。直角坐标中任意位置点 P 可以用其直角坐标分量表示，即 $P(x,y,z)$。从坐标原点指向空间位置点 $P(x,y,z)$ 的矢量，称其为位置矢量，用 $\boldsymbol{r}$ 表示，即

$$\boldsymbol{r}=x\boldsymbol{e}_x+y\boldsymbol{e}_y+z\boldsymbol{e}_z \tag{1-10}$$

矢量场在任意空间位置 $\boldsymbol{r}$ 处所对应的矢量 $\boldsymbol{A}(\boldsymbol{r})$ 可用其三个直角坐标分量，即 $A_x(\boldsymbol{r})$，$A_y(\boldsymbol{r})$ 与 $A_z(\boldsymbol{r})$ 表示，即

$$\boldsymbol{A}(\boldsymbol{r})=A_x(\boldsymbol{r})\boldsymbol{e}_x+A_y(\boldsymbol{r})\boldsymbol{e}_y+A_z(\boldsymbol{r})\boldsymbol{e}_z \tag{1-11}$$

二、圆柱坐标系

圆柱坐标系如图 1.2.2 所示。圆柱坐标系中，表示空间位置点 P 的三个坐标变量为 $P(r,\varphi,z)$，其中 r 表示该点到 Oz 轴的垂直距离，φ 表示过该点和 Oz 轴的平面与 xOz 平面的夹角，z 表示该点在 Oz 轴上的投影值。位置点 P 的三个正交的单位矢量分别为 $\boldsymbol{e}_r$，$\boldsymbol{e}_\varphi$，$\boldsymbol{e}_z$，含义如下：

$\boldsymbol{e}_r$ 为圆柱面在位置点 P 的法线方向；

$\boldsymbol{e}_\varphi$ 为在位置点 P 平行于 xOy 平面且指向 φ 增加一侧的圆柱面切线方向；

$\boldsymbol{e}_z$ 为圆柱面在位置点 P 平行于 Oz 轴的切线方向。

可见，圆柱坐标系中的单位矢量的方向随空间位置变化，不是常矢量。圆柱坐标系中，矢量场在任意空间位置 $\boldsymbol{r}$ 处所对应的矢量可用坐标分量 $A_r(\boldsymbol{r})$，$A_\varphi(\boldsymbol{r})$ 与 $A_z(\boldsymbol{r})$ 表示，即

$$\boldsymbol{A}(\boldsymbol{r})=A_r(\boldsymbol{r})\boldsymbol{e}_r+A_\varphi(\boldsymbol{r})\boldsymbol{e}_\varphi+A_z(\boldsymbol{r})\boldsymbol{e}_z \tag{1-12}$$

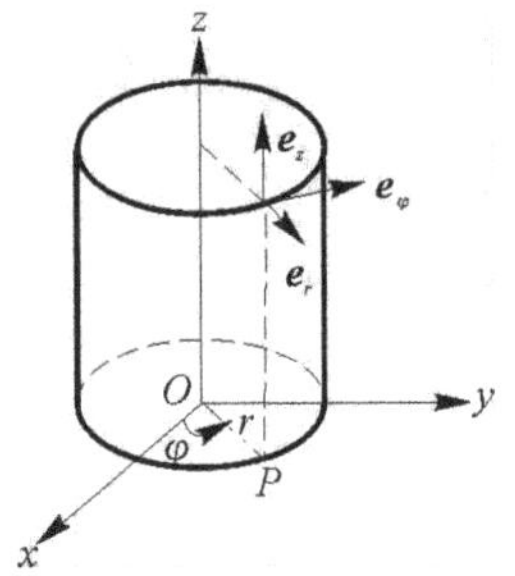

图 1.2.2　圆柱坐标系

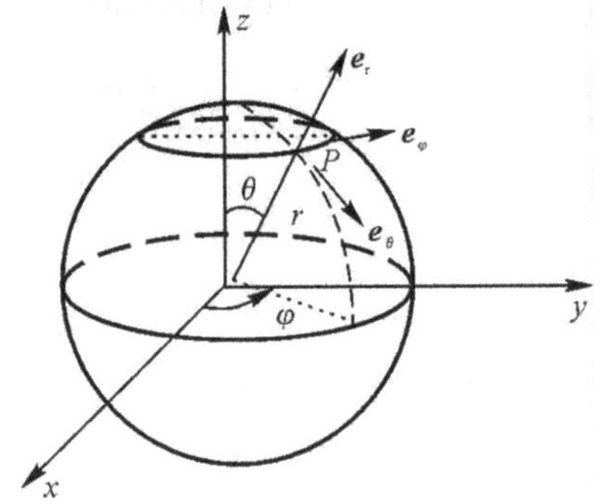

图 1.2.3　球坐标系

三、球坐标系

球坐标系如图 1.2.3 所示。球坐标系中，表示空间位置点 P 的三个坐标变量为 $P(r,\theta,\varphi)$，其中 r 表示该点到坐标原点的距离，θ 表示该点的位置矢量与 Oz 轴的夹角，也称为极角或纬度角。φ 表示过该点和 Oz 轴的平面与 xOz 平面的夹角，也称为方位角或经度角。位置点 P 的三个正交的单位矢量分别为 $\boldsymbol{e}_r$，$\boldsymbol{e}_\theta$，$\boldsymbol{e}_\varphi$，含义如下：

$\boldsymbol{e}_r$ 为圆球面在位置点 P 的法线方向；

$\boldsymbol{e}_\theta$ 为在位置点 P 的子午面内且指向 θ 增加一侧的圆球面切线方向；

$\boldsymbol{e}_\varphi$ 为在位置点 P 平行于 xOy 平面且指向 φ 增加一侧的圆球面切线方向。

可见，球坐标系中的单位矢量的方向也随空间位置变化，不是常矢量。球坐标系中，矢量场在任意空间位置 $\boldsymbol{r}$ 处所对应的矢量可用坐标分量 $A_r(\boldsymbol{r})$，$A_\theta(\boldsymbol{r})$ 与 $A_\varphi(\boldsymbol{r})$ 表示，即

$$\boldsymbol{A}(\boldsymbol{r})=A_r(\boldsymbol{r})\boldsymbol{e}_r+A_\theta(\boldsymbol{r})\boldsymbol{e}_\theta+A_\varphi(\boldsymbol{r})\boldsymbol{e}_\varphi \tag{1-13}$$

四、矢量场的不变特性

矢量场的不变特性是指，在时间 t 为一定值的情况下，矢量场 $\boldsymbol{F}(\boldsymbol{r})$ 是唯一的，其大小或方

向与所选择的坐标系无关。即可表示为

$$\begin{aligned}\boldsymbol{F}(\boldsymbol{r})=\boldsymbol{F}(x,y,z)=\boldsymbol{e}_xF_x(x,y,z)+\boldsymbol{e}_yF_y(x,y,z)+\boldsymbol{e}_zF_z(x,y,z)=\\ \boldsymbol{F}(r,\theta,\varphi)=\boldsymbol{e}_rF_r(r,\theta,\varphi)+\boldsymbol{e}_\theta F_\theta(r,\theta,\varphi)+\boldsymbol{e}_\varphi F_\varphi(r,\theta,\varphi)=\\ \boldsymbol{F}(r,\varphi,z)=\boldsymbol{e}_rF_r(r,\varphi,z)+\boldsymbol{e}_\varphi F_\varphi(r,\varphi,z)+\boldsymbol{e}_zF_z(r,\varphi,z)\end{aligned} \tag{1-14}$$

根据矢量场的不变特性,显然有以下等式成立:

$$F^2=F_x^2+F_y^2+F_z^2=F_r^2+F_\varphi^2+F_z^2=F_r^2+F_\theta^2+F_\varphi^2 \tag{1-15}$$

1.3 标量场的梯度

标量场的梯度用以表征标量场随空间坐标的变化规律,是进行标量场分析的十分重要的数学工具。

一、梯度的定义

设有一标量场 $u(\boldsymbol{r})$ 或 $u(x,y,z)$,从场中一点移位到邻近的另一点,此时标量值从 u 变化到 $u+\mathrm{d}u$,$\mathrm{d}u$ 为标量的增量,如图 1.3.1 所示。

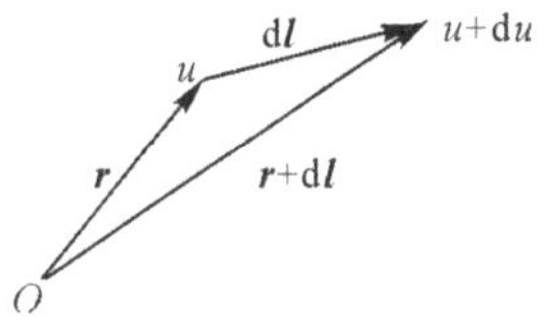

图 1.3.1 标量场的空间变化

由数学知识可知,增量 $\mathrm{d}u$ 可表示为

$$\mathrm{d}u=\frac{\partial u}{\partial x}\mathrm{d}x+\frac{\partial u}{\partial y}\mathrm{d}y+\frac{\partial u}{\partial z}\mathrm{d}z \tag{1-16}$$

在直角坐标系中,位移矢量 $\mathrm{d}\boldsymbol{l}$ 可表示为

$$\mathrm{d}\boldsymbol{l}=\boldsymbol{e}_x\mathrm{d}x+\boldsymbol{e}_y\mathrm{d}y+\boldsymbol{e}_z\mathrm{d}z \tag{1-17}$$

根据式(1-16)和式(1-17),可以考虑将增量 $\mathrm{d}u$ 改写为

$$\mathrm{d}u=\left(\boldsymbol{e}_x\frac{\partial u}{\partial x}+\boldsymbol{e}_y\frac{\partial u}{\partial y}+\boldsymbol{e}_z\frac{\partial u}{\partial z}\right)\cdot(\boldsymbol{e}_x\mathrm{d}x+\boldsymbol{e}_y\mathrm{d}y+\boldsymbol{e}_z\mathrm{d}z) \tag{1-18}$$

令

$$\nabla u=\boldsymbol{e}_x\frac{\partial u}{\partial x}+\boldsymbol{e}_y\frac{\partial u}{\partial y}+\boldsymbol{e}_z\frac{\partial u}{\partial z} \tag{1-19}$$

则

$$\mathrm{d}u=\nabla u\cdot\mathrm{d}\boldsymbol{l} \tag{1-20}$$

把矢量 ∇u 称为标量场的梯度(gradient),其中符号 $\nabla=\boldsymbol{e}_x\frac{\partial}{\partial x}+\boldsymbol{e}_y\frac{\partial}{\partial y}+\boldsymbol{e}_z\frac{\partial}{\partial z}$ 是一个微分运算符号,也称为矢量微分算子。标量场的 $u(\boldsymbol{r})$ 的梯度也可表示为 $\mathbf{grad}\,u(\boldsymbol{r})$。需要明确的是,标量场的梯度是矢量。

二、梯度与方向导数

标量场 $u(x,y,z)$ 沿指定方向 $\boldsymbol{e}_l$ 的变化率称为标量场在该方向的方向导数,记为 $\frac{\partial u}{\partial l}$。根据数学知识,方向导数可由下式进行计算:

$$\frac{\partial u}{\partial l}=\frac{\partial u}{\partial x}\cos\alpha+\frac{\partial u}{\partial y}\cos\beta+\frac{\partial u}{\partial z}\cos\gamma \tag{1-21}$$

式中,$\cos\alpha$,$\cos\beta$ 与 $\cos\gamma$ 分别是 $\boldsymbol{e}_l$ 的三个方向余弦。

由于 $\boldsymbol{e}_l$ 可用方向余弦表示为

$$\boldsymbol{e}_l=\boldsymbol{e}_x\cos\alpha+\boldsymbol{e}_y\cos\beta+\boldsymbol{e}_z\cos\gamma$$

则有 $$\frac{\partial u}{\partial l}=\left(\boldsymbol{e}_x\frac{\partial u}{\partial x}+\boldsymbol{e}_y\frac{\partial u}{\partial y}+\boldsymbol{e}_z\frac{\partial u}{\partial z}\right)\cdot(\boldsymbol{e}_x\cos\alpha+\boldsymbol{e}_y\cos\beta+\boldsymbol{e}_z\cos\gamma)=$$
$$\nabla u\cdot\boldsymbol{e}_l=|\nabla u|\cos\theta \tag{1-22}$$
式中，θ 为梯度∇u 与 $\boldsymbol{e}_l$ 之间的夹角。

式(1－22) 表明，标量场沿着指定方向 $\boldsymbol{e}_l$ 的变化率就是标量场的梯度∇u 在该方向的投影。因此可知，沿梯度∇u 的方向，标量场变化最快，变化率最大，其最大变化率就是梯度∇u 的模$|\nabla u|$。可见标量场梯度给出了对应的标量场在空间各点上的最大变化率及其方向。

三、梯度的计算公式

根据矢量场的不变特性，标量场的梯度也是与所选的坐标系无关的。但在不同的坐标系下，梯度的计算公式亦有区别。现给出常用坐标系中梯度的计算公式：

直角坐标系： $$\nabla u=\boldsymbol{e}_x\frac{\partial u}{\partial x}+\boldsymbol{e}_y\frac{\partial u}{\partial y}+\boldsymbol{e}_z\frac{\partial u}{\partial z} \tag{1-23}$$

圆柱坐标系： $$\nabla u=\boldsymbol{e}_r\frac{\partial u}{\partial r}+\boldsymbol{e}_\varphi\frac{1}{r}\frac{\partial u}{\partial \varphi}+\boldsymbol{e}_z\frac{\partial u}{\partial z} \tag{1-24}$$

圆球坐标系： $$\nabla u=\boldsymbol{e}_r\frac{\partial u}{\partial r}+\boldsymbol{e}_\theta\frac{1}{r}\frac{\partial u}{\partial \theta}+\boldsymbol{e}_\varphi\frac{1}{r\sin\theta}\frac{\partial u}{\partial \varphi} \tag{1-25}$$

例 1.3.1 已知矢量场 $\boldsymbol{A}=x\boldsymbol{e}_x+y\boldsymbol{e}_y+z\boldsymbol{e}_z$，求 A 在点 $M(1,0,1)$ 处的梯度以及沿 $\boldsymbol{l}=\boldsymbol{e}_x+2\boldsymbol{e}_y+2\boldsymbol{e}_z$ 方向的方向导数。

解 由题意，可得：$A=\sqrt{x^2+y^2+z^2}$。根据直角坐标系中梯度的计算公式，即式(1－23)，有
$$\nabla A=\frac{x}{\sqrt{x^2+y^2+z^2}}\boldsymbol{e}_x+\frac{y}{\sqrt{x^2+y^2+z^2}}\boldsymbol{e}_y+\frac{z}{\sqrt{x^2+y^2+z^2}}\boldsymbol{e}_z$$
将 M 点的坐标代入上式，可得在 M 点处 A 的梯度为
$$\mathbf{grad}A\,|_M=\frac{1}{\sqrt{2}}\boldsymbol{e}_x+\frac{1}{\sqrt{2}}\boldsymbol{e}_z$$
根据梯度与方向导数之间的关系，A 沿 $\boldsymbol{l}$ 的方向导数为
$$\frac{\partial A}{\partial l}=\nabla A\cdot\boldsymbol{e}_l$$
由于 $$\boldsymbol{e}_l=\frac{\boldsymbol{l}}{|\boldsymbol{l}|}=\frac{1}{3}\boldsymbol{e}_x+\frac{2}{3}\boldsymbol{e}_y+\frac{2}{3}\boldsymbol{e}_z$$
因此有 $$\left.\frac{\partial A}{\partial l}\right|_M=\frac{1}{\sqrt{2}}\cdot\frac{1}{3}+\frac{0}{\sqrt{2}}\cdot\frac{2}{3}+\frac{1}{\sqrt{2}}\cdot\frac{2}{3}=\frac{1}{\sqrt{2}}$$

例 1.3.2 引入距离矢量 $\boldsymbol{R}=\boldsymbol{r}-\boldsymbol{r}'$。其中 $\boldsymbol{r}$ 和 $\boldsymbol{r}'$ 分别是 $P(x,y,z)$ 和 $Q(x',y',z')$ 两点的位置矢量。当 Q 点固定，P 点为动点时，$\frac{1}{R}$ 便是一个标量场；反之，当 P 点为定点，Q 点为动点时，$\frac{1}{R}$ 又为另一个标量场。如图 1.3.2 所示。试证明上述两标量场的梯度之间有下面关系：
$$\nabla\left(\frac{1}{R}\right)=-\nabla'\left(\frac{1}{R}\right) \tag{1-26}$$

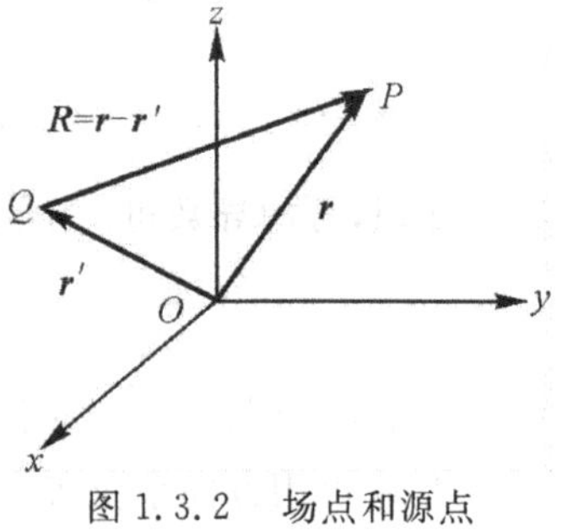

图 1.3.2 场点和源点

式中，∇表示对场点坐标(x,y,z)的运算；∇'表示对源点坐标(x',y',z')的运算。

解 根据题意，有

$$\nabla = \boldsymbol{e}_x\frac{\partial}{\partial x}+\boldsymbol{e}_y\frac{\partial}{\partial y}+\boldsymbol{e}_z\frac{\partial}{\partial z},\quad \nabla' = \boldsymbol{e}_x\frac{\partial}{\partial x'}+\boldsymbol{e}_y\frac{\partial}{\partial y'}+\boldsymbol{e}_z\frac{\partial}{\partial z'}$$

根据梯度的计算公式，只要证明

$$\frac{\partial}{\partial x}\left(\frac{1}{R}\right)=-\frac{\partial}{\partial x'}\left(\frac{1}{R}\right),\quad \frac{\partial}{\partial y}\left(\frac{1}{R}\right)=-\frac{\partial}{\partial y'}\left(\frac{1}{R}\right),\quad \frac{\partial}{\partial z}\left(\frac{1}{R}\right)=-\frac{\partial}{\partial z'}\left(\frac{1}{R}\right)$$

即可证明

$$\nabla\left(\frac{1}{R}\right)=-\nabla'\left(\frac{1}{R}\right)$$

由于$R=\sqrt{(x-x')^2+(y-y')^2+(z-z')^2}$，有

$$\frac{\partial}{\partial x'}\left(\frac{1}{R}\right)=-\frac{1}{R^2}\frac{\partial R}{\partial x'}=\frac{x-x'}{R^3}$$

$$\frac{\partial}{\partial x}\left(\frac{1}{R}\right)=-\frac{1}{R^2}\frac{\partial R}{\partial x}=-\frac{x-x'}{R^3}$$

所以

$$\frac{\partial}{\partial x}\left(\frac{1}{R}\right)=-\frac{\partial}{\partial x'}\left(\frac{1}{R}\right)$$

同理可证得

$$\frac{\partial}{\partial y}\left(\frac{1}{R}\right)=-\frac{\partial}{\partial y'}\left(\frac{1}{R}\right)$$

$$\frac{\partial}{\partial z}\left(\frac{1}{R}\right)=-\frac{\partial}{\partial z'}\left(\frac{1}{R}\right)$$

即证明了

$$\nabla\left(\frac{1}{R}\right)=-\nabla'\left(\frac{1}{R}\right)$$

1.4 矢量场的通量与散度

一、矢量场的通量

在矢量场分析中，穿过任何闭合面S上的通量具有特殊的意义。在曲面上取一面元，该面元除了有面积大小，在空间还有一定的取向，称其为面元矢量，用$\mathrm{d}\boldsymbol{S}$表示，示意图如图1.4.1所示。

若$\mathrm{d}\boldsymbol{S}$取自开平面，则其方向用右手螺旋法则确定；若$\mathrm{d}\boldsymbol{S}$取自闭合面，则其方向为闭合面的外法线方向。

矢量场$\boldsymbol{A}(\boldsymbol{r})$通过面元$\mathrm{d}\boldsymbol{S}$的通量定义为：$\boldsymbol{A}(\boldsymbol{r})\cdot\mathrm{d}\boldsymbol{S}=A(\boldsymbol{r})\times\cos\theta\mathrm{d}S(\boldsymbol{r})$，其中$\theta$为$\mathrm{d}\boldsymbol{S}$处$\boldsymbol{A}(\boldsymbol{r})$与$\mathrm{d}\boldsymbol{S}$方向之间的夹角。

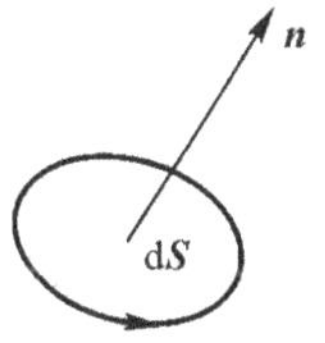

图1.4.1 面元矢量

由积分的概念，矢量$\boldsymbol{A}(\boldsymbol{r})$通过闭合面$S$的通量可用下列公式表示：

$$\Psi=\oint_S\boldsymbol{A}(\boldsymbol{r})\cdot\mathrm{d}\boldsymbol{S}(\boldsymbol{r})=\oint_S A(\boldsymbol{r})\cos\theta\mathrm{d}S(\boldsymbol{r}) \tag{1-27}$$

通量的这一概念可适合于任何矢量场。由通量的定义公式可看出，矢量通过闭合曲面S的通量Ψ是标量值。当闭合曲面S的法线方向与矢量场的方向一致，或矢量场沿着曲面法向时，Ψ为正值；否则，当曲面S的法线方向与矢量场方向相反，或矢量场逆着曲面法向时，Ψ为

负值。

矢量通过闭合曲面的通量具有明确的物理意义，以水的流速场为例进行说明。若 $\boldsymbol{A}(\boldsymbol{r})$ 是水的流速场，则可对其通过闭合曲面 S 的通量 Ψ 做如下讨论：

(1) 若 $\Psi>0$，则表示一定有水的净流量从 S 中流出，那么就表明此闭合面中一定有水源，通量 Ψ 就能表示水源出水量的大小；

(2) 若 $\Psi<0$，则表示一定有水的净流量流入 S 中，那么就表明此闭合面中一定有容纳流入的水的"沟"，或者说是负源，通量 Ψ 就能表示负源吸水量的大小。

(3) 若 $\Psi=0$，则表示通过 S 的水的净流量为 0，即流出的水等于流进的水，此时 S 中要么没有形成水流的源，要么是水源与负源相互抵消。

将这一含义进行推广，矢量场对任意闭合面的通量就表示此闭合面内有无该矢量场的源，以及源的性质及大小。因此，通量也可称作矢量场的通量源，这是一种标量性质的源。例如，电场强度对闭合面的通量不为零，则该闭合面内一定存在形成电场的源，即电荷。

二、矢量场的散度

由矢量场的通量可以确定空间某一区域中有无矢量场的源，以及场源的总量，这是一个宏观的量。若要研究场源在该区域中是如何分布的，通量就无能为力了。为此，引入矢量场的散度的概念。

为研究矢量场 $\boldsymbol{A}(\boldsymbol{r})$ 在一个点附近的通量特性，把闭合曲面 S 收缩，使包含这个点在内的体积元 $\Delta\tau\rightarrow 0$，则

$$\lim_{\Delta\tau\rightarrow 0}\frac{\oint_S \boldsymbol{A}(\boldsymbol{r})\cdot \mathrm{d}\boldsymbol{S}}{\Delta\tau} \tag{1-28}$$

此极限值就成为矢量场 $\boldsymbol{A}(\boldsymbol{r})$ 在该点处的散度，记做 $\mathrm{div}\boldsymbol{A}(\boldsymbol{r})$。由定义可知，空间某点处矢量场 $\boldsymbol{A}(\boldsymbol{r})$ 的散度就表示了矢量场在该点单位体积内的通量源的大小，即通量源的强度。例如，静电场的通量源是电荷，其在空间某一点的散度即是该点的电荷密度。

由数学知识可知，直角坐标系中，有

$$\mathrm{div}\boldsymbol{A}(\boldsymbol{r})=\frac{\partial A_x}{\partial x}+\frac{\partial A_y}{\partial y}+\frac{\partial A_z}{\partial z} \tag{1-29}$$

进一步将式(1－29)进行分析，可得

$$\mathrm{div}\boldsymbol{A}(\boldsymbol{r})=\left(\boldsymbol{e}_x\frac{\partial}{\partial x}+\boldsymbol{e}_y\frac{\partial}{\partial y}+\boldsymbol{e}_z\frac{\partial}{\partial z}\right)\cdot(\boldsymbol{e}_xA_x+\boldsymbol{e}_yA_y+\boldsymbol{e}_zA_z)=\nabla\cdot\boldsymbol{A} \tag{1-30}$$

三、散度的计算公式

不同的坐标系下，矢量场散度的计算公式亦有区别，现给出常用坐标系下矢量场散度的计算公式：

直角坐标系：
$$\nabla\cdot\boldsymbol{A}=\frac{\partial A_x}{\partial x}+\frac{\partial A_y}{\partial y}+\frac{\partial A_z}{\partial z} \tag{1-31}$$

圆柱坐标系：
$$\nabla\cdot\boldsymbol{A}=\frac{1}{r}\frac{\partial}{\partial r}(rA_r)+\frac{1}{r}\frac{\partial A_\varphi}{\partial\varphi}+\frac{\partial A_z}{\partial z} \tag{1-32}$$

圆球坐标系：
$$\nabla\cdot\boldsymbol{A}=\frac{1}{r^2}\frac{\partial}{\partial r}(r^2A_r)+\frac{1}{r\sin\theta}\frac{\partial}{\partial\theta}[(A_\theta)\sin\theta]+\frac{1}{r\sin\theta}\frac{\partial A_\varphi}{\partial\varphi} \tag{1-33}$$

四、高斯公式

对于矢量场 $\boldsymbol{A}$ 中的某一有限体积 V，若包围该体积 V 的闭合面为 S，则有

$$\oint_S \boldsymbol{A} \cdot \mathrm{d}\boldsymbol{S} = \int_V \nabla\cdot \boldsymbol{A}\mathrm{d}V \tag{1-34}$$

式(1-34)称为高斯公式。在数学上，高斯公式反映了体积分与面积分的转换关系，在矢量分析中，高斯定理反映了体积表面上的矢量场与体积内的矢量场的关系。由高斯公式，计算矢量场通过某一闭合面的通量常常也可转化为计算该矢量场的散度在闭合面所包围的体积上的体积分。高斯公式可由散度的定义入手进行证明。

例 1.4.1 求标量场 Φ 的梯度 $\nabla\Phi$ 的散度。

解 根据直角坐标系中梯度的计算公式，有

$$\nabla\Phi = \boldsymbol{e}_x \frac{\partial \Phi}{\partial x} + \boldsymbol{e}_y \frac{\partial \Phi}{\partial y} + \boldsymbol{e}_z \frac{\partial \Phi}{\partial z}$$

再由直角坐标系中散度的计算公式，有

$$\nabla\cdot\nabla\Phi = \frac{\partial}{\partial x}\left(\frac{\partial \Phi}{\partial x}\right) + \frac{\partial}{\partial y}\left(\frac{\partial \Phi}{\partial y}\right) + \frac{\partial}{\partial z}\left(\frac{\partial \Phi}{\partial z}\right) = \frac{\partial^2 \Phi}{\partial x^2} + \frac{\partial^2 \Phi}{\partial y^2} + \frac{\partial^2 \Phi}{\partial z^2}$$

如果记 $\nabla\cdot\nabla\Phi = \nabla^2\Phi$，则称其为拉普拉斯运算，相应的 ∇^2 就被称为拉普拉斯算子。常用坐标系下拉普拉斯运算的计算公式分别为：

直角坐标系：
$$\nabla^2\Phi = \frac{\partial^2 \Phi}{\partial x^2} + \frac{\partial^2 \Phi}{\partial y^2} + \frac{\partial^2 \Phi}{\partial z^2} \tag{1-35}$$

圆柱坐标系：
$$\nabla^2\Phi = \frac{1}{r}\frac{\partial}{\partial r}\left(r\frac{\partial \Phi}{\partial r}\right) + \frac{1}{r^2}\frac{\partial^2 \Phi}{\partial \varphi^2} + \frac{\partial^2 \Phi}{\partial z^2} \tag{1-36}$$

圆球坐标系：
$$\nabla^2\Phi = \frac{1}{r^2}\frac{\partial}{\partial r}\left(r^2\frac{\partial \Phi}{\partial r}\right) + \frac{1}{r^2\sin\theta}\frac{\partial}{\partial \theta}\left(\sin\theta\frac{\partial \Phi}{\partial \theta}\right) + \frac{1}{r^2\sin^2\theta}\frac{\partial^2 \Phi}{\partial \varphi^2} \tag{1-37}$$

例 1.4.2 对于位置矢量场 $\boldsymbol{A}(\boldsymbol{r}) = \boldsymbol{r}$，计算其散度 $\nabla\cdot\boldsymbol{A}$ 及 $\boldsymbol{A}$ 穿过一个球心在原点，半径为 a 的球面的通量。

解
$$\boldsymbol{A}(\boldsymbol{r}) = \boldsymbol{r} = x\boldsymbol{e}_x + y\boldsymbol{e}_y + z\boldsymbol{e}_z$$

根据直角坐标系中散度的计算公式，可得

$$\nabla\cdot\boldsymbol{A} = \frac{\partial x}{\partial x} + \frac{\partial y}{\partial y} + \frac{\partial z}{\partial z} = 3$$

根据高斯公式，$\boldsymbol{A}$ 穿过球心在原点，半径为 a 的球面的通量可转化为求其散度在该球面所包围的体积上的体积分进行，即

$$\oint_S \boldsymbol{A}(\boldsymbol{r}) \cdot \mathrm{d}\boldsymbol{S} = \int_V 3\mathrm{d}V = 3 \times \frac{4}{3}\pi a^3 = 4\pi a^3$$

1.5 矢量场的环量与旋度

一、矢量场的环量

在矢量场 $\boldsymbol{A}$ 中，若曲线 C 是一闭合曲线，则该矢量场沿闭合曲线 C 的线积分可表示为

$$\oint_C \boldsymbol{A} \cdot \mathrm{d}\boldsymbol{l} = \oint_C A\cos\theta \mathrm{d}l \tag{1-38}$$

式中，$\mathrm{d}\boldsymbol{l}$ 是C上的线元矢量，其大小为 $\mathrm{d}l$，方向沿闭合曲线C的切线方向，θ 角为$\boldsymbol{A}$与 $\mathrm{d}\boldsymbol{l}$ 之间的夹角。式(1-38)的线积分在矢量分析中，称为矢量场$\boldsymbol{A}$沿闭合曲线C的环量。环量和通量一样，也是标量。

同矢量场的通量一样，矢量场的环量也是描述矢量场特性的重要物理量。若矢量沿着闭合曲线的环量不为零，则表示闭合曲线内存在着形成矢量场的另外一种源，称之为漩涡源。例如，电流的周围会产生磁场，磁场强度$\boldsymbol{H}$在环绕电流的闭合曲线上的环量不等于零，电流就是产生磁场的漩涡源。

二、矢量场的旋度

由环量的定义公式可以看出，环量是矢量$\boldsymbol{A}$在大范围闭合曲线上的线积分，其反映的是闭合曲线内漩涡源分布的情况。而矢量分析中，总是希望知道空间每个点附近的漩涡源分布的情况。为此，把闭合曲线C收缩，使其包围的面积元 ΔS 趋于零，并求以下的极限：

$$\lim_{\Delta S \to 0} \frac{\oint_C \boldsymbol{A} \cdot \mathrm{d}\boldsymbol{l}}{\Delta S} \tag{1-39}$$

这一极限的意义就是环量的面密度，也可以看做环量的强度。由于面元是有方向的，它与闭合曲线C的绕行方向成右手螺旋关系，因此在给定点上，环量面密度对于不同方向的面元是不同的。引入一个矢量 $\mathbf{rot}\boldsymbol{A}$ 来表示这一特征，定义该矢量如下：

$$\mathbf{rot}\boldsymbol{A} = \boldsymbol{n} \lim_{\Delta S \to 0} \frac{\left[\oint_C \boldsymbol{A} \cdot \mathrm{d}\boldsymbol{l}\right]_{\max}}{\Delta S} \tag{1-40}$$

把矢量 $\mathbf{rot}\boldsymbol{A}$ 称为矢量场$\boldsymbol{A}$的旋度。由公式可以看出，$\mathbf{rot}\boldsymbol{A}$ 的大小是矢量场$\boldsymbol{A}$在给定点环量面密度的最大值，$\mathbf{rot}\boldsymbol{A}$ 的方向就是该点处环量面密度取得最大值的方向。矢量场$\boldsymbol{A}$的旋度 $\mathbf{rot}\boldsymbol{A}$ 描述了矢量$\boldsymbol{A}$在空间某点处漩涡源的强度。

由数学知识可知，在直角坐标系中，有

$$\mathbf{rot}\boldsymbol{A} = \boldsymbol{e}_x\left(\frac{\partial Az}{\partial y} - \frac{\partial Ay}{\partial z}\right) + \boldsymbol{e}_y\left(\frac{\partial Ax}{\partial z} - \frac{\partial Az}{\partial x}\right) + \boldsymbol{e}_z\left(\frac{\partial Ay}{\partial x} - \frac{\partial Ax}{\partial y}\right) \tag{1-41}$$

进一步将式(1-41)进行分析，可得

$$\mathbf{rot}\boldsymbol{A} = \left(\boldsymbol{e}_x \frac{\partial}{\partial x} + \boldsymbol{e}_y \frac{\partial}{\partial y} + \boldsymbol{e}_z \frac{\partial}{\partial z}\right) \times (\boldsymbol{e}_x A_x + \boldsymbol{e}_y A_y + \boldsymbol{e}_z A_z) = \nabla \times \boldsymbol{A} \tag{1-42}$$

写成行列式形式，即为

$$\nabla \times \boldsymbol{A} = \begin{vmatrix} \boldsymbol{e}_x & \boldsymbol{e}_y & \boldsymbol{e}_z \\ \dfrac{\partial}{\partial x} & \dfrac{\partial}{\partial y} & \dfrac{\partial}{\partial z} \\ A_x & A_y & A_z \end{vmatrix} \tag{1-43}$$

三、旋度的计算公式

不同的坐标系下，矢量场旋度的计算公式亦有区别，现给出常用坐标系下矢量场旋度的计算公式：

直角坐标系：
$$\nabla\times\boldsymbol{A}=\begin{vmatrix}\boldsymbol{e}_x & \boldsymbol{e}_y & \boldsymbol{e}_z\\ \dfrac{\partial}{\partial x} & \dfrac{\partial}{\partial y} & \dfrac{\partial}{\partial z}\\ A_x & A_y & A_z\end{vmatrix} \tag{1-44}$$

圆柱坐标系：
$$\nabla\times\boldsymbol{A}=\frac{1}{r}\begin{vmatrix}\boldsymbol{e}_r & r\boldsymbol{e}_\varphi & \boldsymbol{e}_z\\ \dfrac{\partial}{\partial r} & \dfrac{\partial}{\partial \varphi} & \dfrac{\partial}{\partial z}\\ A_r & rA_\varphi & A_z\end{vmatrix} \tag{1-45}$$

圆球坐标系：
$$\nabla\times\boldsymbol{A}=\frac{1}{r^2\sin\theta}\begin{vmatrix}\boldsymbol{e}_r & r\boldsymbol{e}_\theta & r\sin\theta\,\boldsymbol{e}_\varphi\\ \dfrac{\partial}{\partial r} & \dfrac{\partial}{\partial \theta} & \dfrac{\partial}{\partial \varphi}\\ A_r & rA_\theta & r\sin\theta A_\varphi\end{vmatrix} \tag{1-46}$$

四、斯托克斯定理

对于矢量场 $\boldsymbol{A}$ 中的某一闭合曲线 C，若以 C 为边界的曲面为 S，存在如下的重要关系式：

$$\int_S(\nabla\times\boldsymbol{A})\cdot\mathrm{d}\boldsymbol{S}=\oint_C\boldsymbol{A}\cdot\mathrm{d}\boldsymbol{l} \tag{1-47}$$

式(1-47)称为斯托克斯定理或斯托克斯公式。在数学上，斯托克斯公式反映了线积分与面积分之间的关系，在矢量分析中，反映了曲面边界上的矢量场与曲面中旋度源的关系。由斯托克斯公式，计算矢量场沿某一闭合曲线的环量常常也可转化为计算该矢量场的旋度通过闭合面曲线所形成的曲面的通量。斯托克斯公式可由旋度的定义入手进行证明。

例 1.5.1 求矢量场 $\boldsymbol{A}=x(z-y)\boldsymbol{e}_x+y(x-z)\boldsymbol{e}_y+z(y-x)\boldsymbol{e}_z$ 在点 $M(1,0,1)$ 处的旋度以及沿 $\boldsymbol{n}=2\boldsymbol{e}_x+6\boldsymbol{e}_y+3\boldsymbol{e}_z$ 方向的环量面密度。

解 根据直角坐标系中旋度的计算公式：

$$\mathbf{rot}\boldsymbol{A}=\nabla\times\boldsymbol{A}=\begin{vmatrix}\boldsymbol{e}_x & \boldsymbol{e}_y & \boldsymbol{e}_z\\ \dfrac{\partial}{\partial x} & \dfrac{\partial}{\partial y} & \dfrac{\partial}{\partial z}\\ x(z-y) & y(x-z) & z(y-x)\end{vmatrix}=$$
$$(z+y)\boldsymbol{e}_x+(x+z)\boldsymbol{e}_y+(y+x)\boldsymbol{e}_z$$

则 $\boldsymbol{A}$ 在点 $M(1,0,1)$ 处的旋度

$$\mathbf{rot}\boldsymbol{A}\,|_M=\boldsymbol{e}_x+2\boldsymbol{e}_y+\boldsymbol{e}_z$$

$\boldsymbol{n}$ 方向的单位矢量

$$\boldsymbol{e}_n=\frac{1}{\sqrt{2^2+6^2+3^2}}(2\boldsymbol{e}_x+6\boldsymbol{e}_y+3\boldsymbol{e}_z)=\frac{2}{7}\boldsymbol{e}_x+\frac{6}{7}\boldsymbol{e}_y+\frac{3}{7}\boldsymbol{e}_z$$

在点 $M(1,0,1)$ 处沿 $\boldsymbol{n}$ 方向的环流面密度

$$\mu=\nabla\times\boldsymbol{A}_M\cdot\boldsymbol{e}_n=\frac{2}{7}+\frac{6}{7}\times2+\frac{3}{7}=\frac{17}{7}$$

例 1.5.2 求矢量 $\boldsymbol{A}=-y\boldsymbol{e}_x+x\boldsymbol{e}_y+c\boldsymbol{e}_z$（其中 c 为常数）沿曲线 $(x-2)^2+y^2=R^2, z=0$ 的环量。

解 由于在曲线上 $z=0$，因此 $\mathrm{d}z=0$，则有

$$\oint_l \boldsymbol{A}\cdot \mathrm{d}\boldsymbol{l}=\oint_l(-y\mathrm{d}x+x\mathrm{d}y)=$$

$$\int_0^{2\pi}-R\sin\theta d(2+R\cos\theta)+\int_0^{2\pi}(2+R\cos\theta)\,\mathrm{d}R\sin\theta=$$

$$\int_0^{2\pi}R^2\sin^2\theta d\theta+\int_0^{2\pi}(2+R\cos\theta)R\cos\,\mathrm{d}\theta=$$

$$\int_0^{2\pi}[R^2(\sin^2\theta+\cos^2\theta)+2R\cos\theta]\,\mathrm{d}\theta=$$

$$\int_0^{2\pi}(R^2+2R\cos\theta)\,\mathrm{d}\theta=2\pi R^2$$

由于曲线是闭合曲线，该题目还可用斯托克斯公式进行求解，更为方便

$$\oint_l \boldsymbol{A}\cdot\mathrm{d}\boldsymbol{l}=\int_S(\nabla\times\boldsymbol{A})\cdot\mathrm{d}\boldsymbol{S}=\int_S 2\boldsymbol{e}_z\cdot\mathrm{d}\boldsymbol{S}=\int_S 2\boldsymbol{e}_z\cdot\boldsymbol{e}_z\mathrm{d}S=2\int_S\mathrm{d}S=2\pi R^2$$

1.6 无旋场与无散场

一、无旋场

1. 梯度的重要性质

标量场的梯度有一个重要的性质，就是它的旋度恒为 **0**，即

$$\mathbf{rot}(\mathbf{grad}u)=\nabla\times\nabla u=\mathbf{0} \tag{1-48}$$

该性质可简单证明如下：

$$\nabla\times\nabla u=\left(\boldsymbol{e}_x\frac{\partial}{\partial x}+\boldsymbol{e}_y\frac{\partial}{\partial y}+\boldsymbol{e}_z\frac{\partial}{\partial z}\right)\times\left(\boldsymbol{e}_x\frac{\partial u}{\partial x}+\boldsymbol{e}_y\frac{\partial u}{\partial y}+\boldsymbol{e}_z\frac{\partial u}{\partial z}\right)=$$

$$\boldsymbol{e}_x\left(\frac{\partial}{\partial y}\frac{\partial u}{\partial z}-\frac{\partial}{\partial z}\frac{\partial u}{\partial y}\right)+\boldsymbol{e}_y\left(\frac{\partial}{\partial z}\frac{\partial u}{\partial x}-\frac{\partial}{\partial x}\frac{\partial u}{\partial z}\right)+\boldsymbol{e}_z\left(\frac{\partial}{\partial x}\frac{\partial u}{\partial y}-\frac{\partial}{\partial y}\frac{\partial u}{\partial x}\right)=\mathbf{0}$$

2. 无旋场

如果一个矢量场 $\boldsymbol{F}(\boldsymbol{r})$ 的旋度处处为 **0**，即 $\nabla\times\boldsymbol{F}(\boldsymbol{r})\equiv\mathbf{0}$，则称该矢量场为无旋场，只由散度源所产生。

根据梯度的重要性质，无旋场 $\boldsymbol{F}(\boldsymbol{r})$ 总可以被表示为某一标量场的梯度，即

$$\boldsymbol{F}(\boldsymbol{r})=-\nabla u(\boldsymbol{r}) \tag{1-49}$$

相应的标量场 $u(\boldsymbol{r})$ 称为无旋场 $\boldsymbol{F}(\boldsymbol{r})$ 的标量位场，简称为标量位。式(1-49)中的负号为的是使这一概念与电磁理论中电场强度矢量和电位函数的关系相一致。

由斯托克斯公式可知，无旋场 $\boldsymbol{F}(\boldsymbol{r})$ 沿闭合路径 C 的环量为 0，即

$$\oint_C\boldsymbol{F}(\boldsymbol{r})\cdot\mathrm{d}\boldsymbol{l}=0 \tag{1-50}$$

这一结论等价于无旋场 $\boldsymbol{F}(\boldsymbol{r})$ 的线积分 $\int_P^Q\boldsymbol{F}(\boldsymbol{r})\cdot\mathrm{d}\boldsymbol{l}$ 与路径无关，只与起点 P 和终点 Q 的位置有关。由上述的分析，有

$$\int_P^Q\boldsymbol{F}(\boldsymbol{r})\cdot\mathrm{d}\boldsymbol{l}=-\int_P^Q\nabla u\cdot\mathrm{d}\boldsymbol{l}=-\int_P^Q\frac{\partial u}{\partial l}\cdot\mathrm{d}l=-\int_P^Q\mathrm{d}u=u(P)-u(Q) \tag{1-51}$$

若选定 Q 为不动的固定点（矢量分析中也叫做参考点），则式(1-51)可看做是点 P 的函

数，即

$$u(P)=\int_{P}^{Q}\boldsymbol{F}(\boldsymbol{r})\cdot \mathrm{d}\boldsymbol{l}+c \tag{1-52}$$

式(1－52)就是标量位 $u(\boldsymbol{r})$ 的积分表达式，常数 c 取决于参考点的选择。

二、无散场

1. 旋度的重要性质

矢量场的旋度有一个重要的性质，就是旋度的散度恒为0，即

$$\mathrm{div}(\mathbf{rot}\boldsymbol{A})=\nabla\cdot\nabla\times\boldsymbol{A}=0 \tag{1-53}$$

该性质可简单证明如下：

$$\mathrm{div}(\mathbf{rot}\boldsymbol{A})=\nabla\cdot\nabla\times\boldsymbol{A}=$$

$$\left(\boldsymbol{e}_x\frac{\partial}{\partial x}+\boldsymbol{e}_y\frac{\partial}{\partial y}+\boldsymbol{e}_z\frac{\partial}{\partial z}\right)\cdot\left[\boldsymbol{e}_x\left(\frac{\partial Az}{\partial y}-\frac{\partial Ay}{\partial z}\right)+\boldsymbol{e}_y\left(\frac{\partial Ax}{\partial z}-\frac{\partial Az}{\partial x}\right)+\boldsymbol{e}_z\left(\frac{\partial Ay}{\partial x}-\frac{\partial Ax}{\partial y}\right)\right]=$$

$$\frac{\partial}{\partial x}\left(\frac{\partial Az}{\partial y}-\frac{\partial Ay}{\partial z}\right)+\frac{\partial}{\partial y}\left(\frac{\partial Ax}{\partial z}-\frac{\partial Az}{\partial x}\right)+\frac{\partial}{\partial z}\left(\frac{\partial Ay}{\partial x}-\frac{\partial Ax}{\partial y}\right)=0$$

2. 无散场

如果一个矢量场 $\boldsymbol{F}(\boldsymbol{r})$ 的散度处处为0，即 $\nabla\cdot\boldsymbol{F}(\boldsymbol{r})\equiv 0$，则称该矢量场为无散场，只由旋度源所产生。

根据旋度的重要性质，无散场 $\boldsymbol{F}(\boldsymbol{r})$ 总可以被表示为某一矢量场的旋度，即

$$\boldsymbol{F}(\boldsymbol{r})=\nabla\times\boldsymbol{A}(\boldsymbol{r}) \tag{1-54}$$

相应的矢量场 $\boldsymbol{A}(\boldsymbol{r})$ 称为无散场 $\boldsymbol{F}(\boldsymbol{r})$ 的矢量位场，简称为矢量位。

由散度定理可知，无散场 $\boldsymbol{F}(\boldsymbol{r})$ 通过任何闭合曲面 S 的通量为零，即

$$\oint_S \boldsymbol{F}(\boldsymbol{r})\cdot \mathrm{d}\boldsymbol{S}=0 \tag{1-55}$$

1.7 亥姆霍兹定理

由上面的分析可知，矢量场的散度表示矢量场中各点场量与形成该矢量场的通量源的关系，而矢量场的旋度表示矢量场中各点场量与形成该矢量场的漩涡源的关系。矢量场的散度和旋度一旦确定，就意味着场的通量源和漩涡源的分布就确定了，因此也可以把矢量场的散度称为其散度源，而把矢量场的旋度称为其旋度源。场的形成是由"源"所引起(激发)的，因此必然有下述定理的成立：

若矢量场 $\boldsymbol{F}(\boldsymbol{r})$ 在无限空间中处处单值，且其导数连续有界，形成矢量场的源分布在有限空间区域中，则矢量场 $\boldsymbol{F}(\boldsymbol{r})$ 由其散度和旋度唯一确定，并且可以表示为

$$\boldsymbol{F}(\boldsymbol{r})=-\nabla\varphi(\boldsymbol{r})+\nabla\times\boldsymbol{A}(\boldsymbol{r}) \tag{1-56}$$

这一定理被称为亥姆霍兹定理。有关该定理的严格的表述和证明这里不再给出，可参考其他文献。

亥姆霍兹定理总结了矢量场的基本性质，其意义是非常重要的。分析矢量场时，总是从矢量场的源的研究入手，找到该矢量场的散度和旋度，得到的散度方程和旋度方程组成了矢量场基本方程的微分形式；或者从矢量场通过闭合曲面的通量和沿闭合曲线的环量入手，得到的方

程称为矢量场基本方程的积分形式。后续的课程中，不管是对电场的分析，还是对磁场的分析，都是基于这样的一个思路。

1.8 阅读材料——亥姆霍兹

亥姆霍兹(Hermann Ludwig Ferdinand von Helmholtz，1821—1894)，德国物理学家、数学家、生理学家、心理学家。1821年8月31日生于柏林波茨坦，1894年9月8日卒于柏林附近夏洛滕堡。中学毕业后在军队服役8年，取得公费进入在柏林的王家医学科学院资格。1842年获医学博士学位后，被任命为波茨坦驻军军医。1847年他在德国物理学会发表了关于力的守恒讲演，在科学界赢得很大声望，次年担任了柯尼斯堡大学生理学副教授。亥姆霍兹在这次讲演中，第一次以数学方式提出能量守恒定律。

他的主要论点是：① 一切科学都可以归结到力学。② 强调了牛顿力学和拉格朗日力学在数学上是等价的，因而可以用拉氏方法以力所传递的能量或它所做的功来量度力。③ 所有这种能量是守恒的。亥姆霍兹发展了迈尔(Julius Robert Mayer)、詹姆斯·普雷斯科特·焦耳(James Prescott Joule)等人的工作，讨论了已知的力学的、热学的、电学的、化学的各种科学成果，严谨地论证了各种运动中的能量守恒定律。这次讲演内容后来写成专著《力之守恒》出版。在柯尼斯堡工作期间，亥姆霍兹测量了神经刺激的传播速度，发表了生理力学和生理光学方面的研究成果。在1851年他发明了眼科使用的检眼镜，并提出了这一仪器的数学理论。1855年他转到波恩大学任解剖学和生理学教授，出版了《生理学手册》第一卷，并开始流体力学的涡流研究。1857年起，他担任海德堡大学生理学教授。他利用共鸣器(称亥姆霍兹共鸣器)分离并加强声音的谐音。1863年出版了他的巨著《音调的生理基础》。1868年亥姆霍兹研究方向转向物理学，于1871年任柏林大学物理学教授。在电磁理论方面，他测出电磁感应的传播速度为314 000 km/s，由法拉第电解定律推导出电可能是粒子。由于他的一系列讲演，麦克斯韦的电磁理论才真正引起欧洲大陆物理学家的注意，并且导致他的学生赫兹于1887年用实验证实电磁波的存在以及取得一系列重大成果。在热力学研究方面，于1882年发表论文《化学过程的热力学》，他把化学反应中的“束缚能”和“自由能”区别开来，指出前者只能转化为热，后者却可以转化为其他形式的能量。他从克劳修斯的方程，导出了后来称作吉布斯-亥姆霍兹的方程。他还研究了流体力学中的涡流、海浪形成机理和若干气象问题。在数学中，他研究了黎曼空间的几何、黎曼度量和数学物理中的退化波动方程等课题。他提出的后经改进了的有关黎曼度量的论断以及李-亥姆霍兹空间问题的重要性在许多自然科学领域中都得到了证实。

亥姆霍兹的一生，研究领域十分广泛，除物理学外，在生理光学和声学、数学、哲学诸方面都作出了重大贡献。他测定了神经脉冲的速度，重新提出托马斯·杨的三原色视觉说，研究了音色、听觉和共鸣理论，发明了验目镜、角膜计、立体望远镜。他对黎曼创立的非欧几何学也有研究。曾荣任柏林大学校长(1877)和国家物理工程研究所所长(1888)，主张基础理论与应用研究并重。亥姆霍兹不仅对医学、生理学和物理学有重大贡献，而且一直致力于哲学认识论。他确信：世界是物质的，而物质必定守恒。但他企图把一切归结为力，是机械唯物论者，这是由当时文化、社会、历史条件的局限性所导致的。他的成就被国际学术界所承认，1860 年被选为伦敦皇家学会会员，并获该会 1873 年度科普利奖章。1887 年，亥姆霍兹任国家科学技术局主席。

小　　结

(1) 我们讨论的物理量若只有大小，则它是一个标量函数，该标量函数在某一空间区域内确定了该物理量的一个场，该场称为标量场。若我们讨论的物理量既有大小又有方向，则它是一个矢量函数，该矢量函数在某一空间区域内确定了该物理量的一个场，该场称为矢量场。

(2) 标量场 $u(\boldsymbol{r})$ 的梯度定义为：$\nabla u=\boldsymbol{e}_x\frac{\partial u}{\partial x}+\boldsymbol{e}_y\frac{\partial u}{\partial y}+\boldsymbol{e}_z\frac{\partial u}{\partial z}$，$u(\boldsymbol{r})$ 在空间某一点处的梯度的大小和方向就是该点处 $u(\boldsymbol{r})$ 最大变化率的大小和方向。

(3) 矢量场 $\boldsymbol{A}(\boldsymbol{r})$ 通过闭合面 S 的通量为：$\Psi=\oint_S\boldsymbol{A}(\boldsymbol{r})\cdot\mathrm{d}\boldsymbol{S}(\boldsymbol{r})$。矢量场 $\boldsymbol{A}(\boldsymbol{r})$ 的散度定义为

$$\mathrm{div}\boldsymbol{A}(\boldsymbol{r})=\lim_{\Delta\tau\to 0}\frac{\oint_S\boldsymbol{A}(\boldsymbol{r})\cdot\mathrm{d}\boldsymbol{S}}{\Delta\tau}=\nabla\cdot\boldsymbol{A}(\boldsymbol{r})$$

矢量场的散度是一标量，表示从该点散发的通量源的体密度，描述了通量源的强度。散度满足散度定理，即高斯定理

$$\oint_S\boldsymbol{A}\cdot\mathrm{d}\boldsymbol{S}=\int_V\nabla\cdot\boldsymbol{A}\mathrm{d}V$$

(4) 矢量场 $\boldsymbol{A}$ 沿闭合曲线 C 的环量定义为$\oint_C\boldsymbol{A}\cdot\mathrm{d}\boldsymbol{l}$。矢量场 $\boldsymbol{A}(\boldsymbol{r})$ 的旋度定义为

$$\mathbf{rot}\boldsymbol{A}=\boldsymbol{n}\lim_{\Delta S\to 0}\frac{\left[\oint_C\boldsymbol{A}\cdot\mathrm{d}\boldsymbol{l}\right]_{\max}}{\Delta S}=\nabla\times\boldsymbol{A}$$

矢量场的旋度是一矢量。其大小和方向是该点处最大环量面密度的大小和此时的面元方向，描述了形成矢量场的漩涡源的强度。旋度满足旋度定理，即斯托克斯定理

$$\int_S(\nabla\times A)\cdot\mathrm{d}\boldsymbol{S}=\oint_C\boldsymbol{A}\cdot\mathrm{d}\boldsymbol{l}$$

(5) 梯度的重要性质是其旋度处处为 $\mathbf{0}$。如果一个矢量场 $\boldsymbol{F}(\boldsymbol{r})$ 的旋度处处为 $\mathbf{0}$，则称该矢量场为无旋场，可以被表示为某一标量场的梯度，即

$$\boldsymbol{F}(\boldsymbol{r})=-\nabla u(\boldsymbol{r})$$

(6) 旋度的重要性质是其散度处处为 0。如果一个矢量场 $\boldsymbol{F}(\boldsymbol{r})$ 的散度处处为 0，则称该矢量场为无散场，可以被表示为某一矢量场的旋度，即

$$\boldsymbol{F}(\boldsymbol{r})=\nabla\times\boldsymbol{A}(\boldsymbol{r})$$

(7) 亥姆霍兹定理总结了矢量场共同性质：矢量场可由矢量场的散度和旋度唯一地确定；矢量场的散度和旋度各对应矢量场中的一种源。因此矢量分析时，应从研究它的散度和旋度入手，散度方程和旋度方程构成了矢量场的基本方程。

(8) 把符号$\nabla=\boldsymbol{e}_x\frac{\partial}{\partial x}+\boldsymbol{e}_y\frac{\partial}{\partial y}+\boldsymbol{e}_z\frac{\partial}{\partial z}$称为矢量微分算子，其在矢量分析中的使用是非常广泛的。

习 题 一

1.1 已知两矢量分别为：$\boldsymbol{A}=\boldsymbol{e}_x-9\boldsymbol{e}_y-\boldsymbol{e}_z$，$\boldsymbol{B}=2\boldsymbol{e}_x-4\boldsymbol{e}_y+3\boldsymbol{e}_z$，求：

(1)$\boldsymbol{A}$ 与 $\boldsymbol{B}$ 的单位矢量 $\boldsymbol{e}_A$，$\boldsymbol{e}_B$；

(2)$\boldsymbol{A}$ 与 $\boldsymbol{B}$ 之间的夹角 θ_{AB}；

(3)$\boldsymbol{A}+\boldsymbol{B}$，$\boldsymbol{A}-\boldsymbol{B}$；

(4)$\boldsymbol{A}\cdot\boldsymbol{B}$，$\boldsymbol{A}\times\boldsymbol{B}$；

(5)$\boldsymbol{A}$ 在 $\boldsymbol{B}$ 方向上的分量。

1.2 试证明：若 $\boldsymbol{A}\cdot\boldsymbol{B}=\boldsymbol{A}\cdot\boldsymbol{C}$，$\boldsymbol{A}\times\boldsymbol{B}=\boldsymbol{A}\times\boldsymbol{C}$，则 $\boldsymbol{B}=\boldsymbol{C}$。

1.3 直角坐标中，求点 $P'(-3,1,4)$ 到点 $P(2,-2,3)$ 的距离矢量 $\boldsymbol{R}$。

1.4 用球坐标表示的场 $\boldsymbol{e}(r,\theta,\varphi)=\boldsymbol{e}_r\dfrac{25}{r^2}$，求解以下问题：

(1) 直角坐标系中，点 $P(-3,4,-5)$ 处的 $|\boldsymbol{e}|$ 及 $\boldsymbol{e}$ 在 $\boldsymbol{e}_x$ 方向的分量 $\boldsymbol{E}_x$；

(2) 直角坐标系中，点 $P(-3,4,-5)$ 处的 $\boldsymbol{e}$ 与矢量 $\boldsymbol{B}=2\boldsymbol{e}_x-2\boldsymbol{e}_y+\boldsymbol{e}_z$ 之间的夹角。

1.5 求标量场 $\varphi(x,y,z)=xy^2+z^2-xyz$ 在点 $P(1,1,2)$ 处沿方向角 $\alpha=\dfrac{\pi}{3}$，$\beta=\dfrac{\pi}{4}$，$\gamma=\dfrac{\pi}{3}$ 的方向导数。

1.6 求标量场 $\varphi(x,y,z)=xyz$ 在点 $P(5,1,2)$ 处，从该点到 $Q(9,4,19)$ 的方向的方向导数。

1.7 求标量场 $\varphi(x,y,z)=x^2yz$ 在点 $P(2,3,1)$ 处沿指定方向 $\boldsymbol{e}_l=\dfrac{3}{\sqrt{50}}\boldsymbol{e}_x+\dfrac{4}{\sqrt{50}}\boldsymbol{e}_y+\dfrac{5}{\sqrt{50}}\boldsymbol{e}_z$ 的方向导数。

1.8 已知标量场 $u(x,y,z)=x^2+2y^2+3z^2+3x-2y-6z$，求：

(1) $\nabla u(x,y,z)$；

(2) 确定$\nabla u(x,y,z)=0$ 的点。

1.9 已知 $\boldsymbol{r}=x\boldsymbol{e}_x+y\boldsymbol{e}_y+z\boldsymbol{e}_z$，试证明$\nabla\cdot\left(\dfrac{\boldsymbol{r}}{r^3}\right)=0$。

1.10 已知矢量场 $\boldsymbol{A}(x,y,z)=x^2\boldsymbol{e}_x+x^2y^2\boldsymbol{e}_y+x^2y^2z^3\boldsymbol{e}_z$，求解以下问题：

(1) $\nabla\cdot\boldsymbol{A}$；

(2) $\nabla\cdot\boldsymbol{A}$ 对中心在原点的一个单位立方体的体积分；

(3) $\nabla\cdot\boldsymbol{A}$ 对(2) 中立方体表面的面积分，验证散度定理。

1.11 已知 $\boldsymbol{r}=x\boldsymbol{e}_x+y\boldsymbol{e}_y+z\boldsymbol{e}_z$，试证明$\nabla\times\boldsymbol{r}=\boldsymbol{0}$。

1.12 已知矢量场 $\boldsymbol{A}(x,y,z)=x\boldsymbol{e}_x+xy^2\boldsymbol{e}_y$，求解以下问题：

(1) $\nabla\times\boldsymbol{A}$；

(2)$\boldsymbol{A}$ 沿圆周 $x^2+y^2=a^2$ 的线积分；

(3) $\nabla\times\boldsymbol{A}$ 在曲面 $x^2+y^2=a^2$，$z=0$ 上的面积分，验证斯托克斯定理。

1.13 已知矢量场 $\boldsymbol{e}(x,y,z)=y\boldsymbol{e}_x+x\boldsymbol{e}_y$，求解以下问题：

(1)$\boldsymbol{e}$ 沿抛物线 $x=2y^2$ 从点 $P_1(2,1,-1)$ 到点 $P_2(8,2,-1)$ 的线积分；

(2)$\boldsymbol{e}$ 沿点 $P_1(2,1,-1)$ 到点 $P_2(8,2,-1)$ 的直线的线积分；

(3) 判别该矢量场是否为保守场。

1.14 现有三个矢量场 $\boldsymbol{A}$,$\boldsymbol{B}$,$\boldsymbol{C}$,分别为

$$\boldsymbol{A}=\sin\theta\cos\varphi\boldsymbol{e}_r+\cos\theta\cos\varphi\boldsymbol{e}_\theta-\sin\varphi\boldsymbol{e}_\varphi$$

$$\boldsymbol{B}=z^2\sin\varphi\boldsymbol{e}_r+z^2\cos\varphi\boldsymbol{e}_\varphi-2rz\sin\varphi\boldsymbol{e}_z$$

$$\boldsymbol{C}=(3y^2-2x)\boldsymbol{e}_x+x^2\boldsymbol{e}_y+2z\boldsymbol{e}_z$$

(1) 哪些矢量场可以由一个标量函数的梯度表示？哪些矢量场可以由一个矢量函数的梯度表示？

(2) 求出这些矢量场的源分布。

1.15 设 $\varphi(r,\theta,\varphi)=\dfrac{1}{r}\mathrm{e}^{-kr}$,$k$ 为常数,试证明:$\nabla^2\varphi=k^2\dfrac{\mathrm{e}^{-kr}}{r}$。

第二章　静电场分析

静电场是指相对于观察者为静止的电荷产生的矢量场，不随时间的变化而变化。静电场在空间的分布取决于产生静电场的源 —— 电荷 —— 在空间的分布以及电荷周围的物质环境。本章将以库仑定律入手引出静电场分析的基本物理量，进而以亥姆霍兹定理为基础，讨论静电场的基本方程、基本特性及分析求解方法。

2.1　电荷分布

产生静电场的源是电荷，在对静电场进行分析之前，有必要对其产生的源进行深入分析。在自然界中存在正电荷和负电荷两种电荷，带电体所带电荷量的多少被称为电荷量，其单位为库[仑](C)，目前所知的电荷的最小量度是质子和电子的电荷量，称为基本电荷量，用 e 表示，$e=1.602\times10^{-19}$ C。质子带正电，其电荷量为 e；电子带负电，其电荷量为 $-e$。任何带电体的电荷量都只能是基本电荷量的整数倍。也就是说，电荷在空间是以离散的方式分布的。

在宏观电磁理论中，不考虑电荷在微观尺度的离散性，所研究分析的是带电体上大量微观带电粒子的总体效应。而带电体的尺寸远大于带电粒子的尺寸，因此可以认为电荷是以一定的形式连续分布的，引入电荷密度来描述电荷在空间的分布。

一、电荷体密度

如果电荷连续分布于体积 V' 内，则用电荷体密度来描述其分布，用 $\rho(\boldsymbol{r}')$ 来表示。在空间以位置矢量 $\boldsymbol{r}'$ 所确定的点为中心取一足够小的体积元 $\Delta V'$，$\Delta V'$ 内的电荷总量为 Δq，则位置矢量 $\boldsymbol{r}'$ 处的电荷密度为

$$\rho(\boldsymbol{r}')=\lim_{\Delta V'\to 0}\frac{\Delta q}{\Delta V'}=\frac{\mathrm{d}q}{\mathrm{d}V'} \tag{2-1}$$

式(2-1)中，位置矢量 $\boldsymbol{r}'$ 所确定的点被称为源点，电荷体密度的单位为 $\mathrm{C/m^3}$。

如果已知空间区域 V' 中的电荷体密度 $\rho(\boldsymbol{r}')$，则利用体积分可求出区域 V' 内的总的电荷量，即

$$q=\int_{V'}\rho(\boldsymbol{r}')\mathrm{d}V' \tag{2-2}$$

二、电荷面密度

如果电荷连续分布于厚度可以忽略(例如电荷分布在导体的表面或两种不同物质的分界面薄层中，当不计算和分析该薄层内的电场时，可将该薄层的厚度忽略不计，认为电荷是分布在一个曲面上的。)的曲面 S' 上，则用电荷面密度来描述其分布。在空间以位置矢量 $\boldsymbol{r}'$ 所确定的点取一足够小的面积元 $\Delta S'$，$\Delta S'$ 上的电荷总量为 Δq，则位置矢量 $\boldsymbol{r}'$ 处的电荷面密度为

$$\rho_S(\boldsymbol{r}') = \lim_{\Delta S' \to 0} \frac{\Delta q}{\Delta S'} = \frac{\mathrm{d}q}{\mathrm{d}S'} \tag{2-3}$$

电荷面密度的单位为 $\mathrm{C/m^2}$。

如果已知曲面 S' 上的电荷面密度 $\rho_S(\boldsymbol{r}')$，则利用面积分可求出曲面 S' 上的总的电荷量，即

$$q = \int_{S'} \rho_S(\boldsymbol{r}')\mathrm{d}S' \tag{2-4}$$

三、电荷线密度

如果电荷连续分布于横截面积可以忽略的细线 l' 上，则用电荷线密度来描述其分布。在空间以位置矢量 $\boldsymbol{r}'$ 所确定的点取一足够小的线元 $\Delta l'$，$\Delta l'$ 上的电荷总量为 Δq，则位置矢量 $\boldsymbol{r}'$ 处的电荷线密度为

$$\rho_l(\boldsymbol{r}') = \lim_{\Delta l' \to 0} \frac{\Delta q}{\Delta l'} = \frac{\mathrm{d}q}{\mathrm{d}l'} \tag{2-5}$$

电荷线密度的单位为 C/m。

如果已知曲线 l' 上的电荷线密度 $\rho_l(\boldsymbol{r}')$，则利用线积分可求出曲线 l' 上的总的电荷量，即

$$q = \int_{l'} \rho_l(\boldsymbol{r}')\mathrm{d}l' \tag{2-6}$$

四、点电荷

如果电荷集中在很小的区域中，当不计算和分析电荷所在区域中的电场，可视为电荷分布在该区域中心的几何点上，称其为点电荷。当带电体的尺寸远小于观察点至带电体的距离时，带电体的形状及其中的电荷分布是可以忽略的因素，就可将带电体所带电荷看成集中在点电荷的中心点上，形成点电荷分布。点电荷的分布可借助于数学上的 δ 函数来描述。位于位置矢量 $\boldsymbol{r}'$ 所确定的点的电荷量为 q 的点电荷密度用 δ 函数表示为

$$\rho(\boldsymbol{r}') = q\delta(\boldsymbol{r} - \boldsymbol{r}') \tag{2-7}$$

点电荷分布在电磁理论分析中占有很重要的地位，是一个理想化模型，应该从极限的意义来理解其概念。

2.2　库仑定律与电场强度

描述电场分布的基本物理量是电场强度矢量。本节将首先讨论静电场的基本实验定律——库仑定律，在此基础上导出电场强度的概念及分析计算公式。

一、库仑定律

库仑是法国科学家，1785 年通过著名的“扭秤实验”总结出两个点电荷之间作用力的定量描述，被称为库仑定律。如图 2.2.1 所示。

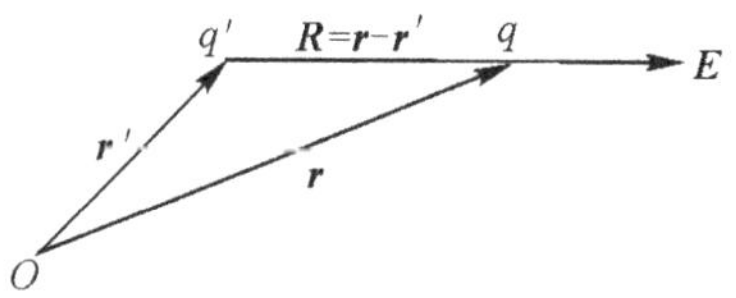

图 2.2.1　库仑定律说明图

库仑定律的内容为：静止点电荷 q' 作用于实验电荷 q 的力为

$$\boldsymbol{F}=\frac{q'q}{4\pi\varepsilon_0 R^2}\boldsymbol{e}_R=\frac{q'q}{4\pi\varepsilon_0}\frac{\boldsymbol{R}}{R^3} \tag{2-8}$$

式(2-8)中：$\boldsymbol{F}$ 表示点电荷 q' 对实验电荷 q 的作用力，单位为 N；$\boldsymbol{R}=\boldsymbol{r}-\boldsymbol{r}'$ 表示从 $\boldsymbol{r}'$ 到 $\boldsymbol{r}$ 的距离矢量；R 是 $\boldsymbol{r}'$ 到 $\boldsymbol{r}$ 的距离；$\boldsymbol{e}_R$ 是 $\boldsymbol{R}$ 的单位矢量；ε_0 是表征真空电性质的物理量，称为真空的介电常数，$\varepsilon_0=\frac{1}{36\pi}\times10^{-9}\approx8.854\times10^{-12}$ F/m。

库仑定律表明，真空中两点电荷之间的作用力的大小与两点电荷电量之积成正比，与距离的平方成反比，力的方向沿二者之间的连线，同号电荷之间是斥力，异号电荷之间是引力。

二、电场强度

库仑定律中电荷 q' 对实验电荷 q 产生力的作用，是由于 q' 在空间产生电场，实验电荷 q 在电场中受力。用电场强度矢量 $\boldsymbol{E}$ 来描述电场，空间任一点的电场强度定义为该点的单位正实验电荷所受到的电场力，即

$$\boldsymbol{E}(\boldsymbol{r})=\lim_{q\to0}\frac{\boldsymbol{F}}{q} \tag{2-9}$$

定义中，$q\to0$ 表明实验电荷 q 应为电量足够小的点电荷，以使它的引入不影响 q' 所产生的电场的分布。

结合电场强度的定义及库仑定律的表达式，位于 $\boldsymbol{r}'$ 处的点电荷 q' 在空间 $\boldsymbol{r}$ 处产生的电场的电场强度可由下式确定：

$$\boldsymbol{E}(\boldsymbol{r})=\lim_{q\to0}\frac{\boldsymbol{F}}{q}=\frac{q'}{4\pi\varepsilon_0}\frac{\boldsymbol{R}}{R^3}=\frac{q'}{4\pi\varepsilon_0}\frac{\boldsymbol{r}-\boldsymbol{r}'}{|\boldsymbol{r}-\boldsymbol{r}'|^3} \tag{2-10}$$

通常将点电荷所在点 $\boldsymbol{r}'$ 称为源点，将观察点 $\boldsymbol{r}$ 称为场点。电场强度的单位是 V/m(伏/米)。若真空中共有 N 个点电荷，则 $\boldsymbol{r}$ 处的电场强度可由叠加原理计算，即

$$\boldsymbol{E}(\boldsymbol{r})=\sum_{i=1}^{N}\frac{q_i'}{4\pi\varepsilon_0}\frac{\boldsymbol{r}-\boldsymbol{r}_i'}{|\boldsymbol{r}-\boldsymbol{r}_i'|^3} \tag{2-11}$$

三、电场强度的矢量积分公式

对于体分布的电荷，可将其视为一系列的点电荷的叠加，从而得到体电荷所形成的电场在 $\boldsymbol{r}$ 处的电场强度为

$$\boldsymbol{E}(\boldsymbol{r})=\frac{1}{4\pi\varepsilon_0}\int_{V'}\frac{\boldsymbol{r}-\boldsymbol{r}'}{|\boldsymbol{r}-\boldsymbol{r}'|^3}\rho(\boldsymbol{r}')\mathrm{d}V' \tag{2-12}$$

同理，面电荷和线电荷产生的电场强度分别为

$$\boldsymbol{E}(\boldsymbol{r})=\frac{1}{4\pi\varepsilon_0}\int_{S'}\frac{\boldsymbol{r}-\boldsymbol{r}'}{|\boldsymbol{r}-\boldsymbol{r}'|^3}\rho_S(\boldsymbol{r}')\mathrm{d}S' \tag{2-13}$$

$$\boldsymbol{E}(\boldsymbol{r})=\frac{1}{4\pi\varepsilon_0}\int_{l'}\frac{\boldsymbol{r}-\boldsymbol{r}'}{|\boldsymbol{r}-\boldsymbol{r}'|^3}\rho_l(\boldsymbol{r}')\mathrm{d}l' \tag{2-14}$$

式(2-10)～式(2-14)都为矢量积分，也被称为电场强度计算的矢量积分公式。

例 2.2.1 计算电偶极子的电场强度。若两个电量为 q 的等值异号点电荷之间的距离 d 很小，则这两个点电荷所组成的电荷系统通常也被称为电偶极子，如图 2.2.2 所示。常用偶极距 $\boldsymbol{p}=q\boldsymbol{l}$ 来表征电偶极子，其中 $\boldsymbol{l}$ 为由负电荷到正电荷的距离矢量。

解 采用球坐标系，使电偶极子的中心与坐标原点重合，并使电偶极子与 z 轴重合。场

点 $P(r,\theta,\varphi)$ 处的电场强度 $\boldsymbol{E}$ 就是 $+q$ 产生的电场强度 $\boldsymbol{E}_+$ 与 $-q$ 产生的电场强度 $\boldsymbol{E}_-$ 的矢量和。

在球坐标系中，场点 $P(r,\theta,\varphi)$ 的位置矢量为 $\boldsymbol{r}=\boldsymbol{e}_r r$，两个点电荷的位置矢量分别为 $\boldsymbol{r}'_+=\dfrac{d}{2}\boldsymbol{e}_z$ 和 $\boldsymbol{r}'_-=-\dfrac{d}{2}\boldsymbol{e}_z$。根据点电荷的电场强度的公式(2-10)，并应用叠加原理，得

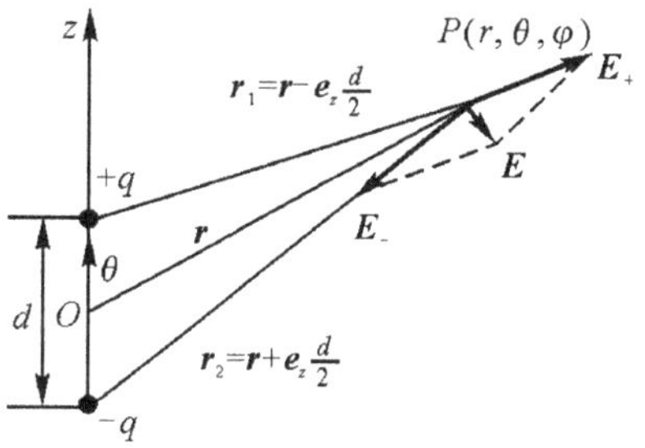

图 2.2.2　电偶极子电场计算

$$\boldsymbol{E}(\boldsymbol{r})=\frac{q}{4\pi\varepsilon_0}\left(\frac{\boldsymbol{r}-\boldsymbol{e}_z d/2}{|\boldsymbol{r}-\boldsymbol{e}_z d/2|^3}-\frac{\boldsymbol{r}+\boldsymbol{e}_z d/2}{|\boldsymbol{r}+\boldsymbol{e}_z d/2|^3}\right)$$

在电磁理论中，常常感兴趣的是远离电偶极子的区域，即远场区的电场，此时 $r\gg d$，有

$$|\boldsymbol{r}-\boldsymbol{e}_z d/2|^{-3}=[(\boldsymbol{r}-\boldsymbol{e}_z d/2)^2]^{-3/2}=\left(r^2-\boldsymbol{r}\cdot\boldsymbol{e}_z d+\frac{d^2}{4}\right)^{-3/2}\approx r^{-3}\left(1-\frac{\boldsymbol{r}\cdot\boldsymbol{e}_z d}{r^2}\right)^{-3/2}$$

将 $\left(1-\dfrac{\boldsymbol{r}\cdot\boldsymbol{e}_z d}{r^2}\right)^{-3/2}$ 应用 $(1\pm x)^a\approx 1\mp ax$ 处理，则可得到

$$|\boldsymbol{r}-\boldsymbol{e}_z d/2|^{-3}\approx r^{-3}\left(1+\frac{3}{2}\frac{\boldsymbol{r}\cdot\boldsymbol{e}_z d}{r^2}\right)$$

同理有

$$|\boldsymbol{r}+\boldsymbol{e}_z d/2|^{-3}\approx r^{-3}\left(1-\frac{3}{2}\frac{\boldsymbol{r}\cdot\boldsymbol{e}_z d}{r^2}\right)$$

则在远场区的 P 点，电场强度近似为

$$\boldsymbol{E}(\boldsymbol{r})\approx\frac{q}{4\pi\varepsilon_0 r^3}\left(3\frac{\boldsymbol{r}\cdot\boldsymbol{e}_z d}{r^2}\boldsymbol{r}-\boldsymbol{e}_z d\right)$$

注意到 $\boldsymbol{p}=q\boldsymbol{l}=\boldsymbol{e}_z p=\boldsymbol{e}_z qd$，则上式可写为

$$\boldsymbol{E}(\boldsymbol{r})\approx\frac{q}{4\pi\varepsilon_0 r^3}\left(3\frac{\boldsymbol{r}\cdot\boldsymbol{p}}{r^2}\boldsymbol{r}-\boldsymbol{p}\right)$$

在球坐标系中：
$$\boldsymbol{p}=\boldsymbol{e}_z p=p(\boldsymbol{e}_r\cos\theta-\boldsymbol{e}_\theta\sin\theta)$$

则
$$\boldsymbol{r}\cdot\boldsymbol{p}=\boldsymbol{e}_r r\cdot p(\boldsymbol{e}_r\cos\theta-\boldsymbol{e}_\theta\sin\theta)=rp\cos\theta$$

因此
$$\boldsymbol{E}(\boldsymbol{r})\approx\frac{p}{4\pi\varepsilon_0 r^3}(\boldsymbol{e}_r 2\cos\theta+\boldsymbol{e}_\theta\sin\theta)\tag{2-15}$$

由上述结果可看出，电偶极子的电场与距离的三次方成反比，电场强度与方位角有关，这些特点都与点电荷的电场显著不同。静电场分析中，在研究电介质的极化时，电偶极子是一个重要的概念。

例 2.2.2　一个半径为 a 的均匀带电圆环，如图 2.2.3 所示，求轴线上的电场强度。

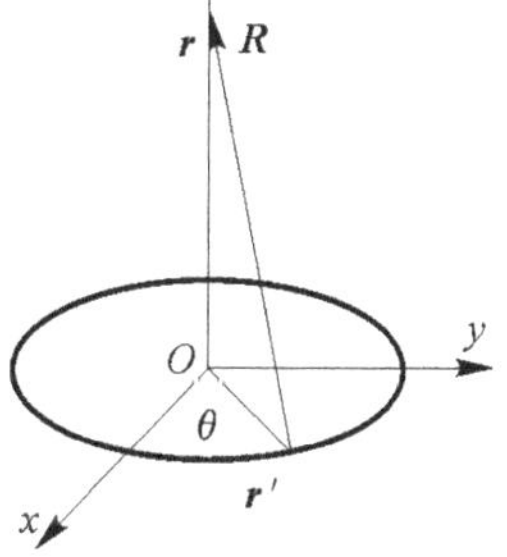

图 2.2.3　例 2.2.2 用图

解　选取直角坐标系，可写出以下各量：

$$\boldsymbol{r}=z\boldsymbol{e}_z$$
$$\boldsymbol{r}'=a\cos\theta\boldsymbol{e}_x+a\sin\theta\boldsymbol{e}_y$$
$$|\boldsymbol{r}-\boldsymbol{r}'|=R=\sqrt{z^2+a^2}$$
$$l'=a\theta,\quad \mathrm{d}l'=a\mathrm{d}\theta$$

则根据电场强度的积分公式，有

$$\boldsymbol{E}(\boldsymbol{r})=\frac{\rho_l(\boldsymbol{r}')}{4\pi\varepsilon_0}\int_l \frac{(\boldsymbol{r}-\boldsymbol{r}')}{R^3}\mathrm{d}l'=\frac{\rho_l(\boldsymbol{r}')}{4\pi\varepsilon_0}\int_0^{2\pi}\frac{z\boldsymbol{e}_z-a\cos\theta\boldsymbol{e}_x-a\sin\theta\boldsymbol{e}_y}{(a^2+z^2)^{\frac{3}{2}}}a\mathrm{d}\theta=$$

$$\frac{a\rho_l}{2\varepsilon_0}\frac{z}{(a^2+z^2)^{\frac{3}{2}}}\boldsymbol{e}_z$$

2.3 真空中静电场的基本规律

一、静电场的通量与散度

1. 电场强度矢量通过闭合面的通量

从库仑定律出发，可以推导出静电场电场强度矢量通过闭合面的通量，即高斯定理。为方便高斯定理的推导，先引入立体角的概念。

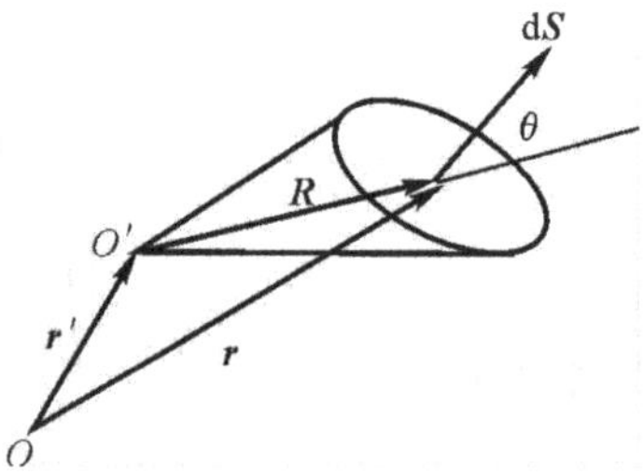

图 2.3.1 立体角

如图 2.3.1 所示，立体角是由过某点的射线绕过该点的某一轴旋转一周所扫出的锥面限定的空间。以点 O' 为球心，$\boldsymbol{R}$ 为半径作球面，若立体角的锥面在球面上限定的面积为 S，则该立体角的大小为

$$\Omega=\frac{S}{R^2} \tag{2-16}$$

立体角的单位是球面度(sr)，整个球面对球心的立体角是 4π。对于任一个曲面 S，其上的面元矢量 $\mathrm{d}\boldsymbol{S}$ 对某点 O' 的立体角是

$$\mathrm{d}\Omega=\frac{\mathrm{d}\boldsymbol{S}\cdot(\boldsymbol{r}-\boldsymbol{r}')}{|\boldsymbol{r}-\boldsymbol{r}'|^3}=\frac{\mathrm{d}S\cos\theta}{R^2} \tag{2-17}$$

式(2-17)中，$\boldsymbol{r}$ 是面元所处的位置，$\boldsymbol{r}'$ 是点 O' 所处的位置，$\boldsymbol{R}=\boldsymbol{r}-\boldsymbol{r}'$，$\theta$ 是 $\mathrm{d}\boldsymbol{S}$ 与 $\boldsymbol{R}$ 的夹角。由积分的概念，整个曲面 S 对点 O' 所张的立体角是

$$\Omega=\int_S\frac{(\boldsymbol{r}-\boldsymbol{r}')\cdot\mathrm{d}\boldsymbol{S}}{|\boldsymbol{r}-\boldsymbol{r}'|^3} \tag{2-18}$$

若 S 是封闭曲面，则有

$$\Omega=\oint_S\frac{(\boldsymbol{r}-\boldsymbol{r}')\cdot\mathrm{d}\boldsymbol{S}}{|\boldsymbol{r}-\boldsymbol{r}'|^3}=\begin{cases}4\pi & \boldsymbol{r}'\text{ 在 } S \text{ 内}\\ 0 & \boldsymbol{r}'\text{ 在 } S \text{ 外}\end{cases} \tag{2-19}$$

也就是说，任意闭合曲面对其内部任一点所张的立体角均为 4π，对外部点所张的立体角为零。

现在分析点电荷电场穿过任意闭合曲面 S 的通量

$$\oint_S\boldsymbol{E}\cdot\mathrm{d}\boldsymbol{S}=\frac{q'}{4\pi\varepsilon_0}\oint_S\frac{(\boldsymbol{r}-\boldsymbol{r}')\cdot\mathrm{d}\boldsymbol{S}}{|\boldsymbol{r}-\boldsymbol{r}'|^3} \tag{2-20}$$

由上述关于立体角的结论，若 q' 位于闭合曲面 S 的内部，则有 $\oint_S\boldsymbol{E}\cdot\mathrm{d}\boldsymbol{S}=\frac{q'}{\varepsilon_0}$；若 q' 位于闭合曲面 S 的外部，则有 $\oint_S\boldsymbol{E}\cdot\mathrm{d}\boldsymbol{S}=0$。若闭合曲面 S 内是分布电荷，由叠加原理可得

$$\oint_S\boldsymbol{E}\cdot\mathrm{d}\boldsymbol{S}=\frac{\sum q}{\varepsilon_0} \tag{2-21}$$

式(2-21)中，$\sum q$是闭合曲面S内的总电荷量。这一电场与电荷之间的关系式被称为高斯定理，是静电场分析的一个基本定理。高斯定理表明，在真空中穿出任意闭合曲面的电场强度的通量等于该闭合曲面内部的总电荷量与ε_0之比。

上述的高斯定理也称为高斯定理的积分形式，可以用来计算平面对称、轴对称及球对称分布的电荷所产生的静电场。

2. 电场强度矢量的散度

高斯定理的积分形式只表明了通过闭合曲面的电场强度的通量与闭合曲面内的电荷之间的关系，并未说明某一点的情况。为研究某一点电场分布与电荷分布之间的关系，对积分形式的高斯定理做进一步的分析。如果闭合曲面S内的电荷以体密度$\rho(\boldsymbol{r})$分布在S内，则S内的总电荷量$\sum q$可由下式计算：

$$\sum q = \int_V \rho(\boldsymbol{r})\mathrm{d}V \tag{2-22}$$

式中，V是闭合面S所限定的体积。对积分形式的高斯定理应用第一章中所介绍的高斯公式，即式(1-34)，有

$$\oint_S \boldsymbol{E}\cdot\mathrm{d}\boldsymbol{S} = \int_V(\nabla\cdot\boldsymbol{E})\mathrm{d}V = \frac{1}{\varepsilon_0}\int_V \rho(\boldsymbol{r})\mathrm{d}V \tag{2-23}$$

由于体积V是任意的，所以有

$$\nabla\cdot\boldsymbol{E} = \frac{\rho(\boldsymbol{r})}{\varepsilon_0} \tag{2-24}$$

式(2-24)就是电场强度矢量的散度所满足的方程，也被称为高斯定理的微分形式。微分形式的高斯定理说明真空中任一点的电场强度的散度等于该点的电荷密度与ε_0之比。微分形式的高斯定理通常用来由电场分布计算电荷分布。

二、静电场的环量与旋度

1. 电场强度矢量的旋度

以点电荷的电场为例来分析电场矢量的旋度，再次写出点电荷电场强度如下：

$$\boldsymbol{E}(\boldsymbol{r}) = \frac{q'}{4\pi\varepsilon_0}\frac{\boldsymbol{R}}{R^3} = \frac{q'}{4\pi\varepsilon_0}\frac{\boldsymbol{r}-\boldsymbol{r}'}{|\boldsymbol{r}-\boldsymbol{r}'|^3}$$

利用$\dfrac{\boldsymbol{R}}{R^3} = -\nabla\left(\dfrac{1}{R}\right)$，则有

$$\boldsymbol{E}(\boldsymbol{r}) = -\frac{q'}{4\pi\varepsilon_0}\nabla\left(\frac{1}{R}\right) \tag{2-25}$$

对式(2-25)两边同时取旋度，有

$$\nabla\times\boldsymbol{E}(\boldsymbol{r}) = -\frac{q'}{4\pi\varepsilon_0}\nabla\times\nabla\left(\frac{1}{R}\right) \tag{2-26}$$

根据1.6节梯度的重要性质，方程等号右边为零，因此得到

$$\nabla\times\boldsymbol{E}(\boldsymbol{r}) = \boldsymbol{0} \tag{2-27}$$

式(2-27)表明静电场是无旋场。

2. 电场强度矢量的环量

由于$\nabla\times\boldsymbol{E}(\boldsymbol{r}) = \boldsymbol{0}$，将该方程的两边同时对任意曲面$S$求面积分，有

$$\int_S \nabla \times \boldsymbol{E}(\boldsymbol{r}) \cdot \mathrm{d}\boldsymbol{S} = 0 \tag{2-28}$$

利用斯托克斯公式$\int_S \nabla \times \boldsymbol{E}(\boldsymbol{r}) \cdot \mathrm{d}\boldsymbol{S} = \oint_C \boldsymbol{E} \cdot \mathrm{d}\boldsymbol{l}$，则有

$$\oint_C \boldsymbol{E} \cdot \mathrm{d}\boldsymbol{l} = 0 \tag{2-29}$$

式(2－29)表明：静电场中，电场强度矢量沿着任意闭合路径 C 的环量为零。其物理含义是将单位正电荷沿静电场中的任一闭合路径移动一周，电场力不做功。

例 2.3.1 总电量为 q 的电荷，均匀分布在半径为 a 的球体中，试分别求球体内、外的电场强度。

解 本题已知电荷分布，且电荷分布具有球对称性，因此可以用高斯定理的积分形式求电场强度。由于电荷分布的球对称性，因此选择球坐标系。电场强度的分布与电荷分布一样，也应该是球对称的，电场强度矢量仅有 $\boldsymbol{E}_r$ 方向分量，即 $\boldsymbol{E}=E\boldsymbol{e}_r$。应用高斯定理时，积分曲面根据对称性应选择与带电体同心的球面。

(1) 球外电场强度。在球外作与带电体同心，半径为 r 的球面，如图 2.3.2(a) 所示。

根据高斯定理的积分形式，有

$$\oint_S \boldsymbol{E} \cdot \mathrm{d}\boldsymbol{S} = \oint_S E\boldsymbol{e}_r \cdot \boldsymbol{e}_r \mathrm{d}S = E\oint_S \mathrm{d}S = 4\pi r^2 E = \frac{\sum q}{\varepsilon_0} = \frac{q}{\varepsilon_0}$$

因此有

$$\boldsymbol{E} = E\boldsymbol{e}_r = \frac{q}{4\pi\varepsilon_0 r^2}\boldsymbol{e}_r \quad (r > a)$$

(2) 球内电场强度。在球内作与带电体同心，半径为 r 的球面，如图 2.3.2(b) 所示。

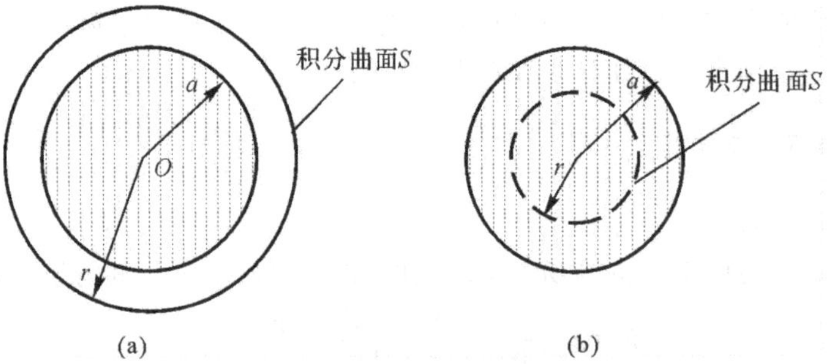

图 2.3.2

(a) 球外电场计算； (b) 球内电场计算

根据高斯定理的积分形式，有

$$\oint_S \boldsymbol{E} \cdot \mathrm{d}\boldsymbol{S} = \oint_S E\boldsymbol{e}_r \cdot \boldsymbol{e}_r \mathrm{d}S = E\oint_S \mathrm{d}S = 4\pi r^2 E = \frac{\int_V \rho(\boldsymbol{r})\mathrm{d}V}{\varepsilon_0} = \frac{q}{\frac{4}{3}\pi a^3 \varepsilon_0} \cdot \frac{4}{3}\pi r^3 = \frac{r^3 q}{\varepsilon_0 a^3}$$

因此有

$$\boldsymbol{E} = E\boldsymbol{e}_r = \frac{rq}{4\pi\varepsilon_0 a^3}\boldsymbol{e}_r \quad (r < a)$$

由例 2.3.1 可总结出在已知电荷分布的情况下，利用高斯定理求电场分布的一般方法如下：

(1) 根据电荷分布的对称性，选择合适的坐标系；

(2) 根据电荷分布的对称性，确定电场强度矢量的方向；

(3) 作出积分曲面；

(4) 应用高斯定理的积分形式，求出电场强度矢量的大小，即 E；

(5) 根据(2) 所确定的电场强度的方向，写出电场强度矢量的表达式。

例 2.3.2　半径分别为 a，$b(a>b)$，球心距为 $c(c<a-b)$ 的两球面间有密度为 ρ 的均匀体电荷分布，如图 2.3.3 所示，求半径为 b 的球面内任一点 P 的场强。

解　为了使用高斯定理，在半径为 b 的空腔内分别加上密度为 ρ 和 $-\rho$ 的体电荷，这样，任意一点的体电荷就相当于带正电的大球和一个带负电的小球体共同产生。正负带电体所产生的场分别由高斯定理计算。

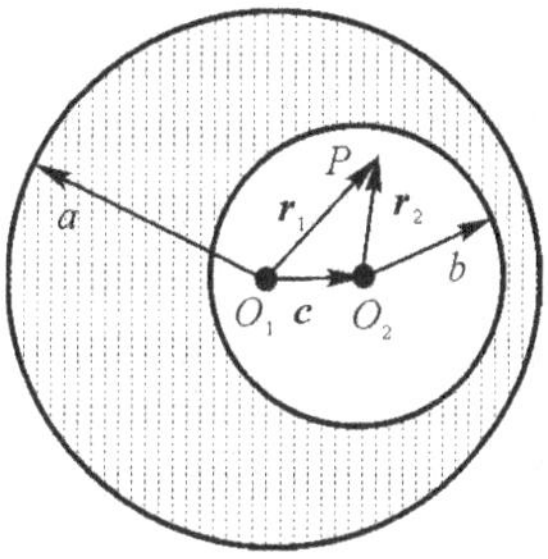

图 2.3.3　例 2.3.2 用图

正电荷在空腔内产生的电场为

$$\boldsymbol{E}_1=\frac{\rho r_1}{3\varepsilon_0}\boldsymbol{e}_{r_1}$$

负电荷在空腔内产生的电场为

$$\boldsymbol{E}_2=-\frac{\rho r_2}{3\varepsilon_0}\boldsymbol{e}_{r_2}$$

单位矢量 $\boldsymbol{e}_{r_1}$，$\boldsymbol{e}_{r_2}$ 的起点分别是大球体与小球体的球心。

考虑到

$$r_1\boldsymbol{e}_{r_1}-r_2\boldsymbol{e}_{r_2}=\boldsymbol{c}$$

最后得到空腔内的电场为

$$\boldsymbol{E}=\frac{\rho\boldsymbol{c}}{3\varepsilon_0}$$

例 2.3.2 属于电荷分布不对称，但通过补偿的方法能够应用高斯定理的情况，问题的关键在于“补偿”方法的运用。

2.4　介质中静电场的基本规律

根据物质的电特性，可将其分为导电物质和绝缘物质两类，通常称前者为导体，称后者为电介质。不管是导体还是电介质，都是由分别带正电荷(原子核) 和负电荷(电子) 的粒子组成的，这些带电粒子之间存在相互作用力。当物质被引入到电场中时，带电粒子和电场产生相互作用而使其状态发生改变。导体中，带正电荷的原子核与带负电荷的电子间的相互作用力很小，即使外电场十分微弱，电子也会发生定向移动，在这里，传导是主要现象。电介质中，电子和原子核的结合相当紧密，电子被原子核紧紧束缚，因此也常把电介质中的电荷称为束缚电荷。在外电场的作用下，束缚电荷只能做微小位移，这里，极化是主要现象。本节将简要讨论电介质的极化，并以此为基础分析电介质中静电场的基本规律。

一、电介质的极化与极化强度

1. 电介质的极化

根据电介质中束缚电荷的分布特征，把电介质的分子分为无极性分子和有极性分子两类。无极性分子的正、负电荷中心重合，因此对外产生的合成电场为零，不显示电性。有极性分子的正、负电荷中心不重合，构成一个电偶极子。但由于许多电偶极子杂乱无章地排列，使得合成电偶极矩相抵消，因而对外产生的合成电场为零，也不显示电性。

一旦电介质处于电场中，在外电场的作用下，无极性分子中的正电荷沿电场方向移动，负电荷逆电场方向移动，导致正负电荷中心不再重合形成许多排列方向与外电场大体一致的电偶极子，对外产生的电场就不再为零。对于有极性分子，它的每个电偶极矩在外电场的作用下要产生转动，最终使每个电偶极子的排列方向大体与外电场方向一致，它们对外产生的电场也不再为零。这种电介质中的束缚电荷在外电场作用下发生位移的现象，称为电介质的极化，束缚电荷也称为极化电荷。

电介质极化的结果是电介质内部出现许多顺着外电场方向排列的电偶极子，如图 2.4.1 所示。

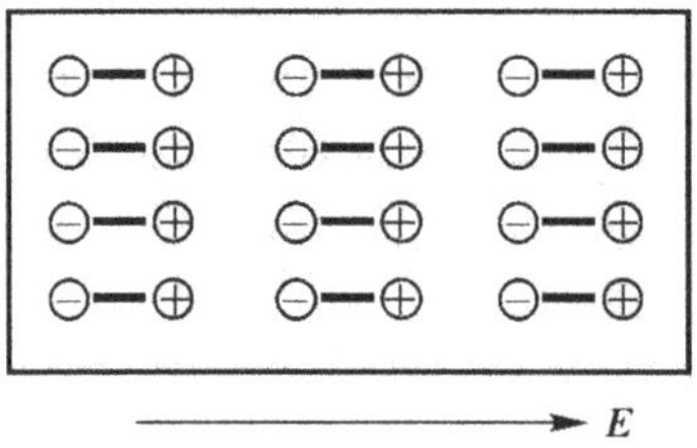

图 2.4.1　极化电荷的排列

这些电偶极子产生的电场将改变原来的电场分布，因此，电介质内的电场强度 $\boldsymbol{E}$ 可视为自由电荷产生的外电场 $\boldsymbol{E}_0$ 与这些电偶极子产生的附加电场 $\boldsymbol{E}_p$ 的叠加，即

$$\boldsymbol{E}=\boldsymbol{E}_0+\boldsymbol{E}_p \tag{2-30}$$

2. 极化强度

不同的电介质的极化程度是不一样的，引入极化强度来描述电介质在外加电场中的极化程度。极化强度定义为单位体积中的电偶极矩的矢量和，表示为

$$\boldsymbol{P}=\lim_{\Delta V\to 0}\frac{\sum_i \boldsymbol{p}_i}{\Delta V} \tag{2-31}$$

极化强度 $\boldsymbol{P}$ 是一个宏观矢量函数，其单位为 $\mathrm{C/m^2}$。若介质中各点的极化强度相同，则称该区域是均匀极化，否则就是非均匀极化。

对于线性和各向同性电介质，其极化强度 $\boldsymbol{P}$ 与电介质中的合成电场强度 $\boldsymbol{E}$ 成正比，即

$$\boldsymbol{P}(\boldsymbol{r})=\chi_e\varepsilon_0\boldsymbol{E}(\boldsymbol{r}) \tag{2-32}$$

式(2-32)中，χ_e 是一个正的实数，称为电介质的电极化率，无量纲。

3. 极化电荷分布

静电场是由电荷产生的，介质在外加电场的作用下产生极化，生成附加的电场改变原来的电场分布，可理解为极化产生极化电荷，极化电荷产生极化电场。介质内部的极化电荷用极化体电荷分布描述，而介质表面的极化电荷用极化面电荷分布描述，分别记为 $\rho_P(\boldsymbol{r})$ 和 $\rho_{SP}(\boldsymbol{r})$。在极化介质中任意取一个闭合曲面 S，在均匀极化的状态下，闭合面 S 内的电偶极子的净极化电荷为零，不会出现极化电荷的体密度分布。对于非均匀极化状态，电介质内部的净极化电荷就不为零。在电介质的表面上，无论是均匀极化还是非均匀极化，表面上总是要出现面密度分布的极化电荷。极化电荷分布与极化强度有密切关系，表示如下：

$$\rho_P(\boldsymbol{r})=-\nabla\cdot\boldsymbol{P}(\boldsymbol{r}) \tag{2-33}$$

$$\rho_{SP}(\boldsymbol{r})=\boldsymbol{P}(\boldsymbol{r})\cdot\boldsymbol{e}_n \tag{2-34}$$

式(2-34)中，$\boldsymbol{e}_n$ 是介质表面的外法线方向的单位矢量。

二、电介质中静电场的基本规律

1. 介质中的高斯定理

电介质在外电场的作用下发生的极化现象归结为电介质内出现极化电荷，此时电介质中的静电场可视为自由电荷和极化电荷在真空中产生的电场的叠加。将 2.3 节真空中高斯定理

的微分形式加以推广，考虑到极化电荷也是产生电场的散度源，则可以得到

$$\nabla\cdot \boldsymbol{E}(\boldsymbol{r})=\frac{\rho(\boldsymbol{r})+\rho_P(\boldsymbol{r})}{\varepsilon_0} \tag{2-35}$$

将 $\rho_P(\boldsymbol{r})=-\nabla\cdot \boldsymbol{P}(\boldsymbol{r})$ 代入到式(2-35)，得到

$$\nabla\cdot [\varepsilon_0\boldsymbol{E}(\boldsymbol{r})+\boldsymbol{P}(\boldsymbol{r})]=\rho(\boldsymbol{r}) \tag{2-36}$$

令 $\boldsymbol{D}(\boldsymbol{r})=\varepsilon_0\boldsymbol{E}(\boldsymbol{r})+\boldsymbol{P}(\boldsymbol{r})$，称其为电位移矢量，其单位为 C/m^2，则式(2-36)表示为

$$\nabla\cdot \boldsymbol{D}(\boldsymbol{r})=\rho(\boldsymbol{r}) \tag{2-37}$$

式(2-37)就是介质中高斯定理的微分形式。它表明电介质内任一点的电位移矢量的散度等于该点的自由电荷体密度，即 $\boldsymbol{D}(\boldsymbol{r})$ 的散度源是自由电荷，其矢量线从正的自由电荷出发而终止于负的自由电荷。

对介质中高斯定理的微分形式的两端同时取体积分，并应用散度定理，得到

$$\int_V \nabla\cdot \boldsymbol{D}(\boldsymbol{r})\mathrm{d}V=\oint_S \boldsymbol{D}(\boldsymbol{r})\cdot \mathrm{d}\boldsymbol{S}=\int_V \rho(\boldsymbol{r})\mathrm{d}V \tag{2-38}$$

即有

$$\oint_S \boldsymbol{D}(\boldsymbol{r})\cdot \mathrm{d}\boldsymbol{S}=\sum q \tag{2-39}$$

式(2-39)即为介质中高斯定理的积分形式。它表明电位移矢量穿过任一闭合曲面的通量等于该闭合面内的自由电荷的总电荷量。

2. 介质的本构关系

进一步分析电位移矢量的引入公式

$$\boldsymbol{D}(\boldsymbol{r})=\varepsilon_0\boldsymbol{E}(\boldsymbol{r})+\boldsymbol{P}(\boldsymbol{r}) \tag{2-40}$$

将 $\boldsymbol{P}(\boldsymbol{r})=\chi_e\varepsilon_0\boldsymbol{E}(\boldsymbol{r})$ 代入到式(2-40)，有

$$\boldsymbol{D}(\boldsymbol{r})=\varepsilon_0\boldsymbol{E}(\boldsymbol{r})+\chi_e\varepsilon_0\boldsymbol{E}(\boldsymbol{r})=(1+\chi_e)\varepsilon_0\boldsymbol{E}(\boldsymbol{r})=\varepsilon_r\varepsilon_0\boldsymbol{E}(\boldsymbol{r})=\varepsilon\boldsymbol{E}(\boldsymbol{r}) \tag{2-41}$$

式(2-41)中，$\varepsilon_r=1+\chi_e$ 称为电介质的相对介电常数，无量纲；$\varepsilon=\varepsilon_r\varepsilon_0$ 称为电介质的介电常数，其单位为 F/m。通常把 $\boldsymbol{D}(\boldsymbol{r})=\varepsilon\boldsymbol{E}(\boldsymbol{r})$ 称为是线性各向同性介质的本构关系式。该关系方程表明，在线性各向同性介质中，$\boldsymbol{D}(\boldsymbol{r})$ 和 $\boldsymbol{E}(\boldsymbol{r})$ 的方向相同。

根据介电常数 ε 的不同特征，可对介质进行分类如下：

(1) 均匀电介质：介电常数 ε 处处相等，即 ε 不为空间坐标的函数；

(2) 非均匀介质：介电常数 ε 是空间坐标的函数的介质；

(3) 线性介质：介电常数 ε 是与电场强度 $\boldsymbol{E}(\boldsymbol{r})$ 的大小无关的电介质；

(4) 非线性介质：介电常数 ε 是与电场强度 $\boldsymbol{E}(\boldsymbol{r})$ 的大小有关的电介质；

(5) 各向同性介质：介电常数 ε 是与电场强度 $\boldsymbol{E}(\boldsymbol{r})$ 的方向无关的电介质，介质中 $\boldsymbol{D}(\boldsymbol{r})$ 和 $\boldsymbol{E}(\boldsymbol{r})$ 的方向相同；

(6) 各向异性介质：介电常数 ε 是与电场强度 $\boldsymbol{E}(\boldsymbol{r})$ 的方向有关的电介质，ε 是一张量。

三、静电场中的导体

1. 介质的击穿

当介质所处的电场的强度大于或等于某一数值时，介质中的束缚电荷就会脱离分子成为自由电荷，使介质导电，从而失去绝缘性能，这种现象叫做介质击穿。刚发生击穿时所对应的电场强度称为击穿场强。所有的电介质都有相应的击穿场强，如表 2.4.1 所示。

表 2.4.1 常用介质的击穿场强

介质	击穿场强 /($V\cdot m^{-1}$)	介质	击穿场强 /($V\cdot m^{-1}$)
空气	3×10^6	变压器油	12×10^6
云母	100×10^6	玻璃	9×10^6
橡胶	40×10^6	聚乙烯塑料	18×10^6

2. 静电场中的导体

当导体放入到电场中，导体中的自由电荷就会在电场的作用下移动。正电荷沿电场方向移动，负电荷逆电场方向移动，使正负电荷分别聚集到导体的两侧表面附近，它们在导体中产生的电场 $\boldsymbol{E}_C$ 与原来的电场相反，使得导体内的电场逐渐削弱。这个过程一直进行到使电荷在导体表面达到一定的分布状态，导体中的净电荷为零，导体中的电场为零为止。这一过程就是静电平衡的过程，其建立过程是非常短暂的。在静电场中的导体已经达到静电平衡后，导体内没有电流、没有电场，也没有净电荷，电荷分布在导体表面的薄层里，可看做是面电荷分布，也称为感应电荷。因为导体内部电场处处为零，所以导体是等位体，导体表面是等位面，导体表面的电场与导体垂直。

例 2.4.1 一个半径为 a 的导体球，带电量为 Q，在导体球外，套有半径为 b，相对介电常数为 ε_r 的同心介质球壳，壳外是空气，求空间任一点的 $\boldsymbol{D}$，$\boldsymbol{E}$，$\boldsymbol{P}$ 以及束缚电荷密度。

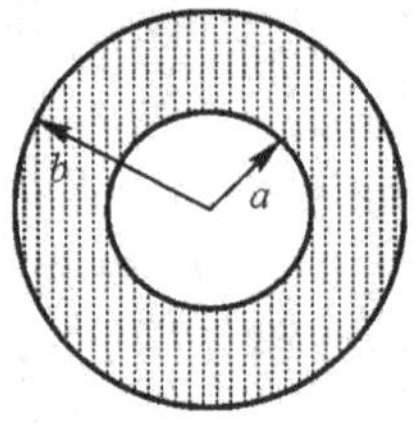

图 2.4.2 例 2.4.1 用图

解 当 $0<r<a$ 时：根据静电场中的导体的相关结论，有

$$\boldsymbol{D}=0,\quad \boldsymbol{E}=0,\quad \boldsymbol{P}=0$$

当 $a<r<b$ 时：根据高斯定理可得 $\boldsymbol{D}=\dfrac{Q}{4\pi r^2}\boldsymbol{e}_r$，则有

$$\boldsymbol{E}=\frac{\boldsymbol{D}}{\varepsilon}=\frac{\boldsymbol{D}}{\varepsilon_r\varepsilon_0}=\frac{Q}{4\pi\varepsilon_r\varepsilon_0 r^2}\boldsymbol{e}_r$$

$$\boldsymbol{P}=\boldsymbol{D}-\varepsilon_0\boldsymbol{E}=\frac{\varepsilon_r-1}{\varepsilon_r}\boldsymbol{D}=\frac{\varepsilon_r-1}{\varepsilon_r}\frac{Q}{4\pi r^2}\boldsymbol{e}_r$$

$$\rho_P=-\nabla\cdot\boldsymbol{P}=-\frac{\varepsilon_r-1}{\varepsilon_r}\frac{Q}{4\pi}\nabla\cdot\left(\frac{1}{r^2}\boldsymbol{e}_r\right)=0$$

当 $r>b$ 时：根据高斯定理可得 $\boldsymbol{D}=\dfrac{Q}{4\pi r^2}\boldsymbol{e}_r$，则有

$$\boldsymbol{E}=\frac{\boldsymbol{D}}{\varepsilon_0}=\frac{Q}{4\pi\varepsilon_0 r^2}\boldsymbol{e}_r,\quad \boldsymbol{P}=\boldsymbol{D}-\varepsilon_0\boldsymbol{E}=0$$

介质内表面的束缚电荷面密度为

$$\rho_{SP内}=\boldsymbol{P}\cdot\boldsymbol{e}_n=-\boldsymbol{P}\cdot\boldsymbol{e}_r=-\frac{\varepsilon_r-1}{\varepsilon_r}\frac{Q}{4\pi a^2}$$

介质外表面的束缚电荷面密度为

$$\rho_{SP外}=\boldsymbol{P}\cdot\boldsymbol{e}_n=\boldsymbol{P}\cdot\boldsymbol{e}_r=\frac{\varepsilon_r-1}{\varepsilon_r}\frac{Q}{4\pi b^2}$$

2.5　静电场分析的基本方程及边界条件

一、静电场分析的基本方程

1. 静电场分析的基本变量

在进一步总结静电场的普遍规律前，先对静电场分析时需要的基本变量进行简单总结说明。静电场分析的基本变量有两个，分别是：

(1) 电场强度矢量 $\boldsymbol{E}(\boldsymbol{r})$，用以表示电场对带电体产生作用的能力。

(2) 电位移矢量 $\boldsymbol{D}(\boldsymbol{r})$，用以表征构成介质的带电粒子在电场作用下所出现的位移现象。

2. 静电场求解的基本方程

对 2.3 节与 2.4 节的内容进行总结，静电场分析的基本方程如下：

(1) 积分形式：

$$\oint_S \boldsymbol{D}(\boldsymbol{r})\cdot \mathrm{d}\boldsymbol{S} = \sum q = \int_V \rho(\boldsymbol{r})\mathrm{d}V \tag{2-42}$$

$$\oint_C \boldsymbol{E}\cdot \mathrm{d}\boldsymbol{l} = \boldsymbol{0} \tag{2-43}$$

(2) 微分形式：

$$\nabla\cdot \boldsymbol{D}(\boldsymbol{r}) = \rho(\boldsymbol{r}) \tag{2-44}$$

$$\nabla\times \boldsymbol{E}(\boldsymbol{r}) = \boldsymbol{0} \tag{2-45}$$

在求解基本方程时，还要用到本构关系式，即 $\boldsymbol{D}(\boldsymbol{r}) = \varepsilon \boldsymbol{E}(\boldsymbol{r})$。

基本方程表明形成静电场的源是通量源（静止电荷），静电场是无旋场；电场线从静止的正电荷出发，终于静止的负电荷。

二、静电场分析的边界条件

在静电场分析中，不可避免地会涉及由不同介电常数的介质所构成的相邻区域。为了求解这种情况下各个区域中的静电场问题，必须要知道在两种介质的分界面上电场量的关系。通常把电场强度矢量 $\boldsymbol{E}(\boldsymbol{r})$ 和电位移矢量 $\boldsymbol{D}(\boldsymbol{r})$ 在不同介质分界面上各自满足的关系称为静电场的边界条件。边界条件由基本方程的积分形式导出。在分析边界条件之前一般先约定：两种介质分界面的法线方向的正方向由介质 2 指向介质 1。

1. 电位移矢量 $\boldsymbol{D}$ 的边界条件

两种介质的介电常数分别为 ε_1 和 ε_2，介质分界面的法线方向为 $\boldsymbol{e}_n$，分界面两侧的电位移矢量分别为 $\boldsymbol{D}_1$ 和 $\boldsymbol{D}_2$，如图 2.5.1 所示。

在分界面上取一个小的柱形闭合面，其上、下底面与分界面平行并分别位于分界面两侧，底面积为 ΔS，高为 Δh，且有 $\Delta h \to 0$。对此圆柱形闭合面，高斯定理的积分形式可写为

$$\oint_S \boldsymbol{D}\cdot \mathrm{d}\boldsymbol{S} = D_{1n}\Delta S - D_{2n}\Delta S = \sum q = \rho_S \Delta S \tag{2-46}$$

从而得到

$$D_{1n} - D_{2n} = \rho_S \tag{2-47}$$

式(2-47)中，ρ_S 是分界面上的自由电荷面密度。该式即为电位移矢量的边界条件。式(2-47)的边界条件还可以矢量形式写为

$$\boldsymbol{e}_n\cdot(\boldsymbol{D}_1 - \boldsymbol{D}_2) = \rho_S \tag{2-48}$$

$\boldsymbol{D}$ 的边界条件表明电位移矢量的法向分量在分界面上是不连续的，造成不连续的原因是

分界面上的自由电荷面密度。当分界面上没有自由电荷，即 $\rho_S=0$ 时，则电位移矢量的法向分量连续，即有

$$D_{1n}=D_{2n} \tag{2-49}$$

$$D_1\cos\theta_1=D_2\cos\theta_2 \tag{2-50}$$

式(2-50)用矢量形式可写为

$$\boldsymbol{e}_n\cdot\boldsymbol{D}_1=\boldsymbol{e}_n\cdot\boldsymbol{D}_2 \tag{2-51}$$

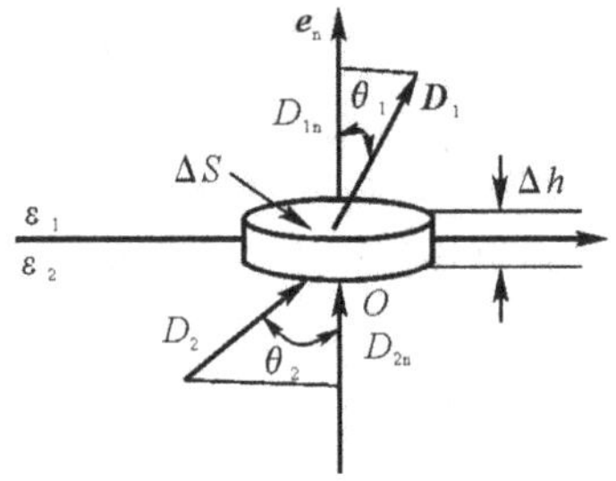

图 2.5.1 **D** 的边界条件

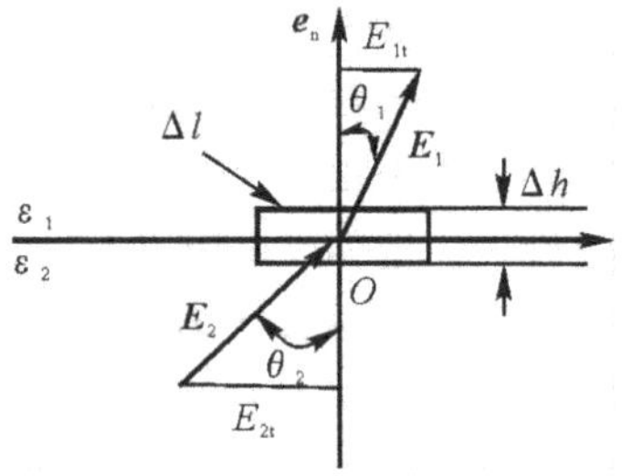

图 2.5.2 **E** 的边界条件

2. 电场强度 **E** 的边界条件

两种介质的介电常数分别为 ε_1 和 ε_2，介质分界面的法线方向为 $\boldsymbol{e}_n$，分界面两侧的电场强度矢量分别为 $\boldsymbol{E}_1$ 和 $\boldsymbol{E}_2$，如图 2.5.2 所示。

在分界面上取一小的矩形闭合路径，两个边 Δl 与分界面平行并分居于分界面的两侧，高为 Δh，且有 $\Delta h\to 0$。

将电场强度 **E** 的基本方程的积分形式应用于上述闭合路径，有

$$\oint_C \boldsymbol{E}\cdot \mathrm{d}\boldsymbol{l}=E_{1t}\Delta l-E_{2t}\Delta l=0 \tag{2-52}$$

从而得到

$$E_{1t}-E_{2t}=0 \tag{2-53}$$

$$E_1\sin\theta_1=E_{2t}\sin\theta_2 \tag{2-54}$$

这一关系即为电场强度矢量的边界条件。式(2-54)边界条件用矢量形式写为

$$\boldsymbol{e}_n\times(\boldsymbol{E}_1-\boldsymbol{E}_2)=\boldsymbol{0} \tag{2-55}$$

电场强度 **E** 的边界条件表明在不同的介质分界面上电场强度矢量的切向分量应该是连续的。

3. 两种特殊情况下的边界条件

在电磁场工程实际问题中，经常应用到电导率很高的良导体和电导率很低的电介质。为了简化静电场问题的分析与计算，通常将良导体视为理想导体，将电介质视为理想介质。此时，边界条件具有比较特殊的形式。

(1) 两种理想介质分界面的边界条件。若介质 1 和介质 2 是两种不同的理想介质，则它们的分界面上不可能存在自由电荷，即有 $\rho_S=0$。此时，分界面上 **D** 的边界条件为

$$\boldsymbol{e}_n\cdot(\boldsymbol{D}_1-\boldsymbol{D}_2)=0 \tag{2-56}$$

$$D_{1n}=D_{2n} \tag{2-57}$$

分界面上 **E** 的边界条件为 (2-58)

$$\boldsymbol{e}_n\times(\boldsymbol{E}_1-\boldsymbol{E}_2)=\boldsymbol{0} \tag{2-59}$$

$$E_{1t}=E_{2t} \tag{2-60}$$

利用本构关系，$D_{1n}=D_{2n}$ 可写为 $\varepsilon_1 E_{1n}=\varepsilon_2 E_{2n}$。将其与 $E_{1t}=E_{2t}$ 相除，得到

$$\frac{E_{1t}}{\varepsilon_1 E_{1n}}=\frac{E_{2t}}{\varepsilon_2 E_{2n}} \tag{2-61}$$

即

$$\frac{\tan\theta_1}{\tan\theta_2}=\frac{\varepsilon_1}{\varepsilon_2} \tag{2-62}$$

式(2-62)就是电场矢量穿过理想介质分界面时，方向变化与电介质参数之间的关系，也被称为折射关系。

(2) 理想介质与理想导体分界面的边界条件。设介质1为理想介质，介质2为理想导体。理想导体内部不存在电场，其所带的电荷只分布于导体的表面，因此有 $\boldsymbol{E}_2=\boldsymbol{0}$ 和 $\boldsymbol{D}_2=\boldsymbol{0}$。此时，分界面上的边界条件为

$$\boldsymbol{e}_n\cdot\boldsymbol{D}_1=\rho_S \tag{2-63}$$

$$\boldsymbol{e}_n\times\boldsymbol{E}_1=\boldsymbol{0} \tag{2-64}$$

式(2-63)与式(2-64)表明，介质中的电场与分界面也就是导体的表面垂直，这也验证了2.4节静电场中的导体部分的相关结论。

三、电位函数

1. 电位函数和电位差

根据1.6节有关梯度重要性质的结论及静电场基本方程 $\nabla\times\boldsymbol{E}(\boldsymbol{r})=\boldsymbol{0}$ 可知，电场强度矢量 $\boldsymbol{E}(\boldsymbol{r})$ 可表示为标量函数 $\varphi(\boldsymbol{r})$ 的负梯度，即

$$\boldsymbol{E}(\boldsymbol{r})=-\nabla\varphi(\boldsymbol{r}) \tag{2-65}$$

$\varphi(\boldsymbol{r})$ 称为静电场的电位函数，简称电位，其单位为V。

由点电荷所产生的电场 $\boldsymbol{E}(\boldsymbol{r})=\dfrac{q'}{4\pi\varepsilon}\dfrac{\boldsymbol{R}}{R^3}=\dfrac{q'}{4\pi\varepsilon}\dfrac{\boldsymbol{r}-\boldsymbol{r}'}{|\boldsymbol{r}-\boldsymbol{r}'|^3}$，再结合 $\dfrac{\boldsymbol{R}}{R^3}=-\nabla\left(\dfrac{1}{R}\right)$，则有

$$\boldsymbol{E}(\boldsymbol{r})=\frac{q'}{4\pi\varepsilon}\frac{\boldsymbol{r}-\boldsymbol{r}'}{|\boldsymbol{r}-\boldsymbol{r}'|^3}=-\nabla\left(\frac{q'}{4\pi\varepsilon}\frac{1}{|\boldsymbol{r}-\boldsymbol{r}'|}\right) \tag{2-66}$$

因此可以得到点电荷所产生的电场的电位函数为

$$\varphi(\boldsymbol{r})=\frac{q'}{4\pi\varepsilon}\frac{1}{|\boldsymbol{r}-\boldsymbol{r}'|}+c \tag{2-67}$$

式(2-67)中，c 为常数，与参考电位的选取有关。

类似地，可以仿照此过程推导出线电荷、面电荷及体电荷产生的电场的电位函数分别如下所示：

$$\varphi(\boldsymbol{r})=\frac{1}{4\pi\varepsilon_0}\int_{l'}\frac{\rho_l(\boldsymbol{r}')}{|\boldsymbol{r}-\boldsymbol{r}'|}\mathrm{d}l'+c \tag{2-68}$$

$$\varphi(\boldsymbol{r})=\frac{1}{4\pi\varepsilon_0}\int_{V'}\frac{\rho(\boldsymbol{r}')}{|\boldsymbol{r}-\boldsymbol{r}'|}\mathrm{d}V'+c \tag{2-69}$$

$$\varphi(\boldsymbol{r})=\frac{1}{4\pi\varepsilon_0}\int_{S'}\frac{\rho_S(\boldsymbol{r}')}{|\boldsymbol{r}-\boldsymbol{r}'|}\mathrm{d}S'+c \tag{2-70}$$

下面分析电位函数的物理意义。单位正电荷在静电场的作用下从 P 点移动到 Q 点，电场力所做的功可由下式计算：

$$A=\int_{P}^{Q}\boldsymbol{E}(\boldsymbol{r})\cdot\mathrm{d}\boldsymbol{l} \tag{2-71}$$

将 $\boldsymbol{E}(\boldsymbol{r})=-\nabla\varphi(\boldsymbol{r})$ 带入到式(2-71)，有

$$A=\int_{P}^{Q}\boldsymbol{E}(\boldsymbol{r})\cdot\mathrm{d}\boldsymbol{l}=-\int_{P}^{Q}\nabla\varphi(\boldsymbol{r})\cdot\mathrm{d}\boldsymbol{l}=\int_{Q}^{P}\frac{\partial\varphi(\boldsymbol{r})}{\partial l}\mathrm{d}l=\varphi(P)-\varphi(Q) \tag{2-72}$$

式(2-72)表明，单位正电荷在电场的作用下，从 P 点移动到 Q 点，电场力所做的功等于起点的电位减去终点的电位，即 P 点和 Q 点之间的电位差。将电场和重力场相比较，电场对应的标量场 $\varphi(\boldsymbol{r})$ 相当于重力场中的势能，即 $\varphi(\boldsymbol{r})$ 表示电场中各点的势能分布，是从能量角度对电场的描述。

为了使电场中每一点的电位具有确定的值，必须选定场中某一固定点作为电位参考点，即参考点电位为零。例如，若选定 Q 点为电位参考点，即 $\varphi(Q)=0$，则 P 点的电位为

$$A=\varphi(P)=\int_{P}^{Q}\boldsymbol{E}(\boldsymbol{r})\cdot\mathrm{d}\boldsymbol{l} \tag{2-73}$$

电位参考点的选取以计算分析的方便为原则。在电荷分布在有限区域的情况下，一般选取无限远作为电位参考点；而在电荷分布延伸到无限远的情况下，必须选取有限区域中的点作为电位参考点。在工程上，由于大地的电位相对稳定，因此一般取大地为电位参考点。

2. 电位函数的微分方程

在均匀、线性和各向同性的介质中，介电常数 ε 为常数。将 $\boldsymbol{E}(\boldsymbol{r})=-\nabla\varphi(\boldsymbol{r})$ 代入到 $\nabla\cdot\boldsymbol{D}(\boldsymbol{r})=\rho(\boldsymbol{r})$ 中，可得到

$$\nabla\cdot\boldsymbol{D}(\boldsymbol{r})=\nabla\cdot\varepsilon\boldsymbol{E}(\boldsymbol{r})=-\varepsilon\,\nabla\cdot\nabla\varphi(\boldsymbol{r})=\rho(\boldsymbol{r}) \tag{2-74}$$

即

$$\nabla^2\varphi(\boldsymbol{r})=\nabla\cdot\nabla\varphi(\boldsymbol{r})=-\frac{\rho(\boldsymbol{r})}{\varepsilon} \tag{2-75}$$

式(2-75)被称为泊松(Poisson)方程，即电位函数满足泊松方程。若所分析的空间内无自由电荷分布，即 $\rho(\boldsymbol{r})=0$，则 $\varphi(\boldsymbol{r})$ 所满足的方程为拉普拉斯方程，即

$$\nabla^2\varphi(\boldsymbol{r})=0 \tag{2-76}$$

在通过泊松方程或拉普拉斯方程求解 $\varphi(\boldsymbol{r})$ 时，需应用边界条件来确定积分常数。

3. 电位函数的边界条件

设 P_1 和 P_2 是两种介质分界面两侧紧贴分界面的相邻两点，其电位分别为 φ_1 和 φ_2。由于 P_1 和 P_2 之间的间距 $\Delta l\to 0$，有 $\varphi_1-\varphi_2=\int_{P_1}^{P_2}\boldsymbol{E}\cdot\mathrm{d}\boldsymbol{l}=0$。因此，分界面的两侧电位是相等的，即

$$\varphi_1=\varphi_2 \tag{2-77}$$

由 $\boldsymbol{e}_{\mathrm{n}}\cdot(\boldsymbol{D}_1-\boldsymbol{D}_2)=\rho_S$，$\boldsymbol{D}=\varepsilon\boldsymbol{E}=-\varepsilon\,\nabla\varphi$ 可推导出

$$\varepsilon_1\frac{\partial\varphi_1}{\partial n}-\varepsilon_2\frac{\partial\varphi_2}{\partial n}=\rho_S \tag{2-78}$$

若分界面上不存在自由面电荷，即 $\rho_S=0$，则式(2-78)改写为

$$\varepsilon_1\frac{\partial\varphi_1}{\partial n}=\varepsilon_2\frac{\partial\varphi_2}{\partial n} \tag{2-79}$$

例 2.5.1 内、外半径分别为 a，b 的球形电容器，其间空气填充。已知两极板间的电压为 U_0，求电容器内的电位分布和电场分布。

解 由于已知极板间电压，并且电容器内无电荷分布，考虑用拉普拉斯方程求解。由题

意，坐标系应选择球坐标系，此时电位 φ 仅为 r 的函数，拉普拉斯方程可写为

$$\frac{1}{r^2}\frac{\mathrm{d}}{\mathrm{d}r}\left(r^2\frac{\mathrm{d}\varphi}{\mathrm{d}r}\right)=0$$

解微分方程可得

$$\varphi=\frac{A}{r}+B$$

式中，A，B 为积分常数，需要由边界上 φ 的条件来确定。由题意，可得到下面的边界条件：

$$\varphi(a)=\frac{A}{a}+B=U_0,\quad \varphi(b)=\frac{A}{b}+B=0$$

解方程可得

$$A=\frac{ab}{b-a}U_0,\quad B=\frac{-a}{b-a}U_0$$

因此有
$$\varphi=\frac{aU_0}{b-a}\left(\frac{b}{r}-1\right),\quad \boldsymbol{E}=-\nabla\varphi=\frac{abU_0}{b-a}\frac{1}{r^2}\boldsymbol{e}_r$$

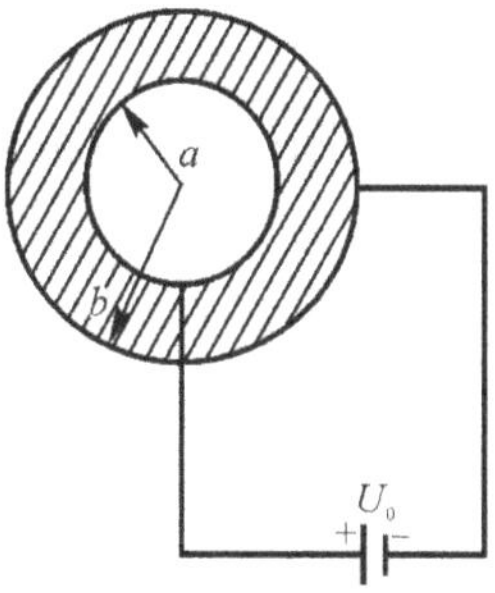

图 2.5.3　例 2.5.1 用图

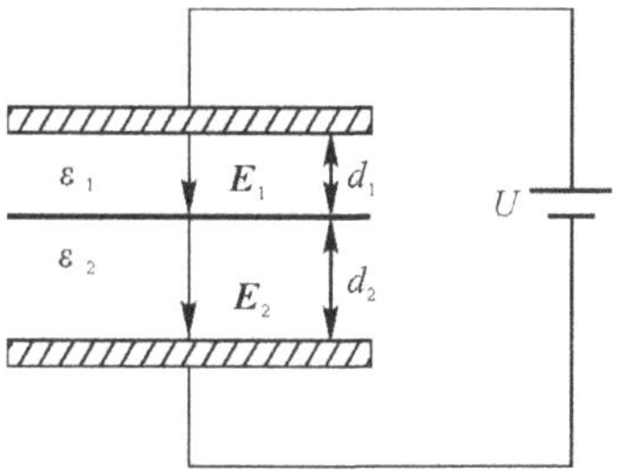

图 2.5.4　例 2.5.2 用图

例 2.5.2　两块导体平板平行放置，之间填充厚度分别为 d_1 和 d_2 的两层介质，介电常数分别为 ε_1 和 ε_2，如图 2.5.4 所示。两导体平板间的电压为 U。忽略边缘效应，求：

(1) 两导体平板间的电场分布；

(2) 两导体平板上的电荷面密度。

解　忽略边缘效应，导体平板上的电荷均匀分布，在导体平板之间，电力线为平行的直线，由上极板指向下极板，也即两介质中的电场分别是均匀分布的，电场强度的方向与电力线方向一致。根据问题的特征，选择直角坐标系求解该题目，设电场的方向沿 $\boldsymbol{e}_x$ 方向。

(1) 设两介质中的电场强度分别为 $\boldsymbol{E}_1$ 和 $\boldsymbol{E}_2$。则由上述分析有

$$\boldsymbol{E}_1=E_1\boldsymbol{e}_x \text{ 和 } \boldsymbol{E}_2=E_2\boldsymbol{e}_x$$

由两介质边界面的边界条件以及电场与电压的关系，可得到

$$\begin{cases}\varepsilon_1E_1=\varepsilon_2E_2\\ E_1d_1+E_2d_2=U\end{cases}$$

解方程，可得

$$\boldsymbol{E}_1=\frac{\varepsilon_2U}{\varepsilon_2d_1+\varepsilon_1d_2}\boldsymbol{e}_x,\quad \boldsymbol{E}_2=\frac{\varepsilon_1U}{\varepsilon_2d_1+\varepsilon_1d_2}\boldsymbol{e}_x$$

(2) 根据理想导体分界面上的边界条件，可得正、负极板上的电荷面密度分别为

$$\rho_{S+}=D_{1n}-D_{2n}=D_{1n}-0=D_{1n}=\varepsilon_1 E_{1n}=\frac{\varepsilon_1\varepsilon_2 U}{\varepsilon_2 d_1+\varepsilon_1 d_2}$$

$$\rho_{S-}=D_{1n}-D_{2n}=0-D_{2n}=-D_{2n}=-\varepsilon_2 E_{2n}=-\frac{\varepsilon_1\varepsilon_2 U}{\varepsilon_2 d_1+\varepsilon_1 d_2}$$

2.6 导体系统的电容

电容是导体系统的一种基本属性，是描述导体系统储存电荷能力的物理量。本节对导体系统的电容进行简要的分析。

一、孤立导体的电容

在线性介质中，孤立导体（电位参考点在无限远处）的电位与导体所带的电量成正比。导体所带的电量 q 与导体的电位 φ 的比值定义为孤立导体的电容，用 C 来表示，即

$$C=\frac{q}{\varphi} \tag{2-80}$$

电容的单位为 F。孤立导体的电容与导体的几何形状、尺寸以及周围介质的特性有关，而与导体的带电量大小无关。

二、双导体系统的电容

1. 双导体系统电容的定义

在线性介质中，两个带等量异号电荷的导体之间的电位差（电压）与导体的带电量成正比。导体上的带电量与两导体之间的电位差之比定义为双导体系统的电容，即

$$C=\frac{q}{|\varphi_1-\varphi_2|}=\frac{q}{U} \tag{2-81}$$

双导体系统的电容与两个导体的几何形状、尺寸、间距及周围介质的特性有关，而与导体的带电量无关。

由电容的定义可以看出，电容的概念不仅适用于电容器，而且适用于任意两个导体之间，以及导体和地之间。例如，两根导线之间就有电容，其中任意一根导线与地之间也有电容。电容的概念，不仅仅能表示两个导体在一定的电压下，储存电荷或电能的大小，还表示两个导体的电场相互影响，或者说电耦合的程度。

2. 双导体系统电容的计算

在电子与电气工程中常用的传输线，例如平行板线、平行双线、同轴线等都属于双导体系统。通常这类传输线的纵向尺寸远大于横向尺寸，可作为平行平面电场（二维场）来研究，只需要计算单位长度的电容即可。单位长度的电容一般用符号 C_0 来表示，其计算方法与步骤一般如下：

（1）根据导体的几何形状，选择合适的坐标系；

（2）假定导体单位长度带电量为 q_0，即一导体单位长度带 $+q_0$ 电荷，另一导体单位长度带 $-q_0$ 电荷；

（3）由高斯定理或其他方法根据假定的电荷求出 $\boldsymbol{E}$；

(4) 由$\int_{P_1}^{P_2}\boldsymbol{E}\cdot \mathrm{d}\boldsymbol{l}$计算出两个导体之间的电位差$U$；

(5) 计算单位长度的电容，$C=\dfrac{q_0}{U}$。

三、多导体系统的电容

对于两个以上导体组成的多导体系统，其中任何一个导体的电位都要受到其余多个导体上的电荷的影响，情况比双导体系统要复杂，一般用部分电容的概念来描述。

所谓部分电容，是指多导体系统中，一个导体在其余导体的影响下，与另一个导体构成的电容。计及大地的作用，如图 2.6.1 所示，给出了一个多导体系统的电容描述，在多导体系统中，每一导体与地之间以及与其他导体之间都存在着部分电容。每个导体与地之间的部分电容称为该导体的自由部分电容；导体与导体之间的部分电容，称为两导体之间的互有部分电容。部分电容仅与导体系统的几何结构及介质有关，与导体的带电状态无关。

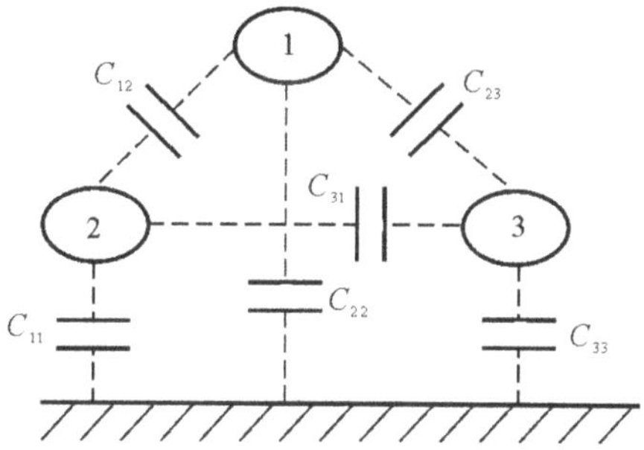

图 2.6.1　多导体系统的电容

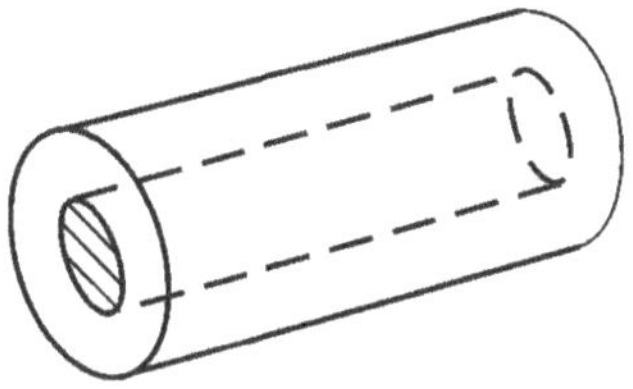

图 2.6.2　同轴传输线

例 2.6.1　同轴线也是常用传输线之一，其结构如图 2.6.2 所示。同轴线的内导体半径为a，外导体半径为b，内、外导体同轴，二者之间填充介电常数为ε的均匀电介质。试求同轴线单位长度的电容。

解　根据同轴线的几何形状，选择圆柱坐标系求解问题。设两个导体单位长度的带电量分别为$+\rho_l$和$-\rho_l$，应用高斯定理可求得内、外导体间任一点的电场强度为

$$\boldsymbol{E}=\boldsymbol{e}_r\frac{\rho_l}{2\pi\varepsilon}\frac{1}{r}$$

则内、外导体之间的电压为

$$U=\int_a^b\boldsymbol{E}\cdot\boldsymbol{e}_r\mathrm{d}r=\frac{\rho_l}{2\pi\varepsilon}\int_a^b\frac{1}{r}\mathrm{d}r=\frac{\rho_l}{2\pi\varepsilon}\ln\frac{b}{a}$$

则同轴线单位长度的电容为

$$C_0=\frac{\rho_l}{U}=\frac{2\pi\varepsilon}{\ln(b/a)}\quad \mathrm{F/m}$$

例 2.6.2　平行双线传输线是常用传输线之一，其结构如图 2.6.3 所示，导体的半径为a，两线间的间距为D，且$D\gg a$。设导体周围的介质为空气，求传输线单位长度的电容。

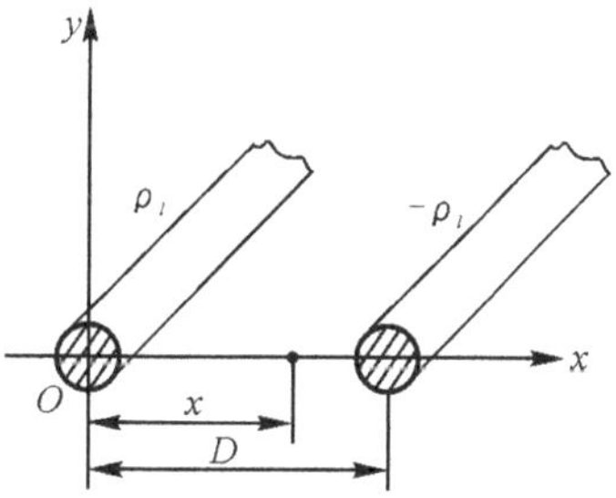

图 2.6.3　平行双线传输线

解　根据导体的形状,选择直角坐标系求解问题。设两个导体单位长度的带电量分别为 $+\rho_l$ 和 $-\rho_l$。由于 $D \gg a$,可近似地认为电荷分别均匀分布在两导体的表面上。根据所设的电荷,应用高斯定理和叠加原理,可得到两导体之间的平面上任意一点的电场强度为

$$\boldsymbol{E}=\boldsymbol{e}_x \frac{\rho_l}{2\pi\varepsilon_0}\left(\frac{1}{x}+\frac{1}{D-x}\right)$$

则两导体之间的电位差为

$$U=\int_a^{D-a}\boldsymbol{E}\cdot \mathrm{d}\boldsymbol{l}=\int_a^{D-a}\boldsymbol{E}\cdot \boldsymbol{e}_x \mathrm{d}x=\frac{\rho_l}{2\pi\varepsilon_0}\int_a^{D-a}\left(\frac{1}{x}+\frac{1}{D-x}\right)\mathrm{d}x=\frac{\rho_l}{\pi\varepsilon_0}\ln\frac{D-a}{a}$$

由电容计算公式可得平行双线传输线单位长度的电容为

$$C_0=\frac{\rho_l}{U}=\frac{\pi\varepsilon_0}{\ln[(D-a)/a]}\quad \mathrm{F/m}$$

2.7　电场能量

当电荷放入电场中,电场就会做功使电荷发生位移,这说明电场中具有能量。电场越强,对电荷的作用力就越大,做功的能力就越强,说明电场具有的能量就越大。本节对电场能量进行分析。

一、电场能量

外力做功将电荷从很远处移动到某空间区域,在该空间区域建立起电场,从而也使该区域具有了电场能量。根据能量守恒定律,电场能量等于在建立起电场的过程中外力移动电荷使其达到一定分布所做的功。一定的电场分布可能有多种建立方式,但只要电场分布给定,电场能量就是确定的,与电场建立过程中外力移动电荷的方式或途径无关。

假设系统从零开始被充电,充电完毕后的最终电荷分布为 ρ,电位函数为 φ。如果在充电过程中使各点的电荷密度按最终值的同一比例因子 α 增加,则各点的电位也将按同一比例因子 α 增加。这也就是说,充电过程中某一时刻的电荷分布为 $\alpha\rho$,电位分布为 $\alpha\varphi$。令 α 从 0 到 1,把充电过程用无数次增加微分电位的过程的叠加来表示,当 $\alpha \rightarrow (\alpha+\mathrm{d}\alpha)$ 时,对于某体积元 $\mathrm{d}V$,其电位为 $\alpha\varphi$,欲送入微分电荷 $(\mathrm{d}\alpha\rho)\mathrm{d}V$,外电源需要做的功为

$$\int_V \alpha\varphi(\mathrm{d}\alpha\rho)\mathrm{d}V \tag{2-82}$$

根据能量守恒,外电源做的功转换为电场的能量,因此整个空间增加的电场能量为

$$\mathrm{d}W_e=\int_V \alpha\varphi(\mathrm{d}\alpha\rho)\mathrm{d}V \tag{2-83}$$

充电过程完成后,电场所具有的总能量的计算对 α 进行积分即可,即

$$W_e=\int_0^1\int_V \alpha\varphi(\mathrm{d}\alpha\rho)\mathrm{d}V=\int_0^1\alpha\mathrm{d}\alpha\int_V\rho\varphi\mathrm{d}V=\frac{1}{2}\int_V\rho\varphi\mathrm{d}V \tag{2-84}$$

电场能量的单位是 J。

如果电荷是以面密度分布在曲面 S 上,则式(2-84)变为

$$W_e=\frac{1}{2}\int_S\rho_S\varphi\mathrm{d}S \tag{2-85}$$

对于多导体组成的带电系统,因为每个导体上的电位为常数,则能量计算公式为

$$W_e = \frac{1}{2}\sum_{i=1}^{N}\varphi_i\left(\int_{S_i}\rho_{S_i}\mathrm{d}S\right) = \frac{1}{2}\sum_{i=1}^{N}\varphi_i q_i \tag{2-86}$$

二、能量密度

电场能量存在于整个电场空间，以下分析电场能量在电场空间的分布。

将 $\rho = \nabla\cdot \boldsymbol{D}$ 代入到 $W_e = \frac{1}{2}\int_V \rho\varphi\,\mathrm{d}V$ 可得

$$W_e = \frac{1}{2}\int_V \rho\varphi\,\mathrm{d}V = \frac{1}{2}\int_V (\nabla\cdot \boldsymbol{D})\varphi\,\mathrm{d}V = \frac{1}{2}\int_V [\nabla\cdot(\varphi\boldsymbol{D}) - \nabla\varphi\cdot\boldsymbol{D}]\mathrm{d}V =$$

$$\frac{1}{2}\oint_S \varphi\boldsymbol{D}\cdot\mathrm{d}\boldsymbol{S} + \frac{1}{2}\int_V \boldsymbol{E}\cdot\boldsymbol{D}\mathrm{d}V \tag{2-87}$$

式(2-87)中应用了矢量公式 $\nabla\cdot(\varphi\boldsymbol{D}) = \varphi\,\nabla\cdot\boldsymbol{D} + \boldsymbol{D}\cdot\nabla\varphi$ 和高斯公式。

式(2-87)中的体积分是对整个空间的体积分，因为只有那些存在电荷的空间才对积分有贡献，故把积分区域无限扩大并不会影响积分的结果。当积分的体积无限扩大时，包围该体积的表面积也将无限扩大。只要电荷分布在有限区域内，当闭合面 S 无限扩大时，有限区域内的电荷就可近似为一个点电荷。这样，就有

$$\varphi \propto \frac{1}{r},\quad D \propto \frac{1}{r^2} \tag{2-88}$$

则有：$|\varphi\boldsymbol{D}| \propto \frac{1}{r^3}$，而闭合面的面积 $S \propto r^2$，因此当 $r\to\infty$ 时，必有 $\frac{1}{2}\oint_S \varphi\boldsymbol{D}\cdot\mathrm{d}\boldsymbol{S}\to 0$，所以得到

$$W_e = \frac{1}{2}\int_V \boldsymbol{E}\cdot\boldsymbol{D}\mathrm{d}V \tag{2-89}$$

对于线性和各向同性介质，$\boldsymbol{D} = \varepsilon\boldsymbol{E}$，式(2-89)还可以表示为

$$W_e = \frac{1}{2}\int_V \boldsymbol{E}\cdot\boldsymbol{D}\mathrm{d}V = \frac{1}{2}\int_V \boldsymbol{E}\cdot\varepsilon\boldsymbol{E}\,\mathrm{d}V = \frac{1}{2}\int_V \varepsilon E^2\,\mathrm{d}V \tag{2-90}$$

式(2-90)表明，电场能量储存在电场强度不为零的空间，能量的密度为

$$w_e = \frac{1}{2}\boldsymbol{E}\cdot\boldsymbol{D} = \frac{1}{2}\varepsilon E^2 \tag{2-91}$$

能量密度的单位是 $\mathrm{J/m^3}$，通常用 w_e 来描述电场能量在电场空间的分布。

例 2.7.1　如图 2.7.1 所示，一半径为 a、带电量为 Q 的导体球，其球心位于两种介质的分界面上，分界面为无限大平面，介质的介电常数分别为 ε_1 和 ε_2。求总的静电能量。

解　根据导体球形状，选择球坐标系。由于电场沿径向分布，根据边界条件，在两种介质分界面上 $E_{1t} = E_{2t}$，故有 $E_1 = E_2 = E$。由高斯定理，得到

$$2\pi r^2 E = \frac{Q}{(\varepsilon_1 + \varepsilon_2)}$$

所以
$$E = \frac{Q}{2\pi r^2(\varepsilon_1 + \varepsilon_2)}$$

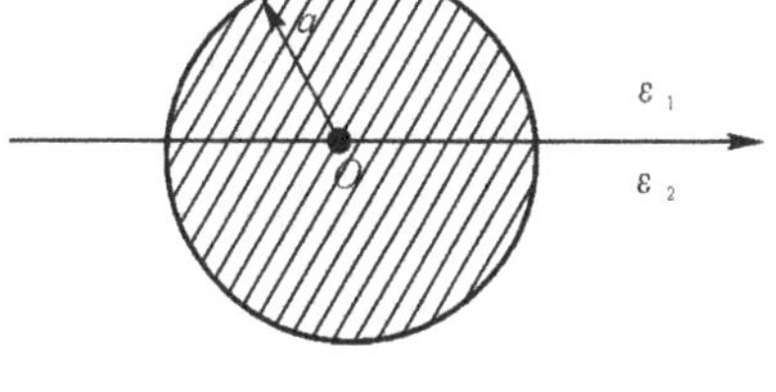

图 2.7.1　例 2.7.1 图

导体球的电位

$$\varphi(a) = \int_a^\infty E\,\mathrm{d}r = \int_a^\infty \frac{Q}{2\pi r^2(\varepsilon_1 + \varepsilon_2)}\mathrm{d}r = \frac{Q}{2\pi a(\varepsilon_1 + \varepsilon_2)}$$

则总的静电能量为

$$W_e = \frac{1}{2}Q\varphi(a) = \frac{Q^2}{4\pi a(\varepsilon_1 + \varepsilon_2)}$$

2.8 阅读材料——静电场的应用

静电场与静电现象与我们的生产、生活密切相关，利用静电场各种特性的静电技术目前已经广泛应用于基础理论研究、信息工程、空间技术、计算机工程、大规模集成电路生产、环境保护、生物技术、选矿和物质分离、医疗卫生消毒、食品保鲜、石油化工、纺织印染、农业生产等各个领域，正在形成一个新兴的“静电产业”。本节就静电场在生产、生活中的应用做简单的介绍。

一、静电场在工业生产领域的应用

1. 静电除尘

静电除尘是利用静电场的作用，使气体电离为正离子和电子，电子奔向正极过程中遇到尘粒，使尘粒带负电吸附到正极从而被收集。常用于以煤为燃料的工厂、电站，收集烟气中的煤灰和粉尘。冶金中用于收集锡、锌、铅、铝等的氧化物。

2. 静电分选

静电分选是利用固体物料中各组分在高压电场中电性的差异而实现分选的一种方法。静电分选机中物料的带电方式为直接传导带电。物料直接与传导电极接触，导电性能好的物料将获得和电极极性相同的电荷而被排斥，导电性能差的物料或非导体与带电滚筒接触被极化，在靠近滚筒一端产生相反的束缚电荷被滚筒吸引，从而实现不同电性物料的分离。静电分选设备主要部件是由带负电的绝缘滚筒与靠近滚筒和供料器的一组正电极组成的，当物料接近滚筒表面时，由于高压电场的感应作用，导体颗粒表面发生极化作用而带正电荷，被滚筒的聚合电场所吸引。而接触后，由于传导作用又使之带负电荷，在库仑力的作用下又被滚筒排斥，脱离滚筒而下落。绝缘体因不产生上述作用，被滚筒迅速摔落，达到导体与绝缘体的分离。适用于各组分的导电性能不同的物料分离，如对一些金属矿的分离，对废钢屑的分离回收等。在电子废弃物回收处理生产线中主要用于将混合物料分离为半导体、塑料、有色金属三部分。

3. 静电喷涂与喷漆

静电喷涂是利用静电吸附作用将聚合物涂料微粒涂敷在接地金属物体上，然后将其送入烘炉以形成厚度均匀的涂层。电晕放电电极使直径 5 ～ 30 μm 的涂料粒子带电，在输送气力和静电力的作用下，涂料粒子飞向被涂物，粒子所带电荷与被涂物上的感应电荷之间的吸附力使涂料牢固地附在被涂物上。一般经 2 ～ 3 s，涂层即可达 40 ～ 50 μm 厚。静电喷漆是在高压静电场作用下，使从喷枪喷出来的漆雾带上电荷，这种带电的漆雾，向带异号电荷的工件表面吸附，沉积成均匀的涂膜。静电喷涂的漆液利用率甚高，可达 80% ～ 90%。主要用于汽车、机械、家用电器等行业。

4. 静电复印

利用光电导敏感材料在曝光时按影像发生电荷转移而存留静电潜影，经一定的干法显影、影像转印和定影而得到复制件的一种复印方式。所用材料为非银感光材料。静电复印有直接法和间接法两种。前者将原稿的图像直接复印在涂敷氧化锌的感光纸上，又称涂层纸复印机；

后者将原稿图像先变为感光体上的静电潜像，然后再转印到普通纸上，故又称普通纸复印机。按显影剂形态是干粉还是液体又可分为干式和湿式两类。目前我们常用的复印机以干式间接法静电复印机为主。常用的复印材料有氧化锌、硒、硫化镉等无机光电导材料，以及聚乙烯咔唑(PVK)、三硝基芴酮(TNF)等有机光电导材料。静电复印过程为：首先使敏感层均匀充电；然后用原稿进行反射曝光；由于光照部位光电导层电荷密度的差异而形成静电潜像，经热塑性的调色剂做覆盖干法显影处理(显影)；将白纸覆在敏感层上再次充电使影像转移到纸上(转印)；经瞬时加热使调色剂固定在纸上(定影)而得到复印件。静电复印体系同过去的湿法显影复印技术相比有显著的优点，即简便、迅速、清晰、对操作人员无污染。静电复印技术近年来得到了很大的发展，现代的静电复印机具有很高的复印速率，可扩印和缩印，也可复印彩色原件。它满足了现代社会对于信息记录和信息显示的需要。

5. 静电纺纱

静电纺纱是利用静电感应原理，使纤维带电，从而定向、凝聚、排列、伸直，并由加捻机构加捻成纱的一种纺纱方法。美国于 1949 年首先进行研究，现在世界上仍处于理论探讨和试验阶段，尚未达到工业生产规模。中国从 1958 年开始研究，现已建立了中试车间，并能稳定地进行几十个品种的生产。静电纺纱装置是由单纤维供应机构、静电场发生器、加捻器和卷绕机构 4 个部分所组成的。主要工艺流程为并条给湿，低速刺辊分梳，气流剥棉输送，封闭容器电场中定向排列及高速回转加捻成纱。其优点是产量高，大成形，将粗纱、细纱、筒子 3 道工序合为一道，且用电省，特别是用于生产包芯竹节、彩色竹节及混纺方面更能显示静电纺纱的优越性。

6. 静电植绒

利用静电场作用力使绒毛极化并沿电场方向排列，同时被吸着在涂有黏合剂的基底上成为绒毛制品。其装置由两个平行板电极构成。其中下电极接地，并在其上放置基底材料和短纤维；上电极板施加高压直流电，两电极间形成强电场。以仿麂皮绒产品为例，其工作过程是：将 35 ～ 60 kV 高压电源的负极接入装有绒毛的金属网框上，涂有黏合剂的基底材料置于金属托架上，并接入电源的正极，使金属网框和金属托架之间形成静电场。经过整形处理后的绒毛通过金属网孔以后，进入电场被极化，并使其转动而平行于电场方向，沉于基底而被黏附，形成植绒物品。目前主要产品类型有纤维制品如地毯、坐垫、人造皮毛和印花绒布等；塑料制品如装饰布、保护用吸声布及富有表面弹性的制品等；金属制品有装饰材料、保护材料和隔热材料等；其他还有用于装饰的木制壳体和纸制壳体等。

二、静电场在农业领域的应用

1. 静电喷药

喷洒农药的静电喷雾机和静电喷粉机均装设静电喷头，利用数百到数千伏的高压直流电源通电到喷头，使药液或药粉颗粒带电，而防治目标则由静电感应而引发出相反极性的电荷，从而使药液或药粉颗粒在静电场作用下奔向防治目标。利用静电作用能显著提高命中率，减少药剂损失和对环境的污染，并可将药剂喷洒到目标的背面以增强防治效果。

2. 静电育种

大量实验研究数据表明，静电场具有生物效应，能够引起生物遗传因子的明显变化，是培育新品种的有效手段。

三、静电场在高新技术领域的应用

静电在高新技术领域也得到一些应用，主要有静电火箭发动机、静电轴承、静电陀螺仪、静电透镜等。

小　　结

(1) 分析宏观电磁现象时，引入电荷密度来描述电荷在空间的分布，根据不同的分布状态，引入了电荷体密度、面密度、线密度及点电荷的概念。在已知电荷分布密度的情况下，在分布区域上对电荷密度进行积分即可求出区域内的总电量。

(2) 库仑定律总结出两个点电荷之间作用力的定量描述，静止点电荷 q' 作用于实验电荷 q 的力为

$$\boldsymbol{F}=\frac{q'q}{4\pi\varepsilon_0 R^2}\boldsymbol{e}_R=\frac{q'q}{4\pi\varepsilon_0}\frac{\boldsymbol{R}}{R^3}$$

位于 $\boldsymbol{r}'$ 处的点电荷 q' 在空间 $\boldsymbol{r}$ 处产生的电场的电场强度为

$$\boldsymbol{E}(\boldsymbol{r})=\lim_{q\to 0}\frac{\boldsymbol{F}}{q}=\frac{q'}{4\pi\varepsilon_0}\frac{\boldsymbol{R}}{R^3}=\frac{q'}{4\pi\varepsilon_0}\frac{\boldsymbol{r}-\boldsymbol{r}'}{|\boldsymbol{r}-\boldsymbol{r}'|^3}$$

连续分布的电荷产生的电场分别为：

体电荷：
$$\varphi(\boldsymbol{r})=\frac{1}{4\pi\varepsilon_0}\int_{V'}\frac{\boldsymbol{r}-\boldsymbol{r}'}{|\boldsymbol{r}-\boldsymbol{r}'|^3}\rho_V(\boldsymbol{r}')\mathrm{d}V'$$

面电荷：
$$\varphi(\boldsymbol{r})=\frac{1}{4\pi\varepsilon_0}\int_{S'}\frac{\boldsymbol{r}-\boldsymbol{r}'}{|\boldsymbol{r}-\boldsymbol{r}'|^3}\rho_S(\boldsymbol{r}')\mathrm{d}S'$$

线电荷：
$$\varphi(\boldsymbol{r})=\frac{1}{4\pi\varepsilon_0}\int_{l'}\frac{\boldsymbol{r}-\boldsymbol{r}'}{|\boldsymbol{r}-\boldsymbol{r}'|^3}\rho_l(\boldsymbol{r}')\mathrm{d}l'$$

(3) 真空中静电场基本规律的积分形式为：

$\oint_S \boldsymbol{E}\cdot\mathrm{d}\boldsymbol{S}=\frac{\sum q}{\varepsilon_0}$，也称真空中的高斯定理，常用于已知电荷分布的情况下求电场分布；

$\oint_C \boldsymbol{E}\cdot\mathrm{d}\boldsymbol{l}=0$，表明静电场中，电场强度沿任意闭合曲线的环量为零。

真空中静电场基本规律的微分形式为：

$\nabla\cdot\boldsymbol{E}=\frac{\rho(\boldsymbol{r})}{\varepsilon_0}$，也称为高斯定理的微分形式，常用于在已知电场分布的情况下求空间电荷分布；

$\nabla\times\boldsymbol{E}(\boldsymbol{r})=\boldsymbol{0}$，表明静电场是无旋场。

(4) 静电场中介质内的束缚电荷在电场的作用下发生极化，极化改变了电场分布。介质极化的程度用极化强度表示，其与电场强度的关系为

$$\boldsymbol{P}(\boldsymbol{r})=\chi_e\varepsilon_0\boldsymbol{E}(\boldsymbol{r})$$

极化后介质中的束缚电荷与极化强度的关系为

$$\rho_P(\boldsymbol{r})=-\nabla\cdot\boldsymbol{P}(\boldsymbol{r})$$

$$\rho_{SP}(\boldsymbol{r})=\boldsymbol{P}(\boldsymbol{r})\cdot\boldsymbol{e}_\mathrm{n}$$

介质中的高斯定理的积分形式为：$\oint_S \boldsymbol{D}(\boldsymbol{r}) \cdot \mathrm{d}\boldsymbol{S} = \sum q$；微分形式为：$\nabla \cdot \boldsymbol{D}(\boldsymbol{r}) = \rho(\boldsymbol{r})$。

(5) 静电场分析的基本方程的积分形式为

$$\oint_S \boldsymbol{D}(\boldsymbol{r}) \cdot \mathrm{d}\boldsymbol{S} = \sum q$$

$$\oint_C \boldsymbol{E} \cdot \mathrm{d}\boldsymbol{l} = 0$$

静电场分析的基本方程的微分形式为

$$\nabla \cdot \boldsymbol{D}(\boldsymbol{r}) = \rho(\boldsymbol{r})$$

$$\nabla \times \boldsymbol{E}(\boldsymbol{r}) = \boldsymbol{0}$$

求解基本方程需要介质本构关系的辅助，本构关系为

$$\boldsymbol{D}(\boldsymbol{r}) = \varepsilon \boldsymbol{E}(\boldsymbol{r})$$

(6) 边界条件用于描述在两种不同介质分界面上电场的分布规律，静电场边界条件的矢量形式为

$$\boldsymbol{e}_{\mathrm{n}} \cdot (\boldsymbol{D}_1 - \boldsymbol{D}_2) = \rho_S, \quad \boldsymbol{e}_{\mathrm{n}} \times (\boldsymbol{E}_1 - \boldsymbol{E}_2) = \boldsymbol{0}$$

标量形式为

$$D_{1\mathrm{n}} - D_{2\mathrm{n}} = \rho_S, \quad E_{1\mathrm{t}} - E_{2\mathrm{t}} = 0$$

(7) 静电场是无旋场，因此电场强度可以用电位函数 $\varphi(\boldsymbol{r})$ 的负梯度表示，即

$$\boldsymbol{E}(\boldsymbol{r}) = -\nabla\varphi(\boldsymbol{r})$$

各种分布电荷所产生的电场的电位函数分别为：

点电荷：$$\varphi(\boldsymbol{r}) = \frac{q'}{4\pi\varepsilon} \frac{1}{|\boldsymbol{r} - \boldsymbol{r}'|} + C$$

线电荷：$$\varphi(\boldsymbol{r}) = \frac{1}{4\pi\varepsilon_0}\int_l \frac{\rho_l(\boldsymbol{r}')}{|\boldsymbol{r} - \boldsymbol{r}'|}\mathrm{d}l' + C$$

面电荷：$$\varphi(\boldsymbol{r}) = \frac{1}{4\pi\varepsilon_0}\int_V \frac{\rho_V(\boldsymbol{r}')}{|\boldsymbol{r} - \boldsymbol{r}'|}\mathrm{d}V' + C$$

体电荷：$$\varphi(\boldsymbol{r}) = \frac{1}{4\pi\varepsilon_0}\int_S \frac{\rho_S(\boldsymbol{r}')}{|\boldsymbol{r} - \boldsymbol{r}'|}\mathrm{d}S' + C$$

电位函数满足泊松方程，即

$$\nabla^2\varphi(\boldsymbol{r}) = \nabla \cdot \nabla\varphi(\boldsymbol{r}) = -\frac{\rho(\boldsymbol{r})}{\varepsilon}$$

在两种介质分界面上，电位函数所满足的边界条件为

$$\varepsilon_1 \frac{\partial\varphi_1}{\partial n} - \varepsilon_2 \frac{\partial\varphi_2}{\partial n} = -\rho_S$$

(8) 在线性介质中，多导体系统之间存在部分电容，部分电容仅与导体系统的几何结构及介质有关，与导体的带电状态无关。

(9) 静电场具有能量，能量存在于场中，用能量分布来描述电场能量在空间的分布：

$$w_e = \frac{1}{2}\boldsymbol{E} \cdot \boldsymbol{D} = \frac{1}{2}\varepsilon E^2$$

习　题　二

2.1　已知半径为 a 的导体球面上分布着面电荷密度为 $\rho_S=\rho_{S_0}\cos\theta$ 的电荷，其中 ρ_{S_0} 为常数。试计算球面上的总电荷量。

2.2　一个平行板真空二极管内的电荷体密度为 $\rho=-\frac{4}{9}\varepsilon_0 U_0 d^{-\frac{4}{3}}x^{-\frac{2}{3}}$。阴极板位于 $x=0$ 的平面，阳极板位于 $x=d$ 的平面，极板间的电压为 U_0。如果 $U_0=40$ V，$d=1$ cm，极板横截面面积为 10 cm^2，求极板间的总电荷量 Q。

2.3　点电荷 $q_1=8$ C，位于直角坐标系 z 轴上 $z=4$ 处，点电荷 $q_2=-4$ C，位于 y 轴上 $y=4$ 处，求点(4,0,0)处的电场强度。

2.4　一点电荷 $+q$ 位于 $(-a,0,0)$ 处，另一点电荷 $-2q$ 位于 $(a,0,0)$ 处，试分析空间有没有电场强度 $\boldsymbol{E}=\boldsymbol{0}$ 的点？

2.5　一个均匀带电的环形薄圆盘，内半径为 a，外半径为 b，电荷面密度为 ρ_{S_0}，如图题 2.1 所示，求轴线上任一点 $P(0,0,z)$ 的电场强度。

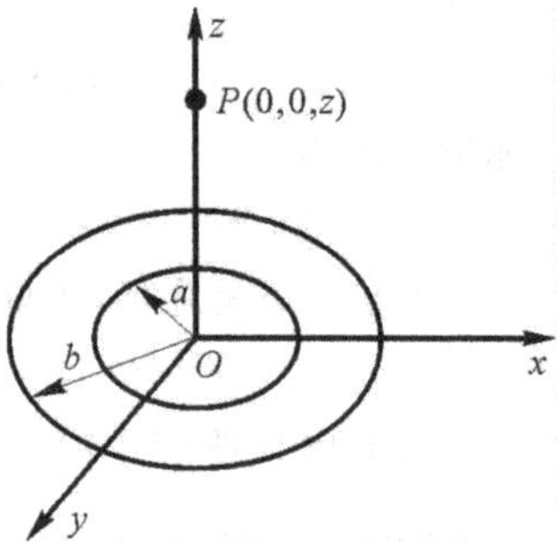

图题 2.1　题 2.5 图

2.6　均匀带电导体球的半径为 a，电量为 Q，求球内、外的电场分布。

2.7　已知半径为 a 的球内、外电场分布为

$$\boldsymbol{E}=\begin{cases}E_0\left(\dfrac{a}{r}\right)^2\boldsymbol{e}_r & r>a\\ E_0\left(\dfrac{a}{r}\right)^2\boldsymbol{e}_r & r<a\end{cases}$$

求球内、外的电荷分布。

2.8　半径为 a，介电常数为 ε 的球形电介质内的极化强度为 $\boldsymbol{P}=\boldsymbol{e}_r\dfrac{k}{r}$，其中 k 为常数。求解以下问题：

(1) 计算极化电荷体密度和面密度；

(2) 计算电介质球内的自由电荷体密度。

2.9　总电量为 Q 的电荷均匀分布于半径为 a 的球体中，分别求球内、外的电位分布。

2.10　真空中有两个点电荷，一个带电量为 $-q$ 位于原点，另一个带电量为 $0.5q$，位于 $(a,0,0)$ 处，求电位为零的等位面方程。

2.11　已知空气填充的平板电容器内的电位分布为：$\varphi=ax^2+b$，求与其相应的电场及其电荷分布。

2.12　同轴线的内导体半径为 a，外导体半径为 b，其间填充介电常数 $\varepsilon=\varepsilon_0\dfrac{a}{r}$ 的电介质。已知外导体接地，内导体电压为 U_0，如图题 2.2 所示。求：

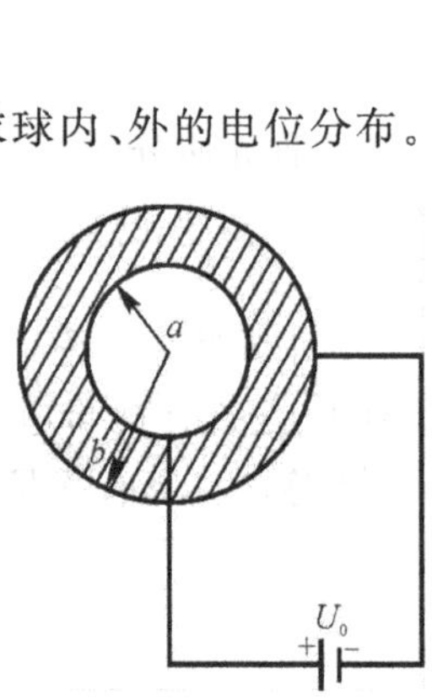

图题 2.2　题 2.12 图

(1) 介质中的电位分布；

(2) 介质中的电场强度分布；

(3) 介质中的极化电荷分布。

2.13　一个半径为 a 的导体球表面套一层厚度为 $b-a$ 的电介质，电介质的介电常数为 ε。假设导体球带电量为 Q，求空间任一点的电位分布。

2.14　假设 $x<0$ 的区域为空气，$x>0$ 的区域为电介质，电介质的介电常数为 $3\varepsilon_0$。如果空气中的电场强度为：$\boldsymbol{E}_1=3\boldsymbol{e}_x+4\boldsymbol{e}_y+5\boldsymbol{e}_z$(V/m)，求电介质中的电场强度 $\boldsymbol{E}_2$。

2.15　两种电介质的相对介电常数分别为 $\varepsilon_{r1}=2$ 和 $\varepsilon_{r2}=3$，其分界面为 $z=0$ 平面。如果已知介质 1 中的电场 $\boldsymbol{E}_1=2y\boldsymbol{e}_x-3x\boldsymbol{e}_y+(5+z)\boldsymbol{e}_z$(V/m)，求介质 2 中的 $\boldsymbol{E}_2$ 和 $\boldsymbol{D}_2$。

2.16　一个平行板电容器中间填充介质的相对介电常数为 $\varepsilon_r=\dfrac{x+d}{d}$，其中 d 是极板之间的距离，两个极板分别位于 $x=0$ 和 $x=d$ 处，极板的面积为 S，求电容器的电容。

2.17　平行板电容器极板的长、宽分别为 a 和 b，极板间距为 d。电容器的一半厚度用介电常数为 ε 的电介质填充，如图题 2.3 所示。求解以下问题：

(1) 板上外加电压 U_0，求板上的自由电荷面密度、束缚电荷面密度；

(2) 若已知板上的自由电荷总量为 Q，求此时极板间电压和束缚电荷。

(3) 求电容器的电容。

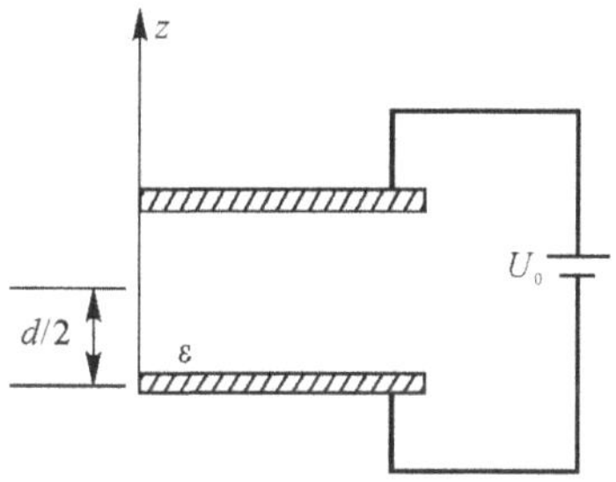

图题 2.3　题 2.17 图

2.18　同轴线的内导体半径为 a，外导体半径为 b，其间填充介电常数为 ε 的电介质。已知外导体接地，内导体电压为 U_0，求解以下问题：

(1) 同轴线单位长度的静电储能；

(2) 证明同轴线所储存的电能有一半是在半径为 $c=\sqrt{ab}$ 的圆柱内。

第三章　恒定电场分析

电荷的定向流动形成电流，若电流不随时间变化，则称为恒定电流。虽然恒定电流场中的自由电荷是运动电荷，但由于电流不随时间变化，电荷分布也一定不随时间变化。相应地，恒定电流场中的电场是恒定电流场中的电荷产生的，也不随时间变化。本章将以电流密度的概念为基础，结合电流连续性方程，分析恒定电流产生的电场。

3.1　电流密度

一、电流及分类

电荷的定向移动形成电流。电流的大小一般用电流强度来表示。设在 Δt 时间内通过某一截面 S 的电荷量为 Δq，则通过该截面 S 的电流强度定义为

$$i=\lim_{\Delta t\to 0}\frac{\Delta q}{\Delta t}=\frac{\mathrm{d}q}{\mathrm{d}t} \tag{3-1}$$

电流强度一般也简称为电流，单位为 A，为标量。若电荷的运动状态不随时间改变，则为恒定电流，其强度一般用 I 表示。

实际中的电流一般分两类。一类是导电媒质中的电流，被称为传导电流，这是我们分析的重点。另一类是气体中大量电荷定向移动所形成的电流，被称为运流电流，例如显像管中阴极发射的电子束即形成运流电流。

二、电流密度

电流强度只能描述某一截面上总电流量的强弱，不能表征截面内每一点处电荷的流动情况，即电流在空间的分布情况。为解决这一问题，引入电流密度的概念。

1. 体电流的面密度

电荷在某一体积内定向移动所形成的电流称为体电流，如图 3.1.1 所示。

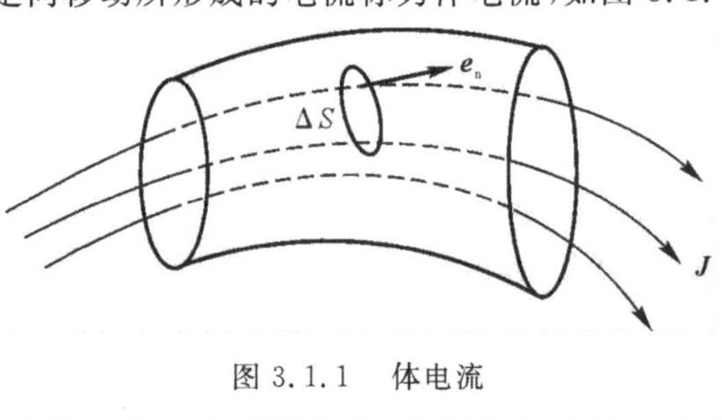

图 3.1.1　体电流

一般情况下，体电流内某一截面上不同的点，电流的大小和方向往往是不同的，引入体电流面密度矢量 $\boldsymbol{J}$ 来描述截面上的电流分布。某点处 $\boldsymbol{J}$ 的方向是该点正电荷运动的方向，$\boldsymbol{J}$ 的大

小等于通过该点处与 $\boldsymbol{J}$ 垂直的单位面积的电流量，即

$$\boldsymbol{J}(\boldsymbol{r})=\boldsymbol{e}_{\mathrm{n}}\lim_{\Delta S\to 0}\frac{\Delta i}{\Delta S}=\boldsymbol{e}_{\mathrm{n}}\frac{\mathrm{d}i}{\mathrm{d}S} \tag{3-2}$$

式(3-2)中，$\boldsymbol{e}_{\mathrm{n}}$ 为矢量 $\boldsymbol{J}$ 的方向，也是面积元 ΔS 的法线方向的正方向。体电流的面密度矢量也简称电流密度矢量，单位是 $\mathrm{A/m^2}$。

若已知体电流的电流密度矢量为 $\boldsymbol{J}(\boldsymbol{r})$，则在体电流内，通过任意截面 S 的电流强度可用如下公式计算：

$$i=\int_S \boldsymbol{J}(\boldsymbol{r})\cdot \mathrm{d}\boldsymbol{S} \tag{3-3}$$

既然电流是电荷的运动形成的，电流密度就应与运动电荷的密度及电荷运动速度有关。若电荷体密度为 ρ 的电荷以速度 $\boldsymbol{v}$ 运动，则在 $\mathrm{d}t$ 的时间内，电荷的位移为 $v\mathrm{d}t$。沿电荷的运动方向取一端面，面积为 S，长度为 $v\mathrm{d}t$ 的圆柱体，如图 3.1.2 所示。

在 $\mathrm{d}t$ 的时间内，穿过端面 S 的电荷量为 $\rho Sv\mathrm{d}t$，则穿过端面 S 的电流强度为 $i=\rho Sv$。根据体电流密度的定义，并注意到体电流密度矢量的方向为 $\boldsymbol{v}$ 的方向，则可得到 $\boldsymbol{J}$、ρ 与 $\boldsymbol{v}$ 的关系为

$$\boldsymbol{J}=\rho\boldsymbol{v} \tag{3-4}$$

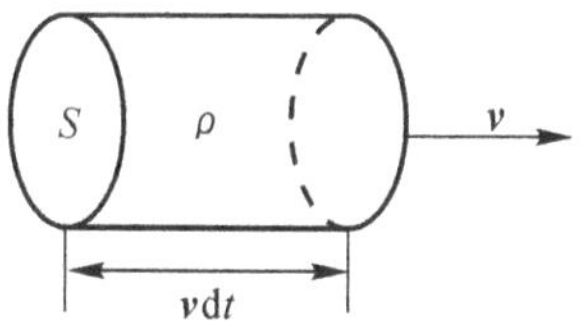

图 3.1.2　体电流密度与电荷密度及电荷运动速度的关系

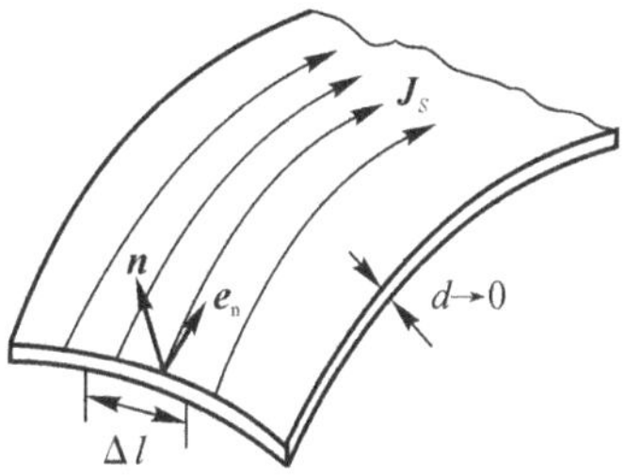

图 3.1.3　面电流

2. 面电流的线密度

电荷在一个厚度 d 可以忽略的薄层内定向运动所形成的电流称为面电流，如图 3.1.3 所示，用面电流的线密度矢量 $\boldsymbol{J}_S$ 来描述其分布。

某点处 $\boldsymbol{J}_S$ 的方向是该点正电荷运动的方向，$\boldsymbol{J}_S$ 的大小等于通过该点处与 $\boldsymbol{J}_S$ 垂直的单位长度的电流量，即

$$\boldsymbol{J}_S(\boldsymbol{r})=\boldsymbol{e}_{\mathrm{n}}\lim_{\Delta l\to 0}\frac{\Delta i}{\Delta l}=\boldsymbol{e}_{\mathrm{n}}\frac{\mathrm{d}i}{\mathrm{d}l} \tag{3-5}$$

面电流的线密度矢量也简称电流密度矢量，单位是 $\mathrm{A/m}$。若已知面电流的电流密度矢量为 $\boldsymbol{J}_S(\boldsymbol{r})$，则在面电流内，通过任意有向曲线 $\boldsymbol{l}$ 的电流强度可用如下公式计算：

$$i=\int_l \boldsymbol{J}_S(\boldsymbol{r})\cdot(\boldsymbol{n}\times \mathrm{d}\boldsymbol{l}) \tag{3-6}$$

式(3-6)中，$\boldsymbol{n}$ 为面电流所在曲面的法向单位矢量。

用与体电流相似的分析方法，可求得面电流矢量 $\boldsymbol{J}_S$、面电荷密度 ρ_S 及面电荷运动速度 $\boldsymbol{v}$ 之间的关系为

$$\boldsymbol{J}_S=\rho_S\boldsymbol{v} \tag{3-7}$$

3. 线电流

电荷在一个横截面面积可以忽略的细线中做定向移动所形成的电流称为线电流，可以认为电流集中在细线的轴线上。若线元 d$\boldsymbol{l}$ 中流过的电流为 I，则将 Id$\boldsymbol{l}$ 称为电流元。同点电荷一样，电流元也是电磁理论中的重要概念。

例 3.1.1 半径为 a 的球体内部均匀分布着总电量为 Q 的电荷。该球体以某条直径为轴，以角速度 ω 旋转。求电流密度，并计算分布电流。

解 设球内任一点到球心的距离为 r，转轴与矢径夹角为 θ，则该点的线速度为

$$v=\omega r\sin\theta$$

球内的电荷体密度为

$$\rho=\frac{Q}{(4/3)\pi a^3}$$

则该点的电流密度为

$$J=\rho v=\frac{3Q\omega r\sin\theta}{4\pi a^3}$$

则球内的总的电流为

$$I=\int_S \boldsymbol{J}\cdot \mathrm{d}\boldsymbol{S}=2\int_0^{\frac{\pi}{2}}\int_0^a\frac{3Q\omega r\sin\theta}{4\pi a^3}r\mathrm{d}r\mathrm{d}\theta=\frac{Q\omega}{2\pi}$$

3.2 电流连续性方程

一、电荷守恒定律

实验表明，电荷是守恒的，它既不能被创造，也不能被消灭，只能从物体的一部分转移到另一部分，或者从一个物体转移到另一个物体。也就是说，在一个与外界没有电荷交换的系统内，正、负电荷的代数和在任何物理过程中始终保持不变，这就是电荷守恒定律。

二、电流连续性方程

电流连续性方程是电荷守恒定律的体现。根据电荷守恒定律，单位时间内从闭合面 S 内流出的电荷量，也即流过 S 的电流强度，应该等于闭合面所限定的体积 V 内的电荷减少率，即有

$$i=-\frac{\mathrm{d}q}{\mathrm{d}t}=-\frac{\mathrm{d}}{\mathrm{d}t}\int_V\rho\mathrm{d}V \tag{3-8}$$

根据 3.1 节的内容，有 $i=\oint_S\boldsymbol{J}\cdot\mathrm{d}\boldsymbol{S}$，从而得到

$$\oint_S\boldsymbol{J}\cdot\mathrm{d}\boldsymbol{S}=-\frac{\mathrm{d}}{\mathrm{d}t}\int_V\rho\mathrm{d}V \tag{3-9}$$

式(3－9)即为电流连续性方程的积分形式。设定闭合面 S 所限定的体积 V 不随时间变化，电流连续性方程的积分形式可写为

$$\oint_S\boldsymbol{J}\cdot\mathrm{d}\boldsymbol{S}=-\int_V\frac{\partial\rho}{\partial t}\mathrm{d}V \tag{3-10}$$

应用散度定理，有

$$\oint_S \boldsymbol{J} \cdot \mathrm{d}\boldsymbol{S} = \int_V (\nabla \cdot \boldsymbol{J}) \mathrm{d}V \tag{3-11}$$

从而得到

$$\nabla \cdot \boldsymbol{J} = -\frac{\partial \rho}{\partial t} \tag{3-12}$$

式(3-12)即为电流连续性方程的微分形式。

当研究恒定电流场时，虽然带电粒子不断的运动，但是从宏观上看，可认为某点的带电粒子离开后，立即由相邻的带电粒子来补充，以保证电流的恒定。也就是说要维持电流不随时间变化，就要求电荷在空间的分布不随时间变化，即有

$$\frac{\partial \rho}{\partial t} = 0 \tag{3-13}$$

则恒定电流场的电流连续性方程为：

积分形式：
$$\oint_S \boldsymbol{J} \cdot \mathrm{d}\boldsymbol{S} = 0 \tag{3-14}$$

微分形式：
$$\nabla \cdot \boldsymbol{J} = 0 \tag{3-15}$$

式(3-14)与式(3-15)表明，恒定电流场中，从任意闭合面穿出的恒定电流为0，或恒定电流场是无散场，恒定电流的电流密度矢量 $\boldsymbol{J}$ 的矢量线总是无起始点无终点的闭合曲线。

3.3　微分形式的欧姆定律和焦耳定律

一、微分形式的欧姆定律

导体中存在自由电子，在电场的作用下，这些自由电子做定向运动，形成电流。实验表明，对于各向同性的导体，导体内任意一点的电流密度与该点的电场强度成正比，即

$$\boldsymbol{J}(\boldsymbol{r}) = \sigma \boldsymbol{E}(\boldsymbol{r}) \tag{3-16}$$

式(3-16)中，σ 反映了导体导电能力的强弱，称为电导率，其单位为S/m。式(3-16)即为微分形式的欧姆定律。一般金属材料的电导率 σ 是常数(即均匀导电媒质)，但随环境温湿度变化。表3.1.1列出了常见的一些均匀介质在常温条件下的电导率。

表3.1.1　常用材料的电导率

材　料	电导率 $\sigma/(\mathrm{S \cdot m^{-1}})$	材　料	电导率 $\sigma/(\mathrm{S \cdot m^{-1}})$
铁(99.98%)	10^7	硅	1.56×10^{-3}
黄铜	1.57×10^7	聚乙烯塑料	1×10^{-13}
紫铜	5.80×10^7	海水	5
铝	3.54×10^7	清水	1×10^{-3}
金	4.10×10^7	蒸馏水	2×10^{-4}

在电路理论中所提到的欧姆定律为 $U = RI$，也叫做欧姆定律的积分形式。积分形式的欧姆定律描述一段导线上的导电规律；而微分形式的欧姆定律描述导体内任一点的 $\boldsymbol{J}$ 与 $\boldsymbol{E}$ 的关

系,比积分形式更能细致地描述导体的导电规律。

由欧姆定律的微分形式,得导体内的电场强度为

$$\boldsymbol{E}(\boldsymbol{r})=\frac{\boldsymbol{J}(\boldsymbol{r})}{\sigma} \tag{3-17}$$

式(3-17)中,当 $\sigma\to\infty$ 时,$\boldsymbol{E}\to 0$。即:恒定电流场中,理想导体内电场强度为0。这与静电场是不同的,静电场中所有导体内部电场强度均为0。

应注意,运流电流不遵从欧姆定律。

二、微分形式的焦耳定律

金属导体内部的电流是自由电子在电场力的作用下定向移动而形成的。自由电子在运动过程中不断与金属晶格点阵上的质子碰撞,把自身的能量传递给质子,使晶格点阵的热运动加剧,导体温度上升。这就是电流的热效应,这种由电能转换来的热能称为焦耳热。

当导体两端的电压为 U,流过导体的电流为 I 时,则导体的热功率为

$$P=UI \tag{3-18}$$

式(3-18)也称为焦耳定律的积分形式。导体中,沿电流线方向取一长度为 Δl、截面积为 ΔS 的体积元,该体积元消耗的功率为

$$\Delta P=\Delta U\Delta I=E\Delta l\Delta I=E\Delta lJ\,\Delta S=(\boldsymbol{E}\cdot\boldsymbol{J})\Delta V \tag{3-19}$$

则导体内任一点的热功率密度为

$$p=\lim_{\Delta V\to 0}\frac{\Delta P}{\Delta V}=\boldsymbol{E}\cdot\boldsymbol{J} \tag{3-20}$$

式(3-20)即为焦耳定律的微分形式,也可以写为

$$p=\sigma E^2=\frac{J^2}{\sigma} \tag{3-21}$$

若已知导体的电场分布,则整个导体(体积为 V)消耗的功率为

$$P=\int_V p\,\mathrm{d}V=\int_V(\boldsymbol{E}\cdot\boldsymbol{J})\mathrm{d}V \tag{3-22}$$

应该指出,焦耳定律不适用于运流电流。因为对于运流电流而言,电场力对电荷所做的功转换为电荷的动能,而不是转变为电荷与晶格碰撞的热能。

3.4 恒定电场的基本方程及边界条件

一、恒定电场分析的基本方程

1. 恒定电场分析的基本变量

在进一步分析恒定电场之前,对恒定电场分析的基本变量进行总结。既然是电场分析,基本变量之一就是电场强度矢量 $\boldsymbol{E}(\boldsymbol{r})$,这与静电场是一致的。导电媒质在电场的作用下产生电流,因此电流密度矢量 $\boldsymbol{J}(\boldsymbol{r})$ 就是另一基本变量,用以描述这一现象,这与静电场分析是有所不同的。

2. 恒定电场求解的基本方程

恒定电场求解的基本方程就是恒定电场中,电流密度矢量及电场强度矢量应满足的规

律。前面对这些规律已经进行了分析，现进行总结。表示恒定电场基本特性的第一个基本方程就是电流连续性方程，即：

微分形式：
$$\nabla\cdot \boldsymbol{J}=0 \tag{3-23}$$

积分形式：
$$\oint_S \boldsymbol{J}\cdot \mathrm{d}\boldsymbol{S}=0 \tag{3-24}$$

电流恒定时，电荷分布 ρ 不随时间变化，恒定电场的电场强度 $\boldsymbol{E}$ 必定和静止电荷产生的静电场具有相同的性质，也是保守场，基本方程与静电场相同，即：

微分形式：
$$\nabla\times \boldsymbol{E}=\boldsymbol{0} \tag{3-25}$$

积分形式：
$$\oint_C \boldsymbol{E}\cdot \mathrm{d}\boldsymbol{l}=0 \tag{3-26}$$

求解基本方程，还需要用到 $\boldsymbol{E}(\boldsymbol{r})$ 与 $\boldsymbol{J}(\boldsymbol{r})$ 之间的关系，即欧姆定律的微分形式 $\boldsymbol{J}(\boldsymbol{r})=\sigma\boldsymbol{E}(\boldsymbol{r})$。

由于恒定电场中，$\nabla\times \boldsymbol{E}=\boldsymbol{0}$，因此可以引入电位函数 φ，有 $\boldsymbol{E}(\boldsymbol{r})=-\nabla\varphi(\boldsymbol{r})$。在均匀导体内部，有

$$\nabla\cdot \boldsymbol{J}=0\Rightarrow \nabla\cdot \sigma\boldsymbol{E}=0\Rightarrow \nabla\cdot \boldsymbol{E}=0\Rightarrow \nabla\cdot(-\nabla\varphi)=0\Rightarrow \nabla^2\varphi=0 \tag{3-27}$$

式(3-27)表明，恒定电场的电位函数满足拉普拉斯方程。

二、恒定电场的边界条件

将恒定电场基本方程的积分形式应用到两种不同导体的分界面上，如图 3.4.1 所示，可得出恒定电流场的边界条件。

电场强度矢量的边界条件为

$$\boldsymbol{e}_n\times(\boldsymbol{E}_1-\boldsymbol{E}_2)=\boldsymbol{0} \tag{3-28}$$

$$E_{1t}-E_{2t}=0 \tag{3-29}$$

电流密度矢量的边界条件为

$$\boldsymbol{e}_n\cdot(\boldsymbol{J}_1-\boldsymbol{J}_2)=0 \tag{3-30}$$

$$J_{1n}-J_{2n}=0 \tag{3-31}$$

边界条件表明，电流密度矢量在通过界面时其法向分量连续，电场强度矢量在通过界面时其切向分量连续。

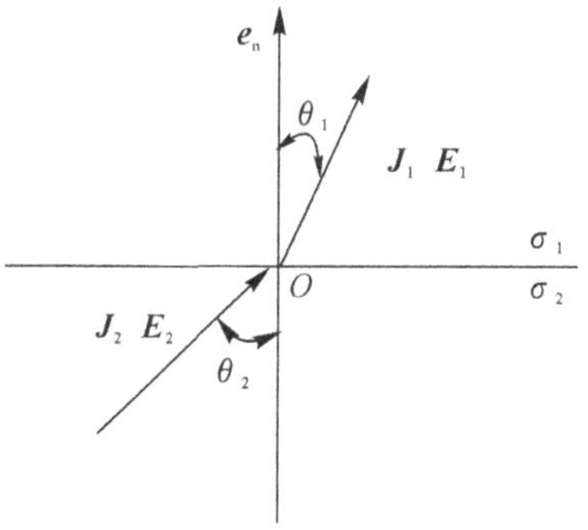

图 3.4.1　恒定电场的边界条件

在恒定电场中，由 $\boldsymbol{J}(\boldsymbol{r})=\sigma\boldsymbol{E}(\boldsymbol{r})=-\sigma\nabla\varphi(\boldsymbol{r})$，因此用电位函数 φ 表示的边界条件为

$$\sigma_1\frac{\partial\varphi_1}{\partial n}-\sigma_2\frac{\partial\varphi_2}{\partial n}=0 \tag{3-32}$$

$$\varphi_1=\varphi_2 \tag{3-33}$$

应用边界条件的标量形式可导出场矢量在分界面上的折射关系为

$$\frac{\tan\theta_1}{\tan\theta_2}=\frac{\sigma_1}{\sigma_2} \tag{3-34}$$

例 3.4.1　球形电容器，内外极板的半径分别为 a，b，其间填充的电介质的电导率为 σ，如图 3.4.2 所示，当外加电压为 U_0 时，计算：

(1) 电容器内外导体间的电场强度；

(2) 电容器的功率损耗；

(3) 电容器的漏电电阻。

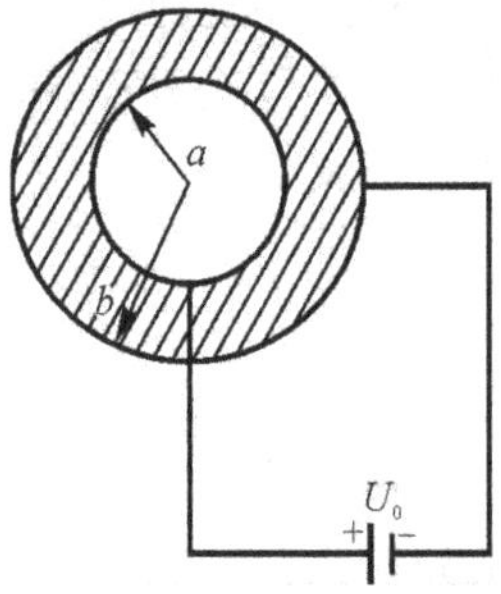

图 3.4.2　例 3.4.1 用图

解　(1) 设由内导体流向外导体的总电流为 I。由对称性,可以得到内外导体间的电流密度为

$$\boldsymbol{J}=\frac{I}{4\pi r^2}\boldsymbol{e}_r$$

利用本构关系,则有内外导体间的电场强度为

$$\boldsymbol{E}=\frac{\boldsymbol{J}}{\sigma}=\frac{I}{4\pi\sigma r^2}\boldsymbol{e}_r$$

根据已知条件有

$$U_0=\int_a^b\boldsymbol{E}\cdot\mathrm{d}\boldsymbol{l}=\int_a^b E\cdot\mathrm{d}r=\frac{I}{4\pi\sigma}\left(\frac{1}{a}-\frac{1}{b}\right)$$

由此可以得到所设的电流

$$I=\frac{4\pi\sigma U_0}{\left(\frac{1}{a}-\frac{1}{b}\right)}$$

因此内外导体间的电场强度为

$$\boldsymbol{E}=\frac{I}{4\pi\sigma r^2}\boldsymbol{e}_r=\frac{U_0}{\left(\frac{1}{a}-\frac{1}{b}\right)r^2}\boldsymbol{e}_r\quad(a<r<b)$$

(2) 根据焦耳定律的微分形式,电容器单位体积内的功率损耗为

$$p_1=\frac{J^2}{\sigma}=\frac{\sigma^2U_0^2}{\left(\frac{1}{a}-\frac{1}{b}\right)^2r^4}$$

则电容器总的功率损耗为

$$P=\int_a^b p4\pi r^2\mathrm{d}r=\frac{4\pi\sigma U_0^2}{\left(\frac{1}{a}-\frac{1}{b}\right)^2}\int_a^b\frac{\mathrm{d}r}{r^2}=\frac{4\pi\sigma U_0^2}{\frac{1}{a}-\frac{1}{b}}$$

(3) 由 $P=\frac{U_0^2}{R}$ 可得,电容器的漏电电阻为

$$R=\frac{1}{4\pi\sigma}\left(\frac{1}{a}-\frac{1}{b}\right)$$

例 3.4.2　长直同轴电缆,内、外电极半径分别为 R_1,R_3,外加电压为 U,如图 3.4.3 所示。电极间充有介电常数和电导率分别为 ε_1,σ_1 和 ε_2,σ_2 的两种漏电介质,两种介质分界面为半径为 R_2 的同轴圆柱面,且 $R_1<R_2<R_3$。求:

(1) 单位长度的漏电导;

(2) 两种介质分界面上的自由电荷面密度。

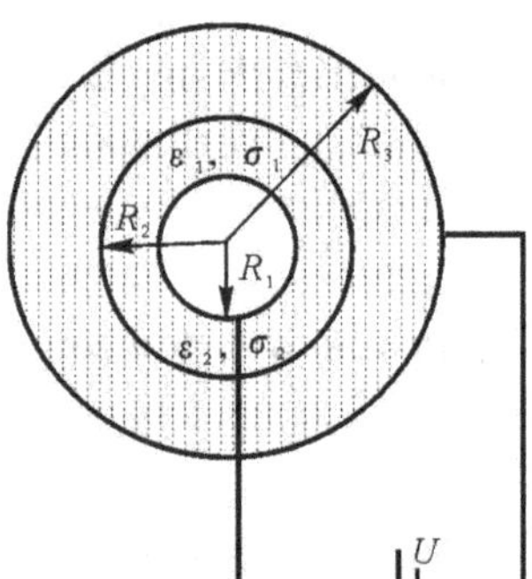

图 3.4.3　例 3.4.2 用图

解　由对称性可知,媒质中恒定电场只有径向分量,且 $\boldsymbol{E}$,$\boldsymbol{J}$ 只与 r 有关。设单位长度电缆中,由内导体流向外导体的电流为 I_0,则

$$\boldsymbol{J}=\frac{I_0}{2\pi r}\boldsymbol{e}_r$$

利用边界面上的边界条件 $J_{1n}=J_{2n}$ 可得

$$\boldsymbol{J}_1=J_{1n}\boldsymbol{e}_r=J_{2n}\boldsymbol{e}_r=\boldsymbol{J}_2=\boldsymbol{J}$$

由此可得，两种媒质中的电场强度分别为

$$\boldsymbol{E}_1=\frac{\boldsymbol{J}_1}{\sigma_1}=\frac{I_0}{2\pi\sigma_1 r}\boldsymbol{e}_r\quad(R_1\leqslant r\leqslant R_2)$$

$$\boldsymbol{E}_2=\frac{\boldsymbol{J}_2}{\sigma_2}=\frac{I_0}{2\pi\sigma_2 r}\boldsymbol{e}_r\quad(R_2\leqslant r\leqslant R_3)$$

利用 $U=\int_l \boldsymbol{E}\cdot\mathrm{d}\boldsymbol{l}$ 可得

$$U=\int_{R_1}^{R_2}E_1\,\mathrm{d}r+\int_{R_2}^{R_3}E_2\,\mathrm{d}r=\frac{I_0}{2\pi}\left(\frac{1}{\sigma_1}\ln\frac{R_2}{R_1}+\frac{1}{\sigma_2}\ln\frac{R_3}{R_2}\right)$$

解方程可得

$$I_0=\frac{2\pi U}{\left(\dfrac{1}{\sigma_1}\ln\dfrac{R_2}{R_1}+\dfrac{1}{\sigma_2}\ln\dfrac{R_3}{R_2}\right)}$$

由此可得到

$$\boldsymbol{J}=\frac{\sigma_1\sigma_2 U}{\left(\sigma_2\ln\dfrac{R_2}{R_1}+\sigma_1\ln\dfrac{R_3}{R_2}\right)r}\boldsymbol{e}_r$$

$$\boldsymbol{E}_1=\frac{\sigma_2 U}{\left(\sigma_2\ln\dfrac{R_2}{R_1}+\sigma_1\ln\dfrac{R_3}{R_2}\right)r}\boldsymbol{e}_r\quad(R_1\leqslant r\leqslant R_2)$$

$$\boldsymbol{E}_2=\frac{\sigma_1 U}{\left(\sigma_2\ln\dfrac{R_2}{R_1}+\sigma_1\ln\dfrac{R_3}{R_2}\right)r}\boldsymbol{e}_r\quad(R_2\leqslant r\leqslant R_3)$$

则有：

(1) 单位长度的漏电导为

$$G_0=\frac{I_0}{U}=\frac{2\pi\sigma_1\sigma_2}{\sigma_2\ln\dfrac{R_2}{R_1}+\sigma_1\ln\dfrac{R_3}{R_2}}$$

(2) 利用分界面上的边界条件

$$\rho_S=(D_{2n}-D_{1n})\big|_{r=R_2}=(\varepsilon_2E_{2n}-\varepsilon_1E_{1n})\big|_{r=R_2}=\left(\frac{\varepsilon_2}{\sigma_2}-\frac{\varepsilon_1}{\sigma_1}\right)\frac{U}{\left(\dfrac{1}{\sigma_1}\ln\dfrac{R_2}{R_1}+\dfrac{1}{\sigma_2}\ln\dfrac{R_3}{R_2}\right)r}\Bigg|_{r=R_2}=$$

$$\frac{(\sigma_1\varepsilon_2-\sigma_2\varepsilon_1)U}{\left(\sigma_2\ln\dfrac{R_2}{R_1}+\sigma_1\ln\dfrac{R_3}{R_2}\right)R_2}$$

3.5 恒定电场与静电场的比拟

对比静电场与恒定电场的基本方程、本构关系、电位函数、边界条件以及折射关系，会发现均匀导电介质中的恒定电场(电源外部) 和均匀电介质中的静电场(电荷密度 $\rho=0$ 的区域) 有很多相似之处。两种场的各个物理量之间有以下的对偶关系：

(1) 静电场中的电场强度矢量 $\boldsymbol{E}$ 对应于恒定电场的电场强度矢量 $\boldsymbol{E}$；

(2) 静电场中的电位移矢量 $\boldsymbol{D}$ 对应于恒定电场的电流密度矢量 $\boldsymbol{J}$；

(3) 静电场中的介电常数 ε 对应于恒定电场中的电导率 σ；

(4) 静电场中的电荷 q 对应于恒定电场中的电流 I；

(5) 静电场中的电位函数 φ 对应于恒定电场的电位函数 φ。

由于静电场的电位函数和恒定电场的电位函数都满足拉普拉斯方程，只要两种情况下的边界条件相同，二者的电位必定是相同的。因此当某一特定的静电问题的解已知时，与其相对应的恒定电场的解可以通过对偶量的代换直接得出。这种方法称为静电比拟法。应用静电比拟法，在很多情况下可以简化静电场或恒定电场的求解。

静电比拟法在实验中也有广泛的应用，为了用实验研究静电场，常采用恒定电流来模拟静电场，因为在恒定电场中进行测量要比在静电场中测量容易得多。

例 3.5.1 设土壤电导率为 σ，计算图 3.5.1 所示深埋地下半径为 a 的导体球接地电阻。

解 导体球的电导率一般总是远大于土壤的电导率，可将导体球看做等位体。位于电介质中的半径为 a 的导体球的电容为 $C=4\pi\varepsilon a$，利用静电比拟法，导体球的接地电导为

$$G=4\pi\sigma a$$

所以有接地电阻

$$R=\frac{1}{G}=\frac{1}{4\pi\sigma a}$$

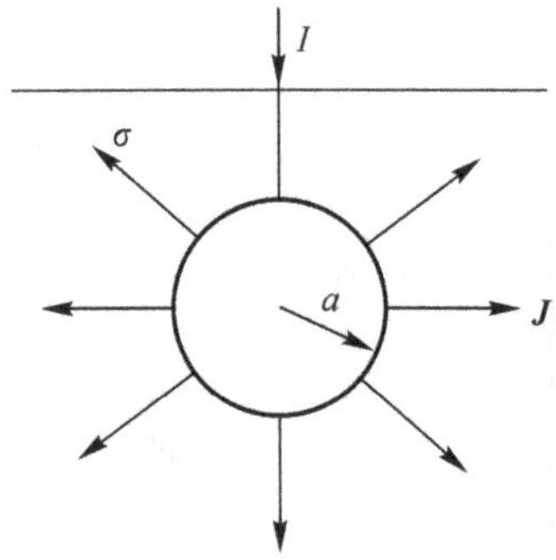

图 3.5.1 例 3.5.1 用图

3.6 阅读材料——电磁理论发展简史

电磁理论是研究电、磁和电与磁的相互作用现象及其规律和应用的物理学分支，也是人类探索自然活动的结晶和宝贵财富。人类对电磁现象的认识，可以追溯到古代，早在 2000 多年前，人们就对电磁现象具有了一定的认识和观察，例如天然磁石具有磁性、摩擦生电现象、雷电现象等。中国四大发明之一的指南针，就是我们的祖先根据对电磁现象的认识发明的，为人类文明做出了不朽的贡献。

但是，对电磁现象进行系统的理论研究并加以应用则是 18 世纪中叶以后的事情。1771—1773 年，英国化学家、物理学家亨利·卡文迪许(Henry Cavendish，1731—1810)进行的著名的静电实验及法国工程师、物理学家库仑(Charlse-Augustin de Coulomb，1736—1806)于 1785 年通过实验建立的关于静电和静磁的二次方反比定律标志着电学和磁学定量研究的开始。此后，人们对电、磁现象进行了大量的观察和实验研究，特别是对电流现象的研究。电流的概念最早是由美国的政治家及科学家本杰明·富兰克林(Benjamin Franklin，1706—1790)提出的，而最早开始电流研究的则是意大利的解剖学教授伽伐尼(1737—1798)。伽伐尼的发现源自于 1780 年的一次极为普通的闪电现象。闪电使伽伐尼解剖室内桌子上与钳子和镊子环连接触的一只青蛙腿发生痉挛现象。严谨的科学态度，使他没有放弃对这个“偶然”的奇怪现象的研究。他花费了整整 12 年的时间，研究像青蛙腿这种肌肉运动中的电作用。最后，他发现如果使神经和肌肉同两种不同的金属(例如铜丝和铁丝)接触，青蛙腿就会发生痉挛。这

种现象是在一种电流回路中产生的现象。但是，伽伐尼对这种电流现象的产生原因仍然未能回答，他认为蛙腿的痉挛现象是“动物电”的表现，由金属丝构成的回路只是一个放电回路。1799 年，意大利物理学家伏打(Alessandro Volta，1745—1827)以含食盐水的湿抹布，夹在银和锌的圆形板中间，堆积成圆柱状，制造出最早的伏打电池，产生了稳定的电流。随后，德国物理学家欧姆(Georg Simon Ohm，1789—1854)和基尔霍夫(Gustav Robert Kirchhoff，1824—1887)分别建立了后来以他们名字命名的电路定律。电流现象的研究，对于人们深入研究电学和电磁现象有着重要的意义。

在很长的时期内，人们把电和磁看成相互独立的物理现象，并不知道它们之间有什么样的联系。直到 1820 年，丹麦物理学家汉斯·奥斯特(Hans Christian Oersted，1777—1851)发现电流可使磁针偏转，即电流产生磁力，这是将电与磁联系起来进行研究的开端。此后，1825 年法国化学家安德烈·玛丽·安培(André-Marie Ampère，1775—1836)提出了确定两电流之间相互作用及载流导体所受磁力的定律，即安培定律。在此基础上，法国物理学家让·巴蒂斯特·毕奥(Biot)和萨伐尔(Savart)确定了磁场和电流之间的定量关系，即毕奥-萨伐尔定律。到此，人们一直是在静止的或恒定的状态下研究电磁现象。

电磁学研究的一个重大进展是 1831 年法国物理学家法拉第(Michael Faraday，1791—1867)发现电磁感应现象，这是人们第一次对随时间变化的电磁场进行研究。在发现电磁感应现象后，法拉第紧接着做了许多实验确定电磁感应的规律，他发现当闭合线圈中的磁通量发生变化时，线圈中就产生感应电动势，感应电动势的大小取决于磁通量随时间的变化率。后来，爱沙尼亚物理学家楞次(Lenz，Heinrich Friedrich Emil，1804—1865)于 1834 年给出了感应电流方向的描述，而物理学家诺埃曼(F. E. Neumann，1798—1895)概括了他们的结果，给出感应电动势的数学公式。电磁感应定律一方面推动了电磁在工程中的应用，另一方面它也是现代电磁理论的一块基石。

1864 年，英国物理学家麦克斯韦(James Clerk Maxwell，1831—1879)在总结法拉第电磁感应定律及前人相关实验定律的基础上，进行了创造性的理论研究工作，建立了麦克斯韦方程组，从而创立了完整的电磁理论体系，并预言了电磁波的存在。麦克斯韦电磁理论体系的建立，是 19 世纪人类文明史上的重大事件，标志着人类文明迈入了电的时代。紧随其后，1866 年，德国物理学家、工程师西门子(William Siemens)发明了发电机。1876 年，英国发明家贝尔(Bell Alexander Graham，1847—1922)发明了电话。1879 年，美国电学家和发明家爱迪生(Thomas Alva Edison，1847—1931)发明了电灯。1888 年，德国物理学家赫兹(Heinrich Rudolf Hertz，1857—1894)成功地做了电磁波实验，对麦克斯韦方程组的正确性提供了实验依据，并证明了电磁波的存在。但遗憾的是，赫兹却否认将电磁波用于通信的可能性。赫兹实验后不到 6 年，意大利工程师马可尼(G. Marconi，1874—1937)和俄国的波波夫(A. S. Popov，1859—1906)分别实现了无线电远距离传播，并很快投入实际应用。其后，无线电报(1894)、无线电广播(1906)、导航(1911)、无线电话(1916)、短波通信(1921)、传真(1923)、电视(1929)、微波通信(1933)、雷达(1935)以及近代的无线电遥测、遥控、卫星通信、光纤通信等如同雨后春笋般涌现出来。

一个多世纪以来，由电磁学发展起来的现代电子技术已包含电力工程、电子工程、通信工程、计算机技术等多学科领域。电磁理论已广泛应用于国防、工业、农业、医疗、卫生等领域，并深入到人们的日常生活中。

小　结

(1) 电荷有序的运动形成电流，规定正电荷运动方向为电流流向。电流在空间的分布用电流密度矢量来描述，根据电流的不同分布状态，分别用体电流面密度 $\boldsymbol{J}(\boldsymbol{r})$、面电流线密度 $\boldsymbol{J}_S(\boldsymbol{r})$ 以及线电流来表示。电流密度与电荷分布之间的关系为

$$\boldsymbol{J}=\rho\boldsymbol{v}$$

$$\boldsymbol{J}_S=\rho_S\boldsymbol{v}$$

(2) 电荷满足守恒定律，电流连续性方程即是电荷守恒定律的体现。电流连续性方程的积分形式为

$$\oint_S \boldsymbol{J}\cdot \mathrm{d}\boldsymbol{S}=-\frac{\partial}{\partial t}\int_V \rho\,\mathrm{d}V$$

电流连续性方程的微分形式为

$$\nabla\cdot\boldsymbol{J}=-\frac{\partial\rho}{\partial t}$$

恒定电流时，电流连续性方程为

$$\oint_S \boldsymbol{J}\cdot \mathrm{d}\boldsymbol{S}=0 \quad 或 \quad \nabla\cdot\boldsymbol{J}=0$$

(3) 欧姆定律的微分形式为

$$\boldsymbol{J}(\boldsymbol{r})=\sigma\boldsymbol{E}(\boldsymbol{r})$$

焦耳定律的微分形式为

$$p=\sigma E^2=\frac{J^2}{\sigma}$$

(4) 恒定电流的电场和电荷分布不随时间变化，其基本方程的微分形式为

$$\oint_S \boldsymbol{J}\cdot \mathrm{d}\boldsymbol{S}=0 \quad 和 \quad \oint_C \boldsymbol{E}\cdot \mathrm{d}\boldsymbol{l}=0$$

恒定电流场基本方程的微分形式为

$$\nabla\cdot\boldsymbol{J}=0 \quad 和 \quad \nabla\times\boldsymbol{E}=\boldsymbol{0}$$

(5) 恒定电流场所满足的边界条件为

$$\boldsymbol{e}_n\times(\boldsymbol{E}_1-\boldsymbol{E}_2)=\boldsymbol{0} \quad 或 \quad E_{1t}-E_{2t}=0$$

$$\boldsymbol{e}_n\cdot(\boldsymbol{J}_1-\boldsymbol{J}_2)=0 \quad 或 \quad J_{1n}-J_{2n}=0$$

边界条件用电位函数的形式可表示为

$$\sigma_1\frac{\partial\varphi_1}{\partial n}-\sigma_2\frac{\partial\varphi_2}{\partial n}=0$$

$$\varphi_1=\varphi_2$$

(6) 恒定电场和静电场之间存在着比拟关系，利用静电比拟法可以方便一些恒定电场问题的求解，即当某一特定的静电问题的解已知时，与其相对应的恒定电场的解可以通过对偶量的代换直接得出。

习　题　三

3.1　总电量为 Q 的电荷均匀分布在半径为 a 的导体球上。该导体球以角速度 ω 绕通过

球心的 z 轴旋转。试计算导体球面上的面电流密度。

3.2　在球坐标系中，电流密度为 $\boldsymbol{J}=10\times r^{-1.5}\boldsymbol{e}_r(\mathrm{A/m^2})$，求解以下问题：

(1) 通过半径 $r=1$ mm 的球面的电流；

(2) 在半径 $r=1$ mm 的球面上电荷密度的增加率；

(3) 在半径 $r=1$ mm 的球体内总电荷的增加率。

3.3　一个体密度为 $\rho=2.32\times10^{-7}\ \mathrm{C/m^3}$ 的质子束，通过 10 000 V 的电压加速后形成等速的质子束，质子束内的电荷均匀分布，束直径为 2 mm，束外没有电荷分布，试求电流密度和电流。

3.4　试证明在无界非均匀导电媒质(电导率和介电常数均是坐标的函数) 中，若有恒定电流存在，则自由电荷密度为 $\rho=\boldsymbol{E}\cdot\left(\nabla\varepsilon-\dfrac{\varepsilon}{\sigma}\nabla\sigma\right)$。

3.5　球形电容器内、外导体电极的半径分别为 a，b，电容器极板间填充的介质的电导率为 σ，当外加电压为 U_0 时，计算功率损耗，并求电容器的漏电电阻。

3.6　平板电容器间由两种媒质完全填充，厚度分别为 d_1 和 d_2，介电常数分别为 ε_1 和 ε_2，电导率分别为 σ_1 和 σ_2，如图题 3.1 所示。当电容器外加电压为 U_0 时，求：

(1) 电容器两极板间的电流分布及电场分布；

(2) 两媒质分界面上的自由电荷面密度；

(3) 若两层介质的功率损耗相等，求 d_1 和 d_2 之间的关系。

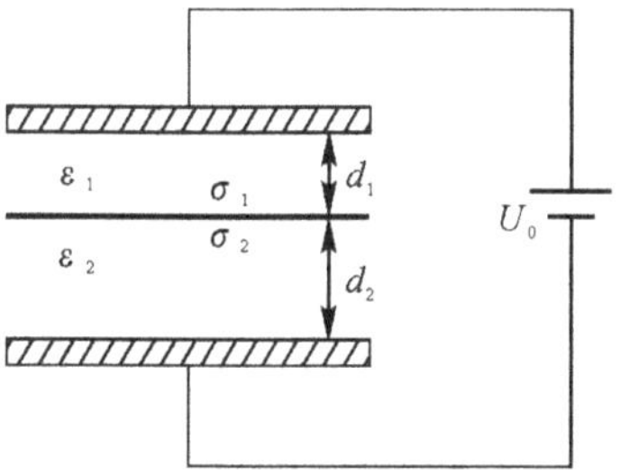

图题 3.1　题 3.6 图

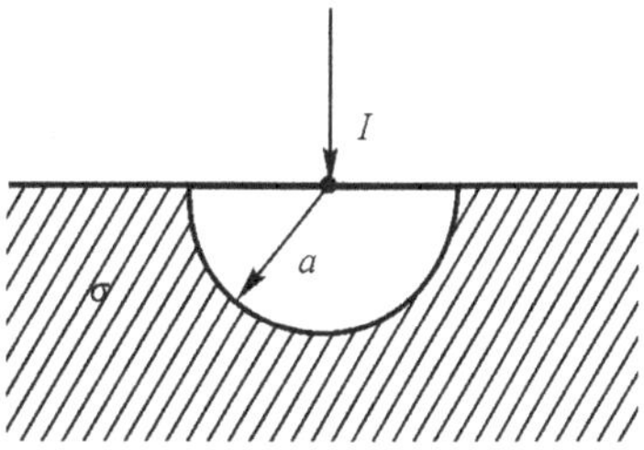

图题 3.2　题 3.8 图

3.7　电导率为 σ 的无界均匀电介质内，有两个半径分别为 R_1 和 R_2 的理想导体小球，两球之间的距离为 $d(d\gg R_1,d\gg R_2)$，试求两个导体球面之间的电阻。

3.8　一个半径 $a=10$ cm 的半球形接地导体电极，电极平面与地面重合，如图题 3.2 所示。若土壤的电导率 $\sigma=0.01$ S/m，求当电极通过的电流 $I=100$ A 时，土壤损耗的功率。

第四章　恒定磁场分析

前面两章分别讨论了静止电荷产生的静电场以及运动电荷形成的恒定电流产生的恒定电场，本章将讨论恒定电流产生的恒定磁场。电场表现为对电荷有作用力，不管电荷是相对静止的还是运动的。而磁场表现为对电流或运动电荷有作用力。如果电流的分布是不随时间变化的，即恒定电流，那么周围的磁场也是不随时间变化的，称为恒定磁场。本章将以安培定律入手引出恒定磁场分析的基本物理量，进而讨论恒定磁场的基本方程、基本特性及分析求解方法。

4.1　安培定律与磁感应强度

描述磁场分布的基本物理量是磁感应强度矢量。本节将讨论恒定磁场的基本实验定律——安培定律，在此基础上导出磁感应强度的概念及分析计算公式。

一、安培定律

安培定律是恒定磁场的重要定律，由法国物理学家安培通过实验于 1820 年总结提出，描述了两个电流回路之间相互作用力的规律。如图 4.1.1 所示，真空中的静止细导线回路 C_1 和 C_2，分别载有恒定电流 I_1 和 I_2，安培从实验结果总结出回路 C_1 对回路 C_2 的作用力 $\boldsymbol{F}_{12}$ 为

$$\boldsymbol{F}_{12}=\frac{\mu_0}{4\pi}\oint_{C_2}\oint_{C_1}\frac{I_2\mathrm{d}\boldsymbol{l}_2\times(I_1\mathrm{d}\boldsymbol{l}_1\times\boldsymbol{R})}{R^3}\tag{4-1}$$

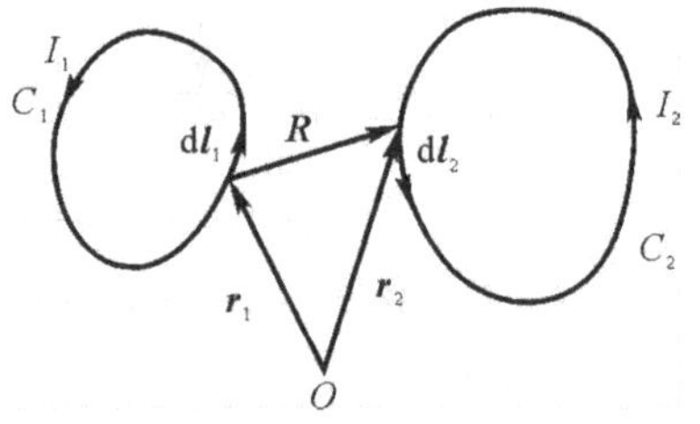

图 4.1.1　安培定律

式(4-1)中，$\mu_0=4\pi\times10^{-7}$ H/m，称为真空的磁导率；电流元 $I_1\mathrm{d}\boldsymbol{l}_1$ 的位置矢量为 $\boldsymbol{r}_1$，电流元 $I_2\mathrm{d}\boldsymbol{l}_2$ 的位置矢量为 $\boldsymbol{r}_2$；两个电流元之间的距离矢量为 $\boldsymbol{R}=\boldsymbol{r}_2-\boldsymbol{r}_1$。式(4-1)还可以写为

$$\boldsymbol{F}_{12}=\frac{\mu_0}{4\pi}\oint_{C_2}\oint_{C_1}\frac{I_2\mathrm{d}\boldsymbol{l}_2\times[I_1\mathrm{d}\boldsymbol{l}_1\times(\boldsymbol{r}_2-\boldsymbol{r}_1)]}{|\boldsymbol{r}_2-\boldsymbol{r}_1|^3}\tag{4-2}$$

可以证明，载流回路 C_2 对载流回路 C_1 的作用力 $\boldsymbol{F}_{21}=-\boldsymbol{F}_{12}$，即满足牛顿力学的第三定律。

二、磁感应强度

用场的观点来解释，载流回路 C_1 对载流回路 C_2 的作用力 $\boldsymbol{F}_{12}$ 可理解为：载流回路 C_1 中的电流 I_1 在其周围产生磁场，这个磁场对回路 C_2 中的电流 I_2 产生力的作用，作用力为 $\boldsymbol{F}_{12}$。根据这一观点，安培定律，即式(4-2)可改写为

$$\boldsymbol{F}_{12}=\oint_{C_2} I_2 \mathrm{d}\boldsymbol{l}_2 \times\left[\frac{\mu_0}{4\pi}\oint_{C_1} \frac{I_1 \mathrm{d}\boldsymbol{l}_1 \times(\boldsymbol{r}_2-\boldsymbol{r}_1)}{|\boldsymbol{r}_2-\boldsymbol{r}_1|^3}\right] \tag{4-3}$$

式(4-3)中,中括号内的部分是与 $I_2\mathrm{d}\boldsymbol{l}_2$ 无关的,可视为电流 I_1 在电流元 $I_2\mathrm{d}\boldsymbol{l}_2$ 所在点产生的磁场,定义为磁感应强度,表示为

$$\boldsymbol{B}_{12}=\frac{\mu_0}{4\pi}\oint_{C_1} \frac{I_1 \mathrm{d}\boldsymbol{l}_1 \times(\boldsymbol{r}_2-\boldsymbol{r}_1)}{|\boldsymbol{r}_2-\boldsymbol{r}_1|^3} \tag{4-4}$$

将此定义应用于载有电流 I 的任意回路 C,回路上的任意电流元 $I\mathrm{d}\boldsymbol{l}'$ 所在的点称为源点,位置矢量为 $\boldsymbol{r}'$;需计算磁感应强度 $\boldsymbol{B}$ 的点称为场点,其位置矢量用 $\boldsymbol{r}$ 表示,则电流 I 在空间位置矢量为 $\boldsymbol{r}$ 的点产生的磁场的磁感应强度为

$$\boldsymbol{B}(\boldsymbol{r})=\frac{\mu_0}{4\pi}\oint_{C} \frac{I\mathrm{d}\boldsymbol{l}' \times(\boldsymbol{r}-\boldsymbol{r}')}{|\boldsymbol{r}-\boldsymbol{r}'|^3} \tag{4-5}$$

$\boldsymbol{B}(\boldsymbol{r})$ 的单位是 T(特[斯拉]),也用 $\mathrm{Wb/m^2}$ 表示。式(4-5)是毕奥和萨法尔于 1820 年根据闭合回路的实验结果,通过理论分析总结出来的,也称为毕奥-萨法尔定律。由毕奥-萨法尔定律也可看出,磁感应强度 $\boldsymbol{B}(\boldsymbol{r})$ 的方向,回路的绕向及距离矢量 $\boldsymbol{R}$ 的方向三者之间形成一个右手螺旋关系。

三、磁感应强度的矢量积分公式

以上所讨论的是线电流,对于电流密度为 $\boldsymbol{J}(\boldsymbol{r}')$ 的体分布电流,电流元为 $\boldsymbol{J}(\boldsymbol{r}')\mathrm{d}V'$,则分布于体积 V 内的体电流在空间位置矢量为 $\boldsymbol{r}$ 的点产生的磁场的磁感应强度为

$$\boldsymbol{B}(\boldsymbol{r})=\frac{\mu_0}{4\pi}\int_{V'} \frac{\boldsymbol{J}(\boldsymbol{r}') \times(\boldsymbol{r}-\boldsymbol{r}')}{|\boldsymbol{r}-\boldsymbol{r}'|^3}\mathrm{d}V' \tag{4-6}$$

同理,对于电流密度为 $\boldsymbol{J}_S(\boldsymbol{r}')$ 的面电流,则分布于曲面 S 上的面电流在位置矢量为 $\boldsymbol{r}$ 的点产生的磁场的磁感应强度为

$$\boldsymbol{B}(\boldsymbol{r})=\frac{\mu_0}{4\pi}\int_{S'} \frac{\boldsymbol{J}_S(\boldsymbol{r}') \times(\boldsymbol{r}-\boldsymbol{r}')}{|\boldsymbol{r}-\boldsymbol{r}'|^3}\mathrm{d}S' \tag{4-7}$$

连同线电流磁场磁感应强度的计算公式一起,式(4-5)～式(4-7)都为矢量积分,被称为磁感应强度计算的矢量积分公式。矢量积分的计算比较复杂,只有形状较简单的载流体才能利用这些公式得到解析表示的磁感应强度。

例 4.1.1　求真空中长为 L,载有电流为 I 的直导线的磁场分布。

解　选取圆柱坐标系,使电流沿 z 轴,坐标原点在导线中间点,如图 4.1.2 所示。

由于电流分布关于 z 轴旋转对称,因此磁场分布与坐标系中的 φ 坐标无关。取场点 $P(r,z)$,在导线上源点为 $(0,z')$ 处取电流元 $I\mathrm{d}z'\boldsymbol{e}_z$,由磁感应强度的矢量积分公式,$P$ 点处的磁感应强度为

$$\boldsymbol{B}(r,z)=\frac{\mu_0}{4\pi}\int_{-\frac{L}{2}}^{+\frac{L}{2}} \frac{I\mathrm{d}z'\boldsymbol{e}_z \times \boldsymbol{e}_R}{R^2}$$

根据图 4.1.1,上式中

$$R^2=r^2+(z-z')^2$$

$$\boldsymbol{e}_R=\frac{\boldsymbol{R}}{R}$$

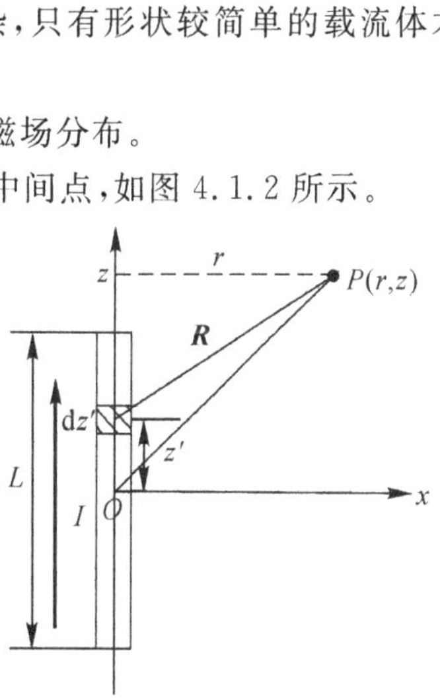

图 4.1.2　载流直导线的磁场计算

$$\boldsymbol{R}=r\boldsymbol{e}_r+(z-z')\boldsymbol{e}_z$$

代入进行计算，可得

$$\boldsymbol{B}(r,z)=\boldsymbol{e}_\varphi\frac{\mu_0}{4\pi}\int_{-\frac{L}{2}}^{+\frac{L}{2}}\frac{Ir}{[r^2+(z-z')^2]^{3/2}}\mathrm{d}z'=$$

$$\boldsymbol{e}_\varphi\frac{\mu_0 I}{4\pi r}\left[\frac{z+L/2}{\sqrt{r^2+(z+L/2)^2}}-\frac{z-L/2}{\sqrt{r^2+(z-L/2)^2}}\right]$$

当导线的长度为无限长时，$L\to\infty$，对上式取极限可得无限长载流直导线周围的磁场分布为

$$\boldsymbol{B}(r)=\boldsymbol{e}_\varphi\frac{\mu_0 I}{2\pi r}$$

4.2 真空中恒定磁场的基本规律

一、恒定磁场的通量与散度

1. 磁感应强度矢量通过闭合面的通量

磁感应强度矢量在有向曲面 S 上的通量称为磁通量，用 Φ 表示，即

$$\Phi=\int_S\boldsymbol{B}\cdot\mathrm{d}\boldsymbol{S}\tag{4-8}$$

磁通量的电位为 Wb。若有向曲面 S 为一闭合曲面，则有

$$\Phi=\oint_S\boldsymbol{B}\cdot\mathrm{d}\boldsymbol{S}\tag{4-9}$$

以载流回路 C 产生的磁感应强度为例，分析上述积分结果。将毕奥-萨法尔定律，即式(4-5)代入式(4-9)，有

$$\Phi=\oint_S\boldsymbol{B}\cdot\mathrm{d}\boldsymbol{S}=\oint_S\frac{\mu_0}{4\pi}\oint_C\frac{I\mathrm{d}\boldsymbol{l}'\times\boldsymbol{R}}{R^3}\cdot\mathrm{d}\boldsymbol{S}=\oint_C\frac{\mu_0 I\mathrm{d}\boldsymbol{l}'}{4\pi}\cdot\oint_S\frac{\boldsymbol{R}}{R^3}\times\mathrm{d}\boldsymbol{S}\tag{4-10}$$

由于$\dfrac{\boldsymbol{R}}{R^3}=-\nabla\left(\dfrac{1}{R}\right)$，故式(4-10)可改写为

$$\oint_S\boldsymbol{B}\cdot\mathrm{d}\boldsymbol{S}=\oint_C\frac{\mu_0 I\mathrm{d}\boldsymbol{l}'}{4\pi}\cdot\oint_S\left[-\nabla\left(\frac{1}{R}\right)\right]\times\mathrm{d}\boldsymbol{S}\tag{4-11}$$

根据矢量恒等式$\int_V(\nabla\times\boldsymbol{A})\mathrm{d}V=-\oint_S\boldsymbol{A}\times\mathrm{d}\boldsymbol{S}$，则有

$$\oint_S\boldsymbol{B}\cdot\mathrm{d}\boldsymbol{S}=\oint_C\frac{\mu_0 I\mathrm{d}\boldsymbol{l}'}{4\pi}\cdot\int_V\nabla\times\nabla\left(\frac{1}{R}\right)\mathrm{d}V\tag{4-12}$$

根据梯度的旋度为零，有$\nabla\times\nabla\left(\dfrac{1}{R}\right)=\boldsymbol{0}$，因此

$$\oint_S\boldsymbol{B}\cdot\mathrm{d}\boldsymbol{S}=0\tag{4-13}$$

式(4-13)表明磁感应强度 $\boldsymbol{B}$ 穿过任意曲面的通量恒为零。这一性质也叫做磁通连续性原理。

2. 磁感应强度矢量的散度

对磁通连续性原理公式的左边应用散度定理，有

$$\oint_S \boldsymbol{B} \cdot \mathrm{d}\boldsymbol{S} = \int_V (\nabla \cdot \boldsymbol{B}) \mathrm{d}V = 0 \tag{4-14}$$

因此,对空间的各点,有

$$\nabla \cdot \boldsymbol{B} = 0 \tag{4-15}$$

式(4-15)就是磁感应强度的散度所满足的方程,也被称为磁通连续性定理的微分形式,其表明恒定磁场是一个无散度源的矢量场,磁感应强度矢量的矢量线是无头无尾的闭合曲线。磁通连续性原理还表明自然界中无孤立磁荷存在。

二、恒定磁场的环量与旋度

1. 磁感应强度矢量沿闭合回路的环量

设回路 C' 载有电流 I,其产生的磁场的磁感应强度为 $\boldsymbol{B}$,现分析 $\boldsymbol{B}$ 沿任意闭合曲线 C 的环量。设 P 是 C 上的一点,如图 4.2.1 所示。做 $\boldsymbol{B}$ 与线元 $\mathrm{d}\boldsymbol{l}$ 的点积:

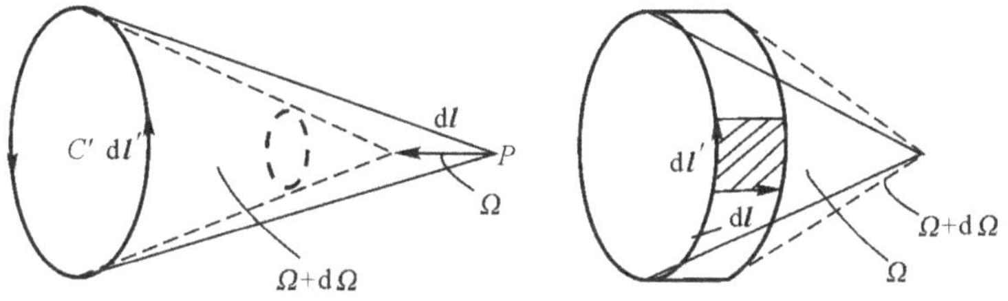

图 4.2.1　安培环路定律的推导

$$\boldsymbol{B} \cdot \mathrm{d}\boldsymbol{l} = \frac{\mu_0 I}{4\pi} \oint_{C'} \frac{\mathrm{d}\boldsymbol{l}' \times \boldsymbol{R}}{R^3} \cdot \mathrm{d}\boldsymbol{l} = \frac{\mu_0 I}{4\pi} \oint_{C'} \frac{-\boldsymbol{R}}{R^3} \cdot (-\mathrm{d}\boldsymbol{l} \times \mathrm{d}\boldsymbol{l}') \tag{4-16}$$

设回路 C' 对 P 点的立体角为 Ω,P 点位移 $\mathrm{d}\boldsymbol{l}$ 引起的立体角增量为 $\mathrm{d}\Omega$,则 P 点固定而回路 C' 位移 $\mathrm{d}\boldsymbol{l}$ 所引起的立体角的增量也为 $\mathrm{d}\Omega$。$-\mathrm{d}\boldsymbol{l} \times \mathrm{d}\boldsymbol{l}'$ 是 $\mathrm{d}\boldsymbol{l}'$ 位移 $-\mathrm{d}\boldsymbol{l}$ 所形成的有向面积,这个立体角为 $\frac{-\boldsymbol{R} \cdot (-\mathrm{d}\boldsymbol{l} \times \mathrm{d}\boldsymbol{l}')}{R^3}$。把其对回路 C' 积分,就得到 P 点对回路 C' 移动 $\mathrm{d}\boldsymbol{l}$ 时所扫过的面积所张的立体角,记为 $\mathrm{d}\Omega$,即

$$\mathrm{d}\Omega = \oint_{C'} \frac{-\boldsymbol{R}}{R^3} \cdot (-\mathrm{d}\boldsymbol{l} \times \mathrm{d}\boldsymbol{l}') \tag{4-17}$$

则磁感应强度 $\boldsymbol{B}$ 沿回路 C 的环量可用下式表示:

$$\oint_C \boldsymbol{B} \cdot \mathrm{d}\boldsymbol{l} = \frac{\mu_0 I}{4\pi} \oint_C \mathrm{d}\Omega \tag{4-18}$$

当载流回路 C' 和积分回路 C 不交链时,有

$$\oint_C \mathrm{d}\Omega = 0$$

当载流回路 C' 和积分回路 C 相交链时,有

$$\oint_C \mathrm{d}\Omega = 4\pi$$

因此,当积分回路和电流 I 相交链时,可得到

$$\oint_C \boldsymbol{B} \cdot \mathrm{d}\boldsymbol{l} = \frac{\mu_0 I}{4\pi} \oint_C \mathrm{d}\Omega = \mu_0 I \tag{4-19}$$

当穿过积分回路 C 的电流是几个电流时，可以将式(4－19)依照叠加性写成一般形式为

$$\oint_C \boldsymbol{B} \cdot \mathrm{d}\boldsymbol{l} = \mu_0 \sum I \tag{4-20}$$

式(4－20)就是真空中磁感应强度沿闭合回路的环量所满足的方程，也叫做真空中安培环路定律的积分形式。该定律表明，磁感应强度沿任意回路的环量等于真空磁导率乘以与该回路相交链的电流的代数和。至于电流的正负由积分回路的绕行方向与电流方向是否符合右手螺旋关系来确定，符合为正，不符合为负。如图 4.2.2 所示，则有积分回路包围的电流

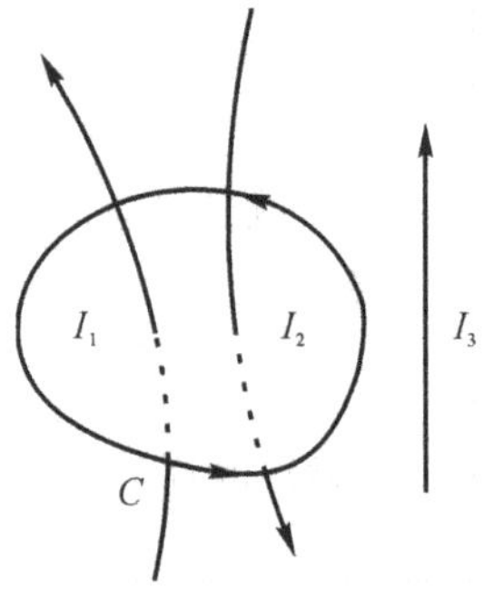

图 4.2.2　积分回路包围的电流

$$\sum I = I_1 - I_2 \tag{4-21}$$

对于对称分布的电流，可以由安培环路定律的积分形式，在已知电流分布的情况下，求出空间的磁场分布。

2. *磁感应强度矢量的旋度*

将安培环路定律公式的左边应用斯托克斯公式，有：$\oint_C \boldsymbol{B} \cdot \mathrm{d}\boldsymbol{l} = \int_S (\nabla \times \boldsymbol{B}) \cdot \mathrm{d}\boldsymbol{S}$，而安培环路定律公式的右边根据电流与电流密度的关系可写为：$\mu_0 \sum I = \mu_0 \int_S \boldsymbol{J} \cdot \mathrm{d}\boldsymbol{S}$，因此有：$\int_S (\nabla \times \boldsymbol{B}) \cdot \mathrm{d}\boldsymbol{S} = \mu_0 \int_S \boldsymbol{J} \cdot \mathrm{d}\boldsymbol{S}$。因为积分区域 S 是任意的，因而可以得到

$$\nabla \times \boldsymbol{B} = \mu_0 \boldsymbol{J} \tag{4-22}$$

式(4－22)即是磁感应强度矢量的旋度所满足的方程，也被称为安培环路定律的微分形式。微分形式的安培环路定律表明磁场的旋度源是电流，恒定磁场是非保守场。在已知空间磁场分布的情况下，可以由安培环路定律求出电流分布。

例 4.2.1　一无限长直圆柱形导体，其截面半径为 R，通有电流 I，导体的磁导率为 μ_0，求导体内外的磁场强度。

解　由于是无限长直圆柱，则磁场沿轴向无变化，具有轴对称性，可以利用安培环路定律求解。选择圆柱坐标系，坐标系的 z 轴与圆柱导体的轴线重合，方向与导体中的电流方向一致。以 z 轴为中心，做半径为 r 的圆形回路作为安培回路，根据安培环路定律

$$\oint_C \boldsymbol{B} \cdot \mathrm{d}\boldsymbol{l} = 2\pi r B = \mu_0 \sum I$$

当 $0 \leqslant r \leqslant R$ 时，$\sum I = \frac{I}{\pi R^2}\pi r^2 = \frac{r^2 I}{R^2}$，则 $B = \frac{\mu_0 r I}{2\pi R^2}$。用右手螺旋法则，判断出 $\boldsymbol{B}$ 的方向为 $\boldsymbol{e}_\varphi$ 方向，因此

$$\boldsymbol{B} = \frac{\mu_0 r I}{2\pi R^2}\boldsymbol{e}_\varphi$$

当 $r > R$ 时，$\sum I = I$，则

$$\boldsymbol{B} = \frac{\mu_0 I}{2\pi R}\boldsymbol{e}_\varphi$$

例 4.2.2　例 4.2.1 中，若圆柱导体内有一个半径为 a 的不同轴的圆柱空腔，如图 4.2.3

所示。求空腔内的磁感应强度。

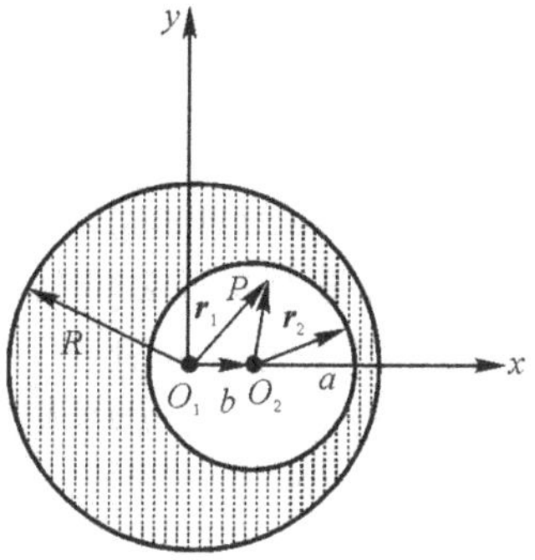

图 4.2.3　圆柱空腔内的磁场

解　由于空腔的存在，磁场分布不再具有轴对称性。如果假想在空腔处存在电流密度与导体内相同，但方向相反的两种电流分布，可以将此问题看成是在半径为R的圆柱中，充满均匀分布电流面密度 $\boldsymbol{J}_0$ 产生的磁场与在空腔中充满均匀分布电流面密度 $-\boldsymbol{J}_0$ 产生的磁场的叠加。设导体内流过的电流为 I，则 $J_0=\dfrac{I}{\pi(R^2-a^2)}$。

半径为 R 的圆柱导体在空腔内 P 点产生的磁感应强度利用安培环路定律计算如下：

$$\oint_C \boldsymbol{B}_1\cdot \mathrm{d}\boldsymbol{l}=2\pi r_1 B_1=\mu_0\sum I=\mu_0\pi r_1^2 J_0$$

则 $B_1=\dfrac{\mu_0 J_0 r_1}{2}$，方向沿 $\boldsymbol{e}_z\times\boldsymbol{e}_{r_1}$ 的方向。

空腔电流 $-\boldsymbol{J}_0$ 在 P 点产生的磁感应强度利用安培环路定律计算如下：

$$\oint_C \boldsymbol{B}_2\cdot \mathrm{d}\boldsymbol{l}=2\pi r_2 B_2=\mu_0\sum I=-\mu_0\pi r_2^2 J_0$$

则 $B_2=-\dfrac{\mu_0 J_0 r_2}{2}$，方向沿 $-\boldsymbol{e}_z\times\boldsymbol{e}_{r_2}$ 的方向。

则 P 点总的磁感应强度计算如下：

$$\boldsymbol{B}=\boldsymbol{B}_1+\boldsymbol{B}_2=\frac{\mu_0 J_0}{2}\boldsymbol{e}_z\times(r_1\boldsymbol{e}_{r_1}-r_2\boldsymbol{e}_{r_2})=\frac{\mu_0 J_0}{2}\boldsymbol{e}_z\times b\boldsymbol{e}_x=\frac{\mu_0 J_0}{2}\boldsymbol{e}_y$$

将 $J_0=\dfrac{I}{\pi(R^2-a^2)}$ 代入上式，可得

$$\boldsymbol{B}=\frac{\mu_0 bI}{2\pi(R^2-a^2)}\boldsymbol{e}_y$$

4.3　磁介质中恒定磁场的基本规律

研究物质的磁效应时，将物质称为磁介质。当空间存在磁介质时，磁介质在磁场的作用下要产生磁化。如同极化的电介质要产生电场一样，磁化的磁介质也要产生磁场，它所产生的磁场叠加在原来的磁场上，引起磁场的改变。本节将以磁介质的磁化为基础，讨论磁介质中恒定磁场的基本规律。

一、介质的磁化与磁化强度

1. 介质的磁化

物理学中，通常用一个简单的原子模型来解释物质的磁性。电子在自己的轨道上以恒定的速度绕原子核运动，形成一个环形电流，相当于一个磁偶极子，将其磁偶极矩称为轨道磁矩。忽略原子的自旋，每个磁介质分子(原子)等效于一个环形电流，称为分子电流。分子电流的磁偶极矩称为分子磁矩，表示为

$$\boldsymbol{P}_m=i\Delta\boldsymbol{S} \tag{4-23}$$

式中，i 为分子电流；$\Delta \boldsymbol{S}=\boldsymbol{e}_n \Delta S$ 为分子电流所围的面元矢量，其方向 $\boldsymbol{e}_n$ 与 i 流动的方向成右手螺旋关系，如图 4.3.1 所示。

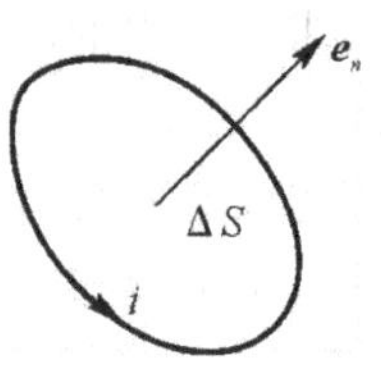

图 4.3.1　分子电流模型

当不存在外磁场时，磁介质中的各个分子磁矩的取向是杂乱无章的，磁矩为零，对外不显磁性，如图 4.3.2(a) 所示。当有外磁场作用时，分子磁矩沿外磁场取向，合成磁矩不再为零，对外显示一定的磁性，如图 4.3.2(b) 所示，这就是磁介质的磁化。被磁化的磁介质要产生附加磁场，从而使原来的磁场分布发生变化。

2. 磁化强度

引入磁化强度 $\boldsymbol{M}$ 来描述磁介质磁化的程度，其定义为单位体积中的分子磁矩的矢量和，表示为

$$\boldsymbol{M}=\lim_{\Delta V \to 0} \frac{\sum_i \boldsymbol{P}_{mi}}{\Delta V} \tag{4-24}$$

式中，$\boldsymbol{P}_{mi}$ 表示体积 ΔV 内第 i 个分子的分子磁矩。$\boldsymbol{M}$ 是一个宏观的矢量函数，其单位是 A/m。若磁介质内各点的 $\boldsymbol{M}$ 相同，称之为均匀磁化，否则称为非均匀磁化。

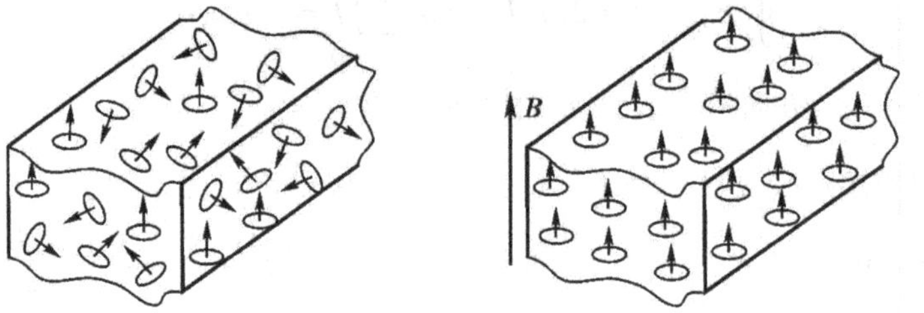

图 4.3.2　磁介质的磁化模型

(a) 无外加磁场；(b) 有外加磁场

3. 磁化电流分布

磁介质被外磁场磁化后，就可以看做是一系列磁偶极子，磁化介质产生的附加磁场实际上就是这些磁偶极子在真空中产生的磁场。磁化介质中分子磁矩的有序排列，在磁介质内部要产生某一个方向的净电流，在介质的表面也要产生宏观面电流，这就是磁化电流。如同电介质被极化后，极化电荷与极化强度密切相关那样，磁介质磁化后的磁化电流也和磁化强度是密切相关的。磁介质内的磁化电流密度用 $\boldsymbol{J}_M$ 表示，磁介质表面的磁化电流密度用 $\boldsymbol{J}_{SM}$ 表示，与磁化强度的关系分别为

$$\boldsymbol{J}_M=\nabla \times \boldsymbol{M} \tag{4-25}$$

$$\boldsymbol{J}_{SM}=\boldsymbol{M} \times \boldsymbol{e}_n \tag{4-26}$$

式中，$\boldsymbol{e}_n$ 为磁介质表面的法向单位矢量。

二、磁介质中静电场的基本规律

1. 磁介质中的安培环路定律

磁介质磁化后产生磁化电流，在无界的磁介质内的磁场相当于传导电流和磁化电流共同

产生的。因此，将真空中的安培环路定律推广到磁介质中时，就必须要考虑磁化电流，即磁化电流也是产生磁场的旋度源，因此有

$$\nabla\times\boldsymbol{B}=\mu_0(\boldsymbol{J}+\boldsymbol{J}_M) \tag{4-27}$$

将 $\boldsymbol{J}_M=\nabla\times\boldsymbol{M}$ 代入到式(4－27)，有

$$\nabla\times\boldsymbol{B}=\mu_0(\boldsymbol{J}+\nabla\times\boldsymbol{M})\Rightarrow\nabla\times\left[\frac{\boldsymbol{B}}{\mu_0}-\boldsymbol{M}\right]=\boldsymbol{J} \tag{4-28}$$

引入包含磁化效应的物理量 —— 磁场强度 $\boldsymbol{H}$，令

$$\boldsymbol{H}=\frac{\boldsymbol{B}}{\mu_0}-\boldsymbol{M} \tag{4-29}$$

其单位为 A/m，此时可以得到

$$\nabla\times\boldsymbol{H}=\boldsymbol{J} \tag{4-30}$$

式(4－30)就是磁介质中安培环路定律的微分形式，它表明磁场强度的旋度源为传导电流密度。对式(4－30)两边同时取面积分，并应用斯托克斯公式，有

$$\int_S(\nabla\times\boldsymbol{H})\cdot\mathrm{d}\boldsymbol{S}=\oint_C\boldsymbol{H}\cdot\mathrm{d}\boldsymbol{l}=\int_S\boldsymbol{J}\cdot\mathrm{d}\boldsymbol{S}=\sum I \tag{4-31}$$

式(4－31)就是磁介质中安培环路定律的积分形式，表明磁场强度矢量沿磁介质内任意闭合路径的环量，等于与该闭合回路相交链的传导电流。

2. 磁介质的本构关系

实验表明，对于线性和各向同性的磁介质，磁化强度 $\boldsymbol{M}$ 与磁场强度 $\boldsymbol{H}$ 成正比，即

$$\boldsymbol{M}=\chi_m\boldsymbol{H} \tag{4-32}$$

式中，χ_m 是一个无量纲的常数，称为磁介质的磁化率，不同的磁介质有不同的磁化率。将式(4－32)代入到 $\boldsymbol{H}=\frac{\boldsymbol{B}}{\mu_0}-\boldsymbol{M}$ 中，有

$$\boldsymbol{H}=\frac{\boldsymbol{B}}{\mu_0}-\chi_m\boldsymbol{H}\Rightarrow\boldsymbol{B}=(1+\chi_m)\mu_0\boldsymbol{H}=\mu_r\mu_0\boldsymbol{H}=\mu\boldsymbol{H} \tag{4-33}$$

式中，$\mu=\mu_r\mu_0$ 称为磁介质的磁导率，单位为 H/m；$\mu_r=1+\chi_m$ 称为磁介质的相对磁导率，无量纲。把 $\boldsymbol{B}=\mu\boldsymbol{H}$ 也通常叫做磁介质的本构关系。真空中，$\chi_m=0$、$\mu_r=1$，无磁化效应，$\boldsymbol{M}=\boldsymbol{0}$，则 $\boldsymbol{B}=\mu_0\boldsymbol{H}$。

根据 χ_m 的不同取值，可对磁介质进行分类。$\chi_m>0$ 的磁介质称为顺磁体，此时 $\mu_r>1$；$\chi_m<0$ 的磁介质称为抗磁体，此时 $\mu_r<1$。但不论是顺磁体还是抗磁体，它们的磁化效应都很弱，通常统称为非铁磁性物质，认为 $\mu_r\approx1$。另有一类磁介质称为铁磁性介质，$\boldsymbol{B}$ 和 $\boldsymbol{H}$ 的关系是非线性的，μ 是 $\boldsymbol{H}$ 的函数，且与原始的磁化状态有关，μ_r 的值一般较大。

表 4.3.1 列出了部分材料的相对磁导率。

表 4.3.1　部分材料的相对磁导率

材料	种类	相对磁导率 μ_r	材料	种类	相对磁导率 μ_r
金	抗磁体	0.999 96	镁	顺磁体	1.000 012
银	抗磁体	0.999 98	钛	顺磁体	1.000 180
铜	抗磁体	0.999 99	铁	铁磁体	4 000
空气	顺磁体	1.000 000 4	镍	铁磁体	250
铝	顺磁体	1.000 021	铁镍合金	铁磁体	100 000

例 4.3.1 已知在半径为 a 的无限长圆柱导体内有恒定电流 I 沿轴向方向。设导体的磁导率为 μ_1，其外充满磁导率为 μ_2 的均匀磁介质。求导体内外的磁感应强度、磁场强度以及磁化电流分布。

解 根据导体的形状，选择圆柱坐标系。考虑到电流分布的对称性，选取与导体圆柱同轴的圆环作为安培回路，根据安培环路定律，可以求出磁感应强度的分布如下：

当 $0 \leqslant r \leqslant a$ 时，
$$\boldsymbol{B}_1 = \frac{\mu_1 r I}{2\pi a^2}\boldsymbol{e}_\varphi$$

当 $r > a$ 时，
$$\boldsymbol{B}_2 = \frac{\mu_2 I}{2\pi r}\boldsymbol{e}_\varphi$$

根据磁介质的本构关系，可以求出磁场强度分布如下：

当 $0 \leqslant r \leqslant a$ 时，
$$\boldsymbol{H}_1 = \frac{\boldsymbol{B}_1}{\mu_1} = \frac{rI}{2\pi a^2}\boldsymbol{e}_\varphi$$

当 $r > a$ 时，
$$\boldsymbol{H}_2 = \frac{\boldsymbol{B}_2}{\mu_2} = \frac{I}{2\pi r}\boldsymbol{e}_\varphi$$

为了计算磁化电流分布，需要求出磁化强度，根据 $\boldsymbol{H} = \dfrac{\boldsymbol{B}}{\mu_0} - \boldsymbol{M}$ 可得：

当 $0 \leqslant r \leqslant a$ 时，
$$\boldsymbol{M}_1 = \left(\frac{\mu_1}{\mu_0} - 1\right)\frac{Ir}{2\pi a^2}\boldsymbol{e}_\varphi$$

当 $r > a$ 时，
$$\boldsymbol{M}_2 = \left(\frac{\mu_2}{\mu_0} - 1\right)\frac{I}{2\pi r}\boldsymbol{e}_\varphi$$

根据 $\boldsymbol{J}_M = \nabla \times \boldsymbol{M}$，可求得磁化体电流密度分别如下：

当 $0 \leqslant r \leqslant a$ 时，
$$\boldsymbol{J}_{M1} = \nabla \times \boldsymbol{M}_1 = -\boldsymbol{e}_z\left(\frac{\mu_1}{\mu_0} - 1\right)\frac{I}{\pi a^2}$$

当 $r > a$ 时，
$$\boldsymbol{J}_{M2} = \nabla \times \boldsymbol{M}_2 = \boldsymbol{0}$$

在 $r = a$ 的界面上计算磁化面电流时，可以理解为在两个磁介质之间有一个很薄的真空层。这样，其磁化面电流就是两个磁介质的磁化面电流之和，即
$$\boldsymbol{J}_{SM} = \boldsymbol{M}_1 \times \boldsymbol{e}_{n1} + \boldsymbol{M}_2 \times \boldsymbol{e}_{n2}$$
这里的 $\boldsymbol{e}_{n1}$，$\boldsymbol{e}_{n2}$ 分别是从磁介质到真空的法向。如果取从介质 1 到介质 2 的单位法向是 $\boldsymbol{e}_n$，则有：
$$\boldsymbol{J}_{SM} = \boldsymbol{M}_1 \times \boldsymbol{e}_n - \boldsymbol{M}_2 \times \boldsymbol{e}_n$$

代入界面两侧的磁化强度，并注意到 $\boldsymbol{e}_n = \boldsymbol{e}_r$，得
$$\boldsymbol{J}_{SM} = \boldsymbol{M}_1 \times \boldsymbol{e}_n - \boldsymbol{M}_2 \times \boldsymbol{e}_n = -\boldsymbol{e}_z\left(\frac{\mu_1}{\mu_0} - 1\right)\frac{I}{2\pi a} + \boldsymbol{e}_z\left(\frac{\mu_2}{\mu_0} - 1\right)\frac{I}{2\pi a} = \boldsymbol{e}_z\left(\frac{\mu_2}{\mu_0} - \frac{\mu_1}{\mu_0}\right)\frac{I}{2\pi a}$$

4.4 恒定磁场分析的基本方程及边界条件

一、恒定磁场分析的基本方程

1. 恒定磁场分析的基本变量

在进一步总结恒定磁场的普遍规律前，先对恒定磁场分析时需要的基本变量进行简单总结说明。恒定磁场分析的“源”变量是电流密度矢量 $\boldsymbol{J}(\boldsymbol{r})$，是一种矢量性质的源变量，有别于静电场标量性质的源。恒定磁场分析的场变量有两个，分别是：

(1) 磁感应强度矢量 $\boldsymbol{B}(\boldsymbol{r})$，用以表示磁场对电流产生作用力的能力。

(2) 磁场强度矢量 $\boldsymbol{H}(\boldsymbol{r})$，用以表征磁介质在磁场作用下所出现的磁化现象。

2. 恒定磁场求解的基本方程

对 4.2 与 4.3 节的内容进行总结，恒定磁场分析的基本方程如下：

(1) 积分形式：

$$\oint_S \boldsymbol{B}(\boldsymbol{r})\cdot \mathrm{d}\boldsymbol{S}=0 \tag{4-34}$$

$$\oint_C \boldsymbol{H}\cdot \mathrm{d}\boldsymbol{l}=\sum I \tag{4-35}$$

(2) 微分形式：

$$\nabla\cdot \boldsymbol{B}(\boldsymbol{r})=0 \tag{4-36}$$

$$\nabla\times \boldsymbol{H}=\boldsymbol{J} \tag{4-37}$$

在求解基本方程时，还要用到本构关系式，即 $\boldsymbol{B}=\mu\boldsymbol{H}$。

基本方程表明形成恒定磁场旋度源是恒定电流，散度源为零，磁力线是与源电流相交链的闭合曲线。

二、恒定磁场分析的边界条件

同静电场分析一样，在两种不同磁介质的分界面上，磁场不连续，分界面两侧磁场的关系由边界条件确定。恒定磁场的边界条件的推导方法和静电场边界条件的推导方法是相似的，也是由基本方程的积分形式入手，这里不再赘述，只对恒定磁场的边界条件进行总结。同样，在分析边界条件之前还是约定：两种磁介质分界面的法线方向的正方向为由介质 2 指向介质 1。

1. 磁感应强度矢量 $\boldsymbol{B}$ 的边界条件

恒定磁场中，在两种磁介质分界面上，磁感应强度矢量 $\boldsymbol{B}$ 满足的边界条件为：

矢量形式：

$$\boldsymbol{e}_{\mathrm{n}}\cdot(\boldsymbol{B}_1-\boldsymbol{B}_2)=0 \tag{4-38}$$

标量形式：

$$B_{1\mathrm{n}}-B_{2\mathrm{n}}=0 \tag{4-39}$$

$\boldsymbol{e}_{\mathrm{n}}$ 为两种磁介质分界面的法线方向，$B_{1\mathrm{n}}$ 和 $B_{2\mathrm{n}}$ 分别是 $\boldsymbol{B}_1$ 和 $\boldsymbol{B}_2$ 的法向分量。边界条件表明，在两种磁介质分界面上，磁感应强度矢量的法向分量是连续的。

2. 磁场强度矢量 $\boldsymbol{H}$ 的边界条件

恒定磁场中，在两种磁介质分界面上，磁场强度矢量 $\boldsymbol{H}$ 满足的边界条件为：

矢量形式：

$$\boldsymbol{e}_{\mathrm{n}}\times(\boldsymbol{H}_1-\boldsymbol{H}_2)=\boldsymbol{J}_S \tag{4-40}$$

标量形式：

$$H_{1\mathrm{t}}-H_{2\mathrm{t}}=J_S \tag{4-41}$$

$\boldsymbol{e}_{\mathrm{n}}$ 为两种磁介质分界面的法线方向，$H_{1\mathrm{t}}$ 和 $H_{2\mathrm{t}}$ 分别是 $\boldsymbol{H}_1$ 和 $\boldsymbol{H}_2$ 的切向分量，$\boldsymbol{J}_S$ 是分界面上的自由电流面密度。边界条件表明，在两种磁介质分界面上，磁场强度矢量的切向分量是不连续的，不连续是由于分界面上存在自由电流分布。若分界面上不存在自由面电流，即 $\boldsymbol{J}_S=\boldsymbol{0}$，则有

$$\boldsymbol{e}_{\mathrm{n}}\times(\boldsymbol{H}_1-\boldsymbol{H}_2)=\boldsymbol{0} \tag{4-42}$$

$$H_{1\mathrm{t}}-H_{2\mathrm{t}}=0 \tag{4-43}$$

此时，磁场强度矢量的切向分量是连续的。

三、矢量磁位

1. 矢量磁位及库仑规范

恒定磁场中，$\nabla\cdot \boldsymbol{B}(\boldsymbol{r})=0$，根据第一章中矢量场旋度的重要性质，可以把矢量场 $\boldsymbol{B}(\boldsymbol{r})$ 表示

成某一矢量场 $\boldsymbol{A}(\boldsymbol{r})$ 的旋度，即

$$\boldsymbol{B}(\boldsymbol{r}) = \nabla\times\boldsymbol{A}(\boldsymbol{r}) \tag{4-44}$$

把式(4-44)中的 $\boldsymbol{A}(\boldsymbol{r})$ 称为矢量磁位，单位为 T・m，是一个矢量性质的位函数。根据亥姆霍兹定理，要唯一地确定一个矢量，必须同时给定它的散度和旋度。为使 $\boldsymbol{A}(\boldsymbol{r})$ 唯一，需要对 $\boldsymbol{A}(\boldsymbol{r})$ 的散度做一规定。在恒定磁场分析中，通常规定：

$$\nabla\cdot\boldsymbol{A}(\boldsymbol{r}) = 0 \tag{4-45}$$

称这种规定为库仑规范。有了库仑规范的限定，矢量磁位 $\boldsymbol{A}(\boldsymbol{r})$ 就唯一确定了。

2. 矢量磁位的微分方程

将恒定磁场的本构关系做简单变形，并结合矢量磁位的定义，得

$$\boldsymbol{H} = \frac{\boldsymbol{B}}{\mu} = \frac{\nabla\times\boldsymbol{A}}{\mu} \tag{4-46}$$

将式(4-46)代入到 $\nabla\times\boldsymbol{H} = \boldsymbol{J}$，得

$$\nabla\times\nabla\times\boldsymbol{A} = \mu\boldsymbol{J} \tag{4-47}$$

根据矢量恒等式 $\nabla\times\nabla\times\boldsymbol{A} = \nabla(\nabla\cdot\boldsymbol{A}) - \nabla^2\boldsymbol{A}$ 和库仑规范 $\nabla\cdot\boldsymbol{A}(\boldsymbol{r}) = 0$，有

$$\nabla^2\boldsymbol{A} = -\mu\boldsymbol{J} \tag{4-48}$$

式(4-48)即为矢量磁位 $\boldsymbol{A}$ 所满足的微分方程，也叫做矢量磁位 $\boldsymbol{A}$ 的泊松方程。在无源区域，由于 $\boldsymbol{J} = \boldsymbol{0}$，因此有

$$\nabla^2\boldsymbol{A} = \boldsymbol{0} \tag{4-49}$$

式(4-49)称为矢量磁位 $\boldsymbol{A}$ 的拉普拉斯方程。

在直角坐标系中，$\boldsymbol{A} = A_x\boldsymbol{e}_x + A_y\boldsymbol{e}_y + A_z\boldsymbol{e}_z$，$\boldsymbol{J} = J_x\boldsymbol{e}_x + J_y\boldsymbol{e}_y + J_z\boldsymbol{e}_z$，故 $\boldsymbol{A}$ 的泊松方程可写为

$$\nabla^2(A_x\boldsymbol{e}_x + A_y\boldsymbol{e}_y + A_z\boldsymbol{e}_z) = -\mu(J_x\boldsymbol{e}_x + J_y\boldsymbol{e}_y + J_z\boldsymbol{e}_z) \tag{4-50}$$

式(4-50)可分解为三个分量的泊松方程，即

$$\left.\begin{aligned} \nabla^2 A_x &= -\mu J_x \\ \nabla^2 A_y &= -\mu J_y \\ \nabla^2 A_z &= -\mu J_z \end{aligned}\right\} \tag{4-51}$$

以上的三个分量的泊松方程与静电场中电位函数 φ 的泊松方程形式相同，因此解也应该具有相同的形式，因此可写出

$$\left.\begin{aligned} A_x &= \frac{\mu}{4\pi}\int_{V'}\frac{J_x}{|\boldsymbol{r}-\boldsymbol{r}'|}\mathrm{d}V' + C_x \\ A_y &= \frac{\mu}{4\pi}\int_{V'}\frac{J_y}{|\boldsymbol{r}-\boldsymbol{r}'|}\mathrm{d}V' + C_y \\ A_z &= \frac{\mu}{4\pi}\int_{V'}\frac{J_z}{|\boldsymbol{r}-\boldsymbol{r}'|}\mathrm{d}V' + C_z \end{aligned}\right\} \tag{4-52}$$

将式(4-52)中的三个分量进行合成，即得矢量磁位 $\boldsymbol{A}$ 的泊松方程的解为

$$\boldsymbol{A} = \frac{\mu}{4\pi}\int_{V'}\frac{\boldsymbol{J}}{|\boldsymbol{r}-\boldsymbol{r}'|}\mathrm{d}V' + \boldsymbol{C} \tag{4-53}$$

式(4-53)中的 $\boldsymbol{C}$ 为积分出的一个常矢量，它的存在不会影响由 $\boldsymbol{A}(\boldsymbol{r})$ 计算 $\boldsymbol{B}(\boldsymbol{r})$。

3. 矢量磁位的边界条件

根据恒定磁场分析的边界条件，以及 $\boldsymbol{B}(\boldsymbol{r}) = \nabla\times\boldsymbol{A}(\boldsymbol{r})$，可得到不同磁介质分界面上矢量磁位 $\boldsymbol{A}(\boldsymbol{r})$ 的边界条件为

$$\boldsymbol{e}_n \times \left(\frac{\nabla\times \boldsymbol{A}_1}{\mu_1} - \frac{\nabla\times \boldsymbol{A}_2}{\mu_2}\right) = \boldsymbol{J}_S \tag{4-54}$$

$$\boldsymbol{A}_1 = \boldsymbol{A}_2 \tag{4-55}$$

四、标量磁位

1. 标量磁位的定义

若所研究的空间为无源空间，即 $\boldsymbol{J}=\boldsymbol{0}$，则在此空间内有

$$\nabla\times \boldsymbol{H} = \boldsymbol{0} \tag{4-56}$$

因此，也可以将 $\boldsymbol{H}$ 表示为一个标量函数的负梯度，即

$$\boldsymbol{H} = -\nabla\varphi_m \tag{4-57}$$

式(4-57)中的标量函数 φ_m 就被称为标量磁位。

2. 标量磁位的微分方程

将 $\boldsymbol{B}=\mu\boldsymbol{H}$，$\boldsymbol{H}=-\nabla\varphi_m$ 代入到 $\nabla\cdot \boldsymbol{B}(\boldsymbol{r})=0$ 中，有

$$\nabla\cdot \boldsymbol{B} = \nabla\cdot(\mu\boldsymbol{H}) = -\mu\,\nabla\cdot(\nabla\varphi_m) = 0 \tag{4-58}$$

即有

$$\nabla^2\varphi_m = 0 \tag{4-59}$$

式(4-59)即为标量磁位所满足的微分方程，也就是标量磁位 φ_m 的拉普拉斯方程。

3. 标量磁位的边界条件

在没有自由电流的两种不同磁介质的分界面上，由边界条件 $\boldsymbol{e}_n\times(\boldsymbol{H}_1-\boldsymbol{H}_2)=\boldsymbol{0}$ 和 $\boldsymbol{e}_n\cdot(\boldsymbol{B}_1-\boldsymbol{B}_2)=0$ 可导出标量磁位的边界条件为

$$\varphi_{m1} = \varphi_{m2} \tag{4-60}$$

$$\mu_1\frac{\partial\varphi_{m1}}{\partial n} = \mu_2\frac{\partial\varphi_{m2}}{\partial n} \tag{4-61}$$

例 4.4.1　将一个极细的圆柱形铁杆和一个很薄的圆铁盘放在磁场 $\boldsymbol{B}_0$ 中，使它们的轴与磁场方向平行，如图 4.4.1 所示。求两个样品内部的磁场强度与磁感应强度。

解　对于细圆柱形铁杆，侧面沿磁场方向，分界面为侧面，根据边界条件 $H_{1t}=H_{2t}$，分界面两侧磁场强度方向都沿分界面的切线方向，因而有细圆柱形铁杆内磁场 $\boldsymbol{H}=\boldsymbol{H}_0$，这样，细圆柱形铁杆内的磁感应强度为

$$\boldsymbol{B} = \mu\boldsymbol{H} = \mu\boldsymbol{H}_0 = \frac{\mu}{\mu_0}\boldsymbol{B}_0$$

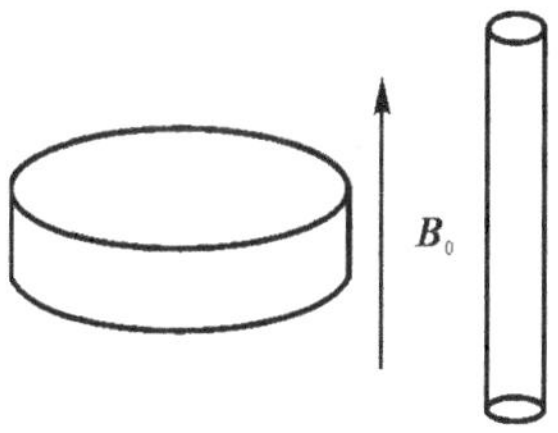

图 4.4.1　例 4.4.1 图

对于薄圆盘，圆盘端面的法向沿磁场方向，分界面为端面，由边界条件 $B_{1n}=B_{2n}$，分界面两侧磁感应强度的方向都沿分界面的法线方向，因此可得圆盘内的磁感应强度 $\boldsymbol{B}=\boldsymbol{B}_0$，这样，圆盘内的磁场强度

$$\boldsymbol{H} = \frac{\boldsymbol{B}}{\mu} = \frac{\boldsymbol{B}_0}{\mu}$$

4.5 电　　感

一、电感的定义

在线性磁介质中，任意回路在空间产生的磁场与回路中的电流成正比。因此，穿过回路的磁通量 Φ 也与回路中的电流成正比。如果回路由细导线绕成 N 匝，则总磁通量是各匝的磁通量之和。一般称总磁通量为磁链，用 Ψ 表示。在恒定磁场中，把穿过回路的磁链与回路中的电流的比值称为电感系数，简称电感。与静电场中的电容相似，电感只与导体系统的几何参数和周围的介质有关，与电流、磁链无关。电感可分为自感和互感。

二、自感

一个回路的自感定义为回路的磁链与回路中的电流的比值，即

$$L=\frac{\Psi}{I} \tag{4-62}$$

自感的单位为H，其大小取决于回路的尺寸、形状以及磁介质的磁导率。在计算粗导体回路的自感时，通常将自感表示为内自感 L_i 与外自感 L_e 之和，即

$$L=L_i+L_e \tag{4-63}$$

导体内部的磁场仅与部分电流相交链，相应的磁链称为内磁链，用 Ψ_i 表示，则内自感为

$$L_i=\frac{\Psi_i}{I} \tag{4-64}$$

而全部在导体外部的闭合的磁链称为外磁链，用 Ψ_e 来表示，则外自感为

$$L_e=\frac{\Psi_e}{I} \tag{4-65}$$

三、互感

如图4.5.1所示，两个彼此靠近的导线回路 C_1 和 C_2，回路 C_1 中的电流 I_1 产生的磁场除了与回路 C_1 本身相交链外，还与回路 C_2 相交链。由回路 C_1 的电流 I_1 产生的磁场与回路 C_2 相交链的磁链，称为回路 C_1 与回路 C_2 间的互感磁链，用 Ψ_{21} 表示。比值

$$M_{21}=\frac{\Psi_{21}}{I_1} \tag{4-66}$$

称为回路 C_1 对回路 C_2 间的互感，其单位也为H，其大小取决于回路的尺寸、形状以及介质的磁导率和回路的匝数。同理，回路 C_2 对回路 C_1 间的互感为

$$M_{12}=\frac{\Psi_{12}}{I_2} \tag{4-67}$$

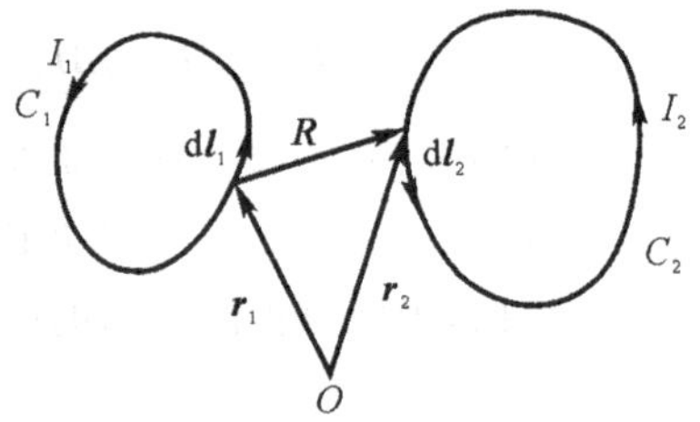

图4.5.1　两回路间的互感

在图4.5.1中，回路 C_1 中的电流 I_1 在回路 C_2 上的任意一点产生的矢量磁位为

$$\boldsymbol{A}_1(\boldsymbol{r})=\frac{\mu}{4\pi}\oint_{C_1}\frac{I_1\mathrm{d}\boldsymbol{l}_1}{|\boldsymbol{r}_2-\boldsymbol{r}_1|} \tag{4-68}$$

则有

$$\Psi_{21}=\int_{S_2}\boldsymbol{B}_1\cdot \mathrm{d}\boldsymbol{S}_2=\oint_{C_2}(\nabla\times\boldsymbol{B}_1)\cdot \mathrm{d}\boldsymbol{l}_2=\oint_{C_2}\boldsymbol{A}_1\cdot \mathrm{d}\boldsymbol{l}_2=\frac{\mu I_1}{4\pi}\oint_{C_2}\oint_{C_1}\frac{\mathrm{d}\boldsymbol{l}_1\cdot \mathrm{d}\boldsymbol{l}_2}{|\boldsymbol{r}_2-\boldsymbol{r}_1|} \tag{4-69}$$

因此有

$$M_{21}=\frac{\Psi_{21}}{I_1}=\frac{\mu}{4\pi}\oint_{C_2}\oint_{C_1}\frac{\mathrm{d}\boldsymbol{l}_1\cdot \mathrm{d}\boldsymbol{l}_2}{|\boldsymbol{r}_2-\boldsymbol{r}_1|} \tag{4-70}$$

同样，可求出

$$M_{12}=\frac{\Psi_{12}}{I_2}=\frac{\mu}{4\pi}\oint_{C_1}\oint_{C_2}\frac{\mathrm{d}\boldsymbol{l}_2\cdot \mathrm{d}\boldsymbol{l}_1}{|\boldsymbol{r}_2-\boldsymbol{r}_1|} \tag{4-71}$$

式(4-70)和式(4-71)两个公式称为纽曼公式，是互感计算的一般公式。比较两个公式可看出

$$M_{21}=M_{12}=M \tag{4-72}$$

式(4-72)表明，互感具有互易性质。

例 4.5.1　求半径为 a 的圆形直导线单位长度的自感。

解　选择圆柱坐标系，设通过导线的电流为 I，且均匀分布。画出导线的横截面图如图 4.5.2 所示。

注意到电流分布的对称性，导线内部的磁感应强度可由安培环路定律求出

$$\oint\boldsymbol{B}\cdot \mathrm{d}\boldsymbol{l}=2\pi rB=\mu_0 I\frac{r^2}{a^2}$$

则

$$\boldsymbol{B}=\frac{\mu_0 Ir}{2\pi a^2}\boldsymbol{e}_z$$

通过 $\mathrm{d}r$ 处，沿轴线(即 $\boldsymbol{e}_z$)方向单位长度的磁通量为

$$\mathrm{d}\Phi=\boldsymbol{B}\cdot \mathrm{d}\boldsymbol{S}=\frac{\mu_0 Ir}{2\pi a^2}\mathrm{d}r$$

该磁通量仅仅交链半径 r 内的电流 I'，相当于交链的匝数为

$$N=\frac{I'}{I}=\frac{r^2}{a^2}$$

从而内磁链为

$$\Psi=\int N\mathrm{d}\Phi=\int_0^a\frac{\mu_0 Ir}{2\pi a^2}\frac{r^2}{a^2}\mathrm{d}r=\frac{\mu_0 I}{8\pi}$$

则单位长度的内自感

$$L_0=\frac{\Psi}{I}=\frac{\mu_0}{8\pi}$$

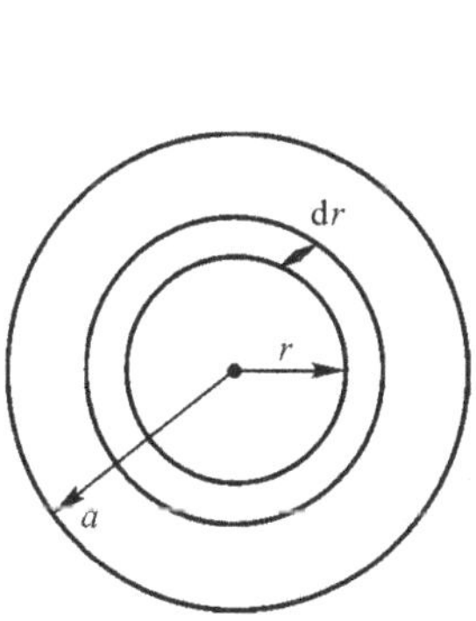

图 4.5.2　例 4.5.1 用图

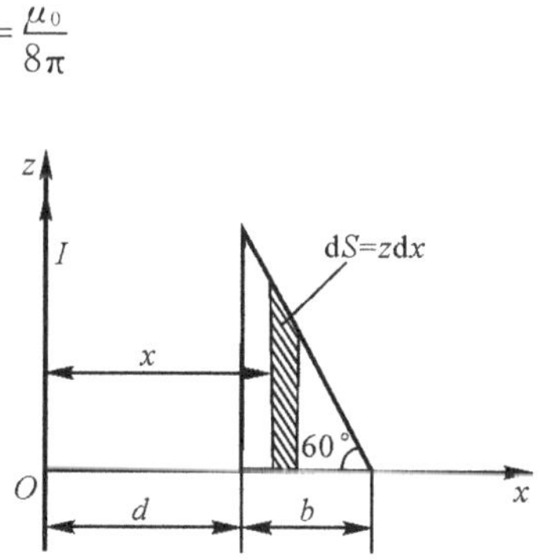

图 4.5.3　例 4.5.2 用图

例 4.5.2 长直导线与三角形导线回路共面，如图 4.5.3 所示，试计算它们之间的互感。

解 选择圆柱坐标系，并设长直导线中通过的电流为 I。由安培环路定理，可得

$$\boldsymbol{B}=\boldsymbol{e}_{\varphi}\frac{\mu_0 I}{2\pi x}$$

如图所示，有：$\mathrm{d}\boldsymbol{S}=\boldsymbol{e}_{\varphi}z\,\mathrm{d}x$，则穿过三角形回路的磁通为

$$\Psi=\int_S \boldsymbol{B}\cdot\mathrm{d}\boldsymbol{S}=\frac{\mu_0 I}{2\pi}\int_d^{d+b}\frac{1}{x}z\,\mathrm{d}x$$

式中，$z=[(b+d)-x]\tan 60°=\sqrt{3}[(b+d)-x]$，因此有

$$\Psi=\frac{\sqrt{3}\mu_0 I}{2\pi}\int_d^{d+b}\frac{1}{x}[(b+d)-x]\mathrm{d}x=\frac{\sqrt{3}\mu_0 I}{2\pi}\left[(b+d)\ln\left(1+\frac{b}{d}\right)-b\right]$$

则长直导线与三角形导线回路间的互感为

$$M=\frac{\Psi}{I}=\frac{\sqrt{3}\mu_0}{2\pi}\left[(b+d)\ln\left(1+\frac{b}{d}\right)-b\right]$$

4.6 磁场能量

磁场与电场一样也具有能量。载流回路中的电流与其磁场的建立过程中，外源要做功，根据能量守恒定律，外源所做的功转化为电流回路在空间建立起的磁场的磁场能量。磁场能量及其能量密度的推导在此不再赘述，根据电场和磁场的对称关系，直接给出。

注意到，静电场中的电荷分布 ρ 与恒定磁场中的电流分布 $\boldsymbol{J}$ 是对偶的，静电场中电位函数 φ 与恒定磁场中矢量磁位 $\boldsymbol{A}$ 是对偶的，而电场能量的计算公式为 $W_e=\frac{1}{2}\int_V\rho\varphi\,\mathrm{d}V$，因此恒定磁场的磁场能量计算公式为

$$W_m=\frac{1}{2}\int_V \boldsymbol{J}\cdot\boldsymbol{A}\mathrm{d}V \tag{4-73}$$

注意到 $\boldsymbol{E}$ 与 $\boldsymbol{H}$，$\boldsymbol{D}$ 与 $\boldsymbol{B}$ 以及 ε 与 μ 的对偶，由电场能量密度公式 $w_e=\frac{1}{2}\boldsymbol{E}\cdot\boldsymbol{D}=\frac{1}{2}\varepsilon E^2$ 可得恒定磁场的磁场能量密度公式为

$$w_m=\frac{1}{2}\boldsymbol{B}\cdot\boldsymbol{H}=\frac{1}{2}\mu H^2 \tag{4-74}$$

4.7 阅读材料——磁悬浮列车

磁悬浮列车是利用磁悬浮技术的一种高科技交通工具。所谓磁悬浮技术（magnetic suspension technique）是利用磁场力使物体沿着一个轴或几个轴保持一定位置的技术措施。磁悬浮需要用到电磁理论，特别是磁场理论中的三个基本原理：

(1) 当靠近金属的磁场改变，金属上的电子会移动，并且产生电流；

(2) 电流的磁效应，当电流在电线或一块金属中流动时，会产生磁场，通电的线圈就成了一块磁铁；

(3) 磁铁间会彼此作用，同极性相斥，异极性相吸。

如图 4.7.1 所示,以最简单的方式来说明磁悬浮的原理。磁铁从一块金属的上方经过,金属上的电子因磁场改变而开始移动,形成电流回路,因此也产生了本身的磁场。这样,移动中的磁铁使金属中出现一块假想的磁铁。这块假想磁铁具有方向性,因是同极性相对,因此会对原有的磁铁产生斥力。也就是说,如果原有的磁铁是北极在下,假想磁铁则是北极在上;反之亦然。因为磁铁的同极相斥,让磁铁在一块金属上方移动,会对移动中的磁铁产生一股往上推动的力量。如果磁铁移动得足够快,这个力量会大得足以克服向下的重力,举起移动中的磁铁。所以当磁铁移动时,会使得自己浮在金属上方,并靠着本身电子移动产生的力量保持浮力。

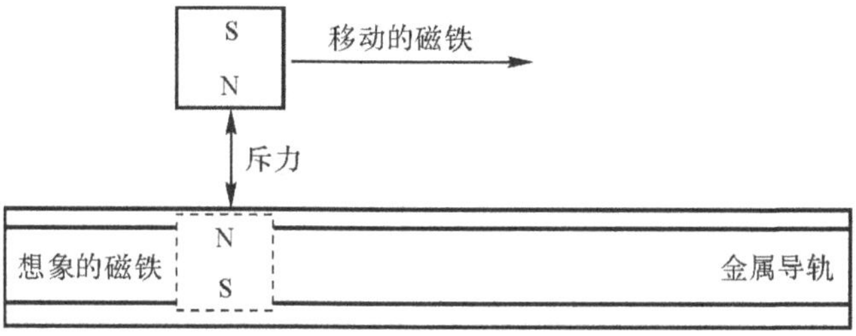

图 4.7.1 磁悬浮基本原理图

这个原理适用在列车上,就是磁悬浮列车最基本的原理。如果在列车的地板上安装一些磁铁,列车一开动,就可产生向上的力量。这个时候,列车就像飞机在跑道上加速准备起飞。当向上的力量足够时,就可使得列车离开地面,浮在金属导轨之上。磁悬浮列车上装有电磁体,铁路底部则安装线圈。通电后,地面线圈产生的磁场极性与列车上的电磁体极性总保持相同,两者“同性相斥”,排斥力使列车悬浮起来。铁轨两侧也装有线圈,交流电使线圈变为电磁体。它与列车上的电磁体相互作用,使列车前进。列车头的电磁体(N 极)被轨道上靠前一点的电磁体(S极)所吸引,同时被轨道上稍后一点的电磁体(N极)所排斥,结果是形成一“推”一“拉”,这样列车就可以悬浮在轨道上飞速前进了。

图 4.7.2 运行中的磁悬浮列车

磁悬浮列车(见图 4.7.2)运行时与轨道保持一定的间隙(一般为 1 ～ 10 cm),因此运行安全、平稳、舒适、无噪声,可以实现全自动化运行。磁悬浮列车的使用寿命可达35年,而普通轮轨列车只有20～25年使用寿命。磁悬浮列车路轨的寿命是 80 年,普通路轨只有 60 年。此外,磁悬浮列车启动后 39 s 内即达到最高速度,目前的最高速度是 552 km/h。据德国科学家预测,到 2014 年,磁悬浮列车采用新技术后,速度将达 1 000 km/h,而一般轮轨列车的最高速度为 300 km/h。除了速度快以外,磁悬浮列车不排出有害的废气,有利于环境保护;可节省建设经费;运营、维护和耗能费用低,是 21 世纪理想的超级特别快车,世界各国都十分重视发展磁悬浮列车。

小 结

(1) 安培定律描述了两个电流回路之间相互作用力的规律。真空中的静止细导线回路 C_1

和 C_2，分别载有恒定电流 I_1 和 I_2，回路 C_1 对回路 C_2 的作用力 $\boldsymbol{F}_{12}$ 为

$$\boldsymbol{F}_{12}=\frac{\mu_0}{4\pi}\oint_{C_2}\oint_{C_1}\frac{I_2\mathrm{d}\boldsymbol{l}_2\times(I_1\mathrm{d}\boldsymbol{l}_1\times\boldsymbol{R})}{R^3}$$

载有电流 I 的任意回路 C，位置矢量为 $\boldsymbol{r}'$，其在空间位置矢量为 $\boldsymbol{r}$ 的点产生的磁场的磁感应强度为

$$\boldsymbol{B}(\boldsymbol{r})=\frac{\mu_0}{4\pi}\oint_C\frac{I\mathrm{d}\boldsymbol{l}'\times(\boldsymbol{r}-\boldsymbol{r}')}{|\boldsymbol{r}-\boldsymbol{r}'|^3}$$

连续分布的电流产生的磁场分别为

体电流：
$$\boldsymbol{B}(\boldsymbol{r})=\frac{\mu_0}{4\pi}\int_V\frac{\boldsymbol{J}(\boldsymbol{r}')\times(\boldsymbol{r}-\boldsymbol{r}')}{|\boldsymbol{r}-\boldsymbol{r}'|^3}\mathrm{d}V'$$

面电流：
$$\boldsymbol{B}(\boldsymbol{r})=\frac{\mu_0}{4\pi}\int_S\frac{\boldsymbol{J}_S(\boldsymbol{r}')\times(\boldsymbol{r}-\boldsymbol{r}')}{|\boldsymbol{r}-\boldsymbol{r}'|^3}\mathrm{d}S'$$

（2）真空中，恒定磁场基本规律的积分形式为：

$\oint_C\boldsymbol{B}\cdot\mathrm{d}\boldsymbol{l}=\mu_0\sum I$，也被称为真空中的安培环路定理，通常用于在已知电流分布的情况下求磁场分布；

$\oint_S\boldsymbol{B}\cdot\mathrm{d}\boldsymbol{S}=0$，也被称为磁通连续性原理。

真空中，恒定磁场基本规律的微分形式为：

$\nabla\times\boldsymbol{B}=\mu_0\boldsymbol{J}$，也被称为安培环路定理的微分形式，可用于在已知磁场分布的情况下求电流的分布；

$\nabla\cdot\boldsymbol{B}=0$，表明恒定磁场是无散场。

（3）介质在磁场中要产生磁化，磁化改变了磁场分布。介质磁化的程度用磁化强度 $\boldsymbol{M}$ 表示，定义磁场强度 $\boldsymbol{H}=\dfrac{\boldsymbol{B}}{\mu_0}-\boldsymbol{M}$，$\boldsymbol{M}$ 与 $\boldsymbol{H}$ 的关系为：$\boldsymbol{M}=\chi_m\boldsymbol{H}$。磁化后介质中的磁化电流密度与磁场强度的关系为：$\boldsymbol{J}_M=\nabla\times\boldsymbol{M}$ 和 $\boldsymbol{J}_{SM}=\boldsymbol{M}\times\boldsymbol{e}_n$。磁介质中安培环路定理的积分形式为：$\oint_C\boldsymbol{H}\cdot\mathrm{d}\boldsymbol{l}=I$；微分形式为：$\nabla\times\boldsymbol{H}=\boldsymbol{J}$。

（4）恒定磁场分析的基本方程的积分形式为

$$\oint_S\boldsymbol{B}(\boldsymbol{r})\cdot\mathrm{d}\boldsymbol{S}=0\text{ 和}\oint_C\boldsymbol{H}\cdot\mathrm{d}\boldsymbol{l}=0$$

恒定磁场分析的基本方程的微分形式为

$$\nabla\cdot\boldsymbol{B}(\boldsymbol{r})=0\text{ 和}\nabla\times\boldsymbol{H}=\boldsymbol{J}$$

求解基本方程需要介质本构关系的辅助，本构关系为

$$\boldsymbol{B}=\mu\boldsymbol{H}$$

（5）边界条件用于描述在两种不同介质分界面上磁场的分布规律，恒定磁场边界条件的矢量形式为

$$\boldsymbol{e}_n\cdot(\boldsymbol{B}_1-\boldsymbol{B}_2)=0\text{ 和 }\boldsymbol{e}_n\times(\boldsymbol{H}_1-\boldsymbol{H}_2)=\boldsymbol{J}_S$$

标量形式为

$$B_{1n}-B_{2n}=0\quad\text{和}\quad H_{1t}-H_{2t}=J_S$$

（6）恒定磁场中，由于 $\nabla\cdot\boldsymbol{B}(\boldsymbol{r})=0$，可以把矢量场 $\boldsymbol{B}(\boldsymbol{r})$ 表示成矢量磁位 $\boldsymbol{A}(\boldsymbol{r})$ 的旋度，即

$$\boldsymbol{B}(\boldsymbol{r}) = \nabla \times \boldsymbol{A}(\boldsymbol{r})$$

在满足库仑规范，即$\nabla \cdot \boldsymbol{A}(\boldsymbol{r}) = 0$ 的情况下，$\boldsymbol{A}(\boldsymbol{r})$ 满足泊松方程或拉普拉斯方程，即

$$\nabla^2 \boldsymbol{A} = -\mu \boldsymbol{J} \quad \text{或} \quad \nabla^2 \boldsymbol{A} = 0$$

(7) 在线性介质中，一个回路的磁链与引起这个磁链的电流成正比，其比值称为电感。电感分为自感和互感。电感仅仅与回路的形状、大小、相对位置及介质特性有关，与磁链和电流无关。

(8) 磁场与电场一样也具有能量。恒定磁场的磁场能量计算公式为：$W_m = \dfrac{1}{2}\int_V \boldsymbol{J} \cdot \boldsymbol{A} \mathrm{d}V$；恒定磁场的磁场能量密度公式为：$w_m = \dfrac{1}{2}\boldsymbol{B} \cdot \boldsymbol{H} = \dfrac{1}{2}\mu H^2$。

习　题　四

4.1　半径为 a 的载流线圈，通过该线圈的电流为 I，求该线圈轴线上的磁感应强度分布。

4.2　内、外半径分别为 a 和 b 的无限长空心圆柱中均匀分布着轴向电流 I，求圆柱内、外的磁感应强度。

4.3　半径为 a 的长圆柱面上有密度为 J_S 的面电流，电流方向分别为沿圆周方向和沿轴线方向，分别求两种情况下圆柱外的磁感应强度。

4.4　下面的矢量函数中哪些可能是磁场？如果是，求其源变量 $\boldsymbol{J}$。

(1) $\boldsymbol{H} = \boldsymbol{e}_r ar$（圆柱坐标）

(2) $\boldsymbol{H} = \boldsymbol{e}_x(-ay) + \boldsymbol{e}_y(ax)$

(3) $\boldsymbol{H} = \boldsymbol{e}_x(ax) - \boldsymbol{e}_y(ay)$

(4) $\boldsymbol{H} = \boldsymbol{e}_\varphi(ar)$（球坐标）

4.5　两个半径都为 a 的圆柱体，轴间距为 $d(d < 2a)$，除两柱重叠部分外，柱内有大小相等、方向相反、密度为 $\boldsymbol{J}$ 的电流，如图题 4.1 所示。求重叠区域内的磁感应强度。

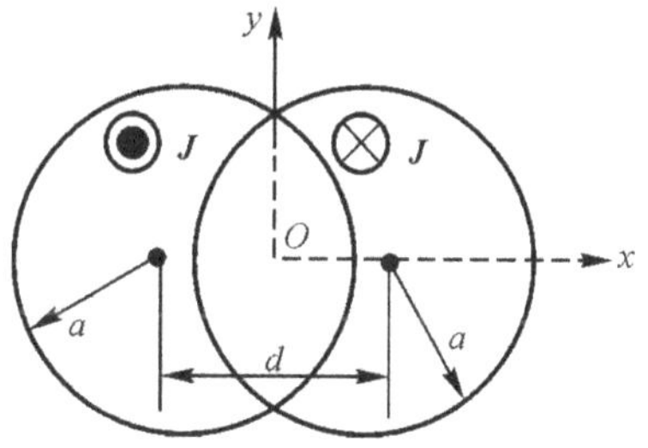

图题 4.1　题 4.5 图

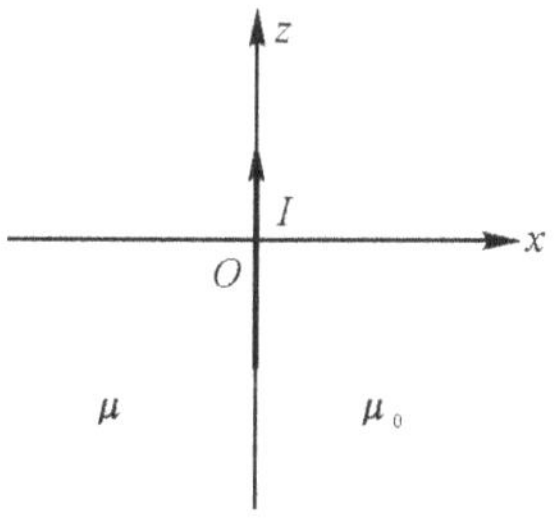

图题 4.2　题 4.7 图

4.6　内、外半径分别为 a 和 b 的无限长铁质圆柱壳（磁导率为 μ）内有沿轴向恒定的传导电流 I，求磁感应强度和磁化电流。

4.7　如图题 4.2 所示，无限长直线电流 I 位于磁导率为 μ 的磁介质与空气的分界面上。试求：

(1) 磁介质内、外的磁场分布；

(2) 磁化电流分布。

4.8　球心在原点、半径为 a 的磁化介质球，磁化强度 $\boldsymbol{M}=\boldsymbol{e}_z M_0 \dfrac{z^2}{a^2}$（$M_0$ 为常数），求磁化电流的体密度和面密度。

4.9　由无限长载流直导线的磁感应强度求矢量磁位 $\boldsymbol{A}$，并验证 $\boldsymbol{B}=\nabla\times\boldsymbol{A}$。

4.10　证明矢量磁位 $\boldsymbol{A}_1=\boldsymbol{e}_x\cos y+\boldsymbol{e}_y\sin x$ 和 $\boldsymbol{A}_2=\boldsymbol{e}_y(\sin x+x\sin y)$ 确定相同的磁感应强度 $\boldsymbol{B}$，并证明它们得自相同的电流分布。它们是否均满足矢量泊松方程？为什么？

4.11　长直导线和其共面的正三角形导电回路之间的位置关系如图题 4.3 所示，试计算长直导线和三角形导电回路之间的互感。

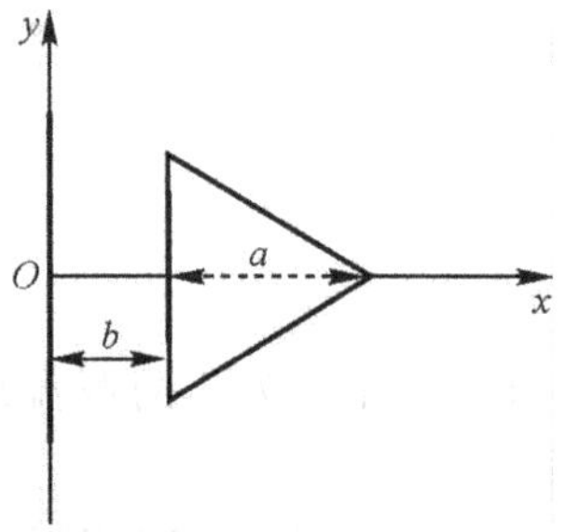

图题 4.3　题 4.11 图

4.12　空气填充的同轴线，内导体的半径为 a，外导体的半径为 b，设外导体厚度可以不计，计算同轴线单位长度的储能，并由此求同轴线单位长度的自感。

4.13　有一电流，其分布密度为 $\boldsymbol{J}(\boldsymbol{r})=\boldsymbol{e}_z r J_0(r\leqslant a)$，求矢量磁位 $\boldsymbol{A}(\boldsymbol{r})$ 和磁感应强度 $\boldsymbol{B}(\boldsymbol{r})$。

第五章　静态电磁场边值问题的求解

前述章节讨论了如何在已知场源分布(电荷分布、电流分布)的情况下求空间的电场分布或磁场分布，这一类问题通常也叫做分布型问题。静态电磁场分析还会遇到另外一种类型的问题，那就是已知场量在场域边界上的值，求场域内的场分布，这一类问题通常也叫做边值型问题。本章将对静态场的边值型问题进行分析，在边值型问题唯一性定理的基础上，介绍边值型问题求解的方法。

5.1　边值问题及其唯一性定理

一、边值问题的实质

静态场的计算通常是求场内任一点的位函数，一旦位函数确定，场强和其他物理量都可由位函数求得。在均匀介质中，位函数满足泊松方程或拉普拉斯方程。同时，在分析区域的边界面上位函数还应满足一定的边界条件。因此对于边值型问题，静态场的求解都可归结为在一定的边界条件下，求解位函数泊松方程或拉普拉斯方程。位函数的方程是偏微分方程，位函数的边界条件用于保证解的唯一性。从数学实质上来看，边值问题就是偏微分方程的定解问题。

二、边值问题的分类

在求解区域 V 的边界面 S 上给定的边界条件有三种类型，相应地把边值问题分为三类，分别是：

1. 第一类边值问题

已知位函数在求解区域边界面 S 上各点的值，即

$$\varphi|_S = f_1(S) \tag{5-1}$$

第一类边值问题也称为狄利克莱问题。

2. 第二类边值问题

已知位函数在求解区域边界面 S 上各点的法向导数值，即

$$\left.\frac{\partial\varphi}{\partial n}\right|_S = f_2(S) \tag{5-2}$$

第二类边值问题也称为诺伊曼问题。

3. 第三类边值问题

已知区域 V 一部分边界面 S_1 上位函数的值，而在另一部分边界面 S_2 上已知位函数的法向导数，即

$$\varphi|_{S_1} = f_1(S_1) \quad 和 \quad \left.\frac{\partial\varphi}{\partial n}\right|_{S_2} = f_2(S_2) \tag{5-3}$$

式中，$S_2+S_1=S$。第三类边值问题也称为混合边值问题。

三、边值问题的唯一性定理

边值问题的唯一性定理可表述为：对每一类边值问题，只要给定边界上位函数所满足的边界条件，则泊松方程或拉普拉斯方程在求解区域 V 内具有唯一解。

唯一性定理是边值型问题的一个重要定理。以第一类边值问题为例，采用反证法对唯一性定理进行简要证明。

设在边界面 S 所包围的求解区域 V 内有两个位函数 φ_1 和 φ_2 都满足泊松方程，即

$$\nabla^2\varphi_1=-\frac{\rho(\boldsymbol{r})}{\varepsilon} \quad 和 \quad \nabla^2\varphi_2=-\frac{\rho(\boldsymbol{r})}{\varepsilon} \tag{5-4}$$

只需证明 $\varphi_1=\varphi_2$，则唯一性定理得证。

现令 $\varphi=\varphi_1-\varphi_2$，则在求解区域 V 内，有

$$\nabla^2\varphi=\nabla^2\varphi_1-\nabla^2\varphi_2=0 \tag{5-5}$$

由于

$$\nabla\cdot(\varphi\nabla\varphi)=\varphi\nabla^2\varphi+(\nabla\varphi)^2=(\nabla\varphi)^2 \tag{5-6}$$

将式(5-6)在整个求解区域 V 上积分并利用散度定理，有

$$\int_V(\nabla\varphi)^2\mathrm{d}V=\int_S\varphi\nabla\varphi\cdot\mathrm{d}\boldsymbol{S} \tag{5-7}$$

对于第一类边值问题，在整个边界面 S 上

$$\varphi\Big|_S=\varphi_1\Big|_S-\varphi_2\Big|_S=0 \tag{5-8}$$

因此有

$$\int_V(\nabla\varphi)^2\mathrm{d}V=\int_S\varphi\frac{\partial\varphi}{\partial n}\cdot\mathrm{d}S=0 \tag{5-9}$$

由于$(\nabla\varphi)^2$ 是非负的，要使式(5-9)成立，必须在求解区域 V 内处处有 $\nabla\varphi=0$，也就是说在求解区域 V 内 φ 恒为常数，即

$$\varphi=\varphi_1-\varphi_2\equiv C \tag{5-10}$$

对于第一类边值问题，由于在边界面上 $S\varphi\Big|_S=\varphi_1\Big|_S-\varphi_2\Big|_S=0$，所以 $C=0$。因此在求解区域 V 内就有 $\varphi_1=\varphi_2$。

关于其他类型的边值问题，唯一性定理的证明和第一类边值问题类似，读者可自行进行证明或参考相关文献。

唯一性定理具有非常重要的意义，其指出了静态场边值问题具有唯一解的条件，即在边界面 S 上的任一点只需给定位函数或其法向导数的值，而不能同时给定二者的值。同时，唯一性定理也为静态场边值问题的各种求解方法提供了理论依据，为求解结果的正确性提供了判据。根据唯一性定理，在求解边值型问题时，无论采用什么方法，只要求出的位函数满足相应的泊松方程或拉普拉斯方程，同时又满足给定的边界条件，则此位函数就是所求出的唯一正确解。

四、边值问题的求解方法

静态场边值问题的求解方法有很多，可分为解析法、数值法、实验模拟法和图解法等。常

用的一些具体求解方法主要有：

(1) 镜像法；

(2) 分离变量法；

(3) 复变函数法；

(4) 格林函数法；

(5) 有限差分法；

(6) 边界元法。

在这些求解方法中，本章将详细介绍镜像法和有限差分法，并对分离变量法的原理做简要说明。由于计算机技术的发展和广泛应用，数值法得到了极大的发展，应用前景广阔。

5.2　边值问题求解的镜像法

在静电场分析中，如果遇到电荷附近存在一定形状的导体，此时导体表面会出现感应电荷。这样，导体外部空间的总电场就等于原电荷产生的电场与感应电荷产生的电场的叠加。例如，水平架设的双导线传输线，当传输线离地面的距离较小时，要考虑地面的影响，地面可以看做为一个无穷大的导体平面，会出现感应电荷。此时地面上方的电场由原电荷和感应电荷共同产生。直接求解这一类问题一般是比较困难的，这是因为导体表面上的感应电荷也是未知的，也取决于总电场。但是，如果原电荷是点电荷或线电荷，且导体形状是平面、球、圆柱等简单形状，就可以采用镜像法来解决这一类问题。

镜像法是应用唯一性定理的典型范例。其基本思想是在所研究的场域之外的某些适当位置上，用一些虚拟的电荷，称为镜像电荷，等效代替导体表面的感应电荷或介质分界面上的极化电荷。这样就把原来边值问题的求解转换为均匀无界空间中问题的求解。根据唯一性定理，只要镜像电荷与原电荷一起所产生的电场满足原问题所给定的边界条件，所得结果就是原问题的唯一解。

镜像法的关键在于镜像电荷的大小及位置的确定，根据唯一性定理，应遵循以下的两条原则：

(1) 所有镜像电荷必须位于所求的场域以外的空间；

(2) 镜像电荷的个数、电荷量大小及位置以满足边界面上的边界条件的原则来确定。

一、接地导体平面的镜像

1. 点电荷对接地无限大导体平面的镜像

例 5.2.1　在接地无限大的导电平板上方 h 处有一点电荷，如图 5.2.1 所示，求导体上方空间的电位分布。

建立直角坐标系，由于导体接地，因此在求解区域的边界面，即 $z=0$ 平面，电位函数 $\varphi=0$。在 $z>0$ 的求解区域的电位由点电荷 q 以及导电平面上的感应电荷共同产生，但感应电荷是未知的，无法直接进行求解。

现在可以考虑另外一种情况，假想将导体平面抽去，在点电荷 q 关于 $z=0$ 平面的镜像位置再放置一电荷量为 $-q$ 的点电荷，如图 5.2.2 所示。此时，$z=0$ 平面，也有电位函数 $\varphi=0$。根据唯一性定理，这种情况与上述提出的问题是等效的，可以依此假设求解原问题。由于假想的

$-q$ 与原电荷 q 是镜像的，因此称为镜像电荷。

此时，选取无限远点为电位参考点，则在 $z>0$ 的求解区域，电位为

$$\varphi(x,y,z)=\frac{q}{4\pi\varepsilon_0}\left[\frac{1}{\sqrt{x^2+y^2+(z-h)^2}}-\frac{1}{\sqrt{x^2+y^2+(z+h)^2}}\right] \tag{5-11}$$

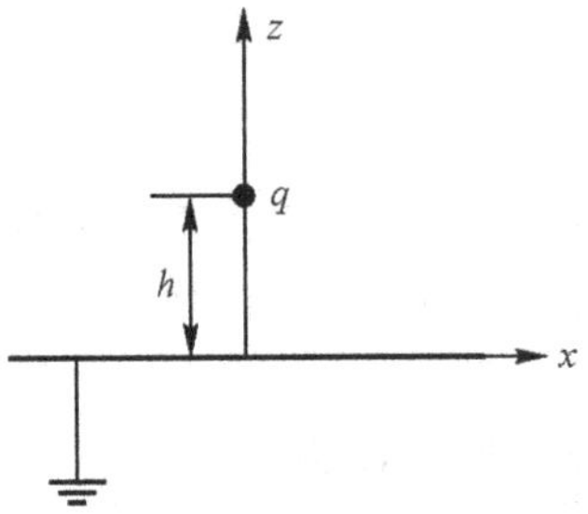

图 5.2.1　点电荷与接地无限大导体平面

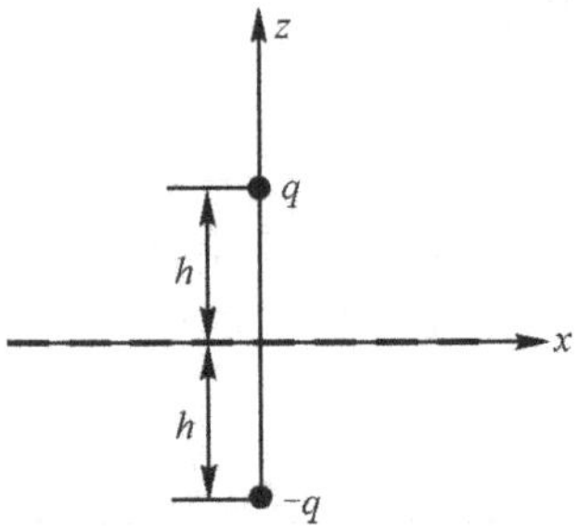

图 5.2.2　点电荷与接地无限大导体平面的镜像

2. 点电荷对相交半无限大接地导体平面的镜像

点电荷对无限大导体平面的镜像可推广应用于点电荷与相交的两块半无限大导体平面的情况，如图 5.2.3 所示，需要求解的是第一象限内的场分布。

此时，可以设想把两个导体板抽去，用三个镜像电荷来满足边界条件，如图 5.2.4 所示，其中：$q_1'=-q$，$q_2'=-q$，$q_3'=q$。

实际上，如果两个导体平面不是相互垂直，而是相交成 $\frac{\pi}{n}$ 角（n 为整数），就可以使用镜像法，其镜像电荷数为 $2n-1$ 个。

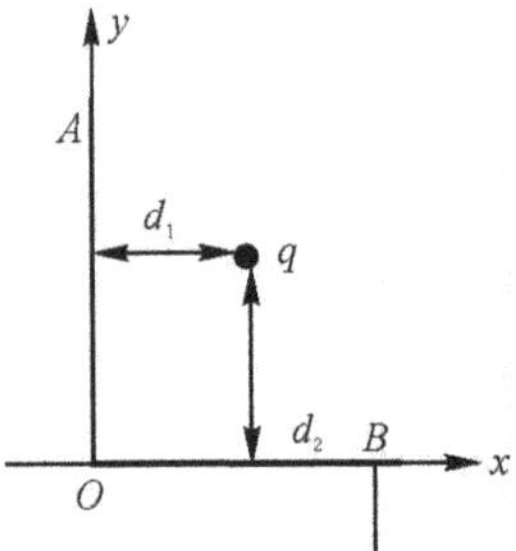

图 5.2.3　点电荷与接地正交导体平面

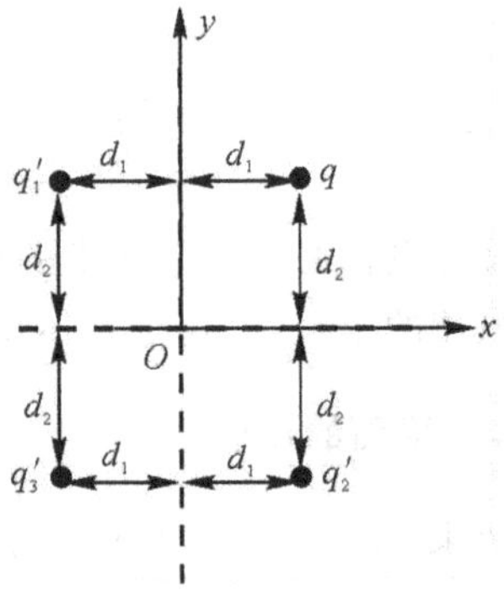

图 5.2.4　点电荷与接地正交导体平面的镜像

二、接地导体球面的镜像

1. 点电荷对接地导体球面的镜像

例 5.2.2　如图 5.2.5 所示，一个半径为 a 的接地导体球。一点电荷 q 位于距球心 d 处，求球外任一点的电位。

解　因球接地后，球上只剩下与 q 异号的感应电荷。先试探用一个镜像的电荷 q' 等效球面上的感应面电荷在球外产生的电位和电场(见图 5.2.6)。从对称性考虑，镜像电荷 q' 应置于球心与电荷 q 的连线上且靠 q 一边，设 q' 离球心的距离是 $d'(d'<a)$，这样球外任一点的电位是由电荷 q 与镜像电荷 q' 产生电位的叠加，即

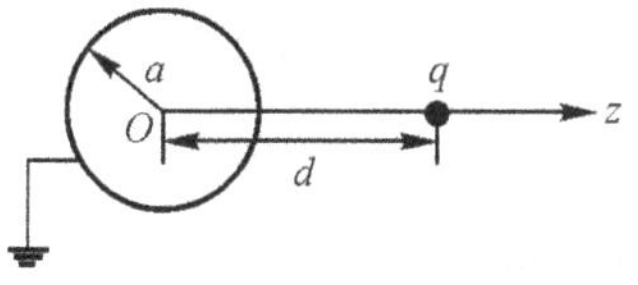

图 5.2.5　点电荷对接地导体球面的镜像

$$\varphi=\frac{q'}{4\pi\varepsilon_0 r_1}+\frac{q}{4\pi\varepsilon_0 r_2} \tag{5-12}$$

根据镜像法，将原导体移去，q' 和 q 在圆球面上任意一点 P 处产生的电位为零，即

$$\varphi=\frac{q}{4\pi\varepsilon_0 r_1}+\frac{q'}{4\pi\varepsilon_0 r_2}=0 \tag{5-13}$$

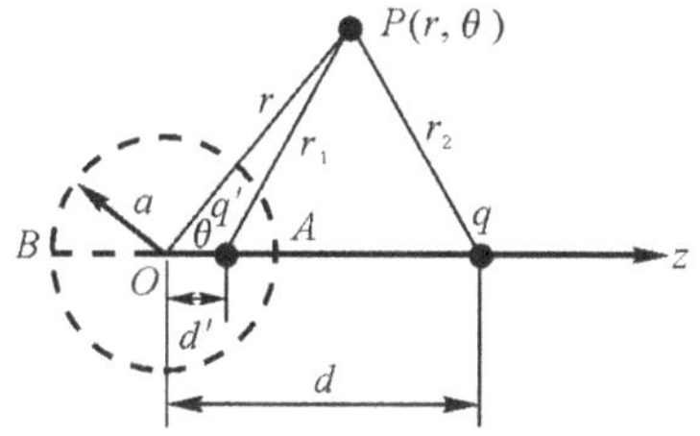

图 5.2.6　镜像电荷的位置

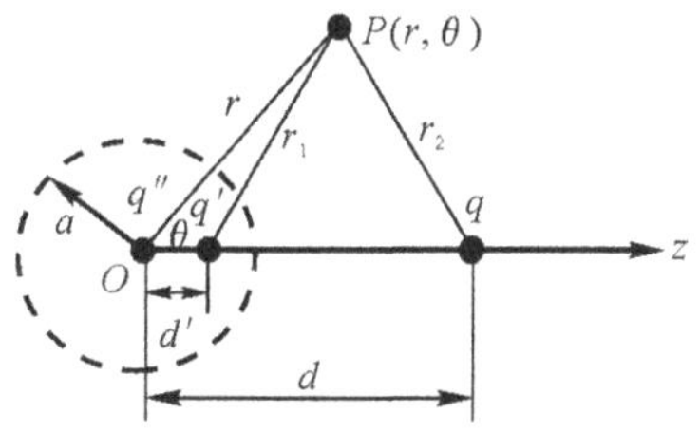

图 5.2.7　导体球不接地镜像电荷的位置

为了确定 q' 和 d'，可在球面上取两点，这两点是通过 q' 直径的两端点 A 和 B，可以得到这两点的方程

$$\left.\begin{aligned}\frac{q}{d-a}+\frac{q'}{a-d'}=0\\ \frac{q}{d+a}+\frac{q'}{a+d'}=0\end{aligned}\right\} \tag{5-14}$$

解之得

$$\left.\begin{aligned}q'=-\frac{a}{d}q\\ d'=\frac{a^2}{d}\end{aligned}\right\} \tag{5-15}$$

可以验证，当取这样的镜像点电荷时，对球面上的任一点 P，式(5-14) 恒满足。也就是说，可以用式(5-15) 确定镜像点电荷的大小和位置，用此点电荷代替导体球面上的感应面电荷。与平面镜像法相比，镜像电荷仍然与原电荷异号，但电量不等。

可以算出球面上总的感应电荷是 $q_{in}=-qa/d=q'$。

2.点电荷对不接地导体球面的镜像

如果导体球不接触地且不带电，可用镜像法和叠加原理求球外的电位。此时球面必须是等位面，且导体球上的总感应电荷为零。应使用两个等效电荷，一个 q'，其位置和大小由式(5-15) 确定，另一个是 q''，$q''=-q'$，q'' 位于球心(见图 5.2.7)。

如果导体球不接地，且带电荷 Q，则 q' 位置和大小同上，q'' 的位置也在原点，但

$$q''=Q-q'，即\ q''=Q+qa/d \tag{5-16}$$

三、接地导体对圆柱面的镜像

在讨论圆柱面的镜像问题之前，先分析线电荷的平面镜像问题。这一结果可用于导体柱的镜像问题。

例 5.2.3 线密度为 ρ_l 的无限长线电荷平行置于接地无限大导体平面前，二者相距为 d(见图 5.2.8(a))，求电位及等位面方程。

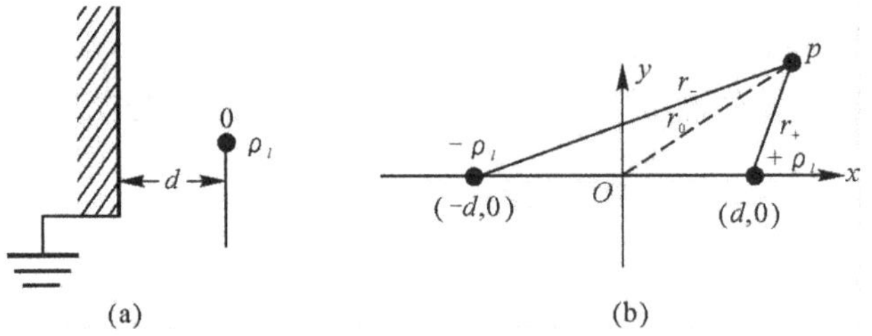

图 5.2.8　线电荷平面镜像

解　仿照点电荷的平面镜像法，可知线电荷的镜像电荷为 $-\rho_l$，位于原电荷的对称点。取图 5.2.8(b) 所示的坐标系，以原点为电位参考点，得线电荷 ρ_l 电位

$$\varphi_+ = \frac{\rho_l}{2\pi\varepsilon_0}\ln\frac{r_0}{r_+} \tag{5-17}$$

同理得镜像电荷的 $-\rho_l$ 的电位

$$\varphi_- = -\frac{\rho_l}{2\pi\varepsilon_0}\ln\frac{r_0}{r_-} \tag{5-18}$$

任一点 $P(x,y)$ 的总电位

$$\varphi = \varphi_+ + \varphi_- = \frac{\rho_l}{2\pi\varepsilon_0}\ln\frac{r_-}{r_+} \tag{5-19}$$

用直角坐标表示为

$$\varphi(x,y) = \frac{\rho_l}{4\pi\varepsilon_0}\ln\frac{(x+d)^2+y^2}{(x-d)^2+y^2} \tag{5-20}$$

式(5-20) 表示图 5.2.8(b) 所示二平行线电荷的电位，其右半空间($x>0$) 就是图 5.2.8(a) 所示的电位。以下讨论式(5-20) 所示电位在 xOy 平面的等位线方程及图形。等位线方程为

$$\frac{(x+d)^2+y^2}{(x-d)^2+y^2} = m^2 \tag{5-21}$$

式中，m 是常数(写成二次方仅为了方便)。式(5-21) 可简化成

$$\left(x-\frac{m^2+1}{m^2-1}d\right)^2 + y^2 = \left(\frac{2md}{m^2-1}\right)^2 \tag{5-22}$$

这个方程表示一族圆，圆心在(x_0,y_0)，半径是 R_0，其中

$$R_0 = \frac{2md}{|m^2-1|},\quad x_0 = \frac{m^2+1}{m^2-1}d,\quad y_0 = 0 \tag{5-23}$$

每一个给定的 $m(m>0)$ 值，对应一个等位圆，此圆的电位是

$$\varphi = \frac{\rho_l}{2\pi\varepsilon_0}\ln m \tag{5-24}$$

图 5.2.9 画出了不同 m 值的等位圆，右半空间（$x>0$）对应 $m>1$，电位为正；左半空间（$x<0$）对应 $m<1$，电位为负；y 轴对应 $m=1$，电位为零。$m=0$ 对应点（$-d$，0），$m=\infty$ 对应点（d，0）。这一结果能计算与无限长圆柱导体有关的静电场问题。

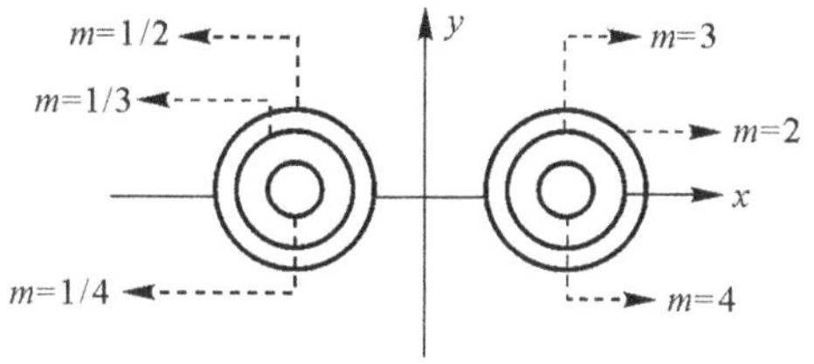

图 5.2.9　平行等量异号电荷等位线

在本例题中，由于 $x<0$ 部分为无限大导体，所以此部分解无效。

四、点电荷对电介质分界平面的镜像

镜像法也可以求解介质边界附近电荷的电位，如例 5.2.4 所示。

例 5.2.4　设两种介电常数分别为 ε_1，ε_2 的介质充填于 $x<0$ 及 $x>0$ 的半空间，在介质 2 中点（d，0，0）处有一电荷 q，如图 5.2.10(a) 所示，求空间各点的电位。

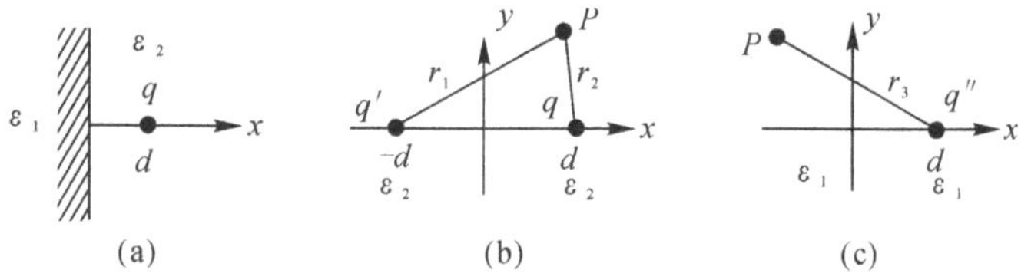

图 5.2.10　介质镜像

(a) 介质镜像问题；(b) 区域 2 等效；(c) 区域 1 等效

解　本题要求空间各点的电位，在右半空间有一个点电荷 q，在左半空间没有电荷，在界面上存在束缚面电荷。用镜像法求解。把原问题分成 $x>0$ 和 $x<0$ 两个区域，在求 $x>0$ 区域的电位时，假设全空间均填充介电常数为 ε_2 的介质，在 q 的对称点（$-d$，0，0）放一镜像电荷 q'，用它代替界面上的束缚电荷。求左半空间电位时，在原电荷所在点（d，0，0）放一镜像电荷 q'' 来代替原电荷及束缚电荷的共同影响，此时假设全空间填充介电常数为 ε_1 的介质。这样右半空间任一点的电位是

$$\varphi_2=\frac{1}{4\pi\varepsilon_2}\left(\frac{q}{r_2}+\frac{q'}{r_1}\right) \tag{5-25}$$

左半空间任一点的电位是

$$\varphi_1=\frac{q''}{4\pi\varepsilon_1 r_3} \tag{5-26}$$

其中，q' 和 q'' 待定。

在界面上（$x=0$），由式（5-25）和式（5-26）所表示的电位，应满足边界条件

$$\varphi_1=\varphi_2 \tag{5-27}$$

$$\varepsilon_1\frac{\partial\varphi_1}{\partial x}=\varepsilon_2\frac{\partial\varphi_2}{\partial x} \tag{5-28}$$

将式(5－25)和式(5－26)代入,得

$$\left.\begin{aligned} q-q' &= q'' \\ \frac{q+q'}{\varepsilon_2} &= \frac{q''}{\varepsilon_1} \end{aligned}\right\} \tag{5-29}$$

解之得到 q' 和 q''

$$\left.\begin{aligned} q' &= \frac{\varepsilon_2-\varepsilon_1}{\varepsilon_2+\varepsilon_1}q \\ q'' &= \frac{2\varepsilon_1}{\varepsilon_2+\varepsilon_1}q \end{aligned}\right\} \tag{5-30}$$

最后,将式(5－30)代入式(5－25)和式(5－26)可得各区电位。

从本例可以看出,采用镜像法时,必须将原问题分成不同的区域求解,对各个区域使用镜像电荷代替求解区域边界上的电荷。镜像电荷应放在待求区域之外。总之,镜像法是一种等效方法,这一方法的关键是找出镜像电荷的大小和位置。镜像法是使用唯一性定理的典型例证。

5.3 边值问题求解的有限差分法

前面重点讲解了求解拉普拉斯方程的镜像法,这是众多解析方法中的一种,但是对大多数实际问题往往边界形状复杂,很难用解析法求解,为此需用数值计算法,而且随着计算机技术的发展,数值计算法已经在电磁分析中占据了主导地位。目前已发展了许多有效的求解边值问题的数值计算方法。有限差分法是一种较易使用的数值方法,本节简要说明有限差分法的原理(以二维问题为例)。

有限差分法的指导思想是:将所求连续区域划分成网格,用有限个网格离散节点代替连续场域,用节点差分方程代替各个点的偏微分方程,用网格节点上离散的数值解代替连续解。这样得到的任意一个点的差分方程是将该点的电位与其周围几个点电位相联系的代数方程。对于全部的待求点,就得到一个线性方程组。求解此线性方程组,即可求出待求区域内各点的电位。

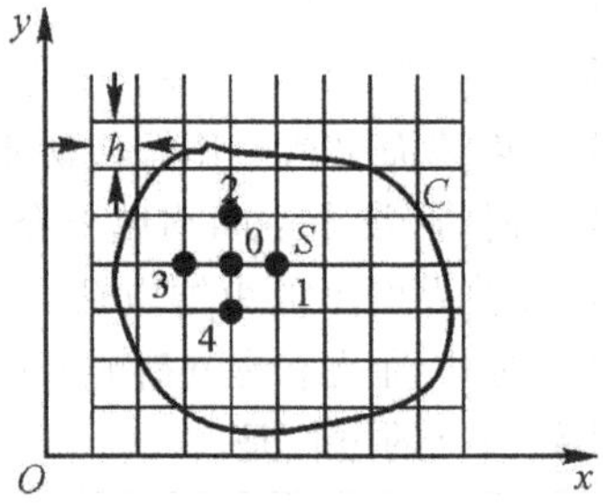

图 5.3.1　求解区域及差分格式

一、偏微分方程转化为差分方程

在 xOy 平面把所求解区域划分为若干相同的小正方形格子,每个格子的边长都为 h,如图 5.3.1 所示。假设某顶点 0 上的电位是 φ_0,周围 4 个顶点的电位分别为 φ_1,φ_2,φ_3 和 φ_4。将这几个点的电位用泰勒级数展开,就有

$$\varphi_1=\varphi_0+\left(\frac{\partial\varphi}{\partial x}\right)_0 h+\frac{1}{2!}\left(\frac{\partial^2\varphi}{\partial x^2}\right)_0 h^2+\frac{1}{3!}\left(\frac{\partial^3\varphi}{\partial x^3}\right)_0 h^3+K \tag{5-31}$$

$$\varphi_3=\varphi_0-\left(\frac{\partial\varphi}{\partial x}\right)_0 h+\frac{1}{2!}\left(\frac{\partial^2\varphi}{\partial x^2}\right)_0 h^2-\frac{1}{3!}\left(\frac{\partial^3\varphi}{\partial x^3}\right)_0 h^3+K \tag{5-32}$$

当 h 很小时,忽略四阶以上的高次项,得

$$\varphi_1+\varphi_3=2\varphi_0+h^2\left(\frac{\partial^2\varphi}{\partial x^2}\right)_0 \tag{5-33}$$

同理，有

$$\varphi_2+\varphi_4=2\varphi_0+h^2\left(\frac{\partial^2\varphi}{\partial y^2}\right)_0 \tag{5-34}$$

将式(5－33)和式(5－34)相加，并考虑

$$\frac{\partial^2\varphi}{\partial x^2}+\frac{\partial^2\varphi}{\partial y^2}=0 \tag{5-35}$$

可得

$$\varphi_0=\frac{1}{4}(\varphi_1+\varphi_2+\varphi_3+\varphi_4) \tag{5-36}$$

式(5－36)表明，任一点的电位等于它周围 4 个点电位的平均值。显然，当 h 越小，计算越精确。如果待求 N 个点的电位，就需解含有 N 个方程的线性方程组。若点的数目较多，用迭代法较为方便。

二、差分方程的数值解法

如前所述，平面区域内有多少个节点，就能得到多少个差分方程。当这些节点数目较多时，使用迭代法求解差分方程组比较方便。

1. 简单迭代法

用迭代法解二维电位分布时，将包含边界在内的节点均以双下标(i,j)表示，i,j 分别表示沿 x，y 方向的标号。次序是 x 方向从左到右，y 方向从下到上，如图 5.3.2 所示。用上标 n 表示某点电位的第 n 次的迭代值。由式(5－36)得出点(i,j)第 $n+1$ 次电位的计算公式为

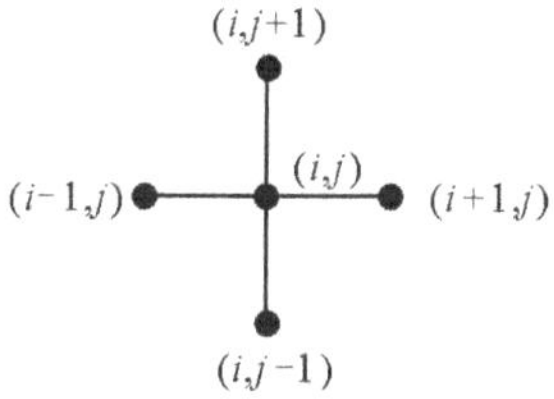

图 5.3.2　节点的序号

$$\varphi_{i,j}^{n+1}=\frac{1}{4}(\varphi_{i+1,j}^{n}+\varphi_{i,j+1}^{n}+\varphi_{i-1,j}^{n}+\varphi_{i,j-1}^{n}) \tag{5-37}$$

式(5－37)也叫简单迭代法，它的收敛速度较慢。

计算时，先给所有节点赋初值：原则上初值可以任意给定，一般取零电位值，赋给所有内节点，作为零级近似，将零级近似值及其边界上的电位值代入式(5－37)；然后按照从左到右、从下到上的顺序求出一级近似值，再由一级近似值求出二级近似值。以此类推，直到连续两次迭代所得电位的差值在允许范围内时，结束迭代。对于相邻两次迭代解之间的误差，一般取最大绝对误差 $\max\limits_{i,j}|\varphi_{i,j}^{k}-\varphi_{i,j}^{k-1}|$。

2. 赛德尔(Seidel)迭代法

通常为节约计算时间，对简单迭代法要进行改进，每当算出一个节点的高一次的近似值，就立即用它参与其他节点的差分方程迭代，即在计算(i,j)点的电位时，把它左边的点$(i-1,j)$和下边的点$(i,j-1)$的电位用刚才的新值代入，这种迭代法叫做赛德尔迭代法。赛德尔迭代法的表达式为

$$\varphi_{i,j}^{n+1}=\frac{1}{4}(\varphi_{i+1,j}^{n}+\varphi_{i,j+1}^{n}+\varphi_{i-1,j}^{n+1}+\varphi_{i,j-1}^{n+1}) \tag{5-38}$$

式(5－38)也称为异步迭代法。由于更新值的提前使用，异步迭代法比简单迭代法收敛速度加

快一倍左右，存储量也小。

3. 超松弛迭代法

为了加快收敛速度，常采用超松弛迭代法。计算时，将某点的新老电位值之差乘以一个因子 α 以后，再加到该点的老电位值上，作为这一点的新电位值 $\varphi_{i,j}^{n+1}$。超松弛迭代法的表达式为

$$\varphi_{i,j}^{n+1}=\varphi_{i,j}^{n}+\frac{\alpha}{4}(\varphi_{i+1,j}^{n}+\varphi_{i,j+1}^{n}+\varphi_{i-1,j}^{n+1}+\varphi_{i,j-1}^{n+1}-4\varphi_{i,j}^{n}) \tag{5-39}$$

式中，α 称为松弛因子，其值介于 1 和 2 之间。当其值为 1 时，超松弛迭代法就蜕变为赛德尔迭代法。

因子 α 的选取一般只能依经验进行。但是对矩形区域，当 M，N 都很大时，可以由如下公式计算得出最佳收敛因子 α_0：

$$\alpha_0=2-\pi\sqrt{\frac{2}{M^2}+\frac{2}{N^2}} \tag{5-40}$$

式中，M，N 分别是沿 x，y 两个方向的内节点数。

对于其他形状是实际区域，最佳收敛因子的表达式很复杂。实际计算中，往往应用其近似值。通常采用以下几种方法处理。第一是将区域等效为近似的矩形区域，再依照式(5-40)计算 α_0；第二是编制可以自动选择收敛因子的计算程序，在起始迭代时取收敛因子为 1.5，然后依迭代过程收敛速度的快慢使计算机按程序自动修正收敛因子；第三种方法是，起始迭代取收敛因子为 1，以后逐渐增大，并注意观察迭代过程的收敛速度，当速度减慢时，停止增加收敛因子的值，而在以后的迭代中，用最后一个收敛因子的值作为最佳值(见图 5.3.3)。

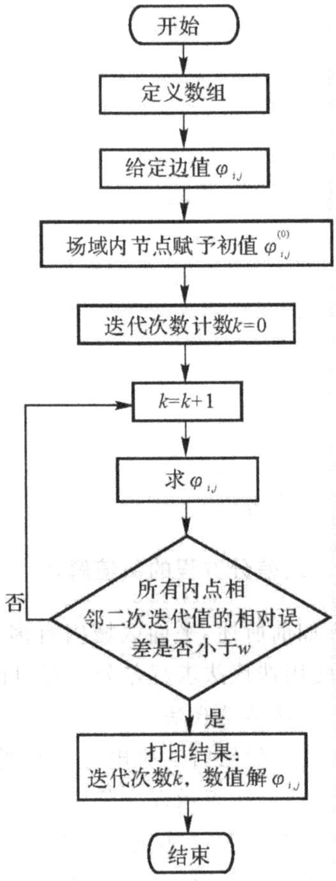

图 5.3.3 迭代解流程图

例 5.3.1 设如图 5.3.4 所示的矩形截面的长导体槽，宽为 $4h$，高为 $3h$，顶板与两侧绝缘，顶板的电位为 10 V，其余的电位为零，求槽内各点的电位。

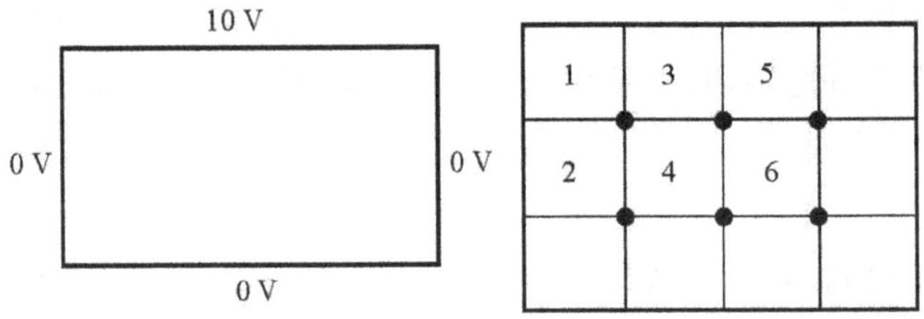

图 5.3.4 例 5.3.1 用图

解 将待求的区域分为 12 个边长为 h 的正方形网格，含 6 个内点，得出差分方程组：

$$\varphi_1=\frac{1}{4}(\varphi_2+\varphi_3+10)$$

$$\varphi_2 = \frac{1}{4}(\varphi_1 + \varphi_4)$$

$$\varphi_3 = \frac{1}{4}(\varphi_1 + \varphi_4 + \varphi_5 + 10)$$

$$\varphi_4 = \frac{1}{4}(\varphi_2 + \varphi_3 + \varphi_6)$$

$$\varphi_5 = \frac{1}{4}(\varphi_3 + \varphi_6 + 10)$$

$$\varphi_6 = \frac{1}{4}(\varphi_4 + \varphi_5)$$

解以上方程组，得

$$\varphi_1 = \frac{670}{161} \approx 4.161\ 5\ \text{V}$$

$$\varphi_2 = \frac{250}{161} \approx 1.552\ 8\ \text{V}$$

$$\varphi_3 = \frac{820}{161} \approx 5.093\ 2\ \text{V}$$

$$\varphi_4 = \frac{330}{161} \approx 2.049\ 7\ \text{V}$$

$$\varphi_5 = \frac{670}{161} \approx 4.161\ 5\ \text{V}$$

$$\varphi_6 = \frac{250}{161} \approx 1.552\ 8\ \text{V}$$

应注意，以上结果是差分方程组的精确解，但并不是待求各点电位的精确值，这是因为差分方程组本身是原偏微分组的近似。以下用迭代法求解。简单迭代法和超松弛迭代法的结果分别列于表 5.3.1 至表 5.3.3，给出了收敛因子的影响。

表 5.3.1　简单迭代法

初值:0　　误差:10^{-3}　　迭代次数:$k=10$

0	10.000 0	10.000 0	10.000 0	0
0	4.161 2	5.093 0	4.161 4	0
0	1.552 4	2.049 3	1.552 6	0
0	0	0	0	0

表 5.3.2　超松弛法($\alpha=1.2$)

初值:5　　误差:10^{-3}　　迭代次数:$k=9$

	0	10.000 0	10.000 0	10.000 0
0	4.161 7	5.093 3	4.161 6	0
0	1.553 1	2.050 0	1.552 9	0
	0	0	0	0

表 5.3.3　超松弛法($\alpha=1.2$)

初值:0　误差:10^{-3}　迭代次数:$k=7$

0	10.000 0	10.000 0	10.000 0	0
0	4.161 4	5.093 1	4.161 5	0
0	1.552 6	2.049 6	1.552 8	0
0	0	0	0	0

由以上表格可以看出:

(1) 迭代次数主要由初值和网格节点的精细程度决定;

(2) 初值不影响计算结果;

(3) 迭代次数还取决于工程允许误差$\max\limits_{i,j}|\varphi_{i,j}^{k}-\varphi_{i,j}^{k-1}|$的大小。

槽内各点的电位如图 5.3.5 所示。

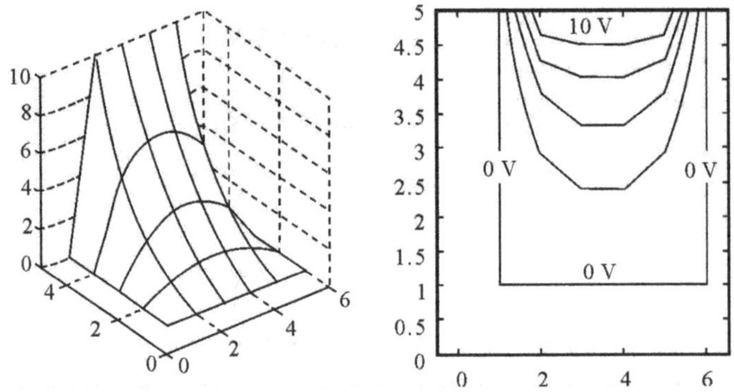

图 5.3.5　槽内等电位分布图

5.4　分离变量法

分离变量法是数学物理方程中应用最广的一种方法,首先它要求所给的边界与一个适当的坐标系的坐标面相重合,或分段重合;其次在此坐标系中,待求偏微分方程的解可表示成三个函数的乘积,每一个函数仅是一个坐标的函数。这样,通过分离变量法就可以把偏微分方程转化为常微分方程进行求解。

5.4.1　直角坐标系中的分离变量法方程

在直角坐标系中,拉普拉斯方程为

$$\frac{\partial^2\varphi}{\partial x^2}+\frac{\partial^2\varphi}{\partial y^2}+\frac{\partial^2\varphi}{\partial z^2}=0 \tag{5-41}$$

设 φ 可以表示为三个函数的乘积,即

$$\varphi(x,y,z)=X(x)Y(y)Z(z) \tag{5-42}$$

式中,X 只是 x 的函数,同时 Y 只是 y 的函数,Z 只是的 z 函数。将式(5-42) 代入式(5-41),

得

$$YZ\frac{\mathrm{d}^2X}{\mathrm{d}x^2}+XZ\frac{\mathrm{d}^2y}{\mathrm{d}y^2}+XY\frac{\mathrm{d}^2Z}{\mathrm{d}z^2}=0$$

然后用 XYZ 除上式得

$$\frac{X''}{X}+\frac{Y''}{Y}+\frac{Z''}{Z}=0 \tag{5-43}$$

以方程式(5-43)的第一项只是 x 的函数，第二项只是 y 的函数，第三项只是 z 的函数。要是这一方程对任一组(x，y，z)成立，这三项必须分别为常数，即

$$\left.\begin{aligned}\frac{X''}{X}&=\alpha^2\\ \frac{Y''}{Y}&=\beta^2\\ \frac{Z''}{Z}&=\gamma^2\end{aligned}\right\} \tag{5-44}$$

这样，就将偏微分方程转化为三个常微分方程。α，β，γ 是分离常数，都是待定系数，与边界条件有关，它们可以是实数，也可以是虚数，且根据方程式(5-43)，应有

$$\alpha^2+\beta^2+\gamma^2=0 \tag{5-45}$$

5.4.2　分离变量法方程的解

方程式(5-44)的解与边界条件有关(即与常数 α，β，γ 有关)，下面以式(5-44)中的第一方程说明 X 与 α 的关系。

当 $\alpha^2=0$ 时，则

$$X(x)=a_0x+b_0 \tag{5-46}$$

当 $\alpha^2<0$ 时，令 $\alpha=\mathrm{j}k_x$(k_x 为正实数)，则

$$X(x)=a_1\sin k_xx+a_2\cos k_xx \tag{5-47}$$

或

$$X(x)=b_1\mathrm{e}^{-\mathrm{j}k_xx}+b_2\mathrm{e}^{\mathrm{j}k_xx} \tag{5-48}$$

当 $\alpha^2>0$ 时，令 $\alpha=k_x$(k_x 为正实数)，则

$$X(x)=c_1\mathrm{sh}k_xx+c_2\mathrm{ch}k_xx \tag{5-49}$$

或

$$X(x)=d_1\mathrm{e}^{-k_xx}+d_2\mathrm{e}^{k_xx} \tag{5-50}$$

以上 a，b，c 和 d 称为积分常数，也由边界条件决定。$Y(y)$ 和 $Z(z)$ 的解和 $X(x)$ 类似。

说明：在用分离变量法求解静态场的边值问题时，常需要根据边界条件确定分离常数是实数、虚数或零。若在某一个方向(如 x 方向)的边界条件是周期的，则该坐标的分离常数必是实数，其解要选三角函数；若在某个方向的边界条件是非周期的，则该方向的解要选双曲函数或指数函数，在有限区域选双曲函数，在无限区域选指数衰减函数；若位函数于某一坐标无关，则沿该方向的分离常数为零，其解为常数。

5.5　阅读材料——麦克斯韦简介

James Clerk Maxwell，1831—1879 年

詹姆斯·克拉克·麦克斯韦是伟大的英国物理学家，经典电磁理论的创始人。他就读于

爱丁堡大学，毕业于剑桥大学。(他成年时期的大部分时光作为教授在大学里任教，最后一直在剑桥大学工作。)

一般认为麦克斯韦是从牛顿到爱因斯坦这一整个阶段中最伟大的理论物理学家。1879年他在临近48岁生日之际因病与世长辞。他光辉的生涯就这样过早地结束了。

麦克斯韦生前没有享受到他应得的荣誉，因为他的科学思想和科学方法的重要意义直到20世纪科学革命来临时才充分体现出来。然而他没能看到科学革命的发生。1879年11月5日，麦克斯韦因病在剑桥逝世，年仅48岁。那一年正好爱因斯坦出生。科学史上这种巧合还有一次是在1642年，那一年伽利略去世，牛顿出生。

麦克斯韦是19世纪伟大的英国物理学家、数学家。1831年11月13日生于苏格兰的爱丁堡，自幼聪颖，父亲是个知识渊博的律师，使麦克斯韦从小受到良好的教育。10岁时进入爱丁堡中学学习，14岁就在爱丁堡皇家学会会刊上发表了一篇关于二次曲线作图问题的论文，已显露出出众的才华。1847年进入爱丁堡大学学习数学和物理。1850年转入剑桥大学三一学院数学系学习，1854年以第二名的成绩获史密斯奖学金，毕业留校任职两年。1856年在苏格兰阿伯丁的马里沙耳任自然哲学教授。1860年到伦敦国王学院任自然哲学和天文学教授。1861年选为伦敦皇家学会会员。1865年春辞去教职回到家乡，系统地总结他的关于电磁学的研究成果，完成了电磁场理论的经典巨著《论电和磁》，并于1873年出版，1871年受聘为剑桥大学新设立的卡文迪什试验物理学教授，负责筹建著名的卡文迪什实验室，1874年建成后担任这个实验室的第一任主任，直到1879年11月5日在剑桥逝世。麦克斯韦是运用数学工具分析物理问题和精确地表述科学思想的大师，他非常重视实验，由他负责建立起来的卡文迪什实验室，在他和以后几位主任的领导下，发展成为举世闻名的学术中心之一。

麦克斯韦主要从事电磁理论、分子物理学、统计物理学、光学、力学、弹性理论方面的研究。他善于从实验出发，经过敏锐的观察思考，应用娴熟的数学技巧，从缜密的分析和推理，大胆地提出有实验基础的假设，建立新的理论，再使理论及其预言的结论接受实验检验，逐渐完善，形成系统、完整的理论。尤其是他建立的电磁场理论，将电学、磁学、光学统一起来，是19世纪物理学发展的最光辉的成果，是科学史上最伟大的综合之一。他预言了电磁波的存在。这种理论后来得到了德国物理学家赫兹充分的实验验证。由法拉第开创、麦克斯韦总结的电磁理论，至此取得了决定性的胜利，他为物理学树起了一座丰碑。科学史上，称牛顿把天上和地上的运动规律统一起来，是实现第一次大综合，麦克斯韦把电、光统一起来，是实现第二次大综合，因此应与牛顿齐名。造福于人类的无线电技术，就是以电磁场理论为基础发展起来的。没有麦克斯韦方程，就没有现代无线通信。

小　　结

(1) 静态场的许多问题可归结为给定边界条件下求解位函数的泊松方程或拉普拉斯方程的问题，即边值型问题。给定边界条件的泊松方程或拉普拉斯方程的解满足唯一性定理。静态场边值问题的求解方法有很多，可分为解析法、数值法、实验模拟法和图解法等。

(2) 镜像法。在场区域外的某一位置处，将平面、圆柱面或球面上的感应电荷分布(或束缚电荷分布）用等效的点电荷或线电荷，即镜像电荷替代并保证边界条件不变。原电荷与镜像电荷的场的叠加就是所求的解。镜像法的关键是确定镜像电荷的位置和大小。

(3) 有限差分法。它是一种数值计算方法，把求解区域用网格划分，同时把拉普拉斯方程变为网格节点的电位有限差分方程(代数方程组)。在已知边界点的电位值下，用迭代法求解网格点点位的近视数值。

(4) 分离变量法。它是将一个多元函数表示成几个单变量函数的乘积，从而将偏微分方程分离为 n 个分离常数的常微分方程的方法。

习　题　五

5.1　接地无限大导体平板上有一个半径为 a 的半球形突起，在点 $(0,0,d)$ 处有一个点电荷 q，如图题 5.1 所示，求导体上方的电位。

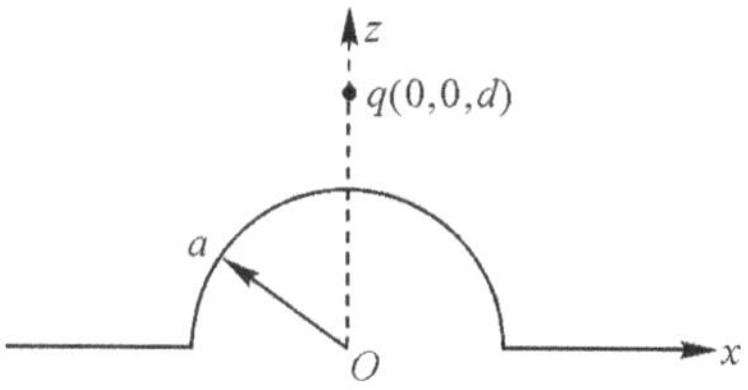

图题　5.1

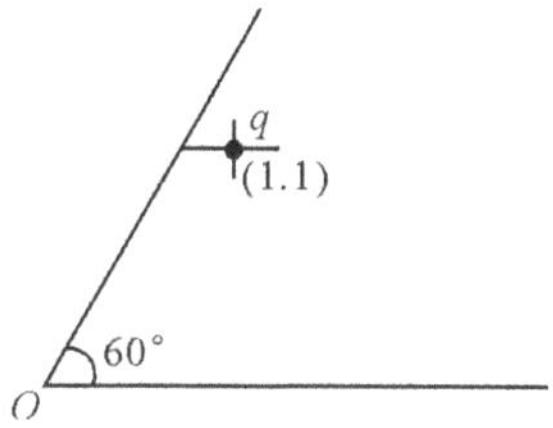

图题　5.2

5.2　一点电荷 q 如题图 5.2 所示，放在60° 导体角内的 $x=1, y=1$ 点处。求：(1) 所有镜像电荷的位置和大小；(2) $x=2, y=1$ 点的电位。

5.3　一个二维静电场，电位函数为 $\varphi(x,y)$，边界条件如图题 5.3 所示，将正方形场域分成 20 个正方形网格。有 16 个内部网格点。假定 16 个网格点的初始值都定位零，试用超松弛法确定 16 个内网格点的电位值。(本题最好在计算机上求解)

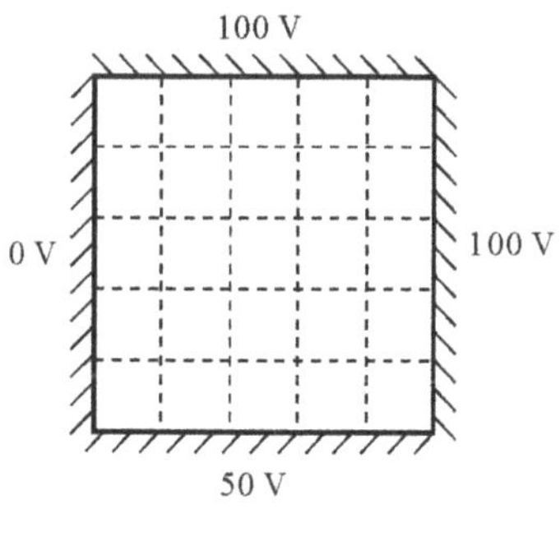

图题　5.3

5.4　两平行圆柱形导体的半径都为 a，导体轴线之间之间的距离都是 $2b$，如图题 5.4 所示，求导体单位长度上的电容。

图题　5.4

第六章　时变电磁场

在静态场中，由于电场和磁场均不随时间变化而变化，且两者独立存在，所以可以分开进行研究。而实际工程应用中，更多的情况是电场和磁场均随时间发生相应变化，此时两者不再相互独立，而是一个统一的整体，故静态场理论不再适用，而应使用时变场理论解决问题。

本章首先解释何谓"时变场"，以及时变场如何产生，接着讨论时变场的特点，然后研究边界条件和能量，最后介绍一种特殊类型的时变电磁场 —— 正弦电磁场。

6.1　时变电磁场的源

静电场和静磁场的源分别是静电荷和恒定电流，它们是相互独立的，两者的基本方程之间并无联系。然而，随着时间变化的电场和磁场之间则是相互联系的。1831 年英国科学家法拉第(M. Faraday) 最早发现了时变电场和磁场之间的联系，即时变电场可由时变磁场激发。这一结论将在本章节中通过法拉第电磁感应定律得以证实。

一、法拉第电磁感应定律

如果在磁场中有导线构成的闭合回路 L，则当穿过由 L 围成的开曲面 S 的磁通量发生变化时，回路中就会产生感应电动势 ε，从而引起感应电流，其实际方向可由楞次(H. E. Lenz) 定律说明：感应电动势在导电回路中引起的感应电流的方向是使它所产生的磁场阻止导电回路中磁通的变化。法拉第定律和楞次定律的结合就是法拉第电磁感应定律，其数学表达式为

$$\varepsilon=-\frac{\mathrm{d}\Phi}{\mathrm{d}t}=-\frac{\mathrm{d}}{\mathrm{d}t}\int_S \boldsymbol{B}\cdot\mathrm{d}\boldsymbol{S} \tag{6-1}$$

式中，ε 为感应电动势；Φ 为穿过曲面 S 的磁通，磁通 Φ 与感应电动势 ε 的正方向成右手螺旋关系，如图 6.1.1 所示。此外，当回路线圈不止一匝时，式(6－1) 中的 Φ 则表示全磁通(亦称磁链)。空间中的总电场是由静止电荷产生的库仑电场 E_C 以及非保守感应场 E_{ind} 两者构成，即

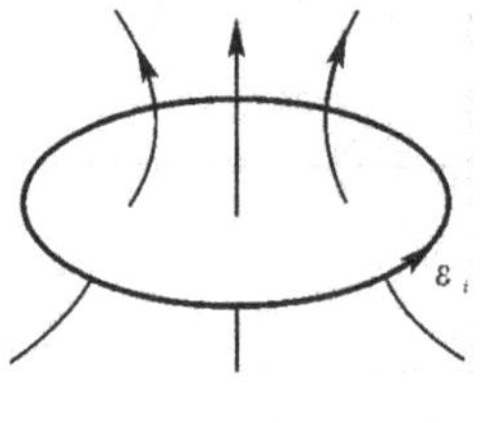

图 6.1.1　法拉第电磁感应定律

$$\oint_L \boldsymbol{E}\cdot\mathrm{d}\boldsymbol{l}=\oint_L \boldsymbol{E}_C\cdot\mathrm{d}\boldsymbol{l}+\oint_L \boldsymbol{E}_{ind}\cdot\mathrm{d}\boldsymbol{l}=\oint_L \boldsymbol{E}_{ind}\cdot\mathrm{d}\boldsymbol{l} \tag{6-2}$$

又因为

$$\oint_L \boldsymbol{E}_{ind}\cdot\mathrm{d}\boldsymbol{l}=\varepsilon=-\frac{\mathrm{d}\Phi}{\mathrm{d}t}=-\frac{\mathrm{d}}{\mathrm{d}t}\int_S \boldsymbol{B}\cdot\mathrm{d}\boldsymbol{S} \tag{6-3}$$

且$\oint_L \boldsymbol{E}_C\cdot\mathrm{d}\boldsymbol{l}=0$，则有

$$\oint_L \boldsymbol{E}\cdot\mathrm{d}\boldsymbol{l}=-\frac{\mathrm{d}\Phi}{\mathrm{d}t}=-\frac{\mathrm{d}}{\mathrm{d}t}\int_S \boldsymbol{B}\cdot\mathrm{d}\boldsymbol{S}=-\int_S \frac{\partial \boldsymbol{B}}{\partial t}\cdot\mathrm{d}\boldsymbol{S} \tag{6-4}$$

以上讨论的是导体回路的情况。但感应电场是由变化的磁场激发的，不论导体是否存在，只要磁场变化，就要激发感应电场，因此式(6－4)不只适合于导体回路，对任一闭合回路都是成立的。

由斯托克斯公式，式(6－4)可以改写为

$$\oint_L \boldsymbol{E}\cdot \mathrm{d}\boldsymbol{l}=\int_S \nabla\times \boldsymbol{E}\cdot \mathrm{d}\boldsymbol{S}=-\int_S \frac{\partial \boldsymbol{B}}{\partial t}\cdot \mathrm{d}\boldsymbol{S} \tag{6-5}$$

式(6－5)对任意面积均成立，因此有

$$\nabla\times \boldsymbol{E}=-\frac{\partial \boldsymbol{B}}{\partial t} \tag{6-6}$$

法拉第电磁感应定律的微分形式即式(6－6)，它表明随时间变化的磁场将激发电场。时变电场是一个有旋场，随时间变化的磁场是该时变电场的源，通常称这种电场为感应电场，以区别于静止电荷产生的库仑场。感应电场是旋涡场，而库仑场是无旋场，即保守场。

前面讲述了静止的闭合回路中的感应电动势，接着考虑运动系统的感应电动势，即当回路相对磁场有机械运动时，磁感应强度也将随时间变化而变化。设回路 L 以速度 $\boldsymbol{v}$ 运动，此时运动回路中的感应电动势由两部分组成，一部分是由时变磁场引起的(称为感生电动势)，另一部分是由回路运动引起的(称为动生电动势)。合成电场 $\boldsymbol{E}=\boldsymbol{E}'-\boldsymbol{v}\times\boldsymbol{B}$，$\boldsymbol{E}'$ 为与回路相对静止的观察者看到的电场。经推导可证明，对于运动回路仍有

$$\oint_L \boldsymbol{E}\cdot \mathrm{d}\boldsymbol{l}=-\int_S \frac{\partial \boldsymbol{B}}{\partial t}\cdot \mathrm{d}\boldsymbol{S} \tag{6-7}$$

其微分形式仍为

$$\nabla\times \boldsymbol{E}=-\frac{\partial \boldsymbol{B}}{\partial t} \tag{6-8}$$

式(6－7)和式(6－8)分别是普遍情况下的法拉第电磁感应定律的积分形式和微分形式。至此，我们已经知道能够激发电场的源有两种：静止电荷和时变磁场。

二、位移电流

法拉第电磁感应定律给出了激发电场的源，而位移电流的存在则显示了激发磁场的源。1843 年法拉第通过实验证明了电荷守恒定律在任何时刻都是成立的，它的数学描述就是电流连续性方程

$$\oint_S \boldsymbol{J}\cdot \mathrm{d}\boldsymbol{S}=-\frac{\mathrm{d}Q}{\mathrm{d}t} \tag{6-9}$$

式中，$\boldsymbol{J}$ 是电流体密度，它的方向即它所在位置上正电荷的流动方向，它的大小就是在垂直于电流流动方向的单位面积上，每单位时间内通过的电荷量，单位是 $\mathrm{A/m^2}$，且电流连续性方程在静态场和时变场中均适用。式(6－9)表明：单位时间内流出包围体积 V 的闭合面 S 的电荷量等于闭合面 S 内单位时间电荷的减少率 $-\frac{\mathrm{d}Q}{\mathrm{d}t}$。利用高斯公式将式(6－9)转化为

$$\oint_S \boldsymbol{J}\cdot \mathrm{d}\boldsymbol{S}=\int_V \nabla\cdot \boldsymbol{J}\mathrm{d}V=-\frac{\partial}{\partial t}\int_V \rho \mathrm{d}V=-\int_V \frac{\partial \rho}{\partial t}\mathrm{d}V \tag{6-10}$$

由于体积 V 任意，则

$$\nabla\cdot \boldsymbol{J}=-\frac{\partial \rho}{\partial t} \tag{6-11}$$

式(6－11)为电流连续性方程的微分形式。

但是，在静态场中，安培环路定律的积分形式和微分形式分别为

$$\oint_L \boldsymbol{H} \cdot \mathrm{d}\boldsymbol{l} = \int_S \boldsymbol{J} \cdot \mathrm{d}\boldsymbol{S} \tag{6-12}$$

以及

$$\nabla \times \boldsymbol{H} = \boldsymbol{J} \tag{6-13}$$

若对式(6－13)两边同时求散度，则

$$\nabla \cdot (\nabla \times \boldsymbol{H}) = 0 = \nabla \cdot \boldsymbol{J} \tag{6-14}$$

此结果显然与电流连续性方程的微分形式矛盾。首先注意到这一矛盾的是麦克斯韦。1862年，麦克斯韦提出了位移电流的概念，且认为位移电流和运动电荷形成的电流以同一方式激发磁场，故可直接在式(6－14)的右端引入$\frac{\partial \rho}{\partial t}$，使得

$$\nabla \cdot (\nabla \times \boldsymbol{H}) = 0 = \nabla \cdot \boldsymbol{J} + \frac{\partial \rho}{\partial t} \tag{6-15}$$

同时麦克斯韦认为在时变情况下，高斯定理和磁通连续性原理仍然适用。即

$$\nabla \cdot \boldsymbol{D} = \rho \tag{6-16}$$

则

$$\nabla \cdot (\nabla \times \boldsymbol{H}) = \nabla \cdot \boldsymbol{J} + \frac{\partial}{\partial t}(\nabla \cdot \boldsymbol{D}) = \nabla \cdot \left(\boldsymbol{J} + \frac{\partial \boldsymbol{D}}{\partial t}\right) \tag{6-17}$$

由式(6－17)可得

$$\nabla \times \boldsymbol{H} = \boldsymbol{J} + \frac{\partial \boldsymbol{D}}{\partial t} \tag{6-18}$$

此式即为安培-麦克斯韦全电流定律，其中 $\boldsymbol{J}$ 在导体中为传导电流 $\boldsymbol{J}_c$，在气体中为运流电流 $\boldsymbol{J}_v$。式(6－13)与式(6－18)的区别在于，引入因子$\frac{\partial \boldsymbol{D}}{\partial t}$，它的单位与电流密度的单位 $\mathrm{A/m^2}$ 相同，而 $\boldsymbol{D}$ 又称为电位移，故称此因子为位移电流密度，以 $\boldsymbol{J}_d$ 表示，即

$$\boldsymbol{J}_d = \frac{\partial \boldsymbol{D}}{\partial t} \tag{6-19}$$

式(6－19)表明：激发磁场的源可以是传导电流，也可以是变化的电场。至此可以得出结论：电场和磁场可以相互激发。麦克斯韦正是根据这一结论，预言了电磁波的存在，这一预言在后来得到了实验的证实。

例 6.1.1　证明通过任意封闭曲面的传导电流和位移电流的总量为零。

解　根据安培-麦克斯韦全电流定律

$$\nabla \times \boldsymbol{H} = \boldsymbol{J}_c + \frac{\partial \boldsymbol{D}}{\partial t}$$

则通过任意封闭曲面的传导电流和位移电流为

$$\oint_S \left(\boldsymbol{J}_c + \frac{\partial \boldsymbol{D}}{\partial t}\right) \cdot \mathrm{d}\boldsymbol{S} = \oint_S (\nabla \times \boldsymbol{H}) \cdot \mathrm{d}\boldsymbol{S}$$

上式右边利用散度定理可以写成

$$\oint_S (\nabla \times \boldsymbol{H}) \cdot \mathrm{d}\boldsymbol{S} = \int_V \nabla \cdot (\nabla \times \boldsymbol{H}) \cdot \mathrm{d}V = 0 = \oint_S \left(\boldsymbol{J}_c + \frac{\partial \boldsymbol{D}}{\partial t}\right) \cdot \mathrm{d}\boldsymbol{S} = I_c + I_d = I$$

故通过任意封闭曲面的总电流量为零。

6.2　麦克斯韦方程组及辅助方程

麦克斯韦(Maxwell)方程组是电磁运动规律最简洁的数学描述，它是在对宏观电磁现象的实验规律进行分析总结的基础上，通过对概念的扩充和对定理的推广，揭示了电场与磁场之间，以及电磁场与电荷、电流之间的相互关系，是一切宏观电磁现象所遵循的普遍规律，因此麦克斯韦方程组不仅是本书的核心内容，更是其他相关学科的基础。没有麦克斯韦方程组的导出，就没有现在的无线通信技术。

一、麦克斯韦方程组及辅助方程

参照上一节讨论的内容，法拉第电磁感应定律以及全电流定律构成了 Maxwell 方程组的核心，同时麦克斯韦认为，除了高斯定理在时变情况下成立外，磁通连续性原理也是成立的，当然，实践也证明这种推广是正确的，它们和上述二方程组成 Maxwell 方程组：

$$\left.\begin{aligned}&\nabla\times\boldsymbol{H}=\boldsymbol{J}+\frac{\partial\boldsymbol{D}}{\partial t}\\&\nabla\times\boldsymbol{E}=-\frac{\partial\boldsymbol{B}}{\partial t}\\&\nabla\cdot\boldsymbol{B}=0\\&\nabla\cdot\boldsymbol{D}=\rho\end{aligned}\right\}\tag{6-20}$$

式(6－20)为 Maxwell 方程组的微分形式，其对应的积分形式为

$$\left.\begin{aligned}&\oint_C\boldsymbol{H}\cdot\mathrm{d}\boldsymbol{l}=\int_S\left(\boldsymbol{J}+\frac{\partial\boldsymbol{D}}{\partial t}\right)\cdot\mathrm{d}\boldsymbol{S}\\&\oint_C\boldsymbol{E}\cdot\mathrm{d}\boldsymbol{l}=-\frac{\mathrm{d}}{\mathrm{d}t}\int_S\boldsymbol{B}\cdot\mathrm{d}\boldsymbol{S}\\&\oint_S\boldsymbol{B}\cdot\mathrm{d}\boldsymbol{S}=0\\&\oint_S\boldsymbol{D}\cdot\mathrm{d}\boldsymbol{S}=\int_V\rho\,\mathrm{d}V=Q\end{aligned}\right\}\tag{6-21}$$

从 Maxwell 方程组可以看出：

(1) 电流和时变电场能激发磁场，时变磁场也可激发电场。这两点是 Maxwell 方程组的核心，说明时变电场和时变磁场能够相互激发，时变电磁场能够脱离源 ρ 和 $\boldsymbol{J}$ 独立存在，在空间形成电磁波。

(2) 空间中没有自由磁荷存在，即磁场线没有起点也没有终点。

(3) 电场的旋度和散度均不为零，表明电场线可从正电荷出发终止于负电荷，也可以是与 $\partial\boldsymbol{B}/\partial t$ 相交链的闭合曲线；磁场线则一定是与电流或 $\partial\boldsymbol{D}/\partial t$ 交链的闭合曲线。

(4) 从方程组不难看出，前面讨论过的静电场、恒定电场和恒定磁场的基本方程都是 Maxwell 方程组在 $\frac{\partial\boldsymbol{D}}{\partial t}=0$ 和 $-\frac{\partial\boldsymbol{B}}{\partial t}=0$ 时的特例。

(5)Maxwell 方程组中的 4 个方程并不都是独立的，由其中的法拉第电磁感应定律能够推导出 $\nabla\cdot\boldsymbol{B}=0$，故式(6－20)可简化为由 2 个旋度矢量方程和 1 个散度标量方程组成的相互独立

的方程组，而每个矢量方程又可转化为 x，y，z 方向分量的 3 个标量方程，因此 Maxwell 方程组最终可以转化为 7 个相互独立的标量方程。

(6)Maxwell 方程组中并没有显示出 $\boldsymbol{E}$，$\boldsymbol{D}$，$\boldsymbol{H}$，$\boldsymbol{B}$ 和 $\boldsymbol{J}$ 之间的关系，称为非限定形式。但最简 Maxwell 方程组中只有 7 个独立的标量方程，要利用方程组解出 $\boldsymbol{E}$，$\boldsymbol{D}$，$\boldsymbol{H}$，$\boldsymbol{B}$，$\boldsymbol{J}$ 以及 ρ 对应的 16 个标量显然是不够的，因此需要进一步限定这 5 个矢量及一个标量之间的关系，即必须另外提供 9 个独立的标量方程，这 9 个标量方程就是叙述电磁媒质与场矢量之间关系的本构关系，它们即为 Maxwell 方程组的辅助方程，表示为

$$\left.\begin{aligned} \boldsymbol{D} &= \varepsilon_0 \boldsymbol{E} + \boldsymbol{P} \\ \boldsymbol{B} &= \mu_0 (\boldsymbol{H} + \boldsymbol{M}) \\ \boldsymbol{J} &= \sigma \boldsymbol{E} \end{aligned}\right\} \tag{6-22}$$

对于各向同性的线性媒质，式(6－22) 可改写成

$$\left.\begin{aligned} \boldsymbol{D} &= \varepsilon \boldsymbol{E} \\ \boldsymbol{B} &= \mu \boldsymbol{H} \\ \boldsymbol{J} &= \sigma \boldsymbol{E} \end{aligned}\right\} \tag{6-23}$$

对于媒质的性质有如下规定：若媒质参数与场强大小无关，称为线性媒质；若媒质参数与场强方向无关，称为各向同性媒质；若媒质参数与位置无关，称为均匀媒质；若媒质参数与场强和频率无关，称为非色散媒质。通常，称线性、均匀、各向同性的媒质为简单媒质。

式(6－23) 中 ε，μ 和 σ 为媒质的介电常数、磁导率和电导率。通常定义 $\sigma = 0$ 的媒质为理想介质，$\sigma \to \infty$ 的媒质为理想导体，$0 < \sigma < \infty$ 的媒质为导电媒质，或有耗媒质。

例 6.2.1 已知在无界、无耗、无源空间中有一时变电磁场，电场强度矢量的时域表达式为

$$\boldsymbol{E} = \boldsymbol{e}_x 3E_0 \cos(\omega t - kz)$$

式中，E_0，k 均为常数。求磁场强度的时域表达式。

解 由麦克斯韦方程组中的 $\nabla \times \boldsymbol{E} = -\dfrac{\partial \boldsymbol{B}}{\partial t}$ 得

$$\nabla \times \boldsymbol{E} = \begin{vmatrix} \boldsymbol{e}_x & \boldsymbol{e}_y & \boldsymbol{e}_z \\ \dfrac{\partial}{\partial x} & \dfrac{\partial}{\partial y} & \dfrac{\partial}{\partial z} \\ E_x & 0 & 0 \end{vmatrix} = -\mu_0 \frac{\partial \boldsymbol{H}}{\partial t}$$

则

$$\boldsymbol{e}_y 3E_0 k \sin(\omega t - kz) = -\mu_0 \frac{\partial}{\partial t}(\boldsymbol{e}_x H_x + \boldsymbol{e}_y H_y + \boldsymbol{e}_z H_z)$$

由上式可得

$$3E_0 k \sin(\omega t - kz) = -\mu_0 \frac{\partial H_y}{\partial t}$$

最终可得

$$\boldsymbol{H} = \boldsymbol{e}_y \frac{3E_0 k}{\mu_0 \omega} \cos(\omega t - kz)$$

二、洛伦兹力

Maxwell 方程组反映了电荷对电磁场的激发，而洛伦兹力公式则反映了电磁场对其中运动电荷的作用，两者共同构成经典电磁理论的基础。

当空间同时存在电场和磁场时，以匀速 $\boldsymbol{v}$ 运动的点电荷 q 所受的力为

$$\boldsymbol{F}=q(\boldsymbol{E}+\boldsymbol{v}\times\boldsymbol{B})$$

如果电荷是连续分布的，其密度为 ρ，则电荷系统所受电磁场力密度 $\boldsymbol{f}$ 满足

$$\boldsymbol{f}=\rho(\boldsymbol{E}+\boldsymbol{v}\times\boldsymbol{B})=\rho\boldsymbol{E}+\boldsymbol{J}\times\boldsymbol{B} \tag{6-24}$$

式(6-24)为洛伦兹力公式。近代物理学实验证实了洛伦兹力公式对任意运动速度的带电粒子都是适用的。

6.3　时变电磁场的边界条件

在实际工程中，往往要遇到由不同的媒质组成的电磁系统。在不同媒质分界面上，由于媒质的特性发生了突变，相应的场量也将发生突变。时变电磁场边界条件的分析有助于确定有界区域内电场及磁场的分布情况，即当已知电磁场分布时可求解有界区域边界面上的电流、电荷分布。

本节将讨论时变电磁场在两种媒质分界面上的变化规律。在静态场的讨论中已知——决定分界面两侧电磁场变化关系的方程称为边界条件。时变场中研究边界条件的出发点依然是 Maxwell 方程组。由于在不同媒质的交界面处媒质的性质发生了突变，因此，微分形式的方程不再适用，只能从 Maxwell 方程组的积分形式出发推导边界条件。

一、电位移矢量 D 的边界条件

电位移矢量 $\boldsymbol{D}$ 的边界条件可以由 Maxwell 方程组中的高斯定律导出。如图 6.3.1 所示，设 $\boldsymbol{D}$ 代表该点的电位移矢量，$\boldsymbol{n}$ 是分界面上任意点处的法向单位矢量，垂直于 $\boldsymbol{n}$ 的方向为切向。$\boldsymbol{n}$ 从媒质 2 指向媒质 1。在分界面上取一极小封闭圆柱面，上下底面面积均为 ΔS，圆柱体高为 h，且 $h\to 0$。由于 ΔS 极小，则可认为底面上的电位移矢量是均匀的，分别以 $\boldsymbol{D}_1$，$\boldsymbol{D}_2$ 表示媒质 1 及媒质 2 中圆柱体底面上的电位移矢量，又因为 $h\to 0$，而电位移矢量是有限值，故圆柱体侧面上的积分趋于零，从而得

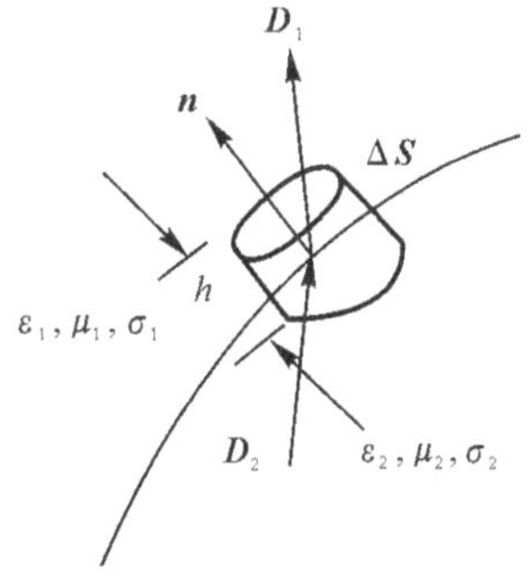

图 6.3.1　法向分量边界条件

$$\oint_S \boldsymbol{D}\cdot d\boldsymbol{S}=\boldsymbol{D}_1\cdot\Delta S\boldsymbol{n}-\boldsymbol{D}_2\cdot\Delta S\boldsymbol{n}=\boldsymbol{n}\cdot(\boldsymbol{D}_1-\boldsymbol{D}_2)\Delta S$$

同时，假设分界面上同样存在自由电荷，则封闭曲面内的总电荷量

$$Q=\int_V\rho\, dV=\lim_{h\to 0}\rho h\,\Delta S=\rho_S\Delta S$$

则可得

$$\boldsymbol{n}\cdot(\boldsymbol{D}_1-\boldsymbol{D}_2)=\rho_S \tag{6-25}$$

对应的标量形式为

$$D_{1n}-D_{2n}=\rho_S \tag{6-26}$$

若假设分界面上没有自由电荷，则有

$$D_{1n}=D_{2n} \tag{6-27}$$

由此总结，式(6－25) 即为电位移矢量的边界条件，式(6－26) 为其对应的标量形式。可见，若分界面上有自由电荷存在，则 **D** 的法向分量 D_n 在分界面处不连续，变化程度与面电荷密度 ρ_S 有关。但若分界面上没有自由电荷，则 D_n 不发生变化，但由于两种媒质的介电常数 ε 不同，电场的法向分量 E_n 不连续。

二、电场强度 *E* 的边界条件

电场强度 **E** 的边界条件可由 Maxwell 方程组中的法拉第电磁感应定律推得。如图 6.3.2 所示，在分界面上取一个无限小且所围曲面垂直于交界面的矩形闭合回路，其上下两底边长度为 Δl，且分别位于边界面两侧并且与分界面相切，矩形的侧边长度 $h \to 0$。设 $\boldsymbol{n}, \boldsymbol{l}$ 分别是 Δl 中点处分界面的法向单位矢量和切向单位矢量，$\boldsymbol{b}$ 是垂直于 $\boldsymbol{n}$ 且与矩形闭合回路成右手螺旋关系的单位矢量，即满足 $\boldsymbol{l}=\boldsymbol{b}\times\boldsymbol{n}$。

由 Maxwell 方程组中的

$$\oint_l \boldsymbol{E}\cdot \mathrm{d}\boldsymbol{l} = -\int_S \frac{\partial \boldsymbol{B}}{\partial t}\cdot \mathrm{d}\boldsymbol{S}$$

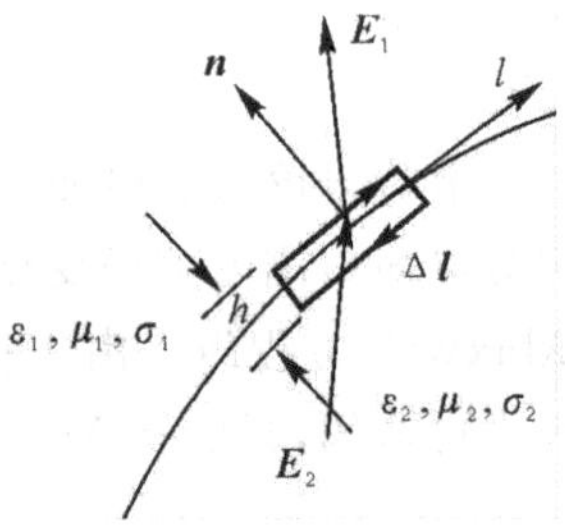

图 6.3.2　切向分量边界条件

可推导得，由于 $h\to 0$，且因为 Δl 很小，此时回路构成的曲面几乎与交界面重合。若假设分界面上的电场强度 **E** 有限，则 **E** 在回路侧边上的积分可忽略，所以

$$\oint_l \boldsymbol{E}\cdot \mathrm{d}\boldsymbol{l} = -E_2\Delta l\boldsymbol{l} + E_1\Delta l\boldsymbol{l} = -\frac{\partial \boldsymbol{B}}{\partial t}\cdot \Delta l\boldsymbol{b}h$$

由于 $\frac{\partial \boldsymbol{B}}{\partial t}$ 有限，而 $h\to 0$，故可得

$$\boldsymbol{n}\times(\boldsymbol{E}_1-\boldsymbol{E}_2)=\boldsymbol{0} \tag{6-28}$$

式(6－28) 为电场强度的边界条件，其对应的标量形式为

$$E_{2t}=E_{1t} \tag{6-29}$$

可见电场强度的切向分量在越过分界面时没有变化，但由于两种媒质的介电常数 ε 不同，故 **D** 的切向分量在边界面上不连续。

三、磁场强度 *H* 的边界条件

磁场强度 **H** 的边界条件可由 Maxwell 方程组中的全电流定律推得。参照推导电场强度的方法，如图 6.3.2 所示，图中的 **E** 此时换为磁场强度 **H**，且其他参数规定不变，将全电流定律

$$\oint_C \boldsymbol{H}\cdot \mathrm{d}\boldsymbol{l} = \int_S \left(\boldsymbol{J}+\frac{\partial \boldsymbol{D}}{\partial t}\right)\cdot \mathrm{d}\boldsymbol{S}$$

应用于图 6.3.2，则

$$H_{1t}\Delta l - H_{2t}\Delta l = \boldsymbol{J}_S\cdot \boldsymbol{b}\,h\,\Delta l + \left(\frac{\partial \boldsymbol{D}}{\partial t}\right)\cdot \boldsymbol{b}\,h\,\Delta l$$

由于 $\frac{\partial \boldsymbol{D}}{\partial t}$ 有限，而 $h\to 0$，故

$$\int_S \frac{\partial \boldsymbol{D}}{\partial t}\cdot \mathrm{d}\boldsymbol{S} = \lim_{h\to 0}\frac{\partial \boldsymbol{D}}{\partial t}\cdot \boldsymbol{b}\,h\Delta l = 0$$

若假设分界面上有传导面电流，且电流面密度为 $\boldsymbol{J}_S$，则在矩形回路所围面积上有

$$\int_S \boldsymbol{J}\cdot \mathrm{d}\boldsymbol{S}=\lim_{h\to 0}\boldsymbol{J}\cdot \boldsymbol{b}\,h\,\Delta l=\boldsymbol{J}_S\cdot \boldsymbol{b}\,\Delta l$$

则最终可得

$$\boldsymbol{H}_1\cdot(\boldsymbol{b}\times\boldsymbol{n})-\boldsymbol{H}_2\cdot(\boldsymbol{b}\times\boldsymbol{n})=\boldsymbol{J}_s\cdot\boldsymbol{b}$$

则

$$\boldsymbol{n}\times(\boldsymbol{H}_1-\boldsymbol{H}_2)=\boldsymbol{J}_s \tag{6-30}$$

其对应的标量形式为

$$H_{1t}-H_{2t}=J_S \tag{6-31}$$

若分界面上没有传导电流，则

$$H_{1t}=H_{2t}$$

由以上讨论可知，若分界面处有自由面电流存在，那么磁场强度的切向分量不连续。当无面电流时，磁场强度的切向分量则连续，但由于两种媒质的磁导率 μ 不同，则磁感应强度的切向分量不连续。

四、磁感应强度 *B* 的边界条件

由于 Maxwell 方程组中的磁通连续性原理在恒定磁场与时变磁场中均适用，故参照恒定电位移矢量边界条件推导过程，可得时变电磁场中磁感应强度 **B** 的法向边界条件

$$\boldsymbol{n}\cdot(\boldsymbol{B}_1-\boldsymbol{B}_2)=0 \tag{6-32}$$

其对应的标量形式为

$$B_{1n}=B_{2n} \tag{6-33}$$

又由于两种媒质的磁导率 μ 不同，则磁场强度 **H** 的法向分量不连续。

五、两种特殊介质的边界

总结前面的内容，时变电磁场中的边界条件可归纳为

$$\left.\begin{aligned}\boldsymbol{n}\times(\boldsymbol{H}_1-\boldsymbol{H}_2)&=\boldsymbol{J}_S\\ \boldsymbol{n}\times(\boldsymbol{E}_1-\boldsymbol{E}_2)&=\boldsymbol{0}\\ \boldsymbol{n}\cdot(\boldsymbol{B}_1-\boldsymbol{B}_2)&=0\\ \boldsymbol{n}\cdot(\boldsymbol{D}_1-\boldsymbol{D}_2)&=\rho_S\end{aligned}\right\} \tag{6-34}$$

可见，当交界面两侧的媒质为 $\sigma=0$ 的理想介质，且无人为加入自由面电流和自由面电荷，即 $J_S=0$，$\rho_S=0$。因此此时的时变电磁场边界条件转化为

$$\left.\begin{aligned}\boldsymbol{n}\times(\boldsymbol{H}_1-\boldsymbol{H}_2)&=\boldsymbol{0}\\ \boldsymbol{n}\times(\boldsymbol{E}_1-\boldsymbol{E}_2)&=\boldsymbol{0}\\ \boldsymbol{n}\cdot(\boldsymbol{B}_1-\boldsymbol{B}_2)&=0\\ \boldsymbol{n}\cdot(\boldsymbol{D}_1-\boldsymbol{D}_2)&=0\end{aligned}\right\} \tag{6-35}$$

若媒质为 $\sigma\to\infty$ 的理想导体，而理想导体内部不可能存在电场，随即不会存在磁场。则此时理想导体表面的边界条件为

$$\left.\begin{aligned}\boldsymbol{n}\times\boldsymbol{H}&=\boldsymbol{J}_S\\ \boldsymbol{n}\times\boldsymbol{E}&=\boldsymbol{0}\\ \boldsymbol{n}\cdot\boldsymbol{B}&=0\\ \boldsymbol{n}\cdot\boldsymbol{D}&=\rho_S\end{aligned}\right\} \tag{6-36}$$

由此可见，电力线沿交界面切向分量为零，即电力线垂直于理想导体表面；磁场线沿交界面法向分量为零，即磁场线平行于理想导体表面。

例 6.3.1 若在两导体平板($z=0,z=d$)之间的空气中传输电磁波，其电场强度

$$\boldsymbol{E}=\boldsymbol{e}_yE_0\sin\left(\frac{\pi}{d}z\right)\cos(\omega t-k_xx)$$

其中 k_x 为常数。试求：

(1) 磁场强度 $\boldsymbol{H}$；

(2) 两导体表面上的面电流密度。

解 (1) 由 Maxwell 方程可得

$$\nabla\times\boldsymbol{E}=-\boldsymbol{e}_x\frac{\partial E_y}{\partial z}+\boldsymbol{e}_z\frac{\partial E_y}{\partial x}=-\frac{\partial\boldsymbol{B}}{\partial t}$$

上式积分后得

$$\boldsymbol{B}(z,t)=\boldsymbol{e}_x\frac{E_0\pi}{d\omega}\cos\left(\frac{\pi}{d}z\right)\sin(\omega t-k_xx)+\boldsymbol{e}_z\frac{E_0k_x}{\omega}\sin\left(\frac{\pi}{d}z\right)\cos(\omega t-k_xx)$$

$$\boldsymbol{H}(z,t)=\boldsymbol{e}_x\frac{E_0\pi}{d\omega\mu_0}\cos\left(\frac{\pi}{d}z\right)\sin(\omega t-k_xx)+\boldsymbol{e}_z\frac{E_0k_x}{\mu_0\omega}\sin\left(\frac{\pi}{d}z\right)\cos(\omega t-k_xx)$$

(2) 导体表面上的电流存在于两导体板间相向的一面，故在 $z=0$ 表面上，法线 $\boldsymbol{n}=\boldsymbol{e}_z$，

$$\boldsymbol{J}_S=\boldsymbol{e}_z\times\boldsymbol{H}\big|_{z=0}=-\boldsymbol{e}_y\frac{E_0\pi}{\mu_0\omega d}\sin(\omega t-k_xx)$$

在 $z=d$ 表面上，法线 $\boldsymbol{n}=-\boldsymbol{e}_z$，

$$\boldsymbol{J}_S=-\boldsymbol{e}_z\times\boldsymbol{H}\big|_{z=d}=\boldsymbol{e}_y\frac{E_0\pi}{\mu_0\omega d}\sin(\omega t-k_xx)$$

6.4 时变电磁场的能量

在静态场的讨论中，已知静电场和静磁场中均有能量的储存，时变电磁场中是否存在能量呢？答案是肯定的。1887 年，赫兹通过辐射实验证明了电磁场是能量的携带者。时变场中，由于电场、磁场均随时间变化，所以电场能量密度、磁场能量密度也必然随时间变化，而空间各点电磁能量密度的变化说明能量总体发生了转移或转化。本节将从麦克斯韦方程组出发，导出表示电磁能量守恒和转换关系的坡印廷(John H. Poynting，英国物理学家)定理，以及描述能量转移情况的电磁能流矢量——坡印廷矢量。

一、坡印廷定理

坡印廷定理是体现电磁场中的能量守恒关系的重要定理。已知 Maxwell 方程组中的全电流连续性定律

$$\nabla\times\boldsymbol{H}=\boldsymbol{J}+\frac{\partial\boldsymbol{D}}{\partial t}$$

将其变形得到

$$\boldsymbol{J}=\nabla\times\boldsymbol{H}-\frac{\partial\boldsymbol{D}}{\partial t}\tag{6-37}$$

代入焦耳定律的积分形式

$$P=\int_V \boldsymbol{J}\cdot\boldsymbol{E}\mathrm{d}V \tag{6-38}$$

前提为假设时变电磁场存在于一有耗的导电媒质中，媒质的电导率为 σ，媒质中的传导电流 $\boldsymbol{J}=\sigma\boldsymbol{E}$。式(6-38)表示在体积 V 内，由于传导电流引起的功率损耗 P 与电场以及电流的关系。

由式(6-37)和式(6-38)得

$$\int_V \boldsymbol{J}\cdot\boldsymbol{E}\mathrm{d}V=\int_V\left[\left(\nabla\times\boldsymbol{H}-\frac{\partial\boldsymbol{D}}{\partial t}\right)\cdot\boldsymbol{E}\right]\mathrm{d}V \tag{6-39}$$

利用矢量恒等式

$$\nabla\cdot(\boldsymbol{E}\times\boldsymbol{H})=\boldsymbol{H}\cdot(\nabla\times\boldsymbol{E})-\boldsymbol{E}\cdot(\nabla\times\boldsymbol{H})$$

以及麦克斯韦方程组中的法拉第电磁感应定律

$$\nabla\times\boldsymbol{E}=-\frac{\partial\boldsymbol{B}}{\partial t}$$

并结合高斯公式最终可推得

$$-\oint_S(\boldsymbol{E}\times\boldsymbol{H})\cdot\mathrm{d}\boldsymbol{S}=\int_V\left(\boldsymbol{H}\cdot\frac{\partial\boldsymbol{B}}{\partial t}+\boldsymbol{E}\cdot\frac{\partial\boldsymbol{D}}{\partial t}+\boldsymbol{J}\cdot\boldsymbol{E}\right)\mathrm{d}V \tag{6-40}$$

式(6-40)为适用于一般媒质的坡印廷定理。假设存储在时变电磁场中的电磁能量密度表示形式与静态场相同，即

$$w_e=\frac{1}{2}\boldsymbol{E}\cdot\boldsymbol{D}$$

$$w_m=\frac{1}{2}\boldsymbol{B}\cdot\boldsymbol{H}$$

则将其带入式(6-40)，则坡印廷定理转化为

$$-\oint_S(\boldsymbol{E}\times\boldsymbol{H})\cdot\mathrm{d}\boldsymbol{S}=\int_V\frac{\partial w}{\partial t}\mathrm{d}V+\int_V\boldsymbol{J}\cdot\boldsymbol{E}\,\mathrm{d}V \tag{6-41}$$

其中 $w=w_e+w_m$，且 S 为包围体积 V 的闭合曲面。显然，式(6-41)中右边第一项表示单位时间内体积 V 中电磁能量随时间的增加，第二项为体积 V 内的损耗功率。根据能量守恒定律，左边一项必为单位时间内流入体积 V 的电磁能量，即通过 S 流入体积 V 的功率。若媒质为无耗的($\sigma=0$)，则 $\int_V\boldsymbol{J}\cdot\boldsymbol{E}\mathrm{d}V=\int_V\sigma E^2\mathrm{d}V=0$，此时，单位时间内 V 中电磁能量的增加就等于流入 V 的功率。

二、坡印廷矢量

由坡印廷定理可知，$-\oint_S(\boldsymbol{E}\times\boldsymbol{H})\cdot\mathrm{d}\boldsymbol{S}$ 表示单位时间内流入体积 V 的电磁能量，则 $\boldsymbol{E}\times\boldsymbol{H}$ 表示通过单位面积的功率流面密度，令

$$\boldsymbol{S}=\boldsymbol{E}\times\boldsymbol{H}$$

定义 $\boldsymbol{S}$ 为坡印廷矢量，其方向为能量流动的方向，大小为垂直流过单位面积的功率，并称 $\boldsymbol{S}$ 为电磁功率流密度，简称为能流密度。此时坡印廷定理转化为

$$-\oint_S\boldsymbol{S}\cdot\mathrm{d}\boldsymbol{S}=\int_V\frac{\partial w}{\partial t}\mathrm{d}V+\int_V\boldsymbol{J}\cdot\boldsymbol{E}\,\mathrm{d}V \tag{6-42}$$

虽然坡印廷定理以及坡印廷矢量均由能够代表普遍电磁现象规律的 Maxwell 方程组推导得出，但在静态场中，由于电场和磁场不随时间变化，故 $\partial w/\partial t=0$，且 $\boldsymbol{J}=0$，则此时坡印廷定

理转化为

$$-\oint_S \boldsymbol{S}\cdot \mathrm{d}\boldsymbol{S}=0 \tag{6-43}$$

式(6－43)表示单位时间内流入体积 V 的电磁能量为零，即没有电磁能量的流动。

例 6.4.1 内、外半径分别为 a，b 的同轴线，加电压 U，端接电阻 R，导体上有电流 I，求输入到电阻的功率。

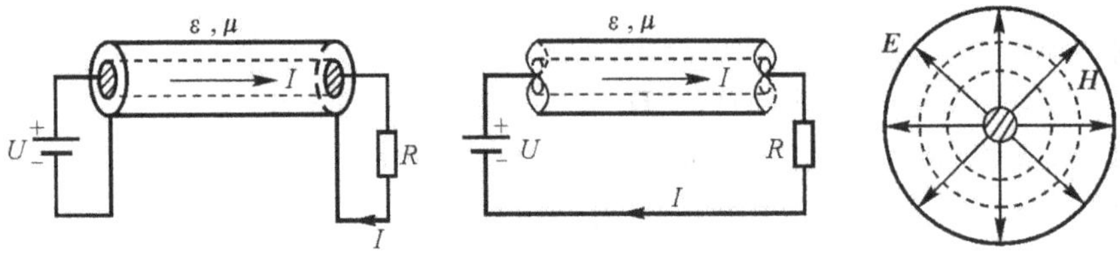

图 6.4.1　例 6.4.1 图

解　图 6.4.1 中，z 轴方向由电源指向负载。根据高斯定理和安培环路定律，可分别求出同轴线内、外导体间的电场和磁场

$$\boldsymbol{E}=\frac{U}{r\ln\dfrac{b}{a}}\boldsymbol{e}_r,\quad \boldsymbol{H}=\frac{I}{2\pi r}\boldsymbol{e}_\varphi \quad (a<r<b)$$

因此内、外导体间任意横截面上的能流密度

$$\boldsymbol{S}=\boldsymbol{E}\times\boldsymbol{H}=\frac{UI}{2\pi\ln\dfrac{b}{a}}\cdot\frac{1}{r^2}\boldsymbol{e}_z$$

可见电磁能量沿 z 传输，且

$$P=\int_S \boldsymbol{S}\cdot \mathrm{d}\boldsymbol{S}=\int_S \boldsymbol{S}\cdot\boldsymbol{e}_z \mathrm{d}S=\int_a^b\int_0^{2\pi}\frac{UI}{2\pi\ln\dfrac{b}{a}}\frac{1}{r^2}r\,\mathrm{d}r\,\mathrm{d}\varphi=UI$$

这与分布参数电路中的结论是一致的，但它揭示了能量传输的实质 —— 负载消耗的能量是通过同轴线中内、外导体间的介质传输的，而不是通过导体传输的，导体仅起引导作用。

6.5　正弦电磁场

正弦电磁场作为一种容易产生、在工程技术中最常见的时变电磁场形式，正是本书重点讨论的内容之一。正弦电磁场又被称为时谐电磁场，任一点的场矢量的每一个坐标分量随时间以相同的频率作正弦或余弦变化。而非正弦电磁场的激励则是脉冲波、方波，其在实际应用中同样重要，例如军事上的隐身和反隐身技术。在隐身和反隐身技术中，需要利用非正弦电磁波的传播理论来计算吸波材料等类似的损耗介质对雷达脉冲的作用。正弦电磁波的理论是基于 Maxwell 方程组的普通形式，而非正弦电磁波的理论基础则是 Maxwell 方程组的暂态解。

一、场矢量的复数表示

所谓正弦电磁场指的是任一电场矢量的各标量分量随时间以相同的频率作正弦或余弦变化，例如在直角坐标系中，

$$\boldsymbol{E}(x,y,z,t)=\boldsymbol{e}_xE_x(x,y,z,t)+\boldsymbol{e}_yE_y(x,y,z,t)+\boldsymbol{e}_zE_z(x,y,z,t)$$

其中电场强度的各个标量分量为

$$E_x(x,y,z,t)=E_{xm}(x,y,z)\cos[\omega t+\varphi_x(x,y,z)]$$
$$E_y(x,y,z,t)=E_{ym}(x,y,z)\cos[\omega t+\varphi_y(x,y,z)]$$
$$E_z(x,y,z,t)=E_{zm}(x,y,z)\cos[\omega t+\varphi_z(x,y,z)]$$

式中，E_{xm}，E_{ym}，E_{zm} 分别为各坐标分量的振幅值；φ_x，φ_y，φ_z 则为各标量分量的初始相位角；ω 是角频率。

若使用数学运算（欧拉公式）将时域表达式进行简化，即对时间变量 t 进行降阶减元，则有

$$E_x(x,y,z,t)=\mathrm{Re}[E_{xm}(x,y,z)\mathrm{e}^{\mathrm{j}[\omega t+\varphi_x(x,y,z)]}]=\mathrm{Re}[E_{xm}\mathrm{e}^{\mathrm{j}\varphi_x}\mathrm{e}^{\mathrm{j}\omega t}]=\mathrm{Re}[\dot{E}_{xm}\mathrm{e}^{\mathrm{j}\omega t}] \tag{6-44}$$

式中，$\dot{E}_{xm}=E_{xm}\mathrm{e}^{\mathrm{j}\varphi_x}$ 称为复振幅，它是 $E_x(x,y,z,t)$ 的复数形式。由其形式可见，复振幅仅是空间坐标的函数，与时间 t 无关。则此时电场强度矢量可进一步表示为

$$\begin{aligned}\boldsymbol{E}(x,y,z,t)&=\boldsymbol{e}_xE_x(x,y,z,t)+\boldsymbol{e}_yE_y(x,y,z,t)+\boldsymbol{e}_zE_z(x,y,z,t)=\\&\boldsymbol{e}_x\mathrm{Re}[(\dot{E}_{xm}\mathrm{e}^{\mathrm{j}\omega t})]+\boldsymbol{e}_y\mathrm{Re}[(\dot{E}_{ym}\mathrm{e}^{\mathrm{j}\omega t})]+\boldsymbol{e}_z\mathrm{Re}[(\dot{E}_{zm}\mathrm{e}^{\mathrm{j}\omega t})]=\\&\mathrm{Re}[(\boldsymbol{e}_x\dot{E}_{xm}+\boldsymbol{e}_y\dot{E}_{ym}+\boldsymbol{e}_z\dot{E}_{zm})\mathrm{e}^{\mathrm{j}\omega t}]=\mathrm{Re}[\dot{\boldsymbol{E}}\mathrm{e}^{\mathrm{j}\omega t}]\end{aligned} \tag{6-45}$$

式中，$\dot{\boldsymbol{E}}=\boldsymbol{e}_x\dot{E}_{xm}+\boldsymbol{e}_y\dot{E}_{ym}+\boldsymbol{e}_z\dot{E}_{zm}$ 称为电场强度的复振幅矢量或简称复矢量，它也与时间无关。至此，就将 t 成功减元，即将四维函数简化为空间三维函数。

例 6.5.1　将下列矢量作复数形式和瞬时形式的转换。

(1) $\dot{\boldsymbol{E}}=\boldsymbol{e}_x2\mathrm{j}E_0\mathrm{e}^{-\mathrm{j}kz}$；

(2) $\boldsymbol{E}=\boldsymbol{e}_xE_0\cos(\omega t-kz)+\boldsymbol{e}_y2E_0\sin(\omega t-kz)$；

(3) $\dot{\boldsymbol{E}}=\boldsymbol{e}_zE_0\sin(k_xx)\sin(k_yy)\mathrm{e}^{-\mathrm{j}k_zz}$。

解

(1) $\boldsymbol{E}(t)=\mathrm{Re}[\boldsymbol{e}_x2\mathrm{j}E_0\mathrm{e}^{-\mathrm{j}kz}\mathrm{e}^{\mathrm{j}\omega t}]=\mathrm{Re}[\boldsymbol{e}_x2E_0\mathrm{e}^{\mathrm{j}(\frac{\pi}{2}-kz)}\mathrm{e}^{\mathrm{j}\omega t}]=\boldsymbol{e}_x2E_0\cos\left(\omega t-kz+\dfrac{\pi}{2}\right)$；

(2) $\boldsymbol{E}(t)=\mathrm{Re}[\boldsymbol{e}_xE_0\mathrm{e}^{\mathrm{j}(\omega t-kz)}-\boldsymbol{e}_y2E_0\mathrm{e}^{\mathrm{j}(\omega t-kz+\frac{\pi}{2})}]$，则 $\dot{\boldsymbol{E}}=(\boldsymbol{e}_x-\boldsymbol{e}_y2\mathrm{j})E_0\mathrm{e}^{-\mathrm{j}kz}$；

(3) $\boldsymbol{E}=\mathrm{Re}[\dot{\boldsymbol{E}}\mathrm{e}^{\mathrm{j}\omega t}=\mathrm{Re}[\boldsymbol{e}_zE_0\sin(k_xx)\sin(k_yy)\mathrm{e}^{-\mathrm{j}k_zz}\mathrm{e}^{\mathrm{j}\omega t}]=$
$\boldsymbol{e}_zE_0\sin(k_xx)\sin(k_yy)\cos(\omega t-k_zz)$。

当场矢量采用复数形式时，正弦量对时间的偏导等价于正弦量的复数形式乘以 $\mathrm{j}\omega$，即

$$\frac{\partial E_x(x,y,z,t)}{\partial t}\leftrightarrow\mathrm{j}\omega\dot{E}_{xm}$$

则将其应用到时域表示的 Maxwell 方程组中，以全电流定律为例

$$\nabla\times\boldsymbol{H}(t)=\boldsymbol{J}(\boldsymbol{r},t)+\frac{\partial\boldsymbol{D}(\boldsymbol{r},t)}{\partial t}$$

$$\nabla\times\mathrm{Re}(\dot{\boldsymbol{H}}\mathrm{e}^{\mathrm{j}\omega t})=\mathrm{Re}[\dot{\boldsymbol{J}}\mathrm{e}^{\mathrm{j}\omega t}]+\frac{\partial}{\partial t}\mathrm{Re}[\dot{\boldsymbol{D}}\mathrm{e}^{\mathrm{j}\omega t}]$$

由于 $\partial/\partial t,\nabla,\int$ 均为实线性算子，则

$$\frac{\partial\boldsymbol{D}}{\partial t}=\frac{\partial}{\partial t}\mathrm{Re}[\dot{\boldsymbol{D}}\mathrm{e}^{\mathrm{j}\omega t}]=\mathrm{Re}[\mathrm{j}\omega\dot{\boldsymbol{D}}\mathrm{e}^{\mathrm{j}\omega t}]$$

所以

$$\mathrm{Re}[(\nabla\times\dot{\boldsymbol{H}})\,\mathrm{e}^{\mathrm{j}\omega t}]=\mathrm{Re}[(\dot{\boldsymbol{J}}+\mathrm{j}\omega\dot{\boldsymbol{D}})\,\mathrm{e}^{\mathrm{j}\omega t}]$$

即

$$\nabla\times\dot{\boldsymbol{H}}=\dot{\boldsymbol{J}}+\mathrm{j}\omega\dot{\boldsymbol{D}}$$

同理,可将时域 Maxwell 方程组转化为

$$\left.\begin{aligned}&\nabla\times\dot{\boldsymbol{H}}=\dot{\boldsymbol{J}}+\mathrm{j}\omega\dot{\boldsymbol{D}}\\&\nabla\times\dot{\boldsymbol{E}}=-\mathrm{j}\omega\dot{\boldsymbol{B}}\\&\nabla\cdot\dot{\boldsymbol{B}}=0\\&\nabla\cdot\dot{\boldsymbol{D}}=\dot{\rho}\end{aligned}\right\}\tag{6-46}$$

此时,Maxwell 方程组转化为三维空间函数,变量的维数减少了一个,而且偏微分方程变成了代数方程,使问题更便于求解。

注意,为了书写方便,以后文中表示复量的符号“·”均省去,用 $\boldsymbol{E}$,$\boldsymbol{H}$ 代表$\dot{\boldsymbol{E}}$,$\dot{\boldsymbol{H}}$,用 $\boldsymbol{E}(t)$,$\boldsymbol{H}(t)$ 代表时域形式的场矢量。

二、复介电常数和复磁导率

不同的媒质在电磁场作用下呈现三种状态:电介质的极化、磁介质的磁化以及导体的传导。在静态场中介电常数 ε、磁导率 μ、电导率 σ 均为实常数,而在时变场中,这些参数则与场的时间变化有关,对于正弦电磁场来说即与频率有关。在高频场作用下,ε,μ,σ 为复数,其实部和虚部均是频率的函数,且虚部总是大于零的正数。以复介电常数为例:

$$\varepsilon_c=\varepsilon'(\omega)-\mathrm{j}\varepsilon''(\omega)=\varepsilon-\mathrm{j}\frac{\sigma}{\omega}$$

式中,ε_c 即为复介电常数。复介电常数的虚部反映介质的极化损耗,且 $\varepsilon''(\omega)$ 越大,说明介质被极化的能力越强,且随频率变化而变化。

将 ε_c 的辐角称为损耗角,用 δ_ε 表示,且规定

$$\tan\delta_\varepsilon=\frac{\varepsilon''}{\varepsilon'}$$

为损耗角正切,其可直接反映出媒质在特定频率上的损耗大小。

三、坡印廷定理的复数形式

对于正弦电磁场,当场矢量用复数表示时

$$\boldsymbol{E}(t)=\mathrm{Re}[\boldsymbol{E}\mathrm{e}^{\mathrm{j}\omega t}]=\frac{1}{2}[\boldsymbol{E}\mathrm{e}^{\mathrm{j}\omega t}+\boldsymbol{E}^*\mathrm{e}^{-\mathrm{j}\omega t}]$$

$$\boldsymbol{H}(t)=\mathrm{Re}[\boldsymbol{H}\mathrm{e}^{\mathrm{j}\omega t}]=\frac{1}{2}[\boldsymbol{H}\mathrm{e}^{\mathrm{j}\omega t}+\boldsymbol{H}^*\mathrm{e}^{-\mathrm{j}\omega t}]$$

式中,$\boldsymbol{E}^*$,$\boldsymbol{H}^*$ 是 $\boldsymbol{E}$,$\boldsymbol{H}$ 的共轭复数。由于时域表示形式中的坡印廷矢量为 $\boldsymbol{S}(t)=\boldsymbol{E}(t)\times\boldsymbol{H}(t)$,将时域形式转换成频域复数形式表示可写为

$$\boldsymbol{S}(t)=\boldsymbol{E}(t)\times\boldsymbol{H}(t)=\frac{1}{2}[\boldsymbol{E}\mathrm{e}^{\mathrm{j}\omega t}+\boldsymbol{E}^*\mathrm{e}^{-\mathrm{j}\omega t}]\times\frac{1}{2}[\boldsymbol{H}\mathrm{e}^{\mathrm{j}\omega t}+\boldsymbol{H}^*\mathrm{e}^{-\mathrm{j}\omega t}]=$$

$$\frac{1}{2}\cdot\frac{1}{2}[\boldsymbol{E}\times\boldsymbol{H}^{*}+\boldsymbol{E}^{*}\times\boldsymbol{H}]+\frac{1}{2}\cdot\frac{1}{2}[\boldsymbol{E}\times\boldsymbol{H}\mathrm{e}^{\mathrm{j}2\omega t}+\boldsymbol{E}^{*}\times\boldsymbol{H}^{*}\mathrm{e}^{-\mathrm{j}2\omega t}]=$$

$$\frac{1}{2}\mathrm{Re}[\boldsymbol{E}\times\boldsymbol{H}^{*}]+\frac{1}{2}\mathrm{Re}[\boldsymbol{E}\times\boldsymbol{H}\mathrm{e}^{\mathrm{j}2\omega t}]$$

且 $\boldsymbol{S}(t)$ 在一个时间周期 $T=2\pi/\omega$ 内的平均值为

$$\boldsymbol{S}_{\mathrm{av}}=\frac{1}{T}\int_{0}^{T}S(t)\,\mathrm{d}t=\mathrm{Re}\left[\frac{1}{2}\boldsymbol{E}\times\boldsymbol{H}^{*}\right]$$

令

$$\boldsymbol{S}=\frac{1}{2}\boldsymbol{E}\times\boldsymbol{H}^{*} \tag{6-47}$$

且称 $\boldsymbol{S}$ 为复坡印廷矢量，它与时间 t 无关，表示复功率流密度。它的实部 $\boldsymbol{S}_{\mathrm{av}}$ 表示有功功率流密度，称其为平均坡印廷矢量，虚部表示无功功率流密度。注意，在工程实际应用中，通常技术人员关心的是平均功率而非瞬时功率，因此平均坡印廷矢量具有重要的实用价值。

已知复坡印廷矢量后，坡印廷定理可利用数学运算将时域形式转化为复数形式：

$$-\oint_{S}\frac{1}{2}\boldsymbol{E}\times\boldsymbol{H}^{*}\,\mathrm{d}S=\mathrm{j}2\omega\int_{V}\left(\frac{1}{4}\boldsymbol{B}\cdot\boldsymbol{H}^{*}-\frac{1}{4}\boldsymbol{E}\cdot\boldsymbol{D}\right)\mathrm{d}V+\int_{V}\frac{1}{2}\boldsymbol{E}\cdot\boldsymbol{J}^{*}\,\mathrm{d}V \tag{6-48}$$

式(6-48)即为复坡印廷定理。若将媒质的电参数 ε,μ,σ 代入式(6-48)，坡印廷定理可转化为与媒质单位体积内的导电损耗功率、极化损耗功率以及磁化损耗功率的时间平均值相关的形式。

例 6.5.2　在无源真空中传播的某电磁波的电场强度复矢量表示为

$$\boldsymbol{E}=\boldsymbol{e}_{y}E_{0}\mathrm{e}^{-\mathrm{j}kz}\quad(\mathrm{V/m})$$

式中，k,E_0 均为常数。求：

(1) 磁场强度复矢量；

(2) 坡印廷矢量的瞬时表达式；

(3) 平均坡印廷矢量。

解　(1) 由 $\nabla\times\boldsymbol{E}=-\mathrm{j}\omega\boldsymbol{B}$ 得 $\nabla\times\boldsymbol{E}=-\mathrm{j}\omega\boldsymbol{B}=-\mathrm{j}\omega\mu_0\boldsymbol{H}$，则

$$\boldsymbol{H}=-\frac{1}{\mathrm{j}\omega\mu_0}\nabla\times\boldsymbol{E}=-\frac{1}{\mathrm{j}\omega\mu_0}\nabla\times(\boldsymbol{e}_{y}E_{0}\mathrm{e}^{-\mathrm{j}kz})=-\boldsymbol{e}_{x}\frac{kE_0}{\omega\mu_0}e^{-\mathrm{j}kz}$$

(2) 电场和磁场的瞬时表达式为

$$\boldsymbol{E}(t)=\mathrm{Re}[\boldsymbol{e}_{y}E_{0}\mathrm{e}^{-\mathrm{j}kz}\mathrm{e}^{\mathrm{j}\omega t}]=\boldsymbol{e}_{y}E_{0}\cos(\omega t-kz)$$

$$\boldsymbol{H}(t)=\mathrm{Re}\left[-\boldsymbol{e}_{x}\frac{kE_0}{\omega\mu_0}\mathrm{e}^{-\mathrm{j}kz}\mathrm{e}^{\mathrm{j}\omega t}\right]=-\boldsymbol{e}_{x}\frac{kE_0}{\omega\mu_0}\cos(\omega t-kz)$$

故，坡印廷矢量的瞬时表达式为

$$\boldsymbol{S}(t)=\boldsymbol{E}(t)\times\boldsymbol{H}(t)=\boldsymbol{e}_{z}\frac{kE_0^2}{\omega\mu_0}\cos^2(\omega t-kz)$$

(3) 平均坡印廷矢量为

$$\boldsymbol{S}_{\mathrm{av}}=\frac{1}{2}\mathrm{Re}[\boldsymbol{E}\times\boldsymbol{H}^{*}]=\frac{1}{2}\mathrm{Re}\left[\boldsymbol{e}_{y}E_{0}\mathrm{e}^{-\mathrm{j}kz}\times\left(-\boldsymbol{e}_{x}\frac{kE_0}{\omega\mu_0}\mathrm{e}^{-\mathrm{j}kz}\right)^{*}\right]=\boldsymbol{e}_{z}\frac{1}{2}\frac{kE_0^2}{\omega\mu_0}$$

6.6　波动方程

由 Maxwell 方程组可知，时变电场和时变磁场能够相互激发，并以电磁波的形式向四周

空间传播能量。1865 年,麦克斯韦推导出了波动方程,波动方程在自由空间中的解是沿某一特定方向以光速传播的电磁波。

当媒质为均匀、线性、各向同性媒质,$\boldsymbol{J}=\boldsymbol{0}$,$\rho=0$ 且 $\sigma=0$ 时,Maxwell 方程组变为

$$\begin{cases}\nabla\times\boldsymbol{H}(t)=\varepsilon\dfrac{\partial\boldsymbol{E}(t)}{\partial t}\\ \nabla\times\boldsymbol{E}(t)=-\mu\dfrac{\partial\boldsymbol{H}(t)}{\partial t}\\ \nabla\cdot\boldsymbol{B}(t)=0\\ \nabla\cdot\boldsymbol{D}(t)=0\end{cases}$$

经过数学变换,电场和磁场满足的无源空间的瞬时值矢量齐次波动方程为

$$\nabla^2\boldsymbol{E}(t)-\mu\varepsilon\frac{\partial^2\boldsymbol{E}(t)}{\partial t^2}=0 \tag{6-49}$$

$$\nabla^2\boldsymbol{H}(t)-\mu\varepsilon\frac{\partial^2\boldsymbol{H}(t)}{\partial t^2}=0 \tag{6-50}$$

再考虑到若电磁场为正弦电磁场,则由复数形式的 Maxwell 方程导出复数形式的波动方程为

$$\nabla^2\boldsymbol{E}+k^2\boldsymbol{E}=0 \tag{6-51}$$

$$\nabla^2\boldsymbol{H}+k^2\boldsymbol{H}=0 \tag{6-52}$$

式(6-51) ~ (6-52) 中,$k=\omega\sqrt{\mu\varepsilon}$。式(6-51)、式(6-52) 分别是电场和磁场在无源空间中满足的复矢量波动方程,称为矢量齐次亥姆霍兹方程,其解还必须满足

$$\nabla\cdot\boldsymbol{E}=0,\quad \nabla\cdot\boldsymbol{H}=0$$

实际上,电磁波的传播问题都可以归结为在给定的边界条件和初始条件下求解波动方程的解的问题。

6.7 时变电磁场的位函数

类似于静态场中引入位函数 φ 可简化对电场和磁场的分析一样,时变场也可引入位函数,将对各矢量的求解精简到只需求解位函数即可确定时变场的性质。

Maxwell 方程组中 $\nabla\cdot\boldsymbol{B}(t)=0$,则可引入矢量 $\boldsymbol{A}(t)$,令 $\boldsymbol{B}(t)=\nabla\times\boldsymbol{A}(t)$,将其代入法拉第电磁感应定律得

$$\nabla\times\boldsymbol{E}(t)=-\frac{\partial\boldsymbol{B}(t)}{\partial t}=-\frac{\partial}{\partial t}(\nabla\times\boldsymbol{A}(t))$$

则

$$\nabla\times\left(\boldsymbol{E}(t)+\frac{\partial\boldsymbol{A}(t)}{\partial t}\right)=\boldsymbol{0}$$

再引入一标量 φ,根据矢量恒等式 $\nabla\times(\nabla\varphi)=\boldsymbol{0}$,则可令

$$\boldsymbol{E}(t)+\frac{\partial\boldsymbol{A}(t)}{\partial t}=-\nabla\varphi(t)$$

则

$$\boldsymbol{E}(t)=-\nabla\varphi(t)-\frac{\partial\boldsymbol{A}(t)}{\partial t} \tag{6-53}$$

称 $\boldsymbol{A}(t)$ 为动态矢量位函数,简称矢量位,单位为 Wb/m;$\varphi(t)$ 为动态标量位函数,简称标量位,

单位为 V。可见当 $\boldsymbol{A}(t)$ 和 $\varphi(t)$ 确定时，磁场和电场就可以确定。但 $\boldsymbol{A}(t)$ 和 $\varphi(t)$ 的解并不是唯一的，若要确定 $\boldsymbol{A}(t)$，仅仅知道 $\boldsymbol{A}(t)$ 的旋度还不够，根据亥姆霍兹定理，还需要知道 $\boldsymbol{A}(t)$ 的散度。规定

$$\nabla\cdot \boldsymbol{A}(t) = -\mu\varepsilon \frac{\partial\varphi(t)}{\partial t} \tag{6-54}$$

式(6-54)称为洛伦兹条件或洛伦兹规范。此时 $\boldsymbol{A}(t)$ 的旋度和散度均有了规定，则动态矢量位 $\boldsymbol{A}(t)$ 即可唯一确定。

对于有源区域的正弦电磁场，以 $\boldsymbol{A}$ 和 φ 表示的波动方程的复数形式表示为

$$\nabla^2\boldsymbol{A} + k^2\boldsymbol{A} = -\mu\boldsymbol{J} \tag{6-55}$$

$$\nabla^2\varphi + k^2\varphi = -\frac{\rho}{\varepsilon} \tag{6-56}$$

式中，$k=\omega\sqrt{\mu\varepsilon}$。可见，求解电场和磁场对应的六个标量分量变为求解两个位函数对应的四个标量分量。且又因为洛伦兹规范的存在，可进一步简化为只求解矢量位 $\boldsymbol{A}(t)$ 的三个标量分量。需要注意的是，位函数的选取方法并不唯一，可根据不同的物理模型选取不同的辅助位函数来简化求解场矢量的过程。

例 6.7.1　证明洛伦兹条件和电流连续性方程是等效的。

证明　洛伦兹条件为

$$\nabla\cdot \boldsymbol{A}(t) + \mu\varepsilon \frac{\partial\varphi(t)}{\partial t} = 0$$

对上式两边进行 ∇^2 运算，考虑到 $\nabla^2(\nabla\cdot \boldsymbol{A}) = \nabla\cdot \nabla^2\boldsymbol{A}$，并将 $\boldsymbol{A}$，φ 的波动方程

$$\nabla^2\boldsymbol{A} + k^2\boldsymbol{A} = -\mu\boldsymbol{J}$$

$$\nabla^2\varphi + k^2\varphi = -\frac{\rho}{\varepsilon}$$

代入上式，得

$$\mu\varepsilon \frac{\partial^2}{\partial t^2}\left(\nabla\cdot \boldsymbol{A} + \mu\varepsilon \frac{\partial\varphi}{\partial t}\right) = \mu\left(\nabla\cdot \boldsymbol{J} + \frac{\partial\rho}{\partial t}\right)$$

再将洛伦兹条件代入上式左边，便得到电流连续性方程

$$\nabla\cdot \boldsymbol{J} + \frac{\partial\rho}{\partial t} = 0$$

6.8　阅读材料——电磁兼容

通过第六章的学习我们知道，Maxwell 方程组的得出使得无线通信成为可能，并被广泛应用。但随着科学技术的发展，人们在生产及生活中使用的电器及电子设备的数量越来越多，这些设备在工作的时候往往会产生一些无用的电磁能量，这些能量将影响其他设备的工作，从而形成电磁干扰。例如：汽车驶过或飞机低空飞过住宅时，会使电视机出现杂乱的画面；医院中有人使用手机会导致某些仪器产生不准确的测试结果；正在升空或着陆的客机中有乘客使用手机，会干扰客机驾驶人员与地面指挥塔的通信，诱发不安全因素，甚至造成灾难性的后果。可见，电磁污染已成为一个十分严重的问题。

电磁兼容(ElectroMagnetic Compatibility, EMC)一般指电器及电子设备在相同的电磁

环境中能执行各自功能的共存状态，即要求在同一电磁环境中的上述各种设备都能正常工作又不互相干扰，达到“兼容状态”。

系统要发生电磁兼容性问题，必须存在以下 3 个因素：

(1) 电磁骚扰源；

(2) 耦合途径，即传输骚扰的通路或媒介；

(3) 敏感设备，是指当受到电磁骚扰源所发出的电磁能量的作用时，会受到伤害的人或其他生物，以及会发生电磁危害，导致性能降低或失效的器件、设备、分系统或系统。

电磁兼容设计的出发点就是以上三个基本要素，具体设计要点为：

(1) 抑制电磁骚扰源。具体方法有：减少骚扰源的个数；恰当选择元器件和线路的工作模式，以使谐波成分降低；对有用的电磁发射或信号输出也要进行功率限制和频带控制；合理选择电磁波发射天线的类型、高度以及信号强度。

(2) 抑制干扰耦合。例如：把携带电磁噪声的元件和导线与连接敏感元件隔离；缩短干扰耦合路径的长度；注意布线和结构件的天线效应；应用屏蔽等技术隔离或减少辐射途径的电磁骚扰；应用滤波器、脉冲吸收器、隔离变压器和光电耦合器等滤除或减少传导途径的电磁骚扰。

(3) 敏感设备的设计要点。对于骚扰源的各种电磁防护措施，一般也同样适用于敏感设备，可以采用滤波、脉冲吸收、内部屏蔽、隔离技术、内部去耦电路及线路和结构的合理布局等来抑制电磁干扰。此外，在设计中尽量少用低电平器件，不盲目选择高速器件，去掉那些不十分需要的敏感部件，适当控制输入灵敏度，等等。

小　　结

(1)Maxwell 方程组是在对宏观电磁现象的实验规律进行分析总结的基础上，经过扩充和推广而得到的。它是一切宏观电磁现象所遵循的普遍规律。Maxwell 方程组的微分形式为

$$\begin{cases} \nabla\times \boldsymbol{H}=\boldsymbol{J}+\dfrac{\partial \boldsymbol{D}}{\partial t} \\ \nabla\times \boldsymbol{E}=-\dfrac{\partial \boldsymbol{B}}{\partial t} \\ \nabla\cdot \boldsymbol{B}=0 \\ \nabla\cdot \boldsymbol{D}=\rho \end{cases}$$

(2) 在不同媒质分界面上，由于媒质的特性发生了突变，相应的场量也将发生突变，变化的规律即为边界条件。边界条件的矢量形式为

$$\boldsymbol{n}\cdot(\boldsymbol{D}_1-\boldsymbol{D}_2)=\rho_S$$

$$\boldsymbol{n}\times(\boldsymbol{E}_1-\boldsymbol{E}_2)=\boldsymbol{0}$$

$$\boldsymbol{n}\times(\boldsymbol{H}_1-\boldsymbol{H}_2)=\boldsymbol{J}_s$$

$$\boldsymbol{n}\cdot(\boldsymbol{B}_1-\boldsymbol{B}_2)=0$$

(3) 坡印廷定理是体现电磁场中的能量守恒关系的重要定理，它表示单位时间内某封闭曲面围成的体积中电磁能量随时间的增加。

$$-\oint_S(\boldsymbol{E}\times\boldsymbol{H})\cdot \mathrm{d}\boldsymbol{S}=\int_V\frac{\partial w}{\partial t}\mathrm{d}V+\int_V\boldsymbol{J}\cdot\boldsymbol{E}\mathrm{d}V$$

(4) 定义$\boldsymbol{S}$为坡印廷矢量，其方向为能量流动的方向，大小为垂直流过单位面积的功率，并称$\boldsymbol{S}$为电磁功率流密度，简称为能流密度。

$$-\oint_S \boldsymbol{S}\cdot \mathrm{d}\boldsymbol{S}=\int_V \frac{\partial w}{\partial t}\mathrm{d}V+\int_V \boldsymbol{J}\cdot \boldsymbol{E}\mathrm{d}V$$

但在静电场中，$-\oint_S \boldsymbol{S}\cdot \mathrm{d}\boldsymbol{S}=0$。

(5) 正弦电磁场又被称为时谐电磁场，因为任一点的场矢量的每一个坐标分量随时间以相同的频率作正弦或余弦变化。用来表示时谐场电场的$\dot{\boldsymbol{E}}=\boldsymbol{e}_x\dot{E}_{xm}+\boldsymbol{e}_y\dot{E}_{ym}+\boldsymbol{e}_z\dot{E}_{zm}$称为电场强度的复振幅矢量或简称复矢量，它也与时间无关。

(6) 复介电常数的虚部反映介质的极化损耗，且虚部越大，说明介质的被极化能力越强，且随频率变化而变化。而损耗角正切可直接反映出媒质在特定频率上的损耗大小。

(7) 定义$\boldsymbol{S}$为复坡印廷矢量，满足$\boldsymbol{S}=\frac{1}{2}\boldsymbol{E}\times\boldsymbol{H}^*$，它与时间$t$无关，表示复功率流密度。它的实部$\boldsymbol{S}_{\mathrm{av}}$表示有功功率流密度，称其为平均坡印廷矢量，虚部表示无功功率流密度。

(8) 电磁波的传播问题都可以归结为在给定的边界条件和初始条件下求解波动方程的解的问题。

$$\nabla^2\boldsymbol{E}(t)-\mu\varepsilon\frac{\partial^2\boldsymbol{E}(t)}{\partial t^2}=\boldsymbol{0}$$

$$\nabla^2\boldsymbol{H}(t)-\mu\varepsilon\frac{\partial^2\boldsymbol{H}(t)}{\partial t^2}=\boldsymbol{0}$$

(9) 定义$\boldsymbol{A}(t)$为动态矢量位函数，且$\varphi(t)$为动态标量位函数，当$\boldsymbol{A}(t)$和$\varphi(t)$确定时，磁场和电场就可以确定。

习　题　六

6.1　真空中有一平板电容器，其极板面积为S，间距为d，外加电压为$U=U_0\sin\omega t$。(1) 求平板电容器的带电量以及回路导线中的传导电流；(2) 求电容器中的位移电流；(3) 位移电流与传导电流是否相等？

6.2　Maxwell 方程组中的传导电流密度和位移电流密度均是激发磁场的源。(1) 设电场的表达式为$\boldsymbol{E}=\boldsymbol{e}_xE_0\sin\omega t$，求位移电流密度和传导电流密度之比；(2) 设海水的$\varepsilon_r=81$，$\sigma=4$ S/m，铜的$\varepsilon_r=1$，$\sigma=5.8\times10^7$ S/m，$f=100$ GHz，计算海水和铜的相应电流密度比值；(3) 由(2) 中的比值大小说明这两种物质的导电和介电性强弱。

6.3　一根半径为a的长圆柱形介质棒放入均匀磁场$\boldsymbol{B}=\boldsymbol{e}_zB_0$中与$z$轴平行。设介质棒以角速度$\omega$绕轴作等速旋转，求介质内的极化强度、体积内和表面上的单位长度的极化电荷。

6.4　一圆柱形电容器，内导体半径为a，外导体内半径为b，长度为l。设外加电压为$U_0\sin\omega t$，试计算电容器极板间的总位移电流，证明它等于电容器的传导电流。

6.5　设两种磁介质的分界面位于平面$z=0$上，分界面上的面电流密度为$J_s=\boldsymbol{e}_y\sin(2\pi\times10^5t)$ (A/m)。上半空间的$\mu_{r1}=5$，下半空间的$\mu_{r2}=2$。若上半空间界面处入射的磁场强度为$\boldsymbol{H}_1=(\boldsymbol{e}_x+2\boldsymbol{e}_y)\sin(2\pi\times10^5t)$ (A/m)，求下半空间界面处的磁场强度$\boldsymbol{H}_2$。

6.6　设区域Ⅰ$(z<0)$的媒质参数$\varepsilon_{r1}=1$，$\mu_{r1}=1$，$\sigma_1=0$；区域Ⅱ$(z>0)$的媒质参数ε_{r2}

$=5, \mu_{r2}=20, \sigma_2=0$。区域 Ⅰ 中的电场强度

$$\boldsymbol{E}_1=\boldsymbol{e}_x\left[60\cos(15\times10^8t-5z)+20\cos(15\times10^8t+5z)\right]\text{V/m}$$

区域 Ⅱ 中的电场强度 $\boldsymbol{E}_2=\boldsymbol{e}_xA\cdot\cos(15\times10^8t-5z)$ V/m。求：(1) 常数 A；(2) 磁场强度 $\boldsymbol{H}_1$ 和 $\boldsymbol{H}_2$；(3) 证明在 $z=0$ 处 $\boldsymbol{H}_1$ 和 $\boldsymbol{H}_2$ 满足边界条件。

6.7　已知电场强度 $\boldsymbol{E}=\boldsymbol{e}_x\mathrm{j}E_m\cos kz$，写出其对应的瞬时形式。

6.8　已知磁场强度 $\boldsymbol{H}(t)=\boldsymbol{e}_xH_0k\left(\frac{a}{\pi}\right)\cos\frac{\pi x}{a}\sin(kz-\omega t)$，写出其对应的复数形式。

6.9　自由空间中的时变电磁场表达式为

$$\boldsymbol{E}(z,t)=\boldsymbol{e}_x200\cos(\omega t-kz)\quad\text{V/m}$$

$$\boldsymbol{H}(z,t)=\boldsymbol{e}_y3\cos(\omega t-kz)\quad\text{A/m}$$

式中，$k=\omega\sqrt{\mu_0\varepsilon_0}=0.42$ rad/m。求坡印廷矢量的瞬时形式、时间平均值以及复数形式。

6.10　已知时变电磁场中矢量磁位 $\boldsymbol{A}=\boldsymbol{e}_xA_m\sin(\omega t-kz)$，其中 A_m 和 k 是常数。求电场强度、磁场强度和坡印廷矢量。

6.11　已知空气媒质的无源区域中，电场强度 $\boldsymbol{E}=\boldsymbol{e}_x100\mathrm{e}^{-\alpha z}\cos(\omega t-\beta z)$，其中 α、β 为常数，求磁场强度。

6.12　两导体平板 ($z=0$, $z=d$) 之间的空气中传输电磁波，其电场强度矢量

$$\boldsymbol{E}=\boldsymbol{e}_yE_0\sin\left(\frac{\pi}{d}z\right)\cos(\omega t-k_xx)\text{。}$$

式中，k_x 为常数。试求：(1) 磁场强度矢量 $\boldsymbol{H}$；(2) 两导体表面上的面电流密度 $\boldsymbol{J}_s$。

6.13　已知真空中电场强度：$\boldsymbol{E}(t)=\boldsymbol{e}_xE_0\cos k_0(z-ct)+\boldsymbol{e}_yE_0\sin k_0(z-ct)$，式中 $k_0=2\pi/\lambda_0=\omega/t$。试求：(1) 磁场强度和坡印廷矢量的瞬时值；(2) 对于给定的 z 值（例如 $z=0$），试确定 $\boldsymbol{E}$ 随时间变化的轨迹；(3) 磁场能量密度，电场能量密度和坡印廷矢量的时间平均值。

6.14　设真空中同时存在两个正弦电磁场，其电场强度分别为

$$\boldsymbol{E}_1=\boldsymbol{e}_xE_{10}\mathrm{e}^{-\mathrm{j}k_1z},\quad\boldsymbol{E}_2=\boldsymbol{e}_yE_{20}\mathrm{e}^{-\mathrm{j}k_2z}$$

试证明总的平均功率流密度等于两个正弦电磁场的平均功率流密度之和。

6.15　证明洛伦兹条件和电流连续性方程是等效的。

6.16　已知无源、自由空间中的电场强度矢量 $\boldsymbol{E}=\boldsymbol{e}_yE_m\sin(\omega t-kz)$。(1) 由 Maxwell 方程求磁场强度；(2) 证明 ω/k 等于光速；(3) 求坡印廷矢量及其时间平均值。

第七章 均匀平面电磁波

截至第六章，我们都在讨论电磁场的性质和特点，并且通过对 Maxwell 方程组的学习，了解到时变电磁场总以电磁波的形式在媒质中传播。最后，从 Maxwell 方程组为基础导出了瞬时值矢量齐次波动方程，这些方程在一定的边界条件和初始条件下的解，表示了电磁场在给定的条件下空间分布和随时间的变化规律。本章开始讨论正弦电磁波在传播过程中的特性及规律，主要研究的对象是一种特殊的电磁波 —— 均匀平面波以及它的齐次波动方程的解。

所谓均匀平面电磁波，指的是电磁场场矢量的等相位面为无限大平面，且等相位面上各点场强大小相等、方向相同，即电场 $\boldsymbol{E}$ 和磁场 $\boldsymbol{H}$ 只和时间 t 以及波传播方向的坐标有关。

电磁波根据其空间等相位面的形状还可有柱面波和球面波。例如，交通繁忙的公路上，汽车往往连成一条线行驶，这些汽车可认为是线声源，所辐射的噪声就是柱面波。而理想点源辐射的就是球面波。

工程应用中并不存在理想的均匀平面电磁波，因为它需要一个无限扩展的源来激励，但它是波动方程(Maxwell 方程组) 最简单的解，也是很多实际波动问题的很好的近似。例如，远离发射天线的波就可以近似作为均匀平面电磁波来处理。另外，更为复杂的波均可由平面波叠加而成，所以，均匀平面波是电磁波理论中极为重要的部分。

本章重点讨论均匀平面波的传播、反射、折射等问题，以及引入电磁波的几个重要概念 —— 极化、色散、群速、相速等。

7.1 无耗媒质中的正弦均匀平面电磁波

一、特定方向传播的正弦均匀平面电磁波

首先考虑无界无耗简单媒质中的正弦均匀平面电磁波。这种媒质的电参数满足以下条件：$\sigma=0$，ε，μ 为实常数。无源即 $\rho=0$，$\boldsymbol{J}=\boldsymbol{0}$。此时 Maxwell 方程组为

$$\left.\begin{aligned}\nabla\times\boldsymbol{H}&=\mathrm{j}\omega\varepsilon\boldsymbol{E}\\\nabla\times\boldsymbol{E}&=-\mathrm{j}\omega\mu\boldsymbol{H}\\\nabla\cdot\boldsymbol{B}&=0\\\nabla\cdot\boldsymbol{D}&=0\end{aligned}\right\}\tag{7-1}$$

在第六章我们已经知道，由 Maxwell 方程组导出的矢量齐次波动方程为

$$\nabla^2\boldsymbol{E}(t)-\mu\varepsilon\frac{\partial^2\boldsymbol{E}(t)}{\partial t^2}=\boldsymbol{0}\tag{7-2}$$

$$\nabla^2\boldsymbol{H}(t)-\mu\varepsilon\frac{\partial^2\boldsymbol{H}(t)}{\partial t^2}=\boldsymbol{0}\tag{7-3}$$

针对正弦电磁波，矢量齐次波动方程可表示为复数形式

$$\nabla^2 \boldsymbol{E} + k^2 \boldsymbol{E} = \boldsymbol{0} \tag{7-4}$$

$$\nabla^2 \boldsymbol{H} + k^2 \boldsymbol{H} = \boldsymbol{0} \tag{7-5}$$

其中 $k=\omega\sqrt{\mu\varepsilon}$。在直角坐标系中，以电场为例，式(7-4)可写成

$$\nabla^2(\boldsymbol{e}_x E_x + \boldsymbol{e}_y E_y + \boldsymbol{e}_z E_z) + k^2(\boldsymbol{e}_x E_x + \boldsymbol{e}_y E_y + \boldsymbol{e}_z E_z) = \boldsymbol{0}$$

任一方向的场矢量分量均满足

$$\nabla^2 E_i + k^2 E_i = 0, \quad i = x, y, z$$

若用 ψ 表示 $\boldsymbol{E}$ 和 $\boldsymbol{H}$ 的任一直角坐标分量，假设波沿 z 轴传播，则 ψ 只与 z 有关，于是

$$\frac{\mathrm{d}^2\psi}{\mathrm{d}z^2} + k^2\psi = 0 \tag{7-6}$$

其解为

$$\psi = \psi_0^+ \mathrm{e}^{-\mathrm{j}kz} + \psi_0^- \mathrm{e}^{\mathrm{j}kz} \tag{7-7}$$

式中，ψ_0^+，ψ_0^- 是复常数，且由边界条件确定。

对于正弦电磁场有 $\boldsymbol{S}(t)=\boldsymbol{E}(t)\times\boldsymbol{H}(t)$，可见电场、磁场以及波的传播方向两两垂直，即满足右手螺旋法则。则若假设均匀平面波沿 z 轴传播的同时，电场 $\boldsymbol{E}$ 只有 x 方向分量，则 $\boldsymbol{H}$ 只在 y 方向有分量。则式(7-7)可表示为

$$E_x(z) = E_0^+ \mathrm{e}^{-\mathrm{j}kz} + E_0^- \mathrm{e}^{+\mathrm{j}kz} \tag{7-8}$$

由 Maxwell 方程得

$$H_y(z) = H_0^+ \mathrm{e}^{-\mathrm{j}kz} + H_0^- \mathrm{e}^{+\mathrm{j}kz} \tag{7-9}$$

式中

$$\eta = \frac{E_0^+}{H_0^+} = -\frac{E_0^-}{H_0^-} = \frac{\omega\mu}{k} = \sqrt{\frac{\mu}{\varepsilon}} \tag{7-10}$$

η 称为媒质的波阻抗（或本征阻抗），单位为 Ω。真空中：

$$\mu_0 = 4\pi\times 10^{-7}(\mathrm{H/m}), \quad \varepsilon_0 = \frac{1}{36\pi}\times 10^{-9}(\mathrm{F/m})$$

则真空中的本征阻抗 $\eta_0=\sqrt{\dfrac{\mu_0}{\varepsilon_0}}=120\pi\Omega\approx 377\ \Omega$。

二、均匀平面波的传播特性

由于考虑媒质为无限大空间，不存在反射波，只存在单一方向的电磁波，故可省去 $E_0^-\mathrm{e}^{+\mathrm{j}kz}$ 和 $H_0^-\mathrm{e}^{+\mathrm{j}kz}$，对于正弦均匀平面电磁波即有

$$\boldsymbol{E} = \boldsymbol{e}_x E_0^+ \mathrm{e}^{-\mathrm{j}kz} \tag{7-11}$$

$$\boldsymbol{H} = \boldsymbol{e}_y H_0^+ \mathrm{e}^{-\mathrm{j}kz} \tag{7-12}$$

式中，$E_0^+ = E_0 = E_{0m}\mathrm{e}^{\mathrm{j}\varphi_0}$ 为 $z=0$ 处的复振幅。根据法拉第电磁感应定律，则有

$$\boldsymbol{H} = -\frac{1}{\mathrm{j}\omega\mu_0}\nabla\times\boldsymbol{E} = -\frac{1}{\mathrm{j}\omega\mu_0}\nabla\times(\boldsymbol{e}_x E_0 \mathrm{e}^{-\mathrm{j}kz}) =$$

$$\boldsymbol{e}_y\frac{kE_0}{\omega\mu_0}\mathrm{e}^{-\mathrm{j}kz} = \boldsymbol{e}_y\frac{\omega\sqrt{\mu_0\varepsilon_0}\,E_0}{\omega\mu_0}\mathrm{e}^{-\mathrm{j}kz} = \boldsymbol{e}_y\frac{1}{\eta}E_0\mathrm{e}^{-\mathrm{j}kz}$$

又因为 $\boldsymbol{E}=\boldsymbol{e}_x E_0 \mathrm{e}^{-\mathrm{j}kz}$，则有

$$\boldsymbol{H} = \frac{1}{\eta}\boldsymbol{e}_z\times\boldsymbol{E} \tag{7-13}$$

式(7－11) 及式(7－12) 所对应的瞬时值表达式为

$$\boldsymbol{E}(z,t)=\mathrm{Re}[\boldsymbol{e}_x E_0 \mathrm{e}^{\mathrm{j}(\omega t-kz)}]=\boldsymbol{e}_x E_{0m}\cos(\omega t-kz+\varphi_0) \qquad (7-14)$$

$$\boldsymbol{H}(z,t)=\mathrm{Re}\left[\boldsymbol{e}_y \frac{E_0}{\eta}\mathrm{e}^{\mathrm{j}(\omega t-kz)}\right]=\boldsymbol{e}_y H_{0m}\cos(\omega t-kz+\varphi_0) \qquad (7-15)$$

式中，E_{0m} 及 H_{0m} 是实常数，表示电场强度及磁场强度的振幅；ωt 称为时间相位；kz 称为空间相位。则均匀平面电磁波的等相位面方程为

$$\omega t-kz=\mathrm{const}$$

平面电磁波的等相位面推进的速度称为相速，以 v_p 表示。根据相速的定义和等相位面方程可得

$$v_p=\frac{\mathrm{d}z}{\mathrm{d}t}=\frac{\omega}{k}=\frac{1}{\sqrt{\mu\varepsilon}} \qquad (7-16)$$

空间相位变化 2π 所经过的距离称为波长，以 λ 表示，所以 $k\lambda=2\pi$，则

$$\lambda=\frac{2\pi}{k} \qquad (7-17)$$

k 为波数，表示 2π 长度内所具有的全波数目。k 也称为相位常数，表示传播方向上波传播单位距离后相位变化的大小。由式(7－17) 可得出结论：同频率的电磁波在不同媒质中的波长不同。时间相位变化 2π 所经历的时间为一个周期 T。即 $\omega T=2\pi$，频率 $f=\frac{1}{T}$。则

$$v_p=\lambda f \qquad (7-18)$$

由式(7－18) 可见，电磁波的频率描述的是相位随时间的变化特性，而波长描述的是相位随空间的变化特性。

接着讨论均匀平面电磁波的能量。由于复坡印廷矢量 $\boldsymbol{S}=\frac{1}{2}\boldsymbol{E}\times\boldsymbol{H}^*$，将式(7－10)、式(7－11) 代入得到

$$\boldsymbol{S}=\frac{1}{2}\boldsymbol{E}\times\boldsymbol{H}^*=\frac{1}{2}\boldsymbol{e}_x E_0\mathrm{e}^{-\mathrm{j}kz}\times\boldsymbol{e}_y\frac{E_0^*}{\eta}\mathrm{e}^{\mathrm{j}kz}=\boldsymbol{e}_z\frac{E_{0m}^2}{2\eta}$$

从而可知平均坡印廷矢量

$$\boldsymbol{S}_{\mathrm{av}}=\mathrm{Re}[\boldsymbol{S}]=\boldsymbol{e}_z\frac{E_{0m}^2}{2\eta}$$

可见平均坡印廷矢量为一常矢量，表示在与传播方向垂直的所有平面上，每单位面积通过的平均功率都相同，电磁波在传播过程中没有能量损失。因此理想介质中的均匀平面电磁波是等振幅波，且其能量传播速度等于其相速。

例 7.1.1　电磁波在真空中传播，其电场强度矢量的复数表达式为

$$\boldsymbol{E}(t)=(\boldsymbol{e}_x-\mathrm{j}\boldsymbol{e}_y)10^{-4}\mathrm{e}^{-\mathrm{j}20\pi z}\quad(\mathrm{V/m})$$

试求：(1) 工作频率 f；(2) 磁场强度矢量的复数表达式；(3) 坡印廷矢量的瞬时值和时间平均值。

解　(1) 由题意可得

$$k=20\pi=\omega\sqrt{\mu_0\varepsilon_0}=\frac{\omega}{c},\quad 则\ \omega=kc=6\pi\times10^9\ \mathrm{rad/s}$$

所以工作频率

$$f=3\times10^9\ \mathrm{Hz}$$

(2) 磁场强度矢量的复数表达式为

$$\boldsymbol{H}=\frac{1}{\eta}\boldsymbol{e}_z\times\boldsymbol{E}=\frac{1}{\eta_0}(\boldsymbol{e}_y+\mathrm{j}\boldsymbol{e}_x)\ 10^{-4}\,\mathrm{e}^{-\mathrm{j}20\pi z}\quad(\mathrm{A/m})$$

其中波阻抗 $\eta_0=120\pi\Omega$。

(3) 坡印廷矢量的瞬时值和时间平均值。

电磁波的瞬时值为

$$\boldsymbol{E}(t)=\mathrm{Re}[\boldsymbol{E}\mathrm{e}^{\mathrm{j}\omega t}]=(\boldsymbol{e}_x-\mathrm{j}\boldsymbol{e}_y)\ 10^{-4}\cos(\omega t-20\pi z)\quad(\mathrm{V/m})$$

$$\boldsymbol{H}(t)=\mathrm{Re}[\boldsymbol{H}\mathrm{e}^{\mathrm{j}\omega t}]=\frac{1}{\eta_0}(\boldsymbol{e}_y+\mathrm{j}\boldsymbol{e}_x)\ 10^{-4}\cos(\omega t-20\pi z)\quad(\mathrm{A/m})$$

所以,坡印廷矢量的瞬时值

$$\boldsymbol{S}(t)=\boldsymbol{E}(t)\times\boldsymbol{H}(t)=(\boldsymbol{e}_x-\mathrm{j}\boldsymbol{e}_y)10^{-4}\cos(\omega t-20\pi z)\times(\boldsymbol{e}_y+\mathrm{j}\boldsymbol{e}_x)10^{-4}\cos(\omega t-20\pi z)=$$
$$\frac{10^{-8}}{\eta_0}[\boldsymbol{e}_z\cos^2(\omega t-kz)-\boldsymbol{e}_z\sin^2(\omega t-kz)]$$

同理可得坡印廷矢量的时间平均值

$$\boldsymbol{S}_{\mathrm{av}}=\mathrm{Re}\left[\frac{1}{2}\boldsymbol{E}\times\boldsymbol{H}^*\right]=\frac{10^{-8}}{\eta_0}\boldsymbol{e}_z$$

7.2 有耗媒质中的均匀平面电磁波

一、有耗媒质中均匀平面波的解

在 7.1 节中讨论了无界、无源媒质中波动方程的均匀平面波的解,现在考虑导电的简单媒质中的均匀平面电磁波,即 $\sigma\neq0$,ε 和 μ 为实常数时的情况。有耗意味着传输媒质为导电媒质,且电磁场理论中存在一个重要定理:在导电的均匀媒质内部,不会有永久的自由电荷分布。则此时的 Maxwell 方程组变化为

$$\left.\begin{aligned}&\nabla\times\boldsymbol{H}=\sigma\boldsymbol{E}+\mathrm{j}\omega\varepsilon\boldsymbol{E}\\&\nabla\times\boldsymbol{E}=-\mathrm{j}\omega\mu\boldsymbol{H}\\&\nabla\cdot\boldsymbol{B}=0\\&\nabla\cdot\boldsymbol{D}=0\end{aligned}\right\}\tag{7-19}$$

将式(7-19)与式(7-1)比较可知,第一式中多了一项 $\sigma\boldsymbol{E}$。这是由于此时的媒质 $\sigma\neq0$,则时变的 $\boldsymbol{E}$ 可产生电流,其密度 $\boldsymbol{J}=\sigma\boldsymbol{E}$。将式(7-19)的第一式稍加变化,可得

$$\nabla\times\boldsymbol{H}=(\mathrm{j}\omega\varepsilon+\sigma)\boldsymbol{E}=\mathrm{j}\omega\left(\varepsilon-\mathrm{j}\frac{\sigma}{\omega}\right)\boldsymbol{E}$$

令 $\varepsilon_c=\varepsilon-\mathrm{j}\dfrac{\sigma}{\omega}$,则

$$\varepsilon_c=\varepsilon\left(1-\mathrm{j}\frac{\sigma}{\omega\varepsilon}\right)\tag{7-20}$$

称 ε_c 为有耗媒质的复介电常数,即在 6.5.2 节中简单介绍的复介电常数,且此处的 ε_c 为等效的复介电常数。因此,引入 ε_c 的 Maxwell 方程组将具有和无耗媒质中完全相同的形式。因此可将导电媒质等效地视为一种介质。由式(7-2)得到的波动方程为

$$\nabla^2\boldsymbol{E}+\gamma^2\boldsymbol{E}=\boldsymbol{0}$$

$$\nabla^2 \boldsymbol{H} + \gamma^2 \boldsymbol{H} = \boldsymbol{0} \tag{7-21}$$

式中，$\gamma^2 = \omega^2 \mu \varepsilon_c$，区别于无耗媒质中的波动方程所含的 $k^2 = \omega^2 \mu \varepsilon$。

如果在直角坐标系中仍然假设电磁波为沿 $+z$ 方向传播的均匀平面电磁波，电场仍只在 x 方向有分量，而磁场只在 y 方向有分量，那么

$$\boldsymbol{E} = \boldsymbol{e}_x E_0 \mathrm{e}^{-\mathrm{j}\gamma z} \tag{7-22}$$

式中，γ 称为复波数，且 $\gamma = \beta - \mathrm{j}\alpha$。并将 $\Gamma = \mathrm{j}\gamma = \alpha + \mathrm{j}\beta$ 称为传播常数。则

$$\boldsymbol{E} = \boldsymbol{e}_x E_0 e^{-\Gamma z} = \boldsymbol{e}_x E_0 \mathrm{e}^{-\mathrm{j}\gamma z} = \boldsymbol{e}_x E_0 \mathrm{e}^{-\mathrm{j}(\beta - \mathrm{j}\alpha) z} = \boldsymbol{e}_x E_0 e^{-\alpha z} \mathrm{e}^{-\mathrm{j}\beta z} \tag{7-23}$$

由式(7-23)可见，α 表示电磁波传播单位距离振幅衰减的程度，称为衰减常数；β 表示电磁波传播单位距离落后的相位，称为相位常数。其中，$E_0 = E_{0m} \mathrm{e}^{\mathrm{j}\varphi_0}$，因此电场强度的瞬时值可表示为

$$\boldsymbol{E}(z,t) = \boldsymbol{e}_x E_{0m} \mathrm{e}^{-\alpha z} \cos(\omega t - \beta z + \varphi_0) \tag{7-24}$$

式中，E_{0m} 表示电场强度的振幅值；φ_0 则为初相位角。

由于 $\gamma^2 = \beta^2 - \alpha^2 - 2\mathrm{j}\alpha\beta = \omega^2 \mu \varepsilon_c$，且有 $\varepsilon_c = \varepsilon - \mathrm{j}\dfrac{\sigma}{\omega}$，所以可最终推得

$$\alpha = \omega \sqrt{\frac{\mu\varepsilon}{2}\left[\sqrt{1 + \left(\frac{\sigma}{\omega\varepsilon}\right)^2} - 1\right]} \tag{7-25}$$

$$\beta = \omega \sqrt{\frac{\mu\varepsilon}{2}\left[\sqrt{1 + \left(\frac{\sigma}{\omega\varepsilon}\right)^2} + 1\right]} \tag{7-26}$$

注意，在理想介质中，由于 $\sigma = 0$，故不存在电磁波的振幅衰减，即 $\alpha = 0$，此时 $\gamma = \beta$，且与 k 意义相同。

若将式(7-22)代入 Maxwell 方程组得

$$\boldsymbol{H} = \frac{\mathrm{j}}{\omega\mu} \nabla \times \boldsymbol{E} = \boldsymbol{e}_y \frac{E_x}{\eta_c} = \boldsymbol{e}_y \frac{1}{\eta_c}(E_0 \mathrm{e}^{-\alpha z} \mathrm{e}^{-\mathrm{j}\beta z}) \tag{7-27}$$

其中

$$\eta_c = \sqrt{\frac{\mu}{\varepsilon_c}} = \sqrt{\frac{\mu}{\varepsilon - \mathrm{j}\dfrac{\sigma}{\omega}}} = \sqrt{\frac{\mu}{\varepsilon}} \cdot \frac{1}{\sqrt{1 - \mathrm{j}\dfrac{\sigma}{\omega\varepsilon}}} = |\eta_c| \mathrm{e}^{\mathrm{j}\theta} \tag{7-28}$$

η_c 称为导电媒质的复波阻抗，它是一个复数。令 $\tau = \dfrac{\sigma}{\omega\varepsilon}$，则式(7-28)中

$$|\eta_c| = \eta\,(1 + \tau^2)^{-1/4} \tag{7-29}$$

$$\theta = \frac{1}{2}\arctan\tau = 0 \sim \frac{\pi}{4} \tag{7-30}$$

所以，磁场强度矢量表示为

$$\boldsymbol{H} = \boldsymbol{e}_y \frac{E_0}{\eta_c} \mathrm{e}^{-\Gamma z} = \boldsymbol{e}_y \frac{E_0}{\eta_c} \mathrm{e}^{-\mathrm{j}\gamma z} = \boldsymbol{e}_y \frac{E_0}{\eta_c} \mathrm{e}^{-\alpha z} \mathrm{e}^{-\mathrm{j}\beta z} = \boldsymbol{e}_y \frac{E_0}{|\eta_c|} \mathrm{e}^{-\alpha z} \mathrm{e}^{-\mathrm{j}\beta z} \mathrm{e}^{-\mathrm{j}\theta} \tag{7-31}$$

其中，$E_0 = E_{0m} \mathrm{e}^{\mathrm{j}\varphi_0}$，则其瞬时值为

$$\boldsymbol{H}(z,t) = \boldsymbol{e}_y \frac{E_{0m}}{|\eta_c|} \mathrm{e}^{-\alpha z} \cos(\omega t - \beta z + \varphi_0 \quad \theta) \tag{7-32}$$

显然，磁场强度的相位比电场强度的相位有 θ 的滞后，σ 越大滞后越多。其振幅值也随 z 的增加而衰减，如图 7.2.1 所示。

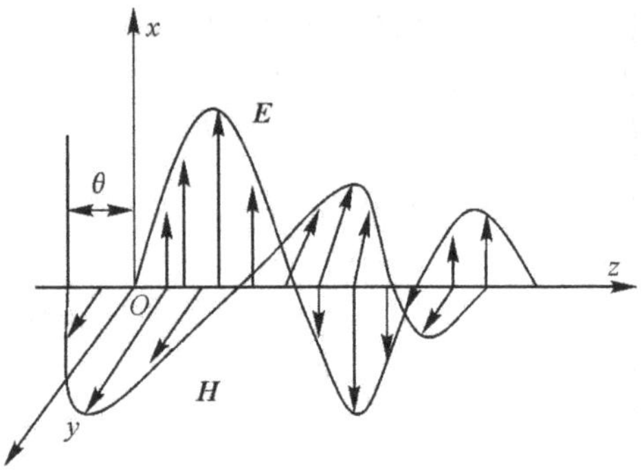

图 7.2.1　导电媒质中均匀平面电磁场

二、有耗媒质中均匀平面波的传播特性

由 $\boldsymbol{E}$,$\boldsymbol{H}$ 表达式可以看出,传播常数 Γ 反映均匀平面电磁波在有耗媒质中的幅度衰减状况以及相位滞后程度。接着来讨论一个重要概念 —— 电磁波的相速。

有耗媒质中的均匀平面电磁波的相速为

$$v_p = \frac{\mathrm{d}z}{\mathrm{d}t} = \frac{\omega}{\beta} = \frac{1}{\sqrt{\frac{\mu\varepsilon}{2}\left[\sqrt{1+\left(\frac{\sigma}{\omega\varepsilon}\right)^2}+1\right]}} \tag{7-33}$$

而波长

$$\lambda = \frac{2\pi}{\beta} = \frac{v_p}{f}$$

由式(7-33)可以看出,不同频率的电磁波在相同的有耗媒质中传播时其相速各有不同,这种现象称为色散。经过一段距离后,它们的相位关系将发生变化,导致信号失真,即产生色散失真。因此有耗媒质也被称为色散媒质。

一个单一频率的正弦电磁波(单色波)不能传递任何信号,在实际工程应用中,也不存在理想的单频正弦波,一般都由不同频率的正弦波叠加而成,即为非单色波。各谐波分量的相速不同会导致色散,但合成的电磁波信号在媒质中是如何传播的呢?假设在色散媒质中同时存在多个频率的电磁波,且某一特定时刻合成波随 z 的分布如图 7.2.2 所示。

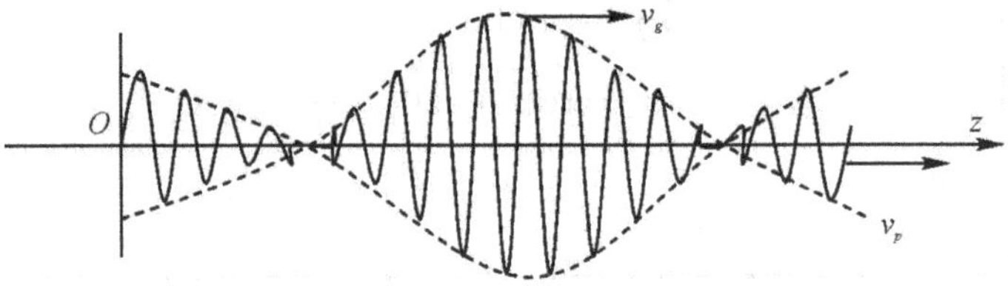

图 7.2.2　相速与群速

图中虚线显示的即为合成波,或称为包络波。v_g 称为群速,表示包络波上某相位点推进的速度,且满足

$$v_g = \frac{\mathrm{d}\omega}{\mathrm{d}\beta} \quad (\mathrm{m/s}) \tag{7-34}$$

根据相速 v_p 的定义可以得到

$$v_g=\frac{\mathrm{d}\omega}{\mathrm{d}\beta}=\frac{\mathrm{d}(v_p\beta)}{\mathrm{d}\beta}=v_p+\beta\frac{\mathrm{d}v_p}{\mathrm{d}\beta}=v_p+\frac{\omega}{v_p}\frac{\mathrm{d}v_p}{\mathrm{d}\omega}v_g$$

进一步得到

$$v_g=\frac{v_p}{\left(1-\frac{\omega}{v_p}\frac{\mathrm{d}v_p}{\mathrm{d}\omega}\right)} \tag{7-35}$$

可见,当 $\mathrm{d}v_p/\mathrm{d}\omega=0$,则 $v_p=v_g$,这时无色散情况,群速等于相速。当 $\mathrm{d}v_p/\mathrm{d}\omega<0$,则 $v_p>v_g$,这时色散称为正常色散。当 $\mathrm{d}v_p/\mathrm{d}\omega>0$,则 $v_p<v_g$,这时色散称为非正常色散。导体的色散就是非正常色散。

最后讨论由 $\boldsymbol{E}$,$\boldsymbol{H}$ 的表达式得到有关能量的参数 —— 复坡印廷矢量:

$$\boldsymbol{S}=\frac{1}{2}\boldsymbol{E}\times\boldsymbol{H}^*=\boldsymbol{e}_z\frac{E_{0m}^2}{2|\eta_c|}\mathrm{e}^{-2\alpha z}\mathrm{e}^{\mathrm{j}\theta} \tag{7-36}$$

且平均坡印廷矢量

$$\boldsymbol{S}_{\mathrm{av}}=\boldsymbol{e}_z\frac{E_{0m}^2}{2|\eta_c|}\mathrm{e}^{-2\alpha z}\cos\theta \tag{7-37}$$

可见有耗媒质中电磁功率流密度随距离增加按指数衰减。

三、趋肤效应

有耗媒质有不良导体和良导体,不良导体为低损耗媒质,良导体为高损耗媒质。

1. 不良导体

当 $\frac{\sigma}{\omega\varepsilon}\ll 1$ 时,媒质称为低损耗媒质,或电介质,即

$$\alpha\approx\frac{\sigma}{2}\sqrt{\frac{\mu}{\varepsilon}}$$

$$\beta\approx\omega\sqrt{\mu\varepsilon}\Rightarrow v_p=\frac{\omega}{\beta}\approx\frac{1}{\sqrt{\mu\varepsilon}}$$

$$\eta_c\approx\sqrt{\frac{\mu}{\varepsilon}}$$

由于 η_c 为实常数,则低损耗媒质中除有衰减外,传播特性与理想介质类似,且 $\boldsymbol{E}$,$\boldsymbol{H}$ 也近似同相。

常见的电介质有聚四氟乙烯、聚苯乙烯以及石英等材料,它们在高频和超高频频段内均有 $\frac{\sigma}{\omega\varepsilon}<10^{-2}$。

2. 良导体

当 $\frac{\sigma}{\omega\varepsilon}\gg 1$ 时,媒质称为良导体,此时

$$\alpha\approx\beta\approx\sqrt{\frac{\omega\mu\sigma}{2}}$$

$$\eta_c\approx\frac{\eta}{\sqrt{-\mathrm{j}\frac{\sigma}{\omega\varepsilon}}}=\frac{\sqrt{\frac{\mu}{\varepsilon}}}{\sqrt{-\mathrm{j}\frac{\sigma}{\omega\varepsilon}}}=\sqrt{\mathrm{j}\frac{\omega\mu}{\sigma}}=\sqrt{\frac{\omega\mu}{\sigma}}\mathrm{e}^{\mathrm{j}\frac{\pi}{4}}$$

由此可见，高频电磁波传入良导体后，由于良导体的电导率σ一般在10^7 S/m量级，故电磁波衰减非常快，且f越高，衰减越快，一般在微米量级的距离内就近似衰减为零了。因此，高频电磁场只能存在于良导体表面的一个薄层内，这种现象称为趋肤效应，或称为集肤效应(Skin Effect)。电磁波场强振幅值衰减到表面处的1/e的深度即为趋肤深度(穿透深度)，以δ表示。即当

$$E_0 e^{-\alpha z} = E_0 \frac{1}{e} \tag{7-38}$$

时z对应的深度为δ，则

$$\delta = \frac{1}{\alpha} = \sqrt{\frac{2}{\omega\mu\sigma}} = \sqrt{\frac{1}{\pi f\mu\sigma}} \quad (\mathrm{m}) \tag{7-39}$$

由式(7-39)可知，电导率越大，工作频率越高，则趋肤深度越小。例如银的电导率为6.15×10^7 S/m，磁导率$\mu_0 = 4\pi\times 10^{-7}$ H/m，则

$$\delta = \sqrt{\frac{2}{2\pi f\times 4\pi\times 6.15}} = \frac{0.0642}{\sqrt{f}} \quad (\mathrm{m})$$

当频率为3 GHz时，银的趋肤深度$\delta = 1.17\ \mu$m。因此，虽然微波器件通常用黄铜制成，但只要在其表面涂上若干微米的银，就能保证表面电流主要在银层中通过，从而达到信号传输的目的。

特殊地，由于理想导体的$\sigma\to\infty$，其趋肤深度为零。理想导体又可称为超导，超导材料和超导技术有着广阔的应用前景。人们可以用此技术制造超导列车和超导船，由于这些交通工具将在悬浮无摩擦状态下运行，这将大大提高它们的速度和安静性，并有效减少机械磨损。利用超导悬浮可制造无磨损轴承，将轴承转速提高到每分钟10万转以上。

例7.2.1　为了抑制无线电干扰室内电子设备，通常采用厚度为5个趋肤深度的一层铜皮($\mu=\mu_0, \varepsilon=\varepsilon_0, \sigma=5.8\times 10^7$ S/m)包裹该室。若要求屏蔽的频率是10 kHz～100 MHz，铜皮的厚度应为多少？

解　因为工作频率越高，趋肤深度越小，故铜皮的最小厚度应不低于屏蔽10 kHz时所对应的厚度。因为趋肤深度

$$\delta = \sqrt{\frac{2}{\omega\mu\sigma}} = \sqrt{\frac{1}{\pi f_1\mu\sigma}} = 0.00066\ \mathrm{m}$$

所以，铜皮的最小厚度为

$$h = 5\delta = 0.0033\ \mathrm{m}$$

例7.2.2　海水的电参数是$\varepsilon_r = 81, \mu_r = 1, \sigma = 4$(S/m)。频率为3 kHz和30 MHz的电磁波在海平面下侧的电场强度均为1 V/m，求：

(1) 应选择哪种频率的电磁波进行水下通信，此频率的电磁波在海平面下侧的平均功率流密度为多少？

(2) 电场强度衰减到1 μV/m处的两种电磁波到达的深度。

解　由于海水$\frac{\sigma}{\omega\varepsilon}\gg 1$，则海水为良导体，则

$$\alpha\approx\beta\approx\sqrt{\frac{\omega\mu\sigma}{2}}$$

对于3 kHz的电磁波，$\alpha = 0.218$；对于30 MHz的电磁波，$\alpha = 21.4$。可见30 MHz的电磁波在

海水中衰减大，故选择 3 kHz 的电磁波进行通信效果较好。

$$\boldsymbol{S}_{\mathrm{av}}\big|_{z=0}=\boldsymbol{e}_z\frac{E_0^2}{2\eta}=\boldsymbol{e}_z\frac{1}{2}E_0^2\mathrm{e}^{-2\alpha z}\sqrt{\frac{\sigma}{2\omega\mu}}\Bigg|_{z=0}=4.6\boldsymbol{e}_z(\mathrm{W/m^2})$$

又因为$E_0\mathrm{e}^{-\alpha z}=E_0 10^{-6}$，则$z=\dfrac{1}{\alpha}\ln 10^6$，则对于 3 kHz的电磁波，$z=63.3$ m；对于 30 MHz 的电磁波，$z=0.645$ m。

7.3　电磁波的极化

一、电磁波的极化

在前面的内容中讨论了波动方程在无源、无界、无耗媒质中的均匀平面电磁波解 $\boldsymbol{e}_xE_x$ 和 $\boldsymbol{e}_yH_y$。可见，对波的传播方向 $+z$ 而言，这种电磁场只有横向分量，没有纵向分量，这种电磁波被称为横电磁波，或称为 TEM 波，且 TEM 波的电场、磁场以及传播方向三者满足右手螺旋准则。显然，这组解的 $\boldsymbol{E}$ 恒与 x 轴平行，且对一定的 z，$\boldsymbol{E}$ 的矢量端轨迹是一条直线段。但在一般情况下，即电磁波 E_x 和 E_y 同时存在，$\boldsymbol{E}$ 的矢量端轨迹会随着 $\boldsymbol{E}$ 的表达式不同而发生相应的变化。

在空间任一固定点，电场强度 $\boldsymbol{E}$ 随时间变化时，其矢量端点的轨迹称为电磁波的极化。由于均匀平面波的电场和磁场矢量都在垂直于传播方向的等相位面内，且它们相互垂直，则磁场 $\boldsymbol{H}$ 矢量端轨迹的形状和 $\boldsymbol{E}$ 的相同，仅是方向相互垂直。

电磁波的极化类型根据 $\boldsymbol{E}$ 的矢量端轨迹形状可简单地划分为：线极化、圆极化以及椭圆极化。

二、均匀平面电磁波的极化类型

1. 线极化

设 E_x，E_y 同相，即 $\varphi_x=\varphi_y=\varphi_0$，当 $z=0$ 时

$$\begin{aligned}\boldsymbol{E}&=\boldsymbol{e}_xE_{xm}\cos(\omega t-kz+\varphi_x)+\boldsymbol{e}_yE_{ym}\cos(\omega t-kz+\varphi_y)=\\&\boldsymbol{e}_xE_{xm}\cos(\omega t+\varphi_0)+\boldsymbol{e}_yE_{ym}\cos(\omega t+\varphi_0)=\\&(\boldsymbol{e}_xE_{xm}+\boldsymbol{e}_yE_{ym})\cos(\omega t+\varphi_0)\end{aligned}$$

式中，$(\boldsymbol{e}_xE_{xm}+\boldsymbol{e}_yE_{ym})$ 为常矢量，可见，此时场的方向始终不变，即 $\boldsymbol{E}$ 与 x 轴正向夹角的正切

$$\tan\theta=\frac{E_{ym}}{E_{xm}}=\mathrm{const} \tag{7-40}$$

合成电磁波的电场强度矢量 $\boldsymbol{E}$ 的模为

$$|\boldsymbol{E}|=\sqrt{E_{xm}^2+E_{ym}^2}\cos(\omega t+\varphi_0) \tag{7-41}$$

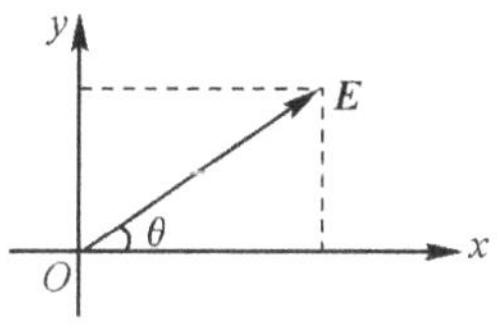

图 7.3.1　线极化波

如图 7.3.1 所示，合成电磁波的电场强度矢量的模随时间作正弦变化，电场矢量端轨迹为一条直线段，故称为直线极化，简称线极化。且当 $\varphi_x=\varphi_y=\varphi_0$ 时，$\boldsymbol{E}$ 的矢量端轨迹为在一、三象限的直线段。

同理可得，当 $\varphi_x-\varphi_y=\pm\pi$ 时，合成电场 $\boldsymbol{E}$ 与 x 轴正向夹角 θ

的正切

$$\tan\theta = -\frac{E_{ym}}{E_{xm}} = \text{const} \tag{7-42}$$

此时 **E** 的矢量端轨迹为在二、四象限的直线段。

简单地说，当 $\varphi_x - \varphi_y = 0$ 或 $\pm\pi$ 时，电磁波为线极化波。进一步，当 $\varphi_x - \varphi_y = 0$ 为一、三象限线极化；$\varphi_x - \varphi_y = \pm\pi$ 为二、四象限线极化。

2. 圆极化

当 $|E_{xm}| = |E_{ym}| = E_m$，$\varphi_x - \varphi_y = \pm\frac{\pi}{2}$，$z = 0$ 时

$$\boldsymbol{E} = \boldsymbol{e}_x E_m \cos(\omega t - kz + \varphi_x) + \boldsymbol{e}_y E_m \cos(\omega t - kz + \varphi_y) =$$

$$\boldsymbol{e}_x E_m \cos(\omega t + \varphi_x) + \boldsymbol{e}_y E_m \cos\left(\omega t + \varphi_x \mp \frac{\pi}{2}\right)$$

由上式得到 **E** 的模为

$$|\boldsymbol{E}| = E_m \sqrt{\cos^2(\omega t + \varphi_x) + \sin^2(\omega t + \varphi_x)} = E_m \tag{7-43}$$

显然，**E** 的模值不随时间变化，即 **E** 的矢量端轨迹为一半径为 E_m 的圆。合成电场 **E** 与 x 轴正向夹角 θ 的正切满足

$$\tan\theta = \frac{E_y}{E_x} = \pm\tan(\omega t + \varphi_x) \tag{7-44}$$

可见，在空间任一点 z 处，场大小不变，方向随时间改变，矢量端轨迹为圆，故称圆极化波。而且，**E** 将以角速度 ω 在 xOy 面上沿两种方式旋转，即顺时针和逆时针，则圆极化波有左旋和右旋之分，规定如下：电场强度 **E** 的矢量端的旋转方向与波的传播方向符合右手螺旋定则的为右旋圆极化波；否则为左旋圆极化波。如图 7.3.2 所示。

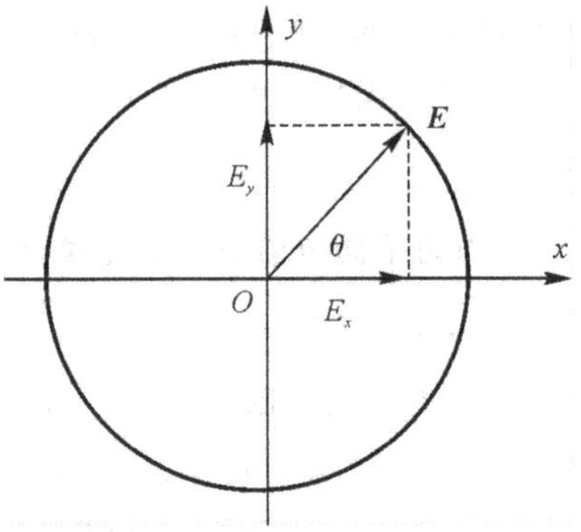

图 7.3.2　圆极化波

简单地说，朝 $-\boldsymbol{e}_z$ 方向看，若 $\varphi_x - \varphi_y > 0$，则称 x 方向相位超前 y 方向。当 $E_{xm} = E_{ym} = E_m$，且 $\varphi_x - \varphi_y = \pm\frac{\pi}{2}$ 时的电磁波为圆极化波。进一步，哪一方向场分量的相位超前，由超前向握向另一方面，能够满足右手螺旋准则的为右旋圆极化，而能满足左手螺旋准则的为左旋圆极化。

3. 椭圆极化

若 $|E_{xm}| \neq |E_{ym}|$，$\varphi_x - \varphi_y = \varphi$，$z = 0$，则电场强度矢量在 x 轴和 y 轴的分量为

$$E_x = E_{xm}\cos(\omega t + \varphi_x)$$

$$E_y = E_{ym}\cos(\omega t + \varphi_x - \varphi) = E_{ym}\cos(\omega t + \varphi_x)\cos\varphi + E_{ym}\sin(\omega t + \varphi_x)\sin\varphi$$

令 $\theta = \omega t + \varphi_x$，则

$$\frac{E_x}{E_{xm}} = \cos\theta$$

$$\frac{E_y}{E_{ym}} = \cos\theta\cos\varphi + \sin\theta\sin\varphi$$

$$\frac{E_y}{E_{ym}}=\frac{E_x}{E_{xm}}\cos\varphi+\sqrt{1-\cos^2\theta}\sin\varphi=\frac{E_x}{E_{xm}}\cos\varphi+\sqrt{1-\left(\frac{E_x}{E_{xm}}\right)^2}\sin\varphi$$

即

$$\left(\frac{E_x}{E_{xm}}\right)^2\cos^2\varphi-\frac{2E_xE_y}{E_{xm}E_{ym}}\cos\varphi+\left(\frac{E_y}{E_{ym}}\right)^2=\sin^2\varphi-\left(\frac{E_x}{E_{xm}}\right)^2\sin^2\varphi$$

最终可得

$$\left(\frac{E_x}{E_{xm}}\right)^2-\frac{2E_xE_y}{E_{xm}E_{ym}}\cos\varphi+\left(\frac{E_y}{E_{ym}}\right)^2=\sin^2\varphi \tag{7-45}$$

可见，这是一个椭圆方程，即 E_x，E_y 在一个椭圆上变化，因此 $\boldsymbol{E}$ 的矢量端轨迹为此椭圆，这种波称为椭圆极化波。

椭圆极化是波的一般极化形式，线极化和圆极化是椭圆极化的特例。

若 $\varphi=0$，式(6-23)为

$$\left(\frac{E_x}{E_{xm}}-\frac{E_y}{E_{ym}}\right)^2=0\Rightarrow\frac{E_x}{E_{xm}}=\frac{E_y}{E_{ym}} \text{——直线方程}$$

若 $\varphi=\frac{\pi}{2}$，$E_{xm}=E_{ym}=E_m$，式(6-23)为

$$\left(\frac{E_x}{E_m}\right)^2+\left(\frac{E_y}{E_m}\right)^2=1 \text{——圆方程}$$

总结，当 $\varphi_x-\varphi_y=$ 除 0，$\pm\pi$ 的任意值，且 $E_{xm}\neq E_{ym}$ 时，电磁波为椭圆极化波。判断旋向的方法和判断圆极化旋向的方法相同。

例 7.5.1　判断下列平面电磁波的极化类型：

(1)$\boldsymbol{E}=E_0(\mathrm{j}\boldsymbol{e}_x-2\mathrm{j}\boldsymbol{e}_y)\mathrm{e}^{\mathrm{j}kz}$；(2)$\boldsymbol{E}=E_0(-\boldsymbol{e}_x+\mathrm{j}\boldsymbol{e}_y)\mathrm{e}^{-\mathrm{j}kz}$；(3)$\boldsymbol{E}=E_0(\boldsymbol{e}_x-3\mathrm{j}\boldsymbol{e}_y)\boldsymbol{e}^{-\mathrm{j}kz}$。

解　(1)$\boldsymbol{E}=\mathrm{j}E_0(\boldsymbol{e}_x-2\boldsymbol{e}_y)\mathrm{e}^{\mathrm{j}kz}$，$E_x$ 和 E_y 相位相差 π，故为二、四象限线极化波；

(2)$\boldsymbol{E}=\mathrm{j}E_0(\mathrm{j}\boldsymbol{e}_x+\boldsymbol{e}_y)\mathrm{e}^{-\mathrm{j}kz}$，$E_x$ 超前 E_y 相位 $\pi/2$，且 E_x 和 E_y 振幅相等，电磁波沿 $+z$ 方向传播，故为右旋圆极化波。

(3)$\boldsymbol{E}=E_0(\boldsymbol{e}_x-3\mathrm{j}\boldsymbol{e}_y)\boldsymbol{e}^{-\mathrm{j}kz}$，$E_x$ 和 E_y 相位差为 $\frac{\pi}{2}$，但振幅不相等，则为椭圆极化。

三、电磁波极化的工程意义

讨论电磁波的极化有非常重要的工程意义。例如，在某通信系统的发射端有一个平行于地面放置的天线，其远区的辐射场是 $\boldsymbol{E}$ 平行于地面的线极化波，而在接收端的天线与地面垂直放置，这时接收端的天线是无法接收到发射端的信号的。两个天线的极化状态必须完全相同才能达到极化匹配，以获得最佳接收效果。再例如，调幅电台发射的远区场电磁波的 $\boldsymbol{E}$ 是与地面垂直的线极化波。因此，听众要获得最佳收听效果就应将收音机的天线调整到与地面垂直。

工程中经常会遇到极化特性为圆极化的系统，这是因为圆极化电磁波有其突出的优点，如可分解为正交线极化波等，故可携带大量信息，且由于圆极化波的抗干扰能力突出，现代战争中大多采用圆极化天线进行电子侦察和实施电子干扰。

7.4 均匀平面电磁波的反射与透射

本章前三节中讨论了均匀平面波在均匀、无界的无耗和有耗媒质中的传播特性。如果媒质有界，则当电磁波从一种媒质入射到另一种媒质的分界面时，由于媒质的特性不同，电磁波将在界面上发生反射和透射。这样，第一种媒质中除入射波外，还会存在一个反射波，其中的总场为入射波场与反射波场的叠加。同时第二种媒质中将有一透射波或折射波。为了分析简便，只研究分界面为无限大平面，且电磁波垂直于分界面入射的特殊情况。

一、从无耗媒质向理想导体的垂直入射

我们已经知道，所谓无耗媒质指的是理想介质，媒质参数 μ，ε 为实常数、$\sigma=0$，且相位常数 β 和 k 意义相同。而理想导体指的是 $\sigma=\infty$ 的媒质。特殊地，理想导体内部的电场和磁场均为零，即内部不存在 $\boldsymbol{E}$ 和 $\boldsymbol{H}$，因此，电磁波不能穿透理想导体表面，而是被分界面完全反射。

如图 7.4.1 所示，假设均匀平面电磁波沿 $+z$ 方向传播，$\boldsymbol{E}_i$，$\boldsymbol{H}_i$ 为入射波的电场强度和磁场强度，且有

$$\boldsymbol{E}_i=\boldsymbol{e}_x E_{i0}\mathrm{e}^{-\mathrm{j}k_1 z} \tag{7-46}$$

$$\boldsymbol{H}_i=\boldsymbol{e}_y H_{i0}\mathrm{e}^{-\mathrm{j}k_1 z}=\boldsymbol{e}_y\frac{1}{\eta_1}E_{i0}\mathrm{e}^{-\mathrm{j}k_1 z} \tag{7-47}$$

式中，E_{i0} 为 $z=0$ 处入射波的振幅，k_1 和 η_1 为媒质 1 的相位常数（波数）和波阻抗，且有

$$k_1=\omega\sqrt{\mu_1\varepsilon_1},\quad \eta_1=\sqrt{\frac{\mu_1}{\varepsilon_1}}$$

由于媒质 2 为理想导体，将入射电磁波完全反射，在媒质 1 中形成沿 $-z$ 方向传播的反射波，反射波的电场强度和磁场强度分别为 $\boldsymbol{E}_r$ 和 $\boldsymbol{H}_r$，且表达式为

$$\boldsymbol{E}_r=\boldsymbol{e}_x E_{r0}\mathrm{e}^{\mathrm{j}k_1 z} \tag{7-48}$$

$$\boldsymbol{H}_r=-\boldsymbol{e}_y\frac{1}{\eta_1}E_{r0}\mathrm{e}^{\mathrm{j}k_1 z} \tag{7-49}$$

式中，E_{r0} 为 $z=0$ 处反射波的振幅。

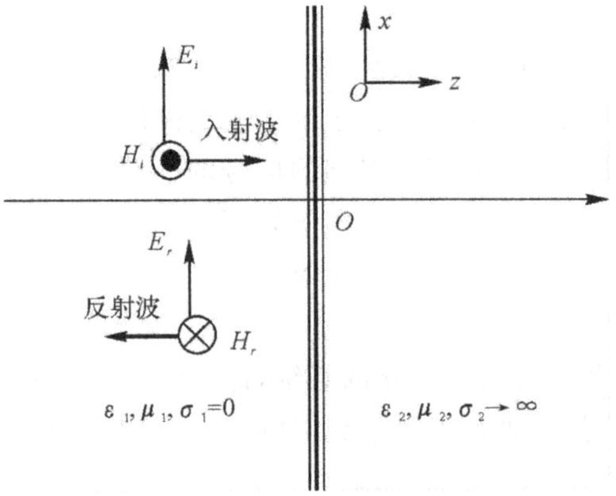

图 7.4.1　垂直入射到理想导体交界面

媒质 1 中由入射波和反射波合成的电磁场为

$$\boldsymbol{E}_1=\boldsymbol{E}_i+\boldsymbol{E}_r=\boldsymbol{e}_x(E_{i0}\mathrm{e}^{-\mathrm{j}k_1z}+E_{r0}\mathrm{e}^{\mathrm{j}k_1z}) \tag{7-50}$$

$$\boldsymbol{H}_1=\boldsymbol{H}_i+\boldsymbol{H}_r=\boldsymbol{e}_y\frac{1}{\eta_1}(E_{i0}\mathrm{e}^{-\mathrm{j}k_1z}-E_{r0}\mathrm{e}^{\mathrm{j}k_1z}) \tag{7-51}$$

当垂直入射到理想导体交界面时，由于能量被完全反射，由于 $\boldsymbol{E}_1|_{z=0}=\boldsymbol{E}_{r0}+\boldsymbol{E}_{i0}=0$，故分界面上的反射系数 $\Gamma_\perp$ 为

$$\Gamma_\perp=\frac{E_{r0}}{E_{i0}}=-1 \tag{7-52}$$

由于媒质 2 为理想导体，其中不可能存在透射波，引入垂直入射时的透射系数 $T_\perp$，此时交界面上的 $T_\perp=0$，即

$$T_\perp=\frac{E_{t0}}{E_{i0}}=0 \tag{7-53}$$

式中，E_{t0} 为 $z=0$ 处透射波的振幅。

将式(7-52)代入式(7-50)和式(7-51)，可得媒质 1 中合成电磁场为

$$\boldsymbol{E}_1=\boldsymbol{e}_x(-\mathrm{j}2E_{i0}\sin k_1z) \tag{7-54}$$

$$\boldsymbol{H}_1=\boldsymbol{e}_y\left(2\frac{E_{i0}}{\eta_1}\cos k_1z\right) \tag{7-55}$$

其对应的瞬时表达式为

$$\boldsymbol{E}_1(z,t)=2\boldsymbol{e}_xE_{i0}\sin k_1z\sin\omega t \tag{7-56}$$

$$\boldsymbol{H}_1(z,t)=2\boldsymbol{e}_y\frac{E_{i0}}{\eta_1}\cos k_1z\cos\omega t \tag{7-57}$$

由 $\boldsymbol{E}_1$，$\boldsymbol{H}_1$ 的表达式：在任一固定时刻，当 $k_1z=-n\pi$，即 $z=-n\lambda/2(n=0,1,2,\cdots)$ 时，$\boldsymbol{E}_1$ 总为 0 值，而 $\boldsymbol{H}_1$ 幅度总为最大值；当 $k_1z=-n\pi-\pi/2$，即 $z=-(2n+1)\lambda/4$ 时，$\boldsymbol{E}_1$ 的幅度总为最大，而 $\boldsymbol{H}_1$ 总为 $\boldsymbol{0}$。电场幅度最大的点称为电场的波腹点，电场幅度最小的点称为电场的波节点。同样，磁场幅度最大的点称为磁场的波腹点，幅度最小的点称为磁场的波节点。不同时刻 $\boldsymbol{E}_1$，$\boldsymbol{H}_1$ 沿 z 方向的分布如图 7.4.2 所示。

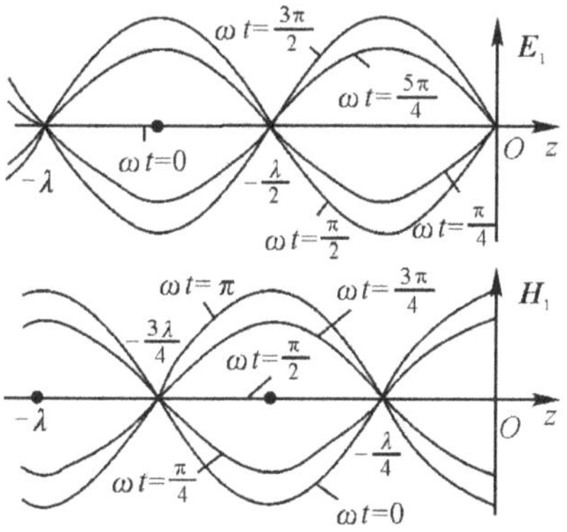

图 7.4.2　不同时刻的驻波电磁场波形

由图 7.4.2 看出，电场和磁场在时间上有 $\pi/2$ 的相位差，在空间位置上相互错开 $\lambda/4$，电场波节点是磁场的波腹点，而电场波腹点为磁场波节点。电磁场的波形不随时间的推移而移动，不同时刻对应幅度不同的正弦波形，在空间有固定的波腹点和波节点，这种波称为驻波。

下面研究电磁驻波的能流情况，坡印廷矢量的瞬时值为

$$\boldsymbol{S}(z,t)=\boldsymbol{E}_1(z,t)\times\boldsymbol{H}_1(z,t)=\boldsymbol{e}_z4\frac{(E_{i0})^2}{\eta_1}\sin k_1z\sin\omega t\cos k_1z\cos\omega t=$$

$$\boldsymbol{e}_z\frac{(E_{i0})^2}{\eta_1}\sin 2k_1z\sin 2\omega t$$

可见，每经过 $\frac{\lambda}{4}$ 距离，或经过 $\frac{T}{4}$ 时间，$\boldsymbol{S}$ 方向改变一次。

$$\boldsymbol{S}_{av}=\frac{1}{T}\int_0^T \boldsymbol{S}\ (z,t)\ dt=0$$

故驻波状态下无能量传输，电场能量和磁场能量是相互转化的，但这种转化只发生在电场节点与磁场节点之间 $\lambda/4$ 内的电场能量和磁场能量之间，这是因为在电场节点处和磁场节点处，任一时刻都有 $\boldsymbol{S}=0$，故该 $\lambda/4$ 内的能量不会流出，也不会有该 $\lambda/4$ 外的能量流入。

例 7.4.2 一右旋圆极化波垂直入射到 $z=0$ 处的理想导体板上，已知入射波电场强度为 $\boldsymbol{E}=E_0(\boldsymbol{e}_x-\mathrm{j}\boldsymbol{e}_y)\ \mathrm{e}^{-\mathrm{j}\beta z}$，求：(1) 反射波的极化情况；(2) $z<0$ 区域总电场强度的瞬时值。

解 (1) 已知 $\boldsymbol{E}_i=\boldsymbol{E}=\boldsymbol{e}_xE_0\mathrm{e}^{-\mathrm{j}\beta z}+\boldsymbol{e}_yE_0\mathrm{e}^{-\mathrm{j}\left(\beta z+\frac{\pi}{2}\right)}$，设

$$\boldsymbol{E}_r=\boldsymbol{e}_xE_{rxm}\mathrm{e}^{\mathrm{j}\beta z}+\boldsymbol{e}_yE_{rym}\mathrm{e}^{\mathrm{j}\beta z},$$

则

$$\boldsymbol{E}_1=\boldsymbol{e}_x(E_0\mathrm{e}^{-\mathrm{j}\beta z}+E_{rxm}\mathrm{e}^{\mathrm{j}\beta z})+\boldsymbol{e}_y(E_0\mathrm{e}^{-\mathrm{j}\left(\beta z+\frac{\pi}{2}\right)}+E_{rym}\mathrm{e}^{\mathrm{j}\beta z})$$

由于反射波和入射波的合成波为驻波，故 $z=0$ 时，$E_x=0$，$E_y=0$，故

$$E_{rxm}=-E_0,\quad E_{rym}=jE_0$$

则有

$$\boldsymbol{E}_r=-\boldsymbol{e}_xE_0\mathrm{e}^{\mathrm{j}\beta z}+\mathrm{j}\boldsymbol{e}_yE_0\mathrm{e}^{\mathrm{j}\beta z}=\boldsymbol{e}_xE_0\mathrm{e}^{\mathrm{j}(\beta z+\pi)}+\boldsymbol{e}_yE_0\mathrm{e}^{\mathrm{j}\left(\beta z+\frac{\pi}{2}\right)}$$

对应的瞬时表达式为

$$\boldsymbol{E}_r(z,t)=\boldsymbol{e}_xE_0\cos(\omega t+\beta z+\pi)+\boldsymbol{e}_yE_0\cos\left(\omega t+\beta z+\frac{\pi}{2}\right)=$$
$$-\boldsymbol{e}_xE_0\cos(\omega t+\beta z)-\boldsymbol{e}_yE_0\sin(\omega t+\beta z)$$

根据上式可知

$$\tan\theta=\frac{E_y}{E_x}=\tan(\omega t+\beta z)\Rightarrow\theta=\omega t+\beta z$$

且 $|E_{rxm}|=|E_{rym}|=E_0$，$\varphi_x-\varphi_y=\frac{\pi}{2}$，即 x 方向相位超前 y 方向，反射波沿 $-z$ 方向传播，可见 $\boldsymbol{E}_r$ 的旋转方向与传播方向成左手螺旋关系，故为左旋圆极化波。

(2) $z<0$ 区域总电场强度的瞬时值为

$$\begin{aligned}\boldsymbol{E}(z,t)=&\boldsymbol{E}_i(z,t)+\boldsymbol{E}_r(z,t)=\\&\boldsymbol{e}_xE_0\cos(\omega t-\beta z)+\boldsymbol{e}_yE_0\sin(\omega t-\beta z)-\boldsymbol{e}_xE_0\cos(\omega t+\beta z)-\boldsymbol{e}_yE_0\sin(\omega t+\beta z)=\\&\boldsymbol{e}_x2E_0\sin\beta z\sin\omega t-\boldsymbol{e}_y2E_0\sin\beta z\cos\omega t=2E_0\sin\beta z(\boldsymbol{e}_x\sin\omega t-\boldsymbol{e}_y\cos\omega t)\end{aligned}$$

二、从无耗媒质向良导体的垂直入射

所谓良导体指的是 $\sigma/\omega\varepsilon\gg1$ 的媒质。接着讨论当媒质 1(ε_1，μ_1 为实常数，$\sigma_1=0$) 为理想介质，媒质 2(ε_2，μ_2，σ_2) 为良导体，电磁波沿 $+z$ 方向传播，且垂直入射到媒质交界面时波的反射以及透射的情况。

首先，电磁波在良导体中传播时会出现趋肤效应，即电磁波只存在于良导体表面的薄层内。因此不难推断，当电磁波从无耗媒质向良导体入射时，分界面会将一部分电磁波反射回来，同时，也会有部分电磁波透过交界面进入良导体内部，只是由于存在趋肤效应，电磁波在到达一定的趋肤深度后就几乎衰减为零。

工程实际应用中，往往良导体的厚度远大于趋肤深度，透入的电磁功率将完全被导体吸收而转化为热能，即为良导体的功率损耗。

假设功率反射系数为 Γ_p，而功率透射系数为 T_p，且满足

$$\Gamma_p \approx 1 - 4\sqrt{\frac{\omega\varepsilon_1}{2\sigma_2}} \tag{7-58}$$

$$T_p \approx 4\sqrt{\frac{\omega\varepsilon_1}{2\sigma_2}} \tag{7-59}$$

则有

$$\Gamma_p + T_p = 1 \tag{7-60}$$

对于电磁波由理想介质垂直入射到良导体中的情况有以下结论：

反射系数：
$$\Gamma_\perp \approx \left(-1 + \sqrt{\frac{2\omega\varepsilon_1}{\sigma_2}}\right) + \mathrm{j}\sqrt{\frac{2\omega\varepsilon_1}{\sigma_2}} \tag{7-61}$$

透射系数：
$$T_\perp = (1+\mathrm{j})\sqrt{\frac{2\omega\varepsilon_1}{\sigma_2}} \tag{7-62}$$

且电磁波在良导体中的功率损耗 P_L 为

$$P_L \approx \frac{1}{2}\left|2H_{i0}\right|^2\sqrt{\frac{\omega\mu_1}{2\sigma_2}} \tag{7-63}$$

三、向两种无耗媒质交界面的垂直入射

假设媒质 1 和媒质 2 均为理想介质，电磁波仍沿 $+z$ 向传播，且垂直入射到两媒质交界面上。由于媒质参数不同，分界面上一部分波将被反射，另一部分将穿透交界面，在媒质 2 中继续传播。如图 7.4.3 所示

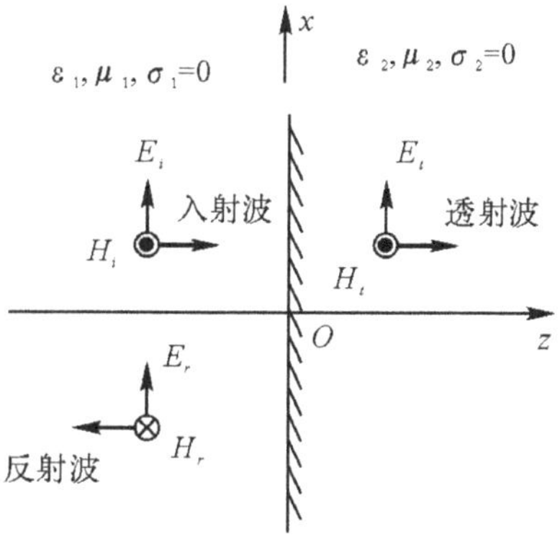

图 7.4.3　垂直入射到理想介质上的均匀平面电磁波

入射波的表达式与式(7-46) 和式(7-47) 相同

$$\boldsymbol{E}_i = \boldsymbol{e}_x E_{i0}\,\mathrm{e}^{-\mathrm{j}k_1 z}$$

$$\boldsymbol{H}_i = \boldsymbol{e}_y \frac{1}{\eta_1} E_{i0}\,\mathrm{e}^{-\mathrm{j}k_1 z}$$

媒质 1 中的反射波表达式也与式(7-48) 和式(7-49) 相同，则合成波表示为

$$\boldsymbol{E}_1 = \boldsymbol{E}_i + \boldsymbol{E}_r = \boldsymbol{e}_x (E_{i0}\,\mathrm{e}^{-\mathrm{j}k_1 z} + E_{r0}\,\mathrm{e}^{\mathrm{j}k_1 z})$$

$$\boldsymbol{H}_1 = \boldsymbol{H}_i + \boldsymbol{H}_r = \boldsymbol{e}_y \frac{1}{\eta_1}(E_{i0}\,\mathrm{e}^{-\mathrm{j}k_1 z} - E_{r0}\,\mathrm{e}^{\mathrm{j}k_1 z})$$

由分界面边界条件 $E_{1t}=E_{2t}$，$H_{1t}=H_{2t}$ 可知，沿交界面切线方向，媒质 1 中 $E_{1t}=E_{i0}+E_{r0}$，媒质 2 中 $E_{2t}=E_{t0}$，则有

$$E_{i0} + E_{r0} = E_{t0} \tag{7-64}$$

$$\frac{1}{\eta_1}(E_{i0} - E_{r0}) = \frac{1}{\eta_2}E_{t0} \tag{7-65}$$

求解上面两式可得

$$\Gamma_\perp = \frac{E_{r0}}{E_{i0}} = \frac{\eta_2 - \eta_1}{\eta_2 + \eta_1} \tag{7-66}$$

$$T_\perp = \frac{2\eta_2}{\eta_2 + \eta_1} = 1 + \Gamma_\perp \tag{7-67}$$

将上面两式带入电场强度和磁场强度表达式，则媒质 1 中：

$$\boldsymbol{E}_1=\boldsymbol{E}_i+\boldsymbol{E}_r=\boldsymbol{e}_x(E_{i0}\mathrm{e}^{-\mathrm{j}k_1z}+E_{r0}\mathrm{e}^{\mathrm{j}k_1z})=\boldsymbol{e}_xE_{i0}(\mathrm{e}^{-\mathrm{j}k_1z}+\Gamma_\perp\ \mathrm{e}^{\mathrm{j}k_1z})=$$

$$\boldsymbol{e}_xE_{i0}(T_\perp\ \mathrm{e}^{-\mathrm{j}k_1z}+2\mathrm{j}\Gamma_\perp\ \sin k_1z) \tag{7-68}$$

$$\boldsymbol{H}_1=\boldsymbol{H}_i+\boldsymbol{H}_r=\boldsymbol{e}_y\frac{1}{\eta_1}(E_{i0}\mathrm{e}^{-\mathrm{j}k_1z}-\Gamma_\perp\ E_{i0}\ \mathrm{e}^{\mathrm{j}k_1z})=\boldsymbol{e}_y\frac{1}{\eta_1}E_{i0}\mathrm{e}^{-\mathrm{j}k_1z}(1-\Gamma_\perp\ \mathrm{e}^{\mathrm{j}2k_1z})=$$

$$\boldsymbol{e}_y\frac{1}{\eta_1}E_{i0}[T_\perp\ \mathrm{e}^{-\mathrm{j}k_1z}-2\Gamma_\perp\ \cos k_1z] \tag{7-69}$$

同理，媒质 2 中：

$$\boldsymbol{E}_2=\boldsymbol{e}_xE_{t0}\mathrm{e}^{-\mathrm{j}k_2z}=\boldsymbol{e}_xT_\perp\ E_{i0}\mathrm{e}^{-\mathrm{j}k_2z} \tag{7-70}$$

$$\boldsymbol{H}_2=\boldsymbol{e}_y\frac{E_{t0}}{\eta_2}\ \mathrm{e}^{-\mathrm{j}k_2z}=\boldsymbol{e}_y\frac{1}{\eta_2}T_\perp\ E_{i0}\mathrm{e}^{-\mathrm{j}k_2z} \tag{7-71}$$

由式(7-68)、式(7-69)可以看出，媒质 1 中电场强度和磁场强度均为既有行波成分、又有驻波成分的电磁波，称为行驻波或混合波。实际应用中，信号往往都是以混合波形式存在的，而混合波中驻波成分的多少又是评价通信系统优劣的一个非常重要的指标。为了反映驻波成分大小，引入驻波比，即 VSWR(Voltage Standing Wave Ratio)，用 ρ 表示

$$\rho=\frac{E_{\max}}{E_{\min}}=\frac{1+|\Gamma|}{1-|\Gamma|} \tag{7-72}$$

可见，$\rho=1\sim\infty$。

下面讨论两种媒质中的能流情况。媒质 1 中：

$$\boldsymbol{S}_{\mathrm{av1}}=\frac{1}{2}\mathrm{Re}[\boldsymbol{E}_1\times\boldsymbol{H}_1^*]=\frac{\boldsymbol{e}_z}{2}\mathrm{Re}\left[\frac{E_{i0}^2}{\eta_1}(\mathrm{e}^{-\mathrm{j}k_1z}+\Gamma_\perp\ \mathrm{e}^{\mathrm{j}k_1z})(\mathrm{e}^{\mathrm{j}k_1z}-\Gamma_\perp\ \mathrm{e}^{-\mathrm{j}k_1z})\right]=$$

$$\frac{\boldsymbol{e}_z}{2}\frac{E_{i0}^2}{\eta_1}(1-|\Gamma_\perp|^2) \tag{7-73}$$

可见，媒质“1”中沿 z 方向传输的功率 $\boldsymbol{S}_{\mathrm{av1}}$ 等于入射波功率减去反射波沿相反方向传输的功率。而媒质 2 中：

$$\boldsymbol{S}_{\mathrm{av2}}=\frac{1}{2}\mathrm{Re}[\boldsymbol{E}_2\times H_2^*]=\frac{\boldsymbol{e}_z}{2}\frac{|T_\perp|^2E_{i0}^2}{\eta_2} \tag{7-74}$$

使用数学方法将式(7-73)和式(7-74)变换后可得

$$\boldsymbol{S}_{\mathrm{av1}}=\boldsymbol{S}_{\mathrm{av2}} \tag{7-75}$$

即媒质 1 中的入射波功率等于媒质 1 中的反射波功率和媒质 2 中的透射波功率之和。这符合能量守恒定律。

例 7.6.1 频率为 300 MHz 的均匀平面电磁波，其电场强度振幅值为 2 V/m，从真空入射到 $\varepsilon_r=4$，$\mu_r=1$ 的理想介质平面上，求：

(1) 反射系数、透射系数、驻波比；

(2) 入射波、反射波和透射波的电场、磁场表达式；

(3) 入射功率、反射功率和透射功率。

解 假设入射波沿 $+z$ 方向传播，且电场只在 x 方向有分量，且此种情况为向两种无耗媒质交界面的垂直入射。

(1) 波阻抗为

$$\eta_1=\sqrt{\frac{\mu_0}{\varepsilon_0}}=120\pi,\quad \eta_2=\sqrt{\frac{\mu_0}{\varepsilon}}=\sqrt{\frac{\mu_0}{4\varepsilon_0}}=60\pi$$

反射系数、透射系数和驻波比分别为

$$\Gamma=\frac{\eta_2-\eta_1}{\eta_2+\eta_1}=-\frac{1}{3},\quad T=\frac{2\eta_2}{\eta_2+\eta_1}=\frac{2}{3},\quad \rho=\frac{1+|\Gamma|}{1-|\Gamma|}=2$$

(2) 由已知条件可得

$$f=300\ \text{MHz},\quad \lambda_1=\frac{v_1}{f}=\frac{c}{f}=1\ \text{m},\quad \lambda_2=\frac{v_2}{f}=\frac{c}{\sqrt{\varepsilon_r}\cdot f}=0.5\ \text{m}$$

且

$$k_1=\frac{2\pi}{\lambda_1}=2\pi,\quad k_2=\frac{2\pi}{\lambda_2}=4\pi$$

故入射波、反射波和透射波的电场和磁场表达式为

$$\boldsymbol{E}_i=\boldsymbol{e}_xE_{i0}\mathrm{e}^{-\mathrm{j}k_1z}=\boldsymbol{e}_x2\mathrm{e}^{-\mathrm{j}2\pi z},\quad \boldsymbol{H}_i=\boldsymbol{e}_y\frac{1}{\eta_1}E_{i0}\mathrm{e}^{-\mathrm{j}k_1z}=\boldsymbol{e}_y\frac{1}{60\pi}\mathrm{e}^{-\mathrm{j}2\pi z}$$

$$\boldsymbol{E}_r=\boldsymbol{e}_x\Gamma E_{i0}\mathrm{e}^{\mathrm{j}k_1z}=-\boldsymbol{e}_x\frac{2}{3}\mathrm{e}^{\mathrm{j}2\pi z},\quad \boldsymbol{H}_r=-\boldsymbol{e}_y\frac{\Gamma}{\eta_1}E_{i0}\mathrm{e}^{\mathrm{j}k_1z}=\boldsymbol{e}_y\frac{1}{180\pi}\mathrm{e}^{\mathrm{j}2\pi z}$$

$$\boldsymbol{E}_t=\boldsymbol{e}_xTE_{i0}\mathrm{e}^{-\mathrm{j}k_2z}=\boldsymbol{e}_x\frac{4}{3}\mathrm{e}^{-\mathrm{j}4\pi z},\quad \boldsymbol{H}_t=\boldsymbol{e}_y\frac{T}{\eta_2}E_{i0}\mathrm{e}^{-\mathrm{j}k_2z}=\boldsymbol{e}_y\frac{1}{45\pi}\mathrm{e}^{-\mathrm{j}4\pi z}$$

(3) 入射波、反射波、透射波的平均功率密度为

$$\boldsymbol{S}_{\text{av},i}=\boldsymbol{e}_z\frac{E_{i0}^2}{2\eta_1}=\boldsymbol{e}_z\frac{1}{60\pi}(\text{W/m}^2)$$

$$\boldsymbol{S}_{\text{av},r}=-\boldsymbol{e}_z\frac{E_{r0}^2}{2\eta_1}=-\boldsymbol{e}_z\frac{|\Gamma E_{i0}|^2}{2\eta_1}=-\boldsymbol{e}_z\frac{1}{540\pi}(\text{W/m}^2)$$

$$\boldsymbol{S}_{\text{av},t}=\boldsymbol{e}_z\frac{E_{t0}^2}{2\eta_2}=\boldsymbol{e}_z\frac{|TE_{i0}|^2}{2\eta_2}=\boldsymbol{e}_z\frac{2}{135\pi}(\text{W/m}^2)$$

四、向两种有耗媒质交界面的垂直入射

当两种媒质为有耗的导电媒质，且媒质参数为$\mu_1,\varepsilon_1,\sigma_1$以及$\mu_2,\varepsilon_2,\sigma_2$时，分析入射问题时可将无耗媒质中的介电常数用复介电常数代替，即得有耗媒质中的结果。

$$\varepsilon_{c1}=\varepsilon_1-\mathrm{j}\frac{\sigma_1}{\omega}$$

$$\varepsilon_{c2}=\varepsilon_2-\mathrm{j}\frac{\sigma_2}{\omega}$$

此时复波数分别为

$$\gamma_1=\mathrm{j}\omega\sqrt{\mu_1\varepsilon_{c1}}=\beta_1-\mathrm{j}\alpha_1$$

$$\gamma_2=\mathrm{j}\omega\sqrt{\mu_2\varepsilon_{c2}}=\beta_2-\mathrm{j}\alpha_2$$

复波阻抗分别为

$$\eta_{c1}=\sqrt{\frac{\mu_1}{\varepsilon_{c1}}},\ \eta_{c2}=\sqrt{\frac{\mu_2}{\varepsilon_{c2}}}$$

则媒质 1 中的电场和磁场的表达式为

$$\boldsymbol{E}_1=\boldsymbol{e}_xE_{i0}(\mathrm{e}^{-\alpha_1z}\mathrm{e}^{-\mathrm{j}\beta_1z}+\Gamma_{\perp}\mathrm{e}^{\alpha_1z}\mathrm{e}^{\mathrm{j}\beta_1z}) \tag{7-76}$$

$$\boldsymbol{H}_1=\boldsymbol{e}_y\frac{1}{\eta_{c1}}E_{i0}(\mathrm{e}^{-\alpha_1z}\mathrm{e}^{-\mathrm{j}\beta_1z}-\Gamma_{\perp}\mathrm{e}^{\alpha_1z}\mathrm{e}^{\mathrm{j}\beta_1z}) \tag{7-77}$$

媒质 2 中的电场和磁场表达式为

$$\boldsymbol{E}_2 = \boldsymbol{e}_x T_{\perp} E_{i0} \mathrm{e}^{-\alpha_2 z} \mathrm{e}^{-\mathrm{j}\beta_2 z} \tag{7-78}$$

$$\boldsymbol{H}_2 = \boldsymbol{e}_y \frac{1}{\eta_{c2}} T_{\perp} E_{i0} \mathrm{e}^{-\alpha_2 z} \mathrm{e}^{-\mathrm{j}\beta_2 z} \tag{7-79}$$

其中

$$\Gamma_{\perp} = \frac{\eta_{c2} - \eta_{c1}}{\eta_{c2} + \eta_{c1}}, \quad T_{\perp} = \frac{2\eta_{c2}}{\eta_{c2} + \eta_{c1}}$$

可见，电磁波在两种有耗媒质交界面垂直入射的情况与在两种无耗媒质中的情况非常类似，区别在于将电介质中的介电常数转换为复介电常数，以及无耗媒质中的 $\gamma = \mathrm{j}\beta = \mathrm{j}k$，其中 $k = \omega\sqrt{\mu\varepsilon}$；而有耗媒质中不仅仅存在相位常数 β，还存在衰减常数 α，且 $\gamma = \mathrm{j}k_c = \beta - \mathrm{j}\alpha$，其中 $k_c = \omega\sqrt{\mu\varepsilon_c}$。

7.5 阅读材料——生物电磁学

生物电磁学是研究电磁场与生物系统相互关系和相互作用规律的学科，广义地讲，它包括两部分内容：一是生物系统在生命活动过程中产生的电磁现象；二是外界电磁场与生物系统的相互作用，包括生物组织的电磁特性，电磁场的生物学效应，生物电磁剂量学、医学中的应用，等等。

某些生物组织的特殊结构决定了有些生物组织为各向异性媒质，比如，沿蛋白质纤维纵向的电导率约是沿着横向的 10 倍；又如生物组织中的蛋白质等大分子具有周期性结构，故在由这些大分子占主导地位的组织中，电导率对外界电磁场的频率表现出一定的频率特异性，即当工作频率发生变化时，组织的电性能也随即发生改变。生物组织的电磁特性主要是研究这类问题。

电磁场的生物学原理来源于研究人员的实验发现。电磁场在不同生物层次上有不同的效应，归纳为：电磁场的作用可引起生物大分子功能的变化，如微波照射可使生物酶的活性降低、或可影响微生物的新陈代谢及其繁殖速度，还可以影响实验鼠的脑电图，也可以使狗的血液中肾上腺皮质急速增加，使其血液中皮质类固醇含量下降；电磁场也可以在动物的造血和免疫系统上引起效应，如可使家兔血液中的钾含量增加；等等。

生物电磁剂量学分为理论计量学和实验计量学。理论计量学是对给定的生物电磁学问题求解 Maxwell 方程组，由于生物系统在几何结构、色散特性和电参数分布方面都很复杂，所以往往只能对理想化的生物模型进行求解，从而得到生物样品内的电场和磁场分布；实验计量学是在一致的电磁场环境中，用实验方法测量生物样品内的场分布。

电磁场理论在医学中的应用更是不胜枚举。例如治疗肿瘤时，通过控制电磁波的辐射强度和辐射的功率分布使肿瘤组织的温度达 43 ～ 50℃ 以杀死癌细胞，即“放疗”；又例如可以用电磁场治疗肌肉扭伤、神经痛等症状，也就是常说的“理疗”。

总之，生物电磁学是一门边缘学科，主要涉及电磁场与微波技术和生物学。其意义在于开发电磁能在医学、生物学方面的应用以及对电磁环境进行评价和防护。生物电磁学与工程电磁场以及微波技术的不同之处主要体现在：第一，前者的作用对象是具有个体差异的生命物质；第二，后者的作用对象是根据人为需要而选取并加工的电磁媒质或单元。

小　　结

(1) 均匀平面电磁波在无界无耗简单媒质中传播时满足

$$E_x(z)=E_0^+\mathrm{e}^{-\mathrm{j}kz}+E_0^-\mathrm{e}^{+\mathrm{j}kz}$$

$$H_y(z)=H_0^+\mathrm{e}^{-\mathrm{j}kz}+H_0^-\mathrm{e}^{+\mathrm{j}kz}$$

若不存在反射波，则电场和磁场满足

$$\boldsymbol{H}=\frac{1}{\eta}\boldsymbol{e}_z\times\boldsymbol{E}$$

电场和磁场的瞬时值表达式为

$$\boldsymbol{E}(z,t)=\mathrm{Re}\left[\boldsymbol{e}_xE_0\mathrm{e}^{\mathrm{j}(\omega t-kz)}\right]=\boldsymbol{e}_xE_{0m}\cos(\omega t-kz+\varphi_0)$$

$$\boldsymbol{H}(z,t)=\mathrm{Re}\left[\boldsymbol{e}_y\frac{E_0}{\eta}\mathrm{e}^{\mathrm{j}(\omega t-kz)}\right]=\boldsymbol{e}_yH_{0m}\cos(\omega t-kz+\varphi_0)$$

(2) 波数和波长之间的关系满足 $\lambda=\frac{2\pi}{k}$；周期的定义为 $\omega T=2\pi$；波长与波传播速度的关系满足 $v_p=\lambda f$；

(3) 波的能量通过 $\boldsymbol{S}_{\mathrm{av}}=\mathrm{Re}[\boldsymbol{S}]=\boldsymbol{e}_z\frac{E_{0m}^2}{2\eta}$ 描述；

(4) 均匀平面波在有耗媒质中传播时的波动方程为

$$\nabla^2\boldsymbol{E}+\gamma^2\boldsymbol{E}=\boldsymbol{0}$$

$$\nabla^2\boldsymbol{H}+\gamma^2\boldsymbol{H}=\boldsymbol{0}$$

其中 $\gamma^2=\omega^2\mu\varepsilon_c$，区别于无耗媒质中的波动方程所含的 $k^2=\omega^2\mu\varepsilon$。

(5) 由于不同频率的电磁波在相同有耗媒质中传播时其相速各有不同，故合成波的群速与单频率波相速间的关系为

$$v_g=\frac{v_p}{\left(1-\frac{\omega}{v_p}\frac{\mathrm{d}v_p}{\mathrm{d}\omega}\right)}$$

(6) 高频电磁场只能存在于良导体表面的一个薄层内，这种现象称为趋肤效应，或称为肌肤效应（Skin Effect）。

(7) 电磁波的极化分为线极化、圆极化、椭圆极化。首先需确定波的传播方向，随后才能判断极化类型。电磁波的极化的工程应用范围非常广泛。

(8) 当均匀平面波垂直入射到不同媒质交界面时，会发生透射、反射和全反射。全反射时，在入射区域会产生驻波；透射与反射同时存在时，通过透射系数和反射系数确定透射波与反射波的能量强弱。

(9) 驻波比的大小能够反映电磁波能量反射的程度，其计算公式为

$$\rho=\frac{1+|\Gamma|}{1-|\Gamma|}$$

习　题　七

7.1　假设真空中一平面波的磁场强度矢量为

$$\boldsymbol{H}=10^{-6}\left(\frac{3}{2}\boldsymbol{e}_x+\boldsymbol{e}_y+\boldsymbol{e}_z\right)\cos\left[\omega t+\pi\left(x-y-\frac{1}{2}z\right)\right]\quad(\text{A/m})$$

试求：

(1) 波的传播方向；

(2) 波长和频率；

(3) 电场强度矢量；

(4) 坡印廷矢量的平均值。

7.2　证明：均匀平面电磁波在良导体中传播时，每波长内场强的衰减约为 55 dB；

7.3　电磁波在真空中传播，其电场强度矢量的复数表达式为

$$\boldsymbol{E}=(\mathrm{j}\boldsymbol{e}_x+\boldsymbol{e}_y)10^{-4}\mathrm{e}^{-\mathrm{j}20\pi z}\quad(\text{V/m})$$

试求：

(1) 工作频率；

(2) 磁场强度矢量的复数表达式；

(3) 坡印廷矢量的瞬时值和时间平均值；

(4) 此电磁波是何种极化？旋向如何？

7.4　一个右旋圆极化波由空气向一理想介质平面（$z=0$）垂直入射，坐标与题图 7.1 相同，媒质的电磁参数为 $\varepsilon_2=9\varepsilon_0$，$\varepsilon_1=\varepsilon_0$，$\mu_1=\mu_2=\mu_0$。试求：

(1) 反射波、透射波的电场强度及相对平均功率密度；

(2) 它们各是何种极化波？

7.5　频率为 540 MHz 的广播信号通过一导电媒质（$\varepsilon_r=2.1$，$\mu_r=1$，$\sigma/\omega\varepsilon=0.2$）。试求：

(1) 衰减常数和相移常数；

(2) 相速和波长；

(3) 波阻抗。

7.6　证明任一圆极化波的坡印廷矢量瞬时值是个常数。

7.7　真空中一平面电磁波的电场强度矢量为

$$\boldsymbol{E}=\sqrt{2}(\boldsymbol{e}_x+\mathrm{j}\boldsymbol{e}_y)\mathrm{e}^{-\mathrm{j}\frac{\pi}{2}z}\quad(\text{V/m})$$

(1) 此电磁波是何种极化？旋向如何？

(2) 写出对应的磁场强度矢量。

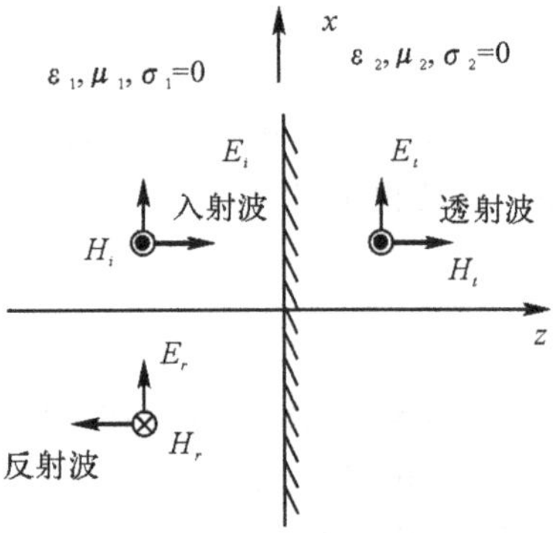

图题 7.1　题 7.4 图

7.8　空气中电场为 $\boldsymbol{E}=(\boldsymbol{e}_xE_{xm}+\mathrm{j}\boldsymbol{e}_yE_{ym})\mathrm{e}^{-\mathrm{j}kz}$ 的均匀平面电磁波垂直投射到理想导体表面（$z=0$），其中 E_{xm}，E_{ym} 是常数，求反射波的极化状态及导体表面的面电流密度。

7.9　在自由空间中，一均匀平面波垂直投射到半无限大无耗介质平面上。已知在平面前的自由空间中，合成波的驻波比为 3，无耗介质内透射波的波长是自由空间波长的六分之一。试求介质的相对磁导率和相对介电常数。

7.10　在空气中，均匀平面波电场强度的振幅 E_0 为 800 V/m，极化方向为 $\boldsymbol{e}_x$，如果波沿 z 方向传播，波长为 0.61 m，求：

(1) 电磁波的频率；

(2) 电磁波的周期；

(3) 若将场量表示为 $A\cos(\omega t-kz)$，其 k 值为多少？

(4) 磁场的振幅 H_0。

7.11　一个在空气中沿 $+\boldsymbol{e}_y$ 方向传播的均匀平面波，其磁场强度的瞬时值表示为

$$\boldsymbol{H}=4\boldsymbol{e}_x\times10^{-6}\cos\left(10^7\pi t-\beta y+\frac{\pi}{4}\right)\quad(\mathrm{A/m})$$

(1) 求 β 和在 $t=3\ \mathrm{ms}$，$H_x=0$ 的位置；

(2) 写出 $\boldsymbol{E}$ 的瞬时表示式。

第八章　电磁波的传输与辐射

截至第七章，讨论的都是电磁波在无界空间中的自由传播。工程应用中为了减少或避免辐射损耗，常常需要让电磁波沿某一特定路径传输，即让电磁波在有界空间中传播。这就要求研究人员事先选择引导电磁波的媒质，并研究该媒质特性，从而了解电磁波在这些特殊媒质中传播的性质。

在有界空间中传播的电磁波即可称为导行电磁波。将能引导电磁波沿指定路径传输的装置称为波导，或波导系统。讨论导行电磁波的问题主要是求 Maxwell 方程满足边界条件时波动方程的解，并讨论解的特性，这是电磁场的一种边值问题。天线作为高频电流与电磁波间的转换装置，主要起辐射和接收电磁波的作用，在所有无线通信系统中扮演着重要角色。

本章讨论波导系统以及天线的基础理论。

8.1　导行电磁波

一、导波原理

当电磁波在波导中传播时，其一般方法是求解满足边界条件的 Maxwell 方程。若波导壁是理想导体，波导内无源，则波导内电磁场满足波动方程

$$\begin{cases}\nabla^2 \boldsymbol{E} + k^2 \boldsymbol{E} = \boldsymbol{0} \\ \nabla^2 \boldsymbol{H} + k^2 \boldsymbol{H} = \boldsymbol{0}\end{cases}$$

式中，$k=\omega\sqrt{\mu\varepsilon}$。

现将电场和磁场分解为横向分量和纵向分量，即利用纵向场法分解 $\boldsymbol{E}$ 和 $\boldsymbol{H}$ 得到

$$\left.\begin{aligned}\boldsymbol{E} &= \boldsymbol{E}_t + \boldsymbol{e}_z E_z \\ \boldsymbol{H} &= \boldsymbol{H}_t + \boldsymbol{e}_z H_z\end{aligned}\right\} \tag{8-1}$$

式中，下标 t 表示横向坐标。

电磁波沿波导传播时，其传播常数 Γ 包含两个部分，即 k_c 和 k，且满足 $\Gamma^2 = k_c^2 - k^2$。在电磁波频率一定的情况下，k 决定于波导中的媒质特性，k_c 决定于波导中传播的模和波导的几何尺寸，且 $k_c = 2\pi/\lambda_c$，其中 λ_c 称为截止波长，k_c 称为截止波数。当相移常数 $\beta=0$ 时，波导系统不再传播电磁波，亦称为截止。根据 k_c 值的不同，导行波可分为 TEM 波、TM 波（$H_z=0$）、TE 波（$E_z=0$）。

1. 矩形波导

矩形波导是横截面为矩形的空心金属波导管，如图 8.1.1 所示。波导内主要存在的是 TM 波以及 TE 波。对于 TM 波，利用分离变量法解波动方程的结果为

$$\left.\begin{aligned}
E_x &= -\frac{\beta}{\varepsilon}E_0\left(\frac{m\pi}{a}\right)\cos\left(\frac{m\pi}{a}x\right)\sin\left(\frac{n\pi}{b}y\right)\mathrm{e}^{\mathrm{j}(\omega t-\beta z)}\\
E_y &= -\frac{\beta}{\varepsilon}E_0\left(\frac{n\pi}{a}\right)\sin\left(\frac{m\pi}{a}x\right)\cos\left(\frac{n\pi}{b}y\right)\mathrm{e}^{\mathrm{j}(\omega t-\beta z)}\\
E_z &= -\mathrm{j}\,\frac{\pi^2}{\varepsilon}\left(\frac{m^2}{a^2}+\frac{n^2}{b^2}\right)E_0\sin\left(\frac{m\pi}{a}x\right)\sin\left(\frac{n\pi}{b}y\right)\mathrm{e}^{\mathrm{j}(\omega t-\beta z)}\\
H_x &= \omega E_0\left(\frac{n\pi}{b}\right)\sin\left(\frac{m\pi}{a}x\right)\cos\left(\frac{n\pi}{b}y\right)\mathrm{e}^{\mathrm{j}(\omega t-\beta z)}\\
H_y &= -\omega E_0\left(\frac{m\pi}{a}\right)\cos\left(\frac{m\pi}{a}x\right)\sin\left(\frac{n\pi}{b}y\right)\mathrm{e}^{\mathrm{j}(\omega t-\beta z)}\\
H_z &= 0
\end{aligned}\right\}\tag{8-2}$$

式中，m，n的含义为：不同的m，n对应不同的场分布，即不同的波型（模），并以E_{mn}或TM_{mn}波表示。但m，n均不能为零，其中之一为零，随即将导致场的消失。故E_{11}波，即TM_{11}是TM波中的最低波型。

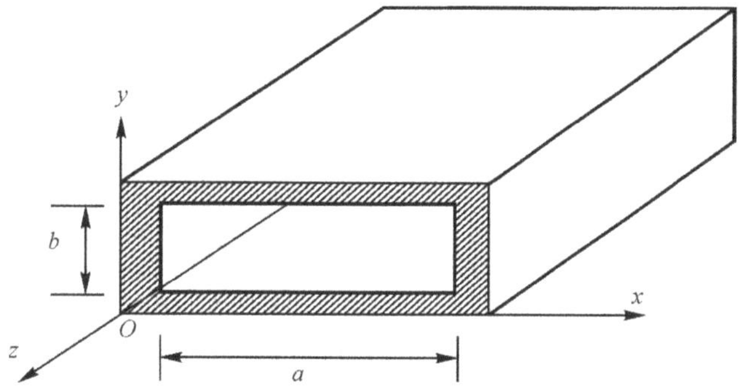

图 8.1.1　矩形波导

同理可求得 TE 波的场分量如下：

$$\left.\begin{aligned}
E_x &= \omega H_0\,\frac{n\pi}{b}\cos\left(\frac{m\pi}{a}x\right)\sin\left(\frac{n\pi}{b}y\right)\mathrm{e}^{\mathrm{j}(\omega t-\beta z)}\\
E_y &= -\omega H_0\,\frac{m\pi}{a}\sin\left(\frac{m\pi}{a}x\right)\cos\left(\frac{n\pi}{b}y\right)\mathrm{e}^{\mathrm{j}(\omega t-\beta z)}\\
E_z &= 0\\
H_x &= \frac{\beta}{\mu}H_0\left(\frac{m\pi}{a}\right)\sin\left(\frac{m\pi}{a}x\right)\cos\left(\frac{n\pi}{b}y\right)\mathrm{e}^{\mathrm{j}(\omega t-\beta z)}\\
H_y &= \frac{\beta}{\mu}H_0\left(\frac{n\pi}{b}\right)\cos\left(\frac{m\pi}{a}x\right)\sin\left(\frac{n\pi}{b}y\right)\mathrm{e}^{\mathrm{j}(\omega t-\beta z)}\\
H_z &= -\mathrm{j}\,\frac{\pi^2}{\mu}H_0\left(\frac{m^2}{a^2}+\frac{n^2}{b^2}\right)\cos\left(\frac{m\pi}{a}x\right)\cos\left(\frac{n\pi}{b}y\right)\mathrm{e}^{\mathrm{j}(\omega t-\beta z)}
\end{aligned}\right\}\tag{8-3}$$

可见，磁场和电场的各个方向分量均与a，b以及m，n有关，但对于TE波，m，n中仅有一个为零是可能存在的。因此，矩形波导中可能存在的波型是：TE_{m0}，TE_{0n}，TE_{mn}，TM_{mn}波。不同模所含能量大小不同。TE波是所有TE_{mn}模式场的总和，而TM波则是所有TM_{mn}模式场的总和。

无论TE波、TM波，各波型的截止波长λ_c满足

$$\lambda_c = \frac{2}{\sqrt{\left(\frac{m}{a}\right)^2 + \left(\frac{n}{b}\right)^2}} \tag{8-4}$$

截止波长值最大的模称为主模或基波，它最容易在波导中传播，所含能量比率也最大。当工作波长 λ 小于某个模的截止波长 λ_c 时，此模可在波导中传输，故称为传导模；当工作波长 λ 大于某个模的截止波长 λ_c 时，此模在波导中不能传输，称为截止模。一个模是否能在波导中传输取决于波导结构和工作频率。对相同的 m，n 值，TE_{mn} 和 TM_{mn} 具有相同的截止波长，故又称为简并模，虽然它们的场分布不同，但具有相同的传输特性。图 8.1.2 给出了标准波导 BJ－32（$a=70$ mm，$b=25$ mm）各波型（模）截止波长分布图。

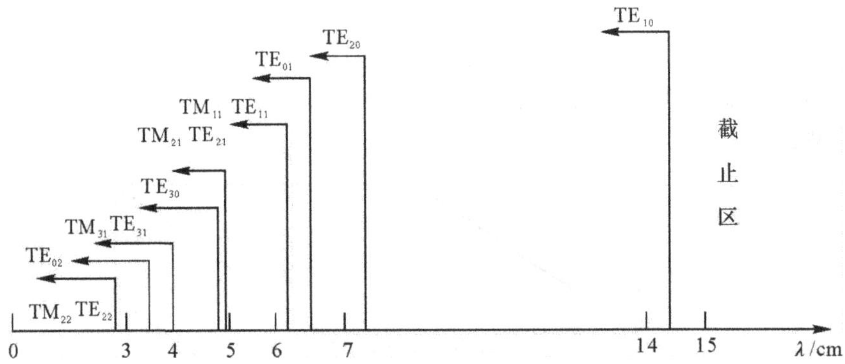

图 8.1.2　BJ－32 波导内各模式截止波长分布图

例 8.1.1　设某矩形波导的尺寸为 $a=8$ cm，$b=4$ cm，试求：工作频率在 3 GHz 时该波导能传输的模。

解　由 $f=3$ GHz 得 $\lambda=c/f=0.1$ m

$$\lambda_{cTE_{10}} = 2a = 0.16\ \text{m} > \lambda$$

$$\lambda_{cTE_{01}} = 2b = 0.08\ \text{m} < \lambda$$

$$\lambda_{cTM_{11}} = \frac{2ab}{\sqrt{a^2+b^2}} = 0.0715\ \text{m} < \lambda$$

可见，该波导在工作频率为 3 GHz 时只能传输 TE_{10} 模。

二、圆柱形波导

将同轴线的内导体抽走，则在一定条件下，由外导体所包围的圆形空间也能传输电磁能量，这就是圆柱形波导。如图 8.1.3 所示。圆柱形波导广泛应用于远距离通信、双极化馈线以及微波圆形谐振器等。

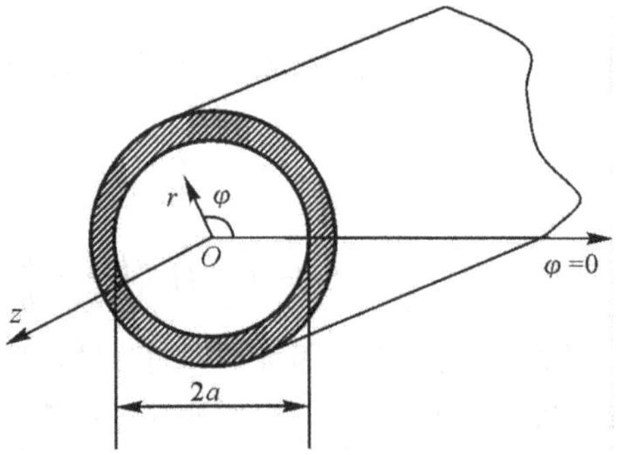

图 8.1.3　圆柱形波导

类似于矩形波导的研究方法可得，圆柱形波导的主模是 TE_{11} 模，次低次模是 TM_{01} 模，而 TE_{01} 和 TM_{11} 模具有相同的截止波长，它们是简并的。这里直接给出圆柱形波导的各波型截止波长的分布，如图 8.1.4 所示。

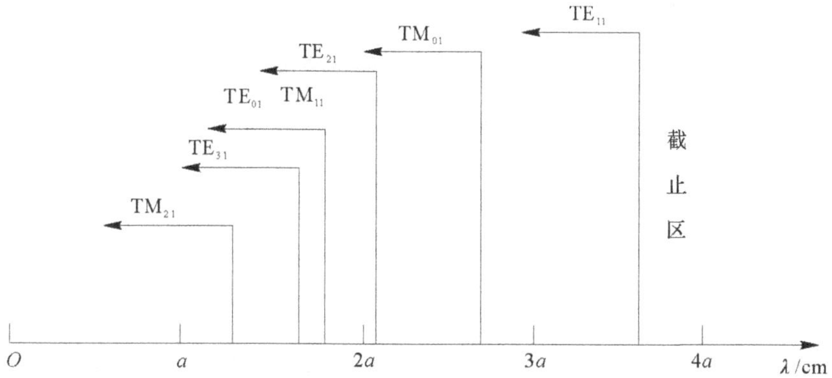

图 8.1.4　圆柱形波导中各模式截止波长的分布

8.2　电磁波的辐射

在如图 8.2.1 所示的无线通信系统中，天线起着举足轻重的作用，它负责将发射机中的高频电流能量转换为电磁波的形式，并将信号辐射出去，或将空间中的电磁波信号转换为高频电流能量传输给接收机。总之，天线的主要功能是对电磁波的转换、发射以及接收。

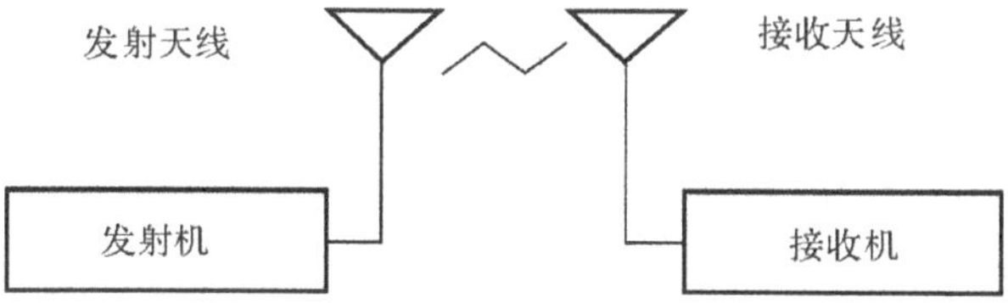

图 8.2.1　无线通信系统示意图

一、滞后位

在前面章节中学习了如何解时谐场的齐次波动方程

$$\nabla^2 \boldsymbol{E} + k^2 \boldsymbol{E} = 0$$

$$\nabla^2 \boldsymbol{H} + k^2 \boldsymbol{H} = 0$$

式中，$k=\omega\sqrt{\mu\varepsilon}$ 。然而，一般面临的实际情况是研究的空间中存在时变的电荷和电流，即上式转化为

$$\nabla^2 \boldsymbol{A} + k^2 \boldsymbol{A} = -\mu \boldsymbol{J}$$

$$\nabla^2 \varphi + k^2 \varphi = -\frac{\rho}{\varepsilon}$$

式中，$\boldsymbol{A}$ 为动态矢量位函数；φ 为动态标量位函数，在前面章节中以做过讨论。求解上式可得

$$\varphi(\boldsymbol{r}) = \frac{1}{4\pi\varepsilon}\int_V \frac{\rho(\boldsymbol{r}')\,\mathrm{e}^{-\mathrm{j}k|\boldsymbol{r}-\boldsymbol{r}'|}}{|\boldsymbol{r}-\boldsymbol{r}'|}\mathrm{d}V \tag{8-5}$$

$$\boldsymbol{A}(\boldsymbol{r}) = \frac{\mu}{4\pi}\int_V \frac{\boldsymbol{J}(\boldsymbol{r}')\,\mathrm{e}^{-\mathrm{j}k|\boldsymbol{r}-\boldsymbol{r}'|}}{|\boldsymbol{r}-\boldsymbol{r}'|}\mathrm{d}V \tag{8-6}$$

再通过 $\boldsymbol{E}(\boldsymbol{r})=-\nabla\varphi(\boldsymbol{r})-\mathrm{j}\omega\boldsymbol{A}(\boldsymbol{r})$，以及 $\boldsymbol{B}(\boldsymbol{r})=\nabla\times\boldsymbol{A}(\boldsymbol{r})$，即可求得时谐场的表达式。

为了避免式(8-5)和式(8-6)中的两次复杂积分运算，可利用洛伦兹规范的复数形式 $\nabla\cdot\boldsymbol{A}=-\mu\varepsilon\mathrm{j}\omega\varphi$ 得到 $\nabla\varphi=\dfrac{1}{\mathrm{j}\omega\mu\varepsilon}\nabla(\nabla\cdot\boldsymbol{A})$，这样，只需求 $\boldsymbol{A}$ 的一次积分运算，即可获得时谐场的全部场矢量表达式，即若已知 $\boldsymbol{J}$ 可积分求得 $\boldsymbol{A}$，由 $\boldsymbol{A}$ 可进一步得到 φ，$\boldsymbol{A}$ 和 φ 均得到后，有源区域的波动方程即可求解。因此，将动态矢量位函数和动态标量位函数也称为动态辅助位函数。

在无界时谐场中，若不考虑反射波的存在，由动态辅助位函数计算得到的场矢量表达式为 $\boldsymbol{E}=\boldsymbol{e}_x E_0^+\mathrm{e}^{-\mathrm{j}kz}$，其中 $\mathrm{e}^{-\mathrm{j}kz}$ 对应的时域表示形式为 $\cos(\omega t-kz)$，此为假定电磁波沿 $+z$ 方向传播。若转换坐标系为球坐标系，设电磁波沿 $\boldsymbol{r}$ 方向传播，则场矢量表达式中的 $\mathrm{e}^{-\mathrm{j}kz}$ 表示为 $\mathrm{e}^{-\mathrm{j}kr}$，其对应的时域表示形式为 $\cos(\omega t-kr)$，即 $\cos\left[\omega\left(t-\dfrac{kr}{\omega}\right)\right]$，又因为 $k=\dfrac{2\pi}{\lambda}$，$\omega=\dfrac{2\pi}{T}$，则

$$\cos\left[\omega\left(t-\frac{kr}{\omega}\right)\right]=\cos\left[\omega\left(t-\frac{r}{v}\right)\right] \tag{8-7}$$

式中，$\boldsymbol{v}$ 表示电波推进的速度。式(8-7)表示，当激励在 $t=t_0$ 时刻 $\boldsymbol{r}=0$ 处发生扰动，而响应则是在 t 时刻距离球坐标系原点 $\boldsymbol{r}$ 处产生，显然 $t_0=t-\dfrac{r}{v}$，即响应发生在 $t_0+\dfrac{r}{v}$ 时刻，也就是说响应发生的时间较激励发生时间滞后 $\dfrac{r}{v}$。由于此种源激发的电磁场具有响应滞后性质，故将辅助计算这种电磁场的动态位函数式(8-5)、式(8-6)也称为滞后位。滞后位进一步证明了电磁波是以速度 v 向四周空间自由传播的波。

二、电基本振子和磁基本振子

不同种类的天线形状、结构、特性各有不同，但分析它们的基础却是建立在电、磁基本振子的辐射原理上的，且不同类型的天线均可认为是由多个电或磁基本振子按某种顺序排列构成的。故这里先简单讨论电、磁基本振子的辐射特性。

1. 电基本振子

电基本振子又称为电流元，它是一段载有高频电流的理想直导线，其长度 l 远小于 λ，半径 a 远小于长度 l，且振子上的电流 I 在沿线任意一点均等幅同相。若将电基本振子沿 z 轴放置，将振子的中点放置于球坐标原点，电流的流向为 $+z$ 方向，则在电基本振子的远区场表达式为

$$\left.\begin{aligned} E_\theta &= \mathrm{j}\,\frac{\omega\mu_0 Il}{4\pi r}\sin\theta\mathrm{e}^{-\mathrm{j}kr} \\ H_\varphi &= \mathrm{j}\,\frac{\omega\sqrt{\mu_0\varepsilon_0}\,Il}{4\pi r}\sin\theta\mathrm{e}^{-\mathrm{j}kr} \\ E_r &= E_\varphi = H_r = H_\varphi = 0 \end{aligned}\right\} \tag{8-8}$$

由式(8-8)可知，电基本振子的辐射特性为：

(1) 电基本振子向空间辐射球面波；

(2) 传播方向上，电磁场的分量为零，即为 TEM 波；

(3) E_θ 与 H_φ 的比值为常数，称为媒质的波阻抗，记为 η。对于自由空间

$$\eta=\frac{E_\theta}{H_\varphi}=\sqrt{\frac{\mu_0}{\varepsilon_0}}=120\pi\ (\Omega) \tag{8-9}$$

(4)E_θ 和 H_φ 与 $\sin\theta$ 成正比，即电基本振子的辐射具有方向性。即当研究点位置变化时(θ 变化时)，该点的电场、磁场强度也随之发生改变。

2. 磁基本振子

磁基本振子又称为磁流元，它在自然界中并不存在，是虚拟的，但它可以与一些实际波源相对应，可以视其为一小电流环。其周长 l 远小于波长 λ，且其上时变电流的振幅与相位处处相等。

磁基本振子的远区辐射场表达式为

$$\left.\begin{aligned} E_\varphi &= -\mathrm{j}\,\frac{I_m l}{2\lambda r}\sin\theta \mathrm{e}^{-\mathrm{j}kr} \\ H_\theta &= \mathrm{j}\,\frac{I_m l}{2\lambda r}\sqrt{\frac{\varepsilon_0}{\mu_0}}\sin\theta \mathrm{e}^{-\mathrm{j}kr} \end{aligned}\right\} \tag{8-10}$$

式中，I_m 为将小电流环等效为一置于球坐标原点的磁流元。由式(8-10)可见，磁基本振子的辐射同样具有方向性。

三、天线的电参数

描述天线性能优劣的参数称为天线的电参数，它是设计或选择天线的重要依据。一旦将某一发射天线的电参数确定，根据互易定理，此天线即可作为具有同样电参数的接收天线使用。下面具体介绍天线几个重要的电参数。

1. 方向函数

若天线辐射的电场强度为 $\boldsymbol{E}(r,\theta,\varphi)$，把电场强度的绝对值表达式整理为

$$|\boldsymbol{E}(r,\theta,\varphi)| = \frac{E_m}{r} f(\theta,\varphi) \tag{8-11}$$

$f(\theta,\varphi)$ 即为场强方向函数。为了便于比较不同天线的方向性，常采用归一化方向函数，用 $F(\theta,\varphi)$ 表示，且有

$$F(\theta,\varphi) = \frac{f(\theta,\varphi)}{f_{\max}(\theta,\varphi)} = \frac{|E(\theta,\varphi)|}{|E_{\max}|} \tag{8-12}$$

式中，$f_{\max}(\theta,\varphi)$ 为方向函数的最大值；$E_{\max}$ 为最大辐射方向上的电场强度。

2. 方向图

方向图就是与天线等距离处，天线辐射场大小在空间中的相对分布随方向变化的图形。通常根据归一化方向函数绘制出归一化方向图。

在实际工程应用中，常采用两个特定正交平面方向图，即 E 面和 H 面方向图。E 面包含电场强度矢量所在并包含最大辐射方向的平面图；H 面即包含磁场强度矢量所在并包含最大辐射方向的平面图。例如，根据电基本振子场强表达式(8-8)，可知，其 E 面和 H 面方向图如图 8.2.2 和8.2.3 所示。

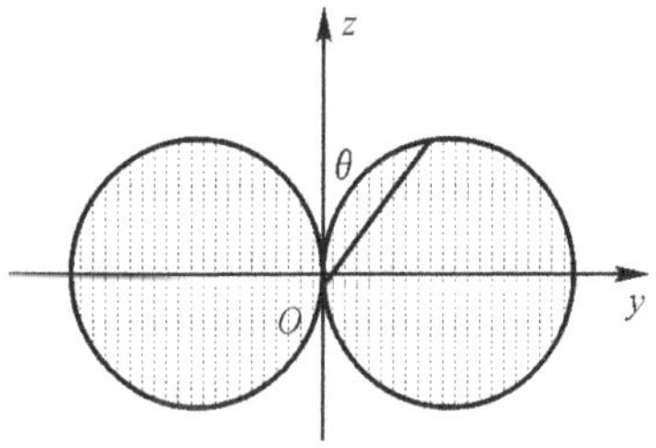

图 8.2.2　电基本振子 E 面方向图

3. 方向图参数

电基本振子方向图是非常简单的，而实际天线方向图要复杂得多，通常有多个波瓣，分为主瓣、副瓣和后瓣，它们可直观地反映出天线辐射出的能量在不同方向的密度大小。其中零功率波瓣宽度 $2\theta_0$ 和半功率波瓣宽

度 $2\theta_{0.5}$ 最为重要。如图8.2.4 所示。

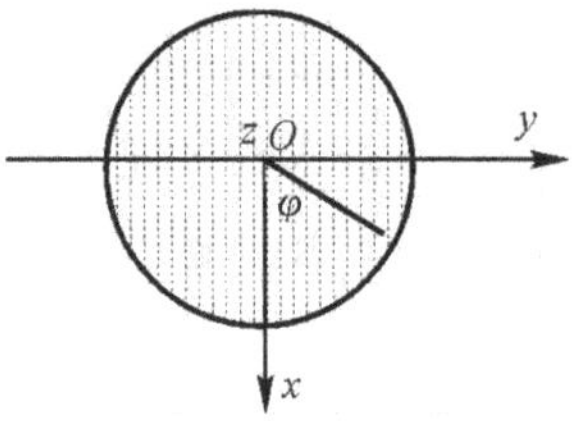

图 8.2.3　电基本振子 H 面方向图

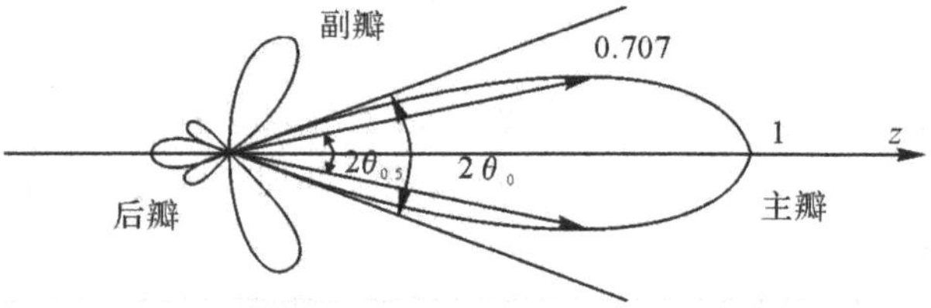

图 8.2.4　天线方向图的一般形式

4. 增益系数

增益系数 G 满足 $G=\eta_A D$，其中 η_A 为天线效率，即天线辐射功率与输入功率之比；D 则称为天线的方向系数，反映天线集中辐射能量的程度。显然，增益 G 同时具备这两个方面的含义。

5. 天线的极化

天线的极化是指天线在特定方向上远区场中电场的空间取向，即第六章中讨论的电场极化形式：线极化、圆极化、椭圆极化。只有当发射以及接收天线的极化类型相同时，电磁波才能被接收天线捕获。且天线不能接收与其正交的极化分量。例如，右旋圆极化天线不能接收左旋圆极化波。

6. 频带宽度

天线的工作频率有一定的范围。当工作频率变化时，天线的有关电参数变化的程度在所允许的范围内，此时对应的频率范围称为频带宽度。描述频带宽度的方式有两种，一种是相对带宽，另一种称为绝对带宽。当天线的最高工作频率为 $f_{\max}$，最低工作频率为 $f_{\min}$，中心工作频率为 f_0，则相对带宽为 $[(f_{\max}-f_{\min})/f_0]\times 100\%$；而绝对带宽则表示为 $f_{\max}-f_{\min}$。

7. 有效长度

在保持实际天线最大辐射方向上的场强值不变的条件下，假设天线上的电流分布为均匀分布时天线的等效长度。

8. 输入阻抗

天线与传输线的连接处称为天线的输入端，天线输入端呈现的阻抗值定义为天线的输入阻抗 Z_{in}，且满足 $Z_{\text{in}}=U_{\text{in}}/I_{\text{in}}$，即输入电压与输入电流之比。

四、天线与天线阵

单个天线的方向性是有限的，为了加强天线的定向辐射能力，可以采用将天线按某种顺序排列成阵，即天线阵的形式。排列的方式可以是直线、平面等。天线阵中的阵元的类型、尺寸以及架设方位要一致。天线阵的辐射场是各阵元辐射场的矢量和。只要调整好各阵元辐射场之间的相位差，就可以得到所需的、更强的方向性。

8.3　阅读材料——波导和天线

波导主要应用于大功率信号传输时，例如卫星电视信号等。军事领域中，波导主要应用于雷达系统。雷达是微波的最早应用之一，它的工作原理是：电磁波在传播过程中遇到物体会发生反射，当电磁波垂直入射到接近理想的金属表面时所产生的反射最强烈，于是可根据反射回来的回波获得被测物体的相关信息。显然，雷达系统必须具备能够发射和接收电磁波的装置，因此在不同的雷达系统中，既有各种微波传输系统，例如波导，又有天线系统。

传输线理论的研究主要是为了引入微波技术中的网络参数——A 参数和 S 参数。利用这些参数可以比较不同 N 端口网络在传递电能和信号方面的性能，避免复杂的电路内部计算。对于 A 参数和 S 参数的介绍可参考有关微波网络的书籍。

天线的应用已成为一个非常普遍的现象，例如电视信号、广播信号、手机信号以及卫星信号，等等，都需要通过天线发射或者接收。可见，天线是任何无线通信系统都离不开的重要前端器件。无线通信的技术及业务的迅速发展既对天线提出许多新的研究方向，同时也促使了许多新型天线的诞生。例如多频多极化的微带天线，由于其体积小、剖面低，适应了微型和集成电路的进展；射频识别（RFID）系统中的标签天线成功地应用于电子计费系统、动物跟踪以及工业自动化等众多领域。例如澳大利亚将它的 RFID 产品用于机场旅客行李管理中，发挥了出色的作用，节约了人力，降低了出错率；德国汉莎航空公司试用非接触射频卡作为飞机票，改变了传统的机票购销方式，简化了机场入关的手续，缩短了入关时间；Motorola 公司在超净车间里利用 RFID 系统来控制流水线的零件流向，简化生产流程；欧共体宣布 1997 年开始生产的新车型必须具有基于 RFID 技术的防盗系统，等等。尤其是实现第三代移动通信的关键技术——智能天线，更是一改传统天线作为能量转换器的主要功能，能够智能化地进行来波到达角度（DOA）估计以及具有预定空域特征的数字波束形成（DBF），目前，智能天线技术已成为移动通信领域的研究热点。

小　　结

（1）矩形波导内主要存在的是 TM 波以及 TE 波。电场和磁场的表达式中，不同的 m,n 对应不同的场分布，即 m,n 不同，则电磁波的模不同，所含能量大小也不同。

（2）矩形波导中，各波型的截止波长 λ_c 满足

$$\lambda_c = \frac{2}{\sqrt{\left(\frac{m}{a}\right)^2 + \left(\frac{n}{b}\right)^2}}$$

（3）截止波长值最大的模称为主模或基波。矩形波导中，TE_{10} 为主模，它最容易在波导中传播，所含能量比率也最大。

（4）圆柱形波导的主模是 TE_{11} 模。

（5）具有相同截止波长的模是简并模。

（6）不同形状的天线均可认为是由多个电或磁基本振子按某种顺序排列构成，电或磁基本振子的辐射具有方向性，决定了天线对电磁波的辐射具有方向性。

（7）天线的主要电参数：方向函数、方向图参数、增益以及输入阻抗。

（8）天线阵列的产生是为了得到比单个天线元更高的增益，排列的方式可以是直线、平面等。天线阵中的阵元的类型、尺寸以及假设方位要一致。

附　录

附录一　超松弛法源程序

```
hx=6;hy=5;                    %设置网格节点数
v1=ones(hy,hx);               %设置行列二维数组:
v1(hy,:)=ones(1,hx)*10;
v1(1,:)=zeros(1,hx);          %上下两行的 Dirichlet 条件边界值:
for i=1:hy
v1(i,1)=0;
  v1(i,hx)=0;
end                            %左右两列的 Dirichlet 条件边界值
a=1.2;
v2=v1;w=1;t=0;                    %初始化
k=0
while(w>1e-3)                 %由 v1 迭代,算出 v2,迭代精度为 0.0001
k=k+1                         %计算迭代次数
w=0;
  for i=2:hy-1              %从 2 到 hy-1 行循环
    for j=2:hx-1            %从 2 到 hx-1 列循环
      v2(i,j)=v1(i,j)+(v1(i,j+1)+v1(i+1,j)+v2(i-1,j)+v2(i,j-1)-
              4*v1(i,j))*a/4;
      t=abs(v2(i,j)-v1(i,j));%拉普拉斯方程差分式
      if(t>w)w=t;end
    end
  end
  v1=v2
end
subplot(1,2,1),mesh(v2)      %画三维曲面图
axis([0,6,0,5,0,10])
subplot(1,2,2),contour(v2,4)%画等电位线图
hold on
  x=1:1:hx;y=1:1:hy
  [xx,yy]=meshgrid(x,y);            %形成栅格
```

```
[Gx,Gy]=gradient(v2,0.6,0.6);   %计算梯度
axis([-0.5,hx+0.5,0,5])          %设置坐标边框
plot([1,1,hx,hx,1],[1,hy,hy,1,1],'k')   %画导体边框
text(hx/2,0.2,'0V','fontsize',5);        %下标注
text(hx/2-0.5,hy+0.1,'10V','fontsize',5);   %上标注
text(-0.5,hy/2,'0V','fontsize',5);          %左标注
text(hx+0.5,hy/2,'0V','fontsize',5);        %右标注
hold off
```

迭代次数:10

附录二　量和单位

(一)国际单位制(SI)的基本单位

量的名称	单位名称	单位符号
长度	米(metre)	m
质量	千克(kilogram)	kg
时间	秒(second)	s
电流	安[培](Ampere)	A
热力学温度	开[尔文]	K
物质的量	摩[尔]	mol
发光强度	坎[德拉]	cd

(二)量的符号和单位

量的名称	量的符号	单位名称	单位符号
力	$\boldsymbol{F}$	牛[顿](Newton)	N
力矩	T	牛[顿]米(Newton metre)	N·m
方向性系数	D	(无量纲)	
功,能[量]	W	焦[耳](Joule)	J
功率	P	瓦[特](Watt)	W
电压	U	伏[特](Volt)	V
电位	φ	伏[特](Volt)	V
电通[量]密度,电位移	D	库[仑]每平方米 (Coulomb per square metre)	C/m^2
电感	L	亨[利](Henry)	H

续表

量的名称	量的符号	单位名称	单位符号
电导	G	西[门子](Siemens)	S
电导率	σ	西[门子]/米(Siemens per metre)	S/m
电纳	$\boldsymbol{B}$	西[门子](Siemens)	S
电阻	R	欧[姆](Ohm)	Ω
电抗	X	欧[姆](Ohm)	Ω
电场强度	$\boldsymbol{E}$	伏[特]每米(Volt per metre)	V/m
极化率	χ_e	(无量纲)	
电容	C	法[拉](Farad)	F
介电常数(电容率)	ε	法[拉]每米(Farad per metre)	F/m
电荷线密度	ρ_l	库[仑]每米(Coulomb per metre)	C/m
电荷面密度	ρ_S	库[仑]每平方米(Coulomb per square metre)	C/m^2
电荷[体]密度	ρ	库[仑]每立方米(Coulomb per cubic metre)	C/m^3
面电流密度	J_S	安[培]每米(Ampere per metre)	A/m
电流密度	J	安[培]每平方米(Ampere per squane metre)	A/m^3
电偶极矩	$\boldsymbol{p}$	库[仑]米(Culomb metre)	C·m
导纳	Y	西[门子](Siemens)	S
磁导率	μ,μ_0	亨[利]每米(Honry per metre)	H/m
矢量磁位	A	韦[伯]每米(Weber per metre)	Wb/m
角频率	ω	弧度每秒(radian per second)	rad/s
极化强度	$\boldsymbol{P}$	库[仑]每平方米(Coulomb per square metre)	C/m^2
阻抗	Z,η	欧[姆](Ohm)	Ω
传播系数	Γ	每米(reciprocal metre)	m^{-1}
波长	λ	米(metre)	m
坡印廷矢量	$\boldsymbol{S}$	瓦[特]每平方米(Watt per squae metre)	W/m^2
相位	φ	弧度(radian)	rad
相位系数	β	弧度每米(radian per metre)	rad/m
衰减系数	α	奈培每米(Neper per metre)	Np/m

续表

量的名称	量的符号	单位名称	单位符号
相对磁导率	μ_r	（无量纲）	
相对介电常数（相对电容率）	ε_r	（无量纲）	
能量密度	$\boldsymbol{W}$	焦［耳］每立方米（Joule per cubic metre）	J/m^3
磁化率	χ_m	（无量纲）	
磁化强度	$\boldsymbol{M}$	安［培］每米（Ampere per metre）	A/m
磁阻	R_m	每亨［利］（reciprocal honry）	H^{-1}
磁通量	Φ	韦［伯］（Weber）	Wb
磁场强度	$\boldsymbol{H}$	安［培］每米（Ampere per metre）	A/m
磁感应强度磁通［量］密度	$\boldsymbol{B}$	特［斯拉］（Tesla）	T
磁偶极矩	$\boldsymbol{p}_m$	安［培］二次方米（Ampere metre squared）	$A \cdot m^2$
频率	f	赫［兹］（Hertz）	Hz

参 考 文 献

[1] 宋铮,张建华,黄冶.天线与电波传播.西安:西安电子科技大学出版社,2005.

[2] 冯亚伯.电磁场理论.成都:电子科技大学出版社,1995.

[3] 何宏,秦会斌.电磁兼容原理与技术.西安:西安电子科技大学,2008.

[4] 路宏敏,赵永久,徐乐.电磁场与电磁波基础学习与考研指导,北京:科学出版社,2009.

[5] 李泉凤.电磁场数值计算与电磁铁设计.北京:清华大学出版社,2002.

[6] 牛中奇,朱满座,卢志远.电磁场与电磁波简明教程.西安:西安电子科技大学出版社,1998.

[7] 冯恩信.电磁场与波.西安:西安交通大学出版社,1999.

[8] 马西奎.电磁场重点难点及典型题精解.西安:西安交通大学出版社,2001.

[9] 杨儒贵.电磁场与电磁波.北京:高等教育出版社,2003.

[10] 王家礼,朱满座,路宏敏.电磁场与电磁波.西安:西安电子科技大学出版社,2001.

[11] 谢处方,杨显清,等.电磁场与电磁波.4版.北京:高等教育出版社,2007.

[12] 赵家升.电磁场与电磁波教学指导书.3版.北京:高等教育出版社,2004.

[13] 丁君.工程电磁场与电磁波.北京:高等教育出版社,2005.

[14] 沈俐娜.电磁场与电磁波.武汉:华中科技大学出版社,2009.

[15] 袁国良.电磁场与电磁波.北京:清华大学出版社,2008.

[16] 符果行.电磁场与电磁波,北京:电子工业出版社,2009.

[17] 苏荣华,杨富云.电磁场与电磁波辅导及习题全解,北京:人民日报出版社,2006.